计算机科学丛书

原书第3版

数据挖掘
概念与技术

Jiawei Han   Micheline Kamber   Jian Pei 著

范明 孟小峰 译

Data Mining
Concepts and Techniques Third Edition

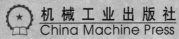

机械工业出版社

China Machine Press

图书在版编目（CIP）数据

数据挖掘：概念与技术（原书第3版）/（美）韩家炜（Han, J.）等著；范明等译 . —北京：机械工业出版社，2012.7（2024.11 重印）

（计算机科学丛书）

书名原文：Data Mining: Concepts and Techniques, Third Edition

ISBN 978-7-111-39140-1

I. 数… II. ①韩… ②范… III. 数据采集 IV. TP274

中国版本图书馆 CIP 数据核字（2012）第 157938 号

北京市版权局著作权合同登记 图字：01-2012-0225 号。

Data Mining: Concepts and Techniques, Third Edition
Jiawei Han, Micheline Kamber, Jian Pei
ISBN: 9780123814791

出版发行：机械工业出版社（北京市西城区百万庄大街 22 号 邮政编码：100037）

责任编辑：迟振春　　　　　　　　　　　　　　责任校对：董纪丽

印　　刷：三河市国英印务有限公司　　　　　　版　　次：2024 年 11 月第 1 版第 31 次印刷

开　　本：185mm×260mm　1/16　　　　　　　印　　张：31

书　　号：ISBN 978-7-111-39140-1　　　　　　定　　价：79.00 元

客服电话：（010）88361066　68326294

We are pleased to see that our third edition has been translated into Chinese by Professor Fan and Meng. The first two editions were translated by them several years ago and have been well received among Chinese readers. In recent years, we have witnessed tremendous progress in the field of data mining research and applications internationally. As a promising new technology, data mining has attracted tremendous interest in the Far East as well. Numerous international and regional conferences on data mining and applications have appeared or held in this region. Many Chinese researchers have been playing an active role, contributing in both research and applications to the advances of this young field.

In this third edition, we have carefully selected and tailored the technical materials to be covered for the courses on data mining at both the undergraduate level and the first-year graduate level. We have updated and enhanced the existing chapters substantially with many new topics. Thus, we expect the publication of this edition in Chinese will help Chinese readers to learn and master the latest technology and put them into promising new applications.

With best regards,

（非常高兴地看到本书的第 3 版由范明和孟小峰教授翻译成中文。几年前，他们翻译了本书的前两版并被中文读者广泛接受。近年来，我们见证了数据挖掘研究和应用领域在世界范围内的巨大进展。作为一种具有良好发展势头的新技术，数据挖掘在远东也引起了极大兴趣。许多国际或地区性的数据挖掘和应用会议已经在该地区出现或召开。许多中国的研究者一直起着积极作用，为推动这个年轻领域的研究和应用做出了贡献。

在第 3 版中，我们对所包含的技术内容进行了精心挑选和剪裁，以便用于本科生和一年级研究生的"数据挖掘"课程。我们用许多新的主题，大幅度地更新和加强了已有的章节。因而，我们期望这个中文版将帮助中文读者学习和掌握这些最新技术，并将它们用于有希望的新应用。

谨致良好祝愿！）

Jiawei Han, Micheline Kamber, and Jian Pei

June 2012

2001 年，Jiawei Han（韩家炜）和 Micheline Kamber 出版了数据挖掘领域具有里程碑意义的著作——本书的第 1 版。2006 年，他们又推出了本书的第 2 版。在这个龙年（2012 年），我们看到了本书的第 3 版，并且欣喜地看到该书增加了一位新的、年青的华人合著者 Jian Pei（裴健）。

数据挖掘是数据库研究、开发和应用最活跃的分支之一。这是很自然的事。数据库系统，特别是关系数据库系统的成功，使得我们有了强有力的事务处理工具。在计算机的帮助下，人们可以把传统的事务处理做得更好。不满足现状是社会前进的动力。人类当然不会仅仅满足于让计算机做事务处理。从信息处理的角度，人们更希望计算机帮助分析数据和理解数据，帮助他们基于丰富的数据做出决策。于是，数据挖掘（从大量数据中以非平凡的方法发现有用的知识）就成为一种自然的需求。正是这种需求引起了人们的关注，导致了数据挖掘研究和应用的蓬勃发展。

数据挖掘是一个多学科的交叉领域。这也是很自然的事。一方面，想要以非平凡的方法发现蕴藏在大型数据集中的有用知识，数据挖掘必须从统计学、机器学习、神经网络、模式识别、知识库系统、信息检索、高性能计算和可视化等学科领域汲取营养。另一方面，这些学科领域也需要从不同角度关注数据的分析与理解；数据挖掘也为这些学科领域的发展提供了新的机遇和挑战。今天，数据挖掘已经不再仅仅是数据库的研究者和开发者关注的问题，它已经成为统计学、机器学习等诸多领域的研究者和开发者的热点课题之一。这种学科交叉融合带来的良性互动，无疑促进了包括数据挖掘在内的诸学科的发展与繁荣。

自本书第 1 版问世已经过去了 11 年。在过去的 11 年中，Jiawei Han 教授多次来华讲学，我们先后翻译了本书的第 1 版和第 2 版。国内许多大学都纷纷开设数据挖掘课程，其中大部分学校都使用本书的英文版或中文版。我们高兴地看到数据挖掘的研究与应用在我国的蓬勃开展。许多学者和研究人员都对这个新兴的学科领域表现出了极大的兴趣，他们不仅来自数据库领域，而且包括统计学、人工智能、模式识别、机器学习等领域的研究人员。国内的学者和开发者在数据挖掘方面的研究与应用方面已经取得了许多令人鼓舞的成果。特别值得一提的是，近年来，数据库的顶级学术会议 SIGMOD、ICDE 和数据挖掘的顶级学术会议 KDD 都相继在国内举办。

过去的 11 年是数据挖掘研究与应用迅猛发展的 11 年：新的和改进的算法不断出现，所考察的数据类型日趋丰富，应用领域逐渐扩大。虽然所挖掘的基本知识类型并未增加很多，但是新的应用需要我们处理更加丰富的数据类型，如流、序列、图、时间序列、符号序列、生物学序列、空间、音频、图像和视频数据，因此需要新的技术。例如，流数据的关联、分类和聚类需要处理可能无限的数据，需要考虑数据的分布随时间的演变。Web 页面的分类不仅需要考虑页面本身的特征，而且还需要考虑页面的链接和被链接的页面的特征。

第 3 版对本书的前两版进行了全面修订，突出和加强了数据挖掘的核心内容，以足够的广度和深度涵盖该领域的核心内容。认识数据和数据预处理、数据仓库和 OLAP 技术、模式挖掘与关联分析、分类、聚类都分成两章。其中，前一章介绍基本概念和技术，后一章进一步讨论更高级的概念和方法。离群点检测单独成为一章，进行更深入的讨论。最后一章对数据挖掘研究与应用发展趋势进行了概述，把读者引向更深入的主题。与前两版相比，第 3 版的组织更有利于教学。

如果说 11 年前本书的问世标志数据挖掘领域已见雏形，5 年前该书第 2 版的出版预示数据挖掘开始进入了成熟期，那么第 3 版的出版表明数据挖掘已经在向纵深发展，其最基本层面的内容已经趋于稳定，在计算学科的高年级本科生和研究生中广泛开展数据挖掘课程的教学已经是万事俱备。

Jiawei Han 教授早年就读于郑州大学，后赴美国留学，在威斯康星大学获硕士和博士学位。他曾先后在美国西北大学、加拿大西蒙 – 弗雷泽大学任教，现在是美国伊利诺伊大学厄巴纳 – 尚佩恩分校计算机科学系的 Bliss 教授。Jiawei Han 教授是数据挖掘和数据库系统领域国际知名学者，ACM 和 IEEE 会士。他曾因在该领域的杰出贡献多次获奖，包括 ACM SIGK-DD 创新奖（2004）、IEEE 计算机学会技术成就奖（2005）和 IEEE W. Wallace McDowell 奖（2009）。

徐华、叶阳东、姬安明、王静、李盛恩、李翠萍等参加了第 1 版的部分翻译工作，马玉书、董云海对第 1 版的部分译稿提出了很好的修改意见。第 2 版由范明和孟小峰翻译；译者的许多同事、朋友和学生，如昝红英博士和范宏建博士，阅读了第 2 版的部分译稿，并提出了一些建议和意见。第 3 版由范明和孟小峰翻译。译者的学生郭华平、李嘉、张亚亚和李晓燕参加了第 3 版的校对工作。

感谢本书的作者 Jiawei Han 教授。无论是第 1 版、第 2 版，还是第 3 版的翻译都得到了他的大力支持，他提供的方便使得本书的翻译工作能够在第一时间进行。Jiawei Han 教授还专门为第 2 版和第 3 版的中文版撰写了序言。

感谢机械工业出版社的编辑们，是他们的远见使得本书能够尽快与读者见面。

在第 3 版的翻译中，我们重新调整了部分术语的翻译。读过第 1 版、第 2 版的读者不难发现，第 3 版出现了许多的新术语，尚无固定译法。尽管我们力图为它们选择简洁、达意的中文术语，但仍然难免出现词不达意之处。译文中的错误和不当之处，敬请读者朋友指正。意见请发往 mfan@ zzu. edu. cn，我们将不胜感激。

我们将尽快向采用本书的教师提供讲稿和其他辅助支持。希望读者喜欢这本译著，希望这本译著有助于进一步推动我国的数据挖掘教学、研究和应用的深入开展。

范明　孟小峰
2012 年 6 月

范明 郑州大学信息工程学院教授，博士生导师。现为中国计算机学会数据库专业委员会委员、人工智能与模式识别专业委员会委员。长期从事计算机软件与理论教学和研究。主要讲授的课程包括程序设计、计算机操作系统、数据库系统原理、知识库系统原理、数据挖掘与数据仓库等。1989—1990 年曾访问加拿大 Simon Fraser 大学计算机科学系，从事演绎数据库研究。1999 年曾访问美国 Wright State 大学计算机科学与工程系，从事数据挖掘研究。当前感兴趣的研究方向包括数据挖掘和机器学习。先后发表论文 60 余篇。除本书外，还主持翻译了 Pang-Ning Tan、Michael Steinbach 和 Vipin Kumar 的《数据挖掘导论》。

孟小峰 博士，中国人民大学信息学院教授，博士生导师。现为中国计算机学会常务理事、中国计算机学会数据库专委会秘书长，《Journal of Computer Science and Technology》、《Frontiers of Computer Science》、《软件学报》、《计算机研究与发展》等编委。主持或参加过二十多项国家科技攻关项目、国家自然科学基金项目以及国家 863 项目、973 项目，先后获电子部科技进步特等奖（1996）、北京市科技进步二等奖（1998、2001）、中国计算机学会"王选奖"一等奖（2009）、北京市科学技术奖二等奖（2011）等奖励，入选"中创软件人才奖"（2002）、"教育部新世纪优秀人才支持计划"（2004）、"第三届北京市高校名师奖"（2005）。近 5 年在国内外杂志及国际会议发表论文 120 多篇，出版学术专著《Moving Objects Management: Models, Techniques, and Applications》（Springer）、《XML 数据管理：概念与技术》、《移动数据管理：概念与技术》（中国计算机学会学术著作丛书）等。获国家发明专利授权 8 项。近期主要研究领域为互联网络与移动数据管理，包括 Web 数据集成、XML 数据库系统、云数据管理、闪存数据库系统、隐私保护等。

分析大量数据是必要的。甚至像"super crunchers"（超级电脑）这样流行的科技书也给出了从大量数据发现和得到直觉知识的非常好的事例。每个企业都从收集和分析数据中获益：医院可以从患者记录中识别趋势和异常，搜索引擎可以进行更好的秩评定和广告投放，环境和公共卫生部门可以识别数据中的模式和异常。这样的例子还有很多，如计算机安全和计算网络入侵检测、家用电器的能源消耗、生物信息学和药物数据的模式分析、财经和商务智能数据、识别博客中的趋势、唧喳（Twitter）等，不一而足。与数据传感器一样，存储设备价格越来越低，因此收集和存储数据比以前更加容易。

于是，问题变成如何分析数据。这恰是第 3 版的关注点。Jiawei、Micheline、Jian 的教材全景式地讨论了数据挖掘的所有相关方法，从经典的分类和聚类主题，到数据库方法（例如，关联规则和数据立方体），到更新和更高级的主题（例如，SVD/PCA、小波、支持向量机）。

对于初学者来说，书中的阐述极其容易理解，对于高端读者也是如此。本书首先介绍基本概念，更高级的内容在随后的章节中。书中还使用了一些修辞疑问，这样做非常有助于吸引读者注意力。

我们已经使用前两版作为卡内基 – 梅隆大学数据挖掘课程的教材，并且准备继续使用第 3 版。新版内容有显著增加：值得注意的是，超过 100 篇引文引用 2006 年以来的工作，关注更近的研究，如图和社会网络、传感器网络，以及离群点检测。对于可视化，本书新增了一节；离群点检测扩充为一整章；而有些章被分开，以便介绍高级方法。例如，top-k 模式等模式挖掘以及双聚类和图聚类。

总之，这是一本关于经典和现代数据挖掘方法的优秀专著，它不仅是一本理想的教材，而且也是一本理想的参考书。

Christos Faloutsos

卡内基 – 梅隆大学

我们被数据（科学数据、医疗数据、人口统计数据、金融数据和销售数据）所淹没。人们没有时间查看这些数据。人们的关注已经转到可贵的应付手段上。因此，我们必须找到有效方法，自动地分析数据、自动地对数据分类、自动地对数据汇总、自动地发现和描述数据中的趋势、自动地标记异常。这是数据库研究最活跃、最令人激动的领域之一。统计学、可视化、人工智能和机器学习方面的研究人员正在为该领域做出贡献。由于该领域非常广阔，很难把握它过去几十年的非凡进展。

六年前，Jiawei Han 和 Micheline Kamber 的原创性教科书将数据挖掘的内容组织在一起并呈现给读者。它预示了数据挖掘领域的创新黄金时代的到来。他们的书的新版反映了该领域的进展，一半以上的参考文献和历史注释都涉及当前的研究。该领域已经成熟，出现了许多新的、改进的算法；该领域已经拓宽，包含了更多数据类型，如流、序列、图、时间序列、地理空间、音频、图像和视频。我们不仅可以肯定这个黄金时代尚未结束（数据挖掘研究和商业兴趣正在继续增长），而且，这本数据挖掘的现代著作的面世是我们所庆幸的。

本书首先提供数据库和数据挖掘概念的简略介绍，特别强调数据分析。然后，逐章介绍分类、预测、关联和聚类等基础概念和技术。这些主题辅以实例，对每类问题均提供代表性算法，并对每种技术的应用给出注重实效的规则。这种苏格拉底式的表达风格具有很好的可读性，并且内容丰富。我已通过阅读第 1 版学到了许多知识，并且在阅读第 2 版时再次受益并更新了知识。

Jiawei Han 和 Micheline Kamber 在数据挖掘研究方面一直处于领先地位。这是一本他们用于培养自己的学生，以加快该领域发展的教材。该领域发展非常迅速，本书提供了一条学习该领域基本思想和了解该领域现状的快捷之路。我认为本书内容丰富、刺激，相信读者也会有同样的感触。

Jim Gray

Microsoft Research

美国加利福尼亚旧金山

社会的计算机化显著地增强了我们产生和收集数据的能力。大量数据从我们生活的每个角落涌出。存储的或瞬态的数据的爆炸性增长已激起对新技术和自动工具的需求，以帮助我们智能地将海量数据转换成有用的信息和知识。这导致称做数据挖掘的一个计算机科学前沿学科的产生，这是一个充满希望和欣欣向荣并具有广泛应用的学科。数据挖掘通常又称为数据中的知识发现（KDD），是自动地或方便地提取代表知识的模式；这些模式隐藏在大型数据库、数据仓库、Web、其他大量信息库或数据流中。

本书考察知识发现和数据挖掘的基本概念和技术。作为一个多学科领域，数据挖掘从多个学科汲取营养。这些学科包括统计学、机器学习、模式识别、数据库技术、信息检索、网络科学、知识库系统、人工智能、高性能计算和数据可视化。我们提供发现隐藏在大型数据集中的模式的技术，关注可行性、有用性、有效性和可伸缩性问题。因此，本书不打算作为数据库系统、机器学习、统计学或其他某领域的导论，尽管我们确实提供了这些领域的必要背景材料，以便读者理解它们各自在数据挖掘中的作用。本书是对数据挖掘的全面介绍。对于计算科学的学生、应用开发人员、行业专业人员以及涉及以上列举的学科的研究人员，本书应当是有用的。

数据挖掘出现于20世纪80年代后期，20世纪90年代有了突飞猛进的发展，并可望在新千年继续繁荣。本书全面展示该领域，介绍有趣的数据挖掘技术和系统，并讨论数据挖掘的应用和研究方向。写本书的重要动机是需要建立一个学习数据挖掘的有组织的框架——由于这个快速发展领域的多学科特点，这是一项具有挑战性的任务。我们希望本书有助于具有不同背景和经验的人交换关于数据挖掘的见解，为进一步促进这个令人激动的、不断发展的领域的成长做出贡献。

本书的组织

自本书第1版、第2版出版以来，数据挖掘领域已经取得了重大进展，开发出了许多新的数据挖掘方法、系统和应用，特别是对于处理包括信息网络、图、复杂结构和数据流，以及文本、Web、多媒体、时间序列、时间空间数据在内的新的数据类型。这种快速发展、新技术不断涌现使得在一本书中涵盖整个领域的广泛内容非常困难。因此，我们决定与其继续扩大本书的涵盖面，还不如让本书以足够的广度和深度涵盖该领域的核心内容，而把复杂数据类型的处理留给另一本即将面世的书。

第3版对本书的前两版做了全面修订，加强和重新组织了全书的技术内容，显著地扩充和加强处理一般数据类型挖掘的核心技术。第2版中讨论特定主题的章节（例如，数据预处理、频繁模式挖掘、分类和聚类）在这一版都被扩充，每章都分成两章。对于这些主题，一章囊括基本概念和技术，而另一章提供高级概念和方法。

第2版关于复杂数据类型的章节（例如，流数据、序列数据、图结构数据、社会网络数据和多重关系数据，以及文本、Web、多媒体和时间空间数据）现在保留给专门介绍数据挖掘的高级课题的新书。为了支持读者学习这些高级课题，我们把第2版的相关章节的电子版放在本书的网站上，作为第3版的配套材料。

第3版各章的简要内容如下（重点介绍新的内容）：

第1章提供关于数据挖掘的多学科领域的导论。该章讨论导致需要数据挖掘的数据库技术的发展历程和数据挖掘应用的重要性。该章考察挖掘的数据类型，包括关系的、事务的和数据仓库数据，以及复杂的数据类型，如时间序列、序列、数据流、时间空间数据、多媒体数据、文本数据、图、社会网络和 Web 数据。该章根据所挖掘的知识类型、所使用的技术以及目标应用的类型，对数据挖掘任务进行了一般分类。最后讨论该领域的主要挑战。

第2章介绍一般数据特征。该章首先讨论数据对象和属性类型，然后介绍基本统计数据描述的典型度量。该章概述各种类型数据的数据可视化技术。除了数值数据的可视化方法外，还介绍文本、标签、图和多维数据的可视化方法。第2章还介绍度量各种类型数据的相似性和相异性的方法。

第3章介绍数据预处理技术。该章首先介绍数据质量的概念，然后讨论数据清理、数据集成、数据归约、数据变换和数据离散化的方法。

第4章和第5章是数据仓库、*OLAP*（联机分析处理）和数据立方体技术的引论。**第4章**介绍数据仓库和 OLAP 的基本概念、建模、结构、一般实现，以及数据仓库和其他数据泛化的关系。**第5章**更深入地考察数据立方体技术，详细地研究数据立方体的计算方法，包括 Star-Cubing 和高维 OLAP 方法。该章还讨论数据立方体和 OLAP 技术的进一步研究，如抽样立方体、排序立方体、预测立方体、用于复杂数据挖掘查询的多特征立方体和发现驱动的数据立方体的探查。

第6章和第7章介绍挖掘大型数据集中的频繁模式、关联和相关性的方法。**第6章**介绍基本概念，如购物篮分析，还有条理地提供了许多频繁项集挖掘技术。这些涵盖从基本 Apriori 算法和它的变形，到改进性能的更高级的方法，包括频繁模式增长方法，使用数据的垂直形式的频繁模式挖掘，挖掘闭频繁项集和极大频繁项集。该章还讨论模式评估方法并介绍挖掘相关模式的度量。**第7章**介绍高级模式挖掘方法。该章讨论多层和多维空间中的模式挖掘，挖掘稀有和负模式，挖掘巨型模式和高维空间数据，基于约束的模式挖掘和挖掘压缩或近似模式。该章还介绍模式探查和应用的方法，包括频繁模式的语义注解。

第8章和第9章介绍数据分类方法。由于分类方法的重要性和多样性，内容被划分成两章。**第8章**介绍分类的基本概念和方法，包括决策树归纳、贝叶斯分类和基于规则的分类。该章还讨论模型评估和选择方法，以及提高分类准确率的方法，包括组合方法和处理不平衡数据。**第9章**讨论分类的高级方法，包括贝叶斯信念网络、后向传播的神经网络技术、支持向量机、使用频繁模式的分类、k-最邻近分类、基于案例的推理、遗传算法、粗糙集理论和模糊集方法。附加的主题包括多类分类、半监督分类、主动学习和迁移学习。

聚类分析是第10章和第11章的主题。**第10章**介绍数据聚类的基本概念和方法，包括基本聚类分析方法的概述、划分方法、层次方法、基于密度的方法和基于网格的方法。该章还介绍聚类评估方法。**第11章**讨论聚类的高级方法，包括基于概率模型的聚类、聚类高维数据、聚类图和网络数据，以及基于约束的聚类。

第12章专门讨论离群点检测。本章介绍离群点的基本概念和离群点分析，并从各种监督力度（监督的、半监督的和无监督的）以及方法角度（统计学方法、基于邻近性的方法、基于聚类的方法和基于分类的方法）讨论离群点检测方法。该章还讨论挖掘情境离群点和集体离群点，以及高维数据中的离群点检测。

最后，在**第13章**我们讨论数据挖掘的趋势、应用和研究前沿。我们简略地介绍挖掘复杂数据类型，包括挖掘序列数据（例如，时间序列、符号序列和生物学序列），挖掘图和网络，以及挖掘空间、多媒体、文本和 Web 数据。这些数据挖掘方法的深入讨论留给正在撰写的数据挖掘高级课题一书。然后，该章转向讨论其他数据挖掘方法学，包括统计学数据挖掘、数据挖掘基础、可视和听觉数据挖掘，以及数据挖掘的应用。讨论数据挖掘在金融数据分析、零售和电信产业、科学与工程，以及入侵检测和预防方面的应用。该章还讨论数据挖掘与推荐系统的联系。由于数据挖掘出现在我们日常生活的方方面面，所以我们讨论数据挖掘与社会，包括无处不在和无形的数据挖掘，以及隐私、安全和数据挖掘对社会的影响。我们用考察数据挖掘的发展趋势结束本书。

书中楷体字用于强调定义的术语，而黑体字用于突出主要思想。

本书与其他数据挖掘教材相比具有一些显著特点：它广泛、深入地讨论了数据挖掘原理。各章尽可能是自包含的，使得读者可以按自己感兴趣的次序阅读。高级章节提供了更大的视野，感兴趣的读者可以选读。本书提供了数据挖掘的所有主要方法，还提供了关于多维OLAP 分析等数据挖掘的重要主题，这些主题在其他书中常常被忽略或很少提及。本书还维护了一个网站，其中包含大量在线资源，为教师、学生和该领域的专业人员提供支持。这些将在下面介绍。

致教师

本书旨在提供数据挖掘领域的一个广泛而深入的概览，可以作为高年级本科生或一年级研究生的数据挖掘导论。除了讲稿、教师指南和阅读材料列表等教学资源之外，本书网站（*www. cs. uiuc. edu/ ~ hanj/bk*3 或 *www. booksite. mkp. com/datamining*3e）还提供了一个样本课程安排。

根据授课学时、学生的背景和你的兴趣，你可以选取章节的子集，以不同的顺序进行讲授。例如，如果你只打算给学生讲授数据挖掘入门导论，可以按照图 P.1 的建议。注意，根据需要，必要时可以省略其中某些节或某些小节。

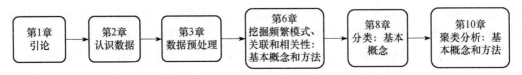

图 P.1　入门导论课程的建议章节序列

根据学时和讲授范围，你可以有选择地把更多的章节增加到这个基本序列中。例如，对高级分类方法更感兴趣的教师可以首先增加"第 9 章　分类：高级方法"；对模式挖掘更感兴趣的教师可以选择包括"第 7 章　高级模式挖掘"；而对 OLAP 和数据立方体技术感兴趣的教师可以增加"第 4 章　数据仓库与联机分析处理"和"第 5 章　数据立方体技术"。

或者，你可以选择在两个学期的系列课程中讲授整本书，包括本书的所有章节，时间允许的话，加上图和网络挖掘这样的高级课题。这些高级课题可以从本书网站提供的配套材料选择，辅以挑选的研究论文。

本书的每一章都可以用做自学材料，或者用做数据库系统、机器学习、模式识别和数据智能分析等相关课程的专题。

每章后面都有一些习题，适合作为家庭作业。这些习题或者是用于测验对内容的掌握情况的小问题，或者是需要分析思考的大问题，或者是实现设计。有些习题也可以用做研究讨论课题。每章后面的文献注释可以用来查找包含正文中提供的概念和方法的来源、相关课题的深入讨论和可能的扩展的研究文献。

致学生

我们希望本书将激发你对年青，但正在快速发展的数据挖掘领域的兴趣。我们试图以清晰的方式提供材料，仔细地解释所涵盖的主题。每一章后面都附有一个小结，总结要点。全书包含了许多图和解释，以便使本书更加有趣和便于阅读。尽管本书是作为教材编写的，但是我们也试图把它组织成一本有用的参考书或手册，以有助于你今后在数据挖掘方面进行深入研究和求职。

为阅读本书，你需要知道什么？

- 你应当具有关于统计学、数据库系统和机器学习的概念和术语方面的知识。然而，我们尽力提供这些基础知识的足够背景，以便在读者对这些领域不太熟悉或者记忆有些淡忘时，也能够理解本书的讨论。
- 你应当具有一些程序设计经验。特别是你应当能够阅读伪代码，能够理解像多维数组这样的简单数据结构。

致专业人员

本书旨在涵盖数据挖掘领域的广泛主题。因此，本书是关于该主题的一本优秀手册。由于每一章的编写都尽可能独立，所以读者可以关注自己最感兴趣的课题。希望学习数据挖掘关键思想的应用程序员和信息服务管理人员可以使用本书。对于有兴趣使用数据挖掘技术解决其业务问题的银行、保险、医药和零售业的数据分析人员，本书也是有用的。此外，本书也可以作为数据挖掘领域的全面综述，有助于研究人员提升数据挖掘技巧，扩展数据挖掘的应用范围。

本书所提供的技术和算法是实用的，介绍的算法适合于发现隐藏在大型、现实数据集中的模式和知识，而不是挑选在小型"玩具"数据库上运行良好的算法。本书提供的每个算法都用伪代码解释。伪代码类似于程序设计语言 C，但也精心加以策划，使得不熟悉 C 或 C++的程序员易于理解。如果你想实现算法，你会发现将我们的伪代码转换成选定的程序设计语言程序是一项非常简单的任务。

本书资源网站

本书网站的地址是 *www. cs. uiuc. edu/ ~ hanj/bk*3，另一个是 Morgan Kaufmann 出版社的网站 *www. booksite. mkp. com/datamining*3*e*。这些网站为本书的读者和对数据挖掘感兴趣的人提供了一些附加材料，资源包括：

- **每章的幻灯片**。提供了用微软的 PowerPoint 制作的每章教案。
- **高级数据挖掘的配套章节**。本书第 2 版的第 8 ~ 10 章涵盖了挖掘复杂的数据类型，这超出了本书的主题，对这些高级主题感兴趣的读者可从网站上获取。
- **教师手册**。本书习题的完整答案通过出版社的网站只向教师提供。
- **课程提纲和教学计划**。使用本书和幻灯片用于数据挖掘导论课程和高级教程的本科生和研究生，可以获取这些资源。
- **带超链接的辅助阅读文献列表**。补充读物的原创性文章按章组织。
- **到数据挖掘数据集和软件的链接**。我们将提供到数据挖掘数据集和某些包含有趣的数据挖掘软件包的站点的链接，如到伊利诺伊大学厄巴纳－尚佩恩分校 IlliMine 的链接（*http*：//*illimine. cs. uiuc. edu*）。

- **作业、考试和课程设计样本**。一组作业、考试和课程设计样本将在出版社的网站上向教师提供。
- **本书的插图**。这可能有助于你制作自己的课堂教学幻灯片。
- **本书目录**。PDF 格式。
- **本书不同印次的勘误表**。欢迎读者指出本书中的错误。一旦错误被证实，我们将更新勘误表，并对你的贡献致谢。

评论或建议请发往 *hanj@cs.uiuc.edu*。我们很高兴听到你的建议。

第 3 版致谢

我们向 UIUC 数据挖掘小组以前和现在的所有成员、伊利诺伊大学厄巴纳－尚佩恩分校计算机科学系的数据与信息系统实验室（DAIS）的教师和学生以及许多朋友和同事表达我们的诚挚谢意，他们始终不渝的支持使得我们在这一版的工作中受益匪浅。我们还希望感谢 UIUC 2010—2011 学年 CS412 和 CS512 课程的学生，他们仔细地通读了本书的初稿，找出了许多错误，提出了各种改进意见。

我们还希望感谢 Morgan Kaufmann 出版社的发行人 David Bevans 和 Rick Adams，感谢他们在我们写作本书时所表现出的热情、耐心和支持。我们感激该书的项目经理 Marilyn Rash 和她的团队，他们使得我们按期完稿。

我们对所有的评论者不胜感激，感谢他们的无价反馈。此外，我们感谢美国国家科学基金会、NASA、美国空军科学研究办公室、美国军事研究实验室、加拿大自然科学与工程研究委员会（NSERC），以及 IBM 研究院、微软研究院、Google、雅虎研究院、波音、HP 实验室和其他业界实验室，感谢他们在研究基金、合同和赠予方面对我们的研究的支持。这些研究加深了我们对本书所讨论课题的理解。最后，我们感谢我们的家人，感谢他们对该项目的全身心支持。

第 2 版致谢

我们向 UIUC 数据挖掘小组以前和现在的所有成员、伊利诺伊大学厄巴纳－尚佩恩分校计算机科学系的数据与信息系统实验室（DAIS）的教师和学生以及许多朋友和同事表示感谢，他们始终不渝的支持使得我们在第 2 版的工作中受益匪浅。这些人包括：Gul Agha, Rakesh Agrawal, Loretta Auvil, Peter Bajcsy, Geneva Belford, Deng Cai, Y. Dora Cai, Roy Cambell, Kevin C.-C. Chang, Surajit Chaudhuri, Chen Chen, Yixin Chen, Yuguo Chen, Hong Cheng, David Cheung, Shengnan Cong, Gerald DeJong, AnHai Doan, Guozhu Dong, Charios Ermopoulos, Martin Ester, Christos Faloutsos, Wei Fan, Jack C. Feng, Ada Fu, Michael Garland, Johannes Gehrke, Hector Gonzalez, Mehdi Harandi, Thomas Huang, Wen Jin, Chulyun Kim, Sangkyum Kim, Won Kim, Won-Young Kim, David Kuck, Young-Koo Lee, Harris Lewin, Xiaolei Li, Yifan Li, Chao Liu, Han Liu, Huan Liu, Hongyan Liu, Lei Liu, Ying Lu, Klara Nahrstedt, David Padua, Jian Pei, Lenny Pitt, Daniel Reed, Dan Roth, Bruce Schatz, Zheng Shao, Marc Snir, Zhaohui Tang, Bhavani M. Thuraisingham, Josep Torrellas, Peter Tzvetkov, Benjamin W. Wah, Haixun Wang, Jianyong Wang, Ke Wang, Muyuan Wang, Wei Wang, Michael Welge, Marianne Winslett, Ouri Wolfson, Andrew Wu, Tianyi Wu, Dong Xin, Xifeng Yan, Jiong Yang, Xiaoxin Yin, Hwanjo Yu, Jeffrey X. Yu, Philip S. Yu, Maria Zemankova, ChengXiang Zhai, Yuanyuan Zhou, Wei Zou。

Deng Cai 和 ChengXiang Zhai 对文本挖掘和 Web 挖掘两节，Xifeng Yan 对图挖掘一节，Xiaoxin Yin 对多重关系挖掘一节做出了贡献。Hong Cheng, Charios Ermopoulos, Hector Gonzalez, David J. Hill, Chulyun Kim, Sangkyum Kim, Chao Liu, Hongyan Liu, Kasif

Manzoor，Tianyi Wu，Xifeng Yan，Xiaoxin Yin 校阅了手稿的部分章节。

我们还希望感谢 Morgan Kaufmann 出版社的发行人 Diane Cerra，感谢她在本书写作期间的热情、耐心和支持。我们感激该书的项目经理 Alan Rose，感谢他不知疲倦和及时地与我们联系，安排出版过程的每个细节。我们对所有的评论者不胜感激，感谢他们的无价反馈。最后，我们感谢我们的家人，感谢他们对该项目的全身心支持。

第 1 版致谢

我们希望向曾经或正与我们一道从事数据挖掘相关研究和 DBMiner 项目，或者在数据挖掘方面向我们提供各种支持的所有人表示衷心感谢。这些人包括：Rakesh Agrawal，Stella Atkins，Yvan Bedard，Binay Bhattacharya，（Yandong）Dora Cai，Nick Cercone，Surajit Chaudhuri，Sonny H. S. Chee，Jianping Chen，Ming-Syan Chen，Qing Chen，Qiming Chen，Shan Cheng，David Cheung，Shi Cong，Son Dao，Umeshwar Dayal，James Delgrande，Guozhu Dong，Carole Edwards，Max Egenhofer，Martin Ester，Usama Fayyad，Ling Feng，Ada Fu，Yongjian Fu，Daphne Gelbart，Randy Goebel，Jim Gray，Robert Grossman，Wan Gong，Yike Guo，Eli Hagen，Howard Hamilton，Jing He，Larry Henschen，Jean Hou，Mei-Chun Hsu，Kan Hu，Haiming Huang，Yue Huang，Julia Itskevitch，Wen Jin，Tiko Kameda，Hiroyuki Kawano，Rizwan Kheraj，Eddie Kim，Won Kim，Krzysztof Koperski，Hans-Peter Kriegel，Vipin Kumar，Laks V. S. Lakshmanan，Joyce Man Lam，James Lau，Deyi Li，George（Wenmin）Li，Jin Li，Ze-Nian Li，Nancy Liao，Gang Liu，Junqiang Liu，Ling Liu，Alan（Yijun）Lu，Hongjun Lu，Tong Lu，Wei Lu，Xuebin Lu，Wo-Shun Luk，Heikki Mannila，Runying Mao，Abhay Mehta，Gabor Melli，Alberto Mendelzon，Tim Merrett，Harvey Miller，Drew Miners，Behzad Mortazavi-Asl，Richard Muntz，Raymond T. Ng，Vicent Ng，Shojiro Nishio，Beng-Chin Ooi，Tamer Ozsu，Jian Pei，Gregory Piatetsky-Shapiro，Helen Pinto，Fred Popowich，Amynmohamed Rajan，Peter Scheuermann，Shashi Shekhar，Wei-Min Shen，Avi Silberschatz，Evangelos Simoudis，Nebojsa Stefanovic，Yin Jenny Tam，Simon Tang，Zhaohui Tang，Dick Tsur，Anthony K. H. Tung，Ke Wang，Wei Wang，Zhaoxia Wang，Tony Wind，Lara Winstone，Ju Wu，Betty（Bin）Xia，Cindy M. Xin，Xiaowei Xu，Qiang Yang，Yiwen Yin，Clement Yu，Jeffrey Yu，Philip S. Yu，Osmar R. Zaiane，Carlo Zaniolo，Shuhua Zhang，Zhong Zhang，Yvonne Zheng，Xiaofang Zhou，Hua Zhu。

我们还要感谢 Jean Hou，Helen Pinto，Lara Winstone，Hua Zhu，感谢他们帮助绘制本书的一些草图；感谢 Eugene Belchev，感谢他小心地校对了每一章。

我们还希望感谢 Morgan Kaufmann 出版社的执行总编辑 Diane Cerra，感谢她在本书写作期间的热情、耐心和支持；感谢本书的责任印制 Howard Severson 和他的同事，感谢他们尽职尽责的努力，使本书顺利出版。我们对所有的评论者不胜感激，感谢他们的无价反馈。最后，我们感谢我们的家人，感谢他们对该项目的全身心支持。

Jiawei Han（韩家炜）是伊利诺伊大学厄巴纳 – 尚佩恩分校计算机科学系的 Bliss 教授。他因知识发现和数据挖掘研究方面的贡献而获得许多奖励，包括 ACM SIGKDD 创新奖（2004）、IEEE 计算机学会技术成就奖（2005）和 IEEE W. Wallace McDowell 奖（2009）。他是 ACM 和 IEEE 会士。他还担任《ACM Transactions on Knowledge Discovery from Data》的执行主编（2006—2011）和许多杂志的编委，包括《IEEE Transactions on Knowledge and Data Engineering》和《Data Mining Knowledge Discovery》。

Micheline Kamber 由加拿大魁北克蒙特利尔 Concordia 大学获计算机科学（人工智能专业）硕士学位。她曾是 NSERC 学者，作为研究者在 McGill 大学、西蒙 – 弗雷泽大学和瑞士工作。她的数据挖掘背景和以易于理解的形式写作的热情使得本书更受专业人员、教师和学生的欢迎。

Jian Pei（裴健）现在是西蒙 – 弗雷泽大学计算机科学学院教授。他在 Jiawei Han 的指导下，于 2002 年获西蒙 – 弗雷泽大学计算科学博士学位。他在数据挖掘、数据库、Web 搜索和信息检索的主要学术论坛发表了大量文章，并积极服务于学术团体。他的文章被引用数千次，并获多次荣誉奖。他是多种数据挖掘和数据分析杂志的助理编辑。

引　论

本书是一个导论，介绍一个年青并且快速成长的领域——*数据挖掘*（又称*从数据中发现知识*，简称 KDD）。本书关注从各种各样的应用数据中发现有趣数据模式的数据挖掘基本概念和技术，特别是那些开发有效的、可伸缩的数据挖掘工具的卓越技术。

本章组织如下：在 1.1 节，我们将学习为什么需要数据挖掘和数据挖掘如何成为信息技术自然进化的一部分。1.2 节从知识发现过程定义数据挖掘。之后，我们将从各种角度学习数据挖掘，如可供挖掘的数据（1.3 节），可以发现的模式（1.4 节），所使用的技术（1.5 节），以及应用（1.6 节）。这样，你将获得数据挖掘的多维视图。最后，1.7 节概述数据挖掘研究和发展的主要问题。

1.1　为什么进行数据挖掘

需要是发明之母。——柏拉图

我们生活在大量数据日积月累的年代。分析这些数据是一种重要需求。1.1.1 节考察数据挖掘如何通过提供从数据中发现知识的工具来满足这种需求。在 1.1.2 节，我们观察数据挖掘为何被视为信息技术的自然进化的结果。

1.1.1　迈向信息时代

一种流行的说法是"我们生活在信息时代"。然而，实际上我们生活在数据时代。每天，来自商业、社会、科学和工程、医学以及我们日常生活的方方面面的数兆兆字节（Tera-Byte，TB）或数千兆兆字节（Peta-Byte，PB）[⊖] 的数据注入我们的计算机网络、万维网（WWW）和各种数据存储设备。可用数据的爆炸式增长是我们的社会计算机化和功能强大的数据收集和存储工具快速发展的结果。世界范围的商业活动产生了巨大的数据集，包括销售事务、股票交易记录、产品描述、促销、公司利润和业绩以及顾客反馈。例如，像沃尔玛这样的大型商场遍及世界各地的数以千计的超市每周都要处理数亿交易。科学和工程实践持续不断地从遥感、过程测量、科学实验、系统实施、工程观测和环境监测中产生多达数千兆兆字节的数据。

全球主干通信网每天传输数万兆兆字节数据。医疗保健业由医疗记录、病人监护和医学图像产生大量数据。搜索引擎支持的数十亿次 Web 搜索每天处理数万兆兆字节数据。社团和社会化媒体已经成为日趋重要的数据源，产生数字图像、视频、网络博客、网络社区和形形色色的社会网络。产生海量数据的数据源不胜枚举。

数据的爆炸式增长、广泛可用和巨大数量使得我们的时代成为真正的数据时代。急需功能强大和通用的工具，以便从这些海量数据中发现有价值的信息，把这些数据转化成有组织的知识。这种需求导致了数据挖掘的诞生。这个领域是年青的、动态变化的、生机勃勃的。数据挖掘已经并且将继续在我们从数据时代大步跨入信息时代的历程中做出贡献。

⊖　Peta-Byte（千兆兆字节）是一种信息或计算机存储单位，1PB = 1000TB（兆兆字节）= 1 000 000GB（千兆字节）。

例 1.1　**数据挖掘把大型数据集转换成知识**。像 Google 这样的搜索引擎每天接受数亿次查询。每个查询都被看做一个事务,用户通过事务描述他们的信息需求。随着时间的推移,搜索引擎可以从这些大量的搜索查询中学到什么样的新颖的、有用的知识?有趣的是,从众多用户查询中发现的某些模式能够揭示无价的知识,这些知识无法通过仅读取个体数据项得到。例如,Google 的 *Flu Trends*(流感趋势)使用特殊的搜索项作为流感活动的指示器。它发现了搜索流感相关信息的人数与实际具有流感症状的人数之间的紧密联系。当与流感相关的所有搜索都聚集在一起时,一个模式就出现了。使用聚集的搜索数据,Google 的 *Flu Trends* 可以比传统的系统早两周对流感活动作出评估⊖。这个例子表明,数据挖掘如何把大型数据集转化成知识,帮助我们应对当代的全球性挑战。　■

1.1.2　数据挖掘是信息技术的进化

数据挖掘可以看做信息技术自然进化的结果。数据库和数据管理产业在一些关键功能的开发上不断发展(见图 1.1):*数据收集和数据库创建、数据管理*(包括数据存储和检索、数据库事务处理)*和高级数据分析*(包括数据仓库和数据挖掘)。数据收集和数据库创建机制的早期开发已经成为稍后数据存储和检索以及查询和事务处理的有效机制开发的必备基础。今天,大量数据库系统提供查询和事务处理已经司空见惯。高级数据分析自然成为下一步。

自 20 世纪 60 年代以来,数据库和信息技术已经系统地从原始的文件处理演变成复杂的、功能强大的数据库系统。自 20 世纪 70 年代以来,数据库系统的研究和开发已经从开发层次和网状数据库发展到开发关系数据库系统(数据存放在关系表结构中。见 1.3.1 节)、数据建模工具、索引和存取方法。此外,用户通过查询语言、用户界面、查询处理优化和事务管理,可以方便、灵活地访问数据。联机事务处理(OLTP)的有效方法将查询看做只读事务,对于关系技术的发展以及把关系技术作为大量数据的有效存储、检索和管理的主要工具做出了重要贡献。

数据库管理系统建立之后,数据库技术就转向*高级数据库系统、支持高级数据分析的数据仓库和数据挖掘、基于 Web 的数据库*。例如,高级数据库系统导致了 20 世纪 80 年代中期以来的研究高潮。这些系统体现了新的、功能强大的数据模型,如扩充关系的、面向对象的、对象–关系的和演绎的模型。包括空间的、时间的、多媒体的、主动的、流和传感器的、科学与工程数据库、知识库、办公信息库在内的面向应用的数据库系统百花齐放。数据的分布、多样性和共享问题被广泛研究。

高级数据分析源于 20 世纪 80 年代后期。在过去的 30 年中,计算机硬件的稳步、令人眼花缭乱的进步,导致了功能强大和价格可以接受的计算机、数据收集设备和存储介质的大量供应。这些技术大大推动了数据库和信息产业的发展,使得大量数据库和信息存储库用于事务管理、信息检索和数据分析。现在,数据可以存放在不同类型的数据库和信息存储库中。

最近出现的一种数据存储结构是**数据仓库**(1.3.2 节)。这是一种多个异构数据源在单个站点以统一的模式组织的存储,以支持管理决策。数据仓库技术包括数据清理、数据集成和联机分析处理(OLAP)。OLAP 是一种分析技术,具有汇总、合并和聚集以及从不同的角度观察信息的能力。尽管 OLAP 工具支持多维分析和决策,但是对于深层次的分析,仍然需

⊖　这在［GMP + 09］中报告。

要其他分析工具，如提供数据分类、聚类、离群点/异常检测和刻画数据随时间变化等特征的数据挖掘工具。

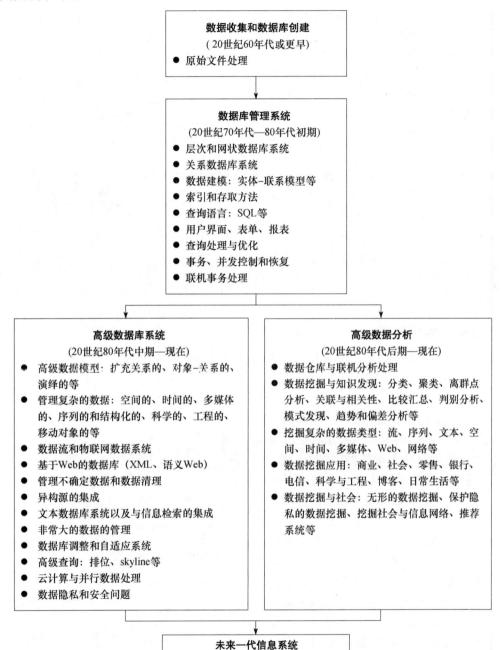

图 1.1　数据库系统技术的演变

大量数据不仅仅是累积在数据库和数据仓库中。20 世纪 90 年代，万维网和基于 Web 的数据库（例如，XML 数据库）开始出现。诸如万维网和各种互联的、异种数据库等基于互联网的全球信息库已经出现，并在信息产业中扮演极其重要的角色。通过集成信息检索、数据挖掘和信息网络分析技术来有效地分析这些不同形式的数据成为一项具有挑战性的任务。

总之，丰富的数据以及对强有力的数据分析工具的需求，这种情况被描述为"数据丰富，但信息贫乏"（见图1.2）。快速增长的海量数据收集、存放在大量的大型数据库中，没有强有力的工具，理解它们已经远远超出了人的能力。结果，收集在大型数据库中的数据变成了"数据坟墓"——难得再访问的数据档案。这样，重要的决策常常不是基于数据库中含有丰富信息的数据，而是基于决策者的直觉。之所以如此，仅仅是因为决策者缺乏从海量数据中提取有价值知识的工具。尽管在开发专家系统和知识库系统方面已经做出很大的努力，但是这种系统通常依赖用户或领域专家人工地将知识输入知识库。但不幸的是，这一过程常常有偏差和错误，并且费用高、耗费时间。数据和信息之间的鸿沟越来越宽，这就要求必须系统地开发数据挖掘工具，将数据坟墓转换成知识"金块"。

图1.2 世界是数据丰富但信息贫乏的

1.2 什么是数据挖掘

毫不奇怪，作为一个多学科领域，数据挖掘可以用多种方法定义。即使术语"数据挖掘"本身实际上也不能完全表达其主要含义。从矿石或砂子中挖掘黄金称做黄金挖掘，而不是砂石挖掘。类似地，数据挖掘应当更正确地命名为"从数据中挖掘知识"，不幸的是这有点长。然而，较短的术语"知识挖掘"可能反映不出强调的是从大量数据中挖掘。毕竟，"挖掘"是一个很生动的术语，它抓住了从大量的、未加工的材料中发现少量宝贵金块这一过程的特点（见图1.3）。这样，这种不恰当的用词包含了"数据"和"挖掘"，成了一种流行的选择。此外，还有一些术语具有和数据挖掘类似的含义，例如*从数据中挖掘知识、知识提取、数据/模式分析、数据考古和数据捕捞*。

许多人把数据挖掘视为另一个流行术语**数据中的知识发现**（**KDD**）的同义词，而另一些人只是把数据挖掘视为知识发现过程的一个基本步骤。知识发现过程如图1.4所示，由以下步骤的迭代序列组成：

(1) **数据清理**（消除噪声和删除不一致数据）。

(2) **数据集成**（多种数据源可以组合在一起）。⊖

图1.3 数据挖掘：在数据中搜索知识（有趣的模式）

⊖ 信息产业界的一个流行趋势是将数据清理和数据集成作为预处理步骤执行，结果数据存放在数据仓库中。

（3）**数据选择**（从数据库中提取与分析任务相关的数据）。

（4）**数据变换**（通过汇总或聚集操作，把数据变换和统一成适合挖掘的形式）。⊖

（5）**数据挖掘**（基本步骤，使用智能方法提取数据模式）。

（6）**模式评估**（根据某种兴趣度度量，识别代表知识的真正有趣的模式。见 1.4.6 节）。

（7）**知识表示**（使用可视化和知识表示技术，向用户提供挖掘的知识）。

步骤 1~4 是数据预处理的不同形式，为挖掘准备数据。数据挖掘步骤可能与用户或知识库交互。有趣的模式提供给用户，或作为新的知识存放在知识库中。

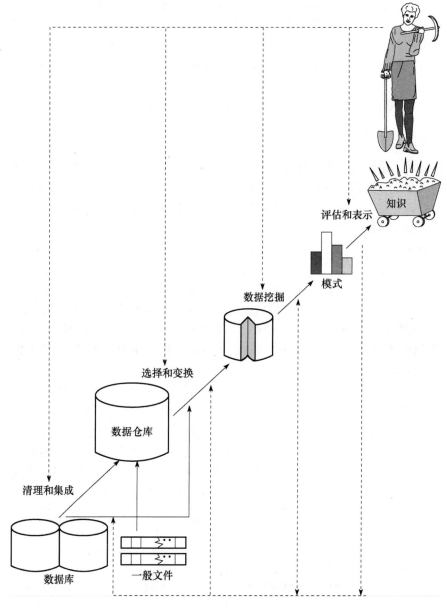

图 1.4　数据挖掘视为知识发现过程的一个步骤

⊖　有时，数据变换和数据统一在数据选择过程之前进行，特别是在数据仓库化的情况下。可能还需要进行数据归约，以得到原始数据的较小表示，而不牺牲完整性。

这种观点把数据挖掘看做知识发现过程中的一个步骤，尽管是最重要的一个步骤，因为它发现用来评估的隐藏模式。然而，在产业界、媒体和研究界，"数据挖掘"通常用来表示整个知识发现过程（或许因为术语"数据挖掘"比"从数据中发现知识"短）。因此，我们采用广义的数据挖掘功能的观点：**数据挖掘**是从大量数据中挖掘有趣模式和知识的过程。数据源包括数据库、数据仓库、Web、其他信息存储库或动态地流入系统的数据。

1.3 可以挖掘什么类型的数据

作为一种通用技术，数据挖掘可以用于任何类型的数据，只要数据对目标应用是有意义的。对于挖掘的应用，数据的最基本形式是数据库数据（1.3.1节）、数据仓库数据（1.3.2节）和事务数据（1.3.3节）。本书提供的概念和技术集中考虑这类数据。数据挖掘也可以用于其他类型的数据（例如，数据流、有序/序列数据、图或网络数据、空间数据、文本数据、多媒体数据和万维网）。在1.3.4节，我们给出这些数据的概述。关于这类数据的挖掘技术在第13章简略介绍。随着新的数据类型的出现，数据挖掘无疑也将包含它们。

1.3.1 数据库数据

数据库系统，也称**数据库管理系统**（DBMS），由一组内部相关的数据（称做**数据库**）和一组管理和存取数据的软件程序组成。软件程序提供如下机制：定义数据库结构和数据存储，说明和管理并发、共享或分布式数据访问，面对系统瘫痪或未授权的访问，确保存储的信息的一致性和安全性。

关系数据库是表的汇集，每个表都被赋予一个唯一的名字。每个表都包含一组**属性**（列或字段），并且通常存放大量**元组**（记录或行）。关系表中的每个元组代表一个对象，被唯一的**关键字**标识，并被一组属性值描述。通常为关系数据库构建语义数据模型，如**实体 - 联系**（ER）数据模型。ER数据模型将数据库表示成一组实体和它们之间的联系。

例1.2 AllElectronics 的关系数据库。本书中虚构的 AllElectronics 商店用于解释概念。该公司用下列关系表描述：*customer*，*item*，*employee* 和 *branch*。这些表的的表头显示在图1.5中（表头又称关系模式）。

- 关系 *customer* 由一组描述顾客信息的属性组成，包括顾客的唯一标识号（*cust_ID*）、顾客的姓名、地址、年龄、职业、年收入、信用信息、类别等。
- 类似地，关系 *employee*，*branch* 和 *item* 都包含一组属性，描述这些实体的性质。
- 表也可以用来表示多个实体之间的联系。在我们的例子中，这种表包括 *purchases*（顾客购买商品，创建一个由雇员处理的销售事务）、*items_sold*（给定事务销售的商品列表）和 *work_at*（雇员在 AllElectronics 的一个部门工作）。 ∎

customer	(*cust_ID, name, address, age, occupation, annual_income, credit_information, category, ...*)
item	(*item_ID, brand, category, type, price, place_made, supplier, cost, ...*)
employee	(*empl_ID, name, category, group, salary, commission, ...*)
branch	(*branch_ID, name, address, ...*)
purchases	(*trans_ID, cust_ID, empl_ID, date, time, method_paid, amount*)
items_sold	(*trans_ID, item_ID, qty*)
works_at	(*empl_ID, branch_ID*)

图 1.5 AllElectronics 关系数据库的关系模式

关系数据可以通过**数据库查询**访问。数据库查询使用如 SQL 这样的关系查询语言，或借助于图形用户界面书写。一个给定的查询被转换成一系列关系操作，如连接、选择和投影，并被优化，以便有效地处理。查询可以提取数据的一个指定的子集。假设你的工作是分析 AllElectronics 的数据。通过使用关系查询，你可以提这样的问题："显示一个列有上个季度销售的所有商品的列表"。关系查询语言也可以包含聚集函数，如 **sum**、**avg**（平均）、**count**、**max**（最大）和 **min**（最小）。这些使得你可以问"显示上个月按部门分组的总销售"、"多少销售事务出现在 12 月份"或"哪一位销售人员的销售量最高"这样的问题。

当数据挖掘用于关系数据库时，你可以进一步搜索趋势或数据模式。例如，数据挖掘系统可以分析顾客数据，根据顾客的收入、年龄和以前的信用信息预测新顾客的信用风险。数据挖掘系统也可以检测偏差：例如，与以前的年份相比，哪些商品的销售出人预料。可以进一步考察这种偏差：例如，数据挖掘可能发现这些商品的包装的变化，或价格的大幅度提高。

关系数据库是数据挖掘的最常见、最丰富的信息源，因此它是我们数据挖掘研究的一种主要数据形式。

1.3.2　数据仓库

假设 AllElectronics 是一个成功的跨国公司，分部遍布全世界。每个分部都有一组自己的数据库。AllElectronics 的总裁要你提供公司第三季度每种类型的商品及每个分部的销售分析。这是一项困难的任务，特别是当相关数据散布在多个数据库，物理地驻留在许多站点时尤其如此。

如果 AllElectronics 有一个数据仓库，该任务将是容易的。**数据仓库**是一个从多个数据源收集的信息存储库，存放在一致的模式下，并且通常驻留在单个站点上。数据仓库通过数据清理、数据变换、数据集成、数据装入和定期数据刷新来构造。该过程将在第 3、4 章详细讨论。图 1.6 给出了 AllElectronics 的数据仓库构造和使用的典型框架。

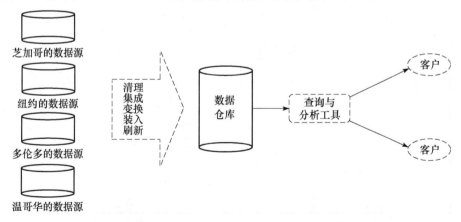

图 1.6　AllElectronics 数据仓库的典型框架

为便于决策，数据仓库中的数据围绕主题（如顾客、商品、供应商和活动）组织。数据存储从历史的角度（如过去的 6～12 个月）提供信息，并且通常是汇总的。例如，数据仓库不是存放每个销售事务的细节，而是存放每个商店、每类商品的销售事务的汇总，或汇总到较高层次，即每个销售地区、每类商品的销售事务的汇总。

通常，数据仓库用称做**数据立方体**（data cube）的多维数据结构建模。其中，每个**维**对应于模式中的一个或一组属性，而每个**单元**存放某种聚集度量值，如 *count* 或 *sum*（*sales_amount*）。数据立方体提供数据的多维视图，并允许预计算和快速访问汇总数据。

例1.3 AllElectronics 的数据立方体。AllElectronics 的汇总销售数据的数据立方体显示在图 1.7a 中。该立方体有三个维：*address*（城市值芝加哥、纽约、多伦多、温哥华），*time*（季度值 Q1、Q2、Q3、Q4），*item*（商品类型值家庭娱乐、计算机、电话、安全）。存放在立方体的每个单元中的聚集值是 *sales_amount*（单位：千美元）。例如，在第一季度 Q1，与安全系统相关的商品在温哥华的总销售为 400，存放在单元〈温哥华，Q1，安全〉中。其他立方体可以用于存放每个维上的聚集和，对应于使用不同的 SQL 分组得到的聚集值（例如，每个城市和季度的，或每个季度和商品的，或每一维的总销售量）。 ■

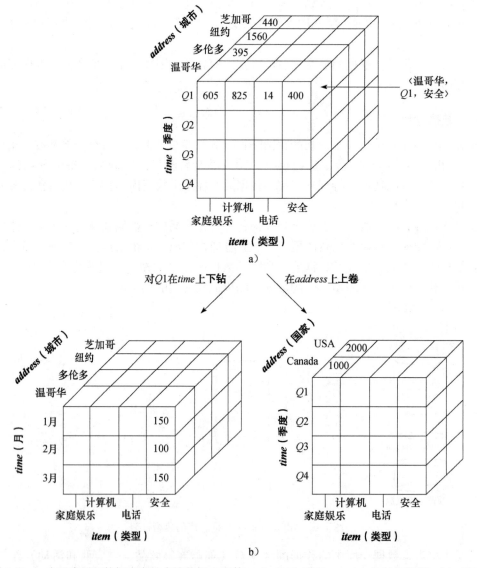

图 1.7 一个通常用于数据仓库的多维数据立方体：a）显示 AllElectronics 的汇总数据；b）显示图 a）中数据立方体上的下钻和上卷的结果。为便于观察，只给出部分立方体单元值

通过提供多维数据视图和汇总数据的预计算，数据仓库非常适合联机分析处理。OLAP

操作使用所研究的数据的领域背景知识，允许在不同的抽象层提供数据。这些操作适合不同的用户角度。OLAP 操作的例子包括**下钻**（drill-down）和**上卷**（roll-up），它们允许用户在不同的汇总级别观察数据，如图 1.7b 所示。例如，可以对按季度汇总的销售数据下钻，观察按月汇总的数据。类似地，可以对按城市汇总的销售数据上卷，观察按国家汇总的数据。

　　尽管数据仓库工具对于支持数据分析是有帮助的，但是进行深入分析仍然需要更多的数据挖掘工具。**多维数据挖掘**（又称**探索式多维数据挖掘**）以 OLAP 风格在多维空间进行数据挖掘。也就是说，在数据挖掘中，允许在各种粒度进行多维组合探查，因此更有可能发现代表知识的有趣模式。数据仓库和 OLAP 技术的概述在第 4 章提供，而关于数据立方体计算和多维数据挖掘在第 5 章讨论。

1.3.3　事务数据

　　一般地说，事务数据库的每个记录代表一个事务，如顾客的一次购物、一个航班订票，或一个用户的网页点击。通常，一个事务包含一个唯一的事务标识号（trans_ID），以及一个组成事务的**项**（如，交易中购买的商品）的列表。事务数据库可能有一些与之相关联的附加表，包含关于事务的其他信息，如商品描述、关于销售人员或部门等的信息。

　　例 1.4　AllElectronics 的事务数据库。事务可以存放在表中，每个事务一个记录。AllElectronics 的事务数据库的片段显示在图 1.8 中。从关系数据库的角度来看，图 1.8 中的 *sales* 表是一个嵌套关系，因为属性"商品 *ID* 的列表"包含商品的集合。由于大部分关系数据库系统都不支持嵌套关系结构，事务数据库通常存放在一个类似于图 1.8 中的表格式的平面文件中，或展开到类似于图 1.5 的 *items_sold* 表的标准关系中。

trans_ID	商品ID的列表
T100	I1, I3, I8, I16
T200	I2, I8
...	...

图 1.8　AllElectronics 销售事务数据库的片段

　　作为 AllElectronics 数据库的分析者，你可能问"哪些商品一起销售得很好？"这种"购物篮数据分析"使你能够制定促销策略，将商品捆绑销售。例如，有了"打印机与计算机经常一起销售"的知识，你可以向购买指定计算机的顾客以较大的折扣（甚至免费）提供某种打印机，以期销售更多较贵的计算机（通常比打印机更贵）。传统的数据库系统不能进行购物篮数据分析。幸运的是，事务数据上的数据挖掘可以通过挖掘频繁项集来做这件事。频繁项集是频繁地一起销售的商品的集合。事务数据的频繁模式挖掘在第 6、7 章讨论。

1.3.4　其他类型的数据

　　除关系数据库数据、数据仓库数据和事务数据外，还有许多其他类型的数据，它们具有各种各样的形式和结构，具有很不相同的语义。这样的数据类型在许多应用中都可以看到，如时间相关或序列数据（例如历史记录、股票交易数据、时间序列和生物学序列数据）、数据流（例如视频监控和传感器数据，它们连续播送）、空间数据（如地图）、工程设计数据（如建筑数据、系统部件或集成电路）、超文本和多媒体数据（包括文本、图像、视频和音频数据）、图和网状数据（如社会和信息网络）和万维网（由 Internet 提供的巨型、广泛分布的信息存储库）。这些应用带来了新的挑战，例如，如何处理具有空间结构的数据（如序列、树、图和网络）和特殊语义（如次序、图像、音频和视频的内容、连接性），以及如何挖掘具有丰富结构和语义的模式。

　　可以从这些类型的数据中挖掘各种知识。这里，我们只列举少许。例如，就时间数据而言，可以挖掘银行数据的变化趋势，这可以帮助银行根据顾客流量安排出纳员。可以挖掘股票交易数据，发现趋势，帮助你规划投资策略（例如，购买 AllElectronics 的股票的最佳时机）。可以挖掘计算机网络数据，根据消息流的异常进行入侵检测。这种异常可以通过聚类、流模型的动态构建，或把当前的频繁模式与先前的比较来发现。使用空间数据，我们可能得到根据城市离主要公路的距离描述都市贫困率的变化趋势的模式。可以考察空间对象集之间的联系，发现哪些对象子集是空间自相关或关联的。通过挖掘文本数据，如挖掘过去 10 年"数据挖掘"方面的文献，可以了解该领域热点课题的演变。通过挖掘顾客对产品发表的评论（通常，以短文本消息提交），我们可以评估顾客的意见，了解产品被市场接受的程度。由多媒体数据，我们可以挖掘图像，识别对象，并通过指派语义标号或标签对它们分类。通过挖掘曲棍球运动的视频数据，可以检测对应于进球的视频序列。Web 挖掘可以帮助我们了解万维网信息的一般分布，刻画网页的特征，对网页进行分类，并发现 Web 的动态，以及不同网页、用户、社区和基于 Web 的活动之间的关联和联系。

重要的是记住，在许多应用中，存在多种数据类型。例如，在 Web 挖掘中，网页上常常有文本数据和多媒体数据（如照片和视频）、像 Web 图那样的图形数据、某些 Web 站点上的地图数据。在生物信息学中，对于某些生物学对象，染色体序列、生物学网络和染色体的 3D 空间结构可能同时存在。由于多个数据源的相互提升与加强，挖掘复杂对象的多个数据源常常导致硕果累累的发现。另一方面，由于数据清理和数据集成的困难性，以及这种数据的多个数据源之间的复杂相互作用，挖掘复杂对象也是一大挑战。

虽然这样的数据需要复杂的机制，以便有效地存储、检索和更新大量复杂的数据，但是它们也为数据挖掘提供了肥沃的土壤，提出了挑战性的研究和实现问题。在这些数据上挖掘是高级课题，所用的方法是本书提供的基本技术的扩展。

1.4　可以挖掘什么类型的模式

我们已经观察了可以进行数据挖掘的各种数据和信息存储库。现在，让我们考察可以挖掘的数据模式。

存在大量**数据挖掘功能**，包括特征化与区分（1.4.1 节），频繁模式、关联和相关性挖掘（1.4.2 节），分类与回归（1.4.3 节），聚类分析（1.4.4 节），离群点分析（1.4.5 节）。数据挖掘功能用于指定数据挖掘任务发现的模式。一般而言，这些任务可以分为两类：**描述性**（descriptive）和**预测性**（predictive）。描述性挖掘任务刻画目标数据中数据的一般性质。预测性挖掘任务在当前数据上进行归纳，以便做出预测。

数据挖掘功能以及它们可以发现的模式类型在下面介绍。此外，1.4.6 节考察使模式有趣的原因是什么。有趣的模式即代表知识。

1.4.1　类/概念描述：特征化与区分

数据可以与类或概念相关联。例如，在 AllElectronics 商店，销售的商品类包括计算机和打印机，顾客概念包括 *bigSpenders* 和 *budgetSpenders*。用汇总的、简洁的、精确的表达方式描述每个类和概念是有用的。这种类或概念的描述称为**类/概念描述**。这种描述可以通过下述方法得到：（1）**数据特征化**，一般地汇总所研究类（通常称为**目标类**）的数据；（2）**数据区分**，将目标类与一个或多个可比较类（通常称为**对比类**）进行比较；（3）数据特征化和区分。

数据特征化（data characterization）是目标类数据的一般特性或特征的汇总。通常，通过查询来收集对应于用户指定类的数据。例如，为研究上一年销售增加 10% 的软件产品的特征，可以通过在销售数据库上执行一个 SQL 查询来收集关于这些产品的数据。

将数据汇总和特征化有一些有效的方法。基于统计度量和图的简单数据汇总在第 2 章介绍。基于数据立方体的 OLAP 上卷操作（1.3.2 节）可以用来执行用户控制的、沿着指定维的数据汇总。该过程将在第 4、5 章讨论数据仓库时进一步详细介绍。面向属性的归纳技术可以用来进行数据的泛化和特征化，而不必一步步地与用户交互。这一技术也将在第 4 章介绍。

数据特征化的输出可以用多种形式提供，例如**饼图**、**条图**、**曲线**、**多维数据立方体**和包括交叉表在内的**多维表**。结果描述也可以用**广义关系**或规则（称做**特征规则**）形式提供。

例 1.5　数据特征化。AllElectronics 的客户关系经理可能提出如下数据挖掘任务："汇总一年之内在 AllElectronics 花费 5000 美元以上的顾客特征。"结果可能是顾客的概况，如年龄在 40 ~ 50 岁、有工作、有很好的信用等级。数据挖掘系统应当允许用户在任意维下钻，如在 occupation 维下钻，以便根据这些顾客的职业类型来观察他们。　■

数据区分（data discrimination）是将目标类数据对象的一般特性与一个或多个对比类对象的一般特性进行比较。目标类和对比类可以由用户指定，而对应的数据对象可以通过数据库查询检索。例如，用户可能希望将上一年销售增加 10% 的软件产品与同一时期销售至少下降 30% 的软件产品进行比较。用于数据区分的方法与用于数据特征化的方法类似。

"如何输出区分描述？"输出的提供形式类似于特征描述，但是区分描述应当包括比较度量，以便帮助区别目标类和对比类。用规则表示的区分描述称为**区分规则**（discriminant rule）。

例 1.6　数据区分。AllElectronics 的客户关系经理可能想比较两组顾客——定期（例如，每月多于 2 次）购买计算机产品的顾客和不经常（例如，每年少于 3 次）购买这种产品的顾客。结果描述提供这些顾客比较的概况，例如频繁购买计算机产品的顾客 80% 在 20 ~ 40 岁之间，受过大学教育；而不经常购买这种产品的顾客 60% 或者年龄太大或者太年青，没有大学学位。沿着维下钻，如沿 occupation 维下钻，或添加新的维，如 income_level 维，可以帮助发现两类之间的更多区分特征。　■ ⌗16⌗

概念描述（包括特征化和区分）在第 4 章介绍。

1.4.2　挖掘频繁模式、关联和相关性

正如名称所示，**频繁模式**（frequent pattern）是在数据中频繁出现的模式。存在多种类型的频繁模式，包括频繁项集、频繁子序列（又称序列模式）和频繁子结构。频繁项集一般是指频繁地在事务数据集中一起出现的商品的集合，如小卖部中被许多顾客频繁地一起购买的牛奶和面包。频繁出现的子序列，如顾客倾向于先购买便携机，再购买数码相机，然后再购买内存卡这样的模式就是一个（频繁）序列模式。子结构可能涉及不同的结构形式（例如，图、树或格），可以与项集或子序列结合在一起。如果一个子结构频繁地出现，则称它为（频繁）结构模式。挖掘频繁模式导致发现数据中有趣的关联和相关性。

例 1.7　关联分析。假设作为 AllElectronics 的市场部经理，你想知道哪些商品经常一块被购买（即，在相同的事务中）。从 AllElectronics 的事务数据库中挖掘出来的这种规则的一个例子是

$$buys(X,\text{"}computer\text{"}) \Rightarrow buys(X,\text{"}software\text{"})[support = 1\%, confidence = 50\%]$$

其中，X 是变量，代表顾客。50% 的**置信度**或确信性意味，如果一位顾客购买计算机，则购买软件的可能性是 50%。1% 的**支持度**意味，所分析的所有事务的 1% 显示计算机与软件一起被购买。这个关联规则涉及单个重复的属性或谓词（即 buys）。包含单个谓词的关联规则称做**单维关联规则**（single-dimensional association rule）。去掉谓词符号，上面的规则可以简单地写成 "$computer \Rightarrow software[1\%, 50\%]$"。

假设给定涉及购买的 AllElectronics 关系数据库。数据挖掘系统还可以发现如下形式的规则

$$age(X,``20..29") \wedge income(X,``40K..49K") \Rightarrow buys(X,``laptop") [support=2\%, confidence=60\%]$$

该规则指出，在所研究的 AllElectronics 顾客中，2% 的年龄是 20～29 岁，年收入为 40 000～49 000 美元，并且在 AllElectronics 购买了便携式计算机。这个年龄和收入组的顾客购买便携机的概率为 60%。注意，这是涉及多个属性或谓词（即 age，income 和 buys）的关联。采用多维数据库使用的术语，每个属性称做一个维，上面的规则可以称做**多维关联规则**（multidimensional association rule）。■

通常，一个关联规则被认为是无趣的而被丢弃，如果它不能同时满足**最小支持度阈值**和**最小置信度阈值**。还可以做进一步分析，发现相关联的属性 - 值对之间的有趣的统计**相关性**（correlation）。

频繁项集挖掘是频繁模式挖掘的基础。频繁模式、关联和相关性挖掘在第 6、7 章讨论，其中特别强调频繁项集挖掘的有效算法。序列模式挖掘和结构化模式挖掘被看做高级课题。

1.4.3 用于预测分析的分类与回归

分类（classification）是这样的过程，它找出描述和区分数据类或概念的**模型**（或函数），以便能够使用模型预测类标号未知的对象的类标号。导出模型是基于对**训练数据集**（即，类标号已知的数据对象）的分析。该模型用来预测类标号未知的对象的类标号。

"如何提供导出的模型？"导出的模型可以用多种形式表示，如分类规则（即 IF-THEN 规则）、决策树、数学公式或神经网络（见图 1.9）。**决策树**是一种类似于流程图的树结构，其中每个结点代表在一个属性值上的测试，每个分支代表测试的一个结果，而树叶代表类或类分布。容易把决策树转换成分类规则。当用于分类时，**神经网络**是一组类似于神经元的处理单元，单元之间加权连接。还有许多构造分类模型的其他方法，如朴素贝叶斯分类、支持向量机和 k 最近邻分类。

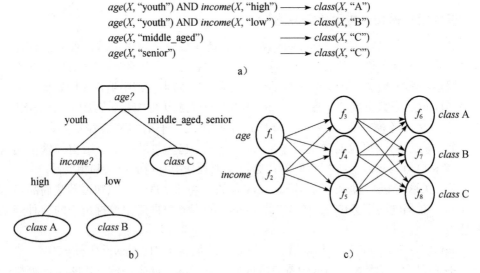

图 1.9 分类模型可以用不同形式表示：a）IF-THEN 规则；b）决策树；c）神经网络

分类预测类别（离散的、无序的）标号，而**回归**建立连续值函数模型。也就是说，回归用来预测缺失的或难以获得的数值数据值，而不是（离散的）类标号。术语预测可以指数值预测和类标号预测。尽管还存在其他方法，但是**回归分析**（regression analysis）是一种

最常使用的数值预测的统计学方法。回归也包含基于可用数据的分布趋势识别。

相关分析（relevance analysis）可能需要在分类和回归之前进行，它试图识别与分类和回归过程显著相关的属性。我们将选取这些属性用于分类和回归过程，其他属性是不相关的，可以不必考虑。

例 1.8　分类与回归。假设作为 AllElectronics 的销售经理，你想根据对促销活动的三种反应，对商店的商品集合分类：好的反应，中等反应和没有反应。你想根据商品的描述特性，如 *price*、*brand*、*place_made* 和 *category*，对这三类的每一种导出模型。结果分类将最大限度地区别每一类，提供有组织的数据集描述。

假设结果分类模型用决策树的形式表示。例如，决策树可能把 *price* 看做最能区分三个类的因素。该树可能揭示，除了 *price* 之外，帮助进一步区分每类对象的其他特征包括 *brand* 和 *place_made*。这样的决策树可以帮助你理解给定促销活动的影响，并帮助你设计未来更有效的促销活动。

假设你不是预测顾客对每种商品反应的分类标号，而是想根据先前的销售数据，预测在 AllElectronics 的未来销售中每种商品的收益。这是一个回归分析的例子，因为所构造的模型将预测一个连续函数（或有序值）。　　　　　　　　　　　　　　　　　　　■

第 8、9 章将更详细地讨论分类。回归分析超出了本书的范围，更多信息在文献注释中给出。

1.4.4　聚类分析

不像分类和回归分析标记类的（训练）数据集，聚类（clustering）分析数据对象，而不考虑类标号。在许多情况下，开始并不存在标记类的数据。可以使用聚类产生数据组群的类标号。对象根据最大化类内相似性、最小化类间相似性的原则进行聚类或分组。也就是说，对象的簇（cluster）这样形成，使得相比之下在同一个簇中的对象具有很高的相似性，而与其他簇中的对象很不相似。所形成的每个簇都可以看做一个对象类，由它可以导出规则。聚类也便于分类法形成（taxonomy formation），即将观测组织成类分层结构，把类似的事件组织在一起。

例 1.9　聚类分析。可以在 AllElectronics 的顾客数据上进行聚类分析，识别顾客的同类子群。这些簇可以表示每个购物目标群。图 1.10 显示一个城市内顾客位置的二维图。数据点的三个簇是显而易见的。　　　　　　　　　　　　　　　　　　　■

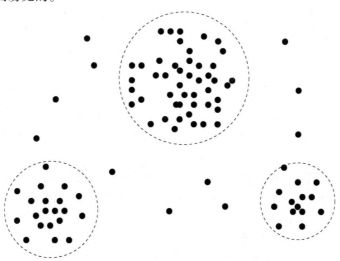

图 1.10　关于一个城市内顾客位置的二维图，显示了 3 个数据簇

聚类分析是第10、11章的主题。

1.4.5 离群点分析

数据集中可能包含一些数据对象，它们与数据的一般行为或模型不一致。这些数据对象是**离群点**（outlier）。大部分数据挖掘方法都将离群点视为噪声或异常而丢弃。然而，在一些应用中（例如，欺诈检测），罕见的事件可能比正常出现的事件更令人感兴趣。离群点数据分析称做**离群点分析**或**异常挖掘**。

可以假定一个数据分布或概率模型，使用统计检验来检测离群点；或者使用距离度量，将远离任何簇的对象视为离群点。不使用统计或距离度量，基于密度的方法也可以识别局部区域中的离群点，尽管从全局统计分布的角度来看，这些局部离群点看上去是正常的。

例1.10 离群点分析。通过检测一个给定账号与正常的付费相比付款数额特别大，离群点分析可以发现信用卡欺骗性使用。离群点还可以通过购物地点和类型或购物频率来检测。∎

离群点分析在第12章讨论。

1.4.6 所有模式都是有趣的吗

数据挖掘系统具有产生数以千计，甚至数以万计模式或规则的潜在能力。

你可能会问："所有模式都是有趣的吗？"答案通常是否定的。实际上，对于给定的用户，在可能产生的模式中，只有一小部分是他感兴趣的。

这对数据挖掘提出了一系列严肃的问题。你可能会想："什么样的模式是有趣的？数据挖掘系统能够产生所有有趣的模式吗？数据挖掘系统能够仅产生有趣的模式吗？"

对于第一个问题，一个模式是**有趣的**（interesting），如果它：（1）易于被人理解；（2）在某种确信度上，对于新的或检验数据是有效的；（3）是潜在有用的；（4）是新颖的。如果一个模式证实了用户寻求证实的某种假设，则它也是有趣的。有趣的模式代表**知识**。

存在一些**模式兴趣度的客观度量**。这些度量基于所发现模式的结构和关于它们的统计量。对于形如$X \Rightarrow Y$的关联规则，一种客观度量是规则的**支持度**（support）。规则的支持度表示事务数据库中满足规则的事务所占的百分比。支持度可以取概率$P(X \cup Y)$，其中，$X \cup Y$表示同时包含X和Y的事务，即项集X和Y的并。关联规则的另一种客观度量是**置信度**（confidence），它评估所发现的规则的确信程度。置信度可以取条件概率$P(Y \mid X)$，即包含X的事务也包含Y的概率。更形式化地，支持度和置信度定义为

$$support(X \Rightarrow Y) = P(X \cup Y)$$
$$confidence(X \Rightarrow Y) = P(Y \mid X)$$

一般地，每个兴趣度度量都与一个阈值相关联，该阈值可以由用户控制。例如，不满足置信度阈值50%的规则可以认为是无趣的。低于阈值的规则可能反映噪声、异常或少数情况，可能不太有价值。

其他兴趣度度量包括分类（IF-THEN）规则的准确率与覆盖率。一般而言，准确率告诉我们被一个规则正确分类的数据所占的百分比。覆盖率类似于"支持度"，告诉我们规则可以作用的数据所占的百分比。就易于理解而言，我们可以使用一些简单的客观度量来评估所挖掘的模式的复杂度或二进位长度。

尽管客观度量有助于识别有趣的模式，但是仅有这些还不够，还要结合反映特定用户需要和兴趣的主观度量。例如，对于销售部经理，刻画频繁在 AllElectronics 购物的顾客特性的模式应当

是有趣的；但是对于研究同一数据库的分析雇员业绩模式的分析者而言，它可能是无趣的。此外，有些根据客观标准觉得有趣的模式可能反映一般常识，因而实际上并不令人感兴趣。

主观兴趣度度量基于用户对数据的信念。这种度量发现模式是有趣的，如果它们是**出乎意料的**（与用户的信念相矛盾），或者提供用户可以采取行动的至关重要的信息。在后一种情况下，这样的模式称为**可行动的**（actionable）。意料之内的模式也可能是有趣的，如果它们证实了用户希望证实的假设，或与用户的预感相似。

第二个问题——"*数据挖掘系统能够产生所有有趣的模式吗？*"——涉及数据挖掘算法的**完全性**。期望数据挖掘系统产生所有可能的模式通常是不现实的和低效的。实际上，应当根据用户提供的约束和兴趣度度量对搜索聚焦。对于某些挖掘任务（如关联）而言，通常能够确保算法的完全性。关联规则挖掘就是一个例子，它使用约束和兴趣度度量可以确保挖掘的完全性。其中所涉及的方法将在第 6 章详细考察。

最后，第三个问题——"*数据挖掘系统能够仅产生有趣的模式吗？*"——是数据挖掘的优化问题。对于数据挖掘系统，仅产生有趣的模式是非常期望的。这对于用户和数据挖掘系统都更加有效，因为这样就不需要搜遍所产生的模式来识别真正有趣的模式。在这方面已经有了一些进展。然而，在数据挖掘中，这种优化仍然是个挑战。

为了有效地发现对于给定用户有价值的模式，模式兴趣度度量是不可或缺的。这种度量可以在数据挖掘之后使用，根据模式的兴趣度对所发现的模式进行排位，过滤掉那些不感兴趣的模式。更重要的是，这种度量可以用来指导和约束发现过程，通过剪去模式空间中不满足预先设定的兴趣度约束的子集，提高搜索性能。这种基于约束的挖掘在第 7 章（关于模式发现）和第 11 章（关于聚类）介绍。

对于每类可挖掘的模式，评估兴趣度并使用它们改善数据挖掘的有效性的方法将在全书加以讨论。

22

1.5　使用什么技术

作为一个应用驱动的领域，数据挖掘吸纳了诸如统计学、机器学习、模式识别、数据库和数据仓库、信息检索、可视化、算法、高性能计算和许多应用领域的大量技术（见图 1.11）。数据挖掘研究与开发的边缘学科特性极大地促进了数据挖掘的成功和广泛应用。本节我们给出一些对数据挖掘方法的发展具有重要影响的学科例子。

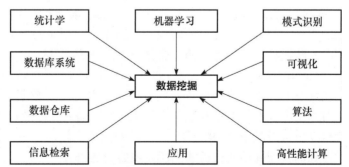

图 1.11　数据挖掘从其他许多领域吸纳技术

1.5.1　统计学

统计学研究数据的收集、分析、解释和表示。数据挖掘与统计学具有天然联系。

统计模型是一组数学函数，它们用随机变量及其概率分布刻画目标类对象的行为。统计模型广泛用于对数据和数据类建模。例如，在像数据特征化和分类这样的数据挖掘任务中，可以建立目标类的统计模型。换言之，这种统计模型可以是数据挖掘任务的结果。反过来，数据挖掘任务也可以建立在统计模型之上。例如，我们可以使用统计模型对噪声和缺失的数据值建模。于是，在大数据集中挖掘模式时，数据挖掘过程可以使用该模型来帮助识别数据中的噪声和缺失值。

统计学研究开发一些使用数据和统计模型进行预测和预报的工具。统计学方法可以用来汇总或描述数据集。数据的基本**统计描述**在第 2 章介绍。对于从数据中挖掘各种模式，以及理解产生和影响这些模式的潜在机制，统计学是有用的。**推理统计学**（或**预测统计学**）用某种方式对数据建模，解释观测中的随机性和确定性，并用来提取关于所考察的过程或总体的结论。

统计学方法也可以用来验证数据挖掘结果。例如，建立分类或预测模型之后，应该使用统计假设检验来验证模型。**统计假设检验**（有时称做证实数据分析）使用实验数据进行统计判决。如果结果不大可能随机出现，则称它为统计显著的。如果分类或预测模型有效，则该模型的描述统计量将增强模型的可靠性。

在数据挖掘中使用统计学方法并不简单。通常，一个巨大的挑战是如何把统计学方法用于大型数据集。许多统计学方法都具有很高的计算复杂度。当这些方法应用于分布在多个逻辑或物理站点上的大型数据集时，应该小心地设计和调整算法，以降低计算开销。对于联机应用而言，如 Web 搜索引擎中的联机查询建议，数据挖掘必须连续处理快速、实时的数据流，这种挑战变得更加难以应对。

1.5.2 机器学习

机器学习考察计算机如何基于数据学习（或提高它们的性能）。其主要研究领域之一是，计算机程序基于数据自动地学习识别复杂的模式，并做出智能的决断。例如，一个典型的机器学习问题是为计算机编制程序，使之从一组实例学习之后，能够自动地识别邮件上的手写体邮政编码。

机器学习是一个快速成长的学科。这里，我们介绍一些与数据挖掘高度相关的、经典的机器学习问题。

- **监督学习**（supervised learning）基本上是分类的同义词。学习中的监督来自训练数据集中标记的实例。例如，在邮政编码识别问题中，一组手写邮政编码图像与其对应的机器可读的转换物用做训练实例，监督分类模型的学习。

- **无监督学习**（unsupervised learning）本质上是聚类的同义词。学习过程是无监督的，因为输入实例没有类标记。典型地，我们可以使用聚类发现数据中的类。例如，一个无监督学习方法可以取一个手写数字图像集合作为输入。假设它找出了 10 个数据簇，这些簇可以分别对应于 0 ~ 9 这 10 个不同的数字。然而，由于训练数据并无标记，因此学习到的模型并不能告诉我们所发现的簇的语义。

- **半监督学习**（semi-supervised learning）是一类机器学习技术，在学习模型时，它使用标记的和未标记的实例。在一种方法中，标记的实例用来学习类模型，而未标记的实例用来进一步改进类边界。对于两类问题，我们可以把属于一个类的实例看做正实例，而属于另一个类的实例为负实例。在图 1.12 中，如果我们不考虑未标记的实例，则虚线是分隔正实例和负实例的最佳决策边界。使用未标记的实例，我们可以把该决策边界改进为实线边界。此外，我们能够检测出右上角的两个正实例可能是噪声或离群点，尽管它们被标记了。

- **主动学习**（active learning）是一种机器学习方法，它让用户在学习过程中扮演主动角色。主动学习方法可能要求用户（例如领域专家）对一个可能来自未标记的实例集或由学习程序合成的实例进行标记。给定可以要求标记的实例数量的约束，目的是通过主动地从用户获取知识来提高模型质量。

你可能已经看出，数据挖掘与机器学习有许多相似之处。对于分类和聚类任务，机器学习研究通常关注模型的准确率。除准确率之外，数据挖掘研究非常强调挖掘方法在大型数据集上的有效性和可伸缩性，以及处理复杂数据类型的办法，开发新的、非传统的方法。

25

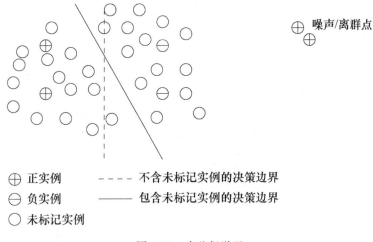

图 1.12　半监督学习

1.5.3　数据库系统与数据仓库

数据库系统研究关注为单位和最终用户创建、维护和使用数据库。特别是，数据库系统研究者们已经建立了数据建模、查询语言、查询处理与优化方法、数据存储以及索引和存取方法的公认原则。数据库系统因其在处理非常大的、相对结构化的数据集方面的高度可伸缩性而闻名。

许多数据挖掘任务都需要处理大型数据集，甚至是处理实时的快速流数据。因此，数据挖掘可以很好地利用可伸缩的数据库技术，以便获得在大型数据集上的高效率和可伸缩性。此外，数据挖掘任务也可以用来扩充已有数据库系统的能力，以便满足高端用户复杂的数据分析需求。

新的数据库系统使用数据仓库和数据挖掘机制，已经在数据库的数据上建立了系统的数据分析能力。**数据仓库**集成来自多种数据源和各个时间段的数据。它在多维空间合并数据，形成部分物化的数据立方体。数据立方体不仅有利于多维数据库的 OLAP，而且推动了多维数据挖掘（见 1.3.2 节）。

1.5.4　信息检索

信息检索（IR）是搜索文档或文档中信息的科学。文档可以是文本或多媒体，并且可能驻留在 Web 上。传统的信息检索与数据库系统之间的差别有两点：信息检索假定所搜索的数据是无结构的；信息检索查询主要用关键词，没有复杂的结构（不同于数据库系统中的 SQL 查询）。

信息检索的典型方法采用概率模型。例如，文本文档可以看做词的包，即出现在文档中的词的多重集。文档的**语言模型**是生成文档中词的包的概率密度函数。两个文档之间的相似度可以用对应的语言模型之间的相似性度量。

此外，一个文本文档集的主题可以用词汇表上的概率分布建模，称做**主题模型**。一个文本文档可以涉及多个主题，可以看做多主题混合模型。通过集成信息检索模型和数据挖掘技术，我们可以找出文档集中的主要主题，对集合中的每个文档，找出所涉及的主要主题。

由于 Web 和诸如数字图书馆、数字政府、卫生保健系统等应用的快速增长，大量文本和多媒体数据日益累积并且可以联机获得。它们的有效搜索和分析对数据挖掘提出了许多挑战性问题。因此，文本挖掘和多媒体挖掘与信息检索方法集成，已经变得日益重要。

1.6　面向什么类型的应用

> 哪里有数据，哪里就有数据挖掘应用。

作为一个应用驱动的学科，数据挖掘已经在许多应用中获得巨大成功。我们不可能一一枚举数据挖掘扮演关键角色的所有应用。在知识密集的应用领域，如生物信息学和软件工程，数据挖掘的表现更需要深入处理，这已经超出本书的范围。应用作为数据挖掘研究与开发的主要方面，其重要性不言而喻，为了解释这一点，我们简略讨论两个数据挖掘非常成功和流行的应用例子：商务智能和搜索引擎。

1.6.1　商务智能

对于商务而言，较好地理解它的诸如顾客、市场、供应和资源以及竞争对手等商务背景是至关重要的。**商务智能**（BI）技术提供商务运作的历史、现状和预测视图，例子包括报告、联机分析处理、商务业绩管理、竞争情报、标杆管理和预测分析。

"商务智能有多么重要？"没有数据挖掘，许多工商企业都不能进行有效的市场分析，比较类似产品的顾客反馈，发现其竞争对手的优势和缺点，留住具有高价值的顾客，做出聪明的商务决策。

显然，数据挖掘是商务智能的核心。商务智能的联机分析处理工具依赖于数据仓库和多维数据挖掘。分类和预测技术是商务智能预测分析的核心，在分析市场、供应和销售方面存在许多应用。此外，在客户关系管理方面，聚类起主要作用，它根据顾客的相似性把顾客分组。使用特征挖掘技术，可以更好地理解每组顾客的特征，并开发定制的顾客奖励计划。

1.6.2　Web 搜索引擎

Web 搜索引擎是一种专门的计算机服务器，在 Web 上搜索信息。通常，用户查询的搜索结果用一张表返给用户（有时称做采样（hit））。采样可以包含网页、图像和其他类型的文件。有些搜索引擎也搜索和返回公共数据库中的数据或开放的目录。搜索引擎不同于**网络目录**，因为网络目录是人工编辑管理的，而搜索引擎是按算法运行的，或者是算法和人工输入的混合。

Web 搜索引擎本质上是大型数据挖掘应用。搜索引擎全方位地使用各种数据挖掘技术，包括爬行⊖（例如，决定应该爬过哪些页面和爬行频率）、索引（例如，选择被索引的页面

⊖　Web 爬行程序（crawler）是一个计算机程序，它系统地、自动地浏览网页。

和决定构建索引的范围）和搜索（例如，确定如何排列各个页面、加载何种广告、如何把搜索结果个性化或使之“环境敏感”）。

搜索引擎对数据挖掘提出了巨大挑战。首先，它们必须处理大量并且不断增加的数据。通常，这种数据不可能使用一台或几台机器处理。搜索引擎常常需要使用由数以千计甚至数以万计的计算机组成的计算机云，协同挖掘海量数据。把数据挖掘方法升级到计算机云和大型分布数据集上是一个需要进一步研究的领域。

其次，Web 搜索引擎通常需要处理在线数据。搜索引擎也许可以在海量数据集上离线构建模型。为了做到这一点，它可以构建一个查询分类器，基于查询主题（例如，搜索查询“apple”是指检索关于水果的信息，还是关于计算机品牌的信息），把搜索查询指派到预先定义的类别。无论模型是否是离线构建的，模型的在线应用都必须足够快，以便回答实时用户查询。

另一个挑战是在快速增长的数据流上维护和增量更新模型。例如，查询分类器可能需要不断地增量维护，因为新的查询不断出现，并且预先定义的类别和数据分布可能已经改变。大部分已有的模型训练方法都是离线的和静态的，因而不能用于这种环境。

第三，Web 搜索引擎常常需要处理出现次数不多的查询。假设搜索引擎想要提供环境敏感的推荐。也就是说，当用户提交一个查询时，搜索引擎试图使用用户的简况和他的查询历史推断查询的环境，以便快速地返回更加个性化的回答。然而，尽管整个查询数量是巨大的，但是大部分查询都只是提问一次或几次。对于数据挖掘和机器学习方法而言，这种严重倾斜的数据都是一个挑战。

28

1.7　数据挖掘的主要问题

> 生命短暂，但艺术长存。——Hippocrats

数据挖掘是一个动态的、强势快速扩展的领域。这里，我们简要概述数据挖掘研究的主要问题，把它们划分成五组：*挖掘方法、用户交互、有效性与可伸缩性、数据类型的多样性、数据挖掘与社会*。在这些问题中，许多问题在某种程度上已经解决，并且现在被看做数据挖掘需求；其他问题仍处于研究阶段。这些问题将继续激励数据挖掘的进一步研究与改进。

1.7.1　挖掘方法

精力充沛的研究者们已经开发了一些数据挖掘方法，涉及新的知识类型的研究、多维空间挖掘、集成其他领域的方法以及数据对象之间语义捆绑的考虑。此外，挖掘方法应该考虑诸如数据的不确定性、噪声和不完全性等问题。有些数据挖掘方法探索如何使用用户指定的度量评估所发现的模式的兴趣度，同时指导挖掘过程。让我们来考察数据挖掘方法的这些方面。

- *挖掘各种新的知识类型*：数据挖掘广泛涵盖数据分析和知识发现的任务，从数据特征化与区分到关联与相关性分析、分类、回归、聚类、离群点分析、序列分析以及趋势和演变分析。这些任务可能以不同的方式使用相同的数据库，并需要开发大量数据挖掘技术。由于应用的多样性，新的数据挖掘任务持续出现，使得数据挖掘成为动态、快速成长的领域。例如，对于信息网络的有效知识发现而言，集成聚类和排位可能导致大型网络中的高质量聚类和对象排位。
- *挖掘多维空间中的知识*：在大型数据集中搜索知识时，我们可能探索多维空间中的数据。也就是说，我们可能在不同抽象层的多维（属性）组合中搜索有趣的模式。这种挖掘称做（探索式）多维数据挖掘。在许多情况下，可以聚集数据，或把数据看做多维数据立方体。在数据立方体空间中挖掘知识可以显著地提高数据挖掘的能力和灵活性。

29

- 数据挖掘——跨学科的努力：通过集成来自多学科的新方法可以显著增强数据挖掘的能力。例如，为了挖掘自然语言文本数据，把数据挖掘方法与信息检索和自然语言处理的方法融合在一起是明智之举。再比如大型程序中的软件故障挖掘——这种形式的挖掘称做故障挖掘，就得益于把软件工程知识结合到数据挖掘过程中。

- 提升网络环境下的发现能力：大部分数据对象驻留在链接或互连的环境中，无论是 Web、数据库关系、文件还是文档。多个数据对象之间的语义链接可以用来促进数据的挖掘。一个数据集中导出的知识可以用来提升"相关"或语义连接的对象集中的知识发现。

- 处理不确定性、噪声或不完全数据：数据常常包含噪声、错误、异常、不确定性，或者是不完全的。错误和噪声可能干扰数据挖掘过程，导致错误的模式出现。数据清理、数据预处理、离群点检测与删除以及不确定推理都是需要与数据挖掘过程集成的技术。

- 模式评估和模式或约束指导的挖掘：数据挖掘过程产生的所有模式并非都是有趣的。认定哪些模式有趣可能因用户而异。因此，需要一种技术来评估基于主观度量所发现的模式的兴趣度。这种评估关于给定用户类，基于用户的确信或期望，评估模式的价值。此外，通过使用兴趣度度量或用户指定的约束指导发现过程，可以产生更有趣的模式，压缩搜索空间。

1.7.2 用户界面

用户在数据挖掘过程中扮演重要角色。有趣的研究领域包括如何与数据挖掘系统交互，如何在挖掘中融入用户的背景知识，以及如何可视化和理解数据挖掘的结果。下面，我们分别介绍这些领域。

- 交互挖掘：数据挖掘过程应该是高度交互的。因此，重要的是构建灵活的用户界面和探索式挖掘环境，以便用户与系统交互。用户可能先看到数据集的一个实例，探查数据的一般特征，并评估可能的挖掘结果。交互式挖掘允许用户在挖掘过程中动态地改变搜索的聚焦点，根据返回的结果提炼挖掘请求，并在数据和知识空间交互地进行下钻、切块和旋转，动态地探索"立方体空间"。

30

- 结合背景知识：应当把背景知识、约束、规则和关于所研究领域的其他信息结合到发现过程中。这些知识可以用于模式评估，指引搜索有趣的模式。

- 特定的数据挖掘和数据挖掘查询语言：查询语言（如 SQL）在灵活的搜索中扮演了重要角色，因为它允许用户提出特定的查询。类似地，高级数据挖掘查询语言或其他高层灵活的用户界面将给用户很大自由度来定义特定的数据挖掘任务。这种语言应该便于说明分析任务的相关数据集、领域知识、所挖掘的知识类型、被发现的模式必须满足的条件和约束。这种灵活的挖掘请求处理的优化是另一个充满希望的研究领域。

- 数据挖掘结果的表示和可视化：数据挖掘系统如何生动、灵活地提供数据挖掘结果，使得所发现的知识容易理解，能够直接被人们使用？如果数据挖掘系统是交互的，这一点尤其重要。这要求系统采用有表达能力的知识表示，以及用户友好的界面和可视化技术。

1.7.3　有效性和可伸缩性

在比较数据挖掘算法时，总是需要考虑有效性与可伸缩性。随着数据量持续增加，这两个因素尤其重要。

- 数据挖掘算法的有效性和可伸缩性：为了有效地从多个数据库或动态数据流的海量数据中提取信息，数据挖掘算法必须是有效的和可伸缩的。换句话说，数据挖掘算法的运行时间必须是可预计的、短的和可以被应用接受的。有效性、可伸缩性、性能、优化以及实时运行能力是驱动许多数据挖掘新算法开发的关键标准。
- 并行、分布式和增量挖掘算法：许多数据集的巨大容量、数据的广泛分布和一些数据挖掘算法的计算复杂性是促使开发**并行和分布式数据密集型挖掘算法**的因素。这种算法首先把数据划分成若干"片段"，每个片段并行处理，搜索模式。并行处理可以交互，来自每部分的模式最终合并在一起。

云计算和集群计算使用分布和协同的计算机处理超大规模计算任务，它们也是并行数据挖掘研究的活跃主题。此外，有些数据挖掘过程的高开销和输入的增量特点推动了**增量数据挖掘**。增量挖掘与新的数据更新结合在一起，而不必"从头开始"挖掘全部数据。这种算法增量地进行知识修改，修正和加强先前业已发现的知识。

31

1.7.4　数据库类型的多样性

数据库类型的多样性为数据挖掘带来了一些挑战，这些挑战包括：

- 处理复杂的数据类型：多样化的应用产生了形形色色的新数据集，从诸如关系数据库和数据仓库数据这样的结构化数据到半结构化数据和无结构数据，从静态的数据库到动态的数据流，从简单的数据对象到时间数据、生物序列数据、传感器数据、空间数据、超文本数据、多媒体数据、软件程序代码、Web 数据和社会网络数据。由于数据类型的多样性和数据挖掘的目标不同，期望一个系统挖掘所有类型的数据是不现实的。为了深入挖掘特定类型的数据，目前正在构建面向领域或应用的数据挖掘系统。为多种多样的应用构建有效的数据挖掘工具仍然是一个挑战，并且是活跃的研究领域。
- 挖掘动态的、网络的、全球的数据库：众多数据源被国际互联网和各种网络连接在一起，形成了一个庞大的、分布的和异构的全球信息系统和网络。从具有不同数据语义的结构化的、半结构化的和非结构化的不同数据源发现知识，对数据挖掘提出了巨大挑战。与从孤立的数据库的小数据集可以发现的知识相比，挖掘这种庞大的、互连的信息网络可能帮助在异种数据集中发现更多的模式和知识。互联网挖掘、多源数据挖掘和信息网络挖掘已经成为数据挖掘的一个非常具有挑战性和快速发展的领域。

1.7.5　数据挖掘与社会

数据挖掘对社会有何影响？数据挖掘可以采取什么步骤来保护个人隐私？我们可以甚至不知道在做什么，而在日常生活中使用数据挖掘吗？这些问题提出了以下议题：

- 数据挖掘的社会影响：由于数据挖掘渗透到我们的日常生活，因此研究数据挖掘对社会的影响是重要的。怎样使用数据挖掘技术才能有益于社会？怎么才能防止它被滥用？数据的不适当披露和使用、个人隐私和数据保护权的潜在违反都是需要关注的研究领域。

- 保护隐私的数据挖掘：数据挖掘将帮助科学发现、商务管理、经济恢复和安全保护（如入侵计算机攻击的实时发现）。然而，它也带来了泄露个人信息的风险。保护隐私的数据发布和数据挖掘的研究正在进行，其宗旨是在进行成功的数据挖掘的同时，注意数据的敏感性，保护人们的隐私。

- 无形的数据挖掘：我们不可能期望社会上的每个人都学习和掌握数据挖掘技术。越来越多的系统将把数据挖掘功能构建其中，使得人们不需要数据挖掘算法的任何知识，只需要简单地点击鼠标就能进行数据挖掘或使用数据挖掘结果。智能搜索引擎和基于国际互联网的商店都在进行这种无形的数据挖掘，把数据挖掘合并到它们的组件中，提高其功能和性能。这些在做的事情用户通常并不知晓。例如，在线购买商品时，用户可能并未察觉商店可能正在收集顾客的购买模式数据，这些可能用来为将来的购物推荐其他商品。

这些问题和一些涉及数据挖掘研究、开发和应用的其他问题将在全书讨论。

1.8 小结

- **需要是发明之母**。随着每个应用中的数据的急剧增长，数据挖掘迎合了当今社会对有效的、可伸缩的和灵活的数据分析的迫切需要。数据挖掘可以看做信息技术的自然进化，是一些相关学科和应用领域的交汇点。

- **数据挖掘**是从海量数据中发现有趣模式的过程。作为知识发现过程，它通常包括数据清理、数据集成、数据选择、数据变换、模式发现、模式评估和知识表示。

- 一个模式是有趣的，如果它在某种确信度上对于检验数据是有效的、新颖的、潜在有用的（例如，可以据之行动，或者验证了用户关注的某种预感），并且易于被人理解。有趣的模式代表**知识**。**模式兴趣度**度量，无论是客观的还是主观的，都可以用来指导发现过程。

- 我们提供了一个数据挖掘的**多维视图**。主要的维是**数据**、**知识**、**技术**和**应用**。

- 只要数据对于目标应用是有意义的，数据挖掘可以在任何类型的**数据**上进行，如数据库数据、数据仓库数据、事务数据和高级数据类型等。高级数据类型包括时间相关的或序列数据、数据流、空间和时空数据、文本和多媒体数据、图和网络数据、Web 数据。

- **数据仓库**是一种用于长期存储数据的仓库，这些数据来自多个数据源，是经过组织的，以便支持管理决策。这些数据在一种统一的模式下存放，并且通常是汇总的。数据仓库提供一些数据分析能力，称做**联机分析处理**。

- **多维数据挖掘**（又称**探索式多维数据挖掘**）把数据挖掘的核心技术与基于 OLAP 的多维分析结合在一起。它在不同的抽象层的多维（属性）组合中搜索有趣的模式，从而探索多维数据空间。

- **数据挖掘功能**用来指定数据挖掘任务发现的模式或知识类型，包括特征化和区分，频繁模式、关联和相关性挖掘，分类和回归，聚类分析和离群点检测。随着新的数据类型、新的应用和新的分析需求的不断出现，毫无疑问，将来我们会看到越来越新颖的数据挖掘任务。

- 作为一个应用驱动的领域，数据挖掘融汇来自其他一些领域的**技术**。这些领域包括统计学、机器学习、数据库和数据仓库系统，以及信息检索。数据挖掘研究与开发的**多学科特点**大大促进了数据挖掘的成功和广泛应用。

- 数据挖掘有许多成功的**应用**，如商务智能、Web 搜索、生物信息学、卫生保健信息学、金融、数字图书馆和数字政府。

- **数据挖掘研究**存在许多**挑战性问题**。领域包括挖掘方法、用户交互、有效性与可伸缩性，以及处理多种多样的数据类型。数据挖掘研究对社会具有很大影响，并且未来这种影响将继续。

1.9　习题

1.1 什么是数据挖掘? 在你的回答中, 强调以下问题:

(a) 它是又一种广告宣传吗?

(b) 它是一种从数据库、统计学、机器学习和模式识别发展而来的技术的简单转换或应用吗?

(c) 我们提出了一种观点, 说数据挖掘是数据库技术进化的结果。你认为数据挖掘也是机器学习研究进化的结果吗? 你能基于该学科的发展历史提出这一观点吗? 针对统计学和模式识别领域, 做相同的事。

(d) 当把数据挖掘看做知识发现过程时, 描述数据挖掘所涉及的步骤。

1.2 数据仓库与数据库有何不同? 它们有哪些相似之处?

1.3 定义下列数据挖掘功能: 特征化、区分、关联和相关性分析、分类、回归、聚类、离群点分析。使用你熟悉的现实生活中的数据库, 给出每种数据挖掘功能的例子。

1.4 给出一个例子, 其中数据挖掘对于工商企业的成功是至关重要的。该工商企业需要什么数据挖掘功能 (例如, 考虑可以挖掘何种类型的模式)? 这种模式能够通过简单的查询处理或统计分析得到吗?

1.5 解释区分和分类、特征化和聚类、分类和回归之间的区别和相似之处。

1.6 根据你的观察, 描述一个可能的知识类型, 它需要由数据挖掘方法发现, 但未在本章中列出。它需要一种不同于本章列举的数据挖掘技术吗?

1.7 离群点经常被当做噪声丢弃。然而, 一个人的垃圾可能是另一个人的宝贝。例如, 信用卡交易中的异常可能帮助我们检测信用卡的欺诈使用。以欺诈检测为例, 提出两种可以用来检测离群点的方法, 并讨论哪种方法更可靠。

1.8 描述三个关于数据挖掘方法和用户交互问题的数据挖掘挑战。

1.9 与挖掘少量数据 (例如, 几百个元组的数据集合) 相比, 挖掘海量数据 (例如, 数十亿个元组) 的主要挑战是什么?

1.10 概述在诸如流/传感器数据分析、时空数据分析或生物信息学等某个特定应用领域中的数据挖掘的主要挑战?

1.10　文献注释

　　Piatetsky-Shapiro 和 Frawley 编辑的书 *Knowledge Discovery in Databases*[P-SF91] 是数据中知识发现早期研究论文的汇集。Fayyad、Piatetsky-Shapiro、Smyth 和 Uthurusamy 编辑的书 *Advances in Knowledge Discovery and Data Mining*[FPSS⁺96] 是知识发现和数据挖掘的一本稍后研究成果的汇集。近年来, 已经出版了许多数据挖掘书籍, 包括 Hastie、Tibshirani 和 Friedman 的 *The Elements of Statistical Learning*[HTF09], Tan、Steinbach 和 Kumar 的 *Introduction to Data Mining*[TSK05], Witten、Frank 和 Hall 的 *Data Mining: Practical Machine Learning Tools and Techniques with Java Implementations*[WFH11], Weiss 和 Indurkhya 的 *Predictive Data Mining*[WI98], Berry 和 Linoff 的 *Mastering Data Mining: The Art and Science of Customer Relationship Management*[BL99], Hand、Mannila 和 Smyth 的 *Principles of Data Mining*(*Adaptive Computation and Machine Learning*) [HMS01], Chakrabarti 的 *Mining the Web: Discovering Knowledge from Hypertext Data*[Cha03a], Liu 的 *Web Data Mining: Exploring Hyperlinks, Contents, and Usage Data*[Liu06], Dunham 的 *Data Mining: Introductory and Advanced Topics*[Dun03], 以及 Mitra 和 Acharya 的 *Data Mining: Multimedia, Soft Computing, and Bioinformatics*[MA03]。

　　还有一些书包含知识发现某些方面的论文汇集或章节, 如 Dzeroski 和 Lavrac 编辑的 *Relational Data Mining*[De01], Cook 和 Holder 编辑的 *Mining Graph Data*[CH07], Aggarwal 编辑的 *Data Streams: Models and Algorithms*[Agg06], Kargupta、Han、Yu 等编辑的 *Next Generation of Data Mining*[KHY⁺08], Z. Zhang 和 R. Zhang 编辑的 *Multimedia Data Mining: A Systematic Introduction to Concepts and Theory*[ZZ09], Miller 和 Han 编辑的 *Geographic Data Mining and Knowledge Discovery*[MH09], 以及 Yu、Han 和 Faloutsos 编辑的 *Link Mining: Models, Algorithms and Applications*[YHF10]。在数据库、数据挖掘、机器学习、统计学和 Web 技术的

主要会议上，还有大量讲稿。

KDnuggets 是一个包含知识发现和数据挖掘有关信息的定期、免费的电子通讯，自 1991 年以来一直由 Piatetsky-Shapiro 主持。*KDNuggets* 的站点（*www. kdnuggets. com*）包含大量关于 KDD 的信息。

数据挖掘界于 1995 年开始了它的第一届知识发现与数据挖掘国际学术会议。该会议是由 1989 至 1994 年举行的 4 次数据库中知识发现国际研讨会发展起来的。ACM-SIGKDD——ACM 下的数据库中知识发现专业委员会于 1998 年成立，并且自 1999 年以来一直组织知识发现与数据挖掘国际会议。IEEE 计算机学会自 2001 年起每年组织自己的数据挖掘会议——数据挖掘国际会议（ICDM）。SIAM（工业与应用数学学会）自 2002 年起组织它的数据挖掘年会——SIAM 数据挖掘会议（SDM）。专题杂志 *Data Mining and Knowledge Discovery* 自 1997 年起由 Kluwers 出版社出版。ACM 的杂志 *ACM Transactions on Knowledge discovery from Data* 于 2007 年出版了它的第 1 卷。

ACM-SIGKDD 还出版一种半年刊通讯 *SIGKDD Explorations*。还有一些其他国际或地区性数据挖掘会议，如欧洲机器学习与数据库中知识发现原理与实践会议（ECML PKDD），亚太知识发现与数据挖掘会议（PAKDD）和数据仓库与知识发现国际会议（DaWaK）。

数据挖掘研究还发表在数据库、统计学、机器学习和数据可视化的书籍、会议和杂志上。这些文献的参考信息在下面列举。

数据库系统的流行教科书包括 Garcia-Molina、Ullman 和 Widom 的 *Database Systems：The Complete Book* [GMUW08]，Ramakrishnan 和 Gehrke 的 *Database Management Systems* [RG03]，Silberschatz、Korth 和 Sudarshan 的 *Database System Concepts* [SKS02]，以及 Elmasri 和 Navathe 的 *Fundamentals of Database Systems* [EN03]。关于数据库系统原创性文章的汇集，见 Hellerstein 和 Stonebraker 编辑的 *Readings in Database Systems* [HS05]。

关于数据仓库技术、系统和应用有许多书籍，如 Kimball 和 Ross 的 *The Data Warehouse Toolkit：The Complete Guide to Dimensional Modeling* [KR02]，Kimball、Ross、Thornthwaite 和 Mundy 的 *The Data Warehouse Lifecycle Toolkit* [KRTM08]，Imhoff、Galemmo 和 Geiger 的 *Mastering Data Warehouse Design：Relational and Dimensional Techniques* [IGG03]，以及 Inmon 的 *Building the Data Warehouse* [Inm96]。一组关于物化视图和数据仓库实现的研究论文收集在 Gupta 和 Mumick 的 *Materialized Views：Techniques，Implementations，and Applications* [GM99] 中。Chaudhuri 和 Dayal [CD97] 提供了早期数据仓库技术的全面综述。

涉及数据挖掘和数据仓库的研究结果已在许多数据库国际学术会议论文集中发表，包括 ACM-SIGMOD 数据管理国际会议（SIGMOD）、超大型数据库国际会议（VLDB）、ACM-SIGMOD-SIGART 数据库原理研讨会（PODS）、数据工程国际会议（ICDE）、扩展数据库技术国际会议（EDBT）、数据库理论国际会议（ICDT）、信息与知识管理国际会议（CIKM）、数据库与专家系统应用国际会议（DEXA）和数据库系统高级应用国际研讨会（DASFAA）。数据挖掘研究也发表在主要数据库杂志上，如包括 *IEEE Transactions on Knowledge and Data Engineering*（*TKDE*）、*ACM Transactions on Database Systems*（*TODS*）、*Information Systems*、*The VLDB Journal*、*Data and Knowledge Engineering*、*International Journal of Intelligent Information Systems*（*JIIS*）和 *Knowledge and Information Systems*（*KAIS*）。

统计学家已经开发了许多有效的数据挖掘方法，并编写了丰富的教科书。从统计学模式识别角度看待分类可以在 Duda、Hart 和 Stork 的 *Pattern Classification* [DHS00] 中找到。还有一些教材涵盖了回归和统计分析的不同主题，如 Bickel 和 Doksum 的 *Mathematical Statistics：Basic Ideas and Selected Topics* [BD01]，Ramsey 和 Schafer 的 *The Statistical Sleuth：A Course in Methods of Data Analysis* [RS01]，Neter、Kutner、Nachtsheim 和 Wasserman 的 *Applied Linear Statistical Models* [NKNW96]，Dobson 的 *An Introduction to Generalized Linear Models* [Dob90]，Shumway 的 *Applied Statistical Time Series Analysis* [Shu88]，以及 Johnson 和 Wichern 的 *Applied Multivariate Statistical Analysis* [JW02]。

统计学研究发表在一些主要的统计会议的论文集上，包括联合统计学会议（Joint Statistical Meeting）、皇家统计学会国际会议（International Conference of the Royal Statistical Society），以及界面研讨会：计算科学与统计（Symposium on the Interface：Computing Science and Statistics）。其他刊物包括 *Journal of the Royal Statistical Society*、*The Annals of Statistics*、*Journal of American Statistical Association*、*Technometrics* 和 *Biometrika*。

机器学习和模式识别方面的教材和参考书包括 Mitchell 的 *Machine Learning*［Mit97］，Bishop 的 *Pattern Recognition and Machine Learning*［Bis06］，Theodoridis 和 Koutroumbas 的 *Pattern Recognition*［TK08］，Alpaydin 的 *Introduction to Machine Learning*［Alp11］，Koller 和 Friedman *Probabilistic Graphical Models：Principles and Techniques*［KF09］和 Marsland 的 *Machine Learning：An Algorithmic Perspective*［Mar09］。关于机器学习原创性论文的汇集，见 Michalski 等编辑的 *Machine Learning，An Artifical Intelligence Approach*，1 ~ 4 卷［MCM83，MCM86，KM90，MT94］和 Shavlik 和 Dietterich 编辑的 *Readings in Machine Learning*［SD90］。

机器学习和模式识别研究发表在一些主要的机器学习、人工智能和模式识别会议论文集上，包括机器学习国际会议（ML）、ACM 计算学习理论会议（COLT）、IEEE 计算机视觉与模式识别会议（CVPR）、模式识别国际会议（ICPR）、人工智能联合国际会议（IJCAI）和美国人工智能学会会议（AAAI）。其他出版物包括主要的机器学习、人工智能、模式识别和知识系统杂志，其中有些上面已经提到。其余的包括 *Machine Learning*（ML）、*Pattern Recognition*（PR）、*Artificial Intelligence Journal*（AI）、*IEEE Transactions on Pattern Analysis and Machine Intelligence*（PAMI）和 *Cognitive Science*。

信息检索方面的教科书和参考书包括 Manning、Raghavan 和 Schutz 的 *Introduction to Information Retrieval*［MRS08］，Bttcher、Clarke 和 Cormack 的 *Information Retrieval：Implementing and Evaluating Search Engines*［BCC10］，Croft、Metzler 和 Strohman 的 *Search Engines：Information Retrieval in Practice*［CMS09］，Baeza-Yates 和 Ribeiro-Neto 的 *Modern Information Retrieval：The Concepts and Technology Behind Search*［BYRN11］，以及 Grossman 和 Frieder 的 *Information Retrieval：Algorithms and Heuristics*［GF04］。

信息检索研究发表在一些信息检索和 Web 搜索与挖掘会议论文集上，包括 ACM-SIGIR 信息检索研究与开发国际会议（SIGIR）、万维网国际会议（WWW）、ACM Web 搜索与数据挖掘国际会议（WSDN）、ACM 信息与知识管理会议（CIKM）、欧洲信息检索会议（ECIR）、文本检索会议（TREC）以及 ACM/IEEE 数字图书馆联合会议（JCDL）。其他出版物包括主要的信息检索、信息系统和 Web 杂志，如 *Journal of Information Retrieval*、*ACM Transactions on Information Systems*（TOIS）、*Information Processing and Management*、*Knowledge and Information Systems*（KAIS）和 *IEEE Transactions on Knowledge and Data Engineering*（TKDE）。

认 识 数 据

直接跳到数据挖掘充满了诱惑，但是，我们首先需要准备好数据。这涉及仔细考察属性和数据值。现实世界中的数据一般有噪声、数量庞大（通常数兆兆字节或更多）并且可能来自异种数据源。本章旨在熟悉数据。对于数据预处理（见第3章），关于数据的知识是有用的。数据预处理是数据挖掘过程的第一个主要步骤。本章，你将要知道：数据由什么类型的属性或字段组成？每个属性具有何种类型的数据值？哪些属性是离散的，哪些是连续值的？数据看上去如何？值如何分布？有什么方法可以可视化地观察数据，以便更好地理解它吗？能够看出离群点吗？可以度量某些数据对象与其他数据对象之间的相似性吗？洞察数据将有助于其后的分析。

"那么，我们从数据中学习什么会有助于数据的预处理？"在2.1节，我们从研究各种属性类型开始，包括标称属性、二元属性、序数属性和数值属性。基本的统计描述可以用来获得关于属性值的更多知识，如2.2节所述。例如，给定温度属性，我们可以确定它的**均值**（平均值）、**中位数**（中间值）和**众数**（最常见的值）。这些都是**中心趋势度量**，使我们了解分布的"中部"或中心。

关于每个属性的这种基本统计量的知识有助于在数据预处理时填补缺失值、光滑噪声、识别离群点。关于属性和属性值的知识也有助于解决数据集成时出现的不一致。绘制中心趋势的图形可以向我们显示数据是对称的还是倾斜的。分位数图、直方图和散点图都是显示基本统计描述的其他图形方法。这些在数据预处理时都可能是有用的，并且提供对挖掘区域的洞察。

数据可视化为借助于图形观察数据提供了更多技术。这些可以帮助我们识别"隐藏"在无结构数据集中的关系、趋势和偏差。这些技术包括从简单的散点图矩阵（其中，两个属性被映射到2D网格），到诸如树图（其中，基于属性值显示屏幕的层次划分）那样的复杂方法。数据可视化技术在2.3节介绍。

最后，我们希望考察何为数据对象的相似性（或相异性）。例如，假设我们有一个数据库，其中数据对象是患者，用他们的症状描述。我们可能希望找出患者之间的相似性或相异性。这种信息使得我们可以发现数据集中类似患者的簇。数据对象之间的相似性/相异性也可以用来检测数据中的离群点，或进行最近邻分类。（聚类是第10、11章的主题，而最近邻分类在第9章讨论。）有多种评估相似性和相异性的度量。这种度量一般被称做邻近性度量。你可以把两个对象之间的邻近性看做是对象之间距离的函数，尽管邻近性也可以基于概率而不是基于实际距离来计算。数据邻近性度量在2.4节介绍。

总之，本章结束时，你将了解属性的不同类型，以及描述属性数据的中心趋势和散布的统计度量。你还将熟悉对属性值分布可视化的技术，以及如何计算对象之间的相似性或相异性。

2.1 数据对象与属性类型

数据集由数据对象组成。一个**数据对象**代表一个实体。例如，在销售数据库中，对象可以是顾客、商品或销售；在医疗数据库中，对象可以是患者；在大学的数据库中，对象可以是学生、教授和课程。通常，数据对象用属性描述。数据对象又称样本、实例、数据点或对象。如果数据对象存放在数据库中，则它们是数据元组。也就是说，数据库的行对应于数据对象，而列对应于属性。本节，我们定义属性，并且考察各种属性类型。

2.1.1 什么是属性

属性（attribute）是一个数据字段，表示数据对象的一个特征。在文献中，属性、维（dimension）、特征（feature）和变量（variable）可以互换地使用。术语"维"一般用在数据仓库中。机器学习文献更倾向于使用术语"特征"，而统计学家则更愿意使用术语"变量"。数据挖掘和数据库的专业人士一般使用术语"属性"，我们也使用术语"属性"。例如，描述顾客对象的属性可能包括 *customer_ID*、*name* 和 *address*。给定属性的观测值称做观测。用来描述一个给定对象的一组属性称做属性向量（或特征向量）。涉及一个属性（或变量）的数据分布称做单变量的（univariate）。双变量（bivariate）分布涉及两个属性，等等。

一个属性的**类型**由该属性可能具有的值的集合决定。属性可以是标称的、二元的、序数的或数值的。下面我们介绍每种类型。

2.1.2 标称属性

标称意味"与名称相关"。**标称属性**（nominal attribute）的值是一些符号或事物的名称。每个值代表某种类别、编码或状态，因此标称属性又被看做是**分类的**（categorical）。这些值不必具有有意义的序。在计算机科学中，这些值也被看做是枚举的（enumeration）。

例 2.1 标称属性。假设 *hair_color*（头发颜色）和 *marital_status*（婚姻状况）是两个描述人的属性。在我们的应用中，*hair_color* 的可能值为黑色、棕色、淡黄色、红色、赤褐色、灰色和白色。属性 *marital_status* 的取值可以是单身、已婚、离异和丧偶。*hair_color* 和 *marital_status* 都是标称属性。标称属性的另一个例子是 *occupation*（职业），具有值教师、牙医、程序员、农民等。■

尽管我们说标称属性的值是一些符号或"事物的名称"，但是可以用数表示这些符号或名称。例如对于 *hair_color*，我们可以指定代码 0 表示黑色，1 表示棕色，等等。另一个例子是 *customer_ID*（顾客号），它的可能值可以都是数值。然而，在这种情况下，并不打算定量地使用这些数。也就是说，在标称属性之上，数学运算没有意义。与从一个年龄值（这里，年龄是数值属性）减去另一个不同，从一个顾客号减去另一个顾客号毫无意义。尽管一个标称属性可以取整数值，但是也不能把它视为数值属性，因为并不打算定量地使用这些整数。在 2.1.5 节，我们将更详细地说明数值属性。

因为标称属性值并不具有有意义的序，并且不是定量的，因此，给定一个对象集，找出这种属性的均值（平均值）或中位数（中值）没有意义。然而，一件有意义的事情是使该属性最常出现的值，这个值称为众数（mode），是一种中心趋势度量。我们将在 2.2 节介绍中心趋势度量。

2.1.3 二元属性

二元属性（binary attribute）是一种标称属性，只有两个类别或状态：0 或 1，其中 0 通常表示该属性不出现，而 1 表示出现。二元属性又称**布尔属性**，如果两种状态对应于 *true* 和 *false* 的话。

例 2.2 二元属性。倘若属性 *smoker* 描述患者对象，1 表示患者抽烟，0 表示患者不抽烟。类似地，假设患者进行具有两种可能结果的医学化验。属性 *medical_test* 是二元的，其中值 1 表示患者的化验结果为阳性，0 表示结果为阴性。■

一个二元属性是**对称的**，如果它的两种状态具有同等价值并且携带相同的权重；即，关于哪个结果应该用 0 或 1 编码并无偏好。这样的例子如具有男和女这两种状态的属性 *gender*（性别）。

一个二元属性是**非对称的**，如果其状态的结果不是同样重要的，如艾滋病病毒（HIV）化验的阳性和阴性结果。为方便计，我们将用 1 对最重要的结果（通常是稀有的）编码（例如，HIV 阳性），而另一个用 0 编码（例如，HIV 阴性）。

2.1.4 序数属性

序数属性（ordinal attribute）是一种属性，其可能的值之间具有有意义的序或秩评定（ranking），但是相继值之间的差是未知的。

例 2.3 序数属性。假设 *drink_size* 对应于快食店供应的饮料量。这个标称属性具有 3 个可能的值——小、中、大。这些值具有有意义的先后次序（对应于递增的饮料量）。然而，例如我们不能说"大"比"中"大多少。序数属性的其他例子包括 *grade*（成绩，例如 A +、A、A -、B + 等）和 *professional_rank*（职位）。职位可以按顺序枚举，如对于教师有助教、讲师、副教授和教授，对于军阶有列兵、一等兵、专业军士、下士、中士等。

对于记录不能客观度量的主观质量评估，序数属性是有用的。因此，序数属性通常用于等级评定调查。在一项调查中，作为顾客，参与者被要求评定他们的满意程度。顾客的满意度有如下序数类别：0——很不满意，1——不太满意，2——中性，3——满意，4——很满意。■

正如在数据归约中（第 3 章）所看到的，序数属性也可以通过把数值量的值域划分成有限个有序类别，把数值属性离散化而得到。

序数属性的中心趋势可以用它的众数和中位数（有序序列的中间值）表示，但不能定义均值。

注意，标称、二元和序数属性都是定性的。即，它们描述对象的特征，而不给出实际大小或数量。这种定性属性的值通常是代表类别的词。如果使用整数，则它们代表类别的计算机编码，而不是可测量的量（例如，0 表示小杯饮料，1 表示中号杯，2 表示大杯）。下一节，我们考虑数值属性，它提供对象的定量度量。

42

2.1.5 数值属性

数值属性（numeric attribute）是定量的，即它是可度量的量，用整数或实数值表示。数值属性可以是区间标度的或比率标度的。

1. 区间标度属性

区间标度（interval-scaled）**属性**用相等的单位尺度度量。区间属性的值有序，可以为正、0 或负。因此，除了值的秩评定之外，这种属性允许我们比较和定量评估值之间的差。

例 2.4 区间标度属性。temperature（温度）属性是区间标度的。假设我们有许多天的室外温度值，其中每天是一个对象。把这些值排序，则我们得到这些对象关于温度的秩评定。此外，我们还可以量化不同值之间的差。例如，温度 20℃ 比 5℃ 高出 15℃。日历日期是另一个例子。例如，2002 年与 2010 年相差 8 年。■

摄氏温度和华氏温度都没有真正的零点；即，0℃ 和 0℉ 都不表示"没有温度"。（例如，对于摄氏温度，度量单位是水在标准大气压下沸点温度与冰点温度之差的 1/100。）尽管我们可以计算温度值之差，但是我们不能说一个温度值是另一个的倍数。没有真正的零，例如，我们不能说 10℃ 比 5℃ 温暖 2 倍。也就是说，我们不能用比率谈论这些值。类似地，日历日期也没有绝对的零点。（0 年并不对应于时间的开始。）这把我们带到比率标度属性。对于比率标度属性，存在真正的零点。

由于区间标度属性是数值的，除了中心趋势度量中位数和众数之外，我们还可以计算它们的均值。

2. 比率标度属性

比率标度（ratio-scaled）属性是具有固有零点的数值属性。也就是说，如果度量是比率标度的，则我们可以说一个值是另一个的倍数（或比率）。此外，这些值是有序的，因此我们可以计算值之间的差，也能计算均值、中位数和众数。

例 2.5 比率标度属性。 不像摄氏和华氏温度，开氏温标（K）具有绝对零点（$0°K = -273.15℃$）：在该点，构成物质的粒子具有零动能。比率标度属性的其他例子包括诸如工作年限（例如，对象是雇员）和字数（对象是文档）等计数属性。其他例子包括度量重量、高度、速度和货币量（例如，100 美元比 1 美元富有 100 倍）的属性。 ■ 43

2.1.6 离散属性与连续属性

我们已经把属性分为标称、二元、序数和数值类型。可以用许多方法来组织属性类型，这些类型不是互斥的。

机器学习领域开发的分类算法通常把属性分成离散的或连续的。每种类型都可以用不同的方法处理。**离散属性**具有有限或无限可数个值，可以用或不用整数表示。属性 *hair_color*、*smoker*、*medical_test* 和 *drink_size* 都有有限个值，因此是离散的。注意，离散属性可以具有数值值。如对于二元属性取 0 和 1，对于年龄属性取 0 到 110。如果一个属性可能的值集合是无限的，但是可以建立一个与自然数的一一对应，则这个属性是无限可数的。例如，属性 *customer_ID* 是无限可数的。顾客数量是无限增长的，但事实上实际的值集合是可数的（可以建立这些值与整数集合的一一对应）。邮政编码是另一个例子。

如果属性不是离散的，则它是**连续的**。在文献中，术语"数值属性"与"连续属性"通常可以互换地使用。（这可能令人困惑，因为在经典意义下，连续值是实数，而数值值可以是整数或实数。）在实践中，实数值用有限位数字表示。连续属性一般用浮点变量表示。

2.2 数据的基本统计描述

对于成功的数据预处理而言，把握数据的全貌是至关重要的。基本统计描述可以用来识别数据的性质，凸显哪些数据值应该视为噪声或离群点。

本节讨论三类基本统计描述。我们从中心趋势度量开始（2.2.1 节），它度量数据分布的中部或中心位置。直观地说，给定一个属性，它的值大部分落在何处？特殊地，我们讨论均值、中位数、众数和中列数。

除了估计数据集的中心趋势之外，我们还想知道数据的散布。即，数据如何分散？数据散布的最常见度量是数据的极差、四分位数、四分位数极差、五数概括和盒图，以及数据的方差和标准差。对于识别离群点，这些度量是有用的。这些在 2.2.2 节介绍。

最后，我们可以使用基本统计描述的许多图形显示来可视化地审视数据（2.2.3 节）。许多可视化或图形数据表示软件包都包含条图、饼图和线图。其他流行的数据概括和分布显 44

示方式包括分位数图、分位数 – 分位数图、直方图和散点图。

2.2.1 中心趋势度量：均值、中位数和众数

本节，我们考察度量数据中心趋势的各种方法。假设我们有某个属性 X，如 *salary*，已经对一个数据对象集记录了它们的值。令 x_1，x_2，$\cdots$，x_N 为 X 的 N 个观测值或观测。在本节的余下部分，这些值又称（X 的）"数据集"。如果我们标出 *salary* 的这些观测，大部分值将落在何处？这反映数据的中心趋势的思想。中心趋势度量包括均值、中位数、众数和中列数。

数据集"中心"的最常用、最有效的数值度量是（算术）均值。令 x_1，x_2，$\cdots$，x_N 为某数值属性 X（如 *salary*）的 N 个观测值或观测。该值集合的**均值**（mean）为

$$\bar{x} = \frac{\sum_{i=1}^{N} x_i}{N} = \frac{x_1 + x_2 + \cdots + x_N}{N} \tag{2.1}$$

这对应于关系数据库系统提供的内置聚集函数 *average*（SQL 的 **avg()**）。

例 2.6 均值。假设我们有 *salary* 的如下值（以千美元为单位），按递增次序显示：30，31，47，50，52，52，56，60，63，70，70，110。使用（2.1）式，我们有

$$\bar{x} = \frac{30 + 31 + 47 + 50 + 52 + 52 + 56 + 60 + 63 + 70 + 70 + 110}{12}$$

$$= \frac{696}{12} = 58$$

因此，*salary* 的均值为 58 000 美元。 ■

有时，对于 $i = 1$，$\cdots$，N，每个值 x_i 可以与一个权重 w_i 相关联。权重反映它们所依附的对应值的意义、重要性或出现的频率。在这种情况下，我们可以计算

$$\bar{x} = \frac{\sum_{i=1}^{N} w_i x_i}{\sum_{i=1}^{N} w_i} = \frac{w_1 x_1 + w_2 x_2 + \cdots + w_N x_N}{w_1 + w_2 + \cdots + w_N} \tag{2.2}$$

[45] 这称做**加权算术均值**或**加权平均**。

尽管均值是描述数据集的最有用的单个量，但是它并非总是度量数据中心的最佳方法。主要问题是，均值对极端值（例如，离群点）很敏感。例如，公司的平均薪水可能被少数几个高收入的经理显著推高。类似地，一个班的考试平均成绩可能被少数很低的成绩拉低一些。为了抵消少数极端值的影响，我们可以使用**截尾均值**（trimmed mean）。截尾均值是丢弃高低极端值后的均值。例如，我们可以对 *salary* 的观测值排序，并且在计算均值之前去掉高端和低端的 2%。我们应该避免在两端截去太多（如 20%），因为这可能导致丢失有价值的信息。

对于倾斜（非对称）数据，数据中心的更好度量是**中位数**（median）。中位数是有序数据值的中间值。它是把数据较高的一半与较低的一半分开的值。

在概率论与统计学，中位数一般用于数值数据。然而，我们把这一概念推广到序数数据。假设给定某属性 X 的 N 个值按递增序排序。如果 N 是奇数，则中位数是该有序集的中间值；如果 N 是偶数，则中位数不唯一，它是最中间的两个值和它们之间的任意值。在 X 是数值属性的情况下，根据约定，中位数取作最中间两个值的平均值。

例 2.7 中位数。让我们找出例 2.6 中数据的中位数。该数据已经按递增序排序。有偶

数个观测（即 12 个观测），因此中位数不唯一。它可以是最中间两个值 52 和 56（即列表中的第 6 和第 7 个值）中的任意值。根据约定，我们指定这两个最中间的值的平均值为中位数。即 $\frac{52 + 56}{2} = \frac{108}{2} = 54$。于是，中位数为 54 000 美元。

假设我们只有该列表的前 11 个值。给定奇数个值，中位数是最中间的值。这是列表的第 6 个值，其值为 52 000 美元。 ∎

当观测的数量很大时，中位数的计算开销很大。然而，对于数值属性，我们可以很容易计算中位数的近似值。假定数据根据它们的 x_i 值划分成区间，并且已知每个区间的频率（即数据值的个数）。例如，可以根据年薪将人划分到诸如 10 000 ~ 20 000 美元、20 000 ~ 30 000 美元等区间。令包含中位数频率的区间为中位数区间。我们可以使用如下公式，用插值计算整个数据集的中位数的近似值（例如，薪水的中位数）：

$$median = L_1 + \left(\frac{N/2 - (\sum freq)_l}{freq_{median}} \right) width \qquad (2.3)$$

其中，L_1 是中位数区间的下界，N 是整个数据集中值的个数，$(\sum freq)_l$ 是低于中位数区间的所有区间的频率和，$freq_{median}$ 是中位数区间的频率，而 $width$ 是中位数区间的宽度。

众数是另一种中心趋势度量。数据集的**众数**（mode）是集合中出现最频繁的值。因此，可以对定性和定量属性确定众数。可能最高频率对应多个不同值，导致多个众数。具有一个、两个、三个众数的数据集合分别称为**单峰的**（unimodal）、**双峰的**（bimodal）和**三峰的**（trimodal）。一般地，具有两个或更多众数的数据集是**多峰的**（multimodal）。在另一种极端情况下，如果每个数据值仅出现一次，则它没有众数。

例 2.8　众数。例 2.6 的数据是双峰的，两个众数为 52 000 美元和 70 000 美元。 ∎

对于适度倾斜（非对称）的单峰数值数据，我们有下面的经验关系

$$mean - mode \approx 3 \times (mean - median) \qquad (2.4)$$

这意味：如果均值和中位数已知，则适度倾斜的单峰频率曲线的众数容易近似计算。

中列数（midrange）也可以用来评估数值数据的中心趋势。中列数是数据集的最大和最小值的平均值。中列数容易使用 SQL 的聚集函数 **max()** 和 **min()** 计算。

例 2.9　中列数。例 2.6 数据的中列数为 $\frac{30\,000 + 110\,000}{2} = 70\,000$ 美元。 ∎

在具有完全**对称的**数据分布的单峰频率曲线中，均值、中位数和众数都是相同的中心值，如图 2.1a 所示。

在大部分实际应用中，数据都是不对称的。它们可能是**正倾斜的**，其中众数出现在小于中位数的值上（见图 2.1b）；或者是**负倾斜的**，其中众数出现在大于中位数的值上（见图 2.1c）。

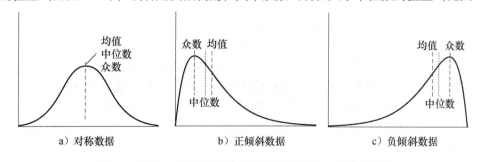

a）对称数据　　　　b）正倾斜数据　　　　c）负倾斜数据

图 2.1　对称、正倾斜和负倾斜数据的中位数、均值和众数

2.2.2 度量数据散布：极差、四分位数、方差、标准差和四分位数极差

现在，我们考察评估数值数据散布或发散的度量。这些度量包括极差、分位数、四分位数、百分位数和四分位数极差。五数概括可以用盒图显示，它对于识别离群点是有用的。方差和标准差也可以指出数据分布的散布。

1. 极差、四分位数和四分位数极差

开始，让我们先学习作为数据散布度量的极差、分位数、四分位数、百分位数和四分位数极差。

设 x_1，x_2，$\cdots$，x_N 是某数值属性 X 上的观测的集合。该集合的**极差**（range）是最大值（**max()**）与最小值（**min()**）之差。

假设属性 X 的数据以数值递增序排列。想象我们可以挑选某些数据点，以便把数据分布划分成大小相等的连贯集，如图 2.2 所示。这些数据点称做分位数。**分位数**（quantile）是取自数据分布的每隔一定间隔上的点，把数据划分成基本上大小相等的连贯集合。（我们说"基本上"，因为可能不存在把数据划分成恰好大小相等的诸子集的 X 的数据值。为简单起见，我们将称它们相等。）

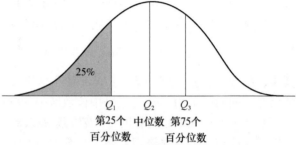

图 2.2 某属性 X 的数据分布图。这里绘制的分位数是四分位数。3 个四分位数把分布划分成 4 个相等的部分。第 2 个四分位数对应于中位数

给定数据分布的第 k 个 q-分位数是值 x，使得小于 x 的数据值最多为 k/q，而大于 x 的数据值最多为 $(q-k)/q$，其中 k 是整数，使得 $0 < k < q$。我们有 $q - 1$ 个 q-分位数。

2-分位数是一个数据点，它把数据分布划分成高低两半。2-分位数对应于中位数。4-分位数是 3 个数据点，它们把数据分布划分成 4 个相等的部分，使得每部分表示数据分布的四分之一。通常称它们为**四分位数**（quartile）。100-分位数通常称做**百分位数**（percentile），它们把数据分布划分成 100 个大小相等的连贯集。中位数、四分位数和百分位数是使用最广泛的分位数。

四分位数给出分布的中心、散布和形状的某种指示。**第 1 个四分位数**记作 Q_1，是第 25 个百分位数，它砍掉数据的最低的 25%。**第 3 个四分位数**记作 Q_3，是第 75 个百分位数，它砍掉数据的最低的 75%（或最高的 25%）。第 2 个四分位数是第 50 个百分位数，作为中位数，它给出数据分布的中心。

第 1 个和第 3 个四分位数之间的距离是散布的一种简单度量，它给出被数据的中间一半所覆盖的范围。该距离称为**四分位数极差**（IQR），定义为

$$IQR = Q_3 - Q_1 \tag{2.5}$$

例 2.10 四分位数极差。 四分位数是 3 个值，把排序的数据集划分成 4 个相等的部分。例 2.6 的数据包含 12 个观测，已经按递增序排序。这样，该数据集的四分位数分别是该有序表的第 3、第 6 和第 9 个值。因此，$Q_1 = 47\,000$ 美元，而 $Q_3 = 63\,000$ 美元。于是，四分位数极差为 $IQR = 63\,000 - 47\,000 = 16\,000$ 美元。（注意，第 6 个值是中位数 52 000 美元，尽管这个数据集因为数据值的个数为偶数有两个中位数。）■

2. 五数概括、盒图与离群点

对于描述倾斜分布，单个散布数值度量（例如，IQR）都不是很有用。看一看图 2.1 的

对称和倾斜的数据分布。在对称分布中，中位数（和其他中心度量）把数据划分成相同大小的两半。对于倾斜分布，情况并非如此。因此，除中位数之外，还提供两个四分位数 Q_1 和 Q_3 更加有益。识别可疑的**离群点**的通常规则是，挑选落在第 3 个四分位数之上或第 1 个四分位数之下至少 $1.5 \times IQR$ 处的值。

因为 Q_1、中位数和 Q_3 不包含数据的端点（例如尾）信息，分布形状的更完整的概括可以通过同时也提供最高和最低数据值得到。这称做五数概括。分布的**五数概括**（five-number summary）由中位数（Q_2）、四分位数 Q_1 和 Q_3、最小和最大观测值组成，按次序 $Minimum$，Q_1，$Median$，Q_3，$Maximum$ 写出。

盒图（boxplot）是一种流行的分布的直观表示。盒图体现了五数概括：

- 盒的端点一般在四分位数上，使得盒的长度是四分位数极差 IQR。
- 中位数用盒内的线标记。
- 盒外的两条线（称做胡须）延伸到最小（$Minimum$）和最大（$Maximum$）观测值。 [49]

当处理数量适中的观测值时，值得个别地绘出可能的离群点。在盒图中这样做：仅当最高和最低观测值超过四分位数不到 $1.5 \times IQR$ 时，胡须扩展到它们。否则，胡须在出现在四分位数的 $1.5 \times IQR$ 之内的最极端的观测值处终止，剩下的情况个别地绘出。盒图可以用来比较若干个可比较的数据集。

例 2.11 盒图。图 2.3 给出在给定的时间段 AllElectronics 的 4 个部门销售的商品单价数据的盒图。对于部门 1，我们看到销售商品单价的中位数是 80 美元，Q_1 是 60 美元，Q_3 是 100 美元。注意，该部门的两个边远的观测值被个别地绘出，因为它们的值 175 和 202 都超过 IQR 的 1.5 倍，这里 $IQR = 40$。■

盒图可以在 $O(n \log n)$ 时间内计算。依赖于所要求的质量，近似盒图可以在线性或子线性时间内计算。

3. 方差和标准差

方差与标准差都是数据散布度量，它们指出数据分布的散布程度。低标准差意味数据观测趋向于非常靠近均值，而高标准差表示数据散布在一个大的值域中。

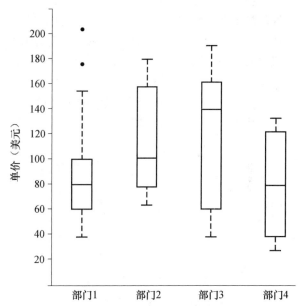

图 2.3 在给定的时间段中 AllElectronics 的 4 个部门销售的商品单价数据的盒图 [50]

数值属性 X 的 N 个观测值 x_1，x_2，$\cdots$，x_N 的**方差**（variance）是：

$$\sigma^2 = \frac{1}{N} \sum_{i=1}^{N} (x_i - \bar{x})^2 = \left(\frac{1}{N} \sum_{i=1}^{n} x_i^2 \right)^2 - \bar{x}^2 \tag{2.6}$$

其中，$\bar{x}$ 是观测的均值，由（2.1）式定义。观测值的**标准差**（standard deviation）σ 是方差 σ^2 的平方根。

例 2.12 方差和标准差。在例 2.6 中，使用（2.1）式计算均值，我们得到 $\bar{x} = 58\,000$ 美元。为了确定该例子数据集的方差和标准差，我们置 $N = 12$，使用（2.6）式得到：

$$\sigma^2 = \frac{1}{12} (30^2 + 36^2 + 47^2 + \cdots + 110^2) - 58^2 \approx 379.17$$

$$\sigma \approx \sqrt{379.17} \approx 19.14$$

作为发散性的度量，标准差 σ 的性质是：

- σ 度量关于均值的发散，仅当选择均值作为中心度量时使用。
- 仅当不存在发散时，即当所有的观测值都具有相同值时，$\sigma = 0$；否则，$\sigma > 0$。

重要的是，一个观测一般不会远离均值超过标准差的数倍。精确地说，使用不等式，可以证明最少 $\left(1 - \dfrac{1}{k^2}\right) \times 100\%$ 的观测离均值不超过 k 个标准差。因此，标准差是数据集发散的很好指示器。

大型数据库中方差和标准差的计算是可伸缩的。

2.2.3 数据的基本统计描述的图形显示

本节我们研究基本统计描述的图形显示，包括分位数图、分位数–分位数图、直方图和散点图。这些图形有助于可视化地审视数据，对于数据预处理是有用的。前三种图显示一元分布（即，一个属性的数据），而散点图显示二元分布（即，涉及两个属性）。

1. 分位数图

这里和以下几小节我们介绍常用的数据分布的图形显示。**分位数图**（quantile plot）是一种观察单变量数据分布的简单有效方法。首先，它显示给定属性的所有数据（允许用户评估总的情况和不寻常的出现）。其次，它绘出了分位数信息（见 2.2.2 节）。对于某序数或数值属性 X，设 $x_i (i = 1, \cdots, N)$ 是按递增序排序的数据，使得 x_1 是最小的观测值，而 x_N 是最大的。每个观测值 x_i 与一个百分数 f_i 配对，指出大约 $f_i \times 100\%$ 的数据小于值 x_i。我们说"大约"，因为可能没有一个精确的小数值 f_i，使得数据的 $f_i \times 100\%$ 小于值 x_i。注意，百分比 0.25 对应于四分位数 Q_1，百分比 0.50 对应于中位数，而百分比 0.75 对应于 Q_3。

令

$$f_i = \frac{i - 0.5}{N} \tag{2.7}$$

这些数从 $\dfrac{1}{2N}$（稍大于 0）到 $1 - \dfrac{1}{2N}$（稍小于 1），以相同的步长 $1/N$ 递增。在分位数图中，x_i 对应 f_i 画出。这使得我们可以基于分位数比较不同的分布。例如，给定两个不同时间段的销售数据的分位数图，我们一眼就可以比较它们的 Q_1、中位数、Q_3 以及其他 f_i 值。

例 2.13 **分位数图**。图 2.4 显示了表 2.1 的单价数据的分位数图。 ∎

表 2.1 AllElectronics 的一个部门销售的商品单价数据集

单价（美元）	商品销售量
40	275
43	300
47	250
…	…
74	360
75	515
78	540
…	…
115	320
117	270
120	350

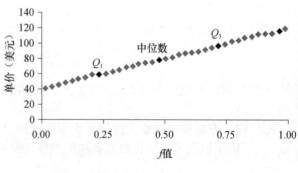

图 2.4 表 2.1 的单价数据的分位数图

2. 分位数 – 分位数图

分位数 – 分位数图（quantile-quantile plot）或 **q-q 图**对着另一个对应的分位数，绘制一个单变量分布的分位数。它是一种强有力的可视化工具，使得用户可以观察从一个分布到另一个分布是否有漂移。

假定对于属性或变量 *unit price*（单价），我们有两个观测集，取自两个不同的部门。设 $x_1, \cdots, x_N$ 是取自第一个部门的数据，$y_1, \cdots, y_M$ 是取自第二个部门的数据，其中每组数据都已按递增序排序。如果 $M = N$（即每个集合中的点数相等），则我们简单地对着 x_i 画 y_i，其中 y_i 和 x_i 都是它们的对应数据集的第 $(i-0.5)/N$ 个分位数。如果 $M < N$（即第二个部门的观测值比第一个少），则可能只有 M 个点在 q-q 图中。这里，y_i 是 y 数据的第 $(i-0.5)/M$ 个分位数，对着 x 数据的第 $(i-0.5)/M$ 个分位数画。在典型情况下，该计算涉及插值。 52

例 2.14　分位数 – 分位数图。图 2.5 显示在给定的时间段 AllElectronics 的两个不同部门销售的商品的单价数据的分位数 – 分位数图。每个点对应于每个数据集的相同的分位数，并对该分位数显示部门 1 与部门 2 的销售商品单价。（为帮助比较，我们也画了一条直线，它代表对于给定的分位数，两个部门的单价相同的情况。此外，加黑的点分别对应于 Q_1、中位数和 Q_3。）

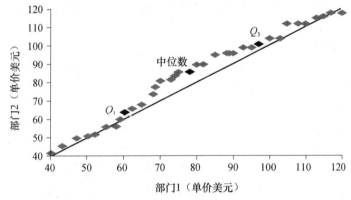

图 2.5　两个不同部门的单价数据的分位数 – 分位数图

例如，我们看到，在 Q_1，部门 1 销售的商品单价比部门 2 稍低。换言之，部门 1 销售 53 的商品 25% 低于或等于 60 美元，而在部门 2 销售的商品 25% 低于或等于 64 美元。在第 50 个分位数（标记为中位数，即 Q_2），我们看到部门 1 销售的商品 50% 低于或等于 78 美元，而在部门 2 销售的商品 50% 低于或等于 85 美元。一般地，我们注意到部门 1 的分布相对于部门 2 有一个漂移，因为部门 1 销售的商品单价趋向于比部门 2 低。　　■

3. 直方图

直方图（histogram）或**频率直方图**（frequency histogram）至少已经出现一个世纪，并且被广泛使用。"histo" 意指柱或杆，而 "gram" 表示图，因此 histogram 是柱图。直方图是一种概括给定属性 X 的分布的图形方法。如果 X 是标称的，如汽车型号或商品类型，则对于 X 的每个已知值，画一个柱或竖直条。条的高度标示该 X 值出现的频率（即计数）。结果图更多地称做**条形图**（bar chart）。然而，这种条形图不同于常用的条形图，常用的条形图使用一组条形（中间用空档分开），X 代表一组分类数据。

如果 X 是数值的，则更多使用术语直方图。X 的值域被划分成不相交的连续子域。子域称做桶（bucket）或箱（bin），是 X 的数据分布的不相交子集。桶的范围称做宽度。通常，诸桶是等宽的。例如，值域为 1 ~ 200 美元（对最近的美元取整）的价格属性可以划分成子域 1 ~ 20，21 ~ 40，41 ~ 60，等等。对于每个子域，画一个条，其高度表示在该子域观测到的商品的计数。直方图和划分规则将在第3章介绍数据归约时进一步讨论。

例2.15 直方图。 图2.6显示了表2.1的数据集的直方图，其中桶（或箱）定义成等宽的，代表增量20美元，而频率是商品的销售数量。 ▪

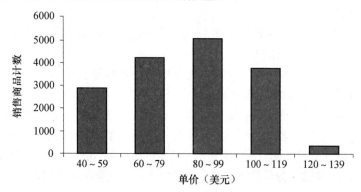

图2.6 表2.1中数据集的直方图

尽管直方图被广泛使用，但是对于比较单变量观测组，它可能不如分位数图、q-q图和盒图方法有效。

4. 散点图与数据相关

散点图（scatter plot）是确定两个数值变量之间看上去是否存在联系、模式或趋势的最有效的图形方法之一。为构造散点图，每个值对视为一个代数坐标对，并作为一个点画在平面上。图2.7显示表2.1中数据的散点图。

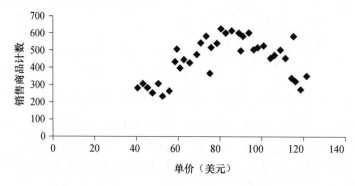

图2.7 表2.1中数据的散点图

散点图是一种观察双变量数据的有用的方法，用于观察点簇和离群点，或考察相关联系的可能性。两个属性 X 和 Y，如果一个属性蕴含另一个，则它们是**相关的**。相关可能是正的、负的或零（null）相关（不相关的）。图2.8显示了两个属性之间正相关和负相关的例子。如果标绘点的模式从左下到右上倾斜，则意味 X 的值随 Y 的值增加而增加，暗示正相关（见图2.8a）。如果标绘点的模式从左上到右下倾斜，则意味 X 的值随 Y 的值减小而增加，暗示负相关（见图2.8b）。可以画一条最佳拟合的线，研究变量之间的相关性。相关性统计检验在第3章介绍数据集成时给出（见（3.3）式）。图2.9显示了三种情况，每个给定的数据集的两个属性之间都不存在相关关系。2.3.2节说明如何把散点图扩展到 n 个属性，得出散点图矩阵。

综上所述，基本数据描述（如中心趋势度量和散布度量）和图形统计显示（如分位数图、直方图和散点图）提供了数据总体情况的有价值的洞察。由于有助于识别噪声和离群点，所以它们对于数据清理特别有用。

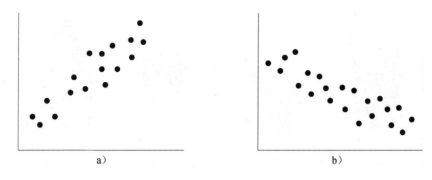

图 2.8　散点图可以用来发现属性之间的相关性：a）正相关；b）负相关

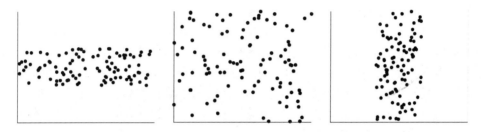

图 2.9　三种情况，其中每个数据集中两个属性之间都不存在观察到的相关性

2.3　数据可视化

如何有效地向用户表示数据？**数据可视化**（data visualization）旨在通过图形表示清晰有效地表达数据。数据可视化已经在许多应用领域广泛使用。例如，我们可以在编写报告、管理工商企业运转、跟踪任务进展等工作中使用数据可视化。更流行地，我们可以利用可视化技术的优点，发现原始数据中不易观察到的数据联系。现在，人们还使用数据可视化制造乐趣和有趣的图案。

本节简要介绍数据可视化的基本概念。我们从存放在诸如关系数据库中的多维数据开始，讨论一些表示方法，包括基于像素的技术、几何投影技术、基于图符的技术，以及层次的和基于图形的技术。然后，我们讨论复杂数据对象和关系的可视化。

56

2.3.1　基于像素的可视化技术

一种可视化一维值的简单方法是使用像素，其中像素的颜色反映该维的值。对于一个 m 维数据集，**基于像素的技术**（pixel-oriented technique）在屏幕上创建 m 个窗口，每维一个。记录的 m 个维值映射到这些窗口中对应位置上的 m 个像素。像素的颜色反映对应的值。

在窗口内，数据值按所有窗口共用的某种全局序安排。全局序可以用一种对手头任务有一定意义方法，通过对所有记录排序得到。

例 2.16　基于像素的可视化。AllElectronics 维护了一个顾客信息表，包含 4 个维：*income*（收入），*credit_limit*（信贷额度），*transaction_volume*（成交量）和 *age*（年龄）。我们能够通过可视化技术分析 *income* 与其他属性之间的相关性吗？

我们可以对所有顾客按收入的递增序排序，并使用这个序，在 4 个可视化窗口安排顾客数据，如图 2.10 所示。像素颜色这样选择：值越小，颜色越淡。使用基于像素的可视化，我们可以很容易地得到如下观察：*credit_limit* 随 *income* 增加而增加；收入处于中部区间的顾客更可能从 AllElectronics 购物；*income* 与 *age* 之间没有明显的相关性。　■

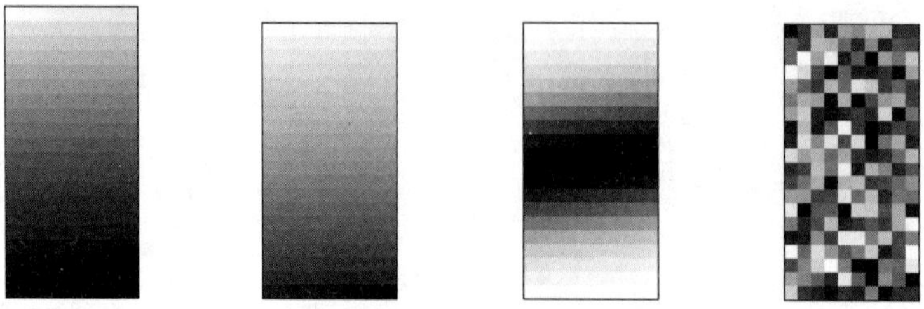

a) *income*　　b) *credit_limit*　　c) *transaction_volume*　　d) *age*

图 2.10　通过按 *income* 的递增序对所有的顾客排序，4 个属性的基于像素的可视化

在基于像素的技术中，数据记录也可以按查询依赖的方法排序。例如，给定一个点查询，我们可以把所有记录按照与该点查询的相似性的递减序排序。

对于宽窗口，以线性方法安排数据记录填充窗口的效果可能不好。每行的第一个像素与前一行的最后一个像素离得太远，尽管它们对应的对象在全局序下是彼此贴近的。此外，像素贴近窗口中它上面的像素，尽管这两个像素对应的对象在全局序下并非彼此贴近的。为解决这一问题，我们可以用空间填充曲线来安排数据记录填充窗口。空间填充曲线（space-filling curve）是这样一种曲线，它的范围覆盖整个 n 维单位超立方体。由于可视化窗口是二维的，我们可以使用二维空间填充曲线。图 2.11 显示了一些频繁使用的二维空间填充曲线。

a）希尔伯特曲线　　　　b）格雷码　　　　c）Z-曲线

图 2.11　一些频繁使用的二维空间填充曲线

注意，窗口不必是矩形的。例如，圆弓分割技术（circle segment technique）使用圆弓形窗口，如图 2.12 所示。这种技术可以改善维比较，因为诸维窗口并肩安排，形成一个圆。

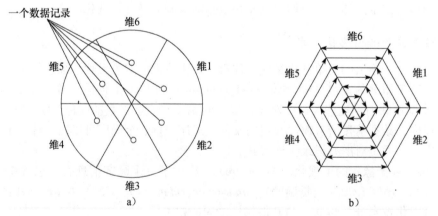

图 2.12　圆弓技术：a）在圆弓内表示一个数据记录；b）在圆弓内安排像素

2.3.2　几何投影可视化技术

基于像素的可视化技术的一个缺点是，它们对于我们理解多维空间的数据分布帮助不大。

例如，它们并不显示在多维子空间是否存在稠密区域。**几何投影技术**帮助用户发现多维数据58集的有趣投影。几何投影技术的首要挑战是设法解决如何在二维显示上可视化高维空间。

　　散点图使用笛卡儿坐标显示二维数据点。使用不同的颜色或形状表示不同的数据点，可以增加第三维。图 2.13 显示了一个例子，其中 X 和 Y 是两个空间属性，而第三维用不同的形状表示。通过这种可视化，我们可以看出"＋"和"×"类型的点趋向于一起出现。

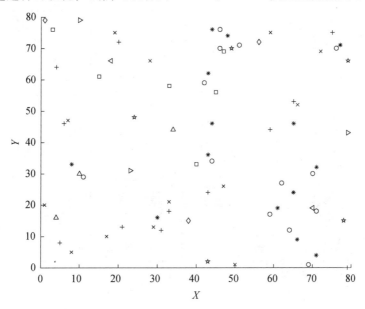

图 2.13　二维数据集使用散点图可视化。*资料来源：www. cs. sfu. ca/jpei/publications/rareevent-geoinformatica*06. *pdf*

　　三维散点图使用笛卡儿坐标系的三个坐标轴。如果也使用颜色，它可以显示 4 维数据点（见图 2.14）。

　　对于维数超过 4 的数据集，散点图一般不太有效。**散点图矩阵**是散点图的一种有用扩充。对于 n 维数据集，散点图矩阵是二维散点图的 $n \times n$ 网格，提供每个维与所有其他维的可视化。图 2.15 显示了一个例子，它显示鸢尾花数据集。该数据集由 450 个样本，取自 3 种鸢尾花。该数据集有 5 个维：萼片长度和宽度、花瓣长度和宽度，以及种属。

　　随着维数增加，散点图矩阵变得不太有效。另一种流行的技术称做平行坐标，它可以处理更高的维度。为了可视化 n 维数据点，**平行坐标**（parallel coordinates）绘制 n 个等距离、相互平行的轴，每维一个。数据记录用折线表示，与每个轴在对应于相关维值的点上相交（见图 2.16）。

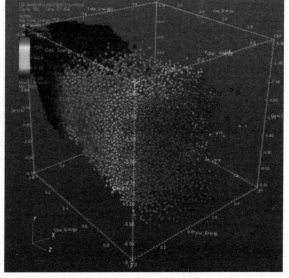

59

图 2.14　三维数据集使用散点图可视化。*资料来源：http：// upload. wikimedia. org/wikipedia/commons/c/ c4/Scatter_plot. jpg*

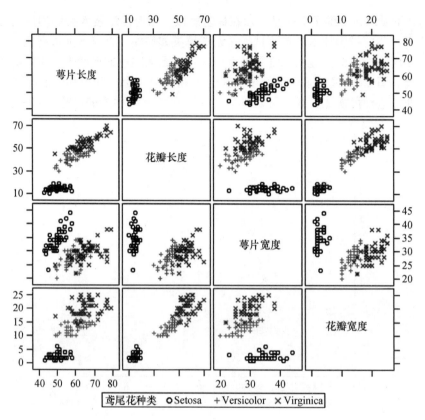

图2.15　鸢尾花数据集使用散点图矩阵可视化。*资料来源：http://support.sas.com/documentation/cdl/en/grstatproc/61948/HTML/default/images/gsgscmat.gif*

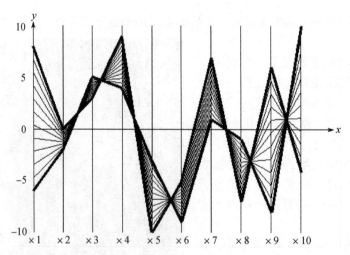

图2.16　使用平行坐标可视化。*资料来源：www.stat.columbia.edu/cook/movabletype/mlm/mdg1.png*

平行坐标技术的一个主要局限是它不能有效地显示具有很多记录的数据集。即便是对于数千个记录的数据集，视觉上的簇和重叠也常常降低可视化的可读性，使得很难发现模式。

2.3.3　基于图符的可视化技术

基于图符的（icon-based）**可视化技术**使用少量图符表示多维数据值。我们考察两种流行的基于图符的技术——切尔诺夫脸和人物线条画。

切尔诺夫脸（Chernoff faces）是统计学家赫尔曼·切尔诺夫于 1973 年引进的。它把多达 18 个变量（维）的多维数据以卡通人脸显示（见图 2.17）。切尔诺夫脸有助于揭示数据中的趋势。脸的要素，如眼、耳、口、鼻等用其形状、大小、位置和方向表示维的值。例如，维可以映射到如下面部特征：眼的大小、两眼的距离、鼻子长度、鼻子宽度、嘴巴曲度、嘴巴宽度、嘴巴阔度、眼球大小、眉毛倾斜、眼睛偏离程度和头部偏离程度。

切尔诺夫脸利用人的思维能力，识别面部特征的微小差异并立即消化理解许多面部特征。观察大型数据表可能是令人乏味的。通过浓缩数据，切尔诺夫脸使得数据容易被用户消化理解。这样，它有助于数据的规律

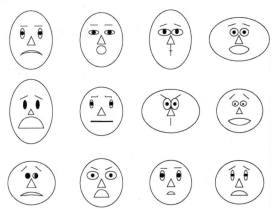

图 2.17 切尔诺夫脸。每张脸表示一个 n 维数据点（$n \leqslant 18$）

和不规律性的可视化，尽管它在表示多重联系的能力方面存在局限性。其另一个局限性是未显示具体的数据值。此外，面部特征因感知的重要性而异。这意味两张脸（代表两个多维数据点）的相似性可能因指派到面部特征的维的次序而异。因此，需要小心选择映射。已经发现，眼睛大小和眉毛的歪斜是重要的。

已经提出非对称的切尔诺夫脸作为原来技术的扩展。脸具有垂直（关于 y 轴）对称性，因此脸的左右两边是相同的，对称的切尔诺夫脸是浪费空间。非对称的切尔诺夫脸使面部特征加倍，这样允许显示多达 36 维。

人物线条画（stick figure）可视化技术把多维数据映射到 5-段人物线条画，其中每个画都有四肢和一个躯体。两个维被映射到显示轴（x 和 y 轴），而其余的维映射到四肢角度和（或）长度。图 2.18 显示人口普查数据，其中 *age* 和 *income* 被映射到显示轴，而其他维（*gender*、*education* 等）被映射到人物线条画。如果数据项关于两个显示维相对稠密，则结果可视化显示纹理模式，反映数据趋势。

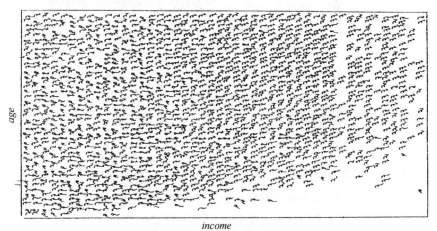

图 2.18 用人物线条画表示的人口统计数据。资料来源：G. Grinstein 教授，马萨诸塞州大学（洛弗尔）计算机科学系

2.3.4 层次可视化技术

迄今为止所讨论的可视化技术都关注同时可视化多个维。然而，对于大型高维数据集，很难同时对所有维可视化。**层次可视化技术**把所有维划分成子集（即子空间），这些子空间按层次可视化。

"**世界中的世界**（Worlds-within-Worlds）"又称 n-Vision，是一种具有代表性的可视化方法。假设我们想对 6 维数据集可视化，其中维是 F，X_1，$\cdots$，X_5。我们想观察维 F 如何随其他维变化。我们可以先把维 X_3，X_4，X_5 固定为某选定的值，比如说 c_3，c_4，c_5。然后，我们可以使用一个三维图（称做世界）对 F，X_1，X_2 可视化，如图 2.19 所示。内世界的原点位于外世界的点 (c_3, c_4, c_5) 处；外世界是另一个三维图，使用维 X_3，X_4，X_5。用户可以在外世界中交互地改变内世界原点的位置，然后观察内世界的变化结果。此外，用户可以改变内世界和外世界使用的维。给定更多的维，可以使用更多的世界层，这就是该方法称做"世界中的世界"的原因。

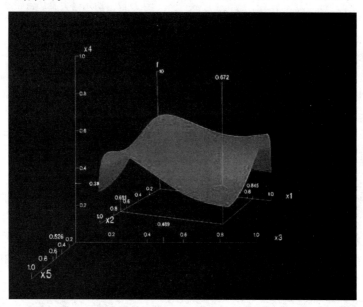

图 2.19 "世界中的世界"又称 n-Vision。资料来源：*http://graphics.cs.columbia.edu/projects/AutoVisual/images/1.dipstick.5.gif*

层次可视化方法的另一个例子是**树图**（tree-map），它把层次数据显示成嵌套矩形的集合。例如，图 2.20 显示了对 Google 新闻报导可视化的树图。所有的新闻报道组织成 7 个类别，每个显示在一个唯一颜色的矩形中。在每个类别内（即在最顶层每个矩形内），新闻报道进一划分成较小的子类别。

2.3.5 可视化复杂对象和关系

早期，可视化技术主要用于数值数据。最近，越来越多的非数值数据，如文本和社会网络已经成为可利用的。可视化和分析这类数据引起了更多关注。

有许多新的可视化技术专门用于这类数据。例如，Web 上许多人对诸如图片、博客和产品评论加标签。**标签云**（tag cloud）是用户产生的标签的统计量的可视化。在标签云中，标签通常按字母次序或用户指定的次序列举。图 2.21 显示了一个对 Web 站点使用的流行标签可视化的标签云。

图 2.20 新闻图：使用树图对 Google 新闻报道标题可视化。资料来源：*www. cs. umd. edu/ class/spring2005/cmsc838s/viz4all/ss/newsmap. png*

```
animals architecture art asia australia autumn baby band barcelona beach berlin bike bird
birds birthday black blackandwhite blue bw california canada canon car cat
chicago china christmas church city clouds color concert cute dance day de dog
england europe fall family fashion festival film florida flower flowers food
football france friends fun garden geotagged germany girl girls graffiti green
halloween hawaii holiday home house india iphone ireland island italia italy japan july kids la
lake landscape light live london love macro me mexico model mountain mountains museum
music nature new newyork newyorkcity night nikon nyc ocean old paris
park party people photo photography photos portrait red river rock san
sanfrancisco scotland sea seattle show sky snow spain spring street summer
sun sunset taiwan texas thailand tokyo toronto tour travel tree trees trip uk urban
usa vacation washington water wedding white winter yellow york zoo
```

图 2.21 使用标签云对 Web 站点上使用的流行标签可视化。资料来源：*www. flickr. com/photos/ tags/* 2010 年 1 月 23 日快照

通常，标签云的用法有两种。首先，对于单个术语的标签云，我们可以使用标签的大小表示该标签被不同的用户用于该术语的次数。其次，在多个术语上可视化标签统计量时，我们可以使用标签的大小表示该标签用于的术语数，即标签的人气。

除了复杂的数据之外，数据项之间的复杂关系也对可视化提出了挑战。例如，图 2.22 使用疾病影响图来可视化疾病之间的相关性。图中的结点是疾病，每个结点的大小与对应疾病的流行程度成正比。如果对应的疾病具有强相关性，两个结点用一条边连接。边的宽度与两个对应的疾病的相关强度成正比。

64

高血压（Hb）
过敏（Al）
超重（Ov）
高胆固醇（Hc）
关节炎（Ar）
眼疾（Tr）
糖尿病风险（Ri）
哮喘（As）
糖尿病（Di）
花粉过敏（Ha）
甲状腺问题（Th）
心脏病（He）
癌症（Cn）
睡眠失常（Sl）
湿疹（Ec）
慢性支气管炎（Ch）
骨质疏松（Os）
前列腺（Pr）
心血管（Ca）
青光眼（Gl）
中风（St）
肝脏（Li）

PSA检验异常（PS）
肾脏（Ki）
子宫内膜异位（En）
肺气肿（Em）

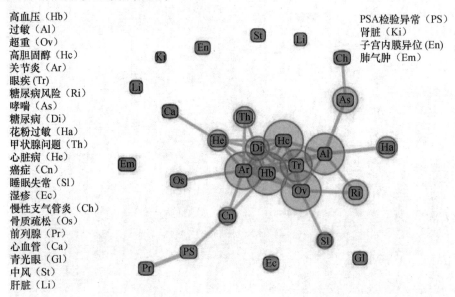

图 2.22　NHANES 数据集中 20 岁以上的人的疾病影响图

概括地说，可视化为探索数据提供了有效的工具。我们介绍了一些流行的方法和它们的基本思想。有许多现成的工具和方法。此外，可视化可以用于数据挖掘的若干方面。除了对数据可视化之外，可视化也可以用于表现挖掘过程、从挖掘方法得到的模式，以及用户与数据交互。可视数据挖掘是一个重要的研究开发方向。

2.4　度量数据的相似性和相异性

在诸如聚类、离群点分析和最近邻分类等数据挖掘应用中，我们需要评估对象之间相互比较的相似或不相似程度。例如，商店希望搜索顾客对象簇，得出具有类似特征（例如，类似的收入、居住区域和年龄等）的顾客组。这些信息可以用于销售。**簇**是数据对象的集合，使得同一个簇中的对象互相相似，而与其他簇中的对象相异。离群点分析也使用基于聚类的技术，把可能的离群点看做与其他对象高度相异的对象。对象的相似性可以用于最近邻分类，对给定的对象（例如，患者）基于它与模型中其他对象的相似性赋予一个类标号（比如说，诊断结论）。

65
~
66

本节给出相似性和相异性度量。相似性和相异性都称邻近性（proximity）。相似性和相异性是有关联的。典型地，如果两个对象 i 和 j 不相似，则它们的相似性度量将返回 0。相似性值越高，对象之间的相似性越大（典型地，值 1 指示完全相似，即对象是等同的）。相异性度量正好相反。如果对象相同（因而远非不相似），则它返回值 0。相异性值越高，两个对象越相异。

在 2.4.1 节，我们提供通常用于上述应用的两种数据结构：*数据矩阵*（用于存放数据对象）和*相异性矩阵*（用于存放数据对象对的相异性值）。我们切换到与本章前面不同的数据对象概念，因为现在我们要处理由多个属性刻画的对象。然后，我们讨论如何计算被标称属性（2.4.2 节）、二元属性（2.4.3 节）、数值属性（2.4.4 节）、序数属性（2.4.5 节）和被这些属性类型组合刻画的对象的相异性（2.4.6 节）。2.4.7 节提供对非常长、稀疏的数据向量（如表示信息检索的文档的词频向量）的相似性度量。关于如何计算相异性的知识对于研究属性是有用的，并且也被后面关于聚类（第 10 和 11 章）、离群点分析（第 12 章）和最近邻分类（第 9 章）这些主题所引用。

2.4.1　数据矩阵与相异性矩阵

在 2.2 节，我们考察了研究某属性 X 的观测值的中心趋势和散布的方法。那里，我们的对象是一维的，即被单个属性刻画。本节，我们谈论的对象被多个属性刻画。因此，我们需要改变记号。假设我们有 n 个对象（如人、商品或课程），被 p 个属性（又称维或特征，如年龄、身高、体重或性别）刻画。这些对象是 $x_1 = (x_{11}, x_{12}, \cdots, x_{1p})$，$x_2 = (x_{21}, x_{22}, \cdots, x_{2p})$，等等，其中 x_{ij} 是对象 x_i 的第 j 个属性的值。为简单计，以后我们称对象 x_i 为对象 i。这些对象可以是关系数据库的元组，也称数据样本或特征向量。

通常，主要的基于内存的聚类和最近邻算法都在如下两种数据结构上运行：

- **数据矩阵**（data matrix）或称对象 – 属性结构：这种数据结构用关系表的形式或 $n \times p$（n 个对象 $\times p$ 个属性）矩阵存放 n 个数据对象：

$$\begin{bmatrix} x_{11} & \cdots & x_{1f} & \cdots & x_{1p} \\ \cdots & \cdots & \cdots & \cdots & \cdots \\ x_{i1} & \cdots & x_{if} & \cdots & x_{ip} \\ \cdots & \cdots & \cdots & \cdots & \cdots \\ x_{n1} & \cdots & x_{nf} & \cdots & x_{np} \end{bmatrix} \tag{2.8}$$

每行对应于一个对象。在记号中，我们可能使用 f 作为遍取 p 个属性的下标。

- **相异性矩阵**（dissimilarity matrix）或称对象 – 对象结构：存放 n 个对象两两之间的邻近度（proximity），通常用一个 $n \times n$ 矩阵表示：

$$\begin{bmatrix} 0 & & & & \\ d(2,1) & 0 & & & \\ d(3,1) & d(3,2) & 0 & & \\ \vdots & \vdots & \vdots & & \\ d(n,1) & d(n,2) & \cdots & \cdots & 0 \end{bmatrix} \tag{2.9}$$

其中 $d(i, j)$ 是对象 i 和对象 j 之间的**相异性**或"差别"的度量。一般而言，$d(i, j)$ 是一个非负的数值，对象 i 和 j 彼此高度相似或"接近"时，其值接近于 0；而越不同，该值越大。注意，$d(i, i) = 0$，即一个对象与自己的差别为 0。此外，$d(i, j) = d(j, i)$。（为了易读性，我们不显示 $d(j, i)$，该矩阵是对称的。）相异性度量的讨论遍及本章的余下部分。

相似性度量可以表示成相异性度量的函数。例如，对于标称数据

$$sim(i,j) = 1 - d(i,j) \tag{2.10}$$

其中，$sim(i, j)$ 是对象 i 和 j 之间的相似性。本章的其余部分，我们也对相似性度量进行讨论。

数据矩阵由两种实体或"事物"组成，即行（代表对象）和列（代表属性）。因而，数据矩阵经常被称为**二模**（two-mode）矩阵。相异性矩阵只包含一类实体，因此被称为**单模**（one-mode）矩阵。许多聚类和最近邻算法都在相异性矩阵上运行。在使用这些算法之前，

可以把数据矩阵转化为相异性矩阵。

2.4.2 标称属性的邻近性度量

标称属性可以取两个或多个状态（2.1.2 节）。例如，*map_color* 是一个标称属性，它可以有比如说 5 种状态：红、黄、绿、粉红和蓝。

设一个标称属性的状态数目是 M。这些状态可以用字母、符号或者一组整数（如 1，2，…，M）表示。注意这些整数只是用于数据处理，并不代表任何特定的顺序。

"如何计算标称属性所刻画的对象之间的相异性？"两个对象 i 和 j 之间的相异性可以根据不匹配率来计算：

$$d(i,j) = \frac{p - m}{p} \tag{2.11}$$

其中，m 是匹配的数目（即 i 和 j 取值相同状态的属性数），而 p 是刻画对象的属性总数。我们可以通过赋予 m 较大的权重，或者赋给有较多状态的属性的匹配更大的权重来增加 m 的影响。

例 2.17 标称属性之间的相异性。假设我们有表 2.2 中的样本数据，不过只有对象标识符和属性 *test*-1 是可用的，其中 *test*-1 是标称的。（在后面的例子中，我们将会用到 *test*-2 和 *test*-3。）让我们来计算相异性矩阵，即（2.9）式

$$\begin{bmatrix} 0 & & & \\ d(2,1) & 0 & & \\ d(3,1) & d(3,2) & 0 & \\ d(4,1) & d(4,2) & d(4,3) & 0 \end{bmatrix}$$

由于我们只有一个标称属性 *test*-1，在（2.11）式中，我们令 $p = 1$，使得当对象 i 和 j 匹配时，$d(i, j) = 0$；当对象不同时，$d(i, j) = 1$。于是，我们得到

$$\begin{bmatrix} 0 & & & \\ 1 & 0 & & \\ 1 & 1 & 0 & \\ 0 & 1 & 1 & \end{bmatrix}$$

由此，我们看到除了对象 1 和 4（即 $d(4, 1) = 0$）之外，所有对象都互不相似。∎

表 2.2 包含混合类型属性的样本数据表

对象 标识符	*test*-1 （标称的）	*test*-2 （序数的）	*test*-3 （数值的）
1	A	优秀	45
2	B	一般	22
3	C	好	64
4	A	优秀	28

或者，相似性可以用下式计算：

$$sim(i,j) = 1 - d(i,j) = \frac{m}{p} \tag{2.12}$$

标称属性刻画的对象之间的邻近性也可以使用编码方案计算。标称属性可以按以下方法用非对称的二元属性编码：对 M 种状态的每个状态创建一个新的二元属性。对于一个具有给定状态值的对象，对应于该状态值的二元属性设置为 1，而其余的二元属性都设置为 0。例如，为了对标称属性 *map_color* 进行编码，可以对上面所列的五种颜色分别创建一个二元变量。如果一个对象是黄色（*yellow*），则 *yellow* 属性设置为 1，而其余的 4 个属性都设置为 0。对于这种形式的编码，可以用下面讨论的方法来计算邻近度。

2.4.3 二元属性的邻近性度量

我们考察用对称和非对称二元属性刻画的对象间的相异性和相似性度量。

回忆一下，二元属性只有两种状态：0 或 1，其中 0 表示该属性不出现，1 表示它出现（2.1.3 节）。例如，给出一个描述患者的属性 *smoker*，1 表示患者抽烟，而 0 表示患者不抽烟。像对待数值一样来处理二元属性会误导。因此，要采用特定的方法来计算二元数据的相异性。

"那么，如何计算两个二元属性之间的相异性？"一种方法涉及由给定的二元数据计算相异性矩阵。如果所有的二元都被看做具有相同的权重，则我们得到一个两行两列的列联表——表 2.3，其中 q 是对象 i 和 j 都取 1 的属性数，r 是在对象 i 中取 1、在对象 j 中取 0 的属性数，s 是在对象 i 中取 0、在对象 j 中取 1 的属性数，而 t 是对象 i 和 j 都取 0 的属性数。属性的总数是 p，其中 $p = q + r + s + t$。

表 2.3　二元属性的列联表

		对象 j		
		1	0	sum
对象 i	1	q	r	$q+r$
	0	s	t	$s+t$
	sum	$q+s$	$r+t$	p

回忆一下，对于对称的二元属性，每个状态都同样重要。基于对称二元属性的相异性称做**对称的二元相异性**。如果对象 i 和 j 都用对称的二元属性刻画，则 i 和 j 的相异性为

$$d(i,j) = \frac{r+s}{q+r+s+t} \tag{2.13}$$

对于非对称的二元属性，两个状态不是同等重要的；如病理化验的阳性（1）和阴性（0）结果。给定两个非对称的二元属性，两个都取值 1 的情况（正匹配）被认为比两个都取值 0 的情况（负匹配）更有意义。因此，这样的二元属性经常被认为是"一元的"（只有一种状态）。基于这种属性的相异性被称为**非对称的二元相异性**，其中负匹配数 t 被认为是不重要的，因此在计算时被忽略，如下所示：

$$d(i,j) = \frac{r+s}{q+r+s} \tag{2.14}$$

互补地，我们可以基于相似性而不是基于相异性来度量两个二元属性的差别。例如，对象 i 和 j 之间的**非对称的二元相似性**可以用下式计算：

$$sim(i,j) = \frac{q}{q+r+s} = 1 - d(i,j) \tag{2.15}$$

（2.15）式的系数 $sim(i, j)$ 被称做 **Jaccard 系数**，它在文献中被广泛使用。

当对称的和非对称的二元属性出现在同一个数据集中时，可以使用 2.4.6 节中介绍的混合属性方法。

例 2.18　二元属性之间的相异性。假设一个患者记录表（见表 2.4）包含属性 *name*（姓名）、*gender*（性别）、*fever*（发烧）、*cough*（咳嗽）、*test-1*、*test-2*、*test-3* 和 *test-4*，其中 *name* 是对象标识符，*gender* 是对称属性，其余的属性都是非对称二元的。

表 2.4　用二元属性描述的患者记录的关系表

name	*gender*	*fever*	*cough*	*test-1*	*test-2*	*test-3*	*test-4*
Jack	M	Y	N	P	N	N	N
Jim	M	Y	Y	N	N	N	N
Mary	F	Y	N	P	N	P	N
…	…	…	…	…	…	…	…

对于非对称属性，值 Y（*yes*）和 P（*positive*）被设置为 1，值 N（*no* 或 *negative*）被设置为 0。假设对象（患者）之间的距离只基于非对称属性来计算。根据（2.14）式，三个患者

Jack、Mary 和 Jim 两两之间的距离如下：

$$d(\text{Jack},\text{Jim}) = \frac{1+1}{1+1+1} = 0.67$$

$$d(\text{Jack},\text{Mary}) = \frac{0+1}{2+0+1} = 0.33$$

$$d(\text{Jim},\text{Mary}) = \frac{1+2}{1+1+2} = 0.75$$

这些度量显示 Jim 和 Mary 不大可能患类似的疾病，因为他们具有最高的相异性。在这三个患者中，Jack 和 Mary 最可能患类似的疾病。 ■

2.4.4 数值属性的相异性：闵可夫斯基距离

本节，我们介绍广泛用于计算数值属性刻画的对象的相异性的距离度量。这些度量包括欧几里得距离、曼哈顿距离和闵可夫斯基距离。

在某些情况下，在计算距离之前数据应该规范化。这涉及变换数据，使之落入较小的公共值域，如 [-1, 1] 或 [0.0, 1.0]。例如，考虑 *height*（高度）属性，它可能用米或英寸测量。一般而言，用较小的单位表示一个属性将导致该属性具有较大的值域，因而趋向于给这种属性更大的影响或"权重"。规范化数据试图给所有属性相同的权重。在特定的应用中，这可能有用，也可能没用。数据规范化方法在第 3 章数据预处理中详细讨论。

最流行的距离度量是**欧几里得距离**（即，直线或"乌鸦飞行"距离）。令 $i = (x_{i1}, x_{i2}, \cdots, x_{ip})$ 和 $j = (x_{j1}, x_{j2}, \cdots, x_{jp})$ 是两个被 p 个数值属性描述的对象。对象 i 和 j 之间的欧几里得距离定义为：

$$d(i,j) = \sqrt{(x_{i1}-x_{j1})^2 + (x_{i2}-x_{j2})^2 + \cdots + (x_{ip}-x_{jp})^2} \tag{2.16}$$

另一个著名的度量方法是**曼哈顿（或城市块）距离**，之所以如此命名，是因为它是城市两点之间的街区距离（如，向南 2 个街区，横过 3 个街区，共计 5 个街区）。其定义如下：

$$d(i,j) = |x_{i1}-x_{j1}| + |x_{i2}-x_{j2}| + \cdots + |x_{ip}-x_{jp}| \tag{2.17}$$

欧几里得距离和曼哈顿距离都满足如下数学性质：

非负性：$d(i, j) \geq 0$：距离是一个非负的数值。

同一性：$d(i, i) = 0$：对象到自身的距离为 0。

对称性：$d(i, j) = d(j, i)$：距离是一个对称函数。

三角不等式：$d(i, j) \leq d(i, k) + d(k, j)$：从对象 i 到对象 j 的直接距离不会大于途经任何其他对象 k 的距离。

满足这些条件的测度称做**度量**（metric）$^{\ominus}$。注意非负性被其他三个性质所蕴含。

例 2.19 欧几里得距离和曼哈顿距离。 令 $x_1 = (1, 2)$ 和 $x_2 = (3, 5)$ 表示如图 2.23 所示的两个对象。两点间的欧几里得距离是 $\sqrt{2^2+3^2} = 3.61$。两者的曼哈顿距离是 $2+3 = 5$。 ■

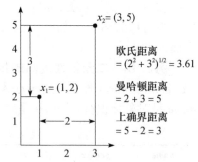

图 2.23 两个对象间的欧几里得距离和曼哈顿距离

$\ominus$ 在数学文献，特别是在测度论中，*measure* 被译为"测度"，*metric* 被译为"度量"。在计算机科学文献中，*metric* 很少用，而 *measure* 通常译为"度量"。仅当 *measure* 和 *metric* 同时出现时，我们才按照数学的习惯翻译，而在其他情况下，我们采用计算机科学的传统译法。——译者注

闵可夫斯基距离（Minkowski distance）是欧几里得距离和曼哈顿距离的推广，定义如下：

$$d(i,j) = \sqrt[h]{|x_{i1} - x_{j1}|^h + |x_{i2} - x_{j2}|^h + \cdots + |x_{ip} - x_{jp}|^h} \tag{2.18}$$

其中，h 是实数，$h \geqslant 1$。（在某些文献中，这种距离又称 L_p **范数**（norm），其中 p 就是我们的 h。我们保留 p 作为属性数，以便于本章的其余部分一致。）当 $p = 1$ 时，它表示曼哈顿距离（即，L_1 范数）；当 $p = 2$ 表示欧几里得距离（即，L_2 范数）。

上确界距离（又称 L_{max}，L_∞ **范数**和**切比雪夫**（Chebyshev）**距离**）是 $h \to \infty$ 时闵可夫斯基距离的推广。为了计算它，我们找出属性 f，它产生两个对象的最大值差。这个差是上确界距离，更形式化地定义为：

$$d(i,j) = \lim_{h \to \infty} \left(\sum_{f=1}^{p} |x_{if} - x_{if}|^h \right)^{\frac{1}{h}} = \max_f^p |x_{if} - x_{if}| \tag{2.19}$$

L_∞ 范数又称**一致范数**（uniform norm）。

例 2.20 上确界距离。让我们使用相同的数据对象 $x_1 = (1, 2)$ 和 $x_2 = (3, 5)$，如图 2.23所示。第二个属性给出这两个对象的最大值差为 $5 - 2 = 3$。这是这两个对象间的上确界距离。∎

如果对每个变量根据其重要性赋予一个权重，则**加权的欧几里得距离**可以用下式计算：

$$d(i,j) = \sqrt{w_1|x_{i1} - x_{j1}|^2 + w_2|x_{i2} - x_{j2}|^2 + \cdots + w_p|x_{ip} - x_{jp}|^2} \tag{2.20}$$

加权也可以用于其他距离度量。

2.4.5 序数属性的邻近性度量

序数属性的值之间具有有意义的序或排位，而相继值之间的量值未知（2.1.4 节）。例子包括 *size* 属性的值序列 *small*，*medium*，*large*。序数属性也可以通过把数值属性的值域划分成有限个类别，对数值属性离散化得到。这些类别组织成排位。即，数值属性的值域可以映射到具有 M_f 个状态的序数属性 f。例如，区间标度的属性 *temperature*（摄氏温度）可以组织成如下状态：$-30 \sim -10$，$-10 \sim 10$，$10 \sim 30$，分别代表 *cold temperature*，*moderate temperature* 和 *warm temperature*。令序数属性可能的状态数为 M。这些有序的状态定义了一个排位 $1, \cdots, M_f$。

"如何处理序数属性？"在计算对象之间的相异性时，序数属性的处理与数值属性的非常类似。假设 f 是用于描述 n 个对象的一组序数属性之一。关于 f 的相异性计算涉及如下步骤：

1. 第 i 个对象的 f 值为 x_{if}，属性 f 有 M_f 个有序的状态，表示排位 $1, \cdots, M_f$。用对应的排位 $r_{if} \in \{1, \cdots, M_f\}$ 取代 x_{if}。

2. 由于每个序数属性都可以有不同的状态数，所以通常需要将每个属性的值域映射到 $[0.0, 1.0]$ 上，以便每个属性都有相同的权重。我们通过用 z_{if} 代替第 i 个对象的 r_{if} 来实现数据规格化，其中

$$z_{if} = \frac{r_{if} - 1}{M_f - 1} \tag{2.21}$$

3. 相异性可以用 2.4.4 节介绍的任意一种数值属性的距离度量计算，使用 z_{if} 作为第 i 个对象的 f 值。

例 2.21 序数型属性间的相异性。假定我们有前面表 2.2 中的样本数据，不过这次只有对象标识符和连续的序数属性 *test-2* 可用。*test-2* 有三个状态，分别是 *fair*、*good* 和 *excellent*，

也就是 $M_f = 3$。第一步，如果我们把 *test*-2 的每个值替换为它的排位，则 4 个对象将分别被赋值为 3、1、2、3。第二步，通过将排位 1 映射为 0.0，排位 2 映射为 0.5，排位 3 映射为 1.0 来实现对排位的规格化。第三步，我们可以使用比如说欧几里得距离（（2.16）式）得到如下的相异性矩阵：

$$\begin{bmatrix} 0 & & & \\ 1.0 & 0 & & \\ 0.5 & 0.5 & 0 & \\ 0 & 1.0 & 0.5 & 0 \end{bmatrix}$$

因此，对象 1 与对象 2 最不相似，对象 2 与对象 4 也不相似（即，$d(2, 1) = 1.0$，$d(4, 2) = 1.0$）。这符合直观，因为对象 1 和对象 4 都是 *excellent*。对象 2 是 *fair*，在 *test*-2 的值域的另一端。■

序数属性的相似性值可以由相异性得到：$sim(i, j) = 1 - d(i, j)$。

2.4.6 混合类型属性的相异性

2.4.2 节到 2.4.5 节讨论了如何计算由相同类型的属性描述的对象之间的相异性，其中这些类型可能是标称的、对称二元的、非对称二元的、数值的或序数的。然而，在许多实际的数据库中，对象是被混合类型的属性描述的。一般来说，一个数据库可能包含上面列举的所有属性类型。

"那么，我们如何计算混合属性类型的对象之间的相异性？"一种方法是将每种类型的属性分成一组，对每种类型分别进行数据挖掘分析（例如，聚类分析）。如果这些分析得到兼容的结果，则这种方法是可行的。然而，在实际的应用中，每种属性类型分别分析不大可能产生兼容的结果。

一种更可取的方法是将所有属性类型一起处理，只做一次分析。一种这样的技术将不同的属性组合在单个相异性矩阵中，把所有有意义的属性转换到共同的区间 [0.0, 1.0] 上。

假设数据集包含 p 个混合类型的属性，对象 i 和 j 之间的相异性 $d(i, j)$ 定义为：

$$d(i,j) = \frac{\sum_{f=1}^{p} \delta_{ij}^{(f)} d_{ij}^{(f)}}{\sum_{f=1}^{p} \delta_{ij}^{(f)}} \tag{2.22}$$

其中，指示符 $\delta_{ij}^{(f)} = 0$，如果 x_{if} 或 x_{jf} 缺失（即对象 i 或对象 j 没有属性 f 的度量值），或者 $x_{if} = x_{jf} = 0$，并且 f 是非对称的二元属性；否则，指示符 $\delta_{ij}^{(f)} = 1$。属性 f 对 i 和 j 之间相异性的贡献 $d_{ij}^{(f)}$ 根据它的类型计算：

- f 是数值的：$d_{ij}^{(f)} = \frac{|x_{if} - x_{jf}|}{max_h x_{hf} - min_h x_{hf}}$，其中 h 遍取属性 f 的所有非缺失对象。
- f 是标称或二元的：如果 $x_{if} = x_{jf}$，则 $d_{ij}^{(f)} = 0$；否则 $d_{ij}^{(f)} = 1$。
- f 是序数的：计算排位 r_{if} 和 $z_{if} = \frac{r_{if} - 1}{M_f - 1}$，并将 z_{if} 作为数值属性对待。

上面的步骤与我们所见到的各种单一属性类型的处理相同。唯一的不同是对于数值属性的处理，其中规格化使得变量值映射到了区间 [0.0, 1.0]。这样，即便描述对象的属性具有不同类型，对象之间的相异性也能够进行计算。

例 2.22 **混合类型属性间的相异性**。我们来计算表 2.2 中对象的相异性矩阵。现在，我们将考虑所有属性，它们具有不同类型。在例 2.17 到例 2.21 中，我们对每种属性计算了相异性矩阵。处理 test-1（它是标称的）和 test-2（它是序数的）的过程与上文所给出的处理混合类型属性的过程是相同的。因此，在下面计算（2.22）式时，我们可以使用由 test-1 和 test-2 所得到的相异性矩阵。然而，我们首先需要对第 3 个属性 test-3（它是数值的）计算相异性矩阵。即，我们必须计算 $d_{ij}^{(3)}$。根据数值属性的规则，我们令 $max_h x_h = 64$，$min_h x_h = 22$。二者之差用来规格化相异性矩阵的值。结果，test-3 的相异性矩阵为：

$$\begin{bmatrix} 0 & & & \\ 0.55 & 0 & & \\ 0.45 & 1.00 & 0 & \\ 0.40 & 0.14 & 0.86 & 0 \end{bmatrix}$$

现在就可以在计算（2.22）式时利用这三个属性的相异性矩阵了。对于每个属性 f，指示符 $d_{ij}^{(f)} = 1$。例如，我们得到 $d(3, 1) = \dfrac{1(1) + 1(0.5) + 1(0.45)}{3} = 0.65$。由三个混合类型的属性所描述的数据得到的结果相异性矩阵如下： [76]

$$\begin{bmatrix} 0 & & & \\ 0.85 & 0 & & \\ 0.65 & 0.83 & 0 & \\ 0.13 & 0.71 & 0.79 & 0 \end{bmatrix}$$

由表 2.2，基于对象 1 和对象 4 在属性 test-1 和 test-2 上的值，我们可以直观地猜测出它们两个最相似。这一猜测通过相异性矩阵得到了印证，因为 $d(4, 1)$ 是任何两个不同对象的最小值。类似地，相异性矩阵表明对象 2 和对象 4 最不相似。　■

2.4.7　余弦相似性

文档用数以千计的属性表示，每个记录文档中一个特定词（如关键词）或短语的频度。这样，每个文档都被一个所谓的词频向量（term-frequency vector）表示。例如，在表 2.5 中，我们看到文档 1 包含词 team 的 5 个实例，而 hockey 出现 3 次。正如计数值 0 所示，coach 在整个文档中未出现。这种数据可能是高度非对称的。

表 2.5　文档向量或词频向量

文档	team	coach	hockey	baseball	soccer	penalty	score	win	loss	season
文档 1	5	0	3	0	2	0	0	2	0	0
文档 2	3	0	2	0	1	1	0	1	0	1
文档 3	0	7	0	2	1	0	0	3	0	0
文档 4	0	1	0	0	1	2	2	0	3	0

词频向量通常很长，并且是**稀疏的**（即，它们有许多 0 值）。使用这种结构的应用包括信息检索、文本文档聚类、生物学分类和基因特征映射。对于这类稀疏的数值数据，本章我们研究过的传统的距离度量效果并不好。例如，两个词频向量可能有很多公共 0 值，意味对应的文档许多词是不共有的，而这使得它们不相似。我们需要一种度量，它关注两个文档确实共有的词，以及这种词出现的频率。换言之，我们需要忽略 0 匹配的数值数据度量。

余弦相似性是一种度量，它可以用来比较文档，或针对给定的查询词向量对文档排序。令 x 和 y 是两个待比较的向量，使用余弦度量作为相似性函数，我们有 [77]

$$sim(\boldsymbol{x}, \boldsymbol{y}) = \frac{\boldsymbol{x} \cdot \boldsymbol{y}}{\|\boldsymbol{x}\| \|\boldsymbol{y}\|} \qquad (2.23)$$

其中，$\|\boldsymbol{x}\|$ 是向量 $\boldsymbol{x} = (x_1, x_2, \cdots, x_p)$ 的欧几里得范数，定义为 $\sqrt{x_1^2 + x_2^2 + \cdots + x_p^2}$。从概念上讲，它就是向量的长度。类似地，$\|\boldsymbol{y}\|$ 是向量 $\boldsymbol{y}$ 的欧几里得范数。该度量计算向量 $\boldsymbol{x}$ 和 $\boldsymbol{y}$ 之间夹角的余弦。余弦值 0 意味两个向量呈 90° 夹角（正交），没有匹配。余弦值越接近于 1，夹角越小，向量之间的匹配越大。注意，由于余弦相似性度量不遵守 2.4.4 节定义的度量测度性质，因此它被称做非度量测度（nonmetric measure）。

例 2.23　两个词频向量的余弦相似性。假设 $\boldsymbol{x}$ 和 $\boldsymbol{y}$ 是表 2.5 的前两个词频向量。即 $\boldsymbol{x} = (5, 0, 3, 0, 2, 0, 0, 2, 0, 0)$ 和 $\boldsymbol{y} = (3, 0, 2, 0, 1, 1, 0, 1, 0, 1)$。$\boldsymbol{x}$ 和 $\boldsymbol{y}$ 的相似性如何？使用 (2.23) 式计算这两个向量之间的余弦相似性，我们得到：

$$\boldsymbol{x} \cdot \boldsymbol{y} = 5 \times 3 + 0 \times 0 + 3 \times 2 + 0 \times 0 + 2 \times 1 + 0 \times 1 + 0 \times 0 + 2 \times 1 + 0 \times 0 + 0 \times 1$$
$$= 25$$

$$\|\boldsymbol{x}\| = \sqrt{5^2 + 0^2 + 3^2 + 0^2 + 2^2 + 0^2 + 0^2 + 2^2 + 0^2 + 0^2} = 6.48$$

$$\|\boldsymbol{y}\| = \sqrt{3^2 + 0^2 + 2^2 + 0^2 + 1^2 + 1^2 + 0^2 + 1^2 + 0^2 + 1^2} = 4.12$$

$$sim(\boldsymbol{x}, \boldsymbol{y}) = 0.94$$

因此，如果使用余弦相似性度量比较这两个文档，它们将被认为是高度相似的。　■

当属性是二值属性时，余弦相似性函数可以用共享特征或属性解释。假设如果 $x_i = 1$，则对象 $\boldsymbol{x}$ 具有第 i 个属性。于是，$\boldsymbol{x} \cdot \boldsymbol{y}$ 是 $\boldsymbol{x}$ 和 $\boldsymbol{y}$ 共同具有的属性数，而 $|\boldsymbol{x}||\boldsymbol{y}|$ 是 $\boldsymbol{x}$ 具有的属性数与 $\boldsymbol{y}$ 具有的属性数的几何均值。于是，$sim(\boldsymbol{x}, \boldsymbol{y})$ 是公共属性相对拥有的一种度量。

对于这种情况，余弦度量的一个简单的变种如下：

$$sim(\boldsymbol{x}, \boldsymbol{y}) = \frac{\boldsymbol{x} \cdot \boldsymbol{y}}{\boldsymbol{x} \cdot \boldsymbol{x} + \boldsymbol{y} \cdot \boldsymbol{y} - \boldsymbol{x} \cdot \boldsymbol{y}} \qquad (2.24)$$

这是 $\boldsymbol{x}$ 和 $\boldsymbol{y}$ 所共有的属性个数与 $\boldsymbol{x}$ 或 $\boldsymbol{y}$ 所具有的属性个数之间的比率。这个函数被称为 **Tanimoto 系数**或 **Tanimoto 距离**，它经常用在信息检索和生物学分类中。

2.5　小结

- 数据集由数据对象组成。**数据对象**代表实体。数据对象用属性描述。属性可以是标称的、二元的、序数的或数值的。

- **标称**（或分类）**属性**的值是符号或事物的名字，其中每个值代表某种类别、编码或状态。

- **二元属性**是仅有两个可能状态（如 1 和 0，或真与假）的标称属性。如果两个状态同等重要，则该属性是对称的，否则它是非对称的。

- **序数属性**是其可能的值之间具有有意义的序或排位，但相继值之间的量值未知的属性。

- **数值属性**是定量的（即它是可测量的量），用整数或实数值表示。数值属性的类型可以是区间标度的或比率标度的。**区间标度属性**的值用固定、相等的单位测量。**比率标度属性**是具有固有 0 点的数值属性。度量称为比率标度的，因为我们可以说它们的值比测量单位大多少倍。

- **基本统计描述**为数据预处理提供了分析基础。数据概括的基本统计度量包括度量数据中心趋势的均值、加权平均、中位数和众数，以及度量数据散布的极差、分位数、四分位数、四分位数极差、方差和标准差。图形表示（例如，盒图、分位数图、分位数–分位数图、直方图和散点图）有助于数据的可视化考察，因而对数据预处理和挖掘是有用的。

- **数据可视化技术**可以是基于像素的、基于几何学的、基于图标的或层次的。这些方法用于多维关系数据。已经提出了可用于复杂数据（如文本和社会网络）可视化的技术。

- 对象**相似性**和**相异性**度量用于诸如聚类、离群点分析、最近邻分类等数据挖掘应用中。这种邻近性度量可以对本章介绍的每种属性类型或这些属性类型的组合进行计算。例子包括用于非对称二元属性的 *Jaccard* 系数，用于数值属性的欧几里得距离、曼哈顿距离、闵可夫斯基距离和上确界距离。对于涉及稀疏数值数据向量（如词频向量）的应用，余弦度量和 *Tanimoto* 系数通常用于相似性评估。

2.6 习题

2.1 再给三个用于数据散布特征的常用统计度量（即未在本章讨论的），并讨论如何在大型数据库中有效地计算它们。

79

2.2 假设所分析的数据包括属性 *age*，它在数据元组中的值（以递增序）为 13，15，16，16，19，20，20，21，22，22，25，25，25，25，30，33，33，35，35，35，35，36，40，45，46，52，70。

 （a）该数据的均值是多少？中位数是什么？

 （b）该数据的众数是什么？讨论数据的模态（即二模、三模等）。

 （c）该数据的中列数是多少？

 （d）你能（粗略地）找出该数据的第一个四分位数（Q_1）和第三个四分位数（Q_3）吗？

 （e）给出该数据的五数概括。

 （f）绘制该数据的盒图。

 （g）分位数 – 分位数图与分位数图有何不同？

2.3 设给定的数据集已经分组到区间。这些区间和对应频率如下所示：

age	frequency
1～5	200
6～15	450
16～20	300
21～50	1500
51～80	700
81～110	44

计算该数据的近似中位数。

2.4 假设医院对 18 个随机挑选的成年人检查年龄和身体肥胖，得到如下结果：

age	23	23	27	27	39	41	47	49	50
%fat	9.5	26.5	7.8	17.8	31.4	25.9	27.4	27.2	31.2

age	52	54	54	56	57	58	58	60	61
%fat	34.6	42.5	28.8	33.4	30.2	34.1	32.9	41.2	35.7

 （a）计算 *age* 和 %*fat* 的均值、中位数和标准差。

 （b）绘制 *age* 和 %*fat* 的盒图。

 （c）绘制基于这两个变量的散点图和 q-q 图。

2.5 简要概述如何计算被如下属性描述的对象的相异性：

 （a）标称属性。

 （b）非对称的二元属性。

80

 （c）数值属性。

 （d）词频向量。

2.6 给定两个被元组（22，1，42，10）和（20，0，36，8）表示的对象。

 （a）计算这两个对象之间的欧几里得距离。

 （b）计算这两个对象之间的曼哈顿距离。

 （c）使用 $q=3$，计算这两个对象之间的闵可夫斯基距离。

 （d）计算这两个对象之间的上确界距离。

2.7 中位数是数据分析中最重要的整体度量之一。提出几种中位数近似计算方法。在不同的参数设置下，分析它们各自的复杂度，并确定它们的实际近似程度。此外，提出一种启发式策略，平衡准确性与复杂性，然后把它用于你给出的所有方法。

2.8 在数据分析中，重要的是选择相似性度量。然而，不存在广泛接受的主观相似性度量，结果可能因所用的相似性度量而异。虽然如此，在进行某种变换后，看来似乎不同的相似性度量可能等价。

假设我们有如下二维数据集：

	A_1	A_2
x_1	1.5	1.7
x_2	2	1.9
x_3	1.6	1.8
x_4	1.2	1.5
x_5	1.5	1.0

（a）把该数据看做二维数据点。给定一个新数据点 $x = (1.4, 1.6)$ 作为查询点，使用欧几里得距离、曼哈顿距离、上确界距离和余弦相似性，基于与查询点的相似性对数据库的点排位。

（b）规格化该数据集，使得每个数据点的范数等于 1。在变换后的数据上使用欧几里得距离对诸数据点排位。

2.7 文献注释

描述性数据概括方法远在计算机出现之前就一直在统计学界研究。统计学描述性数据挖掘方法包括 Freedman、Pisani 和 Purves[FPP07]，Devore[Dev95]。对于使用盒图、分位数图、分位数 – 分位数图、散点图和 loess 曲线可视化数据，见 Cleveland [Cle93]。

数据可视化技术的开创性工作在 Tufte 的 *The Visual Display of Quantitative Information*[Tuf83]、*Envisioning Information*[Tuf90] 和 *Visual Explanations: Images and Quantities, Evidence and Narrative*[Tuf97] 中给出；此外，还有 Bertin 的 *Graphics and Graphic Information Processing*[Ber81]，Cleveland 的 *Visualizing Data* [Cle93]，以及 Fayyad、Grinstein 和 Wierse 编辑的 *Information Visualization in Data Mining and Knowledge Discovery*[FGW01]。

可视化方面的主要会议和研讨会包括 *ACM Human Factors in Computing Systems*（CHI）、*Visualization* 和 *International Symposium on Information Visualization*。可视化方面的研究也发表在 *Transactions on Visualization and Computer Graphics*，*Journal of Computational and Graphical Statistics* 和 *IEEE Computer Graphics and Applications* 上。

已经为数据挖掘开发了许多图形用户界面和可视化工具，这些可以在各种数据挖掘产品中找到。一些数据挖掘的书籍，如 Westphal 和 Blaxton 的 *Data Mining Solutions*[WB98]，给出一些很好的例子和可视快照。关于可视化的综述，参见 Keim 的 "Visual techniques for exploring databases" [Kei97]。

相似性和距离度量在许多研究聚类分析的教科书中都有介绍，包括 Hartigan[Har75]，Jain 和 Dubes [JD88]，Kaufman 和 Rousseeuw[KR90]，以及 Arabie、Hubert 和 de Soete[AHS96]。把不同类型的属性组合到一个相似性矩阵的方法由 Kaufman 和 Rousseeuw 介绍 [KR90]。

数据预处理

当今现实世界的数据库极易受噪声、缺失值和不一致数据的侵扰，因为数据库太大（常常多达数兆兆字节，甚至更多），并且多半来自多个异种数据源。低质量的数据将导致低质量的挖掘结果。"如何对数据进行预处理，提高数据质量，从而提高挖掘结果的质量？如何对数据预处理，使得挖掘过程更加有效、更加容易？"

有大量数据预处理技术。数据清理可以用来清除数据中的噪声，纠正不一致。数据集成将数据由多个数据源合并成一个一致的数据存储，如数据仓库。数据归约可以通过如聚集、删除冗余特征或聚类来降低数据的规模。数据变换（例如，规范化）可以用来把数据压缩到较小的区间，如 0.0 到 1.0。这可以提高涉及距离度量的挖掘算法的准确率和效率。这些技术不是相互排斥的，可以一起使用。例如，数据清理可能涉及纠正错误数据的变换，如通过把一个数据字段的所有项都变换成公共格式进行数据清理。

在第 2 章，我们学习了不同的数据类型，以及如何使用基本统计描述来研究数据的特征。这些有助于识别不正确的值和离群点，在数据清理和数据集成阶段是有用的。在挖掘之前使用这些数据处理技术，可以显著地提高挖掘模式的总体质量，减少实际挖掘所需要的时间。

本章中，我们在 3.1 节介绍数据预处理的基本概念。数据预处理的方法组织如下：数据清理（3.2 节）、数据集成（3.3 节）、数据归约（3.4 节）和数据变换（3.5 节）。

3.1 数据预处理：概述

本节概述数据预处理。3.1.1 节解释定义数据质量的一些要素。这是数据预处理的动机所在。3.1.2 节概述数据预处理的主要任务。

3.1.1 数据质量：为什么要对数据预处理

数据如果能满足其应用要求，那么它是高质量的。**数据质量**涉及许多因素，包括准确性、完整性、一致性、时效性、可信性和可解释性。

想象你是 AllElectronics 的经理，负责分析你的部门的公司销售数据。你立即着手进行这项工作，仔细地研究和审查公司的数据库和数据仓库，识别并选择应当包含在你的分析中的属性或维（例如，*item*、*price* 和 *units_sold*）。你注意到，许多元组在一些属性上没有值。对于你的分析，你希望知道每种销售商品是否做了降价销售广告，但是发现这些信息根本未被记录。此外，你的数据库系统用户已经报告某些事务记录中的一些错误、不寻常的值和不一致性。换言之，你希望使用数据挖掘技术分析的数据是不完整的（缺少属性值或某些感兴趣的属性，或仅包含聚集数据）、不正确的或含噪声的（包含错误或存在偏离期望的值），并且是不一致的（例如，用于商品分类的部门编码存在差异）。欢迎来到现实世界！

这种情况阐明了数据质量的三个要素：**准确性**、**完整性**和**一致性**。不正确、不完整和不一致的数据是现实世界的大型数据库和数据仓库的共同特点。导致不正确的数据（即具有不正确的属性值）可能有多种原因：收集数据的设备可能出故障；人或计算机的错误可能在数据输入时出现；当用户不希望提交个人信息时，可能故意向强制输入字段输入不正确的值（例如，为生日选择默认值"1 月 1 日"）。这称为被掩盖的缺失数据。错误也可能在数据传输中出现。这些可能是由于技术的限制，如用于数据转移和消耗同步缓冲区大小的限制。不正确的数据也可能是由命名约定或所用的数据代码不一致，或输入字段（如日期）的格式不一致而导致的。重复元组也需要数据清理。

不完整数据的出现可能有多种原因。有些感兴趣的属性，如销售事务数据中顾客的信息，并非总是可以得到的。其他数据没有包含在内，可能只是因为输入时认为是不重要的。相关数据没有记录可能是由于理解错误，或者因为设备故障。与其他记录不一致的数据可能已经被删除。此外，历史或修改的数据可能被忽略。缺失的数据，特别是某些属性上缺失值的元组，可能需要推导出来。

注意，数据质量依赖于数据的应用。对于给定的数据库，两个不同的用户可能有完全不同的评估。例如，市场分析人员可能访问上面提到的数据库，得到顾客地址的列表。有些地址已经过时或不正确，但毕竟还有 80% 的地址是正确的。市场分析人员考虑到对于目标市场营销而言，这是一个大型顾客数据库，因此对该数据库的准确性还算满意，尽管作为销售经理，你发现数据是不正确的。

时效性（timeliness）也影响数据的质量。假设你正在监控 AllElectronics 的高端销售代理的月销售红利分布。然而，一些销售代理未能在月末及时提交他们的销售记录。月底之后还有大量更正与调整。在下月的一段时间内，存放在数据库中的数据是不完整的。然而，一旦所有的数据被接收之后，它就是正确的。月底数据未能及时更新对数据质量具有负面影响。

影响数据质量的另外两个因素是可信性和可解释性。**可信性**（believability）反映有多少数据是用户信赖的，而**可解释性**（interpretability）反映数据是否容易理解。假设在某一时刻数据库有一些错误，之后都被更正。然而，过去的错误已经给销售部门的用户造成了问题，因此他们不再相信该数据。数据还使用了许多会计编码，销售部门并不知道如何解释它们。即便该数据库现在是正确的、完整的、一致的、及时的，但是由于很差的可信性和可解释性，销售部门的用户仍然可能把它看成低质量的数据。

3.1.2 数据预处理的主要任务

本节我们考察数据预处理的主要步骤，即数据清理、数据集成、数据归约和数据变换。

数据清理（data cleaning）例程通过填写缺失的值，光滑噪声数据，识别或删除离群点，并解决不一致性来"清理"数据。如果用户认为数据是脏的，则他们可能不会相信这些数据上的挖掘结果。此外，脏数据可能使挖掘过程陷入混乱，导致不可靠的输出。尽管大部分挖掘例程都有一些过程用来处理不完整数据或噪声数据，但是它们并非总是鲁棒的。相反，它们更致力于避免被建模的函数过分拟合数据。因此，一个有用的预处理步骤旨在使用数据清理例程处理你的数据。3.2 节讨论清理数据的方法。

回到你在 AllElectronics 的任务，假定你想在分析中使用来自多个数据源的数据。这涉及集成多个数据库、数据立方体或文件，即**数据集成**（data integration）。代表同一概念的属性在不同的数据库中可能具有不同的名字，导致不一致性和冗余。例如，关于顾客标识的属性在一个数据库中可能是 *customer_id*，而在另一个数据库中为 *cust_id*。命名的不一致还可能出现在属性值中。例如，同一个人的名字可能在第一个数据库中登记为 "Bill"，在第二个数据库中登记为 "William"，而在第三个数据库中登记为 "B"。此外，你可能会觉察到，有些属性可能是由其他属性导出的（例如，年收入）。包含大量冗余数据可能降低知识发现过程的性能或使之陷入混乱。显然，除了数据清理之外，必须采取措施避免数据集成时的冗余。通常，在为数据仓库准备数据时，数据清理和集成将作为预处理步骤进行。还可以再次进行数据清理，检测和删去可能由集成导致的冗余。

随着更深入地考虑数据，你可能会问自己："我为分析而选取的数据集是巨大的，这肯定会降低数据挖掘过程的速度。有什么办法能降低数据集的规模,而又不损害数据挖掘的结果吗?"**数据归约**(data reduction)得到数据集的简化表示,它小得多,但能够产生同样的(或几乎同样的)分析结果。数据归约策略包括维归约和数值归约。

在**维归约**中,使用数据编码方案,以便得到原始数据的简化或"压缩"表示。例子包括数据压缩技术(例如,小波变换和主成分分析),以及属性子集选择(例如,去掉不相关的属性)和属性构造(例如,从原来的属性集导出更有用的小属性集)。

在**数值归约**中,使用参数模型(例如,回归和对数线性模型)或非参数模型(例如,直方图、聚类、抽样或数据聚集),用较小的表示取代数据。数据归约是 3.4 节的主题。

回到你的数据,假设你决定使用诸如神经网络、最近邻分类或聚类[⊖]这样的基于距离的挖掘算法进行你的分析。如果待分析的数据已经规范化,即按比例映射到一个较小的区间(例如,[0.0, 1.0]),则这些方法将得到更好的结果。例如,你的顾客数据包含年龄和年薪属性。年薪属性的取值范围可能比年龄大得多。这样,如果属性未规范化,则距离度量在年薪上所取的权重一般要超过距离度量在年龄上所取的权重。离散化和概念分层产生也可能是有用的,那里属性的原始值被区间或较高层的概念所取代。例如,年龄的原始值可以用较高层的概念(如青年、中年和老年)取代。

对于数据挖掘而言,离散化与概念分层产生是强有力的工具,因为它们使得数据的挖掘可以在多个抽象层上进行。规范化、数据离散化和概念分层产生都是某种形式的**数据变换** [86] (data transformation)。你很快就会意识到,数据变换操作是引导挖掘过程成功的附加的预处理过程。数据集成和数据离散化将在 3.5 节讨论。

图 3.1 概括了这里介绍的数据预处理步骤。注意,上面的分类不是互斥的。例如,冗余数据的删除既是一种数据清理形式,也是一种数据归约。

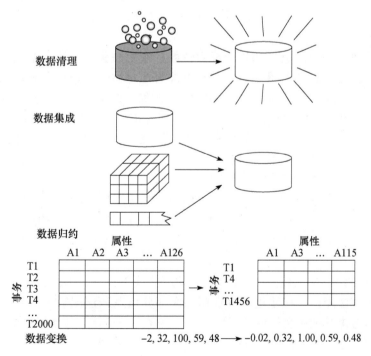

图 3.1 数据预处理的形式

⊖ 神经网络和最近邻分类在第 9 章介绍,而聚类在第 10 章和第 11 章讨论。

总之，现实世界的数据一般是脏的、不完整的和不一致的。数据预处理技术可以改进数据的质量，从而有助于提高其后的挖掘过程的准确率和效率。由于高质量的决策必然依赖于高质量的数据，因此数据预处理是知识发现过程的重要步骤。检测数据异常，尽早地调整数据，并归约待分析的数据，将为决策带来高回报。

3.2 数据清理

现实世界的数据一般是不完整的、有噪声的和不一致的。数据清理例程试图填充缺失的值、光滑噪声并识别离群点、纠正数据中的不一致。本节我们将研究数据清理的基本方法。3.2.1 节考察处理缺失值的方法。3.2.2 节解释数据光滑技术。3.2.3 节讨论将数据清理作为一个过程的方法。

3.2.1 缺失值

想象你需要分析 AllElectronics 的销售和顾客数据。你注意到许多元组的一些属性（如顾客的 *income*）没有记录值。怎样才能为该属性填上缺失的值？我们看看下面的方法。

（1）**忽略元组**：当缺少类标号时通常这样做（假定挖掘任务涉及分类）。除非元组有多个属性缺少值，否则该方法不是很有效。当每个属性缺失值的百分比变化很大时，它的性能特别差。采用忽略元组，你不能使用该元组的剩余属性值。这些数据可能对手头的任务是有用的。

（2）**人工填写缺失值**：一般来说，该方法很费时，并且当数据集很大、缺失很多值时，该方法可能行不通。

（3）**使用一个全局常量填充缺失值**：将缺失的属性值用同一个常量（如 "*Unknown*" 或 –∞）替换。如果缺失的值都用如 "*Unknown*" 替换，则挖掘程序可能误以为它们形成了一个有趣的概念，因为它们都具有相同的值——"*Unknown*"。因此，尽管该方法简单，但是并不十分可靠。

（4）**使用属性的中心度量（如均值或中位数）填充缺失值**：第 2 章讨论了中心趋势度量，它们指示数据分布的"中间"值。对于正常的（对称的）数据分布而言，可以使用均值，而倾斜数据分布应该使用中位数（2.2 节）。例如，假定 AllElectronics 的顾客收入的数据分布是对称的，并且平均收入为 56 000 美元，则使用该值替换 *income* 中的缺失值。

（5）**使用与给定元组属同一类的所有样本的属性均值或中位数**：例如，如果将顾客按 *credit_risk* 分类，则用具有相同信用风险的顾客的平均收入替换 *income* 中的缺失值。如果给定类的数据分布是倾斜的，则中位数是更好的选择。

87
₹
88

（6）**使用最可能的值填充缺失值**：可以用回归、使用贝叶斯形式化方法的基于推理的工具或决策树归纳确定。例如，利用数据集中其他顾客的属性，可以构造一棵决策树，来预测 *income* 的缺失值。决策树和贝叶斯推理分别在第 8 章和第 9 章详细介绍，而回归在 3.4.5 节介绍。

方法（3）~方法（6）使数据有偏，填入的值可能不正确。然而，方法（6）是最流行的策略。与其他方法相比，它使用已有数据的大部分信息来预测缺失值。在估计 *income* 的缺失值时，通过考虑其他属性的值，有更大的机会保持 *income* 和其他属性之间的联系。

重要的是要注意，在某些情况下，缺失值并不意味数据有错误。例如，在申请信用卡时，可能要求申请人提供驾驶执照号。没有驾驶执照的申请者可能自然地不填写该字段。表格应当允许填表人使用诸如"不适用"等值。软件例程也可以用来发现其他空值（例如，"不知道"、"？"或"无"）。理想情况下，每个属性都应当有一个或多个关于空值条件的规则。这些规则可以说明是否允许空值，并且/或者说明这样的空值应当如何处理或转换。如果在业务处理的稍后步骤提供值，字段也可能故意留下空白。因此，尽管在得到数据后，我们可以尽我们所能来清理数据，但好的数据库和数据输入设计将有助于在第一现场把缺失值或错误的数量降至最低。

3.2.2　噪声数据

"**什么是噪声？**" 噪声（noise）是被测量的变量的随机误差或方差。在第 2 章中，我们看到了如何使用基本统计描述技术（例如，盒图和散点图）和数据可视化方法来识别可能代表噪声的离群点。给定一个数值属性，如 *price*，我们怎样才能"光滑"数据、去掉噪声？我们看看下面的数据光滑技术。

分箱（binning）：分箱方法通过考察数据的"近邻"（即周围的值）来光滑有序数据值。这些有序的值被分布到一些"桶"或箱中。由于分箱方法考察近邻的值，因此它进行局部光滑。图 3.2 表示了一些分箱技术。在该例中，*price* 数据首先排序并被划分到大小为 3 的等频的箱中（即每个箱包含 3 个值）。对于**用箱均值光滑**，箱中每一个值都被替换为箱中的均值。例如，箱 1 中的值 4、8 和 15 的均值是 9。因此，该箱中的每一个值都被替换为 9。

类似地，可以使用**用箱中位数光滑**，此时，箱中的每一个值都被替换为该箱的中位数。对于**用箱边界光滑**，给定箱中的最大和最小值同样被视为箱边界，而箱中的每一个值都被替换为最近的边界值。一般而言，宽度越大，光滑效果越明显。箱也可以是等宽的，其中每个箱值的区间范围是常量。分箱也可以作为一种离散化技术使用，将在 3.5 节进一步讨论。

按 *price*（美元）排序后的数据：4, 8, 15, 21, 21, 24, 25, 28, 34

> **划分为（等频的）箱：**
> 箱1：4, 8, 15
> 箱2：21, 21, 24
> 箱3：25, 28, 34
>
> **用箱均值光滑：**
> 箱1：9, 9, 9
> 箱2：22, 22, 22
> 箱3：29, 29, 29
>
> **用箱边界光滑：**
> 箱1：4, 4, 15
> 箱2：21, 21, 24
> 箱3：25, 25, 34

图 3.2　数据光滑的分箱方法

回归（regression）：也可以用一个函数拟合数据来光滑数据。这种技术称为回归。线性回归涉及找出拟合两个属性（或变量）的"最佳"直线，使得一个属性可以用来预测另一个。多元线性回归是线性回归的扩充，其中涉及的属性多于两个，并且数据拟合到一个多维曲面。回归将在 3.4.5 节进一步讨论。

离群点分析（outlier analysis）：可以通过如聚类来检测离群点。聚类将类似的值组织成群或"簇"。直观地，落在簇集合之外的值被视为离群点（如图 3.3 所示）。第 12 章专门研究离群点分析。

许多数据光滑的方法也用于数据离散化（一种数据变换形式）和数据归约。例如，上面介绍的分箱技术减少了每个属性的不同值的数量。对于基于逻辑的数据挖掘方法（如决策树归纳），它反复地在排序后的数据上进行比较，这充当了一种形式的数据归约。概念分层是一种数据离散化形式，也可以用于数据光滑。例如，*price* 的概念分层可以把实际的 *price* 的值映射到便宜、适中和昂贵，从而减少了挖掘过程需要处理的值的数量。数据离散化将在 3.5 节讨论。有些分类方法（例如，神经网络）有内置的数据光滑机制。分类是第 8 章和第 9 章的主题。

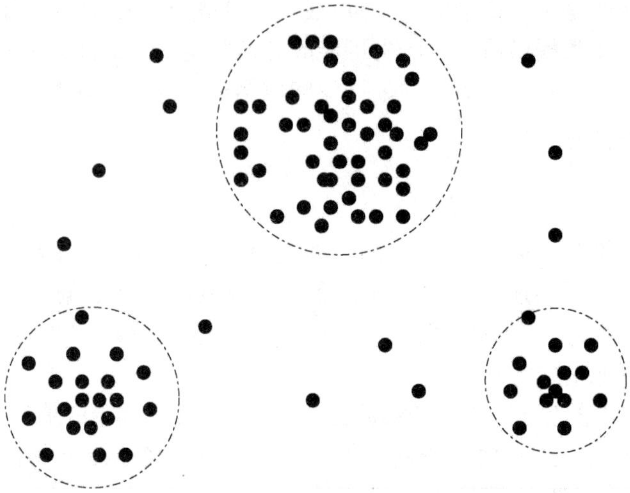

图 3.3　顾客在城市中的位置的 2-D 图，显示了 3 个数据簇。
可以将离群点看做落在簇集合之外的值来检测

3.2.3　数据清理作为一个过程

　　缺失值、噪声和不一致性都导致不正确的数据。迄今为止，我们已经考察了处理缺失数据和光滑数据的技术。*"但是，数据清理可能是一项繁重的任务。数据清理作为一个过程怎么样？如何正确地进行这项工作？有没有工具来帮助做这件事？"*

　　数据清理过程的第一步是偏差检测（discrepancy detection）。导致偏差的因素可能有多种，包括具有很多可选字段的设计糟糕的输入表单、人为的数据输入错误、有意的错误（例如，不愿意泄露自己的信息），以及数据退化（例如，过时的地址）。偏差也可能源于不一致的数据表示和编码的不一致使用。记录数据的设备的错误和系统错误是另一种偏差源。当数据（不适当地）用于不同于当初的目的时，也可能出现错误。数据集成也可能导致不一致（例如，当给定的属性在不同的数据库中具有不同的名称时）[⊖]。

　　"那么，如何进行偏差检测？" 作为开始，使用任何你可能具有的关于数据性质的知识。这种知识或"关于数据的数据"称做**元数据**。那里，我们可以使用在第 2 章中获得的关于数据的知识。例如，每个属性的数据类型和定义域是什么？每个属性可接受的值是什么？对于把握数据趋势和识别异常，2.2 节介绍的数据的基本统计描述是有用的。例如，找出均值、中位数和众数。数据是对称的还是倾斜的？值域是什么？所有的值都落在期望的区间内吗？每个属性的标准差是多少？远离给定属性均值超过两个标准差的值可能标记为可能的离群点。属性之间存在已知的依赖吗？在这一步，你可以编写自己的程序或使用我们稍后将讨论的某种工具。由此，你可能发现噪声、离群点和需要考察的不寻常的值。

　　作为一位数据分析人员，你应当警惕编码使用的不一致和数据表示的不一致问题（例如，日期"2010/12/25"和"25/12/2010"）。**字段过载**（field overloading）是另一种错误源，通常是由如下原因导致的：开发者将新属性的定义挤进已经定义的属性的未使用（位）部分（例如，使用一个属性未使用的位，该属性取值已经使用了 32 位中的 31 位）。

　　还应当根据唯一性规则、连续性规则和空值规则考察数据。**唯一性规则**是说给定属性的

⊖　数据集成和删除由集成导致的冗余数据将在 3.3 节进一步讨论。

每个值都必须不同于该属性的其他值。**连续性规则**是说属性的最低和最高值之间没有缺失的值，并且所有的值还必须是唯一的（例如，检验数）。**空值规则**说明空白、问号、特殊符号或指示空值条件的其他串的使用（例如，一个给定属性的值何处不能用），以及如何处理这样的值。正如 3.2.1 节所提及的，缺失值的原因可能包括：（1）被要求提供属性值的人拒绝提供和/或发现没有所要求的信息（例如，非驾驶员未填写 *license_number* 属性）；（2）数据输入者不知道正确的值；（3）值在稍后提供。空值规则应当说明如何记录空值条件，例如数值属性存放 0，字符属性存放空白或其他使用方便的约定（诸如"不知道"或"？"这样的项应当转换成空白）。

有大量不同的商业工具可以帮助我们进行偏差检测。**数据清洗工具**（data scrubbing tool）使用简单的领域知识（如邮政地址知识和拼写检查），检查并纠正数据中的错误。在清理多个数据源的数据时，这些工具依赖于分析和模糊匹配技术。**数据审计工具**（data auditing tool）通过分析数据发现规则和联系，并检测违反这些条件的数据来发现偏差。它们是数据挖掘工具的变种。例如，它们可以使用统计分析来发现相关性，或通过聚类识别离群点。它们也可以使用 2.2 节介绍的基本统计描述。

有些数据不一致可以使用其他材料人工地加以更正。例如，数据输入时的错误可以使用纸上的记录加以更正。然而，大部分错误需要**数据变换**。也就是说，一旦发现偏差，通常我们需要定义并使用（一系列）变换来纠正它们。 [92]

商业工具可以支持数据变换步骤。**数据迁移工具**（data migration tool）允许说明简单的变换，如将串"*gender*"用"*sex*"替换。**ETL**（Extraction/Transformation/Loading，提取/变换/装入）**工具**允许用户通过图形用户界面（GUI）说明变换。通常，这些工具只支持有限的变换，因此我们可能需要为数据清理过程的这一步编写定制的程序。

偏差检测和数据变换（纠正偏差）的两步过程迭代执行。然而，这一过程容易出错并且费时。有些变换可能导致更多偏差。有些嵌套的偏差可能在其他偏差解决之后才能检测到。例如，年份字段上的打字错误"20010"可能在所有日期值都变换成统一格式之后才会浮现。变换常常以批处理方式进行，用户等待而无反馈信息。仅当变换完成之后，用户才能回过头来检查是否错误地产生了新的异常。通常，需要多次迭代才能使用户满意。不能被给定变换自动处理的元组通常写到一个文件中，而不给出失败的原因解释。这样，整个数据清理过程也缺乏交互性。

新的数据清理方法强调加强交互性。例如，Potter's Wheel 是一种公开的数据清理工具，它集成了偏差检测和数据变换。用户在一个类似于电子数据表的界面上，通过编辑和调试每个变换，一次一步，逐渐构造一个变换序列。变换可以通过图形或提供的例子说明。结果立即显示在屏幕上的记录中。用户可以撤销变换，使得导致的额外错误的变换可以被"清除"。该工具在最近一次变换的数据视图上自动地进行偏差检测。随着偏差的发现，用户逐渐地开发和精化变换，从而使数据清理更有效。

另一种提高数据清理交互性的方法是开发数据变换操作的规范说明语言。这种工作关注定义 SQL 的扩充和使得用户可以有效地表达数据清理具体要求的算法。

随着我们对数据的了解的加深，不断更新元数据以反映这种知识很重要。这有助于加快在相同数据的未来版本上的数据清理速度。

3.3　数据集成

数据挖掘经常需要**数据集成**——合并来自多个数据存储的数据。小心集成有助于减少结果数据集的冗余和不一致。这有助于提高其后挖掘过程的准确性和速度。

数据语义的多样性和结构对数据集成提出了巨大的挑战。如何匹配多个数据源的模式和对象？这实质上是实体识别问题，在 3.3.1 节讨论。有相关属性吗？3.3.2 节介绍数值和标称数据的相关性检验。3.3.3 节介绍元组重复。最后，3.3.4 节讨论数据值的冲突和解决方法。

3.3.1 实体识别问题

数据分析任务多半涉及数据集成。数据集成将多个数据源中的数据合并，存放在一个一致的数据存储中，如存放在数据仓库中。这些数据源可能包括多个数据库、数据立方体或一般文件。

在数据集成时，有许多问题需要考虑。模式集成和对象匹配可能需要技巧。来自多个信息源的现实世界的等价实体如何才能"匹配"？这涉及**实体识别问题**。例如，数据分析者或计算机如何才能确信一个数据库中的 *customer_id* 与另一个数据库中的 *cust_number* 指的是相同的属性？每个属性的元数据包括名字、含义、数据类型和属性的允许取值范围，以及处理空白、零或 NULL 值的空值规则（见 3.2 节）。这样的元数据可以用来帮助避免模式集成的错误。元数据还可以用来帮助变换数据（例如，*pay_type* 的数据编码在一个数据库中可以是 "*H*" 和 "*S*"，而在另一个数据库中是 1 和 2）。因此，这一步也与前面介绍的数据清理有关。

在集成期间，当一个数据库的属性与另一个数据库的属性匹配时，必须特别注意数据的结构。这旨在确保源系统中的函数依赖和参照约束与目标系统中的匹配。例如，在一个系统中，*discount* 可能用于订单，而在另一个系统中，它用于订单内的商品。如果在集成之前未发现，则目标系统中的商品可能被不正确地打折。

3.3.2 冗余和相关分析

冗余是数据集成的另一个重要问题。一个属性（例如，年收入）如果能由另一个或另一组属性"导出"，则这个属性可能是冗余的。属性或维命名的不一致也可能导致结果数据集中的冗余。

有些冗余可以被**相关分析**检测到。给定两个属性，这种分析可以根据可用的数据，度量一个属性能在多大程度上蕴涵另一个。对于标称数据，我们使用 χ^2（卡方）检验。对于数值属性，我们使用相关系数（correlation coefficient）和协方差（covariance），它们都评估一个属性的值如何随另一个变化。

1. 标称数据的 χ^2 相关检验

对于标称数据，两个属性 A 和 B 之间的相关联系可以通过 χ^2（卡方）检验发现。假设 A 有 c 个不同值 a_1, a_2, $\cdots$, a_c，B 有 r 个不同值 b_1, b_2, $\cdots$, b_r。用 A 和 B 描述的数据元组可以用一个**相依表**显示，其中 A 的 c 个值构成列，B 的 r 个值构成行。令 (A_i, B_j) 表示属性 A 取值 a_i、属性 B 取值 b_j 的联合事件，即 $(A = a_i, B = b_j)$。每个可能的 (A_i, B_j) 联合事件都在表中有自己的单元。χ^2 值（又称 *Pearson* χ^2 统计量）可以用下式计算：

$$\chi^2 = \sum_{i=1}^{c} \sum_{j=1}^{r} \frac{(o_{ij} - e_{ij})^2}{e_{ij}} \tag{3.1}$$

其中，o_{ij} 是联合事件 (A_i, B_j) 的观测频度（即实际计数），而 e_{ij} 是 (A_i, B_j) 的期望频度，可以用下式计算：

$$e_{ij} = \frac{count(A = a_i) \times count(B = b_j)}{n} \qquad (3.2)$$

其中，n 是数据元组的个数，$count(A = a_i)$ 是 A 上具有值 a_i 的元组个数，而 $count(B = b_j)$ 是 B 上具有值 b_j 的元组个数。(3.1) 式中的和在所有 $r \times c$ 个单元上计算。注意，对 χ^2 值贡献最大的单元是其实际计数与期望计数很不相同的单元。

χ^2 统计检验假设 A 和 B 是独立的。检验基于显著水平，具有自由度 $(r-1) \times (c-1)$。我们将用例 3.1 解释该统计量的使用。如果可以拒绝该假设，则我们说 A 和 B 是统计相关的。

例 3.1 使用 χ^2 的标称属性的相关分析。假设调查了 1500 个人，记录了每个人的性别。每个人对他们喜爱的阅读材料类型是否是小说进行投票。这样，我们有两个属性 *gender* 和 *preferred_reading*。每种可能的联合事件的观测频率（或计数）汇总在表 3.1 所显示的相依表中，其中括号中的数是期望频率。期望频率根据两个属性的数据分布，用 (3.2) 式计算。

表 3.1 例 3.1 的数据的 2×2 相依表

	男	女	合计
小说	250(90)	200(360)	450
非小说	50(210)	1000(840)	1050
合计	300	1200	1500

注：*gender* 和 *preferred_reading* 相关吗？

使用 (3.2) 式，我们可以验证每个单元的期望频率。例如，单元（男，小说）的期望频率是

$$e_{11} = \frac{count(男) \times count(小说)}{n} = \frac{300 \times 450}{1500} = 90$$

如此等等。注意，在任意行，期望频率的和必须等于该行总观测频率，并且任意列的期望频率的和也必须等于该列的总观测频率。

使用计算 χ^2 的 (3.1) 式，我们得到

$$\chi^2 = \frac{(250-90)^2}{90} + \frac{(50-210)^2}{210} + \frac{(200-360)^2}{360} + \frac{(1000-840)^2}{840}$$
$$= 284.44 + 121.90 + 71.11 + 30.48 = 507.93$$

对于这个 2×2 的表，自由度为 $(2-1)(2-1)=1$。对于自由度 1，在 0.001 的置信水平下，拒绝假设的值是 10.828（取自 χ^2 分布上百分点表，通常可以在任意统计学教科书中找到）。由于我们计算的值大于该值，因此我们可以拒绝 *gender* 和 *preferred_reading* 独立的假设，并断言对于给定的人群，这两个属性是（强）相关的。∎

2. 数值数据的相关系数

对于数值数据，我们可以通过计算属性 A 和 B 的**相关系数**（又称 **Pearson 积矩系数**，Pearson's product moment coefficient），用发明者 Karl Pearson 的名字命名），估计这两个属性的相关度 $r_{A,B}$，

$$r_{A,B} = \frac{\sum_{i=1}^{n}(a_i - \bar{A})(b_i - \bar{B})}{n\sigma_A \sigma_B} = \frac{\sum_{i=1}^{n}(a_i b_i) - n\bar{A}\bar{B}}{n\sigma_A \sigma_B} \qquad (3.3)$$

其中，n 是元组的个数，a_i 和 b_i 分别是元组 i 在 A 和 B 上的值，$\bar{A}$ 和 $\bar{B}$ 分别是 A 和 B 的均值，σ_A 和 σ_B 分别是 A 和 B 的标准差（在 2.2.2 节定义），而 $\sum(a_i b_i)$ 是 AB 又积和（即对于每个元组，A 的值乘以该元组 B 的值）。注意，$-1 \le r_{A,B} \le +1$。如果 $r_{A,B}$ 大于 0，则 A 和 B 是正相关的，这意味着 A 值随 B 值的增加而增加。该值越大，相关性越强（即每个属性蕴涵

另一个的可能性越大）。因此，一个较高的 $r_{A,B}$ 值表明 A（或 B）可以作为冗余而被删除。

如果该结果值等于 0，则 A 和 B 是独立的，并且它们之间不存在相关性。如果该结果值小于 0，则 A 和 B 是负相关的，一个值随另一个减少而增加。这意味着每一个属性都阻止另一个出现。散点图也可以用来观察属性之间的相关性（2.2.3 节）。例如，图 2.8 的散点图分别显示了正相关和负相关数据，而图 2.9 显示了不相关数据。

注意，相关性并不蕴涵因果关系。也就是说，如果 A 和 B 是相关的，这并不意味着 A 导致 B 或 B 导致 A。例如，在分析人口统计数据库时，我们可能发现一个地区的医院数与汽车盗窃数是相关的。这并不意味一个导致另一个。实际上，二者必然地关联到第三个属性——人口。

3. 数值数据的协方差

在概率论与统计学中，协方差和方差是两个类似的度量，评估两个属性如何一起变化。考虑两个数值属性 A、B 和 n 次观测的集合 $\{(a_1, b_1), \cdots, (a_n, b_n)\}$。$A$ 和 B 的均值又分别称为 A 和 B 的**期望值**，即

$$E(A) = \bar{A} = \frac{\sum_{i=1}^{n} a_i}{n}$$

且

$$E(B) = \bar{B} = \frac{\sum_{i=1}^{n} b_i}{n}$$

A 和 B 的**协方差**（covariance）定义为

$$Cov(A,B) = E((A - \bar{A})(B - \bar{B})) = \frac{\sum_{i=1}^{n} (a_i - \bar{A})(b_i - \bar{B})}{n} \tag{3.4}$$

如果我们把 $r_{A,B}$（协相关系数）的（3.3）式与（3.4）式相比较，则我们看到

$$r_{A,B} = \frac{Cov(A,B)}{\sigma_A \sigma_B} \tag{3.5}$$

其中，σ_A 和 σ_B 分别是 A 和 B 的标准差。还可以证明

$$Cov(A,B) = E(A \cdot B) - \bar{A}\bar{B} \tag{3.6}$$

该式可以简化计算。

对于两个趋向于一起改变的属性 A 和 B，如果 A 大于 $\bar{A}$（A 的期望值），则 B 很可能大于 $\bar{B}$（B 的期望值）。因此，A 和 B 的协方差为正。另一方面，如果当一个属性小于它的期望值时，另一个属性趋向于大于它的期望值，则 A 和 B 的协方差为负。

如果 A 和 B 是独立的（即它们不具有相关性），则 $E(A \cdot B) = E(A) \cdot E(B)$。因此，协方差为 $Cov(A, B) = E(A \cdot B) - \bar{A}\bar{B} = E(A) \cdot E(B) - \bar{A}\bar{B} = 0$。然而，其逆不成立。某些随机变量（属性）对可能具有协方差 0，但是不是独立的。仅在某种附加的假设下（如数据遵守多元正态分布），协方差 0 蕴涵独立性。

例 3.2 数值属性的协方差分析。考虑表 3.2，它给出了在 5 个时间点观测到的 AllElectronics 和 *HighTech*（某高技术公司）的股票价格的简化例子。如果股市受相同的产业趋势影响，它们的股价会一起涨跌吗？

$$E(\text{AllElectronics}) = \frac{6 + 5 + 4 + 3 + 2}{5} = \frac{20}{5} = 4 \text{ 美元}$$

而

$$E(HighTech) = \frac{20 + 10 + 14 + 5 + 5}{5} = \frac{54}{5} = 10.80 \text{ 美元}$$

于是，使用（3.4）式，我们计算

$$Cov(AllElectronics, HighTech) = \frac{6 \times 20 + 5 \times 10 + 4 \times 14 + 3 \times 5 + 2 \times 5}{5} - 4 \times 10.80$$

$$= 50.2 - 43.2 = 7$$

由于协方差为正，因此我们可以说两个公司的股票同时上涨。■

表 3.2 AllElectronics 和 *HighTech* 的股票价格

时间点	**AllElectronics**	*HighTech*
t1	6	20
t2	5	10
t3	4	14
t4	3	5
t5	2	5

方差是协方差的特殊情况，其中两个属性相同（即属性与自身的协方差）。方差已在第2章中讨论过。

3.3.3 元组重复

除了检测属性间的冗余外，还应当在元组级检测重复（例如，对于给定的唯一数据实体，存在两个或多个相同的元组）。去规范化表（denormalized table）的使用（这样做通常是通过避免连接来改善性能）是数据冗余的另一个来源。不一致通常出现在各种不同的副本之间，由于不正确的数据输入，或者由于更新了数据的某些出现，但未更新所有的出现。例如，如果订单数据库包含订货人的姓名和地址属性，而不是这些信息在订货人数据库中的码，则差异就可能出现，如同一订货人的名字可能以不同的地址出现在订单数据库中。

3.3.4 数据值冲突的检测与处理

数据集成还涉及数据值冲突的检测与处理。例如，对于现实世界的同一实体，来自不同数据源的属性值可能不同。这可能是因为表示、尺度或编码不同。例如，重量属性可能在一个系统中以公制单位存放，而在另一个系统中以英制单位存放。对于连锁旅馆，不同城市的房价不仅可能涉及不同的货币，而且可能涉及不同的服务（如免费早餐）和税收。例如，不同学校交换信息时，每个学校可能都有自己的课程计划和评分方案。一所大学可能采取学季制，开设 3 门数据库系统课程，用 A + ~ F 评分；而另一所大学可能采用学期制，开设两门数据库课程，用 1 ~ 10 评分。很难在这两所大学之间制定精确的课程成绩变换规则，这使得信息交换非常困难。

属性也可能在不同的抽象层，其中属性在一个系统中记录的抽象层可能比另一个系统中"相同的"属性低。例如，*total_sales* 在一个数据库中可能涉及 AllElectronics 的一个分店，而另一个数据库中相同名字的属性可能表示一个给定地区的诸 AllElectronics 分店的总销售量。不一致检测问题已在 3.2.3 节中进一步讨论。

3.4 数据归约

假定你已经从 AllElectronics 数据仓库选择了数据，用于分析。数据集可能非常大！在海量数据上进行复杂的数据分析和挖掘将需要很长时间，使得这种分析不现实或不可行。

数据归约（data reduction）技术可以用来得到数据集的归约表示，它小得多，但仍接近于保持原始数据的完整性。也就是说，在归约后的数据集上挖掘将更有效，仍然产生相同（或几乎相同）的分析结果。本节，我们将概述数据归约的策略，然后进一步考察每种技术。

3.4.1 数据归约策略概述

数据归约策略包括维归约、数量归约和数据压缩。

99 **维归约**（dimensionality reduction）减少所考虑的随机变量或属性的个数。维归约方法包括小波变换（3.4.2 节）和主成分分析（3.4.3 节），它们把原数据变换或投影到较小的空间。属性子集选择是一种维归约方法，其中不相关、弱相关或冗余的属性或维被检测和删除（3.4.4 节）。

数量归约（numerosity reduction）用替代的、较小的数据表示形式替换原数据。这些技术可以是参数的或非参数的。对于参数方法而言，使用模型估计数据，使得一般只需要存放模型参数，而不是实际数据（离群点可能也要存放）。回归和对数 – 线性模型（3.4.5 节）就是例子。存放数据归约表示的非参数方法包括直方图（3.4.6 节）、聚类（3.4.7 节）、抽样（3.4.8 节）和数据立方体聚集（3.4.9 节）。

数据压缩（data compression）使用变换，以便得到原数据的归约或"压缩"表示。如果原数据能够从压缩后的数据重构，而不损失信息，则该数据归约称为**无损的**。如果我们只能近似重构原数据，则该数据归约称为**有损的**。对于串压缩，有一些无损压缩算法。然而，它们一般只允许有限的数据操作。维归约和数量归约也可以视为某种形式的数据压缩。

有许多其他方法来组织数据归约方法。花费在数据归约上的计算时间不应超过或"抵消"在归约后的数据上挖掘所节省的时间。

3.4.2 小波变换

离散小波变换（DWT）是一种线性信号处理技术，用于数据向量 X 时，将它变换成不同的数值**小波系数**向量 X'。两个向量具有相同的长度。当这种技术用于数据归约时，每个元组看做一个 n 维数据向量，即 $X = (x_1, x_2, \cdots, x_n)$，描述 n 个数据库属性在元组上的 n 个测量值[⊖]。

"如果小波变换后的数据与原数据的长度相等，这种技术如何能够用于数据压缩？"关键在于小波变换后的数据可以截短。仅存放一小部分最强的小波系数，就能保留近似的压缩数据。例如，保留大于用户设定的某个阈值的所有小波系数，其他系数置为 0。这样，结果数据表示非常稀疏，使得如果在小波空间进行计算的话，利用数据稀疏特点的操作计算得非 100 常快。该技术也能用于消除噪声，而不会光滑掉数据的主要特征，使得它们也能有效地用于数据清理。给定一组系数，使用所用的 DWT 的逆，可以构造原数据的近似。

DWT 与离散傅里叶变换（DFT）有密切关系。DFT 是一种涉及正弦和余弦的信号处理技术。然而，一般地说，DWT 是一种更好的有损压缩。也就是说，对于给定的数据向量，如果 DWT 和 DFT 保留相同数目的系数，则 DWT 将提供原数据更准确的近似。因此，对于相同的近似，DWT 需要的空间比 DFT 小。与 DFT 不同，小波空间局部性相当好，有助于保留局部细节。

⊖ 在我们的记号中，代表向量的变量用粗斜体，描述向量的度量用斜体。

只有一种 DFT，但有若干族 DWT。图 3.4 显示了一些小波族。流行的小波变换包括 Haar_2、Daubechies-4 和 Daubechies-6。离散小波变换的一般过程使用一种层次金字塔算法（pyramid algorithm），它在每次迭代时将数据减半，导致计算速度很快。该方法如下：

（1）输入数据向量的长度 L 必须是 2 的整数幂。必要时，通过在数据向量后添加 0，这一条件可以满足（$L \geq n$）。

（2）每个变换涉及应用两个函数。第一个使用某种数据光滑，如求和或加权平均。第二个进行加权差分，提取数据的细节特征。

（3）两个函数作用于 X 中的数据点对，即作用于所有的测量对（x_{2i}，x_{2i+1}）。这导致两个长度为 $L/2$ 的数据集。一般而言，它们分别代表输入数据的光滑后的版本或低频版本和它的高频内容。

（4）两个函数递归地作用于前面循环得到的数据集，直到得到的结果数据集的长度为 2。

（5）由以上迭代得到的数据集中选择的值被指定为数据变换的小波系数。

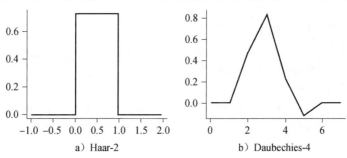

a) Haar-2　　　　b) Daubechies-4

图 3.4　小波族的例子。小波名后的数是小波的消失瞬间。这是系数
必须满足的数学联系集，并且与小波系数的个数有关

等价地，可以将矩阵乘法用于输入数据，以得到小波系数。所用的矩阵依赖于给定的 DWT。矩阵必须是**标准正交的**，即它们的列是单位向量并相互正交，使得矩阵的逆是它的转置。尽管受篇幅限制，这里我们不再讨论，但这种性质允许由光滑和光滑 – 差数据集重构数据。通过将矩阵分解成几个稀疏矩阵的乘积，对于长度为 n 的输入向量，"快速 DWT" 算法的复杂度为 $O(n)$。

小波变换可以用于多维数据，如数据立方体。可以按以下方法实现：首先将变换用于第一个维，然后第二个，如此下去。计算复杂性关于立方体中单元的个数是线性的。对于稀疏或倾斜数据和具有有序属性的数据，小波变换给出了很好的结果。据报道，小波变换的有损压缩优于 JPEG 压缩（当前的商业标准）。小波变换有许多实际应用，包括指纹图像压缩、计算机视觉、时间序列数据分析和数据清理。

3.4.3　主成分分析

本节，我们直观地介绍主成分分析，把它作为一种维归约方法。详细的理论解释已超出本书范围。关于参考文献，请参阅本章后面的文献注释（3.8 节）。

假设待归约的数据由用 n 个属性或维描述的元组或数据向量组成。**主成分分析**（principal components analysis）或 **PCA**（又称 Karhunen-Loeve 或 K-L 方法）搜索 k 个最能代表数据的 n 维正交向量，其中 $k \leq n$。这样，原数据投影到一个小得多的空间上，导致维归约。与属性子集选择（3.4.4 节）通过保留原属性集的一个子集来减少属性集的大小不同，PCA 通过创建一个替换的、较小的变量集 "组合" 属性的基本要素。原数据可以投影到该较小的

101

集合中。PCA 常常能够揭示先前未曾察觉的联系，并因此允许解释不寻常的结果。

基本过程如下：

（1）对输入数据规范化，使得每个属性都落入相同的区间。此步有助于确保具有较大定义域的属性不会支配具有较小定义域的属性。

（2）PCA 计算 k 个标准正交向量，作为规范化输入数据的基。这些是单位向量，每一个都垂直于其他向量。这些向量称为主成分。输入数据是主成分的线性组合。

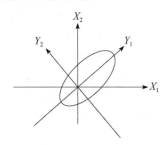

（3）对主成分按"重要性"或强度降序排列。主成分本质上充当数据的新坐标系，提供关于方差的重要信息。也就是说，对坐标轴进行排序，使得第一个坐标轴显示数据的最大方差，第二个显示数据的次大方差，如此下去。例如，图 3.5 显示原来映射到轴 X_1 和 X_2 的给定数据集的前两个主成分 Y_1 和 Y_2。这一信息帮助识别数据中的组群或模式。

图 3.5 主成分分析。Y_1 和 Y_2 是给定数据的前两个主成分

（4）既然主成分根据"重要性"降序排列，因此可以通过去掉较弱的成分（即方差较小的那些）来归约数据。使用最强的主成分，应当能够重构原数据的很好的近似。

PCA 可以用于有序和无序的属性，并且可以处理稀疏和倾斜数据。多于二维的多维数据可以通过将问题归约为二维问题来处理。主成分可以用做多元回归和聚类分析的输入。与小波变换相比，PCA 能够更好地处理稀疏数据，而小波变换更适合高维数据。

3.4.4 属性子集选择

用于分析的数据集可能包含数以百计的属性，其中大部分属性可能与挖掘任务不相关，或者是冗余的。例如，如果分析任务是按顾客听到广告后是否愿意在 AllElectronics 购买新的流行 CD 将顾客分类，与属性 *age*（年龄）和 *music_taste*（音乐鉴赏力）不同，诸如顾客的电话号码等属性多半是不相关的。尽管领域专家可以挑选出有用的属性，但这可能是一项困难而费时的任务，特别是当数据的行为不是十分清楚的时候更是如此（因此，需要分析）。遗漏相关属性或留下不相关属性都可能是有害的，会导致所用的挖掘算法无所适从。这可能导致发现质量很差的模式。此外，不相关或冗余的属性增加了数据量，可能会减慢挖掘进程。

属性子集选择[○]通过删除不相关或冗余的属性（或维）减少数据量。属性子集选择的目标是找出最小属性集，使得数据类的概率分布尽可能地接近使用所有属性得到的原分布。在缩小的属性集上挖掘还有其他的优点：它减少了出现在发现模式上的属性数目，使得模式更易于理解。

"如何找出原属性的一个'好的'子集？"对于 n 个属性，有 2^n 个可能的子集。穷举搜索找出属性的最佳子集可能是不现实的，特别是当 n 和数据类的数目增加时。因此，对于属性子集选择，通常使用压缩搜索空间的启发式算法。通常，这些方法是典型的**贪心**算法，在搜索属性空间时，总是做看上去是最佳的选择。它们的策略是做局部最优选择，期望由此导致全局最优解。在实践中，这种贪心方法是有效的，并可以逼近最优解。

"最好的"（和"最差的"）属性通常使用统计显著性检验来确定。这种检验假定属性是相互独立的。也可以使用一些其他属性评估度量，如建立分类决策树使用的信息增益度量[○]。

属性子集选择的基本启发式方法包括以下技术，其中一些在图 3.6 中给出。

[○] 在机器学习中，属性子集选择称为特征子集选择。
[○] 信息增益度量在第 8 章详细介绍。

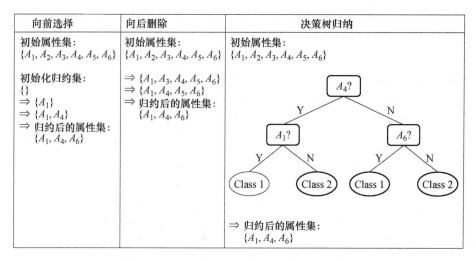

图 3.6　属性子集选择的贪心（启发式）方法

（1）**逐步向前选择**：该过程由空属性集作为归约集开始，确定原属性集中最好的属性，并将它添加到归约集中。在其后的每一次迭代，将剩下的原属性集中的最好的属性添加到该集合中。

（2）**逐步向后删除**：该过程由整个属性集开始。在每一步中，删除尚在属性集中最差的属性。

（3）**逐步向前选择和逐步向后删除的组合**：可以将逐步向前选择和逐步向后删除方法结合在一起，每一步选择一个最好的属性，并在剩余属性中删除一个最差的属性。

（4）**决策树归纳**：决策树算法（例如，ID3、C4.5 和 CART）最初是用于分类的。决策树归纳构造一个类似于流程图的结构，其中每个内部（非树叶）结点表示一个属性上的测试，每个分枝对应于测试的一个结果；每个外部（树叶）结点表示一个类预测。在每个结点上，算法选择"最好"的属性，将数据划分成类。

当决策树归纳用于属性子集选择时，由给定的数据构造决策树。不出现在树中的所有属性假定是不相关的。出现在树中的属性形成归约后的属性子集。

这些方法的结束条件可以不同。该过程可以使用一个度量阈值来决定何时停止属性选择过程。

在某些情况下，我们可能基于其他属性创建一些新属性。这种**属性构造**⊖可以帮助提高准确性和对高维数据结构的理解。例如，我们可能希望根据属性 *height*（高度）和 *width*（宽度）增加属性 *area*（面积）。通过组合属性，属性构造可以发现关于数据属性间联系的缺失信息，这对知识发现是有用的。

3.4.5　回归和对数线性模型：参数化数据归约

回归和对数线性模型可以用来近似给定的数据。在（简单）**线性回归**中，对数据建模，使之拟合到一条直线。例如，可以用以下公式，将随机变量 y（称做因变量）表示为另一随机变量 x（称为自变量）的线性函数，

$$y = wx + b \tag{3.7}$$

其中，假定 y 的方差是常量。在数据挖掘中，x 和 y 是数值数据库属性。系数 w 和 b（称做

⊖　在机器学习文献中，属性构造又称特征构造。

回归系数）分别为直线的斜率和 y 轴截距。系数可以用最小二乘法求解，其最小化分离数据的实际直线与该直线的估计之间的误差。**多元回归**是（简单）线性回归的扩展，允许用两个或多个自变量的线性函数对因变量 y 建模。

对数线性模型（log-linear model）近似离散的多维概率分布。给定 n 维（例如，用 n 个属性描述）元组的集合，我们可以把每个元组看做 n 维空间的点。对于离散属性集，可以使用对数线性模型，基于维组合的一个较小子集，估计多维空间中每个点的概率。这使得高维数据空间可以由较低维空间构造。因此，对数线性模型也可以用于维归约（由于较低维空间的点通常比原来的数据点占据的空间要少）和数据光滑（因为与较高维空间的估计相比，较低维空间的聚集估计受抽样变化的影响较小）。

回归和对数线性模型都可以用于稀疏数据，尽管它们的应用可能是有限的。虽然两种方法都可以处理倾斜数据，但是回归可望更好。当用于高维数据时，回归可能是计算密集的，而对数线性模型表现出很好的可伸缩性，可以扩展到 10 维左右。

有一些求解回归问题的软件包，例子包括 SAS（*www. sas. com*）、SPSS（*www. spss. com*）和 S-Plus（*www. insightful. com*）。另一个有用资源是由 Press、Teukolsky、Vetterling 和 Flannery 所写的《C 中的数值程序》（*Numerical Recipes in C*）一书及其配套源代码。

3.4.6 直方图

直方图使用分箱来近似数据分布，是一种流行的数据归约形式。直方图曾在 2.2.3 节介绍过。属性 A 的**直方图**（histogram）将 A 的数据分布划分为不相交的子集或桶。如果每个桶只代表单个属性值/频率对，则该桶称为单值桶。通常，桶表示给定属性的一个连续区间。

例 3.3 直方图。下面的数据是 AllElectronics 通常销售的商品的单价列表（按美元四舍五入取整）。已对数据进行了排序：1，1，5，5，5，5，5，8，8，10，10，10，10，12，14，14，14，15，15，15，15，15，15，18，18，18，18，18，18，18，18，20，20，20，20，20，20，20，21，21，21，21，25，25，25，25，25，28，28，30，30，30。

图 3.7 使用单值桶显示了这些数据的直方图。为进一步压缩数据，通常让一个桶代表给定属性的一个连续值域。在图 3.8 中每个桶代表 *price* 的一个不同的 10 美元区间。 ■

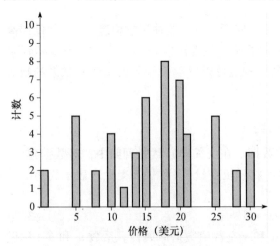

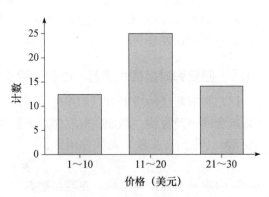

图 3.7 使用单值桶的 *price* 直方图——每个　　　　图 3.8 *price* 的等宽直方图，值被聚集使得
桶代表一个 *price* 值/频率对　　　　　　　　　　　每个桶都有一致的宽度即 10 美元

"如何确定桶和属性值的划分?"有一些划分规则,包括下面这些:

- **等宽**:在等宽直方图中,每个桶的宽度区间是一致的(例如,图 3.8 中每个桶的宽度为 10 美元)。
- **等频**(或等深):在等频直方图中,桶这样创建,使得每个桶的频率粗略地为常数(即,每个桶大致包含相同个数的邻近数据样本)。

106
≀
107

对于近似稀疏和稠密数据,以及高倾斜和均匀的数据,直方图都是非常有效的。上面介绍的单属性直方图可以推广到多个属性。多维直方图可以表现属性间的依赖。业已发现,这种直方图能够有效地近似多达 5 个属性的数据。对于更高维的多维直方图的有效性尚需进一步研究。

对于存放具有高频率的离群点,单值桶是有用的。

3.4.7　聚类

聚类技术把数据元组看做对象。它将对象划分为群或簇,使得在一个簇中的对象相互"相似",而与其他簇中的对象"相异"。通常,相似性基于距离函数,用对象在空间中的"接近"程度定义。簇的"质量"可以用直径表示,直径是簇中两个对象的最大距离。**形心距离**是簇质量的另一种度量,它定义为簇中每个对象到簇形心(表示"平均对象",或簇空间中的平均点)的平均距离。图 3.3 显示了关于顾客在城市中位置的顾客数据 2-D 图,其中三个数据簇是明显的。

在数据归约中,用数据的簇代表替换实际数据。该技术的有效性依赖于数据的性质。相对于被污染的数据,对于能够组织成不同的簇的数据,该技术有效得多。

有许多定义簇和簇质量的度量。聚类方法在第 10 章和第 11 章进一步讨论。

3.4.8　抽样

抽样可以作为一种数据归约技术使用,因为它允许用数据的小得多的随机样本(子集)表示大型数据集。假定大型数据集 D 包含 N 个元组。我们看看可以用于数据归约的、最常用的对 D 的抽样方法,如图 3.9 所示。

- s 个样本的**无放回简单随机抽样**(**SRSWOR**):从 D 中抽取 s 个样本,而且每次抽取一个样本,不放回数据集 D 中。
- s 个样本的**有放回简单随机抽样**(**SRSWR**):该方法类似于 SRSWOR,不同之处在于当一个元组从 D 中抽取后,记录它,然后放回原处。也就是说,一个元组被抽取后,它又被放回 D,以便它可以被再次抽取。
- **簇抽样**:如果 D 中的元组被分组,放入 M 个互不相交的"簇",则可以得到 s 个簇的简单随机抽样(SRS),其中 $s < M$。例如,数据库中元组通常一次取一页,这样每页就可以视为一个簇。例如,可以将 SRSWOR 用于页,得到元组的簇样本,由此得到数据的归约表示。也可以利用其他携带更丰富语义信息的聚类标准。例如,在空间数据库中,我们可以基于不同区域位置上的邻近程度定义簇。
- **分层抽样**:如果 D 被划分成互不相交的部分,称做"层",则通过对每一层的 SRS 就可以得到 D 的分层抽样。特别是当数据倾斜时,这可以帮助确保样本的代表性。例如,可以得到关于顾客数据的一个分层抽样,其中分层对顾客的每个年龄组创建。这样,具有的顾客人数最少的年龄组肯定能够被代表。

108
≀
109

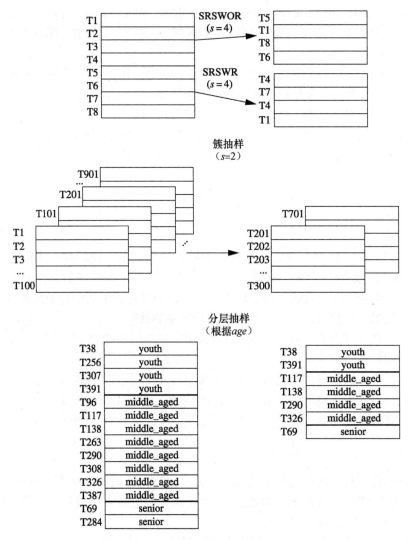

图 3.9 抽样可以用于数据归约

采用抽样进行数据归约的优点是，得到样本的花费正比例于样本集的大小 s，而不是数据集的大小 N。因此，抽样的复杂度可能亚线性（sublinear）于数据的大小。其他数据归约技术至少需要完全扫描 D。对于固定的样本大小，抽样的复杂度仅随数据的维数 n 线性地增加；而其他技术，如使用直方图，复杂度随 n 呈指数增长。

用于数据归约时，抽样最常用来估计聚集查询的回答。在指定的误差范围内，可以确定（使用中心极限定理）估计一个给定的函数所需的样本大小。样本的大小 s 相对于 N 可能非常小。对于归约数据的逐步求精，抽样是一种自然选择。通过简单地增加样本大小，这样的集合可以进一步求精。

3.4.9 数据立方体聚集

想象你已经为你的分析收集了数据。这些数据由 AllElectronics 2008～2010 年每季度的销售数据组成。然而，你感兴趣的是年销售（每年的总和），而不是每季度的总和。于是可以对这种数据聚集，使得结果数据汇总每年的总销售，而不是每季度的总销售。该聚集如

图 3.10 所示。结果数据量小得多，但并不丢失分析任务所需的信息。

季度	销售额
Q1	224 000美元
Q2	408 000美元
Q3	350 000美元
Q4	586 000美元

2008年　2009年　2010年

年	销售额
2008	1 568 000美元
2009	2 356 000美元
2010	3 594 000美元

图 3.10　AllElectronics 的给定分店 2008 年到 2010 年的销售数据。左部，销售数据按季度显示。右部，数据聚集以提供年销售额

数据立方体在第 4 章介绍数据仓库和第 5 章介绍数据立方体技术时详细讨论。这里，我们简略介绍一些概念。数据立方体存储多维聚集信息。例如，图 3.11 显示了一个数据立方体，用于 AllElectronics 的所有分店每类商品年销售的多维数据分析。每个单元存放一个聚集值，对应于多维空间的一个数据点。（为清晰起见，只显示了某些单元的值。）每个属性都可能存在概念分层，允许在多个抽象层进行数据分析。例如，*branch* 的分层使得分店可以按它们的地址聚集成地区。数据立方体提供对预计算的汇总数据进行快速访问，因此适合联机数据分析和数据挖掘。

在最低抽象层创建的立方体称为**基本方体**（base cuboid）。基本方体应当对应于感兴趣的个体实体，如 *sales* 或 *customer*。换言之，最低层应当是对于分析可用的或有用的。最高层抽象的立方体称为**顶点方体**（apex cuboid）。对于图 3.11 中的销售数据，顶点方体将给出一个汇总值——所有商品类型、所有分店三年的总销售额。对不同层创建的数据立方体称为方体（cuboid），因此"数据立方体"可以看做方体的格（lattice of cuboid）。每个较高层抽象将进一步减小结果数据的规模。当回答 OLAP 查询或数据挖掘查询时，应当使用与给定任务相关的最小可用方体。该问题将在第 4 章讨论。

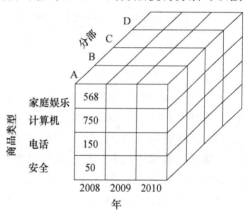

图 3.11　AllElectronics 的销售数据立方体

3.5　数据变换与数据离散化

本节介绍数据变换方法。在数据预处理阶段，数据被变换或统一，使得挖掘过程可能更有效，挖掘的模式可能更容易理解。本节还讨论数据离散化。数据离散化是一种数据变换形式。

110
～
111

3.5.1　数据变换策略概述

在数据变换中，数据被变换或统一成适合于挖掘的形式。数据变换策略包括如下几种：

（1）**光滑**（smoothing）：去掉数据中的噪声。这类技术包括分箱、回归和聚类。

（2）**属性构造**（或特征构造）：可以由给定的属性构造新的属性并添加到属性集中，以

帮助挖掘过程。

（3）**聚集**：对数据进行汇总或聚集。例如，可以聚集日销售数据，计算月和年销售量。通常，这一步用来为多个抽象层的数据分析构造数据立方体。

（4）**规范化**：把属性数据按比例缩放，使之落入一个特定的小区间，如 -1.0 ~ 1.0 或 0.0 ~ 1.0。

（5）**离散化**：数值属性（例如，年龄）的原始值用区间标签（例如，0 ~ 10，11 ~ 20 等）或概念标签（例如，*youth*、*adult*、*senior*）替换。这些标签可以递归地组织成更高层概念，导致数值属性的概念分层。图 3.12 显示了属性 *price* 的一个概念分层。对于同一个属性可以定义多个概念分层，以适合不同用户的需要。

（6）**由标称数据产生概念分层**：属性，如 *street*，可以泛化到较高的概念层，如 *city* 或 *country*。许多标称属性的概念分层都蕴含在数据库的模式中，可以在模式定义级自动定义。

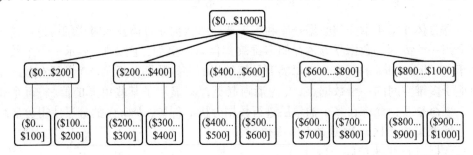

图 3.12   属性 *price* 的一个概念分层，其中区间（$X⋯$Y]表示从 $X（不包括）到 $Y（包括）的区间

注意，数据预处理的主要任务之间存在许多重叠。上述策略的前三个在本章的前面讨论过。光滑是一种数据清理形式，已在 3.2.2 节讨论。3.2.3 节介绍数据清理过程时还讨论了 ETL 工具，其中用户指定的变换用来纠正数据的不一致。属性构造和聚集已在 3.4 节介绍数据归约时讨论过。因此，本节我们集中讨论后三种策略。

离散化技术可以根据如何进行离散化加以分类，如根据是否使用类信息，或根据离散化的进行方向（即自顶向下或自底向上）来分类。如果离散过程使用类信息，则称它为监督的离散化（supervised discretization）；否则是非监督的（unsupervised）。如果离散化过程首先找出一个或几个点（称做分裂点或割点）来划分整个属性区间，然后在结果区间上递归地重复这一过程，则称它为自顶向下离散化或分裂。自底向上离散化或合并正好相反，它们首先将所有的连续值看做可能的分裂点，通过合并邻域的值形成区间，然后在结果区间递归地应用这一过程。

数据离散化和概念分层产生也是数据归约形式。原始数据被少数区间或标签取代。这简化了原数据，使得挖掘更有效，挖掘的结果模式一般更容易理解。对于多个抽象层上的挖掘，概念分层也是有用的。

本节的其余部分组织如下。首先，3.5.2 节介绍规范化技术。然后，我们介绍几种数据离散化技术，每种都可以用来产生数值属性的概念分层。这些技术包括分箱（3.5.3 节）、直方图分析（3.5.4 节），以及聚类分析、决策树分析和相关分析（3.5.5 节）。最后，3.5.6 节介绍标称数据的概念分层的自动产生。

3.5.2   通过规范化变换数据

所用的度量单位可能影响数据分析。例如，把 *height* 的度量单位从米变成英寸，把

weight 的度量单位从公斤改成磅，可能导致完全不同的结果。一般而言，用较小的单位表示属性将导致该属性具有较大值域，因此趋向于使这样的属性具有较大的影响或较高的"权重"。为了帮助避免对度量单位选择的依赖性，数据应该规范化或标准化。这涉及变换数据，使之落入较小的共同区间，如 [−1，1] 或 [0.0，1.0]。（在数据预处理中，术语"规范化"和"标准化"可以互换使用，尽管后一术语在统计学还具有其他含义。）

　　规范化数据试图赋予所有属性相等的权重。对于涉及神经网络的分类算法或基于距离度量的分类（如最近邻分类）和聚类，规范化特别有用。如果使用神经网络后向传播算法进行分类挖掘（第 9 章），对训练元组中每个属性的输入值规范化将有助于加快学习阶段的速度。对于基于距离的方法，规范化可以帮助防止具有较大初始值域的属性（如 *income*）与具有较小初始值域的属性（如二元属性）相比权重过大。在没有数据的先验知识时，规范化也是有用的。

　　有许多数据规范化的方法，我们将学习三种：最小 − 最大规范化、z 分数规范化和按小数定标规范化。在我们的讨论中，令 A 是数值属性，具有 n 个观测值 v_1，v_2，…，v_n。

　　最小 − 最大规范化对原始数据进行线性变换。假设 min_A 和 max_A 分别为属性 A 的最小值和最大值。最小 − 最大规范化通过计算

$$v'_i = \frac{v_i - min_A}{max_A - min_A}(new\_max_A - new\_min_A) + new\_min_A \tag{3.8}$$

把 A 的值 v_i 映射到区间 $[new\_min_A，new\_max_A]$ 中的 v'_i。

　　最小 − 最大规范化保持原始数据值之间的联系。如果今后的输入实例落在 A 的原数据值域之外，则该方法将面临"越界"错误。

　　例 3.4　最小 − 最大规范化。假设属性 *income* 的最小值与最大值分别为 12 000 美元和 98 000 美元。我们想把 *income* 映射到区间 [0.0，1.0]。根据最小 − 最大规范化，*income* 值 73 600 美元将变换为：$\frac{73\,600 - 12\,000}{98\,000 - 12\,000}(1.0 - 0) + 0 = 0.716$。　　■

　　在 **z 分数（z-score）规范化**（或零均值规范化）中，属性 $\overline{A}$ 的值基于 A 的均值（即平均值）和标准差规范化。A 的值 v_i 被规范化为 v'_i，由下式计算：

$$v'_i = \frac{v_i - \overline{A}}{\sigma_A} \tag{3.9}$$

其中，$\overline{A}$ 和 σ_A 分别为属性 A 的均值和标准差。均值和标准差已在 2.2 节讨论，其中 $\overline{A} = \frac{1}{n}(v_1 + v_2 + \cdots + v_n)$，而 σ_A 用 A 的方差的平方根计算（见（2.6）式）。当属性 A 的实际最小值和最大值未知，或离群点左右了最小 − 最大规范化时，该方法是有用的。

　　例 3.5　z 分数规范化。假设属性 *income* 的均值和标准差分别为 54 000 美元和 16 000 美元。使用 z 分数规范化，值 73 600 美元被转换为 $\frac{73\,600 - 54\,000}{16\,000} = 1.225$。　　■

　　(3.9) 式的标准差可以用均值绝对偏差替换。A 的均值绝对偏差（mean absolute deviation）s_A 定义为

$$s_A = \frac{1}{n}(|v_1 - \overline{A}| + |v_2 - \overline{A}| + \cdots + |v_n - \overline{A}|) \tag{3.10}$$

这样，使用均值绝对差的 z 分数规范化为

$$v'_i = \frac{v_i - \overline{A}}{s_A} \tag{3.11}$$

对于离群点，均值绝对偏差 s_A 比标准差更加鲁棒。在计算均值绝对偏差时，不对到均值的偏差（即 $|x_i - \bar{x}|$）取平方，因此离群点的影响多少有点降低。

小数定标规范化通过移动属性 A 的值的小数点位置进行规范化。小数点的移动位数依赖于 A 的最大绝对值。A 的值 v_i 被规范化为 v'_i，由下式计算：

$$v'_i = \frac{v_i}{10^j} \qquad (3.12)$$

其中，j 是使得 max （$|v'_i|$）<1 的最小整数。

例3.6　小数定标。假设 A 的取值由 -986 到 917。A 的最大绝对值为 986。因此，为使用小数定标规范化，我们用 1000（即 $j=3$）除每个值。因此，-986 被规范化为 -0.986，而 917 被规范化为 0.917。　　■

注意，规范化可能将原来的数据改变很多，特别是使用 z 分数规范化或小数定标规范化时尤其如此。还有必要保留规范化参数（如均值和标准差，如果使用 z 分数规范化的话），以便将来的数据可以用一致的方式规范化。

3.5.3　通过分箱离散化

分箱是一种基于指定的箱个数的自顶向下的分裂技术。3.2.2 节讨论了数据光滑的分箱方法。这些方法也可以用作数据归约和概念分层产生的离散化方法。例如，通过使用等宽或等频分箱，然后用箱均值或中位数替换箱中的每个值，可以将属性值离散化，就像用箱的均值或箱的中位数光滑一样。这些技术可以递归地作用于结果划分，产生概念分层。

分箱并不使用类信息，因此是一种非监督的离散化技术。它对用户指定的箱个数很敏感，也容易受离群点的影响。

3.5.4　通过直方图分析离散化

像分箱一样，直方图分析也是一种非监督离散化技术，因为它也不使用类信息。直方图已在 2.2.3 节介绍过。直方图把属性 A 的值划分成不相交的区间，称做桶或箱。

115

可以使用各种划分规则定义直方图（3.4.6 节）。例如，在等宽直方图中，将值分成相等分区或区间（例如，图 3.8 的 *price*，其中每个桶宽度为 10 美元）。理想情况下，使用等频直方图，值被划分，使得每个分区包括相同个数的数据元组。直方图分析算法可以递归地用于每个分区，自动地产生多级概念分层，直到达到一个预先设定的概念层数，过程终止。也可以对每一层使用最小区间长度来控制递归过程。最小区间长度设定每层每个分区的最小宽度，或每层每个分区中值的最少数目。正如下面将介绍的那样，直方图也可以根据数据分布的聚类分析进行划分。

3.5.5　通过聚类、决策树和相关分析离散化

聚类、决策树和相关分析可以用于数据离散化。我们简略讨论这些方法。

聚类分析是一种流行的离散化方法。通过将属性 A 的值划分成簇或组，聚类算法可以用来离散化数值属性 A。聚类考虑 A 的分布以及数据点的邻近性，因此可以产生高质量的离散化结果。

遵循自顶向下的划分策略或自底向上的合并策略，聚类可以用来产生 A 的概念分层，其中每个簇形成概念分层的一个结点。在前一种策略中，每一个初始簇或分区可以进一步分解成若干子簇，形成较低的概念层。在后一种策略中，通过反复地对邻近簇进行分组，形成较

高的概念层。数据挖掘的聚类方法将在第 10 章和第 11 章研究。

为分类生成分类决策树（第 8 章）的技术可以用于离散化。这类技术使用自顶向下划分方法。不同于目前已经提到过的方法，离散化的决策树方法是监督的，因为它们使用类标号。例如，我们可能有患者症状（属性）数据集，其中每个患者具有一个诊断结论类标号。类分布信息用于计算和确定划分点（划分属性区间的数据值）。直观地说，其主要思想是，选择划分点使得一个给定的结果分区包含尽可能多的同类元组。熵是最常用于确定划分点的度量。为了离散化数值属性 A，该方法选择最小化熵的 A 的值作为划分点，并递归地划分结果区间，得到分层离散化。这种离散化形成 A 的概念分层。

由于基于决策树的离散化使用类信息，因此区间边界（划分点）更有可能定义在有助于提高分类准确率的地方。决策树和熵度量在 8.2.2 节更详细地讨论。

相关性度量也可以用于离散化。*ChiMerge* 是一种基于 χ^2 的离散化方法。到目前为止，我们研究的离散化方法都使用自顶向下的划分策略。*ChiMerge* 正好相反，它采用自底向上的策略，递归地找出最邻近的区间，然后合并它们，形成较大的区间。与决策树分析一样，*ChiMerge* 是监督的，因为它使用类信息。其基本思想是，对于精确的离散化，相对类频率在一个区间内应当完全一致。因此，如果两个邻近的区间具有非常似的类分布，则这两个区间可以合并；否则，它们应当保持分开。

ChiMerge 过程如下。初始时，把数值属性 A 的每个不同值看做一个区间。对每对相邻区间进行 χ^2 检验。具有最小 χ^2 值的相邻区间合并在一起，因为低 χ^2 值表明它们具有相似的类分布。该合并过程递归地进行，直到满足预先定义的终止条件。

3.5.6 标称数据的概念分层产生

现在，我们考察标称数据的数据变换。特别地，我们研究标称属性的概念分层产生。标称属性具有有穷多个不同值（但可能很多），值之间无序。例如地理位置、工作类别和商品类型。

对于用户和领域专家而言，人工定义概念分层是一项乏味和耗时的任务。幸运的是，许多分层结构都隐藏在数据库的模式中，并且可以在模式定义级自动地定义。概念分层可以用来把数据变换到多个粒度层。例如，关于销售的数据挖掘模式除了在单个分店挖掘之外，还可以针对指定的地区或国家挖掘。

下面我们研究四种标称数据概念分层的产生方法。

（1）**由用户或专家在模式级显式地说明属性的部分序**：通常，标称属性或维的概念分层涉及一组属性。用户或专家可以在模式级通过说明属性的偏序或全序，很容易地定义概念分层。例如，假设关系数据库包含如下一组属性：*street*、*city*、*province_or_state* 和 *country*。类似地，数据仓库的维 *location* 可能包含相同的属性。可以在模式级说明这些属性的一个全序，如 *street < city < province_or_state < country*，来定义分层结构。

（2）**通过显式数据分组说明分层结构的一部分**：这本质上是人工地定义概念分层结构的一部分。在大型数据库中，通过显式的值枚举定义整个概念分层是不现实的。然而，对于一小部分中间层数据，我们可以很容易地显式说明分组。例如，在模式级说明了 *province* 和 *country* 形成一个分层后，用户可以人工地添加某些中间层。如显式地定义 "{*Albert*, *Saskatchewan*, *Manitoba*} ⊂ *prairies_Canada*" 和 "{*British Columbia*, *prairies_Canada*} ⊂ *Western_Canada*"。

（3）**说明属性集但不说明它们的偏序**：用户可以说明一个属性集形成概念分层，但并不显式说明它们的偏序。然后，系统可以试图自动地产生属性的序，构造有意义的概念分层。

"没有数据语义的知识，如何找出任意的标称属性集的分层序？"考虑下面的观察：由于一个较高层的概念通常包含若干从属的较低层概念，定义在较高概念层的属性（如 *country*）与定义在较低概念层的属性（如 *street*）相比，通常包含较少的不同值。根据这一观察，可以根据给定属性集中每个属性不同值的个数，自动地产生概念分层。具有最多不同值的属性放在分层结构的最底层。一个属性的不同值个数越少，它在产生的概念分层结构中所处的层次越高。在许多情况下，这种启发式规则都很顶用。在考察了所产生的分层之后，如果必要，局部层次交换或调整可以由用户或专家来做。

让我们考察这种方法的一个例子。

例 3.7　根据每个属性的不同值的个数产生概念分层。假设用户从 AllElectronics 数据库中选择了一个关于 *location* 的属性集：*street*，*country*，*province_or_state* 和 *city*，但没有指出这些属性之间的分层次序。

location 的概念分层可以自动地产生，如图 3.13 所示。首先，根据每个属性的不同值个数，将属性按升序排列，其结果如下（其中，每个属性的不同值的个数在括号中）：*country*（15），*province_or_state*（365），*city*（3567），*street*（674 339）。其次，按照排好的次序，自顶向下产生分层，第一个属性在最顶层，最后一个属性在最底层。最后，用户可以考察所产生的分层，如果必要的话，修改它，以反映属性之间期望的语义联系。在这个例子中，显然不需要修改所产生的分层。∎

注意，这种启发式规则并非万无一失。例如，数据库中的时间维可能包含 20 个不同的年，12 个不同的月，每星期 7 个不同的天。然而，这并不意味着时间分层应当是"*year < month < days_of_the_week*"，*days_of_the_week* 在分层结构的最顶层。

（4）只说明部分属性集：在定义分层时，用户有时可能不小心，或者对于分层结构中应当包含什么只有很模糊的想法。因此，用户可能在分层结构说明中只包含了相关属性的一小部分。例如，用户可能没有包含 *location* 的分层相关的所有属性，而只说明了 *street* 和 *city*。为了处理这种部分说明的分层结构，在数据库模式中嵌入数据语义，使得语义密切相关的属性能够捆在一起很重要。这样，一个属性的说明

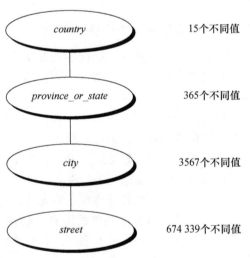

图 3.13　基于不同值个数的模式概念分层的自动产生

可能触发整个语义密切相关的属性组被"拖进"，形成一个完整的分层结构。然而，必要时，用户应当可以选择忽略这一特性。

例 3.8　使用预先定义的语义关系产生概念分层。关于 *location* 概念，假设数据挖掘专家（作为管理者）已将五个属性 *number*、*street*、*city*、*province_or_state* 和 *country* 捆绑在一起，因为它们关于 *location* 概念是语义密切相关的。如果用户在定义 *location* 的分层结构时只说明了属性 *city*，则系统可以自动地拖进以上五个语义相关的属性，形成一个分层结构。用户可以选择去掉分层结构中的任何属性，如 *number* 和 *street*，让 *city* 作为该分层结构的最低

概念层。

总之，模式和属性值计数信息都可以用来产生标称数据的概念分层。使用概念分层变换数据使得较高层的知识模式可以被发现。它允许在多个抽象层进行挖掘，这是许多数据挖掘应用的共同需要。

3.6 小结

- **数据质量**用准确性、完整性、一致性、时效性、可信性和可解释性定义。质量基于数据的应用目的评估。
- **数据清理**例程试图填补缺失的值，光滑噪声同时识别离群点，并纠正数据的不一致性。数据清理通常是一个两步的迭代过程，包括偏差检测和数据变换。
- **数据集成**将来自多个数据源的数据整合成一致的数据存储。语义异种性的解决、元数据、相关分析、元组重复检测和数据冲突检测都有助于数据的顺利集成。
- **数据归约**得到数据的归约表示，而使得信息内容的损失最小化。数据归约方法包括维归约、数量归约和数据压缩。**维归约**减少所考虑的随机变量或维的个数，方法包括小波变换、主成分分析、属性子集选择和属性创建。**数量归约**方法使用参数或非参数模型，得到原数据的较小表示。参数模型只存放模型参数，而非实际数据。例如回归和对数线性模型。非参数方法包括直方图、聚类、抽样和数据立方体聚集。**数据压缩**方法使用变换，得到原数据的归约或"压缩"表示。如果原数据可以由压缩后的数据重构，而不损失任何信息，则数据压缩是无损的；否则，它是有损的。
- **数据变换**例程将数据变换成适于挖掘的形式。例如，在**规范化**中，属性数据可以缩放，使得它们可以落在较小的区间，如 0.0 到 1.0。其他例子包括**数据离散化**和**概念分层产生**。
- **数据离散化**通过把值映射到区间或概念标号变换数值数据。这种方法可以用来自动地产生数据的概念分层，而概念分层允许在多个粒度层进行挖掘。离散化技术包括分箱、直方图分析、聚类分析、决策树分析和相关分析。对于标称数据，**概念分层**可以基于模式定义以及每个属性的不同值个数产生。
- 尽管已经开发了许多数据预处理的方法，由于不一致或脏数据的数量巨大，以及问题本身的复杂性，数据预处理仍然是一个活跃的研究领域。

3.7 习题

3.1 数据质量可以从多方面评估，包括准确性、完整性和一致性问题。对于以上每个问题，讨论数据质量的评估如何依赖于数据的应用目的，给出例子。提出数据质量的两个其他尺度。

3.2 在现实世界的数据中，某些属性上缺失值得到元组是比较常见的。讨论处理这一问题的方法。

3.3 在习题 2.2 中，属性 *age* 包括如下值（以递增序）：13，15，16，16，19，20，20，21，22，22，25，25，25，25，30，33，33，35，35，35，35，36，40，45，46，52，70。

(a) 使用深度为 3 的箱，用箱均值光滑以上数据。说明你的步骤，讨论这种技术对给定数据的效果。

(b) 如何确定该数据中的离群点？

(c) 还有什么其他方法来光滑数据？

3.4 讨论数据集成需要考虑的问题。

3.5 如下规范化方法的值域是什么？

(a) 最小 – 最大规范化。

(b) *z* 分数规范化。

(c) *z* 分数规范化，使用均值绝对偏差而不是标准差。

(d) 小数定标规范化。

3.6 使用如下方法规范化如下数据组：

$$200, 300, 400, 600, 1000$$

(a) 令 $min = 0$，$max = 1$，最小 – 最大规范化。

(b) z 分数规范化。

(c) z 分数规范化，使用均值绝对偏差而不是标准差。

(d) 小数定标规范化。

3.7 使用习题 3.3 中给出的 *age* 数据，回答以下问题：

(a) 使用最小 – 最大规范化将 *age* 值 35 变换到 [0.0, 1.0] 区间。

(b) 使用 z 分数规范化变换 *age* 值 35，其中 *age* 的标准差为 12.70 岁。

(c) 使用小数定标规范化变换 *age* 值 35。

<span id="121"></span>(d) 指出对于给定的数据，你愿意使用哪种方法。陈述你的理由。

3.8 使用习题 2.4 中给出的 *age* 和 *%fat* 数据，回答如下问题：

(a) 基于 z 分数规范化，规范化这两个属性。

(b) 计算相关系数（Pearson 积矩系数）。这两个变量是正相关还是负相关？计算它们的协方差。

3.9 假设 12 个销售价格记录已经排序，如下所示：

$$5, 10, 11, 13, 15, 35, 50, 55, 72, 92, 204, 215$$

使用如下各方法将它们划分成三个箱。

(a) 等频（等深）划分。

(b) 等宽划分。

(c) 聚类。

3.10 使用流程图概述如下属性子集选择过程：

(a) 逐步向前选择。

(b) 逐步向后删除。

(c) 结合逐步向前选择和逐步向后删除。

3.11 使用习题 3.3 中给出的 *age* 数据，

(a) 画一个宽度为 10 的等宽的直方图。

(b) 简要描述如下每种抽样技术的例子：SRSWOR、SRSWR、簇抽样、分层抽样。使用大小为 5 的样本以及层 "*young*"、"*middle_aged*" 和 "*senior*"。

3.12 ChiMerge [Ker92] 是监督的、自底向上的（即基于合并的）数据离散化方法。它依赖于 χ^2 分析：具有最小 χ^2 值的相邻区间合并在一起，直到满足确定的停止标准。

(a) 简略描述 ChiMerge 如何工作。

(b) 取鸢尾花数据集作为待离散化的数据集合，鸢尾花数据集可以从 UCI 机器学习数据库（*www.ics.uci.edu/ ~ mlearn/MLRepository.html*）得到。使用 ChiMerge 方法，对四个数值属性分别进行离散化。（令停止条件为：$max - interval = 6$）。你需要写一个小程序，以避免麻烦的数值计算。提交你的简要分析和检验结果：分裂点、最终的区间以及源程序文档。

3.13 对如下问题，使用伪代码或你喜欢用的程序设计语言，给出一个算法：

(a) 对于标称数据，基于给定模式中属性的不同值的个数，自动产生概念分层。

<span id="122"></span>(b) 对于数值数据，基于等宽划分规则，自动产生概念分层。

(c) 对于数值数据，基于等频划分规则，自动产生概念分层。

3.14 数据库系统中鲁棒的数据加载提出了一个挑战，因为输入数据常常是脏的。在许多情况下，数据记录可能缺少多个值，某些记录可能被污染（即某些数据值不在期望的值域内或具有不同的类型）。设计一种自动数据清理和加载算法，使得有错误的数据被标记，被污染的数据在数据加载时不会错误地插入到数据库中。

3.8 文献注释

数据预处理在许多教科书中都有讨论，包括 English [Eng99]，Pyle [Pyl99]，Loshin [Los01]，Redman [Red01]，以及 Dasu 和 Johnson [DJ03]。预处理技术的更多专门文献在下面给出。

关于数据质量的讨论见 Redman [Red92]，Wang、Storey 和 Firth [WSF95]，Wand 和 Wang [WW96]，

Ballou 和 Tayi[BT99]，以及 Olson[Ols03]。3.2.3 节介绍的交互式数据清理工具 Potter's Wheel（*control. cx. berkely. edu/abc*）由 Raman 和 Hellerstein[RH01] 提出。说明数据变换操作的说明性语言开发的一个例子在 Galhardas 等[GFS⁺01] 中给出。缺失属性值的处理在 Friedman[Fri77]，Beriman、Friedman、Olshen 和 Stone[BFOS84] 以及 Quinlan[Qui89] 中讨论。Hua 和 Pei[HP07] 提出了一种识别伪装缺失数据的启发式方法，那里，当用户不愿意泄露个人信息，错误地选择窗口上的默认值（如生日的"1 月 1 日"）时，这种数据就被捕获。

一种在手写字符数据库中检测离群点或"垃圾"模式的方法在 Guyon、Matic 和 Vapnik[GMV96] 中给出。分箱和数据规范化在许多教科书中都有论述，包括 Kennedy 等[KLV⁺98]，Weiss 和 Indurkhya[WI98]，以及 Pyle[Pyl99]。包含属性（特征）构造的系统包括 Langley、Simon、Bradshaw 和 Zytkow[LSBZ87] 的 BACON，Schlimmer[Sch86] 的 Stagger，Pagallo[Pag89] 的 FRINGE，以及 Bloedorn 和 Michalski 的 AQ17-DCI[BM98]。属性构造也在 Liu 和 Motoda[LM98a，LM98b] 中介绍。Dasu 等[DJMS02] 开发了 BELLMAN 系统，并提出了通过挖掘数据库结构构建数据质量浏览器的一些有趣方法。

数据归约的一个很好的综述可以在 Barbará 等[BDF⁺97] 中找到。关于数据立方体和它的预计算算法见 Sarawagi 和 Stonebraker[SS94]，Agrawal 等［AAD⁺96]，Harinarayan、Rajaraman 和 Ullman[HRU96]，Ross 和 Srivastava[RS97]，以及 Zhao、Deshpande 和 Naughton[ZDN97]。属性子集选择（或特征子集选择）在许多教材中都有介绍，如 Neter、Kutner、Nachtsheim 和 Wasserman[NKNW96]，Dash 和 Liu[DL97]，以及 Liu 和 Motoda[LM98a，LM98b]。结合向前选择和向后删除的方法由 Siedlecki 和 Sklansky[SS88] 提出。一种属性选择的包装方法在 Kohavi 和 John[KJ97] 中介绍。非监督的属性子集选择在 Dash、Liu 和 Yao[DLY97] 中介绍。

关于维度归约的小波介绍见 Press、Teukolosky、Vetterling 和 Flannery[PTVF07]。小波的一般性介绍可以在 Hubbard[Hub96] 中找到。小波软件包的列表见 Bruce、Donoho 和 Gao[BDG96]。Daubechies 变换在 Daubechies[Dau92] 中介绍。Press 等［PTVF07] 中包含了关于主成分分析的奇异值分解的介绍。PCA 的例程包含在大部分统计软件包中，如 SAS（*www. sas. com/SASHome. html*）。

回归和对数线性模型的介绍在一些教科书中可以找到，如 James[Jam85]，Dobson[Dob90]，Johnson 和 Wichern[JW92]，Devore[Dev95]，以及 Neter、Kutner、Nachtsheim 和 Wasserman[NKNW96]。关于对数线性模型（在计算机科学界也称乘法模型），参见 Pearl[Pea88]。关于直方图的一般性介绍，见 Barbará 等[BDF⁺97]，Devore 和 Peck[DP97]。关于单属性直方图到多属性直方图的扩充，见 Muralikrishna 和 DeWitt[MD88]，Poosala 和 Ioannidis[PI97]。关于聚类算法的引文在本书的第 10 章和第 11 章给出，那里专门讨论这一主题。

多维索引结构的综述在 Caede 和 Günther[GG98] 中。对于数据聚集使用多维索引树在 Aoki[Aok98] 中讨论。索引树包括 R 树（Guttman[Gut84]）、四叉树（Finkel 和 Bentley[FB74]）和它们的变种。关于抽样和数据挖掘的讨论，见 Kivinen 和 Mannila[KM94]，John 和 Langley[JL96]。

有许多方法评估属性的相关性，它们各有侧重。信息增益度量偏向于具有许多值的属性。已经提出了许多替代的方法，如增益率（Quinlan[Qui93]），它考虑每个属性值的概率。其他相关性度量包括基尼指数（Breiman，Friedman，Olshen 和 Stone[BFOS84]）、χ^2 相依表统计量和非确定系数（Johnson 和 Wichern[JW92]）。对于决策树归纳的属性选择度量比较，见 Buntine 和 Niblett[BN92]。关于其他方法，见 Liu 和 Motoda[LM98b]，Dash 和 Liu[DL97]，以及 Almuallim 和 Dietterich[AD91]。

Liu 等［LHTD02] 给出了数据离散化方法的全面综述。基于熵的离散化与 C4.5 算法在 Quinlan[Qui93] 中介绍。在 Catlett[Cat91] 中，D-2 系统递归地二分数值特征。Kerber[Ker92] 的 ChiMerge，Liu 和 Setiono[LS95] 的 Chi2 都是数值属性的自动离散化方法，二者都使用了 χ^2 统计量。Fayyad 和 Irani[FI93] 使用最小描述长度原理确定数值离散化的区间数。概念分层和由分类数据自动地产生它们在 Han 和 Fu[HF94] 中介绍。

123

124

数据仓库与联机分析处理

数据仓库泛化、合并多维空间的数据。构造数据仓库涉及数据清理、数据集成和数据变换，可以看做数据挖掘的一个重要预处理步骤。此外，数据仓库提供联机分析处理（OLAP）工具，用于各种粒度的多维数据的交互分析，有利于有效的数据泛化和数据挖掘。许多其他数据挖掘功能，如关联、分类、预测和聚类，都可以与 OLAP 操作集成，以加强多个抽象层上的交互知识挖掘。因此，数据仓库已经成为数据分析和联机数据分析处理的日趋重要的平台，并将为数据挖掘提供有效的平台。因此，构造数据仓库和 OLAP 已经成为知识发现过程的基本步骤。本章概括地介绍数据仓库和 OLAP 技术。对于理解整个数据挖掘与知识发现过程，这种概述是必要的。

本章，我们将学习广泛接受的数据仓库定义，并考察为什么越来越多的组织正在为他们的数据分析构建数据仓库（4.1 节）。特别地，我们将研究数据立方体，它是一种用于数据仓库和 OLAP 以及 OLAP 操作（如上卷、下钻、切片和切块）的多维数据模型（4.2 节）。我们还将考察数据仓库的设计和使用（4.3 节）。此外，我们讨论多维数据挖掘———一种数据仓库和 OLAP 技术与数据挖掘集成的范型。数据仓库实现的概述考察数据立方体的有效计算、OLAP 数据索引和 OLAP 查询处理的一般策略（4.4 节）。最后，我们研究通过面向属性的归纳进行数据泛化（4.5 节）。这种方法使用概念分层，把数据泛化到多个抽象层。

4.1 数据仓库：基本概念

本节是数据仓库导论。我们从数据仓库的定义（4.1.1 节）开始，概述操作数据库系统与数据仓库之间的差别（4.1.2 节），并解释为什么需要使用数据仓库分析数据，而不是在传统的数据库上进行分析（4.1.3 节）。随后介绍数据仓库体系结构（4.1.4 节）。接着，我们研究三种数据仓库模型——企业模型、数据集市和虚拟仓库（4.1.5 节）。4.1.6 节建立数据仓库的后端工具，如提取、变换和装入。最后，4.1.7 节介绍元数据库，它存放关于数据的数据。

4.1.1 什么是数据仓库

数据仓库的建立为工商企业主管提供了体系结构和工具，以便他们系统地组织、理解和使用数据进行决策。在当今这个充满竞争和快速发展的世界，数据仓库系统是一种有价值的工具。在过去的几年中，许多公司已经花费了数百万美元，建立起企业范围的数据仓库。许多人感到，随着工业竞争的加剧，数据仓库成了必备的最新营销武器———一种通过更多地了解客户需求而留住客户的途径。

"那么，到底什么是数据仓库？"数据仓库已用多种方式定义，很难给出一种严格的定义。宽泛地讲，数据仓库是一种数据库，它与单位的操作数据库分别维护。数据仓库系统允许将各种应用系统集成在一起，为统一的历史数据分析提供坚实的平台，对信息处理提供支持。

按照一位数据仓库系统构造方面的领衔设计师 William H. Inmon 的说法，"数据仓库是一个面向主题的、集成的、时变的、非易失的数据集合，支持管理者的决策过程"[Inm96]。这个简短而又全面的定义指出了数据仓库的主要特征。四个关键词，面向主题的、集成的、时变的、非易失的，将数据仓库与其他数据存储系统（如关系数据库系统、事务处理系统和文件系统）相区别。

我们进一步看看这些关键特征。

- **面向主题的**（subject-oriented）：数据仓库围绕一些重要主题，如顾客、供应商、产品和销售组织。数据仓库关注决策者的数据建模与分析，而不是单位的日常操作和事务处理。因此，数据仓库通常排除对于决策无用的数据，提供特定主题的简明视图。
- **集成的**（integrated）：通常，构造数据仓库是将多个异构数据源，如关系数据库、一般文件和联机事务处理记录集成在一起。使用数据清理和数据集成技术，确保命名约定、编码结构、属性度量等的一致性。
- **时变的**（time-variant）：数据存储从历史的角度（例如，过去 5~10 年）提供信息。数据仓库中的关键结构都隐式或显式地包含时间元素。
- **非易失的**（nonvolatile）：数据仓库总是物理地分离存放数据，这些数据源于操作环境下的应用数据。由于这种分离，数据仓库不需要事务处理、恢复和并发控制机制。通常，它只需要两种数据访问操作：*数据的初始化装入和数据访问*。

概言之，数据仓库是一种语义上一致的数据存储，它充当决策支持数据模型的物理实现，并存放企业战略决策所需要的信息。数据仓库也常常被看做一种体系结构，通过将异构数据源中的数据集成在一起而构建，支持结构化和/或专门的查询、分析报告和决策制定。

根据上面的讨论，我们把**建立数据仓库**（data warehousing）看做构建和使用数据仓库的过程。数据仓库的构建需要数据集成、数据清理和数据统一。数据仓库的应用常常需要一些决策支持技术。这使得"知识工人"（例如，经理、分析人员和主管）能够使用数据仓库快捷、方便地得到数据的总体视图，根据数据仓库中的信息做出准确的决策。有些作者使用术语"*data warehousing*"表示构造数据仓库的过程，而用术语"*warehouse DBMS*"表示数据仓库的管理和使用。我们将不区分二者。

"单位如何使用数据仓库中的信息？"许多单位都使用这些信息支持商务决策活动，包括（1）提高顾客关注度，这包括分析顾客购买模式（如喜欢买什么、购买时间、预算周期、消费习惯）；（2）根据按季度、按年和按地区的营销情况比较，重新配置产品和管理产品的投资，调整生产策略；（3）分析运作情况并找出利润源；（4）管理客户联系，进行环境调整，管理公司的资产开销。

从异构数据库集成的角度来看，数据仓库也是非常有用的。许多组织机构收集了形形色色的数据，并由多个异构的、自治的和分布的数据源维护大型数据库。集成这些数据，并提供简便、有效的访问是人们非常期望的，并且也是一种挑战。数据库业界和研究界都正朝着实现这一目标竭尽全力。

对于异构数据库的集成，传统的数据库做法是：在多个异构数据库上，建立一个**包装程序**和一个**集成程序**（或**中介程序**）。当查询在客户站点提交时，首先使用元数据字典对查询进行转换，将它转换成相应异构站点上的查询。然后，将这些查询映射和发送到局部查询处

127 理器。由不同站点返回的结果被集成为全局回答。这种**查询驱动的**（query-driven）**方法**需要复杂的信息过滤和集成处理，并且与局部数据源上的处理竞争资源。这种方法是低效的，并且对于频繁的查询，特别是需要聚集操作的查询，开销可能很大。

对于异构数据库集成的传统方法，数据仓库提供了一种有趣的替代方案。数据仓库使用**更新驱动的**（update-driven）方法，而不是查询驱动的方法。这种方法将来自多个异构源的信息预先集成，并存储在数据仓库中，供直接查询和分析。与联机事务处理数据库不同，数据仓库不包含最近的信息。然而，数据仓库为集成的异构数据库系统带来了高性能，因为数据被复制、预处理、集成、注释、汇总，并重新组织到一个语义一致的数据存储中。数据仓库的查询处理并不影响在局部数据源上进行的处理。此外，数据仓库可以存储并集成历史信息，支持复杂的多维查询。因此，建立数据仓库在工业界已经非常流行。

4.1.2 操作数据库系统与数据仓库的区别

由于大多数人都熟悉商用关系数据库系统，将数据仓库与之比较，就容易理解什么是数据仓库。

联机操作数据库系统的主要任务是执行联机事务和查询处理。这种系统称做**联机事务处理**（Online Transaction Processing，OLTP）系统。它们涵盖了单位的大部分日常操作，如购物、库存、制造、银行、工资、注册、记账等。另一方面，数据仓库系统在数据分析和决策方面为用户或"知识工人"提供服务。这种系统可以用不同的格式组织和提供数据，以便满足不同用户的形形色色的需求。这种系统称做**联机分析处理**（OnLine Analytical Processing，OLAP）系统。

OLTP 和 OLAP 的主要区别概述如下：

- **用户和系统的面向性**：OLTP 是面向顾客的，用于办事员、客户和信息技术专业人员的事务和查询处理。OLAP 是面向市场的，用于知识工人（包括经理、主管和分析人员）的数据分析。
- **数据内容**：OLTP 系统管理当前数据。通常，这种数据太琐碎，很难用于决策。OLAP 系统管理大量历史数据，提供汇总和聚集机制，并在不同的粒度层上存储和管理信息。这些特点使得数据更容易用于有根据的决策。
- **数据库设计**：通常，OLTP 系统采用实体 – 联系（ER）数据模型和面向应用的数据库设计。而 OLAP 系统通常采用星形或雪花模型（在 4.2.2 小节讨论）和面向主题的数据库设计。
- **视图**：OLTP 系统主要关注一个企业或部门内部的当前数据，而不涉及历史数据或不同单位的数据。相比之下，由于单位的演变，OLAP 系统常常跨越数据库模式的多个版本。OLAP 系统还处理来自不同单位的信息，以及由多个数据库集成的信息。由于数据量巨大，OLAP 数据也存放在多个存储介质上。
- **访问模式**：OLTP 系统的访问主要由短的原子事务组成。这种系统需要并发控制和恢复机制。然而，对 OLAP 系统的访问大部分是只读操作（由于大部分数据仓库存放历史数据，而不是最新数据），尽管许多可能是复杂的查询。

OLTP 和 OLAP 的其他区别包括数据库大小、操作的频繁程度、性能度量等。这些都概括在表 4.1 中。

表 4.1　OLTP 系统与 OLAP 系统的比较

特征	OLTP	OLAP
特性	操作处理	信息处理
面向	事务	分析
用户	办事员、DBA、数据库专业人员	知识工人（如经理、主管、分析人员）
功能	日常操作	长期信息需求、决策支持
DB 设计	基于 E-R，面向应用	星形/雪花、面向主题
数据	当前的、确保最新	历史的、跨时间维护
汇总	原始的、高度详细	汇总的、统一的
视图	详细、一般关系	汇总的、多维的
工作单元	短的、简单事务	复杂查询
访问	读/写	大多为读
关注	数据进入	信息输出
操作	主码上索引/散列	大量扫描
访问记录数量	数十	数百万
用户数	数千	数百
DB 规模	GB 到高达 GB	≥TB
优先	高性能、高可用性	高灵活性、终端用户自治
度量	事务吞吐量	查询吞吐量、响应时间

注：该表部分基于 Chaudhuri 和 Dayal [CD97]。

4.1.3　为什么需要分离的数据仓库

既然操作数据库存放了大量数据，你可能奇怪"为什么不直接在这种数据库上进行联机分析处理，而是另外花费时间和资源去构造分离的数据仓库？"分离的主要原因是有助于提高两个系统的性能。操作数据库是为已知的任务和负载设计的，如使用主码索引和散列，检索特定的记录，优化"定制的"查询。另一方面，数据仓库的查询通常是复杂的，涉及大量数据在汇总级的计算，可能需要特殊的基于多维视图的数据组织、存取方法和实现方法。在操作数据库上处理 OLAP 查询，可能会大大降低操作任务的性能。

此外，操作数据库支持多事务的并发处理，需要并发控制和恢复机制（例如，加锁和记日志），以确保一致性和事务的鲁棒性。通常，OLAP 查询只需要对汇总和聚集数据记录进行只读访问。如果将并发控制和恢复机制用于这种 OLAP 操作，就会危害并行事务的运行，从而大大降低 OLTP 系统的吞吐量。

最后，数据仓库与操作数据库分离是由于这两种系统中数据的结构、内容和用法都不相同。决策支持需要历史数据，而操作数据库一般不维护历史数据。在这种情况下，操作数据库中的数据尽管很丰富，但对于决策，常常还是远非完整的。决策支持需要整合来自异构源的数据（例如，聚集和汇总），产生高质量的、纯净的和集成的数据。相比之下，操作数据库只维护详细的原始数据（如事务），这些数据在进行分析之前需要整理。由于两种系统提供大不相同的功能，需要不同类型的数据，因此需要维护分离的数据库。然而，许多关系数据库管理系统供应商正开始优化这种系统，使之支持 OLAP 查询。随着这一趋势的继续，OLTP 和 OLAP 系统之间的分离有望减少。

4.1.4　数据仓库：一种多层体系结构

通常，数据仓库采用三层体系结构，如图 4.1 所示。

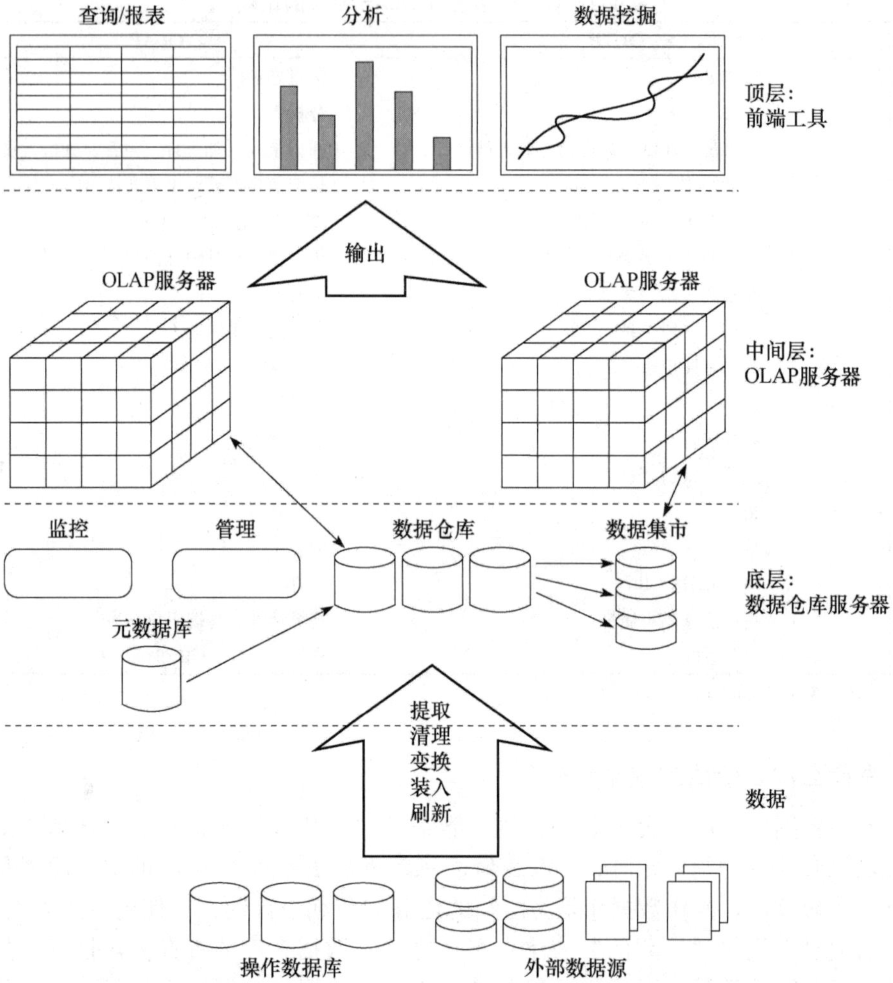

图 4.1 三层数据仓库结构

（1）底层是**仓库数据库服务器**，它几乎总是一个关系数据库系统。使用后端工具和实用程序，由操作数据库或其他外部数据源（例如，由外部咨询者提供的顾客侧面信息）提取数据，放入底层。这些工具和实用程序进行数据提取、清理和变换（例如，将来自不同数据源的数据合并成一致的格式），以及装入和刷新，以更新数据仓库（4.1.6 节）。数据提取使用一种称做**信关**（gateway）的应用程序。信关由基础 DBMS 支持，允许客户程序产生 SQL 代码，在服务器上执行。信关的例子包括微软的 ODBC（开放数据库连接）和 OLE-DB（数据库开放链接和嵌入）以及 JDBC（Java 数据库连接）。这一层还包括元数据库，存放关于数据仓库和它的内容的信息。元数据库在 4.1.7 节进一步介绍。

（2）中间层是 **OLAP 服务器**，其典型的实现使用（i）**关系 OLAP**（ROLAP）模型（即扩充的关系 DBMS，它将多维数据上的操作映射为标准的关系操作），或者使用（ii）**多维 OLAP**（MOLAP）模型（即专门的服务器，它直接实现多维数据和操作）。OLAP 服务器在 4.4.4 节讨论。

（3）顶层是**前端客户层**，它包括查询和报告工具、分析工具和/或数据挖掘工具（例如，趋势分析、预测等）。

4.1.5　数据仓库模型：企业仓库、数据集市和虚拟仓库

从结构的角度看，有三种数据仓库模型：企业仓库、数据集市和虚拟仓库。

企业仓库（enterprise warehouse）：企业仓库搜集了关于主题的所有信息，跨越整个企业。它提供企业范围内的数据集成，通常来自一个或多个操作数据库系统或外部信息提供者，并且是多功能的。通常，它包含细节数据和汇总数据，其规模由数兆兆字节，到数百兆兆字节，数千兆兆字节，甚至更多。企业数据仓库可以在传统的大型机、超级计算机服务器或并行结构平台上实现。它需要广泛的商务建模，可能需要多年设计和建设。

数据集市（data mart）：数据集市包含企业范围数据的一个子集，对于特定的用户群是有用的。其范围限于选定的主题。例如，销售数据集市可能限定其主题为顾客、商品和销售。包括在数据集市中的数据通常是汇总的。

通常，数据集市可以在低价格的部门服务器上实现，基于 UNIX/Linux 或 Windows。数据集市的实现周期一般是数以周计，而不是数以月计或数以年计。然而，如果它的设计和规划不是企业范围的，从长远来看，可能涉及很复杂的集成。

根据数据的来源不同，数据集市分为独立的和依赖的两类。在独立的数据集市中，数据来自一个或多个操作数据库系统或外部信息提供者，或者来自在一个特定的部门或地区局部产生的数据。依赖的数据集市的数据直接来自企业数据仓库。

132

虚拟仓库（virtual warehouse）：虚拟仓库是操作数据库上视图的集合。为了有效地处理查询，只有一些可能的汇总视图被物化。虚拟仓库易于建立，但需要操作数据库服务器还有余力。

"数据仓库开发的自顶向下和自底向上方法的优缺点是什么？"自顶向下开发企业仓库是一种系统的解决方案，并能最大限度地减少集成问题。然而，它费用高，开发周期长，并且缺乏灵活性，因为整个组织就共同数据模型达成一致是比较困难的。设计、开发、配置独立的数据集市的自底向上的方法提供了灵活性、低花费，并能快速回报投资。然而，将分散的数据集市集成，形成一个一致的企业数据仓库时，可能导致问题。

对于开发数据仓库系统，一种推荐的方法是以递增、进化的方式实现数据仓库，如图 4.2 所示。首先，在一个合理短的时间内（如一两个月），定义一个高层次的企业数据模型，在不同的主题和可能的应用之间，提供企业范围的、一致的、集成的数据视图。这个高层模型将大大减少今后的集成问题，尽管在企业数据仓库和部门数据集市的开发中，它还需要进一步提炼。其次，基于上述相同的企业数据模型，可以并行地实现独立的数据集市和企业数据仓库。再次，可以通过中心服务器集成不同的数据集市，构造分布数据集市。最后，构造一个**多层数据仓库**（multitier data warehouse），这里，企业仓库是所有仓库数

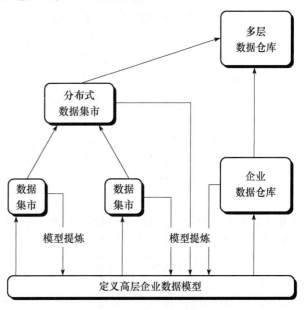

图 4.2　数据仓库开发的推荐方法

据的唯一管理者，仓库数据分布在一些依赖的数据集市中。

4.1.6　数据提取、变换和装入

数据仓库系统使用后端工具和实用程序来加载和刷新它的数据（见图 4.1）。这些工具和实用程序包含以下功能：

- **数据提取**：通常，由多个异构的外部数据源收集数据。
- **数据清理**：检测数据中的错误，可能时订正它们。
- **数据变换**：将数据由遗产或宿主格式转换成数据仓库格式。
- **装入**：排序、汇总、合并、计算视图、检查完整性，并建立索引和划分。
- **刷新**：传播由数据源到数据仓库的更新。

除清理、装入、刷新和元数据定义工具外，数据仓库系统通常还提供一组数据仓库管理工具。

数据清理和数据变换是提高数据质量，从而提高其后的数据挖掘结果质量的重要步骤（见第 3 章）。由于我们的主要兴趣在于与数据挖掘有关的数据仓库技术，因此我们不深入讨论这些工具的细节，建议有兴趣的读者查阅有关数据仓库技术的书籍。

4.1.7　元数据库

元数据是关于数据的数据。在数据仓库中，元数据是定义仓库对象的数据。图 4.1 显示元数据库在数据仓库体系结构的底层。对于给定的数据仓库的数据名和定义，创建元数据。其他元数据包括对提取数据添加的时间标签、提取数据的源、被数据清理或集成处理添加的缺失字段等。

元数据库应当包括以下内容：

133
~
134

- 数据仓库结构的描述，包括仓库模式、视图、维、分层结构、导出数据的定义，以及数据集市的位置和内容。
- 操作元数据，包括数据血统（迁移数据的历史和它所使用的变换序列）、数据流通（主动的、档案的或净化的）和管理信息（仓库使用的统计量、错误报告和审计跟踪）。
- 用于汇总的算法，包括度量和维定义算法，数据所处的粒度、划分、主题领域、聚集、汇总、预定义的查询和报告。
- 由操作环境到数据仓库的映射，包括源数据库和它们的内容，信关描述，数据划分，数据提取、清理、转换规则和默认值，数据刷新和净化规则，以及安全性（用户授权和存取控制）。
- 关于系统性能的数据，除刷新、更新和复制周期的定时和调度的规则外，还包括改善数据存取和检索性能的索引和概要。
- 商务元数据，包括商务术语和定义，数据拥有者信息和收费策略。

数据仓库包含不同的汇总层，元数据是其中一种类型。其他类型包括当前的细节数据（几乎总是在磁盘上）、老的细节数据（通常在三级存储器上）、稍加汇总的数据和高度汇总的数据（可以，也可以不物理地存入仓库）。

与数据仓库中的其他数据相比，元数据扮演很不相同的角色，并且由于种种原因，它也是重要的角色。例如，元数据用作目录，帮助决策支持系统分析者对数据仓库的内容定位；当数据由操作环境到数据仓库环境转换时，作为数据映射的指南；对于汇总的算法将当前细节数据汇总成稍加综合的数据，或将稍加综合的数据汇总成高度综合的数据，它也是指南。

元数据应当持久存放和管理（即存放在磁盘上）。

4.2　数据仓库建模：数据立方体与 OLAP

数据仓库和 OLAP 工具基于**多维数据模型**。这种模型将数据看做数据立方体形式。本节，你将学习如何用数据立方体对 n 维数据建模（4.2.1 节）。4.2.2 节给出各种多维模型：星形模式、雪花模式和事实星座。你还将学习概念分层（4.2.3 节）和度量（4.2.4 节），以及如何在基本 OLAP 操作中使用它们，在多个抽象层上进行交互式挖掘。典型的 OLAP 操作，如下钻和上卷，在 4.2.5 节解释。最后，提供查询多维数据库的星网模型（4.2.6 节）。

135

4.2.1　数据立方体：一种多维数据模型

"什么是数据立方体？"**数据立方体**（data cube）允许以多维对数据建模和观察。它由维和事实定义。

一般而言，**维**是一个单位想要记录的透视或实体。例如，AllElectronics 可能创建一个数据仓库 sales，记录商店的销售，涉及维 time、item、branch 和 location。这些维使得商店能够记录商品的月销售，销售商品的分店和地点。每个维都可以有一个与之相关联的表。该表称为**维表**，它进一步描述维。例如，item 的维表可以包含属性 item_name、brand 和 type。维表可以由用户或专家设定，或者根据数据分布自动产生和调整。

通常，多维数据模型围绕诸如销售这样的中心主题组织。主题用事实表表示。**事实**是数值度量的。把它们看做数量，是因为我们想根据它们分析维之间的联系。例如，数据仓库 sales 的事实包括 dollars_sold（销售额）、units_sold（销售量）和 amount_budgeted（预算额）。**事实表**包括事实的名称或度量，以及每个相关维表的码。当我们稍后考察多维模式时，你很快就会明白这一切是如何运作的。

尽管我们经常把数据立方体看作 3-D 几何结构，但是在数据仓库中，数据立方体是 n 维的。为了更好地理解数据立方体和多维数据模型，我们从考察 2-D 数据立方体开始。事实上，它是 AllElectronics 的销售数据表或电子数据表。特别地，我们将观察 AllElectronics 的销售数据中温哥华每季度销售的商品；这些数据显示在表 4.2 中。在这个 2-D 表示中，温哥华的销售按 time 维（按季度组织）和 item 维（按所售商品的类型组织）显示。所显示的事实或度量是 dollars_sold（单位：1000 美元）。

表 4.2　AllElectronics 的销售数据的 time 和 item 维的 2-D 视图

location = "温哥华"				
time（季度）	item（类型）			
	家庭娱乐	计算机	电话	安全
Q1	605	825	14	400
Q2	680	952	31	512
Q3	812	1023	30	501
Q4	927	1038	38	580

注：销售数据取自坐落在温哥华的所有分店，所显示的度量是 dollars_sold（单位：1000 美元）。

现在，假定我们想从三维角度观察销售数据。例如，我们想根据 time、item 和 location 观察数据。location 是城市芝加哥、纽约、多伦多和温哥华。3-D 数据如表 4.3 所示。该 3-D 数据表以 2-D 数据表的序列的形式表示。从概念上讲，我们也可以用 3-D 数据立方体的形式表示这些数据，如图 4.3 所示。

表 4.3　AllElectronics 销售数据的 *time*、*item* 和 *location* 维的 3-D 视图

time	*location* = "芝加哥" *item*				*location* = "纽约" *item*				*location* = "多伦多" *item*				*location* = "温哥华" *item*			
	家庭娱乐	计算机	电话	安全	家庭娱乐	计算机	电话	安全	家庭娱乐	计算机	电话	安全	家庭娱乐	计算机	电话	安全
Q1	854	882	89	623	1087	968	38	872	819	746	43	591	605	825	14	400
Q2	943	890	64	698	1130	1024	41	925	894	769	52	682	680	952	31	512
Q3	1032	924	59	789	1034	1048	45	1002	940	795	58	728	812	1023	30	501
Q4	1129	992	63	870	1142	1091	54	984	978	864	59	784	927	1038	38	580

注：所显示的度量是 *dollars_sold*（单位：1000 美元）

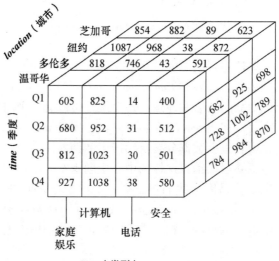

图 4.3　表 4.3 数据的 3-D 数据立方体表示，维是 *time*、*item* 和 *location*，所显示的度量为 *dollars_sold*（单位：1000 美元）

现在，假设我们想从四维角度观察销售数据，增加一个维，如 *supplier*。观察 4-D 事物变得有点麻烦。然而，我们可以把 4-D 立方体看成 3-D 立方体的序列，如图 4.4 所示。如果我们按这种方法继续下去，则我们可以把任意 *n* 维数据立方体显示成（*n* − 1）维"立方体"的序列。数据立方体是对多维数据存储的一种比喻，这种数据的实际物理存储可以不同于它的逻辑表示。重要的是，数据立方体是 *n* 维的，而不限于 3-D。

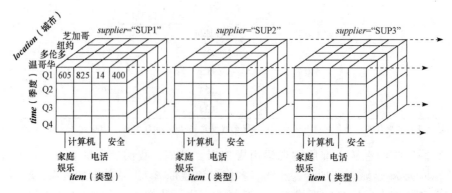

图 4.4　销售数据的 4-D 数据立方体表示，维是 *time*、*item*、*location* 和 *supplier*，所显示的度量为 *dollars_sold*（单位：1000 美元）。为了改善可读性，只显示了部分值

表 4.2 和表 4.3 显示不同汇总级的数据。在数据仓库文献中，图 4.3 和图 4.4 所示的数据立方体称做**方体**（cuboid）。给定维的集合，我们可以对给定诸维的每个可能的子集产生一个方体。结果形成方体的格，每个方体在不同的汇总级显示 group by 数据。方体的格称做数据立方体。图 4.5 显示形成维 *time*、*item*、*location* 和 *supplier* 的数据立方体的方体格。

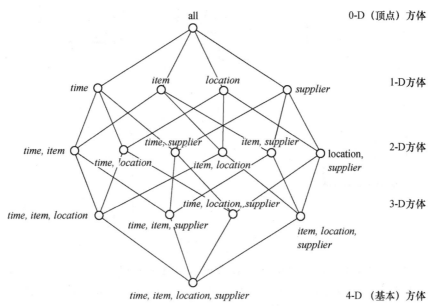

图 4.5　方体的格，形成 *time*、*item*、*location* 和 *supplier* 维的 4-D 数据立方体。每个方体代表一个不同程度的汇总

存放最低层汇总的方体称做**基本方体**（base cuboid）。例如，图 4.4 中的 4-D 方体是给定维 *time*、*item*、*location* 和 *supplier* 的基本方体。图 4.3 是 *time*、*item* 和 *location* 的（非基本的）3-D 方体，对所有的供应商汇总。0-D 方体存放最高层的汇总，称做**顶点方体**（apex cuboid）。在我们的例子中，这是总销售 *dollars_sold* 在所有四个维上的汇总。顶点方体通常用 **all** 标记。

4.2.2　星形、雪花形和事实星座：多维数据模型的模式

实体 – 联系数据模型广泛用于关系数据库设计。在那里，数据库模式用实体集和它们之间的联系表示。这种数据模型适用于联机事务处理。然而，数据仓库需要简明的、面向主题的模式，便于联机数据分析。

最流行的数据仓库的数据模型是**多维数据模型**。这种模型可以是**星形模式**、**雪花模式**或**事实星座模式**。下面我们考察这些模式。

星形模式（star schema）：最常见的模型范型是星形模式，其中数据仓库包括（1）一个大的中心表（**事实表**），它包含大批数据并且不含冗余；（2）一组小的附属表（**维表**），每维一个。这种模式图很像星光四射，维表显示在围绕中心表的射线上。

例 4.1　星形模式。AllElectronics 销售的星形模式显示在图 4.6 中。从四个维 *time*、*item*、*branch* 和 *location* 考虑销售。该模式包含一个中心事实表 *sales*，它包含四个维的码和两个度量 *dollars_sold* 和 *units_sold*。为尽量减小事实表的大小，维标识符（如 *time_key* 和 *item_*

136
≀
139

key）是系统产生的标识符。

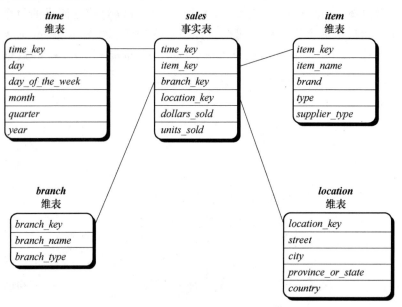

图 4.6 *sales* 数据仓库的星形模式

注意，在星形模式中，每维只用一个表表示，而每个表包含一组属性。例如，维表 *location* 包含属性集 {*location_key*，*street*，*city*，*province_or_state*，*country*}。这种限制可能造成某些冗余。例如，"Urbana" 和 "Chicago" 都是美国伊利诺伊州的城市。维表 *location* 中这些城市实体的属性 *province_or_state*，*country* 中会有冗余，即（…，Urbana，IL，USA）和（…，Chicago，IL，USA）。此外，一个维表中的属性可能形成一个层次（全序）或格（偏序）。

雪花模式（snowflake schema）：雪花模式是星形模式的变种，其中某些维表被规范化，因而把数据进一步分解到附加的表中。结果模式图形成类似于雪花的形状。

雪花模式和星形模式的主要不同在于，雪花模式的维表可能是规范化形式，以便减少冗余。这种表易于维护，并节省存储空间。然而，与典型的巨大事实表相比，这种空间的节省可以忽略。此外，由于执行查询需要更多的连接操作，雪花结构可能降低浏览的效率。因此，系统的性能可能相对受到影响。因此，尽管雪花模式减少了冗余，但是在数据仓库设计中，雪花模式不如星形模式流行。

140 **例 4.2 雪花模式**。AllElectronics 的 *sales* 的雪花模式在图 4.7 给出。这里，事实表 *sales* 与图 4.6 所示的星形模式相同。两个模式的主要差别是维表。星形模式中 *item* 的单个维表在雪花模式中被规范化，导致新的 *item* 表和 *supplier* 表。例如，现在维表 *item* 包含属性 *item_key*、*item_name*、*brand*、*type* 和 *supplier_key*，其中 *supplier_key* 连接到包含 *supplier_key* 和 *supplier_type* 信息的维表 *supplier*。类似地，星形模式中单个维表 *location* 也被规范化成两个新表：*location* 和 *city*。现在，新的 *location* 表中的 *city_key* 连接到 *city* 维。注意，图 4.7 所示的雪花模式中的 *province_or_state* 和 *country* 还可以进一步规范化。

事实星座（fact constellation）：复杂的应用可能需要多个事实表共享维表。这种模式可以看做星形模式的汇集，因此称做**星系模式**（galaxy schema）或**事实星座**。

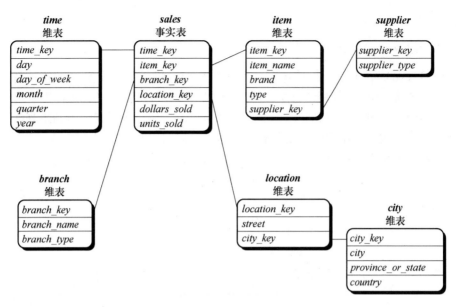

图 4.7　sales 数据仓库的雪花模式

例 4.3　事实星座。一个事实星座模式的例子显示在图 4.8 中。该模式说明了两个事实表，*sales* 和 *shipping*。*sales* 表的定义与星形模式（图 4.6）相同。*shipping* 表有五个维或码——*item_key*、*time_key*、*shipper_key*、*from_location* 和 *to_location*，两个度量——*dollars_cost* 和 *units_shipped*。事实星座模式允许事实表共享维表。例如，事实表 *sales* 和 *shipping* 共享维表 *time*、*item* 和 *location*。 ■

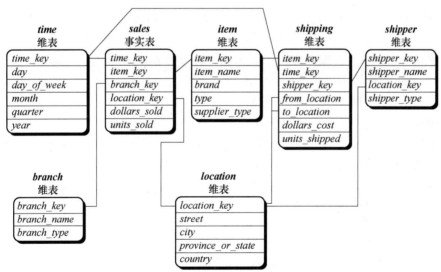

图 4.8　*sales* 和 *shipping* 数据仓库的事实星座模式

在建立数据仓库时，数据仓库和数据集市之间是有区别的。数据仓库收集了关于整个组织的主题（如顾客、商品、销售、资产和员工）信息，因此是企业范围的。对于数据仓库，通常使用事实星座模式，因为它能对多个相关的主题建模。另一方面，**数据集市**（data mart）是数据仓库的一个部门子集，它针对选定的主题，因此是部门范围的。对于数据集市，流行采用星形或雪花模式，因为它们都适合对单个主题建模，尽管星形模式更流行、更有效。

4.2.3 维：概念分层的作用

概念分层（concept hierarchy）定义一个映射序列，将低层概念集映射到较高层、更一般的概念。考虑维 *location* 的概念分层。*location* 的城市值包括温哥华、多伦多、纽约和芝加哥。然而，每个城市可以映射到它所属的省或州。例如，温哥华可以映射到不列颠哥伦比亚省，而芝加哥映射到伊利诺伊州。这些省和州依次可以映射到它所属的国家，如加拿大或美国。这些映射形成维 *location* 的概念分层，将低层概念（即城市）映射到更一般的较高层概念（即国家）。上面介绍的概念分层如图 4.9 所示。

[142]

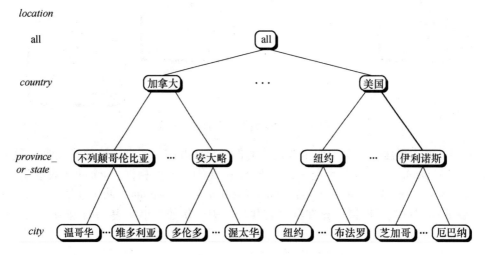

图 4.9　维 *location* 的一个概念分层。由于版面限制，并非所有结点都在图中显示（在结点之间用"…"指出）

许多概念分层隐含在数据库模式中。例如，假定维 *location* 由属性 *number*、*street*、*city*、*province_or_state*、*zip_code* 和 *country* 描述。这些属性按一个全序相关，形成一个概念分层，如"*street < city < province_or_state < country*"。该层次显示在图 4.10a 中。维的属性也可以组织成偏序，形成一个格。例如，维 *time* 基于属性 *day*、*week*、*month*、*quarter* 和 *year* 就是一个偏序"*day <｛month < quarter, week｝< year*"[⊖]。这个格结构显示在图 4.10b 中。形成数据库模式中属性的全序或偏序的概念分层称做**模式分层**（schema hierarchy）。许多应用共有的概念分层，如 *time* 的概念分层，可以在数据挖掘系统中预先定义。数据挖掘系统应当为用户提供灵活性，允许用户根据他们的特殊需要剪裁预定义的分层。例如，用户可能想定义财政年从 4 月 1 日开始，而

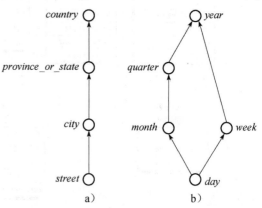

图 4.10　数据仓库维中属性的层次结构和格结构：
a）*location* 的层次结构；b）*time* 的格

⊖ 由于周（*week*）常常跨月（*month*），通常不把它视为月的低层抽象。然而，常常把它视为年（*year*）的低层抽象，因为一年大约包含 52 周。

学年从 9 月 1 日开始。

也可以通过将给定维或属性的值离散化或分组来定义概念分层，产生**集合分组分层**（set-grouping hierarchy）。可以在值的组之间定义全序或偏序。集合分组概念分层的一个例子是如图 4.11 所示的关于维 *price* 的集合分组概念分层。其中，区间（ $X\cdots\$Y$]表示从 $X（不包括）到 $Y（包括）的区间。

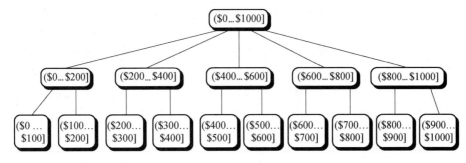

图 4.11　*price* 的概念分层

对于一个给定的属性或维，按照不同的用户观点，可能有多个概念分层。例如，用户可能愿意为 *inexpensive*（便宜）、*moderately_priced*（适中）和 *expensive*（昂贵）定义区间来组织 *price*。

概念分层可以由系统用户、领域专家、知识工程师人工地提供，或根据数据分布的统计分析自动地产生。概念分层的自动产生作为数据挖掘准备的预处理步骤已在第 3 章讨论。

正如我们将在 4.2.4 节看到的，概念分层允许我们在各种抽象层处理数据。

4.2.4　度量的分类和计算

"如何计算度量？"为回答这个问题，我们首先研究如何对度量分类。注意，数据立方体空间的多维点可以用维 - 值对的集合来定义。例如，〈*time* = "Q1"，*location* = "温哥华"，*item* = "计算机"〉。数据立方体**度量**（measure）是一个数值函数，该函数可以对数据立方体空间的每个点求值。通过对给定点的各维 - 值对聚集数据，计算该点的度量值。稍后，我们看一些具体的例子。

度量根据其所用的聚集函数可以分成三类：分布的、代数的和整体的。

分布的（distributive）：一个聚集函数如果能用如下分布方式进行计算，则它是分布的。假设数据被划分为 *n* 个集合，将函数用于每一部分，得到 *n* 个聚集值。如果将函数用于 *n* 个聚集值得到的结果与将函数用于整个数据集（不划分）得到的结果一样，则该函数可以用分布方式计算。例如，对于数据立方体，`sum()`可以分布计算：首先将数据立方体划分成子立方体的集合，对每个子立方体计算`sum()`，然后对这些子立方体得到的值求和。因此，`sum()`是分布聚集函数。

同理，`count()`、`min()`和`max()`也是分布聚集函数。把每个非空基本单元的计数值看作 1，立方体中任何单元的 count() 都可以看做其子立方体中所有对应的子女单元的计数值之和。因此，`count()`是分布的。一个度量如果可以用分布聚集函数得到，则它是分布的。由于计算可以被划分，因而分布度量可以有效地计算。

代数的（algebraic）：一个聚集函数如果能够用一个具有 *M* 个参数的代数函数计算（其中 *M* 是有界正整数），而每个参数都可以用一个分布聚集函数求得，则它是代数的。例如，`avg()`（平均值）可以用`sum()`/`count()`计算，其中`sum()`和`count()`都是分布聚集函

143
～
144

数。类似地，可以证明 **min_N()**、**max_N()**（在给定的集合中分别找到 N 个最小和最大值）和 **standard_deviation()** 都是代数聚集函数。一个度量如果可以用代数聚集函数得到，则它是代数的。

整体的（holistic）：一个聚集函数如果描述它的子聚集所需的存储没有一个常数界，则它是整体的。也就是说，不存在一个具有 M 个参数的代数函数进行这一计算（其中 M 是常数）。整体函数的常见例子包括 **median()**、**mode()** 和 **rank()**。一个度量如果是由整体聚集函数得到的，则它是整体的。

大部分数据立方体应用需要有效地计算分布的和代数的度量，对此存在许多有效的技术。相比之下，有效地计算整体度量是比较困难的。然而，对于某些整体函数的近似计算，有效的技术是存在的。例如，第 2 章的（2.3）式可以估计大型数据集中位数的近似值，而不是精确地计算 **median()**。在许多情况下，这些技术足以克服有效计算整体函数的困难。

在构造数据立方体时计算不同度量的各种方法在第 5 章深入讨论。注意，当前，数据立方体技术大多限制多维数据库的度量为数值数据。然而，度量也可以用于其他类型的数据，如空间、多媒体或文本数据。

4.2.5 典型的 OLAP 操作

"在 OLAP 中，如何使用概念分层？"在多维数据模型中，数据组织在多维空间，每维包含由概念分层定义的多个抽象层。这种组织为用户从不同角度观察数据提供了灵活性。有一些 OLAP 数据立方体操作用来物化这些不同视图，允许交互查询和分析手头数据。因此，OLAP 为交互数据分析提供了友好的环境。

例 4.4　OLAP 操作。我们看看一些典型的多维数据的 OLAP 操作。所介绍的每种操作都在图 4.12 中表示。图的中心是 AllElectronics 的 *sales* 数据立方体。该数据立方体包含维 *location*、*time* 和 *item*，其中 *location* 按城市值聚集，*time* 按季度聚集，而 *item* 按商品类型聚集。为便于解释，我们称该数据立方体为中心立方体。所显示的度量是 *dollars_sold*（单位：1000 美元）。（为了提高可读性，只显示某些方体单元的值。）所考察的数据是芝加哥、纽约、多伦多和温哥华的数据。

上卷（roll-up）：上卷操作（有些人称之为上钻（drill-up）操作）通过沿一个维的概念分层向上攀升或者通过维归约在数据立方体上进行聚集。图 4.12 显示了在图 4.9 中给出的维 *location* 的概念分层向上攀升，在中心立方体执行上卷操作的结果。该分层被定义为全序"*street < city < province_or_state < country*"。所展示的上卷操作沿 *location* 的分层，由 *city* 层向上到 *country* 层聚集数据。换句话说，结果立方体按 *country* 而不是 *city* 对数据分组。

当用维归约进行上卷时，一个或多个维从给定的立方体中删除。例如，考虑只包含两个维 *location* 和 *time* 的数据立方体 *sales*。上卷可以删除 *time* 维，导致整个销售按地点而不是地点和时间聚集。

下钻（drill-down）：下钻是上卷的逆操作，它由不太详细的数据到更详细的数据。下钻可以通过沿维的概念分层向下或引入附加的维来实现。图 4.12 显示沿着"*day < month < quarter < year*"定义的 *time* 维的概念分层向下，在中心立方体执行下钻操作的结果。这里，下钻由 *time* 维的分层结构向下，从 *quarter* 层到更详细的 *month* 层。结果数据立方体详细地列出每月的总销售，而不是按季度汇总。

由于下钻操作对给定数据添加更多细节，它也可以通过添加新的维到立方体来实现。例如，可以通过引入一个附加的维，如 *customer_group*，在图 4.12 的中心立方体上执行下钻操作。

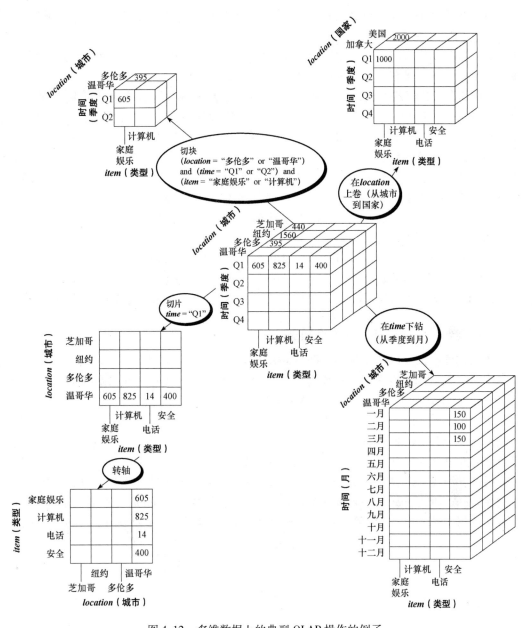

图 4.12 多维数据上的典型 OLAP 操作的例子

切片和切块：切片（slice）操作在给定的立方体的一个维上进行选择，导致一个子立方体。图 4.12 表示了一个切片操作，它对中心立方体使用条件 *time* ="Q1"对维 *time* 选择销售数据。切块（dice）操作通过在两个或多个维上进行选择，定义子立方体。图 4.12 表示了一个切块操作，它涉及三个维，根据如下条件对中心立方体切块：（*location* ="Toronto" or "Vancouver"）and（*time* ="Q1" or "Q2"）and（*item* ="家庭娱乐" or "计算机"）。

转轴（pivot）：转轴（又称旋转（rotate））是一种目视操作，它转动数据的视角，提供数据的替代表示。图 4.12 显示了一个转轴操作，其中 *item* 和 *location* 轴在一个 2-D 切片上转动。其他例子包括转动 3-D 数据立方体，或将一个 3-D 立方变换成 2-D 平面序列。

其他 OLAP 操作：有些 OLAP 系统还提供其他钻取操作。例如，**钻过**（drill-across）执行涉及多个事实表的查询。**钻透**（drill-through）操作使用关系 SQL 机制，钻透到数据立方体的底层，到后端关系表。

其他 OLAP 操作可能包括列出表中最高或最低的 N 项，以及计算移动平均值、增长率、利润、内部返回率、贬值、流通转换和统计功能。■

OLAP 提供了分析建模机制，包括推导比率、方差等以及计算多个维上度量的计算引擎。它能在每一粒度和所有维的交上产生汇总、聚集和分层。OLAP 也支持预测、趋势分析和统计分析函数模型。在这种意义下，OLAP 引擎是一种强有力的数据分析工具。

OLAP 系统与统计数据库

OLAP 的许多特征（例如，使用多维数据模型和概念分层，与维关联的度量，上卷和下钻概念）也存在于统计数据库（SDB）的早期工作中。**统计数据库**是一种用于支持统计应用的数据库系统。这两种类型的系统之间的相似性很少有人讨论，主要是由于它们使用了不同的术语，并有不同的应用领域。

然而，OLAP 和 SDB 也有显著的差别。SDB 趋向于关注社会经济应用，而 OLAP 旨在商务应用。概念分层的私有性问题是 SDB 关注的主要问题。例如，给定汇总的社会经济数据，对于允许用户观察对应的低层数据是有争议的。最后，与 SDB 不同，OLAP 需要有效地处理海量数据。

4.2.6　查询多维数据库的星网查询模型

多维数据库查询可以基于**星网模型**（starnet model）。星网模型由从中心点发出的射线组成，其中每一条射线代表一个维的概念分层。概念分层上的每个"抽象级"称为一个**足迹**（footprint），代表诸如上卷、下钻等 OLAP 操作可用的粒度。

例 4.5　星网。AllElectronics 数据仓库的一个星网查询模型显示在图 4.13 中。该星网由四条射线组成，分别代表维 *location*、*customer*、*item* 和 *time* 的概念分层。每条线由一些足迹组成，代表该维的抽象级。例如，*time* 线有 4 个足迹："*day*"、"*month*"、"*quarter*" 和 "*year*"。一个概念分层可以涉及单个属性（像 *time* 分层中的 *date*），或若干属性（例如，概念分层 *location* 涉及属性 *street*、*city*、*province_or_state* 和 *country*）。为了考察 AllElectronics 的商品销售，用户可以沿着 *time* 维上卷，由 *month* 到 *quarter*，或沿着 *location* 维下钻，由 *country* 到 *city*。

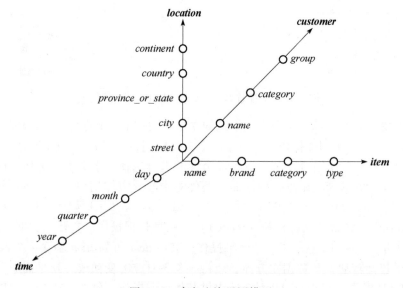

图 4.13　商务查询星网模型

通过用较高层抽象（如 *time* 维的"*year*"）值替换低层抽象（如 *time* 维的"*day*"）值，概念分层可以用于**泛化**（generalize）数据。通过用低层抽象值替换高层抽象值，概念分层也可以**特殊化**（specialize）数据。■

4.3　数据仓库的设计与使用

"如何设计数据仓库？如何使用数据仓库？数据仓库和 OLAP 与数据挖掘有何联系？"本节讨论这些问题。我们研究用于信息处理、分析处理和数据挖掘的数据仓库设计。我们从介绍数据仓库设计的商务分析框架开始（4.3.1 节）。4.3.2 节考察设计过程，而 4.3.3 节研究数据仓库的使用。最后，4.3.4 节介绍多维数据挖掘———一种强有力的集成 OLAP 与数据挖掘技术的范型。

4.3.1　数据仓库的设计的商务分析框架

"拥有数据仓库，商务分析者能够得到什么？"首先，拥有数据仓库可以通过提供相关信息，据此估计性能并做出重要调整，以帮助战胜其他竞争对手，可以提供竞争优势。第二，数据仓库可以提高企业生产力，因为它能够快速、有效地搜集准确描述组织机构的信息。第三，数据仓库有利于客户联系管理，因为它跨越所有商务、所有部门和所有市场，提供了顾客和商品的一致视图。最后，通过以一致和可靠的方式长期跟踪趋势、模式和异常，数据仓库可以降低成本。

为设计有效的数据仓库，需要理解和分析商务需求，并构造一个商务分析框架。构建一个大型复杂的信息系统就像建造一个大型复杂的建筑，业主、设计师和建筑商都有不同的视图。这些视图结合在一起，形成一个复杂的框架，代表自顶向下、商务驱动的或业主的视图，也代表自底向上、建筑商驱动的或信息系统实现者的视图。

关于数据仓库的设计，必须考虑四种不同的视图：自顶向下视图、数据源视图、数据仓库视图和商务查询视图。

149
~
150

- **自顶向下视图**使得我们可以选择数据仓库所需的相关信息。这些信息能够满足当前和未来的商务需求。
- **数据源视图**揭示被操作数据库系统收集、存储和管理的信息。这些信息可能以不同的详细程度和精度记录，存放在个别数据源表或集成的数据源表中。通常，数据源用传统的数据建模技术，如实体–联系模型或 CASE（计算机辅助软件工程）工具建模。
- **数据仓库视图**包括事实表和维表。它们提供存放在数据仓库内的信息，包括预计算的总和与计数，以及提供历史背景的关于源、日期和时间等信息。
- 最后，**商务查询视图**是从最终用户的角度透视数据仓库中的数据。

建立和使用数据仓库是一项复杂的任务，因为它需要商务技巧、技术技巧和计划管理技巧。关于商务技巧，建立数据仓库涉及理解这样的系统如何存储和管理它们的数据；如何构造一个**提取程序**，将数据由操作数据库转换到数据仓库；如何构造一个**仓库刷新软件**，合理地保持数据仓库中的数据相对于操作数据库中数据的当前性。使用数据仓库涉及理解它所包含的数据的含义，以及理解商务需求并将它转换成数据仓库查询。

关于技术技巧，数据分析者需要理解如何由定量信息作出估价，以及如何根据数据仓库中的历史信息得到的结论推导事实。这些技巧包括发现模式和趋势，根据历史推断趋势和发现异常或模式漂移的能力，并根据这种分析提出条理清晰的管理建议。最后，计划管理技巧涉及需要与许多技术人员、经销商和最终用户沟通，以便以及时和讲求效益的方式提交结果。

4.3.2　数据仓库的设计过程

我们考察数据仓库设计过程和步骤。

数据仓库可以使用自顶向下方法、自底向上方法，或二者结合的混合方法设计。**自顶向下方法**由总体设计和规划开始。当技术成熟并且已经掌握，对必须解决的商务问题清楚并且已经很好理解时，这种方法是有用的。**自底向上方法**以实验和原型开始。在商务建模和技术开发的早期阶段，这种方法是有用的。这样可以以相当低的代价推进，在做出重要承诺之前评估技术带来的利益。在**混合方法**下，一个组织既能利用自顶向下方法的规划性和战略性的特点，又能保持像自底向上方法一样快速实现和立即应用。

从软件工程的角度来看，数据仓库的设计和构造包含以下步骤：规划、需求研究、问题分析、仓库设计、数据集成和测试，最后，部署数据仓库。大型软件系统可以用两种方法开发：瀑布式方法和螺旋式方法。**瀑布式方法**在进行下一步之前，每一步都进行结构的和系统的分析，就像瀑布一样，从一级落到下一级。**螺旋式方法**涉及功能渐增的系统的快速产生，相继发布之间的间隔很短。对于数据仓库，特别是对于数据集市的开发，这是一个好的选择，因为其周转时间短，能够快速修改，并且新的设计和技术可以及时接受。

一般而言，数据仓库的设计过程包含如下步骤：

（1）选取待建模的商务处理（例如，订单、发票、发货、库存、记账管理、销售或一般分类账）。如果一个商务过程是整个组织的，并涉及多个复杂的对象，应当选用数据仓库模型。然而，如果处理是部门的，并关注某一类商务处理的分析，则应选择数据集市。

（2）选取商务处理的粒度。对于处理，该粒度是基本的，在事实表中是数据的原子级（例如，单个事务、一天的快照等）。

（3）选取用于每个事实表记录的维。典型的维是时间、商品、顾客、供应商、仓库、事务类型和状态。

（4）选取将安放在每个事实表记录中的度量。典型的度量是可加的数值量，如 *dollars_sold* 和 *units_sold*。

由于数据仓库的构造是一项困难、长期的任务，因此应当清楚地定义它的实现范围。最初的数据仓库的实现目标应当是详细而明确的、可实现的和可测量的。这涉及确定时间和预算的分配，一个组织的哪些子集需要建模，选取的数据源数量，提供服务的部门数量和类型。

一旦设计和构造好数据仓库，数据仓库的最初部署就包括初始化安装、首次展示规划、培训和熟悉情况。平台的升级和维护也要考虑。数据仓库管理包括数据刷新、数据源同步、规划灾难恢复、管理存取控制和安全、管理数据增长、管理数据库性能以及数据仓库的增强和扩充。范围管理包括控制查询、维、报告的数量和范围，限制数据仓库的大小，或限制进度、预算和资源。

各种数据仓库设计工具都可以使用。**数据仓库开发工具**提供一些功能，定义和编辑元数据库内容（如模式、脚本或规则），回答查询，输出报告，向或从关系数据库目录传送元数据。**规划与分析工具**研究模式改变的影响，以及当刷新率或时间窗口改变时对刷新性能的影响。

4.3.3　数据仓库用于信息处理

数据仓库和数据集市已在广泛的应用领域使用。工商企业主管使用数据仓库与数据集市中的数据进行数据分析并做出战略决策。在许多公司，数据仓库用作企业管理的计划—执行—评估"闭环"反馈系统的必要部分。数据仓库广泛用在银行、金融服务、生活消费品和零售批发部门，以及诸如基于需求的产品的生产控制。

通常，数据仓库使用的时间越长，它进化得就越好。进化发生在整个过程的多个阶段。最初，数据仓库主要用于产生报告和回答预先定义的查询。渐渐地，它用于分析汇总和详细数据，结果以报表和图表形式提供。稍后，数据仓库用于决策，进行多维分析和复杂的切片及切块操作。最后，使用数据挖掘工具，数据仓库可能用于知识发现战略决策制定。在这种意义下，数据仓库工具可以分为访问与检索工具，数据库报表工具，数据分析工具和数据挖掘工具。

工商企业用户需要一种手段，知道数据仓库里有什么（通过元数据），如何访问数据仓库的内容，如何使用数据分析工具考察这些内容和如何提供分析结果。

有三类数据仓库应用：信息处理、分析处理和数据挖掘。

- **信息处理**支持查询和基本的统计分析，并使用交叉表、表、图表或图进行报告。数据仓库信息处理的当前趋势是构造低价格的基于 Web 的访问工具，然后与 Web 浏览器集成在一起。
- **分析处理**支持基本的 OLAP 操作，包括切片与切块、下钻、上卷和转轴。一般地，它在汇总的和细节的历史数据上操作。与信息处理相比，联机分析处理的主要优势是它支持数据仓库的多维数据分析。
- **数据挖掘**支持知识发现，包括找出隐藏的模式和关联，构造分析模型，进行分类和预测，并使用可视化工具提供挖掘结果。

153

"数据挖掘与信息处理和联机数据分析的关系是什么？"信息处理基于查询，可以发现有用的信息。然而，这种查询的回答反映直接存放在数据库中的信息，或通过聚集函数可计算的信息；它们不反映复杂的模式，或隐藏在数据库中的规律。因此，信息处理不是数据挖掘。

联机分析处理向数据挖掘走近了一步，因为它可以由用户选定的数据仓库子集，在多粒度上导出汇总的信息。这种描述等价于第 1 章介绍的类/概念描述。由于数据挖掘系统也能挖掘更一般的类/概念描述，这就提出了一个有趣的问题："OLAP 进行数据挖掘吗？OLAP 系统实际就是数据挖掘系统吗？"

OLAP 和数据挖掘的功能可以视为不相交的：OLAP 是数据汇总/聚集工具，帮助简化数据分析；而数据挖掘自动地发现隐藏在大量数据中的隐含模式和有趣知识。OLAP 工具的目标是简化和支持交互数据分析；而数据挖掘工具的目标是尽可能自动处理，尽管仍然允许用户指导这一过程。在这种意义下，数据挖掘比传统的联机分析处理前进了一步。

另一种更广泛的观点可能被接受：数据挖掘包含数据描述和数据建模。由于 OLAP 系统可以提供数据仓库中数据的一般描述，OLAP 的功能基本上是用户指导的汇总和比较（通过上、下钻，旋转，切片，切块和其他操作）。尽管有限，但这些都是数据挖掘功能。同样根据这种观点，数据挖掘的涵盖面要比简单的 OLAP 操作宽得多，因为它不仅执行数据汇总和比较，而且执行关联、分类、预测、聚类、时间序列分析和其他数据分析任务。

数据挖掘不限于分析存放在数据仓库中的数据。它可以分析比数据仓库提供的汇总数据粒度更细的数据。它也可以分析事务的、空间的、文本的和多媒体数据，这些数据很难用现有的多维数据库技术建模。在这种意义下，数据挖掘涵盖的数据挖掘功能和处理的数据复杂性要比 OLAP 大得多。

由于数据挖掘涉及的分析比 OLAP 更自动化、更深入，因而数据挖掘可望有更广的应用范围。数据挖掘可以帮助工商企业的经理找到更合适的客户，也能获得对商务的洞察，帮助提高市场份额和增加利润。此外，数据挖掘能够帮助经理了解顾客群的特点，并据此制定最佳定价策略；不是根据直觉，而是根据顾客的购买模式导出的实际商品组来调整商品捆绑，在降低促销商品开销的同时，提高总体促销的纯收益。

4.3.4 从联机分析处理到多维数据挖掘

数据挖掘领域已经对各种类型的数据的挖掘做了大量研究，这些数据类型包括关系数据、数据仓库的数据、事务数据、时间序列数据、空间数据、文本数据和一般文件。**多维数据挖掘**（又称探索式多维数据挖掘、**联机分析挖掘**或 **OLAM**）把数据挖掘与 OLAP 集成在一起，在多维数据库中发现知识。在数据挖掘的许多不同范例和结构中，由于以下原因，多维数据挖掘特别重要：

- **数据仓库中数据的高质量**：大部分数据挖掘工具需要在集成的、一致的和清理过的数据上运行，这需要昂贵的数据清理、数据变换和数据集成作为预处理步骤。经由这些预处理而构造的数据仓库不仅充当 OLAP，而且也充当数据挖掘的高质量的、有价值的数据源。注意，数据挖掘也可以充当数据清理和集成的有价值的工具。
- **环绕数据仓库的信息处理基础设施**：全面的数据处理和数据分析基础设施已经或将要围绕数据仓库而系统地建立，这包括多个异构数据库的访问、集成、合并和变换，ODBC/OLE DB 连接，Web 访问和服务机制，报表和 OLAP 分析工具。明智的做法是尽量利用可用的基础设施，而不是一切从头做起。
- **基于 OLAP 的多维数据探索**：有效的数据挖掘需要探索式数据分析。用户常常想遍历数据库，选择相关数据，在不同的粒度上分析它们，并以不同的形式提供知识/结果。多维数据挖掘提供在不同的数据子集和不同的抽象层上进行数据挖掘的机制，在数据立方体和数据挖掘的中间结果上进行钻取、旋转、过滤、切块和切片。这些与数据/知识可视化工具一起，将大大增强探索式数据挖掘的能力和灵活性。
- **数据挖掘功能的联机选择**：用户常常可能不知道他想挖掘什么类型的知识。通过将 OLAP 与多种数据挖掘功能集成在一起，多维数据挖掘为用户选择所期望的数据挖掘功能，动态地切换数据挖掘任务提供了灵活性。

第 5 章更详细地介绍数据仓库，考察诸如数据立方体计算、OLAP 查询回答策略和多维数据挖掘等实现问题。其后的章节致力于数据挖掘技术的研究。正如我们所看到的，本章提供的数据仓库与 OLAP 技术导论对于数据挖掘的研究是必要的。这是因为数据仓库为用户提供了大量清洁的、有组织的和汇总的数据，大大地方便了数据挖掘。例如，数据仓库不是存储每个销售事务的细节，而是可能为每个分店存放每类商品的汇总，或到较高层（如每个国家）的汇总。OLAP 提供数据仓库的汇总数据的多种多样动态视图的能力，为成功的数据挖掘奠定了坚实的基础。

此外，我们也相信数据挖掘应当是以人为中心的过程。用户通常与系统交互，进行探测式数据分析，而不是要求数据挖掘系统自动地产生模式和知识。OLAP 为交互式数据分析树立了一个好榜样，并为探索式数据挖掘做了必要的准备。例如，考虑关联模式的发现。应当允许用户沿着任意维上卷，而不是在原始的数据层，在事务间挖掘关联。

例如，用户可能希望在 *item* 维上卷，由观察特定电视机的数据，到观察某种品牌（如索尼、东芝）的电视机的数据。在搜索有趣的关联时，用户也可以由事务层导航到顾客层或顾客类型层。这种 OLAP 风格的数据挖掘是多维数据挖掘的特点。在本书研究数据挖掘原理时，我们特别强调多维数据挖掘，即强调数据挖掘与 OLAP 技术的集成。

4.4　数据仓库的实现

数据仓库包含海量数据。OLAP 服务器要在数秒内回答决策支持查询。因此，至关重要的是，数据仓库系统要支持高效的数据立方体计算技术、存取方法和查询处理技术。本节，我们概述数据仓库系统的有效实现方法。4.4.1 节考察如何有效地计算数据立方体。4.4.2 节展示如何使用位图或连接索引来索引 OLAP 数据。接下来，我们研究如何处理 OLAP 查询（4.4.3 节）。最后，4.4.4 节介绍用于 OLAP 处理的各种类型数据仓库服务器。

4.4.1　数据立方体的有效计算：概述

多维数据分析的核心是有效地计算许多维集合上的聚集。用 SQL 的术语，这些聚集称为分组（**group-by**）。每个分组可以用一个方体表示，而分组的集合形成定义数据立方体的方体的格。本节，我们考察与数据立方体有效计算相关的问题。

|156|

1. compute cube 操作与维灾难

立方体计算的一种方法是扩充 SQL，使之包含 **compute cube** 操作。**compute cube** 操作在操作指定的维的所有子集上计算聚集。这可能需要很大的存储空间，特别是对于大量的维。我们先直观地观察数据立方体有效计算所涉及的问题。

例 4.6　数据立方体是方体的格。假设我们想对 AllElectronics 的销售创建一个数据立方体，包含 *city*、*item*、*year* 和 *sales_in_dollars*。你希望能够用以下查询分析数据：

- "按 *city* 和 *item* 分组计算销售和。"
- "按 *city* 分组计算销售和。"
- "按 *item* 分组计算销售和。"

可从该数据立方体计算的方体或分组的总数是多少？取 *city*、*item* 和 *year* 三个属性作为数据立方体的维，*sales_in_dollars* 为度量，可以由该数据立方体计算的方体或分组总数为

$2^3 = 8$ 个。可能的分组是 {（*city*，*item*，*year*），（*city*，*item*），（*city*，*year*），（*item*，*year*），（*city*），（*item*），（*year*），（）}，其中，（）意指分组为空（即不对任何维分组）。这些分组形成了该数据立方体的方体格，如图 4.14 所示。

基本方体 包含三个维 *city*、*item* 和 *year*，它可以返回这三个维的任意组合的总销售额。**顶点方体**或 0-D 方体表示分组为空的情况，它包含所有销售的总和。基本方体是最低泛化（最特殊化）的方体。顶点方体是最高泛化（最不特殊化）的方体，通常

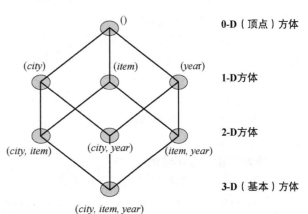

图 4.14　方体的格，组成三维数据立方体，每一个方体代表一个不同的分组；基本方体包含三个维：*city*、*item* 和 *year*

|157|

记作 **all**。如果我们从顶点方体开始，沿方体的格向下探查，这等价于在数据立方体中下钻。如果我们从基本方体向上探查，则类似于上卷。 ∎

不包含分组的 SQL 查询（例如，"计算总销售和"）是 0 维操作。包含一个分组的 SQL 查询（例如，"按 *city* 分组计算销售和"）是一维操作。在 *n* 维上的一个立方体操作等价于一组分组语句，每个对应于 *n* 个维的一个子集。因此，立方体操作是分组操作的 *n* 维推广。

类似于 SQL 语法，例 4.1 的数据立方体可以定义为：

```
define cube sales_cube [city,item,year]:sum(sales_in_dollars)
```

对于 *n* 维立方体，包括基本方体总共有 2^n 个方体。语句

```
compute cube sales_cube
```

显式地告诉系统，对于集合 {*city*, *item*, *year*} 的所有 8 个子集（包括空集合），计算销售聚集方体。立方体计算操作首先由 Gray 等 [GCB+97] 提出并研究。

对于不同的查询，联机分析处理可能需要访问不同的方体。因此，提前计算所有的或者至少一部分方体，看来是个好主意。预计算带来快速的响应时间，并避免一些冗余计算。实际上，如果不是全部，大多数 OLAP 产品都借助于多维聚集的预计算。

然而，预计算的主要挑战是，如果数据立方体中所有的方体都预先计算，所需的存储空间可能爆炸，特别是当立方体包含许多维时。当许多维都具有相关联的概念分层，具有多层时，存储需求甚至更多。这个问题称做**维灾难**（curse of dimensionality）。维灾难的程度在下面解释。

"*n* 维数据立方体有多少个方体？"如果每个维都没有概念分层，我们在上面已看到，*n* 维数据立方体的方体总数为 2^n。然而，在实践中，许多维都确实具有概念分层。例如，维 *time* 通常不只是在一个概念层（如 *year*）上，而是在多个概念层探查，如 "*day* < *month* < *quarter* < *year*"。对于 *n* 维数据立方体，可能产生的方体（包括沿着每一维的分层结构攀升产生的方体）总数是：

158

$$方体总数 = \prod_{i=1}^{n} (L_i + 1) \qquad (4.1)$$

其中，L_i 是与维 *i* 相关联的层数。将 1 加到（4.1）式的 L_i 上，以包括虚拟的顶层 **all**。（注意，因为泛化到 **all** 等价于去掉一个维。）

该公式基于这样一个事实：每个维最多只有一个抽象层出现在一个方体中。例如，上面说明的 *time* 维有 4 个概念层，如果包括虚拟层 **all** 的话，有 5 个概念层。如果数据立方体有 10 维，每维 5 层（包括 **all**），则可能产生的方体总数将是 $5^{10} \approx 9.8 \times 10^6$。每个方体的大小还依赖于每个维的基数（即不同值的个数）。例如，如果每个城市的 AllElectronics 分店都销售所有的商品，则仅 *city_item* 分组就有 |*city*| × |*item*| 个元组。随着维数、概念分层数或基数的增加，许多分组所需要的空间都将大大超过输入关系的大小。

现在，你可能已经意识到，预计算并物化由数据立方体（或由基本方体）可能产生的所有方体是不现实的。如果有很多方体，并且这些方体都很大，更合理的选择是部分物化，即只物化某些可能产生的方体。

2. 部分物化：方体的选择计算

给定基本方体，方体的物化有三种选择：

（1）**不物化**（no materialization）：不预先计算任何"非基本"方体。这导致回答查询时实时计算昂贵的多维聚集，这可能非常慢。

（2）**完全物化**（full materialization）：预先计算所有方体。计算的方体的格是完整立方体（full cube）。通常，这种选择需要海量存储空间来存放所有预计算的方体。

（3）**部分物化**（partial materialization）：有选择地计算整个可能的方体集中一个适当的子集。我们也可以计算数据立方体的一个子集，它只包含满足用户指定的某种条件（如每个单元的元组计数大于某个阈值）的那些单元。对于后一种情况，我们将使用术语子立方体（subcube），其中各种方体只有某些单元被预先计算。部分物化是存储空间和响应时间二者之间的很好折中。

方体或子立方体的部分物化应考虑三个因素：（1）确定要物化的方体子集或子立方体；（2）在查询处理时利用物化的方体或子立方体；（3）在装入和刷新时，有效地更新物化的方体或子立方体。

物化方体或子立方体的选择需要考虑工作负荷下的查询，以及它们的频率和它们的访问开销。此外，也要考虑工作负荷的特点、增量更新的开销和整个存储需求量。选择还必须考虑物理数据库设计的情况，如索引的产生和选择。有些 OLAP 产品采用启发式方法进行方体和子立方体选择。一种流行的方法是物化这样的方体集，其他经常引用的方体是基于它们的。作为一种替换方法，我们可以计算冰山立方体。**冰山立方体**（iceberg cube）是一个数据立方体，它只存放其聚集值（如 **count**）大于某个最小支持度阈值的立方体单元。

另一种常用的策略是物化一个外壳立方体（shell cube）。这涉及预计算数据立方体的只有少量维（例如，3 到 5 维）的方体。在维的其他组合上的查询可以临时计算。由于本章的目的是为数据挖掘提供数据仓库导论和概述，我们把方体选择和计算的详细讨论推迟到第 5 章。那里，我们将更深入地研究各种数据立方体的计算方法。

一旦选定的方体被物化，在查询处理时利用它们就很重要。这涉及一些问题，例如，如何从大量候选的物化方体中确定相关方体，如何使用物化方体中可用的索引结构，以及如何将 OLAP 操作转换成选定方体上的操作。这些问题将在 4.4.3 小节和第 5 章讨论。

最后，在装入和刷新期间，应当有效地更新物化的方体；应当为这些操作探索并行和增量更新技术。

4.4.2　索引 OLAP 数据：位图索引和连接索引

为了提供有效的数据访问，大部分数据仓库系统支持索引结构和物化视图（使用方体）。选择方体物化的一般方法在前一小节已经讨论过了。本小节，我们考察如何使用位图索引和连接索引对 OLAP 数据进行索引。

位图索引（bitmap indexing）方法在 OLAP 产品中很流行，因为它允许在数据立方体中快速搜索。位图索引是 record_ID（RID）列表的一种替代表示。在给定属性的位图索引中，属性域中的每个值 v，有一个不同的位向量 Bv。如果给定的属性域包含 n 个值，则位图索引中每项需要 n 个位（即 n 位向量）。如果数据表给定行上该属性值为 v，则在位图索引的对应行，表示该值的位为 1，该行的其他位均为 0。

例 4.7　位图索引。在 AllElectronics 数据仓库中，假设维 *item* 在顶层有 4 个值（代表商品类型）：“*home entertainment*”、“*computer*”、“*phone*”和“*security*”。每个值（例如“*computer*”）用 *item* 的位图索引表的一个位向量表示。假设数据立方体存放在一个具有 100 000 行的关系表中。由于 *item* 的域有 4 个值，位图索引需要 4 个位向量（或列表），每个 100 000 个二进位。图 4.15 给出了一个包含维 *item* 和 *city* 的基本（数据）表和它的每个维到位图索引的映射。　■

基本表

RID	item	city
R1	H	V
R2	C	V
R3	P	V
R4	S	V
R5	H	T
R6	C	T
R7	P	T
R8	S	T

item 位图索引表

RID	H	C	P	S
R1	1	0	0	0
R2	0	1	0	0
R3	0	0	1	0
R4	0	0	0	1
R5	1	0	0	0
R6	0	1	0	0
R7	0	0	1	0
R8	0	0	0	1

city 位图索引表

RID	V	T
R1	1	0
R2	1	0
R3	1	0
R4	1	0
R5	0	1
R6	0	1
R7	0	1
R8	0	1

图 4.15 使用位图索引指向 OLAP 数据

注：H 代表 "*home entertainment*"，C 代表 "*computer*"，P 代表 "*phone*"，S 代表 "*security*"，V 代表 "*Vancouver*"，T 代表 "*Toronto*"。

与散列和树索引相比，位图索引具有优势。对于基数较小的值域它特别有用，因为比较、连接和聚集操作都简化成位算术运算，大大减少了处理时间。由于字符串可以用单个二进位表示，位图索引显著降低了空间和 I/O 开销。对于基数较高的值域，使用压缩技术，这种方法可以接受。

连接索引（join indexing）方法的流行源于它在关系数据库查询处理方面的应用。传统的索引将给定列上的值映射到具有该值的行的列表上。与之相反，连接索引登记来自关系数据库的两个关系的可连接行。例如，如果两个关系 *R*（*RID*，*A*）和 *S*（*B*，*SID*）在属性 *A* 和 *B* 上连接，则连接索引记录包含（*RID*，*SID*）对，其中 *RID* 和 *SID* 分别为来自关系 *R* 和 *S* 的记录标识符。因此，连接索引记录能够识别可连接的元组，而不必执行开销很大的连接操作。对于维护来自可连接的关系的外码[⊖]和与之匹配的主码的联系，连接索引特别有用。

数据仓库的星形模式模型使得连接索引对于交叉表搜索特别有吸引力，因为事实表和它对应的维表的连接属性是事实表的外码和维表的主码。连接索引维护维（例如在一个维表内）的属性值与事实表的对应行的联系。连接索引可以跨越多维，形成**复合连接索引**。我们可以使用连接索引识别感兴趣的子立方体。

例 4.8 连接索引。在例 4.1 中，我们定义了 AllElectronics 的一个星形模式，形如 "*sales_star* [*time*，*item*，*branch*，*location*]：*dollars_sold* = **sum**（*sales_in_dollars*）"。事实表 *sales* 与维表 *location* 和 *item* 之间的连接索引联系显示在图 4.16 中。例如，维表 *location* 的值 "*Main Street*" 与事实表 *sales* 中的元组 T57、T238 和 T884 连接。类似地，维表 *item* 的值 "*Sony-TV*" 与事实表 *sales* 的元组 T57 和 T459 连接。对应的连接索引表显示在图 4.17 中。

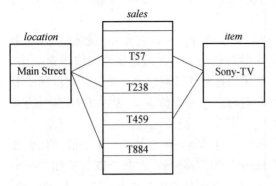

location/sales
连接索引表

location	sales_key
...	
Main Street	T57
Main Street	T238
Main Street	T884
...	

item/sales
连接索引表

item	sales_key
...	
Sony-TV	T57
Sony-TV	T459
...	

location/item/sales
链接两个维的连接索引表

location	item	sales_key
...		
Main Street	Sony-TV	T57
...		

图 4.16 事实表 *sales* 与维表 *location* 和 *item* 之间的连接

图 4.17 基于图 4.16 的事实表 *sales* 与维表 *location* 和 *item* 之间的连接的连接索引表

⊖ 一个关系模式中形成另一个关系模式主码的属性集称做**外码**。

假设在 *sales_star* 数据立方体中有 360 个时间值, 100 种商品, 50 个分店, 30 个地点, 1000 万个销售元组。如果事实表 *sales* 中只记录了 30 种商品, 其余的 70 种商品显然不参与连接。如果不使用连接索引, 必须执行额外的 I/O, 将事实表和维表的连接部分一起读入。 ■

为进一步加快查询处理, 我们可以将连接索引与位图索引集成, 形成**位图连接索引**。

4.4.3 OLAP 查询的有效处理

物化方体和构造 OLAP 索引结构的目的是加快数据立方体查询处理的速度。给定物化的视图, 查询处理应按如下步骤进行:

(1) **确定哪些操作应当在可利用的方体上执行**: 这涉及将查询中的选择、投影、上卷 (分组) 和下钻操作转换成对应的 SQL 和/或 OLAP 操作。例如, 数据立方体上的切片和切块可能对应于物化方体上的选择和/或投影操作。

(2) **确定相关操作应当使用哪些物化的方体**: 这涉及找出可能用于回答查询的所有物化方体, 使用方体之间的 "支配" 联系知识, 进行修剪, 评估使用剩余物化方体的开销, 并选择开销最小的方体。

例 4.9 OLAP 查询处理。假定我们为 AllElectronics 定义了一个数据立方体, 形式为 "*sales_cube*[*time*, *item*, *location*]: sum(*sales_in_dollars*)"。所用的维层次, 对于 *time* 是 "*day < month < quarter < year*", 对于 *item* 是 "*item_name < brand < type*", 而对于 *location* 是 "*street < city < province_or_state < country*"。

假设待处理的查询在 {*brand*, *province_or_city*} 上, 选择常量为 "*year* = 2010"。还假定有四个物化的方体可用, 它们是

- 方体 1: {*year*, *item_name*, *city*}
- 方体 2: {*year*, *brand*, *country*}
- 方体 3: {*year*, *brand*, *province_or_state*}
- 方体 4: {*item_name*, *province_or_state*}, 其中 *year* = 2010

"以上四个方体中, 应当选择哪一个处理该查询?" 较细粒度的数据不能由较粗粒度的数据产生。因此, 不能使用方体 2, 因为 *country* 是比 *province_or_state* 更一般的概念。可以用方体 1、方体 3 和方体 4 来处理该查询, 因为 (1) 它们与该查询具有相同的维集合, 或是其超集; (2) 该查询中的选择子句可以蕴涵在方体的选择中; (3) 与 *brand* 和 *province_or_state* 相比, 这些方体中的 *item* 和 *location* 的抽象层都在更细的层次。

162
∼
163

"如果用来处理该查询, 如何比较每个方体的开销?" 看来, 使用方体 1 开销最大, 因为 *item_name* 和 *city* 都分别处于比该查询给出的 *brand* 和 *province_or_state* 更低的概念层。如果没有许多 *year* 值与 *item* 相关联, 而对于每个 *brand* 值有许多 *item_name* 值, 则方体 3 将比方体 4 小一些, 因此应当选择方体 3 来处理查询。然而, 如果方体 4 有有效的索引可用, 则方体 4 可能是较好的选择。因此, 需要某种基于代价的估计, 以确定应当使用哪个方体集来处理该查询。 ■

4.4.4 OLAP 服务器结构: ROLAP、MOLAP、HOLAP 的比较

从逻辑上讲, OLAP 服务器为商务用户提供数据仓库或数据集市的多维数据, 而不必关心数据如何存放和存放在何处。然而, OLAP 服务器的物理结构和实现必须考虑数据存放问题。用于 OLAP 处理的数据仓库服务器的实现包括:

(1) **关系 OLAP (ROLAP) 服务器**: 这是一种中间服务器, 介于关系的后端服务器和

客户前端工具之间。它们使用关系的或扩充关系的 DBMS 存储并管理数据仓库数据，而 OLAP 中间件支持其余部分。ROLAP 服务器包括每个 DBMS 后端优化，聚集导航逻辑的实现，附加的工具和服务。看来，ROLAP 技术比 MOLAP 技术具有更好的可伸缩性。例如，Microstrategy 的 DSS 服务器就采用 ROLAP 方法。

（2）**多维 OLAP（MOLAP）服务器**：这些服务器通过基于数组的多维存储引擎，支持数据的多维视图。它们将多维视图直接映射到数据立方体数组结构。使用数据立方体的优点是能够对预计算的汇总数据快速索引。注意，如果数据集是稀疏的，则使用多维数据存储的存储利用率可能很低。在这种情况下，应当使用稀疏矩阵压缩技术（第 5 章）。

许多 MOLAP 服务器都采用两级存储表示来处理稠密和稀疏数据集：识别较稠密的子立方体并作为数组结构存储，而稀疏子立方体使用压缩技术，从而提高存储利用率。

（3）**混合 OLAP（HOLAP）服务器**：混合 OLAP 方法结合 ROLAP 和 MOLAP 技术，得益于 ROLAP 较大的可伸缩性和 MOLAP 的快速计算。例如，HOLAP 服务器允许将大量详细数据存放在关系数据库中，而聚集保持在分离的 MOLAP 存储中。微软的 SQL Server 2000 支持混合 OLAP 服务器。

（4）**特殊的 SQL 服务器**：为了满足关系数据库中日益增长的 OLAP 处理的需要，一些数据库系统供应商实现了特殊的 SQL 服务器，提供高级查询语言和查询处理，在只读环境下，在星形和雪花形模式上支持 SQL 查询。

"数据怎样实际地存放在 ROLAP 和 MOLAP 结构中？"我们首先看看 ROLAP。如名称所示，ROLAP 使用关系表存放联机分析处理数据。注意，与基本方体相关联的事实表称为基本事实表。基本事实表存放的数据所处的抽象级由给定的数据立方体的模式的连接键指出。聚集数据也能存放在事实表中，这种表称做**汇总事实表**（summary fact table）。有些汇总事实表既存放基本事实表数据，又存放聚集数据（见例 4.10）。也可以对每一抽象层分别使用汇总事实表，只存放聚集数据。

例 4.10 ROLAP 数据存储。表 4.4 显示了一个汇总事实表，它既存放基本事实数据，又存放聚集数据。该表的模式是 " $\langle record\_identifier(RID), item, \cdots, day, month, quarter, year, dollars\_sold \rangle$ "，其中 day、$month$、$quarter$ 和 $year$ 定义销售日期，$dollars\_sold$ 是销售额。考虑 RID 分别为 1001 和 1002 的元组。这些元组的数据在基本事实级，销售日期分别是 2010 年 10 月 15 日和 2010 年 10 月 23 日。考虑 RID 为 5001 的元组，它所在的抽象级比 RID 为 1001 和 1002 的元组更一般。这里，day 的值被泛化为 **all**，因此对应的 $time$ 值为 2010 年 10 月。也就是说，显示的 $dollars\_sold$ 是一个聚集值，代表 2010 年 10 月全月的销售，而不只是 2010 年 10 月 15 日或 10 月 23 日的销售。特殊值 **all** 用于表示汇总数据的小计。　■

表 4.4　单个基本和汇总事实表

RID	item	...	day	month	quarter	year	dollars_sold
1001	TV	...	15	10	Q4	2010	250.60
1002	TV	...	23	10	Q4	2010	175.00
...	...	...	...	...	...	...	...
5001	TV	...	all	10	Q4	2010	45 786.08
...	...	...	...	...	...	...	...

MOLAP 使用多维数组结构存放联机分析处理数据。这种结构在第 5 章讨论数据仓库实现时更详细地讨论。

大部分数据仓库系统采用客户-服务器结构。关系数据存储总是驻留在数据仓库/数据集市服务器站点上。多维数据存储可以驻留在数据库服务器站点或客户站点。

4.5　数据泛化：面向属性的归纳

从概念上讲，数据立方体可以看做一种多维数据泛化。一般而言，*数据泛化通过把相对低层的值*（例如，属性年龄的数值）*用较高层概念*（例如，青年、中年和老年）*替换来汇总数据，或通过减少维数，在涉及较少维数的概念空间汇总数据*（例如，在汇总学生组群时，删除生日和电话号码属性）。给定存储在数据库中的大量数据，能够以简洁的形式在更一般的（而不是在较低的）抽象层描述数据是很有用的。允许数据集在多个抽象层泛化，便于用户考察数据的一般性质。例如，给定 AllElectronics 数据库，销售经理可能不想考察每个顾客的事务，而愿意观察泛化到较高层的数据，如根据地区按顾客组汇总，观察每组顾客的购买频率和顾客的收入。

这导致一种数据泛化形式：概念描述。概念通常指数据的汇集，如 *frequent_buyers*、*graduate_students* 等。作为一种数据挖掘任务，概念描述不是数据的简单枚举。**概念描述**（concept description）产生数据的特征和比较描述。当被描述的概念涉及对象类时，有时也称概念描述为类**描述**（class description）。**特征**（characterization）提供给定数据汇集的简洁汇总，而概念或类的**比较**（comparison）也称做**区分**（discrimination），提供两个或多个数据集合的比较描述。

到目前为止，我们已经研究了数据仓库中使用多维、多层数据泛化的数据立方体（或 OLAP）方法。"*数据立方体技术足以完成所有的大型数据集的概念描述任务吗？*"考虑下面的情况。

- **复杂的数据类型和聚集**：数据仓库和 OLAP 工具基于多维数据模型，将数据看做数据立方体形式，由维（或属性）和度量（聚集函数）组成。然而，当前许多 OLAP 系统都限制维是非数值数据，而度量是数值数据。实际上，数据库可能包括各种类型的属性，包括数值的、非数值的、空间的、文本的或图像的。理想情况下，它们也应该包括在概念描述中。

  此外，数据库中属性的聚集也可能包括复杂的数据类型，如非数值数据的集合、空间区域的合并、图像的合成、文本的集成和对象指针分组等。这样，由于可能的维和度量类型的限制，OLAP 只表现为一种简单的数据分析模型。需要时，概念描述应当处理具有复杂数据类型的属性和它们的聚集。

- **用户控制与自动处理**：数据仓库中的联机分析处理是用户控制的过程。维的选择和 OLAP 操作（例如，下钻、上卷、切块和切片）的使用都由用户指挥和控制。尽管在大部分 OLAP 系统中，用户控制的界面都是相当友好的，但确实需要用户对每个维的作用有透彻的理解。此外，为了找到一个满意的描述，用户需要使用一长串 OLAP 操作。通常，希望有一个更自动化的过程，帮助用户确定哪些维（或属性）应当包含在分析中，给定的数据应当泛化到什么程度，以便产生有趣的数据汇总。

本节介绍另一种概念描述方法，称做面向属性的归纳。它用于复杂的数据类型并依赖数据驱动的泛化过程。

165
∼
166

4.5.1　数据特征的面向属性的归纳

概念描述的面向属性的归纳（Attribute-Oriented Induction，AOI）方法于 1989 年首次提

出，比数据立方体方法的提出早几年。数据立方体方法基本上是基于数据的物化视图，通常在数据仓库中预先计算。一般而言，在 OLAP 或数据挖掘查询提交处理之前，它脱机地计算聚集。另一方面，面向属性的归纳基本上是面向查询的、基于泛化的、联机的数据分析处理技术。注意，并不存在按照联机聚集和脱机预计算区分两种方法的固有界线。数据立方体中有些聚集也可以联机计算，而多维空间的脱机预计算也可以加快面向属性的归纳速度。

面向属性归纳的基本思想是：首先使用数据库查询收集任务相关的数据；然后，通过考察任务相关数据中每个属性的不同值的个数进行泛化。泛化或者通过属性删除，或者通过属性泛化进行。聚集通过合并相同的广义元组，并收集它们对应的计数值进行。这降低了泛化后的数据集合的规模。结果广义关系可以映射到不同形式（如图表或规则）提供给用户。

下面的例子解释面向属性的归纳过程。我们首先讨论用它进行特征化。在 4.5.3 节，该方法被扩展用于挖掘类比较。

例 4.11   特征化数据挖掘查询。假设用户想描述 *Big University* 数据库中研究生的一般特征。给定的属性有 *name*、*gender*、*major*、*birth_place*、*residence*、*phone#*（电话号码）和 *gpa*（平均积分点）。该特征的数据挖掘查询可以用数据挖掘查询语言 DMQL 表示如下：

167

```
use Big_University_DB
mine characteristics as "Science_Students"
in relevance to name, gender, major, birth_place, birth_date, residence,
        phone#, gpa
from student
where status in "graduate"
```

我们将看看这个典型的数据挖掘查询例子如何使用面向属性的归纳挖掘特征描述。

首先，在面向属性归纳之前进行**数据聚焦**（data focusing）。这一步对应于说明任务相关数据（即用于分析的数据）。根据数据挖掘查询提供的信息收集数据。由于数据挖掘查询通常只涉及数据库的一部分，选择任务相关的数据集不仅使得挖掘更有效，而且与在整个数据库挖掘相比，能够产生更有意义的结果。

对于用户来说，指定相关的数据集（即用于挖掘的属性，如 DMQL 的 **in relevance to** 子句所指出的属性）可能是困难的。有时，用户只能选择少量他认为可能重要的属性，而遗漏在描述中可能起作用的其他属性。例如，假定 *birth_place* 由属性 *city*、*province_or_state* 和 *country* 定义。这些属性中，假设用户只想到说明 *city*。为了能在 *birth_place* 维上泛化，定义该维的其他属性也应当包括进来。换言之，系统自动地包括 *province_or_state* 和 *country* 作为相关属性，使得 *city* 可以在归纳过程中泛化到较高的概念层。

另一个极端是，用户可能引进太多属性，如用 "**in relevance to ***" 指定所有可能的属性。在这种情况下，被 **from** 子句说明的关系的所有属性将包含在分析中。许多属性对于有趣的描述可能是没有用的。可以使用基于相关性（见 3.3.2 节）的分析方法进行属性相关分析，并从描述性挖掘过程中过滤掉统计不相关或弱相关属性。其他方法，如属性子集选择，也在第 3 章介绍过。

"子句 '**where** status **in** "graduate"' 是什么意思？"该 **where** 子句意味着在属性 *status* 上存在概念分层。这种概念分层将 *status* 的原始层的值（例如，"*M. Sc*"、"*M. A*"、"*M. B. A*"、"*Ph. D*"、"*B. Sc*"、"*B. A*"）组成较高层次的概念，如 "*graduate*" 和 "*un-dergraduate*"。这种概念分层在传统的关系查询语言中没有，而很可能成为数据挖掘语言的公共特征。

上面的数据挖掘查询被变换成如下关系查询，收集任务相关的数据集：

```
use Big_University_DB
select name, gender, major, birth_place, birth_date, residence, phone#, gpa
from student
where status in {"M.Sc.," "M.A.," "M.B.A.," "Ph.D."}
```

转换后的查询在关系数据库 *Big_university_DB* 上执行，并返回表 4.5 所示数据。该表称做（任务相关的）**初始工作关系**，它是要进行归纳的数据。注意，事实上每个元组是属性 – 值对的合取。因此，我们可以认为关系的元组是合取规则，而关系上的归纳是这些规则的泛化。　■

表 4.5　初始工作关系：任务相关的数据集

name	gender	major	birth_place	birth_date	residence	phone#	gpa
Jim Woodman	M	CS	Vancouver, BC, Canada	12-8-76	3511, Main St., Richmond	687-4598	3.67
Scott Lachance	M	CS	Montreal, Que, Canada	7-28-75	345, lstAve., Richmond	253-9106	3.70
Laura Lee	F	physics	Seattle, WA, USA	8-25-70	125, Austin Ave., Burnaby	420-5232	3.83
…	…	…	…	…	…	…	…

"对于面向属性归纳，现在数据已经准备好，如何进行面向属性归纳？"面向属性归纳的基本操作是数据泛化，它可以用两种方法之一在初始关系上进行：属性删除和属性泛化。

属性删除（attribute removl）基于如下规则：如果初始工作关系的某个属性有大量不同的值，但是（情况 1）在该属性上没有泛化操作符（例如，该属性没有定义概念分层），或者（情况 2）它的较高层概念用其他属性表示，则应当将该属性从工作关系中删除。

我们考察该规则的理由。一个属性 – 值对表示广义元组或规则的一个合取。删除一个合取就删除了一个约束，从而泛化了规则。如果是情况 1，属性具有大量的不同值，但对它没有泛化操作符，则应当把该属性删除，因为它不能被泛化，并且保留它就意味着保留大量析取，与产生的简洁规则的目标相悖。另一方面，考虑情况 2，属性的高层次概念用其他属性表示。例如，假定该属性是 *street*，它的高层次概念用属性 ⟨*city*, *province_or_state*, *country*⟩ 表示。删除 *street* 等价于使用泛化操作。该规则对应于机器学习的示例学习中称做删除条件的泛化规则。

属性泛化（attribute generalization）基于如下规则：如果初始工作关系的某个属性有大量不同的值，并且该属性上存在泛化操作符的集合，则应当选择一个泛化操作符，并将它用于该属性。该规则基于如下理由：使用泛化操作符泛化工作关系中元组或规则的属性值，将使得规则涵盖更多的原数据的元组，从而泛化了它所表示的概念。这对应于泛化规则，在示例学习中称为沿泛化树攀升或概念树攀升。

属性删除和属性泛化两个规则都表明，如果某属性有大量的不同值，应当进行进一步泛化。这就提出了一个问题：多大才算"属性具有大量不同值"？

这取决于属性或应用，用户可能愿意让某些属性留在很低的抽象层，而另一些泛化到较高的抽象层。控制将属性泛化到多高的抽象层通常是相当主观的。该过程的控制称为**属性泛化控制**。如果属性泛化得"太高"，则可能导致过分泛化，产生的规则可能没有多少信息。

另一方面，如果属性不泛化到"足够高的层次"，则可能导致泛化不足，得到的规则可能也不含多少信息。这样，面向属性的泛化应当把握好尺度。有许多控制泛化过程的方法。我们介绍两种常用的方法，然后用例子解释它们如何运作。

第一种技术称做**属性泛化阈值控制**，或者对所有的属性设置一个泛化阈值，或者对每个属性设置一个阈值。如果属性的不同值个数大于该属性泛化阈值，则应当进行进一步的属性

168
～
169

删除或属性泛化。数据挖掘系统通常有一个默认的属性阈值（取值范围一般为 2~8），并且也应当允许专家或用户修改该阈值。如果用户感到对于一个特定的属性，泛化达到的层次太高，则可以加大该阈值；这对应于沿着该属性下钻。为进一步泛化关系，用户也可以减小特定属性的阈值；这对应于沿属性上卷。

第二种技术称做**广义关系阈值控制**，为广义关系设置一个阈值。如果广义关系中不同元组的个数超过该阈值，则应当进行进一步泛化；否则，不再进一步泛化。这样的阈值也可以在数据挖掘系统中提供（通常取值范围为 10~30），或者由专家或用户设置，并且允许调整。例如，如果用户感到广义关系太小，则他可以加大该阈值；这意味着下钻。否则，为进一步泛化关系，他可以减小该阈值；这意味着上卷。

这两种技术可以顺序使用：首先使用属性泛化阈值控制技术泛化每个属性，然后使用关系阈值控制进一步压缩广义关系。无论使用哪种泛化控制技术，都应当允许用户调整泛化阈值，以便得到有趣的概念描述。

在许多面向数据库的归纳过程中，用户感兴趣的是在不同的抽象层得到数据的量化信息或统计信息。因此，在归纳过程中收集计数和其他聚集值是非常重要的。从概念上讲，这可以通过采用如下办法来实现。聚集函数 `count()` 与每个数据库元组相关联。对于初始工作关系的每个元组，它的值被初始化为 1。通过删除属性和属性泛化，初始关系中的元组可能被泛化，导致相同的元组分组。在这种情况下，形成一个组的所有相等元组应当合并成一个元组。

新的广义元组的计数设置成初始关系中被新的广义元组代表的元组的计数和。例如，假设根据面向属性归纳，初始关系中 52 个数据元组被泛化成同一个元组 T。也就是说，这 52 个元组的泛化产生元组 T 的 52 个相同的实例。这 52 个相同的元组合并，形成 T 的一个实例，其计数设置成 52。其他也可以与每个元组相关联的常用的聚集函数包括 `sum()` 和 `avg()`。对于一个给定的广义元组，`sum()` 包含产生该广义元组的初始关系的给定数值属性值的和。假定元组 T 包含 `sum(units_sold)` 作为聚集函数，元组 T 的 sum 值应当设置为 52 个元组的 *units_sold* 总和。聚集函数 `avg()` 根据公式 `avg() = sum()/count()` 计算。

例 4.12　面向属性的归纳。这里，我们看看面向属性归纳如何在表 4.5 的初始工作关系上进行归纳。对于关系的每个属性，泛化过程如下：

（1）*name*：由于 *name* 存在大量不同值，并且其上没有定义泛化操作，因此该属性被删除。

（2）*gender*：由于 *gender* 只有两个不同值，因此该属性保留，并且不对其进行泛化。

（3）*major*：假设已定义了一个概念分层，允许将属性 *major* 泛化到值 {*arts&science*,*engineering*，*business*}。还假设该属性的泛化阈值被设置为 5，并且初始关系中，*major* 有多于 20 个不同值。根据属性泛化和属性泛化控制，沿给定的概念分层向上攀升，*major* 被泛化。

（4）*birth_place*：该属性有大量不同值，因此应当对它泛化。假设存在 *birth_place* 的概念分层，定义为 "*city* < *province_or_state* < *country*"。如果初始工作关系中 *country* 的不同值个数大于属性泛化阈值，则 *birth_place* 应当删除，因为尽管存在泛化操作符，泛化阈值也不会满足。如果假定 *country* 的不同值个数小于泛化阈值，则 *birth_place* 应当泛化到 *birth_country*。

（5）*birth_date*：假设存在概念分层，可以将 *birth_date* 泛化到 *age*，而 *age* 泛化到 *age_range*，并且 *age_range* 的不同值（区间）个数小于对应的属性泛化阈值，则应当对 *birth_date* 进行泛化。

（6）residence：假定 residence 用属性 number、street、residence_city、residence_province_or_state 和 residence_country 定义。number 和 street 的不同值多半很多，因为这些概念的层次相当低。因此，number 和 street 应当删除，将 residence 泛化到 residence_city，其中包含较少的不同值。

（7）phone#：从名字可以看出，该属性包含太多不同值，因此应当在泛化中删除。

（8）gpa：假设存在概念分层，将 gpa 划分成数值区间，如 {3.75 - 4.0，3.5 - 3.75，…}，它又被用描述值 {"excellent"，"very good"，…} 分组。这样，该属性可以被泛化。

泛化过程将导致相同元组的分组。例如，表4.5 的前两个元组被泛化成相同的元组（即显示在表4.6 中的第一个元组）。然后，这些相同的元组合并成一个，同时累计它们的计数值。这一过程导致表4.6 所示的广义关系。

表4.6　通过对表4.5 的数据进行面向属性归纳得到的广义关系

gender	major	birth_country	age_range	residence_city	gpa	count
M	Science	Canada	20 - 25	Richmond	very_good	16
F	Science	Foreign	25 - 30	Burnaby	excellent	22
…	…	…	…	…	…	…

按照 OLAP 的术语，我们可以把 **count()** 看做度量，而把其他属性看做维。注意，聚集函数如 **sum()** 可以用于数值属性（如 salary、sales）。这些属性称为度量属性。　■

4.5.2　面向属性归纳的有效实现

"面向属性的归纳如何实现？"前一小节介绍了面向属性的归纳。图 4.18 中总结了一般过程。算法的有效性分析如下：

- 算法的第 1 步基本上是关系查询，把任务相关的数据收集到**工作关系 W** 中。其有效性依赖于所用的查询处理方法。考虑到有大量成功实现的商品化数据库系统，该步骤可望具有很好的性能。

- 第 2 步收集初始关系上的统计量。这最多需要扫描一次该关系。对每个属性计算最低期望层和确定映射对 (v, v') 的开销依赖于每个属性的不同值的数量，它小于初始关系的元组个数 $|W|$。注意，不必扫描工作关系，因为如果工作关系很大，则它的一个样本就足以得到统计量，确定哪些属性应该泛化到多高的层次，哪些属性被删除。此外，这些统计量也可以在第 1 步提取和产生工作关系的过程中得到。

- 第 3 步导出**主关系 P**。这通过扫描工作关系的每个元组并把广义元组插入到 P 中完成。W 有 $|W|$ 个元组，P 中有 p 个元组。对于 W 中的每个元组 t，根据导出的映射替换它的属性值，产生广义元组 t′。如果采用图 4.18 中的方法（a），则每个 t′ 需要 $O(log p)$ 时间找到计数增值或元组插入的位置。因此，所有广义元组总的时间复杂度为 $O(|W| \times log p)$。如果采用图 4.18 中的方法（b），则每个 t′ 需要 $O(1)$ 时间找到计数增值的元组。因此，所有广义元组的时间复杂度为 $O(N)$。

许多数据分析任务都需要考察大量的维或属性。这可能涉及动态地引入和测试附加的属性，而不仅仅是挖掘查询中说明的那些属性。此外，不太知道真正的相关数据集的用户可能简单地在挖掘查询中指定 "**in relevance to ***"，把所有的属性都包括在分析中。因此，高级的概念描述挖掘过程需要在大量属性上进行属性相关分析，选择最相关的属性。这种分析可以使用第 3 章介绍的相关性度量或统计显著性检验。

算法: **面向属性归纳**。根据用户的数据挖掘请求,挖掘关系数据库中的泛化特征。

输入:

    DB,关系数据库;

    DMQuery,数据挖掘查询;

    a_list,属性列表(包含属性 a_i 等);

    $Gen(a_i)$,属性 a_i 上的概念分层或泛化操作符的集合;

    $a\_gen\_thresh(a_i)$,每个属性 a_i 的泛化阈值。

输出: 主广义关系 *P*。

方法:

1. *W*←**get_task_relevant_data**(*DMQuery,DB*); //工作关系 *W* 存放任务相关的数据。
2. **prepare_for_generalization**(*W*); //该步实现如下。
   - (a) 扫描 *W*,收集每个属性 a_i 的不同值。(注意:如果 *W* 很大,可以通过考察 *W* 的样本来做。)
   - (b) 对于每个属性 a_i,根据给定的或默认的属性阈值,确定 a_i 是否应当删除;如果不删除,则计算它的最小期望层次 L_i,并确定映射对 (v, v'),其中 *v* 是 *W* 中 a_i 的不同值,而 v' 是 *v* 在层 L_i 上的泛化值。
3. *P*←**generalization**(*W*);
   通过用映射对中对应的 v' 替换 *W* 中每个值 *v*,累计 **count** 并计算所有聚集值,导出主广义关系 *P*。
   这一步可以用以下两种方法之一有效地实现:
   - (a) 对于每个广义元组,通过二分检索将它插入主关系 *P* 中。如果元组已在 *P* 中,则简单地增加它的 **count** 并相应地处理其他聚集值;否则,将它插入 *P*。
   - (b) 在大部分情况下,由于主关系不同值的个数很少,可以将主关系编码,作为 *m* 维数组,其中 *m* 是 *P* 中的属性数,而每个维包含对应的泛化属性值。如果有的话,数组的每个元素存放对应的 **count** 和其他聚集值。广义元组的插入通过对应的数组元素上的度量聚集进行。

图 4.18 面向属性归纳的基本算法

例 4.13 泛化结果表示。 假设在 AllElectronics 数据库的 *sales* 关系上进行面向属性归纳,产生去年销售的泛化描述表 4.7。该描述以广义关系的形式显示。表 4.6 是广义关系的另一个例子。

表 4.7 去年销售的广义关系

location	*item*	*sales*(1 000 000 美元)	*count*(1000)	*location*	*item*	*sales*(1 000 000 美元)	*count*(1000)
亚洲	TV	15	300	亚洲	计算机	120	1000
欧洲	TV	12	250	欧洲	计算机	150	1200
北美	TV	28	450	北美	计算机	200	1800

这种广义关系也可以用交叉表、各种形式的图(例如,饼图和条图)或量化特征规则(即显示泛化关系中不同的值组合如何分布)表示。■

4.5.3 类比较的面向属性归纳

在许多应用中,用户可能对单个类(或概念)的描述或特征不感兴趣,而是希望挖掘一种描述,它将一个类(或概念)与其他可比较的类(或概念)相区分。类区分或比较(此后称为**类比较**)挖掘区分目标类和它的对比类的描述。注意,目标类和对比类必须是可比较的,意指它们具有相似的维或属性。例如,*person*、*address* 和 *item* 这三个类不是可比较的。然而,过去三年的销售是可比较的,计算机科学的学生与物理学的学生也是可比较的。

在前几个小节中,我们关于类特征的讨论处理单个类中的多层数据的汇总和特征。可以扩展所开发的技术,处理多个可比较类上的类比较。例如,可以修改类特征的属性泛化过程,使得泛化在所有比较类上同步地进行。这使得所有类的属性可以泛化到同一抽象层。例如,假设给定 2009 年和 2010 年 AllElectronics 的销售数据,并希望比较这两个类。考虑具有抽象层 *city*、*province_or_state* 和 *country* 的维 *location*。每个类的数据都应当泛化到相同的 *location* 层。也就是说,它们要同步地都泛化到 *city* 层、*province_or_state* 层或 *country* 层。理想情况下，这种比较比用 2009 年温哥华的销售和 2010 年美国的销售进行比较（即每个销售数据集泛化到不同的层次）更有用。然而，用户应当有选择，在愿意时，用他自己的选择替代这种自动的同步比较。

"如何进行类比较?"一般地，该过程如下：

（1）**数据收集**：通过查询处理收集数据库中相关数据，并把它划分成一个目标类和一个或多个对比类。

（2）**维相关分析**：如果有多个维，则应当在这些类上进行维相关分析，仅选择与进一步分析高度相关的维。这一步可以使用相关性度量或基于熵的度量（第 3 章）。

（3）**同步泛化**：泛化在目标类上进行，泛化到用户或领域专家指定的维阈值控制的层，产生**主目标类关系**。对比类的概念泛化到与主目标类关系相同的层次，形成**主对比类关系**。

（4）**导出比较的表示**：结果类比较描述可以用表、图或规则的形式可视化。这种表示通常包括"对比"度量，如 **count%**（百分比计数），反映目标类和对比类之间的比较。如果需要，用户可以在目标类和对比类上使用下钻、上卷和其他 OLAP 操作，调整比较描述。

上面的讨论给出了挖掘数据库中类比较算法的要点。与特征相比，上面的算法涉及目标类与对比类的同步泛化，使得这些类可以在相同的抽象层同时进行比较。

例 4.14 挖掘描述 Big-University 的研究生和本科生的类比较。

例 4.14 挖掘类比较。假设我们想比较 Big_University 的研究生和本科生的一般性质，给定了属性 *name*、*gender*、*major*、*birth_place*、*birth_date*、*residence*、*phone#* 和 *gpa*。

该数据挖掘任务可以用 DMQL 表达如下：

```
use Big_University_DB
mine comparison as "grad_vs_undergrad_students"
in relevance to name, gender, major, birth_place, birth_date, residence,
      phone#, gpa
for "graduate_students"
where status in "graduate"
versus "undergraduate_students"
where status in "undergraduate"
analyze count%
from student
```

我们看看这个典型的挖掘比较描述的数据挖掘查询如何处理。

首先，将该查询转换成两个关系查询，收集两个任务相关的集合：一个是*初始目标类工作关系*，另一个是*初始对比类工作关系*，如表 4.8 和表 4.9 所示。这可以看做是构造数据立方体，其中状态 {graduate，undergraduate} 作为一个维，其他属性形成剩下的维。

表 4.8 初始工作关系：目标类（研究生）

name	gender	major	birth_place	birth_date	residence	phone#	gpa
Jim Woodman	M	CS	Vancouver, BC, Canada	12-8-76	3511 Main St., Richmond	687-4598	3.67
Scott Lachance	M	CS	Montreal, Que, Canada	7-28-75	345, lst Ave., Vancouver	253-9106	3.70
Laura Lee	F	physics	Seattle, WA, USA	8-25-70	125, Austin Ave., Burnaby	420-5232	3.83
…	…	…	…	…	…	…	…

表 4.9 初始工作关系：对比类（本科生）

name	gender	major	birth_place	birth_date	residence	phone#	gpa
Bob Schumann	M	Chemistry	Calgary, Alt, Canada	1-10-78	2642 Halifax St., Burnaby	294-4291	2.96
Amy Eau	F	Biology	Golden, BC, Canada	3-30-76	463 Sunset Cres., Vancouver	681-5417	3.52
…	…	…	…	…	…	…	…

其次，必要时，在两个数据类上进行维相关分析。分析后，不相关或弱相关的维（例如，*name*、*gender*、*birth_place*、*residence* 和 *phone#*）从结果类删除。只有那些强相关的属性包含在其后的分析中。

再次，进行同步泛化：泛化在目标类上进行，泛化到用户或领域专家指定的维阈值控制的层，产生主目标类关系。对比类概念泛化到与主目标类关系相同的层次，形成主对比类关系，如表 4.10 和表 4.11 所示。与本科生相比，研究生一般趋向于年龄稍大，GPA 较高。

表 4.10 目标类的主广义关系（研究生）

major	*age_range*	*gpa*	*count%*
Science	21…25	good	5.53
Science	26…30	good	5.02
Science	>30	verygood	5.86
…	…	…	…
Business	>30	excellent	4.68

表 4.11 对比类主广义关系（本科生）

major	*age_range*	*gpa*	*count%*
Science	16…20	fair	5.53
Science	16…20	good	4.53
…	…	…	…
Science	26…30	good	2.32
…	…	…	…
Business	>30	excellent	0.68

最后，结果类比较描述以表、图和/或规则的形式提供。这种可视化表示包括比较目标类和对比类的对比度量（如 **count%**）。例如，5.02% 的研究生选择"科学"专业，年龄在 26～30 岁，GPA 为"good"，而只有 2.32% 的本科生具有这种特征。如果需要，用户可以在目标类和对比类上进行钻取和执行其他 OLAP 操作，调整最终描述的抽象级。■

概括地说，与数据立方体方法相比，数据特征和泛化的面向属性的归纳方法提供了另一种数据泛化方法。它并不局限于关系数据，因为这种归纳可以在空间、多媒体、序列以及其他类型的数据集上进行。此外，不需要预先计算数据立方体，因为泛化可以基于接收到的用户查询在线进行。

此外，可以把自动分析加入这种归纳过程，自动过滤不相关或不重要的属性。然而，由于面向属性的归纳自动把数据泛化到较高层，因此它不能有效地支持下钻到比被泛化的关系提供的抽象层还深的层。集成数据立方体技术与面向属性的归纳可能平衡预计算和联机计算。当需要下钻到比被泛化的关系提供的抽象层还深的层时，也能支持快速的联机计算。

4.6 小结

- **数据仓库**是面向主题的、集成的、时变的和非易失的有组织的数据集合，支持管理决策制定。有一些要素区别数据仓库与操作数据库。由于两种系统提供很不相同的功能，需要不同类型的数据，因此有必要将数据仓库与操作数据库分开维护。

- 数据仓库通常采用**三层体系结构**。底层是数据仓库服务器，它通常是关系数据库系统。中间层是 OLAP 服务器。顶层是客户，包括查询和报表工具。

- 数据仓库包含加载和刷新仓库的**后端工具和实用程序**。这些涵盖了数据提取、数据清理、数据变换、装入、刷新和仓库管理。

- 数据仓库**元数据**是定义仓库对象的数据。元数据库提供了关于仓库结构，数据历史，汇总使用的算法，从源数据到仓库形式的映射，系统性能，商务术语和问题等细节。

- 通常，**多维数据模型**用于企业数据仓库和部门数据集市的设计。这种模型采用星形模式、雪花模式或事实星座模式。多维数据模型的核心是**数据立方体**。数据立方体由大量事实（或度量）和许多维组成。维是一个组织想要记录的实体或透视，本质上是分层的。

- 数据立方体由**方体的格**组成，每个方体对应于给定多维数据的一个不同级别的汇总。

- **概念分层**将属性或维的值组织成渐进的抽象层。概念分层对于多抽象层上的挖掘是有用的。

- **联机分析处理**（OLAP）可以在使用多维数据模型的数据仓库或数据集市上进行。典型的 OLAP 操作包括上卷、下钻（钻过、钻透）、切片和切块、转轴（旋转），以及统计操作，如秩评定、计算移动平均值和增长率等。使用数据立方体结构，OLAP 操作可以有效地实现。

- 数据仓库用于信息处理（查询和报表）、分析处理（允许用户通过 OLAP 操作在汇总数据和细节数据之间导航）和数据挖掘（支持知识发现）。基于 OLAP 的数据挖掘称为**多维数据挖掘**（又称探索式多维数据挖掘、联机分析挖掘或 OLAM）。它强调 OLAP 挖掘的交互式和探测式特点。

- OLAP 服务器可以是**关系 OLAP**（ROLAP）、**多维 OLAP**（MOLAP）或**混合 OLAP**（HOLAP）。RO-LAP 服务器使用扩充的关系 DBMS，把多维数据上的 OLAP 操作映射成标准的关系操作。MOLAP 服务器直接把多维数据视图映射到数组结构。HOLAP 是 ROLAP 和 MOLAP 的结合。例如，它可以对历史数据使用 ROLAP，而将频繁访问的数据放在一个分离的 MOLAP 存储中。

- **完全物化**是指计算定义数据立方体的格中所有的方体，通常需要过多的存储空间，特别是当维数和相关联的概念分层增长时。该问题称为**维灾难**。作为一种替代方案，**部分物化**是选择性计算格中的方体子集或子立方体。例如，**冰山立方体**是一个数据立方体，它只存放其聚集值（例如，`count`）大于某个最小支持度阈值的立方体单元。

- 使用索引技术，OLAP 查询处理可以更有效地进行。在**位图索引**中，每个属性都有它自己的位图索引表。位图索引把连接、聚集和比较操作归结成位算术运算。**连接索引**登记来自两个或多个关系的可连接行，降低了 OLAP 连接操作的代价。**位图连接索引**结合位图和连接索引方法，可以进一步加快 OLAP 查询处理。

- **数据泛化**是一个过程，它把数据库中大量任务相关的数据，从相对较低的概念层抽象到较高的概念层。数据泛化方法包括基于数据立方体的数据聚集和面向属性的归纳。**概念描述**是描述性数据挖掘的最基本形式。它以简洁汇总的形式描述给定的任务相关数据集，提供数据的有趣的一般性质。概念（或类）描述由**特征**和**比较**（或**区分**）组成。前者汇总并描述称做**目标类**的数据集，而后者汇总并将一个称做**目标类**数据集与称做**对比类**的其他数据集相区别。

- **概念特征化**可以使用**数据立方体**（**基于 OLAP**）**的方法**和**面向属性的归纳方法**实现。这些都是基于属性或基于维的泛化的方法。**面向属性归纳方法**包含以下技术：数据聚焦、通过属性删除或属性泛化对数据泛化、计数和聚集值累计、属性泛化控制和泛化数据可视化。

- **概念比较**可以用类似于概念特征的方式，使用面向属性归纳或数据立方体方法进行。可以量化地比较和对比从目标类和对比类泛化的元组。

4.7　习题

4.1　试述对于多个异构信息源的集成，为什么许多公司更愿意使用更新驱动的方法（构造和使用数据仓库），而不是查询驱动的方法（使用包装程序和集成程序）。描述一些查询驱动方法比更新驱动方法更可取的情况。

4.2　简略比较以下概念，可以用例子解释你的观点。

　　（a）雪花模式、事实星座、星网查询模型。

　　（b）数据清理、数据变换、刷新。

4.3　假定数据仓库包含三个维——*time*、*doctor* 和 *patient*，两个度量——*count* 和 *charge*，其中，*charge* 是医生对一位病人的一次诊治的费用。

　　（a）列举三种流行的数据仓库建模模式。

　　（b）使用（a）中列举的模式之一，画出上面数据仓库的模式图。

　　（c）由基本方体 [*day*, *doctor*, *patient*] 开始，为列出 2010 年每位医生的收费总数，应当执行哪些 OLAP 操作？

　　（d）为得到同样的结果，写一个 SQL 查询。假定数据存放在关系数据库中，其模式为 *fee*(*day*, *month*, *year*, *doctor*, *hospital*, *patient*, *count*, *charge*)。

4.4 假设 Big_University 的数据仓库包含如下 4 个维——*student*、*course*、*semester* 和 *instructor*，2 个度量——*count* 和 *avg_grade*。在最低的概念层（例如，对于给定的学生、课程、学期和教师的组合），度量 *avg_grade* 存放学生的实际课程成绩。在较高的概念层，*avg_grade* 存放给定组合的平均成绩。

    （a）为该数据仓库画出雪花模式图。

    （b）由基本方体 [*student*, *course*, *semester*, *instructor*] 开始，为列出 Big_University 每个学生的 CS 课程的平均成绩，应当使用哪些 OLAP 操作（如由学期上卷到学年）。

    （c）如果每维有 5 层（包括 **all**），如 "*student* < *major* < *status* < *university* < **all**"，该数据立方体包含多少个方体（包括基本方体和顶点方体）？

4.5 假定数据仓库包含 4 个维——*date*、*spectator*、*location* 和 *game*，2 个度量——*count* 和 *charge*，其中 *charge* 是观众在给定的日期观看节目的费用。观众可以是学生、成年人或老年人，每类观众有不同的收费标准。

    （a）画出该数据仓库的星形模式图。

    （b）由基本方体 [*date*, *spectator*, *location*, *game*] 开始，为列出 2010 年学生观众在 *GM_Place* 的总付费，应当执行哪些 OLAP 操作？

    （c）对于数据仓库，位图索引是有用的。以该数据立方体为例，简略讨论使用位图索引结构的优点和问题。

4.6 数据仓库可以用星形模式或雪花模式建模。简略讨论这两种模式的相似点和不同点，然后分析它们的相对优缺点。哪种模式更实用？给出你的观点并陈述理由。

4.7 为地区气象局设计一个数据仓库。气象局大约有 1000 个观测点，散布在该地区的陆地和海洋，收集基本气象数据，包括每小时的气压、温度、降水量。所有的数据都送到中心站，那里已收集了这种数据长达十余年。你的设计应当有利于有效的查询和联机分析处理，以及有效地导出多维空间的一般天气模式。

4.8 数据仓库实现的流行方法是构造一个称为数据立方体的多维数据库。不幸的是，这常常产生大的、稀疏的多维矩阵。

181

    （a）给出一个例子，解释这种大型稀疏数据立方体。

    （b）设计一种实现方法，可以很好地克服稀疏矩阵问题。注意，你需要详细解释你的数据结构，讨论空间需求，以及如何从你的结构中提取数据。

    （c）修改你在（b）中的设计，以便处理增量数据更新。给出你的设计理由。

4.9 关于数据立方体度量计算：

    （a）根据计算数据立方体所用的聚集函数，列出度量的三种类型。

    （b）对于具有三个维 *time*、*location* 和 *product* 的数据立方体，函数 *variance*（方差）属于哪一类？如果立方体被分割成一些块，说明如何计算它。

    提示：计算 *variance* 函数的公式是：$\frac{1}{N}\sum_{i=1}^{N}(x_i - \bar{x})^2$，其中，$\bar{x}$ 是这些 x_i 的平均值。

    （c）假定函数是 "最高的 10 个销售额"。讨论如何在数据立方体中有效地计算该度量。

4.10 假设公司想设计一个数据仓库，以便于以联机分析处理方式分析移动车辆。公司以如下格式记录大量汽车运动数据：（*Auto_ID*, *location*, *speed*, *time*）。其中 *Auto_ID* 每个代表一个车辆，涉及诸如 *vehicle_category*、*driver_category* 等信息；每个 *location* 涉及城市的一条街道。假定有一个该城市的街道图。

    （a）设计一个数据仓库，以便于多维空间的有效联机分析处理。

    （b）运动数据可能包含噪声。讨论如何开发一种方法，自动地发现该数据库中可能被错误地记录的数据记录。

    （c）运动数据可能是稀疏的。讨论如何开发一种方法，尽管数据稀疏，但是仍然能够构造可靠的数据仓库。

    （d）如果你想在特定的时间开车从 A 到 B，讨论系统如何使用仓库中的数据，设计一条快速的路线。

4.11 射频识别（RFID）通常用来跟踪对象运动，进行库存控制。RFID 阅读器可以在任意预定的时间近距离成功地读取 RFID 标签。假设公司想设计一个数据仓库，便于以联机分析处理方式分析具有 RFID 标签的对象。假设公司以格式（*RFID*, *at_location*, *time*）记录大量 RFID 数据，并且还有一些关于携带 RFID 标签的对象的信息，例如（*RFID*, *product_name*, *product_category*, *producer*, *date_ produced*, *price*）。

    （a）设计一个数据仓库，以方便这类数据的有效登记和联机分析处理。 |182|

    （b）RFID 数据可能包含大量冗余信息。讨论一种方法，它在数据登入该 RFID 数据仓库时，最大限度地减少冗余。

    （c）RFID 数据可能包含大量噪声，如遗漏登记和 ID 误读。讨论一种有效清理 RFID 数据仓库中噪声的方法。

    （d）你可能想进行联机分析处理，按月、品牌和价格区间确定有多少台电视机从洛杉矶港运到伊利诺伊州尚佩恩市的 BestBuy。如果你在该数据仓库中存放了这种 RFID 数据，概述如何有效地做这件事。

    （e）如果一位顾客送回一桶牛奶，并抱怨说在过期之前它已经变质，讨论如何在数据仓库中调查这一情况，找出问题是出在运输还是储存上。

4.12 在许多应用中，新的数据集递增地添加到已有的大型数据集中。因此，一个重要的考虑是，度量是否能够以增量方式有效地计算。以计数、标准差和中位数为例，说明分布或代数度量有利于有效的增量计算，而整体度量不行。

4.13 假设你需要在数据立方体中记录三种度量：**min()**、**average()** 和 **median()**。倘若数据立方体允许递增地删除数据（即每次一小部分），为每种度量设计有效的计算和存储方法。

4.14 在数据仓库技术中，多维视图可以用关系数据库技术（ROLAP）、或多维数据库技术（MOLAP）或混合数据库技术（HOLAP）实现。

    （a）简要描述每种实现技术。

    （b）对每种技术，解释如下函数如何实现：

        i. 数据仓库的产生（包括聚集）

        ii. 上卷

        iii. 下钻

        iv. 增量更新

    （c）你喜欢哪种实现技术？为什么？

4.15 假设数据仓库包含20个维，每个维有5级粒度。

    （a）用户感兴趣的主要是4个特定的维，每维有3个上卷和下钻频繁访问的层。如何设计数据立方体结构，能有效地对此予以支持？

    （b）用户时常想从一两个特定的维钻透数据立方体，到原始数据。如何支持这一特征？ |183|

4.16 数据立方体 C 具有 n 个维。每个维在基本方体中恰有 p 个不同值。假定没有与这些维相关联的概念分层。

    （a）基本方体单元的最大个数可能是多少？

    （b）基本方体单元的最小个数可能是多少？

    （c）数据立方体 C 的单元（包括基本单元和聚集单元）的最大个数是多少？

    （d）数据立方体 C 的单元的最小个数是多少？

4.17 三种主要的数据仓库应用即信息处理、分析处理和数据挖掘的区别是什么？讨论 OLAP 挖掘（OLAM）的动机。

4.8 文献注释

有大量关于数据仓库和 OLAP 技术的引论性教材，例如 Kimball、Ross、Thornthwaite 等［KRTM08］，Imhoff、Galemmo 和 Geiger［IGG03］，Inmon［Inm96］。Chaudhuri 和 Dayal［CD97］给出了数据仓库和 OLAP 技

术的综述。一组关于物化视图和数据仓库实现的研究论文收集在 Gupta 和 Mumick［GM99］的 *Materialized Views：Techniques，Implementations，and Applications* 中。

决策支持系统的历史可以追溯到 20 世纪 60 年代。然而，为多维数据分析构造大型数据仓库的提议归功于 Codd［CCS93］，他创造了术语 OLAP 表示联机分析处理。OLAP 委员会成立于 1995 年。Widom［Wid95］列举了数据仓库的一些研究问题。Kimball 和 Ross［KR02］总结了 SQL 在支持商业界常见的比较方面的不足，并给出了一组需要数据仓库和 OLAP 技术的应用实例。关于 OLAP 系统与统计数据库比较的综述见 Shoshani［Sho97］。

Gray 等［GCB⁺97］提出将 data cube 作为关系聚集操作符，推广分组、交叉表和小计。Harinarayan、Rajaraman 和 Ullman［HRU96］提出一种贪心算法，用于数据立方体计算中的方体部分物化。数据立方体的计算方法已经被许多研究考察，如 Sarawagi 和 Stonebraker［SS94］，Agarwal 等［AAD⁺96］，Zhao、Deshpande 和 Naughton［ZDN97］，Ross 和 Srivastava［RS97］，Beyer 和 Ramakrishnan［BR99］，Han、Pei、Dong 和 Wang［HPDW01］，Xin、Han、Li 和 Wah［XHLW03］。这些方法将在第 5 章深入讨论。

冰山查询在 Fang、Shivakumar、Garcia-Molina 等［FSGM⁺98］中首次引入。使用连接索引来加快关系查询处理由 Valduriez［Val87］提出。O' Neil 和 Graefe［OG95］提出位图连接索引方法，以加快基于 OLAP 的查询处理。位映射和其他非传统索引技术的性能讨论在 O' Neil 和 Quass［OQ97］中给出。

关于为有效的 OLAP 查询处理物化方体选择的工作，参见如 Chaudhuri 和 Dayal［CD97］，Harinarayan、Rajaraman 和 Ullman［HRU96］，以及 Sristava 等［SDJL96］。立方体大小估计的方法可以在 Deshpande 等［DNR⁺97］，Ross 和 Srivastava［RS97］，以及 Beyer 和 Ramakrishnan［BR99］中找到。Agrawal、Gupta 和 Sarawagi［AGS97］提出了多维数据库建模的操作。通过联机聚集快速回答查询的方法在 Hellerstein、Haas 和 Wang［HHW97］，Hellerstein 等［HAC⁺99］中介绍。估计最高 N 个查询的技术由 Carey 和 Kossman［CK98］，Donjerkovic 和 Ramakrishnan［DR99］提出。关于智能 OLAP 和数据立方体的发现驱动的探查在第 5 章的文献注释中提供。

数据立方体技术

数据仓库系统在各种粒度为多维数据的交互分析提供 OLAP 工具。OLAP 工具通常使用数据立方体和多维数据模型，对汇总数据提供灵活的访问。例如，数据立方体能够存放多个数据维（如商品、地区和顾客）上的预计算的度量（如 **count()** 和 **total_sales()**）。用户可以提出数据上的 OLAP 查询。他们也可以以多维方式，通过诸如下钻（观看更特定的数据，如每个城市的总销售）或上卷（在更一般的泛化层观看数据，如每个国家的总销售）这样的 OLAP 操作来探查数据。

尽管数据立方体概念最初是用于 OLAP 的，但是对于数据挖掘它也有用。**多维数据挖掘**是一种数据挖掘方法，它把基于 OLAP 的数据分析与知识发现技术集成在一起。多维数据挖掘又称做探索式多维数据挖掘和联机分析挖掘（OLAM）。它通过探查多维空间中的数据来搜索有趣的模式。这赋予用户动态地关注感兴趣的任何维子集的自主权。用户可以交互地下钻或上卷到各抽象层，发现分类模型、聚类、预测规则和离群点。

本章，我们关注数据立方体技术。特别地，我们研究数据立方体的计算方法和多维数据分析方法。数据立方体（或数据立方体的一部分）的预计算使得我们能够快速访问汇总数据。考虑到大部分数据集的高维性，多维分析可能遇到性能瓶颈。因此，研究数据立方体的计算技术是很重要的。幸运的是，数据立方体技术为立方体计算提供了许多有效的、可伸缩的方法。研究这些方法也有助于我们理解并为其他数据挖掘任务，如频繁模式发现（第 6 章和第 7 章），开发可伸缩的方法。

我们从立方体计算的基本概念（5.1 节）开始，概述把数据立方体看做方体的格的概念，介绍立方体物化的基本形式，并给出立方体计算的一般策略。接下来，5.2 节深入考察数据立方体计算的具体方法。我们研究完全物化（即表示数据立方体的所有方体都预计算，从而为使用做好准备）和部分方体物化（比如，只预计算数据立方体的更"有用"部分），详细介绍一种完全立方体计算的多路数组聚集方法。部分立方体计算的方法，包括 BUC、Star-Cubing 和立方体外壳片段的使用，也在该节讨论。

在 5.3 节中，我们研究基于立方体的查询处理。所介绍的技术建立在 5.2 节提供的立方体计算的标准方法之上。你将学习用于样本数据（如概览数据，它代表感兴趣的目标数据总体的样本或子集）上 OLAP 查询回答的抽样立方体。此外，你还将学习如何计算用于大型关系数据库的有效的 top-k（排序）查询处理的排序立方体。

在 5.4 节中，我们介绍使用数据立方体进行多维数据分析的各种方法。预测立方体的引进有利于多维空间的预测建模。我们讨论多特征立方体，它计算涉及多粒度上多个依赖聚集的复杂查询。你还将学习立方体空间基于异常的发现驱动的探查，那里，显示可视立提示，指示在所有聚集层发现的数据异常，从而指导用户的数据分析过程。

5.1 数据立方体计算：基本概念

数据立方体有利于多维数据的联机分析处理。"但是，我们如何提前计算立方体，使得它们在查询处理时唾手可得、容易使用？"本节把完全立方体物化（即预计算）与部分立方体物化的各种策略进行比较。为完整起见，我们首先回顾涉及数据立方体的基本术语。我们还将引进立方体单元的概念，这对于介绍数据立方体计算方法是有用的。

5.1.1 立方体物化：完全立方体、冰山立方体、闭立方体和立方体外壳

图 5.1 显示维 A、B、C 和聚集度量 M 的 3-D 数据立方体。通常使用的度量包括 **count()**、**sum()**、**min()**、**max()** 和 **total_sales()**。数据立方体是方体的格，每个方体代表一个 group-by。这里，ABC 是基本方体，包含所有 3 个维。聚集度量 M 对 3 个维的所有可能组合计算。基本方体是数据立方体中泛化程度最低的方体。泛化程度最高的方体是顶点方体，通常用 **all** 表示。它包含一个值，对于存放在基本方体中的所有元组聚集度量 M。为了在数据立方体中下钻，我们从顶点方体沿方体的格向下移动。对于上卷，我们从基本方体向上移动。在本章的讨论中，我们总是使用术语数据立方体表示方体的格，而不是单个方体。

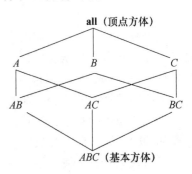

图 5.1　方体的格，形成以 A、B 和 C 为维的某聚集度量 M 的 3-D 数据立方体

[188]

基本方体的单元是**基本单元**。非基本方体的单元是**聚集单元**。聚集单元在一个或多个维上聚集，其中每个聚集维用单元记号中的"$*$"指示。假设我们有一个 n 维数据立方体。令 $a = (a_1, a_2, \cdots, a_n, measures)$ 是一个单元，取自构成数据立方体的一个方体。如果 $\{a_1, a_2, \cdots, a_n\}$ 中恰有 $m(m \leq n)$ 个值不是"$*$"，则我们说 a 是 **m 维单元**（即取自一个 m 维方体）。如果 $m = n$，则 a 是基本单元；否则（即 $m < n$）它是聚集单元。

例 5.1　基本单元和聚集单元。 考虑一个数据立方体，它包含维 *month*、*city*、*customer_group* 和一个度量 *sales*。（*Jan*，$*$，$*$，2800）和（$*$，*Chicago*，$*$，1200）都是 1-D 单元，（*Jan*，$*$，*Business*，150）是 2-D 单元，而（*Jan*，*Chicago*，*Business*，45）是 3-D 单元。这里，所有的基本单元都是 3-D 单元，而 1-D 和 2-D 单元都是聚集单元。 ■

单元之间可能存在祖先 – 后代联系。在 n 维数据立方体中，i-D 单元 $a = (a_1, a_2, \cdots, a_n, measures_a)$ 是 j-D 单元 $b = (b_1, b_2, \cdots, b_n, measures_b)$ 的**祖先**，而 b 是 a 的**后代**，当且仅当（1）$i < j$，并且（2）对于 $1 \leq k \leq n$，只要 $a_k \neq *$，就有 $a_k = b_k$。特别地，a 是 b 的**父母**，而 b 是 a 的**子女**，当且仅当 $j = i + 1$。

例 5.2　祖先和后代单元。 对于例 5.1，1-D 单元 $a = (Jan，*，*，2800)$ 和 2-D 单元 $b = (Jan，*，Business，150)$ 是 3-D 单元 $c = (Jan，Chicago，Business，45)$ 的祖先；c 是 a 和 b 的后代；b 是 c 的父母，而 c 是 b 的一个子女。 ■

为了确保快速 OLAP，有时希望预计算**完全立方体**（即给定数据立方体的所有方体的所有单元）。一种计算完全立方体的方法在 5.2.1 节给出。然而，完全立方体的计算复杂度是维数的指数。即 n 维数据立方体包含 2^n 个方体。如果考虑每个维的概念分层，那么方体的个数更多⊖。此外，每个方体的大小依赖于它的诸维的基数。这样，预计算完全立方体可能需要海量空间，常常超过内存的容量。

[189]

尽管如此，完全立方体计算的算法仍然是重要的。**单个**方体可以存放在辅助存储器上，在需要时访问。或者，可以使用这样的算法计算较小的立方体，包含给定维集合的一个子

⊖　4.4.1 节中的（4.1）式给出了数据立方体中方体的总数，其中每个维都有相关联的概念分层。

集，或者某些维的可能值的一个较小的值域。在这些情况下，较小的立方体是给定维子集和维值的完全立方体。透彻地理解完全立方体的计算方法有助于我们开发计算部分立方体的有效方法。因此，重要的是探索计算数据立方体的所有方体（即完全物化）的可伸缩方法。这些方法必须考虑可用于计算方体的内存容量的限制、所计算的数据立方体的总体大小，以及计算所需要的时间。

数据立方体的部分物化提供了存储空间和 OLAP 响应时间之间的有趣折中。不是计算完全立方体，而是计算数据立方体的方体的一个子集，或者计算由各种方体的单元子集组成的子立方体。

实际上，数据分析师可能对方体的许多单元都不太感兴趣或不感兴趣。回想一下，完全立方体的每个单元记录的都是聚集值，如 **count** 或 **sum**。对于方体中的许多单元而言，该度量值将为 0。当相对于存放在方体中的非零值元组的数量，方体维的基数的乘积很大时，则称该方体是**稀疏的**。如果一个立方体包含许多稀疏方体，则称该立方体是**稀疏的**。

在许多情况下，相当多的立方体空间可能被大量具有很低度量值的单元所占据。这是因为立方体单元在多维空间中的分布常常是相当稀疏的。例如，一位顾客一次在一个商店可能只买少量商品。这样的事件将产生少量非空单元，而剩下其他大部分立方体单元为空。在这种情况下，仅物化其度量值大于某个最小阈值的方体单元（group-by）是有用的。比如，在 *sales*（销售）数据立方体中，可能只希望物化其 *count* ≥ 10（即对于给定的维组合单元而言，至少有 10 个元组）的方体单元，或者物化代表 *sales* ≥ $100 的单元。这不仅能够节省处理时间和磁盘空间，而且还能够导致更聚焦的分析。对于未来的分析，不能满足阈值的单元可能是不重要的。

这种部分物化的立方体称为**冰山立方体**（iceberg cube）。这种最小阈值称为**最小支持度阈值**，或简称为最小支持度（*min_sup*）。只物化数据立方体单元的一小部分，结果看上去像"露出水面的冰山顶"，其中"冰山"是包括所有单元的完全立方体。冰山立方体可以用 SQL 查询说明，如下面的例子所示。

190

例 5.3　冰山立方体。
compute cube *sales_iceberg* as
select *month, city, customer_group*, count(*)
from *salesInfo*
cube by *month, city, customer_group*
having count(*) >= *min_sup*

compute cube 语句说明冰山立方体 *sales_iceberg* 的预计算，使用维 *month*、*city*、*customer_group* 和聚集度量 **count()**。输入元组在关系 *salesInfo* 中。**cube by** 子句说明对给定维的所有可能的子集形成聚集（一些 group by）。如果要计算完全立方体，则每个 group by 将对应数据立方体格中的一个方体。**having** 子句指定的约束称为**冰山条件**（iceberg condition）。这里，冰山度量是 **count()**。注意，这里计算的冰山立方体可以用来回答在指定维的任意组合上分组条件为 **having count**(*) >= *v*（其中 *v* ≥ *min_sup*）的分组查询。不使用 **count()**，冰山条件可以说明为更复杂的度量，如 **average()**。

如果省略该例中的 **having** 子句，则得到完全立方体，称该立方体为 *sales_cube*。冰山立方体 *sales_iceberg* 排除了 *sales_cube* 中计数小于 *min_sup* 的单元。显然，如果设置 *sales_iceberg* 中的最小支持度为 1，则结果立方体将是完全立方体 *sales_cube*。　■

一种计算冰山立方体的朴素方法是，首先计算完全立方体，然后剪去不满足冰山条件的单元。然而，这仍然可能代价昂贵，令人望而却步。一种有效的方法是直接计算冰山立方体，而不计算完全立方体。5.2.2 节和 5.2.3 节讨论冰山立方体计算的有效方法。

引入冰山立方体将减轻计算数据立方体中不重要聚集单元的负担。然而，仍然有大量不感兴趣的单元需要计算。例如，假设 100 维的数据库有 2 个基本单元，记作 $\{(a_1, a_2, a_3, \cdots, a_{100}):10, (a_1, a_2, b_3, \cdots, b_{100}):10\}$，其中每个单元的计数都是 10。如果最小支持度为 10，则需要计算和存储的单元个数仍然多得难以容忍，尽管它们中的大部分是令人不感兴趣的。例如，有 $2^{101} - 6$ 个不同的聚集单元[⊖]，形如 $\{(a_1, a_2, a_3, \cdots, a_{99}, *):10, \cdots,$ $(a_1, a_2, *, a_4, \cdots, a_{99}, a_{100}):10, \cdots, (a_1, a_2, a_3, *, \cdots, *, *):10\}$，但是它们中的大部分都不包含新信息。如果忽略可以通过用 * 替换常量值并保持度量值不变得到的聚集单元，则只剩下 3 个不同的单元：$\{(a_1, a_2, a_3, \cdots, a_{100}):10, (a_1, a_2, b_3, \cdots, b_{100}):10,$ $(a_1, a_2, *, \cdots, *):20\}$。也就是说，在 $2^{101} - 4$ 个不同的基本和聚集单元中，只有 3 个实际提供有价值的信息。

为了系统地压缩数据立方体，需要引入闭覆盖（closed coverage）的概念。一个单元 c 是闭单元（closed cell），如果不存在单元 d，使得 d 是单元 c 的特殊化（后代）（即 d 通过将 c 中的 " * " 值用 "非 * " 值替换得到），并且 d 与 c 具有相同的度量值。**闭立方体**（closed cube）是一个仅由闭单元组成的数据立方体。例如，上面导出的 3 个单元是数据集 $\{(a_1, a_2, a_3, \cdots, a_{100}):10, (a_1, a_2, b_3, \cdots, b_{100}):10\}$ 的数据立方体的 3 个闭单元。它们形成了图 5.2 所示的闭立方体的格。其他非闭单元都可以通过格中对应的闭单元导出。例如，"$(a_1, *, *, \cdots, *):20$" 可以由 "$(a_1, a_2, *, \cdots, *):20$" 导出，因为前者是后者的非闭单元泛化。类似地，有 "$(a_1, a_2, b_3, *, \cdots, *):10$"。

部分物化的另一种策略是只预计算涉及少数维（如 3 ~ 5 个维）的方体。这些方体形成对应的数据立方体的**立方体外壳**（cube shell）。在附加的维组合上的查询必须临时计算。例如，可以预计算 n 维数据立方体中具有 3 个或更少维的所有方体，产生大小为 3 的立方体外壳。然而，这仍然导致需要计算大量的方体，特别是当 n 很大时。或者，可以基于方体的兴趣度，选择只预计算立方体外壳的部分或片段。5.2.4 节讨论计算这种**外壳片段**（shell fragment）的方法，并考察如何使用它们有效地处理 OLAP 查询。

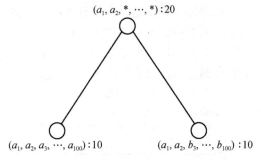

图 5.2　形成闭立方体的格的 3 个闭单元

5.1.2　数据立方体计算的一般策略

基于 5.1.1 节介绍的不同类型的立方体，有多种有效计算数据立方体的方法。一般而言，有两种基本数据结构用于存储方体。关系 OLAP（ROLAP）的实现使用关系表，而多维数组用于多维 OLAP（MOLAP）。尽管 ROLAP 和 MOLAP 可能使用不同的立方体计算技术，但是某些优化 "技巧" 可以在不同的数据表示之间共享。下面是数据立方体有效计算的一般优化技术。

优化技术 1：排序、散列和分组。应当对维属性使用排序、散列和分组操作，以便对相关元组重新定序和聚类。

在立方体计算中，对共享一组相同维值的元组（或单元）进行聚集。因此，重要的是利用排序、散列和分组操作对这样的数据进行访问和分组，以便有利于聚集的计算。

例如，为了按 *branch*、*day* 和 *item* 计算总销售，更有效的方法是先按 *branch*，再按 *day* 对元组或单元排序，然后按 *item* 名对它们分组。在大型数据集中这些操作的有效实现已经在数据库研究领域广泛开展。这些实现可以扩展到数据立方体计算。

这些技术还可以进一步扩展，进行**共享排序**（当使用基于排序的方法时，在多个方体之间共享排序开销），或进行**共享划分**（当使用基于散列的方法时，在多个方体之间共享划分开销）。

优化技术 2：同时聚集和缓存中间结果。在立方体计算中，从先前计算的较低层聚集而不是从基本事实表计算较高层聚集是有效的。此外，从缓存的中间计算结果同时聚集可能导致减少开销很大的磁盘 I/O 操作。

例如，为了按 *branch* 计算销售，可以使用由较低层方体（如按 *branch* 和 *day* 的销售）计算导出的中间结果。这种技术可以进一步扩展，进行**平摊扫描**（同时计算尽可能多的方体，分摊磁盘读）。

优化技术 3：当存在多个子女方体时，由最小的子女聚集。当存在多个子女方体时，由先前计算的最小子女方体计算父母方体（即更泛化的方体）通常更有效。

例如，为了计算销售方体 C_{branch}，当存在两个先前计算的方体 $C_{|branch,year|}$ 和 $C_{|branch,item|}$ 时，如果不同的商品远比不同的年份多，则使用 $C_{|branch,year|}$ 计算 C_{branch} 显然比使用 $C_{|branch,item|}$ 更有效。

还有许多其他优化技术可以进一步提高计算的效率。例如，可以将字符串属性映射到整数，其取值从零到属性的基数。

在冰山立方体的计算中，下面的优化技术扮演特别重要的角色。

193

优化技术 4：可以使用先验剪枝方法有效地计算冰山立方体。对于数据立方体，**先验性质**（Apriori property）[⊖] 表述如下：*如果给定的单元不满足最小支持度，则该单元的后代（即更特殊化的单元）也都不满足最小支持度*。使用这种性质可以显著地降低冰山立方体的计算量。

回想一下，冰山立方体的说明包含一个冰山条件，它是在物化单元上的约束。通常的冰山条件是单元必须满足最小支持度阈值，如最小计数或总和。在这种情况下，可以使用先验性质对该单元后代的探查进行剪枝。例如，如果方体单元 c 的计数小于最小支持度阈值 v，则较低层方体中 c 的任何后代单元的计数都不可能高于 v，因此可以被剪枝。

换言之，如果某个单元 c 违反某条件（例如，**having** 子句指定的冰山条件），则 c 的每个后代也将违反该条件。遵守这一性质的度量称为**反单调的**（antimonotonic）[⊖]。这种形式的剪枝在频繁模式挖掘中很流行，它也有助于数据立方体的计算，减少处理时间和磁盘空间需求。这可能导致更聚焦的分析，因为不能通过阈值的单元可能不是有趣的。

在下面几节中，我们介绍一些流行的计算立方体的有效方法，它们使用以上某些或所有的优化策略。

⊖　先验性质（Apriori property）由 R. Agrawal 和 R. Srikant[AS94] 在关联规则挖掘的 Apriori 算法中提出。关联规则挖掘的许多算法都利用了这一性质（见第 6 章）。

⊖　**反单调性**基于违反条件，而**单调性**基于满足条件。

5.2 数据立方体计算方法

数据立方体计算是数据仓库实现的一项基本任务。完全或部分数据立方体的预计算可以大幅度降低响应时间，提高联机分析处理的性能。然而，这种计算是一个挑战，因为它可能需要大量计算时间和存储空间。本节考察数据立方体计算的有效方法。5.2.1 节介绍计算完全立方体的多路数组聚集方法。5.2.2 节介绍一种称为 BUC 的方法，它从顶点方体向下计算冰山立方体。5.2.3 节介绍 Star-Cubing 方法，它集成了自顶向下和自底向上的计算。

最后，5.2.4 节介绍壳片段立方体方法，它为有效的高维 OLAP 计算壳片段。为了简化讨论，不考虑可以通过沿着维的概念分层攀升泛化得到的方体。这类方体可以通过扩展所讨论的方法计算。关于闭立方体的有效计算方法，作为习题留给感兴趣的读者。

5.2.1 完全立方体计算的多路数组聚集

多路数组聚集（简称 MultiWay）方法使用多维数组作为基本的数据结构，计算完全数据立方体。它是一种使用数组直接寻址的典型 MOLAP 方法，其中维值通过位置或对应数组位置的下标访问。因此，MultiWay 不能使用基于值的重新排序作为优化技术。一种不同的方法是为基于数组的立方体结构开发的，如下所述：

（1）把数组划分成块。**块**是一个子立方体，它足够小，可以放入立方体计算时可用的内存。**分块**是一种把 n 维数组划分成小的 n 维块的方法，其中每个块作为一个对象存放在磁盘上。块被压缩，以避免空数组单元所导致的空间浪费。一个单元为空，如果它不含有任何有效数据（其单元计数为零）。例如，为了**压缩稀疏数组**结构，在块内搜索单元时可以用"*chunkID + offset*"作为单元的寻址机制。这种压缩技术功能强大，可以处理磁盘和内存中的稀疏立方体。

（2）通过访问立方体单元（即访问立方体单元的值）来计算聚集。可以优化访问单元的次序，使得每个单元必须重复访问的次数最小化，从而减少内存访问开销和存储开销。技巧是使用这样一种次序，使得多个方体的聚集单元可以同时计算，避免不必要的单元再次访问。

由于分块技术涉及"重叠"某些聚集计算，因此称该技术为**多路数组聚集**（multiway array aggregation）。它执行**同时聚集**，即同时在多个维组合上计算聚集。

通过一个具体的例子，解释这种基于数组的立方体构造方法。

例 5.4 多路数组立方体计算。 考虑一个包含三个维 A、B 和 C 的 3-D 数组。该 3-D 数组被划分成小的、基于内存的块。在这个例子中，该数组被划分为 64 块，如图 5.3 所示。维 A 组织成 4 个相等的分区 a_0，a_1，a_2 和 a_3。类似地，维 B 和 C 也划分成 4 分区。块 1，2，…，64 分别对应于子立方体 $a_0b_0c_0$，$a_1b_0c_0$，…，$a_3b_3c_3$。假设维 A、B 和 C 的基数分别是 40、400 和 4000。这样，对于维 A、B 和 C，数组的大小也分别为 40、400 和 4000。因此，A、B 和 C 每部分的大小分别是 10、100 和 1000。对应数据立方体的完全物化涉及计算定义该立方体的所有方体。结果完全立方体由如下各方体组成：

- 基本方体，记作 ABC（其他方体都直接或间接地由它计算）。该方体已经计算出来，并且对应于给定的 3-D 数组。
- 2-D 方体 AB、AC 和 BC，分别对应于按 AB、AC 和 BC 分组。这些方体必须计算。
- 1-D 方体 A、B 和 C，分别对应于按 A、B 和 C 分组。这些方体必须计算。

- 0-D（顶点）方体，记作 **all**，对应于按（）分组，即不分组。该方体必须计算。它仅包含一个值。例如，如果数据立方体的度量是 **count**，则所计算的值简单地是 ABC 中所有元组的总计数。

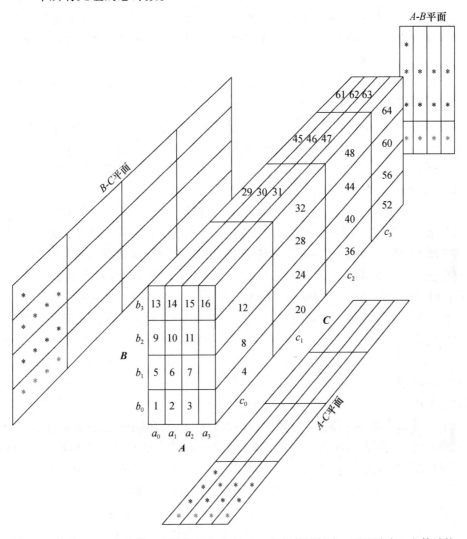

图 5.3　将维 A、B 和 C 的 3-D 数组划分为 64 块。每块都足够小，可以放在立方体计算可用的内存中。"*"指出已经在处理中聚集的 1～13 块

196

如何用多路数组技术进行这种计算？存在多种可能的次序将各块读入内存，用于计算立方体。考虑图 5.3 中从 1～64 标记的次序。假设计算 BC 方体中的 b_0c_0 块。在块内存中为该块分配存储空间。通过扫描 ABC 的第 1～4 块，计算 b_0c_0 块。即 b_0c_0 单元在 a_0 到 a_3 上聚集。然后，块内存可以分配给下一个块 b_1c_0，在扫描 ABC 紧接着的 4 个块（第 5～8 块）后完成 b_1c_0 的聚集。如此继续下去，可以计算整个 BC 方体。因此，对于所有 BC 块的计算，一次只需要把一个 BC 块放在内存。

在计算 BC 方体时，必须扫描 64 块中的每一块。"为计算其他方体，如 AB 和 AC，有没有办法避免重新扫描所有的块？"回答是非常肯定的。这正是"多路计算"或"同时聚集"思想的由来。例如，扫描块 1（即 $a_0b_0c_0$）时（例如，如上所述，为计算 BC 中的 2-D 块 b_0c_0），同时计算与 $a_0b_0c_0$ 有关的所有 2-D 块。也就是说，扫描 $a_0b_0c_0$ 时，应该同时计算三

个 2-D 聚集平面 BC、AC 和 AB 上的三个块 b_0c_0、a_0c_0 和 a_0b_0。换句话说，当一个 3-D 块在内存时，多路计算向每一个 2-D 平面同时聚集。

现在，看看不同的块扫描和方体计算次序对完全数据立方体的计算效率有什么影响。注意，维 A、B 和 C 的大小分别为 40、400 和 4000。因此，最大的 2-D 平面是 BC（大小为 $400 \times 4000 = 1\,600\,000$）；次大的 2-D 平面是 AC（大小为 $40 \times 4000 = 160\,000$）；$AB$ 是最小的 2-D 平面（大小为 $40 \times 400 = 16\,000$）。

假设以所示次序从块 1 到块 64 扫描各块。如上所述，扫描包含块 1 到块 4 的行后，b_0c_0 完全被聚集；扫描包含块 5 到块 8 的行后，b_1c_0 完全被聚集等。于是，为了完全计算 BC 方体的一块（其中 BC 是最大的 2-D 平面），需要按此次序扫描该 3-D 方体的 4 块。换言之，按照这个次序扫描，每扫描一行，BC 的一块就被完全计算。相比之下，给定扫描次序 1 ~ 64，完全计算次大 2-D 平面 AC 上的一块需要扫描 13 块。也就是说，扫描块 1、5、9 和 13 后 a_0c_0 才被完全聚集。

最后，计算最小的 2-D 平面 AB 上的一块需要扫描 49 块。例如，扫描块 1、17、33 和 49 后，a_0b_0 被完全聚集。因此，为了完成计算，AB 需要的扫描块数最多。为了避免把一个 3-D 块多次调入内存，根据从 1 ~ 64 的扫描次序，在块内存中保持所有相关的 2-D 平面所需最小内存单位为：40×400（用于整个 AB 平面）$+ 40 \times 1000$（用于 AC 平面的一行）$+ 100 \times 1000$（用于 BC 平面的一块）$= 16\,000 + 40\,000 + 100\,000 = 156\,000$ 个内存单位。

换一种次序，假设块的扫描次序为 1、17、33、49、5、21、37、53 等。也就是说，假定扫描次序是首先向 AB 平面，然后向 AC 平面，最后向 BC 平面聚集。保持二维平面在块内存中的最小内存需求量为：400×4000（用于整个 BC 平面）$+ 10 \times 4000$（用于 AC 平面的一行）$+ 10 \times 100$（用于 AB 平面的一块）$= 1\,641\,000$ 存储单位。注意，这是从 1 ~ 64 扫描次序所需内存的十倍多。

类似地，可以算出 1-D 和 0-D 方体多路计算的最小内存需求量。图 5.4 显示计算 1-D 方体的最有效方法。1-D 方体 A 和 B 的各块在计算最小的 2-D 方体 AB 时计算。最小的 1-D 方体 A 的所有块都放在内存，而较大的 1-D 方体 B 一次只有一块在内存中。类似地，方体 C 的块在计算次小的方体 AC 时计算，一次只需要一块在内存。根据这种分析，可以看出使用上述内存分配策略，数组立方体计算的最有效次序是块次序 1 ~ 64。 ■

在例 5.4 中，假定有足够的内存空间进行一遍立方体计算（即通过一次扫描所有块来计算所有的方体）。如果内存空间不足，则完成计算将需要多遍扫描 3-D 数组。然而，在这种情况下，确定块计算次序的基本原则是一样的。当维的基数乘积适中并且数据不是太稀疏时，MultiWay 是最有效的。当维度很高或者数据非常稀疏时，内存数组变得太大，不能放在内存中，这种方法就变得不可行。

使用适当的稀疏数组压缩技术和仔细的方体计算顺序，实验表明 MultiWay 数组立方体计算比传统的 ROLAP（基于关系记录的）计算快得多。与 ROLAP 不同，MultiWay 的数组结构不需要节省空间来存放搜索码。此外，MultiWay 使用直接数组寻址，比 ROLAP 的基于关键字的寻址搜索策略快。对于 ROLAP 立方体计算，不直接使用表计算立方体，而是将表转换成数组，用数组计算立方体，然后再把结果转换成表可能更快。然而，这种方法可能仅对具有相对较少维的立方体才有效，因为需要计算的方体个数随维数指数增长。

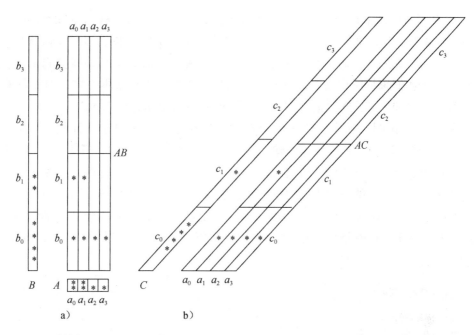

图 5.4 计算例 5.4 的 1-D 方体的内存分配和计算次序：a）1-D 方体 A 和 B 的各块在计算最小的 2-D 方体 AB 时聚集；b）1-D 方体 C 的块在计算次小的方体 AC 时聚集。"$*$"表示已经聚集的块

"如果试图用 MultiWay 计算冰山立方体效果如何？"回想一下，先验性质表明，如果给定的单元不满足最小支持度，则它的任何后代也不满足。不幸的是，MultiWay 计算从基本方体开始，逐步向上到更泛化的祖先方体。它不能利用先验剪枝，因为先验剪枝需要在子女结点（即更特殊化的结点）之前计算父母结点。例如，如果 AB 中的单元 c 不满足冰山条件指定的最小支持度，那么也不能剪掉 c，因为 c 在方体 A 或 B 中的祖先的计数可能大于最小支持度，并且它们的计算需要 c 的计数。

199

5.2.2 BUC：从顶点方体向下计算冰山立方体

BUC 是一种计算稀疏冰山立方体的算法。与 MultiWay 不同，BUC 从顶点方体向下到基本方体构造冰山立方体。这使得 BUC 可以分担数据划分开销。这种处理次序也使得 BUC 在构造立方体时使用先验性质进行剪枝。

图 5.5 显示一个方体的格，构成一个具有维 A、B 和 C 的 3-D 数据立方体。顶点（0-D）方体代表概念 **all**（即（$*$，$*$，$*$）），在格的顶部。这是最聚集或最泛化的层。3-D 基本方体 ABC 在格的底部。这是最不聚集（最细节或最特化）的层。方体格的这种表示（顶点方体在顶部而基本方体在底部），在数据仓库界广泛接受。它将下钻（从高聚集单元向较低、更细化的单元移动）和上卷（从细节的、低层单元向较高层、更聚集的单元移动）概念一致起来。

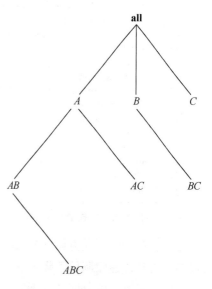

图 5.5 3-D 数据立方体计算的 BUC 探查。注意，计算从顶点方体开始

BUC 代表"自底向上构造"（Bottom-Up Construction）。然而，根据上面介绍的并贯穿本书使用的格的约定，BUC 的处理次序实际上是自顶向下！BUC 的作者以相反的次序观察方体的格，顶点方体在底部，而基本方体在顶部。从这种角度看，BUC 确实是自底向上构造的。然而，由于我们采用应用观点，下钻表示从顶点方体向下到基本方体，因此将 BUC 的探查过程视为自顶向下。3-D 数据立方体计算的 BUC 探查显示在图 5.5 中。

BUC 算法显示在图 5.6 中。首先解释算法，然后给出一个例子。开始，用输入关系（元组集）调用该算法。BUC 聚集整个输入（行 1）并输出结果总数（行 3）。（行 2 是优化特征，稍后在例子中讨论。）对于每个维 d（行 4），输入在 d 上划分（行 6）。由 **Partition()** 返回，$dataCount$ 包含维 d 的每个不同值的元组总数。d 的每个不同值形成自己的分区。行 8 对每个分区迭代。行 10 检查分区的最小支持度。也就是说，如果该分区中的元组数满足（即≥）最小支持度，则该分区成为递归调用 BUC 的输入关系，在维 $d+1$ 到 $numDims$ 上的划分计算冰山立方体（行 12）。

算法：**BUC**。计算稀疏冰山立方体的算法。
输入：
- $input$：待聚集的关系。
- dim：本次迭代的起始维。

全程量：
- 常量 $numDims$：维的总数。
- 常量 $cardinality[numDims]$：每个维的基数。
- 常量 min_sup：分区中的元组的最少个数，满足它的分区才输出。
- $outputRec$：当前输出记录。
- $dataCount[numDims]$：存放每个分区的大小。$dataCount[i]$ 是大小为 $cardinality[i]$ 的整数列表。

输出：递归地输出满足最小支持度的冰山立方体单元。
方法：

```
(1)    Aggregate(input);  // 扫描整个 input，计算度量（如 count），并将结果存入 outputRec
(2)    if input. count( ) = = 1 then    // 优化
           WriteAncestors(input[0], dim); return;
       endif
(3)    write outputRec;
(4)    for(d = dim; d < numDims; d + + )do    // 划分每个维
(5)        C = cardinality[d];
(6)        Partition(input, d, C, dataCount[d]);    // 对维 d 创建数据的 C 个分区
(7)        k = 0;
(8)        for(i = 0; i < C; i + + )do    // 对每个分区（维 d 的每个值）
(9)            c = dataCount[d][i];
(10)           if c > = min_sup then    // 检查冰山条件
(11)               outputRec. dim[d] = input[k]. dim[d];
(12)               BUC(input[k.. k + c - 1], d + 1);    // 在下一个维上聚集
(13)           endif
(14)           k + = c;
(15)       endfor
(16)       outputRec. dim[d] = all;
(17)   endfor
```

图 5.6　计算稀疏冰山立方体的 BUC 算法。源于 Beyer 和 Ramakrishnan[BR99]

注意，对于完全立方体（即 **having** 子句中的最小支持度为 1），最小支持度条件总是满足的。这样，递归调用下降一层，更深入进格。一旦从递归调用返回，就继续处理 d 的下一个分区。当所有的分区都处理完后，就对剩下的每个维重复该过程。

例 5.5　冰山立方体的 BUC 构建。考虑如下用 SQL 表达的冰山立方体：

```
compute cube iceberg_cube as
select A, B, C, D, count(*)
from R
cube by A, B, C, D
having count(*) >= 3
```

让我们看看 BUC 如何构造维 A、B、C 和 D 的冰山立方体，其中最小支持度计数为 3。假设维 A 有 4 个不同值 a_1、a_2、a_3、a_4；B 有 4 个不同值 b_1、b_2、b_3、b_4；C 有 2 个不同值 c_1、c_2；而 D 有 2 个不同值 d_1、d_2。如果将每个分组看成一个划分，则必须计算满足最小支持度（即具有 3 个元组）的分组属性的每个组合。

图 5.7 显示了如何首先根据维 A，然后根据维 B、C 和 D 的不同属性值将输入进行划分。为了进行划分，BUC 扫描输入，聚集元组得到 **all** 的计数，对应于单元（ * ，* ，* ，* ）。使用维 A 将输入分成 4 个分区，每个对应于 A 的一个不同值。A 的每个不同值的元组数（计数）记录在 $dataCount$ 中。

在搜索满足冰山条件的元组时，BUC 使用先验性质节省搜索时间。从维 A 的值 a_1 开始，聚集 a_1 分区，为 A 的分组创建一个元组，对应于单元（a_1，* ，* ，* ）。假设（a_1，* ，* ，* ）满足最小支持度，此时在 a_1 的分区上进行递归调用。BUC 在维 B 上划分 a_1 的分区。它检查（a_1，b_1，* ，* ）的计数，看它是否满足最小支持度。如果满足，则输出 AB 分组的聚集元组，并在（a_1，b_1，* ，* ）上递归，从 c_1 开始对 C 上划分。假设（a_1，b_1，c_1，* ）的单元计数是 2，不满足最小支持度。根据先验性质，如果一个单元不满足最小支持度，则它的任何后代也不可能满足。因此，BUC 剪掉对（a_1，b_1，c_1，* ）的进一步探查。也就是说，它避免在维 D 上对该单元划分。它回溯到 a_1、b_1 分区，并且在（a_1，b_1，c_2，* ）上递归，如此下去。通过在每次递归调用前检查冰山条件，只要单元的计数不满足最小支持度，BUC 就节省大量处理时间。

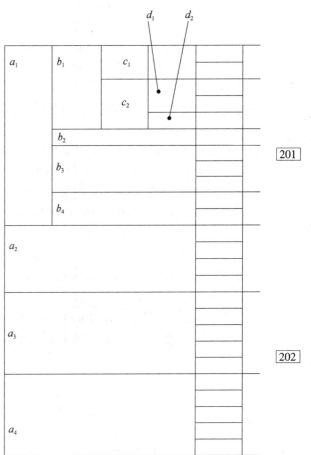

图 5.7　BUC 划分给定 4-D 数据集的快照

使用一种线性排序方法 CountingSort 使得划分过程更加方便。CountingSort 很快，因为它不进行任何关键字比较就能找到划分边界。此外，排序时计算的计数可以在 BUC 计算分组时重用。行 2 是对具有计数 1 的分区进行优化，如例子中的（a_1，b_2，* ，* ）。为了节省划分开销，将计数写到每个元组后代的分组上。这特别有用，因为在实践中，许多分区都具有单个元组。

BUC 的性能容易受维的次序和倾斜数据的影响。理想地，应当首先处理最有区分能力的维。维应当以基数递减序处理。基数越高，分区越小，因而分区越多，从而为 BUC 剪枝提供了更大的机会。类似地，维越均匀（即具有较小的倾斜），对剪枝越好。

BUC 的主要贡献是分担划分开销的思想。然而，与 MultiWay 不同，它不在父母与子女的分组之间共享聚集计算。例如，方体 AB 的计算对 ABC 的计算并无帮助。后者基本上需要从头计算。

5.2.3 Star-Cubing：使用动态星树结构计算冰山立方体

本节介绍计算冰山立方体的 **Star-Cubing** 算法。Star-Cubing 结合了我们已经研究过的其他方法的优点。它集成自顶向下和自底向上立方体计算，并利用多维聚集（类似于 Multi-Way）和类 Apriori 剪枝（类似于 BUC）。它在一个称为星树（star-tree）的数据结构上操作，对该数据结构进行无损数据压缩，从而降低计算时间和内存需求量。

Star-Cubing 算法利用自底向上和自顶向下模式的计算模式：在全局计算次序上，它使用自底向上模式。然而，正如我们在下面将看到的，它下面有一个基于自顶向下模式的子层，利用共享维的概念。这种集成允许算法在多个维上聚集，而仍然划分父母分组并剪裁不满足冰山条件的子女分组。

对于 4-D 数据立方体的计算，Star-Cubing 方法如图 5.8 所示。如果只遵循自底向上模式（类似于 Multiway），则 Star-Cubing 标记为"剪枝"的方体仍然被考察。Star-Cubing 能够剪掉标记的方体，因为它考虑共享维。ACD/A 意味方体 ACD 具有共享维 A，ABD/AB 意味方体 ABD 具有共享维 AB，ABC/ABC 意味方体 ABC 具有共享维 ABC 等。这源于泛化：在以 ACD 为根的子树中的所有方体都包含维 A，在以 ABD 为根的子树中的所有方体都包含维 AB，在以 ABC 为根的子树中的所有方体都包含维 ABC（尽管这样的方体只有一个）。我们称这些公共维为特定子树的**共享维**（shared dimension）。

共享维的引入有利于共享计算。由于共享维在树扩展前识别，因此可以避免以后重新计算它们。例如，从图 5.8 中 ABD 扩展的方体 AB 实际上被剪枝，因为 AB 实际上已经在 ABD/AB 中计算。类似地，从 AD 扩展的方体 A 也被剪枝，因为它已经在 ACD/A 中计算。

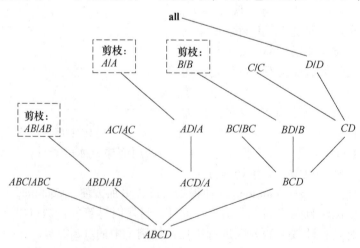

图 5.8 Star-Cubing：具有自顶向下共享维扩展的自底向上计算

如果冰山立方体度量（如 *count*）是反单调的，则共享维允许类 Apriori 剪枝。也就是说，如果共享维上的聚集值不满足冰山条件，则沿该共享维向下的所有单元也不可能满足冰山条件。这样的单元和它们的所有后代都可以被剪枝，因为根据定义，这些单元比共享维中的单元更特殊化（即包含更多维）。后代单元涵盖的元组数将少于或等于共享维涵盖的元组数。因此，如果在共享维上的聚集值不满足冰山条件，则后代单元也不可能满足。

例 5.6 共享维剪枝。如果共享维 A 的值为 a_1，并且它不满足冰山条件，则以 a_1CD/a_1 为根的整棵子树（包括 a_1CD/a_1C、a_1D/a_1、a_1/a_1）都可以被剪枝，因为它们都是 a_1 的更特殊化的版本。 ∎

为了解释 Star-Cubing 算法如何工作，还需要解释几个概念，即方体树、星结点和星树。

使用树表示个体方体。图 5.9 显示了基本方体 $ABCD$ 的**方体树**（cuboid tree）片段。树的每一层代表一个维，而每个结点代表一个属性值。每个结点有 4 个字段：属性值、聚集值、指向第一个子女的指针和指向第一个兄妹的指针。方体中的元组逐个插入树中。一条从根到树叶结点的路径代表一个元组。例如，树中结点 c_2 具有聚集（计数）值 5，表示值 $(a_1, b_1, c_2, *)$ 有 5 个元组。这种表示合并了公共前缀，节省内存并允许聚集内部结点上的值。利用内部结点上的聚集值，可以进行基于共享维的剪枝。例如，AB 的方体树可以用来对 ABD 的可能单元进行剪枝。

[205]

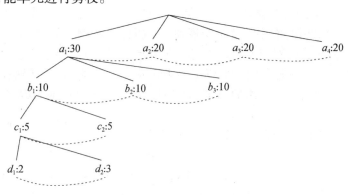

图 5.9 基本方体树的片段

如果单个维在属性值 p 上的聚集不满足冰山条件，则在冰山立方体计算中识别这样的结点没有意义。这样的结点 p 可以用 ∗ 替换，使方体树可以进一步压缩。如果单个维在 p 上的聚集不满足冰山条件，则称属性 A 中的结点 p 是**星结点**（star node）；否则，称 p 为**非星结点**（non-star node）。使用星结点压缩的方体树称为**星树**（star-tree）。

例 5.7 星树构造。一个基本方体表显示在表 5.1 中。该基本方体有 5 个元组和 4 个维。维 A、B、C 和 D 的基数分别为 2、4、4 和 4。所有属性的一维聚集显示在表 5.2 中。假定冰山条件中 $min\_support = 2$。显然，只有属性值 a_1、a_2、b_1、c_3、d_4 满足该条件，其他值都低于阈值从而成为星结点。通过压扁星结点，归约的基本表是表 5.3。注意，与表 5.1 相比，该表少 2 行，并且不同的值也较少。

表 5.1 基本（方体）表：星归约前

A	B	C	D	count
a_1	b_1	c_1	d_1	1
a_1	b_1	c_4	d_3	1
a_1	b_2	c_2	d_2	1
a_2	b_3	c_3	d_4	1
a_2	b_4	c_3	d_4	1

表 5.2 一维聚集

维	count = 1	count ≥ 2
A	—	a_1（3）、a_2（2）
B	b_2、b_3、b_4	b_1（2）
C	c_1、c_2、c_4	c_3（3）
D	d_1、d_2、d_3	d_4（2）

[206]

使用归约的基本表来构造方体树，因为它比较小。结果星树显示在图 5.10 中。 ∎

表5.3 压缩后的基本表：星归约后

A	B	C	D	count
a_1	b_1	*	*	2
a_1	*	*	*	1
a_2	*	c_3	d_4	2

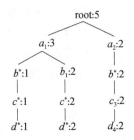

图 5.10 压缩的基本表的星树

现在，看看 Star-Cubing 算法如何使用星树来计算冰山立方体。Star-Cubing 算法在图 5.13 中给出。

例 5.8　Star-cubing。 使用例 5.7 产生的星树（见图 5.10），通过自底向上的方式遍历，开始聚集过程。遍历是深度优先的。第一阶段（即树的第一个分支的处理）显示在图 5.11 中。图中最左边的树是基本星树。每个属性值与它的对应聚集值一起显示。此外，树结点旁的下标显示遍历的次序。其余 4 棵树是 BCD、ACD/A、ABD/AB、ABC/ABC。它们都是基本星树的子女树，并对应于图 5.8 基本方体上方的 3-D 方体层。它们中的下标对应于基本树的相同下标，表示树遍历时它们创建的步骤或次序。例如，当算法在步骤 1 时，创建 BCD 子女树根。在步骤 2，创建 ACD/A 子女树根。在步骤 3，创建 ABD/AB 树根和 BCD 中的 b^* 结点。

当算法到达步骤 5 时，内存中的树如图 5.11 所示。由于此时深度优先搜索到达了一个树叶，所以它开始回溯。在回溯前，算法注意到基本维（ABC）的所有可能结点都已经访问。这意味 ABC/ABC 树已经完成，因此输出计数并销毁该树。类似地，从 d^* 移回到 c^* 并看到 c^* 没有兄妹，也输出 ABD/AB 中的计数，并销毁该树。

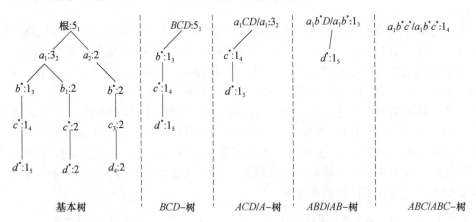

图 5.11 聚集阶段一：处理基本树的最左分支

当算法回溯到 b^* 时，它注意到在 b_1 中存在一个兄妹。因此，它将 ACD/A 留在内存，并像对 b^* 做的那样，对 b_1 进行深度优先搜索。该遍历和结果树显示在图 5.12 中。子女树 ABD/AB 和 ABC/ABC 又一次创建，但是用 b_1 子树的新值。例如，ACD/A 树中 c^* 的聚集计数已经从 1 增加到 3。在上次遍历期间依然完整无缺的这些树再次使用，并且新的聚集值加到上面。例如，另一个分支加到 BCD 树上。

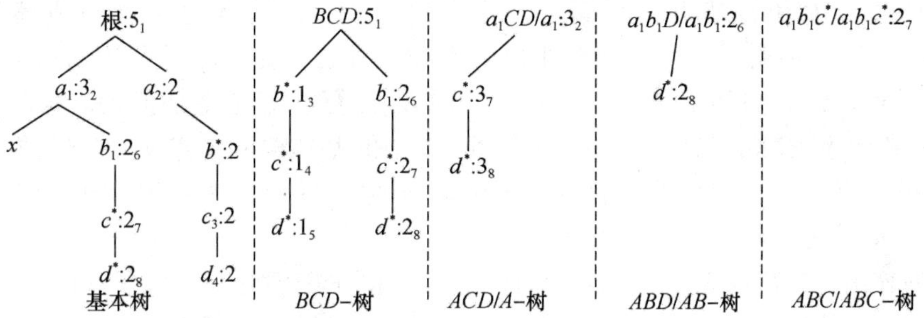

图 5.12 聚集阶段二：处理基本树的第二个分支

208

算法: Star-Cubing。通过Star-Cubing计算冰山立方体。
输入:
- R: 关系表。
- $min\_support$: 冰山立方体条件的最小支持度阈值（取$count$作为度量）。

输出: 计算的冰山立方体。
方法: 每棵星树对应于一个方体树结点，反之亦然。
```
    BEGIN
        扫描R两次,创建星表S和星树T;
        输出T.root的count;
        调用starcubing（T,T.root）;
    END
    procedure starcubing（T,cnode）  // cnode:  当前结点
    {
(1)     for T的方体树的每个非空子女C
(2)         插入或聚集cnode到C的星树的对应位置或结点;
(3)         if（cnode.count≥min_support）then {
(4)             if（cnode≠root）then
(5)                 output cnode.count;
(6)             if（cnode是叶结点）then
(7)                 output cnode.count;
(8)             else {      // 初始化新的方体树
(9)                 create C_C作为T的方体树子女;
(10)                令T_C为C_C的星树;
(11)                T_C.root的count=cnode.count;
(12)            }
(13)        }
(14)        if（cnode不是树叶）then
(15)            starcubing（T,cnode.first_child）;
(16)        if（C_C非空）then {
(17)            starcubing（T_C,T_C.root）;
(18)            将C_C从T的方体树删除;}
(19)        if（cnode有兄妹）then
(20)            starcubing（T,cnode.sibling）;
(21)    删除T;
    }
```

图 5.13 Star-Cubing 算法

209

像以前一样，算法将到达 d^* 的一个叶结点并回溯。这次，它将到达 a_1，并注意到在 a_2 中存在一个兄妹。在这种情况下，图 5.12 中除 BCD 之外的所有子女树都已经销毁。然后，对 a_2 进行相同的遍历。BCD 继续生长，而其他子树用 a_2 而不是用 a_1 开始新生。∎

为了产生子女树，结点必须满足两个条件：（1）结点的度量必须满足冰山条件；（2）产生的树必须至少包含一个非星（即非平凡的）结点。这是因为如果所有的结点都是星结点，则它们都不满足 min_sup。因此，计算它们完全是浪费。这种剪枝可以从图 5.11 和图 5.12 观察到。例如，由图 5.11 中的基本树的结点 a_1 扩展的左子树不包含任何非星结点。因此，应当不产生 a_1CD/a_1 子树。然而，为了解释子女树的产生过程，图中显示了它。

与其他冰山立方体构造算法一样，Star-Cubing 对维的次序敏感。为了获得最佳性能，维以基数的递减序处理。这导致更好的尽早剪枝的机会，因为基数越高，分区越小，因此分区剪枝的可能性越高。

Star-Cubing 也可以用来计算完全立方体。当计算稠密数据集的完全立方体时，Star-Cubing 的性能可以与 MultiWay 相媲美，并且比 BUC 快得多。如果数据集是稀疏的，Star-Cubing 比 MultiWay 快很多，并且在大部分情况下比 BUC 快。对于冰山立方体计算，Star-Cubing 比 BUC 快，其中数据是倾斜的，并且加速因子随 min_sup 减小而增加。

5.2.4 为快速高维 OLAP 预计算壳片段

回想一下我们对数据立方体预计算感兴趣的原因：数据立方体有利于多维数据空间的快速 OLAP。然而，高维完全数据立方体需要海量存储空间和不切实际的计算时间。冰山立方体提供了一个更可行的替代方案，正如我们已经看到的，冰山条件用来指定只计算完全立方体单元的一个子集。然而，尽管冰山立方体比对应的完全立方体小，并且需要较少的计算时间，但是它还不是最终的解。

第一，冰山立方体本身的计算和存储开销可能仍然很高。例如，如果基本方体单元 $(a_1, a_2, \cdots, a_{60})$ 满足最小支持度（或冰山阈值），则它将产生 2^{60} 个冰山立方体单元。第二，很难确定合适的冰山阈值。该阈值设得太低将导致巨大的立方体，而该阈值设得太高可能无法用于许多有意义的应用。第三，冰山立方体不能增量地更新。一旦一个聚集单元低于冰山阈值，它就被剪枝，它的度量值就丢失。任何增量更新都需要从头重新计算。对于新数据经常增量地添加的大型实际应用，这是非常不期望的。

一个可能的解是计算一个很薄的**立方体外壳**（cube shell），已经在一些商品化的数据仓库系统中实现。例如，可以计算一个 60 维的数据立方体中的具有 3 个或更少维的所有方体，导致厚度为 3 的立方体外壳。结果方体的集合需要的计算量和存储量比整个 60 维数据立方体少得多。然而，这种方法有两个缺点。首先，需要计算 $C_{60}^3 + C_{60}^2 + 60 = 36\,050$ 个方体，每个都有许多单元。其次，这种立方体外壳不支持高维 OLAP，因为（1）它不支持在 4 维或更多维上的 OLAP；（2）它甚至可能不支持沿 3 个维下钻，如在基于另外 3 个维（A_1, A_2, A_3）上的常量选择得到的数据子集上，沿 3 个维（A_4, A_5, A_6）下钻，因为这本质上需要在对应的 6 维方体上计算（注意，对于与维（A_1, A_2, A_3）相关联的任意常量集，如（a_1, a_2, a_3），不存在已计算方体（A_4, A_5, A_6）中的对应单元）。

取代计算立方体外壳，可以只计算它的一部分或片段。本节讨论 OLAP 查询处理的外壳片段方法。这基于对高维空间 OLAP 的如下观察：尽管数据立方体可能包含许多维，但是大部分 OLAP 操作一次只在少数维上执行。换言之，一个 OLAP 查询很可能忽略许多维（即把它们视为不相关的），固定某些维（例如使用查询常量作为例示），而留下几个维进行操作（钻取、转轴等）。这是因为任何人完全理解同时涉及高维空间中数十个维的数千个单元的变化既不现实，也没有多大效果。

或者更自然的做法是，首先找到某些感兴趣的方体，然后沿一个维下钻，考察多个相关维上的变化。在任何时刻，大部分分析者只需要考察少数维的组合。这意味，如果可以在高维空间内部的少数维上快速计算多维聚集，则仍然可以获得快速 OLAP，而不必物化原来的高维数据立方体。计算完全立方体（甚至一个冰山立方体或外壳立方体）可能是多余的。或者利用一定预处理的半联机计算模型可能提供更可行的解。给定基本方体，可以首先做一些快速预计算（即脱机）。然后，查询可以使用预处理的数据上联机计算。

外壳片段方法遵循这种半联机计算策略。它涉及两个算法：一个计算外壳片段立方体，而另一个用立方体片段处理查询。外壳片段方法能够处理维度非常高的数据库，并且可以快速联机计算小的局部立方体。它利用信息检索和基于 Web 的信息系统中很流行的倒排索引结构。 211

其基本思想如下。给定一个高维数据集，把维划分成互不相交的维片段，把每个片段转换成倒排索引表示，然后构造立方体外壳片段，并保持与立方体单元相关联的倒排索引。使用预计算的立方体外壳片段，可以联机动态地组装和计算所需要的数据立方体的方体单元。这可以通过倒排索引上的集合交（set intersection）操作有效地完成。

为了解释外壳片段方法，使用表 5.4 中很小的数据库作为运行例子。令立方体度量为 **count()**。其他度量稍后讨论。首先，看看如何构造给定数据库的倒排索引。

例 5.9　构造倒排索引。对于每个维的每个属性值，列出具有该值的所有元组的元组标识符（TID）。例如，属性值 a_2 出现在元组 4 和元组 5。a_2 的 TID 列表恰包含 2 个项，即 4 和 5。结果倒排索引表显示在表 5.5 中。它保留了原数据库的所有信息。如果每个表目占一个单位内存，则表 5.4 和表 5.5 都占 25 个内存单位，也就是说，倒排索引表使用的存储量恰好与原数据库一样多。　■

<table>
<tr><td colspan="6" align="center">表 5.4　原数据库</td></tr>
<tr><td>TID</td><td>A</td><td>B</td><td>C</td><td>D</td><td>E</td></tr>
<tr><td>1</td><td>a_1</td><td>b_1</td><td>c_1</td><td>d_1</td><td>e_1</td></tr>
<tr><td>2</td><td>a_1</td><td>b_2</td><td>c_1</td><td>d_2</td><td>e_1</td></tr>
<tr><td>3</td><td>a_1</td><td>b_2</td><td>c_1</td><td>d_1</td><td>e_2</td></tr>
<tr><td>4</td><td>a_2</td><td>b_1</td><td>c_1</td><td>d_1</td><td>e_2</td></tr>
<tr><td>5</td><td>a_2</td><td>b_1</td><td>c_1</td><td>d_1</td><td>e_3</td></tr>
</table>

<table>
<tr><td colspan="3" align="center">表 5.5　倒排索引</td></tr>
<tr><td>属性值</td><td>TID 列表</td><td>列表大小</td></tr>
<tr><td>a_1</td><td>{1, 2, 3}</td><td>3</td></tr>
<tr><td>a_2</td><td>{4, 5}</td><td>2</td></tr>
<tr><td>b_1</td><td>{1, 4, 5}</td><td>3</td></tr>
<tr><td>b_2</td><td>{2, 3}</td><td>2</td></tr>
<tr><td>c_1</td><td>{1, 2, 3, 4, 5}</td><td>5</td></tr>
<tr><td>d_1</td><td>{1, 3, 4, 5}</td><td>4</td></tr>
<tr><td>d_2</td><td>{2}</td><td>1</td></tr>
<tr><td>e_1</td><td>{1, 2}</td><td>2</td></tr>
<tr><td>e_2</td><td>{3, 4}</td><td>2</td></tr>
<tr><td>e_3</td><td>{5}</td><td>1</td></tr>
</table>

"如何计算数据立方体的外壳片段？"外壳片段计算算法 Frag-Shells 概括在图 5.14 中。首先，把给定数据集的所有维划分成独立的维组群，称为片段（行 1）。扫描基本方体，并构造每个属性的倒排索引表（行 2～行 6）。行 3 是用于非元组计数 **coun()** 之外的度量，稍后介绍。对于每个片段，计算完全局部（即基于片段的）数据立方体，而保留倒排索引（行 7 和行 8）。例如，考虑 60 个维 A_1，A_2，…，A_{60} 的数据库。首先把这 60 个维划分为 20 个长度为 3 的片段：(A_1, A_2, A_3)，(A_4, A_5, A_6)，…，(A_{58}, A_{59}, A_{60})。对于每个片段，在记录倒排索引的同时，计算它的完全数据立方体。例如，对片段 (A_1, A_2, A_3)，计算 7 个方体：A_1，A_2，A_3，A_1A_2，A_2A_3，A_1A_3，$A_1A_2A_3$。此外，为这些方体的每个单元保留倒排表。即对于每个单元，记录它的关联 TID 列表。 212

算法: Frag-Shells。计算给定的高维基本表（即基本方体）的外壳片段。

输入: n维（$A_1, \cdots, A_n$）上的基本方体B。

输出:
- 片段划分的集合$\{P_1, \cdots, P_k\}$和它们对应的（局部）片段立方体$\{S_1, \cdots, S_k\}$，其中P_i表示维的集合，并且$P_1 \cup \cdots \cup P_k$形成所有n个维。
- ID_measure数组，如果度量不是元组计数count()。

方法:
- (1)　将维集合（$A_1, \cdots, A_n$）划分成k个片段的集合$\{P_1, \cdots, P_k\}$（基于数据和查询分布）
- (2)　扫描基本方体B一次，并做如下工作 {
- (3)　　将每个〈TID, measure〉插入ID_measure数组
- (4)　　**for** 每个维A_i的每个属性值a_j
- (5)　　　建立一个倒排索引项：〈a_j, TIDlist〉
- (6)　}
- (7)　**for** 每个片段P_i
- (8)　　取它们对应的TID列表的交并计算它们的度量，构造局部片段立方体S_i

图 5.14 外壳片段计算算法

计算每个外壳片段的局部立方体，而不是计算整个立方体外壳的优点可以通过简单的计算明白。对于 60 个维的基本方体，根据上述外壳片段划分，只需要计算 $7 \times 20 = 140$ 个方体。这与先前介绍的计算大小为 3 的立方体外壳的 36 050 个方体形成鲜明对照！注意上面片段划分简单地基于相邻维分组。更期望的方法是根据常用的维分组进行划分。这种信息可以从领域专家或者从 OLAP 的查询历史得到。

回到运行例子，看看如何计算外壳片段。

例 5.10　计算外壳片段。假定要计算大小为 3 的外壳片段。首先，将 5 个维划分成两个片段（A，B，C）和（D，E）。对于每个片段，按方体格自顶向下深度优先序取表 5.6 中 TID 列表的交，计算完全局部数据立方体。例如，为了计算单元（a_1，b_2，*），取 a_1 和 b_2 的 TID 列表的交，得到一个新列表 $\{2, 3\}$。方体 AB 显示在表 5.6 中。

计算了方体 AB 后，通过取表 5.6 和表 5.5 行 c_1 的所有逐对组合的交，可以计算方体 ABC。注意，因为单元（a_2，b_2）为空，根据先验性质，在随后的计算中可以丢弃它。同样的过程可以用来计算片段（D，E），它完全独立于（A，B，C）的计算。方体 DE 显示在表 5.7 中。　■

表 5.6　方体 AB

单元	交	TID 列表	列表长度
（a_1，b_1）	$\{1, 2, 3\} \cap \{1, 4, 5\}$	$\{1\}$	1
（a_1，b_2）	$\{1, 2, 3\} \cap \{2, 3\}$	$\{2, 3\}$	2
（a_2，b_1）	$\{4, 5\} \cap \{1, 4, 5\}$	$\{4, 5\}$	2
（a_2，b_2）	$\{4, 5\} \cap \{2, 3\}$	$\{\}$	0

表 5.7　方体 DE

单元	交	TID 列表	列表长度
（d_1，e_1）	$\{1, 3, 4, 5\} \cap \{1, 2\}$	$\{1\}$	1
（d_1，e_2）	$\{1, 3, 4, 5\} \cap \{3, 4\}$	$\{3, 4\}$	2
（d_1，e_3）	$\{1, 3, 4, 5\} \cap \{5\}$	$\{5\}$	1
（d_2，e_1）	$\{2\} \cap \{1, 2\}$	$\{2\}$	1

如果冰山条件中的度量是 **count()**（元组计数），则不再需要引用原数据库，因为 TID 列表的长度就等于元组计数。"如果计算其他度量，如 **average()**，需要引用原数据库吗？"实际上，可以建立和参考 $ID\_measure$ 数组，存放需要计算的其他度量。例如，为了计算 **average()**，让 $ID\_measure$ 数组为每个单元存放 3 个元素（TID、**item_count**、**sum**）（见图 5.14 外壳计算算法行 3）。每个聚集单元的 **average()** 只需要访问该 $ID\_measure$ 数组，用 **sum()/item_count()** 计算。考虑具有 10^6 个元组的数据库，TID、**item_count** 和 **sum** 每个用 4 字节表示，$ID\_measure$ 数组需要 12MB，而对应的 60 维的数据库需要 $(60+3) \times 4 \times 10^6 = 252\text{MB}$（假定每个属性占 4 字节）。显然，$ID\_measure$ 数组是比对应的高维数据库更紧凑的数据结构，更有可能放在内存中。

为了解释 $ID\_measure$ 数组的设计，看看下面的例子。

例 5.11　计算以 average() 为度量的立方体。设表 5.8 显示一个销售数据库，其中每个元组有两个相关联的值，如 **item_count** 和 **sum**，其中 **item_count** 是销售的商品计数。

为了以 **average()** 为度量计算该数据库的数据立方体，每个单元需要一个 TID 列表：$\{TID_1, \cdots, TID_n\}$。因为每个 TID 唯一地与一个特定度量值的集合相关联，所以所有的进一步计算只需要取与该列表中的元组相关联的度量值。换言之，通过将 $ID\_measure$ 数组保留在内存用于联机处理，就可以处理复杂的代数度量，如平均值、方差和标准差。表 5.9 显示对于例 5.11 应当保留哪些，它比数据库本身显著地小。　■

表 5.8　具有两个度量值的数据库

TID	A	B	C	D	E	item_count	sum
1	a_1	b_1	c_1	d_1	e_1	5	70
2	a_1	b_2	c_1	d_2	e_1	3	10
3	a_1	b_2	c_1	d_1	e_2	8	20
4	a_2	b_1	c_1	d_1	e_2	5	40
5	a_2	b_1	c_1	d_1	e_3	2	30

表 5.9　$ID\_measure$ 数组

TID	item_count	sum	TID	item_count	sum
1	5	70	4	5	40
2	3	10	5	2	30
3	8	20			

与完全数据立方体相比，外壳片段的存储空间和计算时间开销都可以忽略。注意，通过在单个片段中包含所有的维，也可以使用 Frag-Shells 算法计算完全数据立方体。由于方体格的计算次序是自顶向下和深度优先的（类似于 BUC），所以如果用来构造冰山立方体，那么该算法也可以进行 Apriori 剪枝。

"一旦计算了外壳片段，如何使用它们来回答 OLAP 查询？"给定预计算的外壳片段，可以将立方体空间看做虚拟立方体，并且联机进行关于该立方体的 OLAP 查询。通常，有两种可能的查询类型：（1）点查询；（2）子立方体查询。

在**点查询**（point query）中，立方体中所有相关的维都被例示（即相关的维集合中没有被询问的维）。例如，在 n 维数据立方体 $A_1A_2\cdots A_n$ 中，点查询可能具有如下形式 $\langle A_1, A_5, A_9 : M? \rangle$，其中 $A_1 = \{a_{11}, a_{18}\}$、$A_5 = \{a_{52}, a_{55}, a_{59}\}$、$A_9 = a_{94}$，而 M 是每个对应立方体单元的询问度量。对于具有少量维的立方体，可以使用" * "表示"不关心"的位置，那里的维是不相关的，也就是说，既不被询问也不被例示。例如，在对表 5.4 中数据库的查询 $\langle a_2, b_1, c_1, d_1, *: \text{count()}?\rangle$ 中，前 4 个维的值分别例示为 a_2、b_1、c_1、d_1，而最后一个维是不相关的，并且 **count()**（在此为元组计数）是被询问的度量。

在**子立方体查询**（subcue query）中，立方体中至少有一个相关维被询问。例如，在 n 维数据立方体 $A_1A_2\cdots A_n$ 中，子立方体查询可能具有如下形式 $\langle A_1, A_5?, A_9, A_{21}?: M?\rangle$，其中 $A_1 = \{a_{11}, a_{18}\}$、$A_9 = a_{94}$，A_5 和 A_{21} 是被询问的维，而 M 是被询问的度量。对于具有少量维的立方体，可以使用 "$*$" 表示不相关的维，而 "?" 表示被询问的维。例如，在查询 $\langle a_2, ?, c_1, *, ?: \text{count()}?\rangle$ 中，第一和第三个维的值分别被例示为 a_2 和 c_1，而第四个维是不相关的，第二和第五个维是被询问的。子立方体查询计算被询问维的所有可能的值组合。它本质上是返回由被询问的维组成的局部数据立方体。

"如何使用外壳片段回答点查询？" 由于点查询显式地提供相关维上被例示的变量集，通过找出最合适的（即逐维完全匹配的）片段，取出并与相关联的 TID 列表取交，可最大限度地利用预计算的外壳片段。

设点查询形如 $\langle \alpha_i, \alpha_j, \alpha_k, \alpha_p: M?\rangle$，其中 α_i 代表维 A_i 被例示的值的集合，α_j、α_k、α_p 等类似。首先，检查外壳片段模式，确定 A_i、A_j、A_k 和 A_p 中哪些维在相同的片段中。假设 A_i 和 A_j 在同一个片段中，而 A_k 和 A_p 在另外两个片段中。使用例示 α_i 和 α_j，取出维 A_i 和 A_j 预计算的 2-D 片段上对应的 TID 列表，并使用例示 α_k 和 α_p，分别取出维 A_k 和 A_p 预计算的 1-D 片段上对应的 TID 列表。得到的 TID 列表取交，得到该 TID 列表。然后使用这个表导出最终单元集的指定度量（例如，通过对元组 **count()** 取列表长度，或通过从 *ID_measure* 数组取 **item_count()** 和 **sum()** 来计算 **average()**）。

例 5.12　点查询。假设对于表 5.4 中的数据库和例 5.10 介绍的预计算划分 (A，B，C) 和 (D，E) 的外壳片段，用户想计算点查询 $\langle a_2, b_1, c_1, d_1, *: \text{count()}?\rangle$。根据预计算的片段，该查询划分成两个子查询：$\langle a_2, b_1, c_1, *, *\rangle$ 和 $\langle *, *, *, d_1, *\rangle$。这两个子查询最合适的预计算外壳片段是 ABC 和 D。取出这两个子查询的 TID 列表，返回两个列表：$\{4, 5\}$ 和 $\{1, 3, 4, 5\}$。它们的交是列表 $\{4, 5\}$，长度为 2。因此，最终的回答是 **count() = 2**。■

"如何使用外壳片段回答子立方体查询？" 子立方体查询返回一个基于例示维和被询问维的局部数据立方体。这种数据立方体需要以多维方式聚集，使得用户可以使用联机分析处理（如钻取、切块、转轴等），灵活地操纵和分析。由于例示的维通常提供具有高度选择性的常量，大幅度压缩了有效 TID 列表的大小，因此应当最大限度地利用预计算的外壳片段，找出最适合例示维集合的片段，取出并求相关联的 TID 列表的交，导出归约的 TID 列表。这个列表可以用来与被询问维组成的最合适的外壳片段求交。这将产生相关的和被询问的基本方体。然后，使用有效的联机计算立方体算法，该基本立方体可以用来计算相关的子立方体。

设子立方体查询形如 $\langle \alpha_i, \alpha_j, A_k?, \alpha_p, A_q?: M?\rangle$，其中 α_i、α_j 和 α_p 分别表示维 A_i、A_j 和 A_p 上例示值的集合，A_k 和 A_q 代表两个被询问维。首先，检查外壳片段模式，确定 (1) A_i、A_j 和 A_p；(2) A_k 和 A_q 中的哪些维在相同的片段中。假设 A_i 和 A_j 属于相同的片段，A_k 和 A_q 也属于相同的片段，但是 A_p 在不同的片段。使用例示 α_i 和 α_j，取出为 A_i 和 A_j 预计算的 2-D 片段中对应的 TID 列表，然后使用例示 α_p，取出为 A_p 预计算的 1-D 片段中的 TID 列表，再使用非例示（即所有可能的值），分别取出为 A_k 和 A_q 预计算的 1-D 片段上的 TID 列表。取这些 TID 列表的交，导出最终的 TID 列表。该列表用来从 *ID_measure* 数组取出对应的度量，导出 2 维 (A_k, A_q) 的 2-D 子立方体的"基本方体"。基于导出的基本方体，可以使用快速的立方体计算算法计算这个 2-D 立方体。然后，这个计算出的 2-D 立方体就可以用于 OLAP 操作。

　　例 5.13　子立方体查询。假设用户想计算表 5.4 中数据库的子立方体查询 $\langle a_2, b_1, ?,$ ∗, ?: count()?$\rangle$，并且外壳片段已经预计算，如例 5.10 所示。根据被例示的维和被询问的维，该查询可以分成三个最合适的片段：AB、C 和 E，其中 AB 具有例示 (a_2, b_1)。取出这些划分的 TID 列表，分别返回：(a_2, b_1): {4, 5}、(c_1): {1, 2, 3, 4, 5} 和 { $(e_1:$ {1, 2}), $(e_2:$ {3, 4}), $(e_3:$ {5})}。这些对应的 TID 列表的交包含一个具有两个元组的方体：{ (c_1, e_2): {4}$^\ominus$, (c_1, e_3): {5}}。可以使用这个基本方体计算 2-D 数据立方体，计算是平凡的。　■

217

　　对于大型数据集，2-D 或 3-D 的片段通常导致合理的外壳片段存储开销和快速响应时间。使用外壳片段查询比使用存放在磁盘上的预计算数据立方体回答查询显著快。与完全立方体计算相比，如果被询问的维少于 4 个，则推荐 Frag-Shells；否则，可以使用更有效的算法，如 Star-Cubing，进行快速联机立方体计算。可以容易地扩展 Frag-Shells，进行增量更新，其细节留作习题。

5.3　使用探索立方体技术处理高级查询

　　数据立方体并不限于上面解释的、用于典型商务数据仓库应用的、简单的多维结构。本节介绍的方法将进一步发展数据立方体技术，有效地处理高级查询类型。5.3.1 节考察抽样立方体。数据立方体技术的这种扩展可以用来回答样本数据（如调查数据，它提供感兴趣的目标数据总体的样本或子集）上的查询。5.3.2 节解释如何计算排序立方体，以便回答 top-k 查询，如按照用户指定的某种标准，"找出 top-5 辆汽车"。

　　基本数据立方体已经进一步扩充到各种复杂的数据类型和新的应用。例如，用于地理数据仓库设计与实现的空间数据立方体，用于多媒体数据（包含图像和视频）多维分析的多媒体立方体。RFID 数据立方体处理射频识别（RFID）的压缩和多维分析。文本立方体和论题立方体是分别为多维文本数据库（包含结构属性和叙事文本属性）中向量空间模型和生成语言模型的应用开发的。

5.3.1　抽样立方体：样本数据上基于 OLAP 的挖掘

　　在收集数据时，常常只收集我们想要收集数据的一个子集。在统计学上，这称为收集数据总体的**样本**。结果数据称为**样本数据**。数据常常被抽样，以便节省费用、人力、时间和原料。在许多应用中，收集感兴趣的整个数据总体是不现实的。例如，在电视评级和选举前民意调查研究时，不可能收集每个人的意见。已公布的大部分测评或民意调查都依赖于有待分析数据的样本。结果被外推到总体，并且关联到某些统计量，如置信区间。置信区间告诉我们结果的可靠程度。基于抽样的统计调查是许多领域，如政治、卫生保健、市场调查、社会和自然科学的常用工具。

218

　　"样本数据上的 OLAP 效果如何？"传统上，OLAP 拥有整个数据总体，而用样本数据只有一个小的子集。如果试图把传统的 OLAP 工具用于样本数据，则将遇到两个挑战。第一，在多维意义下，样本数据往往过于稀疏。当用户在数据上下钻时，很容易钻到只有很少样本

　　$\ominus$　即，(a_2, b_1)、(c_1) 和 (e_2) 的 TID 列表的交是 {4}。

或没有样本的点，即使整体样本很大时也会如此。传统的 OLAP 简单地使用可用的数据来计算查询回答。基于小样本推断对总体回答可能产生误导：样本中的单个离群点或微小偏倚都可能显著地扭曲回答。第二，使用样本数据，统计学方法将用来提供可靠性度量（如置信区间），指出关于总体，查询回答的质量。传统的 OLAP 没有配备这样的工具。

引入抽样立方体架构旨在处理上述问题。

1. 抽样立方体架构

抽样立方体（sampling cube）是一种存储样本数据和它们多维聚集的数据立方体结构。它支持样本数据上的 OLAP。它计算置信区间，作为多维查询的质量度量。给定一个样本数据关系 R（即基本方体），抽样立方体 C_R 通常计算样本均值、样本标准差和其他针对任务的度量。

在统计学中，置信区间用于指示估计的可靠性。假设要估计给定电视剧观众的平均年龄。我们有这个数据总体的样本数据（子集）。比如，样本均值是 35 岁。这也成为对观众总体的估计，但是对 35 岁也是真正总体均值有多大把握？由于抽样误差，样本均值恰好等于真正总体均值的可能性不大。因此，需要用某种方法限定我们的估计，指出误差的一般幅度。通常，用计算置信区间来表示。**置信区间**是一个以给定的高概率涵盖真正总体值估计的值域。对于我们的例子，置信区间可以是"在 95% 时，实际均值变化不会超过 +/− 两个标准差"。（回忆一下，标准差是一个数，可以用 2.2.2 节给出的公式计算。）置信区间总是被一个置信水平限制。在我们的例子中，置信水平是 95%。

[219] 置信区间计算如下。设 x 是样本的集合。样本的均值记作 $\bar{x}$，而 x 中的样本个数记作 l。假定总体的标准差未知，x 的样本标准差为 s。给定期望的置信水平，$\bar{x}$ 的**置信区间**为

$$\bar{x} \pm t_c \, \hat{\sigma}_{\bar{x}} \tag{5.1}$$

其中 t_c 是与置信水平相关的临界 t-值，而 $\hat{\sigma}_{\bar{x}} = \dfrac{s}{\sqrt{l}}$ 是均值的估计标准误差。为了找出适当的 t_c，指定期望的置信水平（例如 95%）和自由度（$l-1$）。

重要的是，注意计算置信区间所涉及的计算是代数的。看看（5.1）式中的三项。第一项是均值 $\bar{x}$，它是代数的；第二项是临界 t-值，通过查找计算，并且关于 x 依赖于 l，是一个分布度量；第三项是 $\hat{\sigma}_{\bar{x}} = \dfrac{s}{\sqrt{l}}$，如果记录线性和 $\left(\sum\limits_{i=1}^{l} x_i \right)$ 与平方和 $\left(\sum\limits_{i=1}^{l} x_i^2 \right)$，则它也是代数的。由于所涉及的项都是代数的或分布的，因此置信区间的计算是代数的。实际上，由于均值和置信区间都是代数的，在任何单元，有三个值就足以计算它们，这三个值都是分布的或代数的：

（1）l

（2）$sum = \sum\limits_{i=1}^{l} x_i$

（3）$squared \ sum = \sum\limits_{i=1}^{l} x_i^2$

有许多有效的计算代数和分布度量的方法（4.2.4 节）。因此，前面开发的求立方体的算法都可以用来有效地构造样本立方体。

既然我们已经确认样本立方体可以有效地计算，下一步找出提升由样本数据上的查询得到的结果置信度的方法。

2. 查询处理：提升小样本的置信度

数据立方体上的查询可以是点查询或范围查询。不失一般性，考虑点查询。这里，它对

应于样本立方体 C_R 的一个单元。目标是为该单元中的样本提供一个准确的点估计。由于该立方体也报告与样本均值相关联的置信区间，因此存在对返回结果"可靠性"的某种度量。如果置信区间很小，则可靠性确实不错；然而，如果置信区间很大，则可靠性就成问题。

"为了提高查询回答的可靠性，我们能做什么？"考虑什么因素影响置信区间的大小。有两个主要因素：样本数据的方差和样本大小。首先，很大的单元方差表明对于预测而言，所选的单元很差。更好的解可能是在查询单元下钻到更细节的单元时（即做更细节的查询）。其次，小样本可能导致大的置信区间。当只有很少样本时，由于自由度小因而对应的 t_c 很大。这就可能导致很大的置信区间。直观地，这合情合理。假设正在计算美国人的平均收入。只问两三个人不会对回答有很大把握。 `220`

解决小样本问题的最好办法是取得更多的数据。幸运的是，立方体中通常有充足的数据可用。这些数据不能精确地匹配查询单元，然而，可以考虑"邻近"单元中的数据。有两种办法包含这种数据，以增强查询回答的可靠性：（1）方体内查询扩展考虑同一方体内的邻近单元；（2）方体间查询扩展考虑查询单元的更一般版本（来自父母方体）。从方体内查询扩展开始，看看如何做。

方法 1：方体内查询扩展。这里，通过包括与查询单元处于同一方体的邻近单元来扩大样本，如图 5.15a 所示。我们必须小心，新样本旨在提高回答的置信度，而不改变查询的语义。

这样，第一个问题是"应该扩展哪些维？"最佳候选应该是与度量值（待预测的值）不相关或弱相关的那些维。在这些维内进行扩展可能增加样本的规模，并且不会改变查询的回答。考虑一个被 *eduction* ="college"和 *birth_month* ="July"指定的 2-D 查询的例子。设该立方体的度量为平均收入。直观地，教育与收入具有很高的相关性，而生日月份没有。扩展 *eduction* 维，包含"graduate"或"high school"是有害的。它们可能改变最终的结果。然而，扩展 *birth_month* 维，包含其他月份值可能是有帮助的，因为这不太可能改变结果，但会增加抽样规模。

a）方体内扩展把相同方体中的邻近单元作为询问单元

`221`

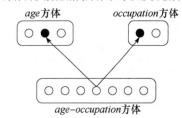

b）方体间扩展考虑父母方体中的更一般单元

图 5.15　样本立方体内查询扩展：给定小数据样本，两种方法都通过考虑附加的数据单元值提升查询回答的可靠性

为了精确地度量维与立方体值的相关性，计算维值与它们聚集立方体度量之间的相关性。通常，对数值数据使用皮尔逊相关系数，而对标称数据使用 χ^2 相关检验，尽管也可以使用其他度量，如协方差。（这些度量已经在3.3.2 节给出。）不要用与被预测值强相关的维作为扩展的候选。注意，由于维与立方体度量的相关性独立于具体的查询，因此应该将它与立方体度量一起预计算和存储，以方便有效的联机分析。

选择用于扩展的维后，下一个问题是"扩展应该使用这些维中的哪些值？"这依赖于被考虑维的语义知识。目标是选择语义类似的值，使得改变最终结果的风险最小。考虑 *age* 维，这个维上值的相似性是显而易见的。值之间存在明确的（数值）序。具有数值或序数数据（如 *education*）的维，数据之间存在明确的序。因此，可以选择接近被例示的查询值的值。对于数据立方体中组织成多层分层结构的维的标称数据（例如，*location*），我们应该选择位于树的相同分支的那些值（例如，相同的地区或城市）。

通过在查询扩展时考虑附加的数据，旨在得到更准确、更可靠的回答。如上所述，强相关的维因此被排除在扩展之外。另一种策略是确保新的样本与查询单元中已有的样本具有"相同的"立方体度量值（例如，平均收入）。两个样本的 **t-检验** 是一种相对简单的统计学方法，可以用来确定两个样本是否具有相同的均值（或其他点估计值），其中"相同"意指它们并非显著不同。（在8.5.5节介绍使用统计显著性检验选择模型时将更详细地讨论。）

该检验确定两个样本是否具有相同的均值（原假设），仅假定它们都是正态分布的。如果证据表明两个样本不具有相同的均值，则检验失败。此外，该检验可以使用置信水平作为输入。这使得用户可以控制扩展的宽严程度。

例5.14展示任何使用以上介绍的方体内扩展策略来回答样本数据上的查询。

例5.14 回答样本数据上查询的方体内查询扩展。 考虑一位图书零售商，他正试图学习顾客年收入水平的更多知识。表5.10给出了一个收集的调查数据的样本[○]。在调查中，使用了4个顾客属性：*gender*、*age*、*education* 和 *occupation*。

表5.10 顾客调查样本数据

gender	*age*	*education*	*occupation*	*income*
女	23	大学	教师	85 000 美元
女	40	大学	程序员	50 000 美元
女	31	大学	程序员	52 000 美元
女	50	研究生	教师	90 000 美元
女	62	研究生	CEO	500 000 美元
男	25	高中	程序员	50 000 美元
男	28	高中	CEO	250 000 美元
男	40	大学	教师	80 000 美元
男	50	大学	程序员	45 000 美元
男	57	研究生	程序员	80 000 美元

设顾客收入上的查询为"*age* = 25"，其中用户指定了95%的置信水平。假定查询返回 *income* 值50 000美元，置信区间相当大[○]。还假设该置信区间大于预先设定的阈值，并且发现在这个数据集中，*age* 维与 *income* 只有很小的相关性。因此，方体内扩展从 *age* 维开始。最近的单元是"*age* = 23"，它返回 *income* 值85 000美元。两个样本的 t-检验在95%的置信水平下通过，因此该查询扩展；现在查询是"*age* = {23，25}"，具有比原来更小的置信区间。然而，这仍然比阈值大，因此继续扩展到下一个最近的单元"*age* = 28"，它返回 *income* 值250 000美元。这个单元与原查询单元之间的两个样本的 t-检验失败，因此该单元被忽略。接下去，检查"*age* = 31"，它通过该检验。现在，这三个单元组合在一起，置信区间小于阈值，扩展在"*age* = {23，25，31}"结束。

在这三个单元上，*income* 的均值为（85 000 + 50 000 + 52 000）/3 = 62 333 美元，返回它作为查询的回答。它具有较小的置信区间，因而比不考虑方体内扩展返回的响应50 000美元更可靠。 ■

方法2：方体间查询扩展。 在这种情况下，通过考察更一般的单元进行扩展，如图5.15b

[○] 使用的样本很小，可能没有统计意义。为了便于解释，我们忽略这一点。
[○] 作为例子，尽管只有一个样本，我们仍然假定这为真。实践中，需要更多的点来计算合法值。

所示。例如，2-D 方体 *age-occupation* 中的单元可以使用 1-D 方体 *age* 或 *occupation* 中的父母 223 单元。把方体间扩展看做是方体内扩展的极端情况，其中，一个维中的所有单元都用于扩展。这本质上是设置该维为 *，因而泛化到较高层方体。

k 维方体在方体格中有 *k* 个直接父母，其中每个都是 (*k* − 1) 维的。数据立方体中有更多的祖先单元（例如，如果多个维同时上卷的话）。然而，只选择一个父母，使得搜索空间容易驾驭并限制查询语义的改变。与方体内扩展一样，方体间扩展也不允许使用相关的维。在不相关的维中，可以进行两个样本的 *t*-检验，以便确认父母与查询单元具有相同的样本均值。如果多个父母通过该检验，则可以逐渐调高置信水平，直到只有一个通过。或者也可以同时使用多个父母单元来提升置信度。这种选择依赖于应用。

例 5.15　回答样本数据上查询的方体间查询扩展。 给定表 5.10 的输入关系，设 *income* 上的查询为 "*occupation* = 教师 ∧ *gender* = 男"。表 5.10 中只有一个与该查询匹配的元组，并且它的 *income* 值为 80 000 美元。假设对应的置信区间大于预先设定的阈值。使用方体间扩展来找出更可靠的回答。数据立方体中有两个父母单元："*gender* = 男" 和 "*occupation* = 教师"。上移到 "*gender* = 男"（因而置 *occupation* 为 *），*income* 的均值为 101 000 美元。两个样本的 *t*-检验表明，该父母的样本均值显著地不同于原来的查询单元，因此忽略它。接下去，考虑 "*occupation* = 教师"。它的 *income* 均值为 85 000 美元，并且通过了两个样本的 *t*-检验。因此，该查询被扩展到 "*occupation* = 教师"，并且以可接受的可靠性返回 *income* 值 85 000 美元。∎

"如何确定选择哪种方法，方体内扩展还是方体间扩展？"不知道数据和应用，这一问题很难回答。一种在两者之间选择的策略是考虑对查询语义改变的容忍程度。这依赖于查询中选定的维。例如，用户对 *age* 维的语义改变的容忍度可能比对 *education* 大。容忍度的差别可能如此之大，以至于用户宁愿置 *age* 为 *（即方体间扩展），也不愿对 *education* 做任何改变。这里，领域知识是有益的。

迄今为止，我们只关注了样本立方体的完全物化。在许多实际问题中，这一般是不可能的，特别是对于高维情况。例如，实际的调查数据很可能包含超过 50 个变量（维）。样本立方体的规模将随维数指数增长。为了处理高维数据，开发了一种称为样本立方体外壳的方法。它把 5.2.4 节的 Frag-Shell 方法与上面讨论的查询扩展方法集成在一起。外壳仅计算整 224 个样本立方体的一个子集。该子集应该包含相对低维的方体（它们常被查询）和为用户提供最大便利的方体。细节作为习题，留给感兴趣的读者。该方法在实际和人工数据集上进行了测试，发现对于回答查询它是有效的。

5.3.2　排序立方体：top-*k* 查询的有效计算

数据立方体不仅有助于多维查询的联机分析处理，而且也有助于搜索和数据挖掘。本节引入一种称为排序立方体（ranking cube）的新的立方体结构，并且考察它如何有助于 top-*k* 查询的有效处理。**top-*k* 查询**（或**排序查询**）根据用户指定的优选条件，只返回最好的 *k* 个结果作为查询的回答，而不是返回大量不加区分的结果。

结果按排定的序返回，使得最好结果在顶部。通常，用户指定的优选条件由两部分组成：一个选择条件和一个排序函数。top-*k* 查询在许多应用中都很常见，例如搜索 Web 数据库、使用近似匹配的 *k*-最近邻搜索、多媒体数据库的相似性查询。

例 5.16　top-*k* 查询。 考虑一个二手汽车联机数据库 *R*，它对每辆汽车维护如下信息：*producer*（例如，福特、本田）、*model*（例如，托罗斯、Accord）、*type*（例如，小轿车、有折叠篷的）、*color*（例如，红色、银色）、*transmission*（例如，自动、手动）、*price*、*mileage* 等。在该数据库上的典型的 top-*k* 查询是

Q_1:　　**select** *top* 5 * **from** *R*

　　　　where *producer* = "Ford" **and** *type* = "sedan"

　　　　order by $(price - 10K)^2 + (mileage - 30K)^2$ **asc**

在 *R* 的这些维（或属性）中，*producer* 和 *type* 用做**选择维**。**排序函数**在 **order by** 字句中给出。它指定**排序维** *price* 和 *mileage*。Q_1 根据排序函数，搜索福特生产的前 5 辆轿车。找出的记录根据排序函数按递增序排序。排序函数用公式表示，使得其 *price* 和 *mileage* 最接近用户指定的值 10 000 美元和 30 000 美元的记录出现在列表的顶部。　　　　　■

该数据库可能有许多维可以用于选择和描述。例如，汽车是否有电动门窗、空调和天窗。用户可以选取维的任意子集，使用他们喜欢的排序函数提出 top-*k* 查询。还有许多类似的应用场景。例如，搜索宾馆时，排序函数通常基于价格和到感兴趣区域的距离构建。可以加上选择条件，比如，宾馆所处区域、星级、是否提供赠送的服务或互联网上网。排序函数可以是线性的、平方的或任何其他形式。

如前面的例子所示，用户不仅可能提出专门的排序函数，而且还有不同兴趣的数据子集。用户常常希望通过 top-*k* 查询结果的多维分析系统地研究数据。例如，如果对 Q_1 返回的 top-*k* 结果不满意，则用户可以在 *producer* 维上卷，检查所有小轿车上的 top-*k* 结果。问题的动态性对研究者提出了巨大挑战。OLAP 需要脱机预计算，以便多维分析可以联机进行，但是临时设定的排序函数又阻止完全物化。一种自然的折中是采用半脱机物化和半联机计算模式。

假设关系 *R* 有选择维（A_1, A_2, …, A_S）和排序维（N_1, N_2, …, N_R）。每个排序维的值可以根据数据和期望查询的分布划分成多个区间。例如，对于二手车价格，可以有 4 个分区（或值域）：≤5K、[5 − 10K)、[10 − 15K) 和 ≥15K。可以通过选择维上的多维聚集构造排序立方体。可以对每个排序维的每个分区存放计数，从而使得该立方体是"感知排序的"。top-*k* 查询可以通过如下方法回答：在询问较低优先值域中的单元前，先访问更优先的值域中的单元。

例 5.17　使用排序立方体回答 top-*k* 查询。假设表 5.11 显示 C_{MT}，二手车销售的排序立方体的物化（预计算的）方体。C_{MT} 是选择维 *producer* 和 *type* 上的方体。对于排序维 *price* 和 *mileage* 的各分区，它显示计数和对应的元组号（TID）。

表 5.11　二手车销售的排序立方体的一个方体

producer	*type*	*price*	*mileage*	*count*	*TID*
福特	小轿车	<5K	30～40K	7	t_6, …, t_{68}
福特	小轿车	5～10K	30～40K	50	t_{15}, …, t_{152}
本田	小轿车	10～15K	30～40K	20	t_8, …, t_{32}
…	…	…	…	…	…

查询 Q_1 可以通过以下方法来回答：使用选择条件在方体 C_{MT} 中选择适当的选择维值（即，*producer* = "Ford" 和 *type* = "sedan"）。此外，排序函数"$(price - 10K)^2 + (mileage - 30K)^2$"用来找出最接近匹配用户标准的那些元组。如果在最接近的匹配单元中找不到足够多的匹配元组，则需要访问下一个最接近匹配的单元。甚至下钻到较低层单元，观察与排序函数匹配的单元的计数分布和附加的标准，比如说型号、维护情况或其他负荷特征。只有确实想知道更细节信息（如内部照片）的用户才需要访问数据库中的物理记录。　　■

最实际的 top-k 查询多半只涉及选择属性的一个小子集。为了支持高维排序立方体，可以小心地选择需要物化的方体。例如，可能选择只物化包含单个选择维的 1-D 方体。当选择维的数目很大时，这将获得很低的空间开销并且依然具有高性能。在某些情况下，可能还存在许多排序维，以支持偏好很不相同的多个用户。例如，购买者可能搜索住宅，考虑如价格、与学校或购物中心的距离、住宅年数、房屋面积、税额等因素。在这种情况下，一个可能的解是创建一个多数据划分，每个包含排序维的一个子集。查询处理可能需要在涉及多个数据划分的联合空间上搜索。

总之，排序立方体的一般原理是物化选择属性集上的立方体。使用排序维上基于区间的划分使得排序立方体可以有效而灵活地支持用户的临时查询。为了有效计算和处理查询，基于这种框架，已经开发了多种实现技术和查询优化方法。

5.4　数据立方体空间的多维数据分析

数据立方体创建了灵活而强有力的手段，对数据的子集分组和聚集。它们使得用户可以在多维组合和变化的聚集粒度上探索数据。这种能力极大地开阔了分析的范围，有助于从数据中有效地发现有趣的模式和知识。立方体空间的使用使得数据空间更有意义、更容易处理。

本节介绍多维数据分析的方法。这些方法使用数据立方体，在变化的粒度上把数据组织成直观的区域。5.4.1 节介绍预测立方体，一种有利于多维空间预测建模的多维数据挖掘技术。5.4.2 节介绍如何构造多特征立方体。它支持涉及多粒度上多个依赖聚集的复杂的分析查询。最后，5.4.3 节介绍一种用户系统地探索立方体空间的交互式方法。在这种基于异常的、发现驱动的探索中，数据中有趣的例外或异常将被自动检测出来，并且以可视化的提示标记显示给用户。

5.4.1　预测立方体：立方体空间的预测挖掘

最近，研究人员把他们的注意力转向**多维数据挖掘**，发现变化的维组合和变化的粒度的知识。这种挖掘又称为探索式多维数据挖掘或联机分析挖掘（OnLine Analytical Data Mining，OLAM）。多维数据空间巨大。在准备数据时，如何识别用于探索的感兴趣的子空间？应该在什么粒度上聚集数据？立方体空间的多维数据挖掘在各种粒度上把感兴趣的数据组织成直观的区域。它在这些区域上系统地应用各种数据挖掘技术分析和挖掘数据。

至少有 4 种方法可以把 OLAP 风格的分析与数据挖掘技术融合在一起。

（1）使用立方体空间为数据挖掘定义数据空间。立方体空间的每个区域代表一个数据子集，希望从中找到有趣的模式。立方体空间是由专家设计的、信息丰富的维分层结构定义的集合，而不仅仅是数据的任意子集。因此，立方体空间的使用使得数据空间有意义并且更容易处理。

（2）使用 OLAP 查询为挖掘产生特征和目标。有时，特征甚至（希望学习预测的）目标都可以自然地定义为立方体空间区域上的 OLAP 聚集查询。

（3）使用数据挖掘模型作为多步挖掘过程的构件。立方体空间中的多维数据挖掘可能由多个步骤组成，其中数据挖掘模型可以看做用于描述感兴趣的数据集的构件，而不是最终结果。

（4）使用数据立方体计算技术加快重复模型的构建。立方体空间中的多维数据挖掘可能为每个候选数据空间建立一个模型，这通常代价高昂而不可行。然而，基于数据立方体计算技术，通过周密的安排，在不同候选模型构造之间共享计算，有效的挖掘是可以做到的。

本节研究预测立方体。这是一个多维数据挖掘的范例，其中立方体空间的探索旨在完成预测任务。**预测立方体**（prediction cube）是一种立方体结构，它存储多维数据空间中的预测模型，并以 OLAP 方式支持预测。回忆一下，在数据立方体中，每个单元值都是在该单元中数据子集上计算的聚集数值（例如，**count**）。然而，预测立方体的每个单元值都是通过对建立在该单元数据子集上的预测模型求值计算的，因此代表对该数据子集行为的预测。

预测立方体不是把预测模型看做最终结果，而是使用预测模型作为构件来定义数据子集的兴趣度，即它们识别指示更准确预测的数据子集。这最好用一个例子解释。

例 5.18 用于识别有趣立方体子空间的预测立方体。假设公司有一张顾客表，包括属性 *time*（有两个粒度：*month* 和 *year*）、*location*（有两个粒度：*state* 和 *country*）、*gender*、*salary*，和一个类标号属性 *valued_customer*。经理要分析关于特定时间和地点，一位顾客是否是贵客的决策过程。尤其是，他对如下问题感兴趣："什么时间和地点，一位顾客的重要性高度依赖于顾客的性别？"注意，他相信时间和地点对于预测重要顾客起作用，但是对于该任务，它们在什么粒度依赖于性别？例如，使用 {*month*，*country*} 进行分析比使用 {*year*，*state*} 好吗？

考虑数据表 **D**（例如，顾客表）。设 **X** 是没有定义概念分层的属性集合（例如，*gender*、*salary*）。设 **Y** 是类标号属性（例如，*valued_customer*），而 **Z** 是多层属性的集合，即定义了概念分层的那些属性（例如，*time*、*location*）。设 **V** 是定义其预测性的属性集合。在我们的例子中，该集合是 {*gender*}。**V** 在数据子集上的预测性可以用在该子集上使用 **X** 建立的预测 **Y** 的模型的精度与在该子集上使用 **X − V**（例如，{*salary*}）建立的预测 **Y** 的模型的精度之差计算。直觉是，如果这个差很大，则 **V** 必定对预测类标号 **Y** 起重要作用。

给定属性的子集 **V** 和一个学习算法，在粒度 $\langle l_1, \cdots, l_d \rangle$（例如，$\langle year, \text{stat} \rangle$）上的预测立方体是一个 d 维数组，其中每个单元（例如，[2010，Illinois]）的值是在该单元（例如，顾客表中 *time* 为 2010，*location* 为 Illinois 的记录）定义的子集上估计的 **V** 的预测性。■

在预测立方体上支持 OLAP 上卷和下钻操作是一个挑战，需要在不同的粒度物化单元值。为简单起见，可以只考虑完全物化。一种完全物化预测立方体的朴素方法是无一遗漏地建立模型，并对每个单元和每个粒度评估它们。如果基本数据集很大，则这种方法开销非常大。作为一种更可行的替代，已经开发了一种称为**基于概率的组合方法**（Probability-Based Ensemble，PBE）。它只要求对最细粒度的单元构建模型。然后使用 OLAP 风格的自底向上的聚集产生较粗粒度单元的值。

预测模型的预测可以看做找出最大化评分函数的类标号。PBE 方法要求任何预测模型的评分函数都是分布可分解的。在数据立方体度量的讨论中（4.5.2 节），分布和代数度量都可以有效地计算。因此，如果所用的评分函数是分布的或代数的，则预测立方体也可以有效地计算。这样，PBE 方法把预测立方体的计算归结为数据立方体的计算。

例如，以前的研究表明朴素贝叶斯分类器具有一个代数可分解的评分函数，并且基于核密度的分类器具有一个分布可分解的评分函数⊖。因此，它们都可以用来有效地实现预测立方体。PBE 方法提供一种在立方体空间进行多维数据挖掘的新颖方法。

⊖ 朴素贝叶斯分类在第 8 章介绍。基于核密度的分类，如支持向量机，在第 9 章介绍。

5.4.2 多特征立方体：多粒度上的复杂聚集

数据立方体有利于回答面向分析或面向挖掘的查询，因为它们允许对多个粒度层上的聚集数据进行计算。传统的数据立方体是在通常使用的维（如 *time*、*location* 和 *product*）上，使用简单的度量（例如，**count()**、**average()** 和 **sum()**）构建。本节将学习一种更新的定义数据立方体的方法，称为**多特征立方体**（multifeature cube）。多特征立方体使得更深入的分析成为可能。它们可以计算更复杂的查询，其回答依赖于变化粒度层上多个聚集的分组。与传统的查询相比，所提出的查询更复杂、更针对分析任务，如下面的各例所示。许多数据挖掘查询都可以用多特征立方体回答，与传统的数据立方体上的简单查询的立方体计算相比，并不显著增加计算开销。

为了解释多特征立方体的思想，首先看一个简单数据立方体查询的例子。

例 5.19 简单数据立方体查询。设查询为“找出 2010 年的销售总和，按 *item*、*region* 和 *month* 划分，对每个维求子和”。为回答该查询，构造一个传统的数据立方体，它在以下 8 个不同的粒度层上聚集总销售：{(*item*，*region*，*month*)，(*item*，*region*)，(*item*，*month*)，(*month*，*region*)，(*item*)，(*month*)，(*region*)，()}；其中，()代表 **all**。这个数据立方体是简单的，因为它不涉及任何依赖聚集。∎

为了解释“依赖聚集”的含义，考察一个更复杂的查询，它可以用多特征立方体计算。

例 5.20 一个涉及依赖聚集的复杂查询。假设查询为“按 {*item*，*region*，*month*} 的所有子集分组，找出 2010 年每组的最高价格，并在具有最高价格的所有元组中找出总销售额”。

使用标准的 SQL，这种查询说明可能很长、重复，并且难以优化和维护。或者，该查询可以用扩充的 SQL 精确地表示如下：

```
select    item, region, month, max(price), sum(R.sales)
from      Purchases
where     year = 2010
cube by   item, region, month: R
such that R.price = max(price)
```

首先选择代表 2010 年购物的元组。**cube by** 子句对属性 *item*、*region* 和 *month* 的所有可能的组合计算聚集（或分组），它是 **group by** 子句的 n 维推广。在 **cube by** 子句中说明的属性是**分组属性**。在所有分组属性上具有相同值的元组形成一个分组。设分组为 g_1，…，g_r。对每个元组分组 g_i，计算形成该分组的各个元组的最高价格 $\max_{g_i}$。变量 R 是**分组变量**，遍取分组 g_i 中价格等于 $\max_{g_i}$ 的所有元组（如子句 **such that** 所说明的那样）。计算 R 遍取的 g_i 中的元组的销售和，并与 g_i 的分组属性值一起返回。

结果立方体是一个多特征立方体，因为它支持复杂的数据挖掘查询。对于它，多依赖的聚集在不同粒度计算。例如，该查询返回的销售和依赖于每个分组的最高价格元组的集合。一般而言，多特征立方体使得用户可以灵活地定义复杂的、面向特定任务的立方体，在该立方体上可以进行多维聚集和基于 OLAP 的挖掘。∎

“如何有效地计算多特征立方体？”多特征立方体的计算依赖于该立方体所使用的聚集函数的类型。在第 4 章，我们看到聚集函数可以分为分布的、代数的和整体的。多特征立方体也可以组织成相同的类型，并且对 5.2 节的立方体计算方法稍加修改就可以有效地计算。

5.4.3 基于异常的、发现驱动的立方体空间探查

正如上一节所看到的，一个数据立方体可能具有大量方体，并且每个方体都可能包含大

量（聚集）单元。有了如此巨大的空间，对用户而言，即使只是浏览立方体也成了一种负担，更不要说彻底地探查它了。需要开发一些工具，帮助用户智能地探查数据立方体巨大的聚集空间。

本节介绍探索立方体空间的**发现驱动方法**。指示数据异常的预计算的度量，在所有的聚集层用来指导用户的数据分析过程。以下称这种度量为异常指示符。直观地，**异常**（exception）是一个数据立方体单元值，基于某种统计模型，它显著地不同于预期值。该模型在单元所属的所有维上考虑度量值的变化和模式。例如，如果商品销售数据分析揭示，与其他所有月份相比，12月份的销售增长了，这似乎是时间维上的异常。然而，如果考虑商品维，它就不是异常，因为在12月份，其他商品的销售也有类似的增长。

该模型考虑隐藏在数据立方体的所有分组聚集中的异常。基于预先计算的异常指示符，可视提示（如背景色）用于反映每个单元的异常程度。正如5.2节所述，已为立方体构造提出了一些有效的算法。异常指示符的计算可以与立方体构造重叠，使得对于发现驱动的探查，数据立方体的总体结构更有效。

|231|

有三种度量用做异常指示符，帮助识别数据异常。这些度量指出单元中的量相对于期望值的奇异程度。对于所有的聚集层，计算这些度量，并将它们关联到每一个单元。它们是：

- **SelfExp**：指示相对于同一聚集层的其他单元，该单元的奇异程度。
- **InExp**：指示该单元之下某处的奇异程度，如果从它下钻。
- **PathExp**：指示由该单元的每条下钻路径的奇异程度。

这些度量用于发现驱动的数据立方体探查，其用法在例5.21中解释。

例5.21　数据立方体的发现驱动的探查。假设想分析 AllElectronics 的月销售，按百分比与上月比较。所涉及的维是 *item*、*time* 和 *region*。开始，研究每个月、所有商品在所有地区的聚集数据，如图5.16所示。

销售和	月份											
	1	2	3	4	5	6	7	8	9	10	11	12
总计		1%	−1%	0%	1%	3%	−1%	−9%	−1%	2%	−4%	3%

图5.16　销售随时间变化

为观察异常指示符，在屏幕上单击标记**高亮度异常**按钮。这把 SelfExp 和 InExp 的值转换成可视提示，显示于每个单元。每个单元的背景色基于它的 SelfExp 值。此外，一个方框画在单元的周围，其中方框的粗细和颜色是其 InExp 值的函数，粗框指示高 InExp 值。在两种情况下，颜色越深，异常程度越高。例如，7月、8月、9月销售的黑粗框告诉用户通过下钻，探查这些单元的低层聚集。

下钻可以沿着被聚集的 *item* 或 *region* 维进行。想知道"哪一条路经更异常？"为了找出它，选择一个感兴趣的单元，并触发一个**路经异常**模块。该模块根据单元的 PathExp 值，为每个维上色。该值反映路经的奇异程度。假设沿着 *item* 的路径包含更多异常。

|232|

沿着 *item* 下钻导致图5.17所示的立方体切片，显示每种商品各时间段的销售。此时，提供了许多不同的销售值供你分析。通过单击**高亮度异常**按钮，显示可视提示，将注意力引向异常。考虑"Sony b/w printer"9月份41%的销售差。该单元具有深色背景，指示一个高 SelfExp 值，意味该单元是一个异常。现在，考虑"Sony b/w printer"的11月份−15%的销售差和12月份−11%的销售差。12月份的值−11%被标记为一个异常，而值−15%没有，

尽管 –15% 比 –11% 的差更大。这是因为异常指示符考虑了一个单元所在的所有维。注意，12 月份大部分其他商品的销售具有一个大的正值，而 11 月份不是。因此，通过考虑单元在立方体中的位置，"Sony b/w printer" 12 月份的销售差是一个异常，而该商品 11 月份的销售差不是。

平均销售商品	月份											
	1	2	3	4	5	6	7	8	9	10	11	12
Sony b/w printer		9%	–8%	2%	–5%	14%	–4%	0%	41%	–13%	–15%	–11%
Sony color printer		0%	0%	3%	2%	4%	–10%	–13%	0%	4%	–6%	4%
HP b/w printer		–2%	1%	2%	3%	8%	0%	–12%	–9%	3%	–3%	6%
HP color printer		0%	0%	–2%	1%	0%	–1%	–7%	–2%	1%	–4%	1%
IBM desktop computer		1%	–2%	–1%	–1%	3%	3%	–10%	4%	1%	–4%	–1%
IBM laptop computer		0%	0%	–1%	3%	4%	2%	–10%	–2%	0%	–9%	3%
Toshiba desktop computer		–2%	–5%	1%	1%	–1%	1%	5%	–3%	–5%	–1%	–1%
Toshiba laptop computer		1%	0%	3%	0%	–2%	–2%	–5%	3%	2%	–1%	0%
Logitech mouse		3%	–2%	–1%	0%	4%	6%	–11%	2%	1%	–4%	0%
Ergo–way mouse		0%	0%	2%	3%	1%	–2%	–2%	–5%	0%	–5%	8%

图 5.17　商品-时间组合的销售变化

InExp 值可以用来指示在当前层不可见的、较低层上的异常。考虑 7 月份和 9 月份 "IBM desktop computer" 所在的单元。两个单元周围都有黑粗框，指明它们具有高 InExp 值。可能决定沿 region 下钻，进一步探查 "IBM desktop computer" 的销售。按地区的销售差显示在图 5.18 中，其中高亮度异常选项被激活。所显示的可视化提示使得我们立即注意到 "IBM desktop computer" 销售在南部地区的异常。那里，7 月份和 9 月份的销售分别下降了 39% 和 34%。在观察图 5.17 中按商品 – 时间分组、按地区聚集的数据时，这些细节上的异常远非显而易见的。因此，对于搜索数据立方体的较低层次上的异常，InExp 值是有用的。■

销售地区	月份											
	1	2	3	4	5	6	7	8	9	10	11	12
北部		–1%	–3%	–1%	0%	3%	4%	–7%	1%	0%	–3%	–3%
南部		–1%	1%	–9%	6%	–1%	–39%	9%	–34%	4%	1%	7%
东部		–1%	–2%	2%	–3%	1%	18%	–2%	11%	–3%	–2%	–1%
西部		4%	0%	–1%	–3%	5%	1%	–18%	8%	5%	–8%	1%

图 5.18　每个地区 "IBM desktop computer" 的销售变化

233

"如何计算异常值？" SelfExp、InExp 和 PathExp 度量是基于表分析的统计方法。它们考虑给定单元值涉及的所有分组（聚集）。一个单元值是否异常要根据它与它的期望值相差多少判定，其中期望值使用统计模型确定。给定单元的值和它的期望值之间的差称为残差（residual）。直观地，残差越大，给定单元的值越异常。为比较残差值，需要按照与残差相关的期望标准差对残差值定标。因此，一个单元值被视为异常，如果它的定标残差值超过一个预先指定的阈值。SelfExp、InExp 和 PathExp 度量就是基于这种定标残差。

一个给定单元的期望值是该单元较高层分组的函数。例如，给定一个具有三个维 A、B 和 C 的立方体，在 A 的第 i 个位置、B 的第 j 个位置和 C 的第 k 个位置的单元的期望值是 γ、γ_i^A、γ_j^B、γ_k^C、γ_{ij}^{AB}、γ_{ik}^{AC} 和 γ_{jk}^{BC} 的函数，是所用的统计模型的系数。系数反映了在更细粒度层上值的差异，是基于观察高层聚集形成的一般印象。用这种方法，一个单元的异常性建立在它下面的值的异常程度之上。因此，当看到异常时，用户自然通过下钻进一步探查异常。

"如何有效地为发现驱动的探查构造数据立方体？"该计算由三个阶段组成。第一阶段涉及定义数据立方体的如 **sum** 或 **count** 等聚集值的计算。在这些聚集值上将发现异常。第二阶段是模型拟合，要确定上面提到的系数，并用来计算标准残差。这一阶段可以与第一阶段重叠，因为所涉及的计算是类似的。第三阶段基于标准残差，计算 SelfExp、InExp 和 PathExp 的值。这一阶段计算也与第一阶段类似。因此，对于发现驱动的探查，数据立方体的计算可以有效地进行。

5.5 小结

- **数据立方体的计算和探查**在数据仓库构建中扮演至关重要的角色，并且对于多维空间的灵活挖掘是重要的。

- 数据立方体由**方体的格**组成。每个方体都对应于给定多维数据的不同程度的汇总。**完全物化**是指计算数据立方体格中的所有方体。**部分物化**是指选择性地计算格中方体单元的子集。冰山立方体和外壳片段都是部分物化的例子。**冰山立方体**是一种数据立方体，它仅存储其聚集值（如 **count**）大于某最小支持度阈值的立方体单元。对于数据立方体的**外壳片段**而言，只计算涉及少数维的某些方体。在附加的维组合上的查询可以临时计算。

- 有一些有效的**数据立方体计算方法**。本章详细地讨论了 4 种立方体计算方法：（1）**多路数组聚集 Multiway**，基于稀疏数组的、自底向上的、共享计算的物化整个数据立方体；（2）**BUC**，通过探查有效的自顶向下计算次序和排序计算冰山立方体；（3）**Star-Cubing**，使用星树结构，集成自顶向下和自底向上计算，计算冰山立方体；（4）**外壳片段立方体**，通过仅预计算划分的立方体外壳片段，支持进行高维 OLAP。

- **立方体空间中的多维数据挖掘**是知识发现与多维数据立方体技术的集成。它有利于在大型结构化和半结构化的数据集中系统和聚焦地发现知识。它将继续为分析者的多维和多粒度分析提供极大的灵活性和能力。对于构建功能强大的、复杂的数据挖掘机制的研究者而言，这是一个尚需大量研究的领域。

- 已经提出了一些处理高级查询的技术，它们利用立方体技术的优势。这些技术包括用于样本数据的多维分析的**抽样立方体**，用于大型关系数据库中 top-k（排序）查询有效处理的**排序立方体**。

- 本章强调三种利用数据立方体进行多维数据分析的方法。**预测立方体**计算多维立方体空间的预测模型。它们帮助用户识别变化的粒度级别上的数据的有趣子集。**多特征立方体**计算涉及多粒度上多个依赖的聚集的复杂查询。立方体空间中**基于异常的、发现驱动的探查**显示可视化提示，指示在所有聚集层上发现的异常，从而指导用户的数据分析。

5.6 习题

5.1 假定 10 维基本方体只包含 3 个基本单元：（1）$(a_1, d_2, d_3, d_4, \cdots, d_9, d_{10})$；（2）$(d_1, b_2, d_3, d_4, \cdots, d_9, d_{10})$；（3）$(d_1, d_2, c_3, d_4, \cdots, d_9, d_{10})$。其中 $a_1 \neq d_1$，$b_2 \neq d_2$ 并且 $c_3 \neq d_3$。该立方体的度量是 **count()**。

(a) 完全数据立方体中包含多少个非空方体？

(b) 完全立方体中包含多少个非空聚集（即非基本）单元？

(c) 如果冰山立方体的条件是 "**count≥2**"，那么冰山立方体包含多少个非空聚集单元？

(d) 单元 c 是闭单元，如果不存在单元 d 使得 d 是单元 c 的特殊化（即 d 通过用非 "*" 值替换 c 中的 "*" 得到），并且 d 与 c 具有相同的度量值。闭立方体是仅由闭单元组成的数据立方体。该立方体中有多少个闭单元？

5.2 有几种典型的立方体计算方法，如 MultiWay[ZDN97]、BUC[BR99] 和 Star-Cubing[XHLW03]。简单地描述这三种方法（即用一两行列出要点），并在以下条件下比较它们的灵活性和性能：

(a) 计算低维（例如，小于 8 维）、稠密的完全立方体。

(b) 计算具有高度倾斜数据分布的大约 10 维的冰山立方体。

(c) 计算高维（例如，超过 100 维）、稀疏的冰山立方体。

5.3 假设数据立方体 C 有 d 个维，并且基本方体包含 k 个不同元组。

(a) 给出一个公式，计算立方体 C 可能包含的单元的最小个数。

(b) 给出一个公式，计算立方体 C 可能包含的单元的最大个数。

(c) 如果每个立方体单元中的计数不能小于阈值 v，回答（a）和（b）。

(d) 如果只考虑闭单元（使用最小计数阈值 v），回答（a）和（b）。

5.4 假定基本方体有三个维 A、B、C，其单元数如下：$|A| = 1\ 000\ 000$，$|B| = 100$，$|C| = 1000$。假设每个维平均地分块成 10 部分。

(a) 假定每个维只有一层，绘制完整的立方体的格。

(b) 如果每个立方体单元存放一个 4 字节的度量，若立方体是稠密的，那么所计算的立方体有多大？

(c) 指出空间需求量最小的块计算次序，并求出计算二维平面所需的内存空间。

5.5 通常，大型数据方体中的许多单元的聚集度量 count 值为零，导致巨大的、稀疏的多维矩阵。

(a) 设计一种实现方法，它能够很好地克服稀疏矩阵问题。注意，需要详细地解释你的数据结构，讨论空间需求，并解释如何从你的结构中检索数据。

(b) 修改你在（a）中的设计，以便处理增量数据更新。给出新设计的理由。

236

5.6 在计算高维数据立方体时，遇到固有的维灾难问题：存在大量维组合的子集。

(a) 假设在 100 维的基本方体中只有两个基本单元 $\{(a_1, a_2, a_3, \cdots, a_{100}),\ (a_1, a_2, b_3, \cdots, b_{100})\}$。计算非空聚集单元数。讨论计算这些单元所需要的空间和时间。

(b) 假设要从（a）的基本立方体计算冰山立方体。如果冰山条件中的最小支持度计数为 2，那么该冰山立方体有多少个聚集单元？给出这些单元。

(c) 引进冰山立方体减轻了计算数据立方体中平凡聚集单元的负担。然而，即便使用冰山立方体，仍然不得不计算大量平凡的、无意义的单元（即具有小计数的单元）。假设数据库有 20 个元组，它们映射到（或涵盖）如下两个 100 维基本方体的单元，每个单元的计数均为 10：$\{(a_1, a_2, a_3, \cdots, a_{100}): 10,\ (a_1, a_2, b_3, \cdots, b_{100}): 10\}$。

ⅰ. 令最小支持度为 10。有多少个不同的聚集单元具有如下形式：$\{(a_1, a_2, a_3, \cdots, a_{99}, *): 10,\ \cdots,\ (a_1, a_2, *, a_4, \cdots, a_{99}, a_{100}): 10,\ \cdots,\ (a_1, a_2, a_3, *, \cdots, *, *): 10\}$？

ⅱ. 如果忽略所有可以通过用"*"替换某个常量而保持相同的度量值得到的聚集单元，还剩下多少个不同的单元？是哪些单元？

5.7 提出一种有效地计算闭冰山立方体的算法。

5.8 假设计算维 A、B、C、D 的冰山立方体，其中希望物化满足最小支持度计数 v 的所有单元，并且维的基数满足 $\text{cardinality}(A) < \text{cardinality}(B) < \text{cardinality}(C) < \text{cardinality}(D)$。显示构造以上冰山立方体的 BUC 处理树（该树显示 BUC 算法从 **all** 开始考察数据立方体格的次序）。

5.9 讨论如何扩展 Star-Cubing 算法计算冰山立方体、其中冰山条件测试 avg 不大于某个值 v。

5.10 旅行代理的航班数据仓库包含 6 个维：*traveler*、*departure*(*city*)、*departure_time*、*arrival*、*arrival_time* 和 *flight*，两个度量：**count()** 和 **avg_fare()**，其中 **avg_fare()** 在最低层存放具体费用，而在其他层存放平均费用。

(a) 假设该立方体是完全物化的。从基本方体 [*traveller*, *departure*, *departure_time*, *arrival*, *arrival_time*, *flight*] 开始，为了列出 2009 年每个从洛杉矶乘坐美国航空公司（AA）的商务旅客的月平均费用，应该执行哪些 OLAP 操作（例如，上卷 *flight* 到 *airline*）？

237

(b) 假设想计算数据立方体，其中条件是记录的个数最少为 10，并且平均费用超过 500 美元。勾画一种有效的立方体计算方法（基于航班数据分布的常识）。

5.11 （**实现项目**）有四种典型的数据立方体计算方法：MultiWay[ZDN97]、BUC[BR99]、H-cubing[HP-DW01] 和 Star-cubing[XHLW03]。

（a）从这些立方体计算算法中任选一种加以实现，并介绍你的实现、实验和性能。找另外一个在相同平台（如 Linux 上 C++）实现不同算法的学生，比较你们的算法性能。

输入：

ⅰ. 一个 n 维基本方体表（$n < 20$），它本质上是一个具有 n 个属性的关系表。

ⅱ. 冰山条件 **count**$(C) \geq k$，其中 k 是一个正整数，作为参数。

输出：

ⅰ. 计算满足冰山条件的方体的集合，按产生的次序输出。

ⅱ. 用如下形式汇总方体的集合"方体 ID：非空单元数"，按方体字母次序排序，例如 A：155，AB：120，ABC：22，$ABCD$：4，$ABCE$：6，ABD：36，其中，"："后的数表示非空单元数。（这用来快速检查你的结果的正确性。）

（b）基于你的实现，讨论如下问题：

ⅰ. 随着维数增加，遇到的挑战性计算问题是什么？

ⅱ. 冰山立方体计算如何对某些数据集解决（a）中的问题？描述这些数据集的特性。

ⅲ. 给出一个简单的例子，表明冰山立方体有时不能提供好的解决方案。

（c）替代计算高维数据立方体，可以选择物化仅含少数维组合的方体。例如，对于 30 维的数据立方体，可以对于所有可能的 5 维组合，只物化 5 维方体。结果方体形成一个外壳立方体。讨论修改你的算法进行这种计算的难易程度。

5.12 为了样本数据（例如调查数据）的多维分析，提出了抽样立方体。在许多实际应用中，样本数据都可能是高维的（例如，超过 50 维的调查数据并不罕见）。

（a）如何为大型样本数据集构造有效的、可伸缩的高维抽样立方体？

238

（b）为这种高维抽样立方体设计一个有效的增量更新算法。

（c）讨论如何支持高质量的下钻，尽管某些低层单元可能为空或对可靠的分析而言包含的数据太少。

5.13 排序立方体是为了关系数据库系统中 top-k（排序）查询的有效计算而提出的。最近，研究人员提出了另一种类型的查询，称为轮廓线查询（skyline queries）。轮廓线查询返回不受任何其他对象 p_j 支配的所有对象 p_i，其中支配定义如下：令 p_i 在维 d 上的值为 $v(p_i, d)$，我们说 p_i 被 p_j 支配，当且仅当对于每个偏爱的维 d，有 $v(p_j, d) \leq v(p_i, d)$，并且至少有一个维 d 使得等号成立。

（a）设计一个排序立方体，使得轮廓线查询可以有效地处理。

（b）对于某些用户而言，轮廓线查询有时太严格，并非他们所期望的。可以把轮廓线概念推广到广义轮廓线：给定一个 d 维数据库和一个查询 q，**广义轮廓线**（generalized skyline）是如下对象的集合：（1）轮廓线对象；（2）轮廓线对象的 ε-近邻的非轮廓线对象，其中 r 是一个轮廓线对象 p 的 ε-近邻，如果 r 与 p 之间的距离不超过 ε。设计一个排序立方体，有效地处理广义轮廓线查询。

5.14 排序立方体是为了支持关系数据库系统中 top-k（排序）查询而设计的。然而，也可以对数据仓库提出排序查询，其中排序是在多维聚集上，而不是在基本事实的度量上进行。例如，考虑正在分析销售数据库的产品经理。销售数据库存储全国范围的销售历史，按 $location$ 和 $time$ 组织。为了进行投资决策，经理可能提出如下查询："具有最大总产品销售的 top-10 个（$state, year$）单元是哪些？"然后，他可能下钻，进一步问"top-10 个（$city, month$）单元是哪些？"假设系统能够进行这种部分物化，导出如下两种类型的物化方体：定向方体（guiding cuboid）和支持方体（supporting cuboid），其中前者包含一些提供指导排序处理的简明的高层数据统计量的单元，而后者提供支持有效联机聚集的倒排表的单元。

（a）设计一种有效计算这种聚集排序立方体的方法。

（b）扩展你的框架，处理更高级的度量。一个可能的例子如下：考虑一个组织捐赠数据库，其中捐赠者按 age、$income$ 和其他属性分组。感兴趣的查询包括"哪些年龄和收入分组是 top-k 个最高捐赠组？"和"哪些捐赠者收入分组具有最大捐赠量标准差？"

5.15 预测立方体是一个很好的立方体空间多维数据挖掘的例子。

    (a) 提出一种有效算法,在给定的多维数据库中计算预测立方体。

    (b) 你的算法可以使用何种分类模型。解释原因。

5.16 多特征立方体允许我们基于相当复杂的查询条件构造感兴趣的数据立方体。将如下查询转换成本书介绍的查询形式,你能为这些查询构造多特征立方体吗?

    (a) 构造一个聪明购物者立方体,其中,一位购物者是聪明的,如果她每次购买的商品至少有 10% 是降价出售的。

    (b) 为最划算的产品构造一个数据立方体,其中,最划算的产品是那些产品,对它们而言,在给定的月份售价最低。

5.17 发现驱动的立方体探查是一种在数据立方体的大量单元中标记关注点的可取方法。对于一个点是否应该视为有趣的,值得标记,每个用户都可能有不同的看法。假设一个人想要标记这些对象,其 z 分数绝对值在 d 维平面的每行每列都大于 2。

    (a) 设计一种有效的计算方法,在数据立方体计算时识别这样的点。

    (b) 假设部分物化的方体有 $(d-1)$ 维和 $(d+1)$ 维方体,但是没有 d 维方体。设计一种方法标记这样的 $(d-1)$ 维单元,其 d 维子女包含这种标记的点。

5.7 文献注释

    数据立方体中多维聚集的有效计算已经被众多研究人员所研究。Gray、Chauduri、Bosworth 等 [GCB+97] 提出 *cube-by*,作为关系数据库聚集操作 group-by、交叉表和子和的推广,并把数据立方体度量划分成三类:分布的、代数的和整体的。Harinarayan、Rajaraman 和 Ullman[HRU96] 提出了一种数据立方体计算的部分物化的贪心算法。Sarawagi 和 Stonebraker[SS94] 为大型多维数组的有效组织开发了基于块的计算技术。Agarwal、Agrawal、Deshpande 等 [AAD+96] 为 ROLAP 服务器提出了多种多维聚集有效计算的指导方针。

    MOLAP 中数据立方体计算的基于块多路数组聚集方法 MulitiWay 是 Zhao、Deshpande 和 Naughton [ZDN97] 提出的。Ross 和 Srivastava[RS97] 开发了一种计算稀疏数据立方体的方法。冰山查询首先在 Fang、Shivakumar、Garcia-Molina 等 [FSGM+98] 中提出。BUC 是一种从顶点方体向下计算冰山立方体的可伸缩的方法,由 Beyer 和 Ramakrishnan[BR99] 提出。Han、Pei、Dong 和 Wang[HPDW01] 提出了 H-Cubing 方法,使用 H-树结构计算具有复杂度量的冰山立方体。

    Star-Cubing 使用动态星树结构计算冰山立方体,由 Xin、Han、Li 和 Wah[XHLW03] 提出。MM-Cubing 是一种分解格空间的有效的冰山立方体计算方法,由 Shao、Han 和 Xin[SHX04] 开发。MM-Clubing 是 Shao、Han 和 Xin[SHX04] 开发的分解格空间,计算冰山立方体的有效方法。为了有效的高维 OLAP 而开发的基于外壳片段的立方体计算方法由 Li、Han 和 Gonzalez[LHG04] 提出。

    除了计算冰山立方体之外,另一种降低数据立方体计算的方法是物化浓缩的,侏儒或商立方体,它是闭立方体的一种变体。Wang、Feng、Lu 和 Yu 提出了计算一种称为浓缩立方体的归约的数据立方体 [WLFY02]。Sismanis、Deligiannakis、Roussopoulos 和 Kotids 提出计算一种称为侏儒立方体(dwarf cube)的归约的数据立方体。Lakeshmanan、Pei 和 Han 提出了商立方体(quotient cube)结构来概括数据立方体的语义 [LPH02],它又被 Lakshmanan、Pei 和 Zhao[LPZ03] 进一步扩展为 qc-树结构。Xin、Han、Shao 和 Liu [Xin+06] 开发了一种使用新的代数度量 *closedness*,有效地进行闭立方体计算的基于聚集的方法 C-Cubing (即 Closed-Cubing)。

    关于压缩数据立方体的近似计算也有许多研究,如 Barbara 和 Sullivan[BS97a] 的准立方体(quasi-cube),Vitter、Wang 和 Iyer[VWI98] 的小波立方体,Shanmugasundaram、Fayyad 和 Bradley[SFB99] 的在连续维上查询近似计算的压缩立方体,Barbara 和 Wu[BW00] 使用对数线性模型的压缩数据立方体,以及 Burdick、Deshpande、Jayram 等 [BDJ+05] 在不确定和不准确数据上的 OLAP。

    关于为有效的 OLAP 查询处理,物化方体选择的工作,见 Chaudhuri 和 Dayal[CD97],Harinarayan、Rajaraman 和 Ullman[HRU96],Sristava、Dar、Jagadish 和 Levy[SDJL96],Gupta[Gup97],Baralis、Paraboschi

239
240

和 Teniente[BPT97]，以及 Shukla、Deshpande 和 Naughton[SDN98]。方体大小估计的方法可以在 Deshpande、Naughton、Ramasamy 等［DNR⁺97］，Ross 和 Srivastava[RS97]，Beyer 和 Ramakrishnan[BR99] 中找到。Agrawal、Gupta 和 Sarawagi[AGS97] 提出了多维数据库建模的操作。

数据立方体建模和计算已经被扩展到关系数据之外的数据。Chen、Dong、Han 等［CDH⁺02］研究了用于多维数据流数据分析的流立方体的计算。Stefanovic、Han 和 Koperski[SHK00] 考察了空间数据立方体的有效计算，Papadias、Kalnis、Zhang 和 Tao[PKZT01] 研究了空间数据仓库的有效 OLAP，而 Shekhar、Lu、Tan 等［SLT⁺01］提出了对空间数据仓库可视化的地图立方体。Zaiane、Han、Li 等［ZHL⁺98］在 MultiMediaMiner 中构建了多媒体数据立方体。为了分析多维文本数据库，Lin、Ding、Han 等基于向量空间模型，提出了 *TextCube*，Zhang、Zhai 和 Han[ZZH09] 基于拓扑建模方法，提出了 *TopicCube*。为了分析 RFID 数据，Gonzalez、Han、Li 等［GHLK06，GHL06］提出了 RFID 立方体 *FlowCube*。

抽样立方体是 Li、Han、Yin 等［LHY⁺08］为分析样本数据提出的。排序立方体是 Xin、Han、Cheng 和 Li[XHCL06] 为了有效地处理数据库中排序（top-k）查询提出的。这种方法已经被 Wu、Xin 和 Han[WXH08] 扩展到 *ARCube*，支持部分物化的数据立方体中的聚集查询的排序。它还被 Wu、Xin、Mei 和 Han[WXMH09] 扩展到 *PromoCube*，支持多维空间中的促销查询分析。

OLAP 数据立方体发现驱动的探查由 Sarawagi、Agrawal 和 Megiddo[SAM98] 提出。为了智能地探查 OLAP 数据，Sarawagi 和 Sathe[SS01] 进一步研究了 OLAP 与数据挖掘功能的集成。Ross、Srivastava 和 Chatziantonion[RSC98] 介绍了多特征数据立方体的构造。Hellerstein、Haas 和 Wang[HHW97]，Hellerstein、Avnur、Chou 等［HAC⁺99］介绍了通过联机聚集快速回答查询的方法。Imielinski、Khachiyan 和 Abdulghani[IKA02] 首次提出了称为 *cubegrade* 的立方体梯度分析问题。对于多维被约束的梯度分析，Dong、Han、Lam 等［DHL⁺01］研究了一种有效方法。

挖掘立方体空间，或知识发现与 OLAP 立方体的集成，已经被许多研究人员所研究。联机分析挖掘（OLAM）或 OLAP 挖掘的概念由 Han[Han98] 引进。Chen、Dong、Han 等为时间序列数据的基于回归的多维分析开发了回归立方体［CDH⁺02，CDH⁺06］。Fagin、Guha、R. Kumar 等［FGK⁺05］研究了多结构数据库中的数据挖掘。B.-C. Chen、L. Chen、Lin 和 Ramakrishnan[CCLR05] 提出了预测立方体，为方便预测，把预测模型与数据立方体集成在一起，以便分析有趣的数据子空间。Chen、Ramakrishnan、Shavlik 和 Tamma[CRST06] 研究了使用数据挖掘模型作为多步挖掘过程的组件，以及使用立方体空间为局部区域预测总体聚集，直观地定义感兴趣的空间。Ramakrishnan 和 Chen[RC07] 给出了立方体空间探索式挖掘的有条理的描述。

挖掘频繁模式、关联和相关性：基本概念和方法

想象你是 AllElectronics 的销售经理，正在与一位刚在商店购买了 PC 和数码相机的顾客交谈。你应该向她推荐什么产品？你的顾客在购买了 PC 和数码相机之后频繁购买哪些产品，这种信息对你做出推荐是有用的。在这种情况下，频繁模式和关联规则正是你想要挖掘的知识。

频繁模式（frequent pattern）是频繁地出现在数据集中的模式（如项集、子序列或子结构）。例如，频繁地同时出现在交易数据集中的商品（如牛奶和面包）的集合是频繁项集。一个子序列，如首先购买 PC，然后是数码相机，再后是内存卡，如果它频繁地出现在购物历史数据库中，则称它为一个（频繁的）序列模式。一个子结构可能涉及不同的结构形式，如子图、子树或子格，它可能与项集或子序列结合在一起。如果一个子结构频繁地出现，则称它为（频繁的）结构模式。对于挖掘数据之间的关联、相关性和许多其他有趣的联系，发现这种频繁模式起着至关重要的作用。此外，它对数据分类、聚类和其他数据挖掘任务也有帮助。因此，频繁模式的挖掘就成了一项重要的数据挖掘任务和数据挖掘研究关注的主题之一。

本章介绍频繁模式、关联和相关性的基本概念（6.1 节），并研究如何有效地挖掘它们（6.2 节）。还讨论如何评估所发现的模式是否有趣（6.3 节）。第 7 章将把讨论扩展到频繁模式挖掘的高级方法，挖掘形式更加复杂的频繁模式，并考虑利用用户的偏爱或约束来加快挖掘过程。

6.1 基本概念

频繁模式挖掘搜索给定数据集中反复出现的联系。本节介绍发现事务或关系数据库中项集之间有趣的关联或相关性的频繁模式挖掘的基本概念。6.1.1 节给出一个购物篮分析的例子，这是频繁模式挖掘的最初形式，旨在得到关联规则。挖掘频繁模式和关联规则的基本概念在 6.1.2 节给出。

243

6.1.1 购物篮分析：一个诱发例子

频繁项集导致发现大型事务或关系数据集中项之间有趣的关联或相关性。随着大量数据不断地收集和存储，许多业界人士对于从他们的数据库中挖掘这种模式越来越感兴趣。从大量商务事务记录中发现有趣的相关联系，可以为分类设计、交叉销售和顾客购买习惯分析等许多商务决策过程提供帮助。

频繁项集挖掘的一个典型例子是**购物篮分析**。该过程通过发现顾客放入他们"购物篮"中的商品之间的关联，分析顾客的购物习惯（见图 6.1）。这种关联的发现可以帮助零售商了解哪些商品频繁地被顾客同时购买，从而帮助他们制定更好的营销策略。例如，如果顾客在一次超市购物时购买了牛奶，他们有多大可能也同时购买面包（以及何种面包）？这种信息可以帮助零售商做选择性销售和安排货架空间，导致增加销售量。

244

看一个购物篮分析的例子。

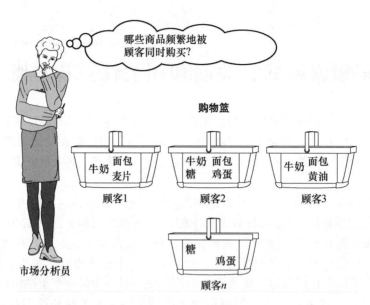

图 6.1 购物篮分析

例 6.1 购物篮分析。假定作为 AllElectronics 的部门经理，你想更多地了解顾客的购物习惯。尤其是，你想知道"顾客可能会在一次购物同时购买哪些商品？"为了回答问题，可以在商店的顾客事务零售数据上运行购物篮分析。分析结果可以用于营销规划、广告策划，或新的分类设计。例如，购物篮分析可以帮助你设计不同的商店布局。一种策略是：经常同时购买的商品可以摆放近一些，以便进一步刺激这些商品同时销售。例如，如果购买计算机的顾客也倾向于同时购买杀毒软件，则把硬件摆放离软件陈列近一点，可能有助于增加这两种商品的销售。

另一种策略是：把硬件和软件摆放在商店的两端，可能诱发买这些商品的顾客一路挑选其他商品。例如，在决定购买一台很贵的计算机后，去看软件陈列，购买杀毒软件，途中看到销售安全系统，可能会决定也买家庭安全系统。购物篮分析也可以帮助零售商规划什么商品降价出售。如果顾客趋向于同时购买计算机和打印机，则打印机的降价出售可能既促使购买打印机，又促使购买计算机。 ■

如果我们想象全域是商店中商品的集合，则每种商品有一个布尔变量，表示该商品是否出现。每个购物篮可用一个布尔向量表示。可以分析布尔向量，得到反映商品频繁关联或同时购买的购买模式。这些模式可以用**关联规则**（association rule）的形式表示。例如，购买计算机也趋向于同时购买杀毒软件，可以用以下关联规则（6.1）表示：

$$computer \Rightarrow antivirus\_software[\ support\ =\ 2\%\ ; confidence\ =\ 60\%\ ] \tag{6.1}$$

规则的**支持度**（support）和置信度（confidence）是规则兴趣度的两种度量。它们分别反映所发现规则的有用性和确定性。关联规则（6.1）的支持度为 2%，意味所分析的所有事务的 2% 显示计算机和杀毒软件被同时购买。置信度 60% 意味购买计算机的顾客 60% 也购买了杀毒软件。在典型情况下，关联规则被认为是有趣的，如果它满足**最小支持度阈值**和**最小置信度阈值**。这些阈值可以由用户或领域专家设定。还可以进行其他分析，揭示关联项之间有趣的统计相关性。

6.1.2 频繁项集、闭项集和关联规则

设 $\mathcal{I} = \{I_1, I_2, \cdots, I_m\}$ 是项的集合。设任务相关的数据 D 是数据库事务的集合，其中

每个事务 T 是一个非空项集，使得 $T \subseteq \mathcal{I}$。每一个事务都有一个标识符，称为 *TID*。设 A 是一个项集，事务 T 包含 A，当且仅当 $A \subseteq T$。关联规则是形如 $A \Rightarrow B$ 的蕴涵式，其中 $A \subset \mathcal{I}$，$B \subset \mathcal{I}$，$A \neq \varnothing$，$B \neq \varnothing$，并且 $A \cap B = \varnothing$。规则 $A \Rightarrow B$ 在事务集 D 中成立，具有**支持度** s，其中 s 是 D 中事务包含 $A \cup B$（即集合 A 和 B 的并或 A 和 B 二者）的百分比。它是概率 $P(A \cup B)^\ominus$。规则 $A \Rightarrow B$ 在事务集 D 中具有**置信度** c，其中 c 是 D 中包含 A 的事务同时也包含 B 的事务的百分比。这是条件概率 $P(B \mid A)$。即，

$$support(A \Rightarrow B) = P(A \cup B) \tag{6.2}$$

$$confidence(A \Rightarrow B) = P(B \mid A) \tag{6.3}$$

同时满足最小支持度阈值（min_sup）和最小置信度阈值（min_conf）的规则称为**强规则**。为方便计算，用 0% ~ 100% 之间的值，而不是 0 ~ 1.0 之间的值表示支持度和置信度。

项的集合称为**项集**$^\ominus$。包含 k 个项的项集称为 **k 项集**。集合 $\{computer, antivirus\_software\}$ 是一个 2 项集。项集的**出现频度**是包含项集的事务数，简称为项集的**频度**、**支持度计数**或**计数**。注意，（6.2）式定义的项集支持度有时称为**相对支持度**，而出现频度称为**绝对支持度**。如果项集 I 的相对支持度满足预定义的**最小支持度阈值**（即 I 的绝对支持度满足对应的**最小支持度计数阈值**），则 I 是**频繁项集**（frequent itemset）$^\ominus$。频繁 k 项集的集合通常记为 L_k。$^\circledR$

由（6.3）式，有

$$confidence(A \Rightarrow B) = P(B \mid A) = \frac{support(A \cup B)}{support(A)} = \frac{support\_count(A \cup B)}{support\_count(A)} \tag{6.4}$$

246

（6.4）式表明规则 $A \Rightarrow B$ 的置信度容易从 A 和 $A \cup B$ 的支持度计数推出。也就是说，一旦得到 A、B 和 $A \cup B$ 的支持度计数，则导出对应的关联规则 $A \Rightarrow B$ 和 $B \Rightarrow A$，并检查它们是否是强规则是直截了当的。因此，挖掘关联规则的问题可以归结为挖掘频繁项集。

一般而言，关联规则的挖掘是一个两步的过程：

（1）**找出所有的频繁项集**：根据定义，这些项集的每一个频繁出现的次数至少与预定义的最小支持计数 min_sup 一样。

（2）**由频繁项集产生强关联规则**：根据定义，这些规则必须满足最小支持度和最小置信度。

正如将在 6.3 节讨论的那样，也可以使用附加的兴趣度度量来发现相关联的项之间的相关联系。由于第二步的开销远低于第一步，因此挖掘关联规则的总体性能由第一步决定。

从大型数据集中挖掘频繁项集的主要挑战是，这种挖掘常常产生大量满足最小支持度（min_sup）阈值的项集，当 min_sup 设置得很低时尤其如此。这是因为如果一个项集是频繁的，则它的每个子集也是频繁的。一个长项集将包含组合个数较短的频繁子项集。例如，一个长度为 100 频繁项集 $\{a_1, a_2, \cdots, a_{100}\}$ 包含 $C_{100}^1 = 100$ 个频繁 1 项集 $a_1, a_2, \cdots, a_{100}$，$C_{100}^2$ 个频繁 2 项集 $\{a_1, a_2\}$，$\{a_1, a_3\}$，$\cdots$，$\{a_{99}, a_{100}\}$，$\cdots$。因此，频繁项集的总个数为

　$\ominus$　注意，$P(A \cup B)$ 表示事务包含集合 A 和 B 的并（即包含 A 和 B 中的每个项）的概率。不要把它与 $P(A\,or\,B)$ 混淆，后者表示事务包含 A 或 B 的概率。

　$\ominus$　在数据挖掘研究文献中，"itemset" 比 "item set" 更常用。

　$\ominus$　在早期的工作中，满足最小支持度的项集称为**大的**（large）。然而，该术语有时容易混淆，因为它具有项集中项的个数的内涵，而不是集合出现的频率。因此，我们使用当前术语**频繁的**。

　$\circledR$　尽管**频繁**的已取代**大的**，但由于历史的原因，频繁 k 项集仍记作 L_k。

$$C_{100}^1 + C_{100}^2 + \cdots + C_{100}^{100} = 2^{100} - 1 \approx 1.27 \times 10^{30} \tag{6.5}$$

对于任何计算机，项集的个数都太大了，无法计算和存储。为了克服这一困难，引入闭频繁项集和极大频繁项集的概念。

项集 X 在数据集 D 中是**闭的**（closed），如果不存在真超项集 $Y^\ominus$ 使得 Y 与 X 在 D 中具有相同的支持度计数。项集 X 是数据集 D 中的**闭频繁项集**（closed frequent itemset），如果 X 在 D 中是闭的和频繁的。项集 X 是 D 中的**极大频繁项集**（maximal frequent itemset）或**极大项集**（max-itemset），如果 X 是频繁的，并且不存在超项集 Y 使得 $X \subset Y$ 并且 Y 在 D 中是频繁的。

设 $\mathcal{C}$ 是数据集 D 中满足最小支持度阈值 min_sup 的闭频繁项集的集合，$\mathcal{M}$ 是 D 中满足 min_sup 的极大频繁项集的集合。假设有 $\mathcal{C}$ 和 $\mathcal{M}$ 中的每个项集的支持度计数。注意，$\mathcal{C}$ 和它的计数信息可以用来导出频繁项集的完整集合。因此，称 $\mathcal{C}$ 包含了关于频繁项集的完整信息。另一方面，$\mathcal{M}$ 只存储了极大项集的支持度信息。通常，它并不包含其对应的频繁项集的完整的支持度信息。例 6.2 解释这些概念。

例 6.2 闭的和极大的频繁项集。假定事务数据库只有两个事务：$\{a_1, a_2, \cdots, a_{100}\}$、$\{a_1, a_2, \cdots, a_{50}\}$。设最小支持度计数阈值 $min\_sup = 1$。我们发现两个闭频繁项集和它们的支持度，即 $\mathcal{C} = \{\{a_1, a_2, \cdots, a_{100}\}: 1; \{a_1, a_2, \cdots, a_{50}\}: 2\}$。只有一个极大频繁项集：$\mathcal{M} = \{\{a_1, a_2, \cdots, a_{100}\}: 1\}$。注意，我们不能断言 $\{a_1, a_2, \cdots, a_{50}\}$ 是极大频繁项集，因为它有一个频繁的超集 $\{a_1, a_2, \cdots, a_{100}\}$。与上面相比，那里我们确定了 $2^{100} - 1$ 个频繁模式，数量太大，根本无法枚举！

闭频繁项集的集合包含了频繁项集的完整信息。例如，可以从 $\mathcal{C}$ 推出：(1) $\{\{a_2, a_{45}\}: 2\}$，因为 $\{a_2, a_{45}\}$ 是 $\{\{a_1, a_2, \cdots, a_{50}\}: 2\}$ 的子集；(2) $\{\{a_8, a_{55}\}: 1\}$，因为 $\{a_8, a_{55}\}$ 不是 $\{\{a_1, a_2, \cdots, a_{50}\}: 2\}$ 的子集，而是 $\{\{a_1, a_2, \cdots, a_{100}\}: 1\}$ 的子集。然而，从极大频繁项集只能断言两个项集（$\{a_2, a_{45}\}$ 和 $\{a_8, a_{55}\}$）是频繁的，但是不能推断它们的实际支持度计数。 ■

6.2 频繁项集挖掘方法

本节将学习挖掘最简单形式的频繁模式的方法。这种频繁模式如 6.1.1 节所讨论的购物篮分析中的那些。我们从 Apriori（先验）算法开始（6.2.1 节）。**Apriori 算法**是一种发现频繁项集的基本算法。6.2.2 节考察如何由频繁项集产生强关联规则。6.2.3 节介绍 Apriori 算法的一些变形，用于提高效率和可伸缩性。6.2.4 节介绍挖掘频繁项集模式增长方法，该方法把其后的搜索空间限制于仅包含当前频繁项集的数据集。6.2.5 节介绍利用数据的垂直表示挖掘频繁项集的方法。

6.2.1 Apriori 算法：通过限制候选产生发现频繁项集

Apriori 算法是 Agrawal 和 R. Srikant 于 1994 年提出的，为布尔关联规则挖掘频繁项集的原创性算法 [AS94b]。正如我们将看到的，算法的名字基于这样的事实：算法使用频繁项集性质的先验知识。Apriori 算法使用一种称为逐层搜索的迭代方法，其中 k 项集用于探索 $(k+1)$ 项集。首先，通过扫描数据库，累计每个项的计数，并收集满足最小支持度的项，

⊖ Y 是 X 的真超项集，如果 X 是 Y 的真子项集，即如果 $X \subset Y$。换言之，X 中的每个项都包含在 Y 中，但是 Y 中至少有一个项不在 X 中。

找出频繁 1 项集的集合。该集合记为 L_1。然后，使用 L_1 找出频繁 2 项集的集合 L_2，使用 L_2 找出 L_3，如此下去，直到不能再找到频繁 k 项集。找出每个 L_k 需要一次数据库的完整扫描。

为了提高频繁项集逐层产生的效率，一种称为**先验性质**（Apriori property）的重要性质用于压缩搜索空间。

先验性质：频繁项集的所有非空子集也一定是频繁的。

先验性质基于如下观察。根据定义，如果项集 I 不满足最小支持度阈值 min_sup，则 I 不是频繁的，即 $P(I) < min\_sup$。如果把项 A 添加到项集 I 中，则结果项集（即 $I \cup A$）不可能比 I 更频繁出现。因此，$I \cup A$ 也不是频繁的，即 $P(I \cup A) < min\_sup$。

该性质属于一类特殊的性质，称为**反单调性**（antimonotone），意指如果一个集合不能通过测试，则它的所有超集也都不能通过相同的测试。称它为反单调的，因为在通不过测试的意义下，该性质是单调的$^\ominus$。

"如何在算法中使用先验性质？"为理解这一点，我们考察如何使用 L_{k-1} 找出 L_k，其中 $k \geqslant 2$。下面的两步过程由**连接步**和**剪枝步**组成。

（1）**连接步**：为找出 L_k，通过将 L_{k-1} 与自身连接产生**候选** k 项集的集合。该候选项集的集合记为 C_k。设 l_1 和 l_2 是 L_{k-1} 中的项集。记号 $l_i[j]$ 表示 l_i 的第 j 项（例如，$l_1[k-2]$ 表示 l_1 的倒数第 2 项）。为了有效地实现，Apriori 算法假定事务或项集中的项按字典序排序。对于 $(k-1)$ 项集 l_i，这意味把项排序，使得 $l_i[1] < l_i[2] < \cdots < l_i[k-1]$。执行连接 $L_{k-1} \bowtie L_{k-1}$；其中 L_{k-1} 的元素是可连接的，如果它们前 $(k-2)$ 个项相同。即，L_{k-1} 的元素 l_1 和 l_2 是可连接的，如果 $(l_1[1] = l_2[1]) \wedge (l_1[2] = l_2[2]) \wedge \cdots \wedge (l_1[k-2] = l_2[k-2]) \wedge (l_1[k-1] < l_2[k-1])$。条件 $(l_1[k-1] < l_2[k-1])$ 是简单地确保不产生重复。连接 l_1 和 l_2 产生的结果项集是 $\{l_1[1], l_1[2], \cdots, l_1[k-1], l_2[k-1]\}$。

（2）**剪枝步**：C_k 是 L_k 的超集，也就是说，C_k 的成员可以是也可以不是频繁的，但所有的频繁 k 项集都包含在 C_k 中。扫描数据库，确定 C_k 中每个候选的计数，从而确定 L_k（即根据定义，计数值不小于最小支持度计数的所有候选都是频繁的，从而属于 L_k）。然而，C_k 可能很大，因此所涉及的计算量就很大。为了压缩 C_k，可以用以下办法使用先验性质。任何非频繁的 $(k-1)$ 项集都不是频繁 k 项集的子集。因此，如果一个候选 k 项集的 $(k-1)$ 项子集不在 L_{k-1} 中，则该候选也不可能是频繁的，从而可以从 C_k 中删除。这种**子集测试**可以使用所有频繁项集的散列树快速完成。

249

例 6.3 Apriori **算法**。看一个的具体例子。该例基于表 6.1 AllElectronics 的事务数据库 D。该数据库有 9 个事务，即 $|D| = 9$。使用图 6.2 解释 Apriori 算法发现 D 中的频繁项集。

表 6.1　AllElectronics 某分店的事务数据

TID	商品 ID 的列表	TID	商品 ID 的列表
T100	I1, I2, I5	T600	I2, I3
T200	I2, I4	T700	I1, I3
T300	I2, I3	T800	I1, I2, I3, I5
T400	I1, I2, I4	T900	I1, I2, I3
T500	I1, I3		

（1）在算法的第一次迭代时，每个项都是候选 1 项集的集合 C_1 的成员。算法简单地扫

$\ominus$　先验性质有许多应用。例如，在数据立方体计算时，它可以用来对搜索剪枝（见第 5 章）。

描所有的事务，对每个项的出现次数计数。

（2）假设最小支持度计数为 2，即 $min\_sup = 2$（这里，谈论的是绝对支持度，因为使用的是支持度计数。对应的相对支持度为 $2/9 = 22\%$）。可以确定频繁 1 项集的集合 L_1。它由满足最小支持度的候选 1 项集组成。在我们的例子中，C_1 中的所有候选都满足最小支持度。

（3）为了发现频繁 2 项集的集合 L_2，算法使用连接 $L_1 \bowtie L_1$ 产生候选 2 项集的集合 $C_2^{\ominus}$。C_2 由 $C^2_{|L_1|}$ 个 2 项集组成。注意，在剪枝步，没有候选从 C_2 中删除，因为这些候选的每个子集也是频繁的。

（4）扫描 D 中事务，累计 C_2 中每个候选项集的支持计数，如图 6.2 的第二行中间的表所示。

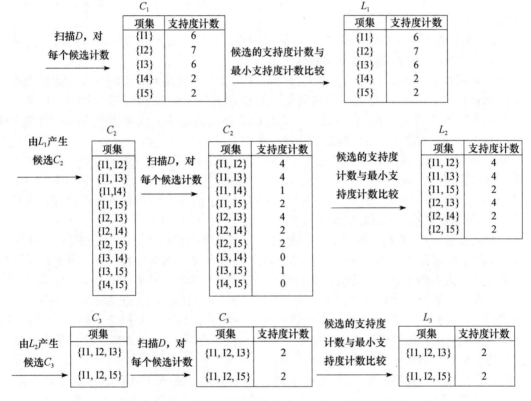

图 6.2　候选项集和频繁项集的产生，最小支持计数为 2

（5）然后，确定频繁 2 项集的集合 L_2，它由 C_2 中满足最小支持度的候选 2 项集组成。

（6）候选 3 项集的集合 C_3 的产生详细地列在图 6.3 中。在连接步，首先令 $C_3 = L_2 \bowtie L_2 = \{\{I1, I2, I3\}, \{I1, I2, I5\}, \{I1, I3, I5\}, \{I2, I3, I4\}, \{I2, I3, I5\}, \{I2, I4, I5\}\}$。根据先验性质，频繁项集的所有子集必须是频繁的，可以确定后 4 个候选不可能是频繁的。因此，把它们从 C_3 中删除，这样，在此后扫描 D 确定 L_3 时就不必再求它们的计数值。注意，由于 Apriori 算法使用逐层搜索技术，给定一个候选 k 项集，只需要检查它们的 $(k-1)$ 项子集是否频繁。C_3 剪枝后的版本在图 6.2 底部的第一个表中给出。

（7）扫描 D 中事务以确定 L_3，它由 C_3 中满足最小支持度的候选 3 项集组成（见图 6.2）。

　　$\ominus$　$L_1 \bowtie L_1$ 等价于 $L_1 \times L_1$，因为 $L_k \bowtie L_k$ 的定义要求两个连接的项集共享 $k-1 = 0$ 个项。

(a) 连接：$C_3 = L_2 \bowtie L_2 = \{\{I1, I2\}, \{I1, I3\}, \{I1, I5\}, \{I2, I3\}, \{I2, I4\}, \{I2, I5\}\}$
$\bowtie \{\{I1, I2\}, \{I1, I3\}, \{I1, I5\}, \{I2, I3\}, \{I2, I4\}, \{I2, I5\}\}$
$= \{\{I1, I2, I3\}, \{I1, I2, I5\}, \{I1, I3, I5\}, \{I2, I3, I4\}, \{I2, I3, I5\}, \{I2, I4, I5\}\}$

(b) 使用先验性质剪枝：频繁项集的所有非空子集必须是频繁的。存在候选项集，其子集不是频繁的吗？

■ $\{I1, I2, I3\}$ 的 2 项子集是 $\{I1, I2\}$、$\{I1, I3\}$ 和 $\{I2, I3\}$。$\{I1, I2, I3\}$ 的所有 2 项子集都是 L_2 的元素。因此，$\{I1, I2, I3\}$ 保留在 C_3 中。

■ $\{I1, I2, I5\}$ 的 2 项子集是 $\{I1, I2\}$、$\{I1, I5\}$ 和 $\{I2, I5\}$。$\{I1, I2, I5\}$ 的所有 2 项子集都是 L_2 的元素。因此，$\{I1, I2, I5\}$ 保留在 C_3 中。

■ $\{I1, I3, I5\}$ 的 2 项子集是 $\{I1, I3\}$、$\{I1, I5\}$ 和 $\{I3, I5\}$。$\{I3, I5\}$ 不是 L_2 的元素，因而不是频繁的。因此，从 C_3 中删除 $\{I1, I3, I5\}$。

■ $\{I2, I3, I4\}$ 的 2 项子集是 $\{I2, I3\}$、$\{I2, I4\}$ 和 $\{I3, I4\}$。$\{I3, I4\}$ 不是 L_2 的元素，因而不是频繁的。因此，从 C_3 中删除 $\{I2, I3, I4\}$。

■ $\{I2, I3, I5\}$ 的 2 项子集是 $\{I2, I3\}$、$\{I2, I5\}$ 和 $\{I3, I5\}$。$\{I3, I5\}$ 不是 L_2 的元素，因而不是频繁的。因此，从 C_3 中删除 $\{I2, I3, I5\}$。

■ $\{I2, I4, I5\}$ 的 2 项子集是 $\{I2, I4\}$、$\{I2, I5\}$ 和 $\{I4, I5\}$。$\{I4, I5\}$ 不是 L_2 的元素，因而不是频繁的。因此，从 C_3 中删除 $\{I2, I3, I5\}$。

(c) 因此，剪枝后 $C_3 = \{\{I1, I2, I3\}, \{I1, I2, I5\}\}$。

图 6.3　使用先验性质，候选 3 项集的集合 C_3 由 L_2 产生和剪枝

(8) 算法使用 $L_3 \bowtie L_3$ 产生候选 4 项集的集合 C_4。尽管连接产生结果 $\{\{I1, I2, I3, I5\}\}$，但是这个项集被剪去，因为它的子集 $\{I2, I3, I5\}$ 不是频繁的。这样，$C_4 = \varnothing$，因此算法终止，找出了所有的频繁项集。 ■

图 6.4 给出 Apriori 算法和它的相关过程的伪代码。Apriori 算法的第 1 步找出频繁 1 项集的集合 L_1。在第 2 ~ 10 步，对于 $k \geqslant 2$，L_{k-1} 用于产生候选 C_k，以便找出 L_k。**apriori_gen** 过程产生候选，然后使用先验性质删除那些具有非频繁子集的候选（步骤 3）。该过程在下面介绍。一旦产生了所有的候选，就扫描数据库（步骤 4）。对于每个事务，使用 **subset** 函数找出该事务中是候选的所有子集（步骤 5），并对每个这样的候选累加计数（步骤 6 和步骤 7）。最后，所有满足最小支持度的候选（步骤 9）形成频繁项集的集合 L（步骤 11）。然后，调用一个过程，由频繁项集产生关联规则。该过程在 6.2.2 节介绍。 <u>252</u>

算法 6.2.1 Apriori。使用逐层迭代方法基于候选产生找出频繁项集。

输入：
- D：事务数据库。
- min_sup：最小支持度阈值。

输出： L，D 中的频繁项集。

方法：
(1)　　$L_1 = \text{find\_frequent\_1\_itemsets}(D)$；
(2)　　**for**($k = 2$; $L_{k-1} \neq \varnothing$; $k++$) {
(3)　　　　$C_k = \textbf{aproiri\_gen}(L_{k-1})$；
(4)　　　　**for each** 事务 $t \in D$ {　　　　　　// 扫描 D，进行计数
(5)　　　　　　$C_t = \textbf{subset}(C_k, t)$；　　　// 得到 t 的子集，它们是候选

图 6.4　挖掘布尔关联规则发现频繁项集的 Apriori 算法 <u>253</u>

```
(6)            for each 候选 c ∈ C_t
(7)                c. count + + ;
(8)            }
(9)        L_k = {c(C_k | c. count ≥ min_sup}
(10)}
(11) return L = ∪_k L_k ;
procedure apriori_gen(L_{k-1}: frequent(k-1)itemset)
(1)    for each 项集 l_1 ∈ L_{k-1}
(2)      for each 项集 l_2 ∈ L_{k-1}
(3)        if(l_1[1] = l_2[1]) ∧ ⋯ ∧ (l_1[k-2] = l_2[k-2]) ∧ (l_1[k-1] < l_2[k-2])then{
(4)            c = l_1 ⋈ l_2 ;              // 连接步：产生候选
(5)            if has_infrequent_subset(c, L_{k-1}) then
(6)                delete c;                // 剪枝步：删除非频繁的候选
(7)            else add c to C_k ;
(8)}
(9)    return C_k ;
procedure has_infrequent_subset (c: candidate k itemset; L_{k-1}: frequent(k-1)itemset)
// 使用先验知识
(1) for each(k-1)subset s of c
(2)    if s ∉ L_{k-1}then
(3)        return TRUE;
(4) return FALSE;
```

图6.4 （续）

如上所述，**apriori_gen** 做两个动作：**连接**和**剪枝**。在连接部分，L_{k-1} 与 L_{k-1} 连接产生可能的候选（步骤1~步骤4）。剪枝部分（步骤5~步骤7）使用先验性质删除具有非频繁子集的候选。非频繁子集的测试显示在过程 **has_infrequent_subset** 中。

6.2.2 由频繁项集产生关联规则

一旦由数据库 D 中的事务找出频繁项集，就可以直接由它们产生强关联规则（强关联规则满足最小支持度和最小置信度）。对于置信度，可以用（6.4）式计算。为完整起见，这里重新给出该式

$$confidence(A \Rightarrow B) = P(A \mid B) = \frac{support\_count(A \cup B)}{support\_count(A)}$$

条件概率用项集的支持度计数表示，其中，$support\_count(A \cup B)$ 是包含项集 $A \cup B$ 的事务数，而 $support\_count(A)$ 是包含项集 A 的事务数。根据该式，关联规则可以产生如下：

- 对于每个频繁项集 l，产生 l 的所有非空子集。

- 对于 l 的每个非空子集 s，如果 $\frac{support\_count(t)}{support\_count(s)} \geq min\_conf$，则输出规则 "$s \Rightarrow (l-s)$"。

其中，min_conf 是最小置信度阈值。

由于规则由频繁项集产生，因此每个规则都自动地满足最小支持度。频繁项集和它们的支持度可以预先存放在散列表中，使得它们可以被快速访问。

例6.4 产生关联规则。让我们看一个例子，它基于前面表6.1中 AllElectronics 事务数据库。该数据包含频繁项集 $X = \{I1, I2, I5\}$。可以由 X 产生哪些关联规则？ X 的非空子集是 $\{I1, I2\}$、$\{I1, I5\}$、$\{I2, I5\}$、$\{I1\}$、$\{I2\}$ 和 $\{I5\}$。结果关联规则如下，每个都列出了置信度。

$\{I1,I2\} \Rightarrow I5$, confidence $=2/4=50\%$

$\{I1,I5\} \Rightarrow I2$, confidence $=2/2=100\%$

$\{I2,I5\} \Rightarrow I1$, confidence $=2/2=100\%$

$I1 \Rightarrow \{I2,I5\}$, confidence $=2/6=33\%$

$I2 \Rightarrow \{I1,I5\}$, confidence $=2/7=29\%$

$I5 \Rightarrow \{I1,I2\}$, confidence $=2/2=100\%$

如果最小置信度阈值为 70%，则只有第 2、第 3 和最后一个规则可以输出，因为只有这些是强规则。注意，与传统的分类规则不同，关联规则的右端可能包含多个合取项。■

6.2.3 提高 Apriori 算法的效率

"怎样才能进一步提高基于 Apriori 挖掘的效率？"已经提出了许多 Apriori 算法的变形，旨在提高原算法的效率。其中一些变形概述如下。

基于散列的技术（散列项集到对应的桶中）：一种基于散列的技术可以用于压缩候选 k 项集的集合 $C_k(k>1)$。例如，当扫描数据库中每个事务时，由 C_1 中的候选 1 项集产生频繁 1 项集 L_1 时，可以对每个事务产生所有的 2 项集，将它们散列（即映射）到散列表结构的不同桶中，并增加对应的桶计数（见图 6.5）。在散列表中，对应的桶计数低于支持度阈值的 2 项集不可能是频繁的，因此应该从候选集中删除。这种基于散列的技术可以显著地压缩需要考察的 k 项集（特别是，当 $k=2$ 时）。

使用如下散列函数创建散列表 H_2：

$h(x, y) = ((x\text{的序}) \times 10 + (y\text{的序})) \bmod 7$

	H_2						
桶地址	0	1	2	3	4	5	6
桶计数	2	2	4	2	2	4	4
桶内容	{I1, I4} {I3, I5}	{I1, I5} {I1, I5}	{I2, I3} {I2, I3} {I2, I3} {I2, I3}	{I2, I4} {I2, I4}	{I2, I5} {I2, I5}	{I1, I2} {I1, I2} {I1, I2} {I1, I2}	{I1, I3} {I1, I3} {I1, I3} {I1, I3}

图 6.5　候选 2 项集的散列表 H_2。该散列表在由 C_1 确定 L_1 时通过扫描表 6.1 的事务数据库产生。如果最小支持度为 3，则桶 0、1、3 和 4 中的项集不可能是频繁的，因此它们不包含在 C_2 中

事务压缩（压进进一步迭代扫描的事务数）：不包含任何频繁 k 项集的事务不可能包含任何频繁 $(k+1)$ 项集。因此，这种事务在其后的考虑时，可以加上标记或删除，因为产生 j 项集（$j>k$）的数据库扫描不再需要它们。

划分（为找候选项集划分数据）：可以使用划分技术，它只需要两次数据库扫描，就能挖掘频繁项集（见图 6.6）。它包含两个阶段。在阶段 I，算法把 D 中的事务化分成 n 个非重叠的分区。如果 D 中事务的最小相对支持度阈值为 min_sup，则每个分区的最小支持度计数为 $min\_sup \times$ 该分区中的事务数。对每个分区，找出所有的局部频繁项集（即在该分区内的频繁项集）。

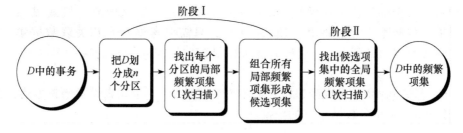

图 6.6　通过划分挖掘

254

局部频繁项集可能是也可能不是整个数据库 D 的频繁项集。然而，D 的任何频繁项集必须作为局部频繁项集至少出现在一个分区中[⊖]。因此，所有局部频繁项集都是 D 的候选项集。来自所有分区的局部频繁项集作为 D 的全局候选项集。在阶段 Ⅱ，第二次扫描 D，评估每个候选的实际支持度，以确定全局频繁项集。分区的大小和分区的数目这样确定，使得每个分区都能够放入内存，从而每遍只需要读一次。

抽样（对给定数据的一个子集上挖掘）：抽样方法的基本思想是，选取给定数据库 D 的随机样本 S，然后在 S 而不是在 D 中搜索频繁项集。这种方法牺牲了一些精度换取了有效性。样本 S 的大小选取使得可以在主存中搜索 S 的频繁项集，从而只需要扫描一次 S 中的事务。由于搜索 S 而不是 D 的频繁项集，因此可能丢失一些全局频繁项集。

为降低这种可能性，使用比最小支持度低的支持度阈值来找出 S 的局部频繁项集（记为 L^s）。然后，数据库的其余部分用于计算 L^s 中每个项集的实际频度。可以使用一种机制来确定是否所有的频繁项集都包含在 L^s 中。如果 L^s 实际包含了 D 中的所有频繁项集，则只需要扫描一次 D；否则，可以进行第二次扫描，找出在第一次扫描时遗漏的频繁项集。当效率最为重要时，如计算密集的应用必须频繁进行时，抽样方法特别合适。

动态项集计数（在扫描的不同点添加候选项集）：动态项集计数技术将数据库划分为用开始点标记的块。不像 Apriori 算法仅在每次完整的数据库扫描前确定新的候选；在这种变形中，可以在任何开始点添加新的候选项集。该技术使用迄今为止的计数作为实际计数的下界。如果迄今为止的计数满足最小支持度，则该项集添加到频繁项集的集合中，并且可以用来产生更长的候选。为了找出所有的频繁项集，结果算法需要的数据库扫描比 Apriori 算法少。

其他变形在第 7 章讨论。

6.2.4　挖掘频繁项集的模式增长方法

正如我们已经看到的，在许多情况下，Apriori 算法的候选产生 - 检查方法显著压缩了候选项集的规模，并产生很好的性能。然而，它可能受两种非平凡开销的影响。

- 它可能仍然需要产生大量候选项集。例如，如果有 10^4 个频繁 1 项集，则 Apriori 算法需要产生多达 10^7 个候选 2 项集。
- 它可能需要重复地扫描整个数据库，通过模式匹配检查一个很大的候选集合。检查数据库中每个事务来确定候选项集支持度的开销很大。

"可以设计一种方法，挖掘全部频繁项集而无须这种代价昂贵的候选产生过程吗？"一种试图这样做的有趣的方法称为**频繁模式增长**（Frequent-Pattern Growth，**FP-growth**），它采取如下分治策略：首先，将代表频繁项集的数据库压缩到一棵**频繁模式树**（**FP 树**），该树仍保留项集的关联信息。然后，把这种压缩后的数据库划分成一组条件数据库（一种特殊类型的投影数据库），每个数据库关联一个频繁项或"模式段"，并分别挖掘每个条件数据库。对于每个"模式片段"，只需要考察与它相关联数据集。因此，随着被考察的模式的"增长"，这种方法可以显著地压缩被搜索的数据集的大小。看例子 6.5。

例 6.5　FP-growth（发现频繁模式而不产生候选）。使用频繁模式增长方法，重新考察例 6.3 中表 6.1 的事务数据库 D 的挖掘。

⊖　该性质的证明留作习题（见习题 6.3d）。

数据库的第一次扫描与 Apriori 算法相同，它导出频繁项（1 项集）的集合，并得到它们的支持度计数（频度）。设最小支持度计数为 2。频繁项的集合按支持度计数的递减序排序。结果集或表记为 L。这样，有 $L = \{\{I2：7\}，\{I1：6\}，\{I3：6\}，\{I4：2\}，\{I5：2\}\}$。

然后，FP 树构造如下：首先，创建树的根结点，用"null"标记。第二次扫描数据库 D。每个事务中的项都按 L 中的次序处理（即按递减支持度计数排序），并对每个事务创建一个分枝。例如，第一个事务"T100：I1，I2，I5"包含三个项（按 L 中的次序 I2、I1、I5），导致构造树的包含三个结点的第一个分枝 $\langle I2：1 \rangle$、$\langle I1：1 \rangle$、$\langle I5：1 \rangle$，其中 I2 作为根的子女链接到根，I1 链接到 I2，I5 链接到 I1。第二个事务 T200 按 L 的次序包含项 I2 和 I4，它导致一个分枝，其中 I2 链接到根，I4 链接到 I2。然而，该分枝应当与 T100 已存在的路径共享**前缀** I2。因此，将结点 I2 的计数增加 1，并创建一个新结点 $\langle I4：1 \rangle$，它作为子女链接到 $\langle I2：2 \rangle$。一般地，当为一个事务考虑增加分枝时，沿共同前缀上的每个结点的计数增加 1，为前缀之后的项创建结点和链接。

257

为了方便树的遍历，创建一个项头表，使每项通过一个**结点链**指向它在树中的位置。扫描所有的事务后得到的树显示在图 6.7 中，带有相关的结点链。这样，数据库频繁模式的挖掘问题就转换成挖掘 FP 树的问题。

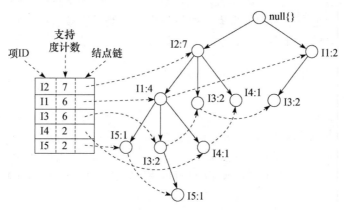

图 6.7　存放压缩的频繁模式信息的 FP 树

FP 树的挖掘过程如下。由长度为 1 的频繁模式（初始**后缀模式**）开始，构造它的**条件模式基**（一个"子数据库"，由 FP 树中与该后缀模式一起出现的前缀路径集组成）。然后，构造它的（条件）FP 树，并递归地在该树上进行挖掘。模式增长通过后缀模式与条件 FP 树产生的频繁模式连接实现。

该 FP 树的挖掘过程总结在表 6.2 中，细节如下。首先考虑 I5，它是 L 中的最后一项，而不是第一项。从表的后端开始的原因随着解释 FP 树挖掘过程就会清楚。I5 出现在图 6.7 的 FP 树的两个分枝中。（I5 的出现容易沿它的结点链找到。）这些分枝形成的路径是 $\langle I2，I1，I5：1 \rangle$ 和 $\langle I2，I1，I3，I5：1 \rangle$。因此，考虑以 I5 为后缀，它的两个对应前缀路径是 $\langle I2，I1：1 \rangle$ 和 $\langle I2，I1，I3：1 \rangle$，它们形成 I5 的条件模式基。使用这些条件模式基作为事务数据库，构造 I5 的条件 FP 树，它只包含单个路径 $\langle I2：2，I1：2 \rangle$；不包含 I3，因为 I3 的支持度计数为 1，小于最小支持度计数。该单个路径产生频繁模式的所有组合：$\{I2，I5：2\}$、$\{I1，I5：2\}$、$\{I2，I1，I5：2\}$。

表6.2 通过创建条件（子）模式基挖掘 FP 树

项	条件模式基	条件 FP 树	产生的频繁模式
I5	{{I2, I1：1}, {I2, I1, I3：1}}	〈I2：2, I1：2〉	{I2, I5：2}、{I1, I5：2}、{I2, I1, I5：2}
I4	{{I2, I1：1}, {I2：1}}	〈I2：2〉	{I2, I4：2}
I3	{{I2, I1：2}, {I2：2}, {I1：2}}	〈I2：4, I1：2〉, 〈I1：2〉	{I2, I3：4}、{I1, I3：4}、{I2, I1, I3：2}
I1	{{I2：4}}	〈I2：4〉	{I2, I1：4}

对于 I4，它的两个前缀形成条件模式基 {{I2, I1：1}, {I2：1}}，产生一个单结点的条件 FP 树 〈I2：2〉，并导出一个频繁模式 {I2, I4：2}。

类似于以上分析，I3 的条件模式基是 {{I2, I1：2}, {I2：2}, {I1：2}}。它的条件 FP 树有两个分枝 〈I2：4, I1：2〉 和 〈I1：2〉，如图 6.8 所示。它产生模式集：{{I2, I3：4}, {I1, I3：4}, {I2, I1, I3：2}}。最后，I1 的条件模式基是 {{I2, 4}}，它的 FP 树只包含一个结点 〈I2：4〉，只产生一个频繁模式 {I2, I1：4}。挖掘过程总结在图 6.9 中。■

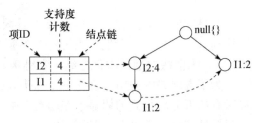

图 6.8 与条件结点 I3 相关联的条件 FP 树

FP- growth 方法将发现长频繁模式的问题转换成在较小的条件数据库中递归地搜索一些较短模式，然后连接后缀。它使用最不频繁的项作后缀，提供了较好的选择性。该方法显著地降低了搜索开销。

算法：FP-Growth。使用 FP 树，通过模式增长挖掘频繁模式。
输入：
- *D*：事务数据库。
- *min_ sup*：最小支持度阈值。

输出： 频繁模式的完全集。

方法：
1. 按以下步骤构造 FP 树：
   (a) 扫描事务数据库 *D* 一次。收集频繁项的集合 *F* 和它们的支持度计数。对 *F* 按支持度计数降序排序，结果为频繁项列表 *L*。
   (b) 创建 FP 树的根结点，以 "null" 标记它。对于 *D* 中每个事务 *Trans*，执行：
      选择 *Trans* 中的频繁项，并按 *L* 中的次序排序。设 *Trans* 排序后的频繁项列表为 [*p* | *P*]，其中 *p* 是第一个元素，而 *P* 是剩余元素的列表。调用 **insert_tree**([*p* | *P*], *T*)。该过程执行情况如下。如果 *T* 有子女 *N* 使得 *N. item-name = p. item-name*，则 *N* 的计数增加 1；否则，创建一个新结点 *N*，将其计数设置为 1，链接到它的父结点 *T*，并且通过结点链结构将其链接到具有相同 *item-name* 的结点。如果 *P* 非空，则递归地调用 **insert_tree**(*P*, *N*)。
2. FP 树的挖掘通过调用 **FP_growth**(*FP_tree*, *null*) 实现。该过程实现如下。
   procedure FP_growth(*Tree*, α)
   (1) **if** *Tree* 包含单个路径 *P* **then**
   (2) **for** 路径 *P* 中结点的每个组合（记作 β）
   (3) 产生模式 β∪α，其支持度计数 *support_count* 等于 β 中结点的最小支持度计数；
   (4) **else for** *Tree* 的头表中的每个 *a_i* {
   (5) 产生一个模式 β = *a_i*∪α，其支持度计数 *support_count* = *a_i. support_count*；
   (6) 构造 β 的条件模式基，然后构造 β 的条件 FP 树 *Tree_β*；
   (7) **if** *Tree_β* ≠ ∅ **then**
   (8) 调用 **FP_growth**(*Tree_β*, β)；}

图 6.9 发现频繁项集而不产生候选的 *FP-growth* 算法

当数据库很大时，构造基于主存的 FP 树有时是不现实的。一种有趣的选择是首先将数据库划分成投影数据库的集合，然后在每个投影数据库上构造 FP 树并在每个投影数据库中挖掘。如果投影数据库的 FP 树还不能放进主存，该过程可以递归地用于投影数据库。

对 *FP-growth* 方法的性能研究表明：对于挖掘长的频繁模式和短的频繁模式，它都是有效的和可伸缩的，并且大约比 *Apriori* 算法快一个数量级。

259

6.2.5 使用垂直数据格式挖掘频繁项集

Apriori 算法和 FP-growth 算法都从 *TID* 项集格式（即 {*TID*：*itemset*}）的事务集中挖掘频繁模式，其中 *TID* 是事务标识符，而 *itemset* 是事务 *TID* 中购买的商品。这种数据格式称为**水平数据格式**（horizontal data format）。或者，数据也可以用项 – *TID* 集格式（即 {*item*：*TID_set*}）表示，其中 *item* 是项的名称，而 *TID_set* 是包含 *item* 的事务的标识符的集合。这种格式称为**垂直数据格式**（vertical data format）。

本节考察如何使用垂直数据格式有效地挖掘频繁项集，它是**等价类变换**（Equivalence CLAss Transformation，Eclat）算法的要点。

例 6.6 使用垂直数据格式挖掘频繁项集。考虑例 6.3 中表 6.1 的事务数据库 *D* 的水平数据格式。扫描一次该数据集就可以把它转换成表 6.3 所示的垂直数据格式。

260

表 6.3 表 6.1 事务数据库 *D* 的垂直数据格式

项集	*TID* – 集	项集	*TID* – 集
I1	{T100，T400，T500，T700，T800，T900}	I4	{T200，T400}
I2	{T100，T200，T300，T400，T600，T800，T900}	I5	{T100，T800}
I3	{T300，T500，T600，T700，T800，T900}		

通过取每对频繁项的 TID 集的交，可以在该数据集上进行挖掘。设最小支持度计数为 2。由于表 6.3 的每个项都是频繁的，因此总共进行 10 次交运算，导致 8 个非空 2 项集，如表 6.4 所示。注意，项集 {I1，I4} 和 {I3，I5} 都只包含一个事务，因此它们都不属于频繁 2 项集的集合。

表 6.4 垂直数据格式的 2 项集

项集	*TID* – 集	项集	*TID* – 集
{I1，I2}	{T100，T400，T800，T900}	{I2，I3}	{T300，T600，T800，T900}
{I1，I3}	{T500，T700，T800，T900}	{I2，I4}	{T200，T400}
{I1，I4}	{T400}	{I2，I5}	{T100，T800}
{I1，I5}	{T100，T800}	{I3，I5}	{T800}

根据先验性质，一个给定的 3 项集是候选 3 项集，仅当它的每一个 2 项集子集都是频繁的。这里，候选产生过程将仅产生两个 3 项集：{I1，I2，I3} 和 {I1，I2，I5}。通过取这些候选 3 项集任意两个对应 2 项集的 TID 集的交，得到表 6.5，其中只有两个频繁 3 项集：{I1，I2，I3：2} 和 {I1，I2，I5：2}。∎

表 6.5 垂直数据格式的 3 项集

项集	*TID* – 集
{I1，I2，I3}	{T800，T900}
{I1，I2，I5}	{T100，T800}

例 6.6 解释了通过探查垂直数据格式挖掘频繁项集的过程。首先，通过扫描一次数据集，把水平格式的数据转换成垂直格式。项集的支持度计数简单地等于项集的 TID 集的长

度。从 $k=1$ 开始，可以根据先验性质，使用频繁 k 项集来构造候选 $(k+1)$ 项集。通过取频繁 k 项集的 TID 集的交，计算对应的 $(k+1)$ 项集的 TID 集。重复该过程，每次 k 增加 1，直到不能再找到频繁项集或候选项集。

除了在产生候选 $(k+1)$ 项集时利用先验性质外，这种方法的另一优点是不需要扫描数据库来确定 $(k+1)$ 项集的支持度（$k \geq 1$）。这是因为每个 k 项集的 TID 集携带了计算支持度的完整信息。然而，TID 集可能很长，需要大量内存空间，长集合的交运算还需要大量的计算时间。

为了进一步降低存储 TID 集合的开销和交运算的计算开销，可以使用一种称为差集（diffset）的技术，仅记录 $(k+1)$ 项集的 TID 集与一个对应的 k 项集的 TID 集之差。例如，在例 6.6 中，有 {I1} = {T100，T400，T500，T700，T800，T900} 和 {I1，I2} = {T100，T400，T800，T900}。两者的差集为 $diffset(\{I1, I2\}, \{I1\}) = \{T500, T700\}$。这样，不必记录构成 {I1} 和 {I2} 交集的 4 个 TID，可以使用差集只记录代表 {I1} 和 {I1，I2} 差的两个 TID。实验表明，在某些情况下，如当数据集稠密和包含长模式时，该技术可以显著地降低频繁项集垂直格式挖掘的总开销。

6.2.6 挖掘闭模式和极大模式

在 6.1.2 节，我们看到频繁模式挖掘可能产生大量频繁项集，特别是，当最小支持度阈值设置较低或数据集中存在长模式时尤其如此。例 6.2 表明闭频繁项集$^\ominus$可以显著减少频繁模式挖掘所产生的模式数量，而且保持关于频繁项集的集合的完整信息。也就是说，从闭频繁项集的集合，可以很容易地推出频繁项集的集合和它们的支持度。因此，在许多实践中，更希望挖掘闭频繁项集的集合，而不是所有频繁项集的集合。

"如何挖掘闭频繁项集？"一种朴素的方法是，首先挖掘频繁项集的完全集，然后删除这样的频繁项集，它们是某个频繁项集的真子集，并且具有相同支持度。然而，这种方法的开销太大。如例 6.2 所示，为了得到一个长度为 100 的频繁项集，在开始删除冗余前，这种方法首先必须导出 $2^{100} - 1$ 个频繁项集。这种开销太大，难以承受。事实上，例 6.2 的数据集中的闭频繁项集的数量非常少。

一种推荐的方法是在挖掘过程中直接搜索闭频繁项集。这要求在挖掘过程中，一旦识别闭项集就尽快对搜索空间进行剪枝。剪枝包括如下策略。

项合并：如果包含频繁项集 X 的每个事务都包含项集 Y，但不包含 Y 的任何真超集，则 $X \cup Y$ 形成一个闭频繁项集，并且不必再搜索包含 X 但不包含 Y 的任何项集。

例如，在例 6.5 的表 6.2 中，前缀项集 {I5：2} 的投影条件数据库是 {{I2，I1}，{I2，I1，I3}}。可以看出它的每个事务都包含项集 {I2，I1}，但不包含 {I2，I1} 的真超集。项集 {I2，I1} 可以与 {I5} 合并，形成闭项集 {I5，I2，I1：2}，并且不必再挖掘包含 I5 但不包含 {I2，I1} 的闭项集。

子项集剪枝：如果频繁项集 X 是一个已经发现的闭频繁项集 Y 的真子集，并且 $support\_count(X) = support\_count(Y)$，则 X 和 X 在集合枚举树中的所有后代都不可能是闭频繁项集，因此可以剪枝。

类似于例 6.2，假定事务数据库只有两个事务：$\{\langle a_1, a_2, \cdots, a_{100}\rangle, \langle a_1, a_2, \cdots,$

$\ominus$ 回忆一下，X 是数据集 S 中的闭频繁项集，如果不存在 X 的真超项集 Y，使得 Y 在 S 中与 X 具有相同的支持度计数，并且 X 满足最小支持度。

a_{50}〉}，并且最小支持度计数 $min\_sup = 2$。在第一个项 a_1 上投影，根据项集合并优化导出频繁项集 {a_1, a_2, …, a_{50}: 2}。由于 $support(\{a_2\}) = support(\{a_1, a_2, …, a_{50}\}) = 2$，并且 {$a_2$} 是 {$a_1$, a_2, …, a_{50}} 的真子集，因此不必再考察 a_2 和它的投影数据库。对于 a_3, …, a_{50}，也可以进行类似的剪枝。这样，该数据集的闭频繁项集的挖掘在挖掘了 a_1 的投影数据库之后终止。

项跳过：在深度优先挖掘闭项集时，每一层都有一个与头表和投影数据库相关联的前缀项集 X。如果一个局部频繁项 p 在不同层的多个头表中都具有相同的支持度，则可以将 p 从较高层头表中剪裁掉。

例如，考虑上面只有两个事务的事务数据库：{〈a_1, a_2, …, a_{100}〉, 〈a_1, a_2, …, a_{50}〉}，其中 $min\_sup = 2$。由于 a_2 在 a_1 的投影数据库中与 a_2 在全局头表中具有相同的支持度，因此可以将 a_2 从全局头表中剪裁掉。对于 a_3, …, a_{50}，也可以进行类似的剪裁。挖掘了 a_1 的投影数据库后不再需要进行任何挖掘。

除了在闭频繁项集挖掘过程中对搜索空间进行剪枝外，另一种重要的优化是有效地检查新发现的频繁项集，看它是否是闭的，因为挖掘过程本身不能确保所产生的每个频繁项集都是闭的。

当一个新的频繁项集导出后，必须进行两种闭包检查：（1）超集检查，检查新的频繁项集是否是某个具有相同支持度的、已经发现的、闭项集的超集；（2）子集检查，检查新发现的项集是否是某个具有相同支持度的、已经发现的、闭项集的子集。

如果在分治框架下采用项合并剪枝方法，则超集检查实际上是内置的，因此不需要显式地进行超集检查。这是因为如果频繁项集 $X \cup Y$ 在项集 X 之后发现，并且具有与 X 相同的支持度，则它必然在 X 的投影数据库中，因而必然已经在项集合并时产生。

为了帮助进行子集检查，可以构造一棵压缩的**模式树**，维持已发现的闭项集的集合。模式树的结构类似于 FP 树，不同之处在于所有已经发现的闭项集都显式地存放在一个对应的树分枝中。为了有效地进行子集检查，可以利用如下性质：如果当前项集 S_c 被另一个已经发现的闭项集 S_a 所包含，则（1）S_c 和 S_a 具有相同的支持度，（2）S_c 的长度小于 S_a，（3）S_c 中的所有项都包含在 S_a 中。

根据这一性质，可以建立一个**两层的散列索引结构**来快速访问模式树：第一层使用 S_c 中最后一项的标识符作为散列码（因为该标识符一定在 S_c 的分枝中），第二层使用 S_c 的支持度作为散列码（因为 S_c 和 S_a 具有相同的支持度）。这将显著地加快子集检查过程。

上面的讨论解释了闭频繁项集的有效挖掘方法。"可以将这些方法扩展到极大频繁项集的挖掘吗？"由于极大频繁项集与闭频繁项集具有许多相似性，这里介绍的许多优化技术都可以扩展到挖掘极大频繁项集。然而，我们把它作为习题留给感兴趣的读者。

6.3 哪些模式是有趣的：模式评估方法

大部分关联规则挖掘算法都使用支持度 – 置信度框架。尽管最小支持度和置信度阈值有助于排除大量无趣规则的探查，但仍然会产生一些用户不感兴趣的规则。不幸的是，当使用低支持度阈值挖掘或挖掘长模式时，这种情况特别严重。这是关联规则挖掘成功应用的主要瓶颈之一。

本节首先考察为何强关联规则也可能是无趣的并且可能是误导（6.3.1 节）；然后讨论如何用基于相关分析的附加度量加强支持度 – 置信度框架（6.3.2 节）。6.3.3 节介绍附加的模式评估度量。然后，对这里讨论的所有度量进行全面比较。本章结束时，你将明白哪些模式评估度量对于仅发现有趣的规则最有效。

6.3.1 强规则不一定是有趣的

规则是否有趣可以主观或客观地评估。最终，只有用户能够评判一个给定的规则是否是有趣的，并且这种判断是主观的，可能因用户而异。然而，根据数据"背后"的统计量，客观兴趣度度量可以用来清除无趣的规则，而不向用户提供。

"我们如何识别哪些强关联规则是真正有趣的？"让我们考查下面的例子。

例 6.7 一个误导的"强"关联规则。 假设我们对分析涉及购买计算机游戏和录像的 AllElectronics 的事务感兴趣。设 *game* 表示包含计算机游戏的事务，而 *video* 表示包含录像的事务。在所分析的 10 000 个事务中，数据显示 6000 个顾客事务包含计算机游戏，7500 个事务包含录像，而 4000 个事务同时包含计算机游戏和录像。假设发现关联规则的数据挖掘程序在该数据上运行，使用最小支持度 30%，最小置信度 60%。将发现下面的关联规则：

$$buys(X, ``computer\ games") \Rightarrow buys(X, ``videos")$$
$$[support = 40\%, confidence = 66\%] \qquad (6.6)$$

规则（6.6）是强关联规则，因为它的支持度为 $\frac{4000}{10\ 000} = 40\%$，置信度为 $\frac{4000}{6000} = 66\%$，分别满足最小支持度和最小置信度阈值。然而，规则（6.6）是误导，因为购买录像的概率是 75%，比 66% 还高。事实上，计算机游戏和录像是负相关的，因为买一种实际上降低了买另一种的可能性。不完全理解这种现象，容易根据规则（6.6）做出不明智的商务决定。 ■

例 6.7 也表明规则 $A \Rightarrow B$ 的置信度有一定的欺骗性。它并不度量 A 和 B 之间相关和蕴涵的实际强度（或缺乏强度）。因此，寻求支持度 – 置信度框架的替代，对挖掘有趣的数据联系可能是有用的。

6.3.2 从关联分析到相关分析

正如我们在上面已经看到的，支持度和置信度度量不足以过滤掉无趣的关联规则。为了处理这个问题，可以使用相关性度量来扩充关联规则的支持度 – 置信度框架。这导致如下形式的相关规则（correlation rule）

$$A \Rightarrow B[support, confidence, correlation] \qquad (6.7)$$

也就是说，相关规则不仅用支持度和置信度度量，而且还用项集 A 和 B 之间的相关性度量。有许多不同的相关性度量可供选择。本节研究各种相关性度量，确定哪些度量适合挖掘大型数据集。

提升度（lift）是一种简单的相关性度量，定义如下。项集 A 的出现**独立**于项集 B 的出现，如果 $P(A \cup B) = P(A)P(B)$；否则，作为事件，项集 A 和 B 是**依赖的**（dependent）和**相关的**（correlated）。这个定义容易推广到两个以上的项集。A 和 B 出现之间的**提升度**可以通过计算下式得到

$$lift(A, B) = \frac{P(A \cup B)}{P(A)P(B)} \qquad (6.8)$$

如果（6.8）式的值小于 1，则 A 的出现与 B 的出现是负相关的，意味一个出线可能导致另一个不出现。如果结果值大于 1，则 A 和 B 是正相关的，意味每一个的出现都蕴涵另一个的出现。如果结果值等于 1，则 A 和 B 是独立的，它们之间没有相关性。

（6.8）式等价于 $P(B|A)/P(B)$ 或 $conf(A \Rightarrow B)/sup(B)$，也称关联（或相关）规则 $A \Rightarrow B$ 的提升度。换言之，它评估一个的出现"提升"另一个出现的程度。例如，如果 A 对应于计算机游戏的销售，B 对应于录像的销售，则给定当前行情，游戏的销售把录像销售的可能性增加或"提升"了一个（6.8）式返回值的因子。

让我们回到例 6.7 的计算机游戏和录像数据。

例 6.8　使用提升度的相关分析。 为了帮助过滤掉从例 6.7 的数据得到的形如 $A \Rightarrow B$ 的误导"强"关联，需要研究两个项集 A 和 B 如何相关的。设 $\overline{game}$ 表示例 6.7 中不包含计算机游戏的事务，$video$ 表示不包含录像的事务。这些事务可以汇总在一个 **相依表**（contingency table）中，如表 6.6 所示。

由该表可以看出，购买计算机游戏的概率 $P(\{game\}) = 0.60$，购买录像的概率 $P(\{video\}) = 0.75$，而购买两者的概率 $P(\{game, video\}) = 0.40$。根据（6.8）式，规则（6.6）的提升度为 $P(\{game, video\})/(P(\{game\}) \times P(\{video\})) = 0.40/(0.75 \times 0.60) = 0.89$。由于该值小于 1，因此 $\{game\}$ 和 $\{video\}$ 的出现之间存在负相关。分子是顾客购买两者的可能性，而分母是顾客单独购买两者的可能性。这种负相关不能被支持度 - 置信度框架识别。 ■

研究的第二种相关性度量是 χ^2 度量，在第 3 章介绍过（（3.1）式）。为了计算 χ^2 值，取相依表的位置（A 和 B 对）的观测和期望值的平方差除以期望值，并对相依表的所有位置求和。让我们对例 6.8 进行 χ^2 分析。

例 6.9　使用 χ^2 进行相关分析。 为了使用 χ^2 分析计算相关性，需要相依表每个位置上的观测值和期望值（显示在括号内），如表 6.7 所示。由该表，计算 χ^2 值如下：

$$\chi^2 = \sum \frac{(观测值 - 期望值)^2}{期望值} = \frac{(4000 - 4500)^2}{4500} + \frac{(3500 - 3000)^2}{3000} +$$
$$\frac{(2000 - 1500)^2}{1500} + \frac{(500 - 1000)^2}{1000} = 555.6$$

由于 χ^2 的值大于 1，并且位置（$game$，$video$）上的观测值等于 4000，小于期望值 4500，因此购买游戏与购买录像是负相关的。这与例 6.8 使用提升度度量分析得到的结果一致。 ■

<table>
<tr><td colspan="4">表 6.6　汇总关于购买计算机游戏和
录像事务的 2×2 相依表</td></tr>
<tr><th></th><th>game</th><th>$\overline{game}$</th><th>$\sum_{row}$</th></tr>
<tr><td>$video$</td><td>4000</td><td>3500</td><td>7500</td></tr>
<tr><td>$\overline{video}$</td><td>2000</td><td>500</td><td>2500</td></tr>
<tr><td>$\sum_{col}$</td><td>6000</td><td>4000</td><td>10 000</td></tr>
</table>

<table>
<tr><td colspan="4">表 6.7　显示期望值的相依表</td></tr>
<tr><th></th><th>game</th><th>$\overline{game}$</th><th>$\sum_{row}$</th></tr>
<tr><td>$video$</td><td>4000 （4500）</td><td>3500 （3000）</td><td>7500</td></tr>
<tr><td>$\overline{video}$</td><td>2000 （1500）</td><td>500 （1000）</td><td>2500</td></tr>
<tr><td>$\sum_{col}$</td><td>6000</td><td>4000</td><td>10 000</td></tr>
</table>

6.3.3　模式评估度量比较

上面的讨论表明，不使用简单的支持度 - 置信度框架来评估模式，使用其他度量，如提升度和 χ^2，常常可以揭示更多的模式内在联系。这些度量的效果如何？还需要考虑其他选择吗？

研究人员已经研究了许多模式评估度量，甚至比挖掘频繁模式可伸缩方法的深入研究还早。最近，另一些模式评估度量引起了关注。本节介绍 4 种这样的度量：全置信度、最大置信度、Kulczynski 和余弦。然后，比较它们的有效性，并且与提升度和 χ^2 进行比较。

给定两个项集 A 和 B，A 和 B 的 **全置信度**（all_confidence）定义为：

$$all\_conf(A,B) = \frac{sup(A \cup B)}{max\{sup(A), sup(B)\}} = min\{P(A \mid B), P(B \mid A)\} \qquad (6.9)$$

其中，$max\{sup(A), sup(B)\}$ 是 A 和 B 的最大支持度。因此，$all\_conf(A, B)$ 又称两个与 A 和 B 相关的关联规则 "$A \Rightarrow B$" 和 "$B \Rightarrow A$" 的最小置信度。

给定两个项集 A 和 B，A 和 B 的**最大置信度**（max_confidence）定义为：

$$max\_conf(A,B) = max\{P(A \mid B), P(B \mid A)\} \qquad (6.10)$$

max_conf 是两个关联规则 "$A \Rightarrow B$" 和 "$B \Rightarrow A$" 的最大置信度。

给定两个项集 A 和 B，A 和 B 的 **Kulczynski（Kulc）**度量定义为：

$$Kulc(A,B) = \frac{1}{2}(P(A \mid B) + P(B \mid A)) \qquad (6.11)$$

该度量是波兰数学家 S. Kulczynski 于 1927 年提出的。它可以看做两个置信度的平均值。更确切地说，它是两个条件概率（给定项集 A，项集 B 的概率；给定项集 B，项集 A 的概率）的平均值。

最后，给定两个项集 A 和 B，A 和 B 的**余弦**度量定义为：

$$cosine(A,B) = \frac{P(A \cup B)}{\sqrt{P(A) \times P(B)}} = \frac{sup(A \cup B)}{\sqrt{sup(A) \times sup(B)}} = \sqrt{P(A \mid B) \times P(B \mid A)} \qquad (6.12)$$

余弦度量可以看做调和提升度度量：两个公式类似，不同之处在于余弦对 A 和 B 的概率的乘积取平方根。然而，这是一个重要区别，因为通过取平方根，余弦值仅受 A、B 和 $A \cup B$ 的支持度的影响，而不受事务总个数的影响。

上面介绍的 4 种度量都具有如下性质。度量值仅受 A、B 和 $A \cup B$ 的支持度的影响，更准确地说，仅受条件概率 $P(A \mid B)$ 和 $P(B \mid A)$ 的影响，而不受事务总个数的影响。另一个共同性质是，每个度量值都遍取 0~1，并且值越大，A 和 B 的联系越紧密。

现在，加上提升度和 χ^2，我们已经介绍了 6 种模式评估度量。你可能会问"对于评估所发现的模式联系，哪个度量最好？"为了回答该问题，我们在一些典型的数据集上考察它们的性能。

例 6.10 在典型的数据集上比较 6 种模式评估度量。牛奶和咖啡两种商品购买之间的关系可以通过把它们的购买历史记录汇总在表 6.8 的 2×2 相依表中来考察，其中像 mc 这样的表目表示包含牛奶和咖啡的事务个数。

表 6.9 显示了一组事务数据集、它们对应的相依表和 6 个评估度量的值。先考察前 4 个数据集 $D_1 \sim D_4$。从该表可以看出，m 和 c 在数据集 D_1 和 D_2 中是正关联的，在 D_3 中是负关联的，而在 D_4 中是中性的。对于 D_1 和 D_2，m 和 c 是正关联的，因为 $mc(10\,000)$ 显著大于 $\overline{m}c(1000)$ 和 $m\overline{c}(1000)$。直观地，对于购买牛奶的人（$m = 10\,000 + 1000 = 11\,000$）而言，他们非常可能也购买咖啡（$mc/m = 10/11 = 91\%$），反之亦然。

表 6.8 两个项的 2×2 相依表

	milk	$\overline{milk}$	$\sum_{row}$
coffee	mc	$\overline{m}c$	c
$\overline{coffee}$	$m\overline{c}$	$\overline{m}\overline{c}$	$\overline{c}$
$\sum_{col}$	m	$\overline{m}$	$\sum$

表 6.9 使用不同数据集的相依表比较 6 种模式评估度量

数据集	mc	$\overline{m}c$	$m\overline{c}$	$\overline{m}\overline{c}$	χ^2	提升度	全置信度	最大置信度	Kluc	余弦
D_1	10 000	1000	1000	100 000	90 557	9.26	0.91	0.91	0.91	0.91
D_2	10 000	1000	1000	100	0	1	0.91	0.91	0.91	0.91
D_3	100	1000	1000	100 000	670	8.44	0.09	0.09	0.09	0.09
D_4	1000	1000	1000	100 000	24 740	25.75	0.50	0.50	0.50	0.50
D_5	1000	100	10 000	100 000	8173	9.18	0.09	0.91	0.50	0.29
D_6	1000	10	100 000	100 000	965	1.97	0.01	0.99	0.50	0.10

新介绍的 4 个度量在这两个数据集上都产生了度量值 0.91，显示 m 和 c 是强正关联的。然而，由于对 $\overline{mc}$ 敏感，提升度和 χ^2 对 D_1 和 D_2 产生了显著不同的度量值。事实上，在许多实际情况下，$\overline{mc}$ 通常都很大并且不稳定。例如，在购物篮数据库中，事务的总数可能按天波动，并且显著超过包含任意特定商品集的事务数。因此，好的度量不应该受不包含感兴趣项的事务影响，如 D_1 和 D_2 所示，否则将会产生不稳定的结果。

类似地，在 D_3，4 个新度量都正确地表明 m 和 c 是强负关联的，因为 mc 与 c 之比等于 mc 与 m 之比，即 $100/1100 = 9.1\%$。然而，提升度和 χ^2 都错误地与此相悖：对于 D_2，它们的值都在对应的 D_1 和 D_3 的值之间。

对于数据集 D_4，提升度和 χ^2 都显示了 m 和 c 之间强正关联，而其他度量都指示"中性"关联，因为 mc 与 $\overline{mc}$ 之比等于 $m\overline{c}$ 与 $\overline{m}c$ 之比，等于 1。这意味如果一位顾客购买了咖啡（或牛奶），则他也要买牛奶（或咖啡）的概率恰为 50%。　　　　　　■

"为什么提升度和 χ^2 识别上述事务数据集中的模式关联关系的能力这么差？"为了回答这个问题，我们必须考虑零事务。**零事务**（null-transaction）是不包含任何考察项集的事务。在我们的例子中，$\overline{mc}$ 表示零事务的个数。提升度和 χ^2 很难识别有趣的模式关联关系，因为它们都受 $\overline{mc}$ 的影响很大。典型地，零事务的个数可能大大超过个体购买的个数，因为，许多人都既不买牛奶也不买咖啡。另一方面，其他 4 个度量都是有趣的模式关联的很好的指示器，因为它们的定义消除了 $\overline{mc}$ 的影响（即它们不受零事务个数的影响）。

上面的讨论表明，度量值独立于零事务的个数是非常可取的。一种度量是**零不变的**（null-invariant），如果它的值不受零事务的影响。零不变性是一种度量大型事务数据库中的关联模式的重要性质。在上面讨论的 6 种度量中，只有提升度和 χ^2 不是零不变度量。

"对于指示有趣的模式联系，全置信度、最大置信度、Kulczynski 和余弦哪个最好？"

为了回答该问题，引进**不平衡比**（Imbalance Ratio，IR），评估规则蕴含式中两个项集 A 和 B 的不平衡程度。它定义为：

$$IR(A,B) = \frac{|\, sup(A) - sup(B)\,|}{sup(A) + sup(B) - sup(A \cup B)} \tag{6.13}$$

其中，分子是项集 A 和 B 的支持度之差的绝对值，而分母是包含项集 A 或 B 的事务数。如果 A 和 B 的两个方向的蕴含相同，则 $IR(A, B)$ 为 0；否则，两者之差越大，不平衡比就越大。这个比率独立于零事务的个数，也独立于事务的总数。

让我们继续考察例 6.10 中剩下的数据集。

例 6.11　比较模式评估的零不变度量。尽管本节引进的 4 个度量都是零不变的，但是在某些细微不同的数据集上，它们给出显著不同的值。考察表 6.9 的数据集 D_5 和 D_6，其中两个事件 m 和 c 具有不平衡的条件概率。即 mc 与 c 的比大于 0.9。这意味，知道 c 出现将强烈暗示 m 也出现。mc 与 m 的比小于 0.1，表明 m 蕴含 c 很可能不出现。全置信度和余弦度量把两种情况都看做负关联的，而 $Kluc$ 度量把两者都视为中性的。最大置信度度量声称这些情况都是强正关联的。这些度量给出了如此不同的结果！

"哪个度量直观地反映了牛奶和咖啡购买之间的真实联系？"由于数据"平衡地"倾斜，因此很难说两个数据集具有正的还是负的关联性。从一个角度看，在 D_5 中，只有 $mc/(mc + \overline{m}c) = 1000/(1000 + 10\,000) = 9.09\%$ 的与牛奶相关的事务包含咖啡；而在 D_6 中，这个百分比为 $1000/(1000 + 100\,000) = 0.99\%$，两者都指示牛奶与咖啡之间的负关联。另一方面，$D_5$ 中 99.9%（即 $mc/(mc + m\overline{c}) = 1000/(1000 + 100)$）和 D_6 中 9%（即 $1000/(1000 + 10)$）包含咖啡的事务也包含牛奶，这表明牛奶与咖啡之间正关联。这些推出了很不相同的结论。

对于这种"平衡的"倾斜，正如 $Kluc$ 那样，把它看做是中性的可能更公平，同时用不平衡比（IR）指出它的倾斜型。根据（6.13）式，对于 D_4，有 $IR(m, c) = 0$，一种很好的平衡情况；对于 D_5，$IR(m, c) = 0.89$，一种相当不平衡的情况；对于 D_6，$IR(m, c) = 0.99$，一种很不平衡的情况。因此，两个度量 $Kluc$ 和 IR 一起，为所有 3 个数据集 $D_4 \sim D_6$ 提供了清晰的描绘。 ■

总之，仅使用支持度和置信度度量来挖掘关联可能产生大量规则，其中大部分规则用户是不感兴趣的。或者，我们可以用模式兴趣度度量来扩展支持度-置信度框架，有助于把挖掘聚焦到具有强模式联系的规则。附加的度量显著地减少了所产生规则的数量，并且导致更有意义规则的发现。除了本节介绍的相关性度量外，文献中还研究了许多其他兴趣度量。不幸的是，大部分度量都不具有零不变性。由于大型数据集常常具有许多零事务，因此在进行相关分析选择合适的兴趣度量时，考虑零不变性是重要的。这里研究的 4 个零不变的度量（即，全置信度、最大置信度、$Kulczynski$ 和余弦）中，我们推荐 $Kluc$ 与不平衡比配合使用。

6.4 小结

- 大量数据中的频繁模式、关联和相关关系的发现在选择性销售、决策分析和商务管理方面是有用的。一个流行的应用领域是**购物篮分析**，通过搜索经常一起（或依次）购买的商品的集合，研究顾客的购买习惯。

- **关联规则挖掘**首先找出频繁项集（项的集合，如 A 和 B，满足最小支持度阈值，或任务相关元组的百分比），然后，由它们产生形如 A⇒B 的**强关联规则**。这些规则还满足最小置信度阈值（预定义的、在满足 A 的条件下满足 B 的概率）。可以进一步分析关联，发现项集 A 和 B 之间具有统计相关性的**相关规则**。

- 对于**频繁项集挖掘**，已经开发了许多有效的、可伸缩的算法，由它们可以导出关联和相关规则。这些算法可以分成三类：（1）类 Apriori 算法；（2）基于频繁模式增长的算法，如 FP-growth；（3）使用垂直数据格式的算法。

- **Apriori 算法**是为布尔关联规则挖掘频繁项集的原创性算法。它逐层进行挖掘，利用**先验性质**：频繁项集的所有非空子集也都是频繁的。在第 k 次迭代（k≥2），它根据频繁（k-1）项集形成 k 项集候选，并扫描数据库一次，找出完整的频繁 k 项集的集合 L_k。使用涉及散列和事务压缩技术的变形使得过程更有效。其他变形包括划分数据（对每分区挖掘，然后合并结果）和抽样数据（对数据子集挖掘）。这些变形可以将数据扫描次数减少到一两次。

- **频繁模式增长（FP-growth）**是一种不产生候选的挖掘频繁项集方法。它构造一个高度压缩的数据结构（**FP 树**），压缩原来的事务数据库。与类 **Apriori** 方法使用产生-测试策略不同，它聚焦于频繁模式（段）增长，避免了高代价的候选产生，可获得更好的效率。

- **使用垂直数据格式挖掘频繁模式（ECLAT）**将给定的、用 TID-项集形式的水平数据格式事务数据集变换成项-TID-集合形式的垂直数据格式。它根据先验性质和附加的优化技术（如 diffset），通过取 TID-集的交，对变换后的数据集进行挖掘。

- 并非所有的强关联规则都是有趣的。因此，应当用模式评估度量来扩展支持度-置信度框架，促进更有趣的规则的挖掘，以产生更有意义的相关规则。一种度量是**零不变的**，如果它的值不受零事务（即不包含所考虑项集的事务）的影响。在许多模式评估度量中，我们考察了**提升度、χ^2、全置信度、最大置信度、Kulczynski** 和**余弦**，并且说明只有后 4 种是零不变的。我们建议把 Kulczynski 度量与不平衡比一起使用，提供项集间的模式联系。

6.5　习题

6.1　假设有数据集 D 上所有闭频繁项集的集合 $\mathcal{C}$，以及每个闭频繁项集的支持度计数。给出一个算法，确定给定的项集 X 是否频繁，如果频繁的话，给出 X 的支持度。

6.2　项集 X 称为数据集 D 上的生成元（generator），如果不存在真子集 $Y \subset X$ 使得 support（X）= support（Y）。生成元 X 是频繁的生成元，如果 support（X）满足最小支持度阈值。设 $\mathcal{G}$ 是数据集 D 上所有频繁的生成元的集合。

　　（a）仅使用 $\mathcal{G}$ 和它们的支持度计数，你能确定项集 A 是否频繁，并且如果 A 频繁，确定 A 的支持度吗？如果能，给出你的算法。否则，还需要什么信息？假定有所需要的信息，你能给出一个算法吗？

　　（b）闭项集与生成元有何关系？

6.3　Apriori 算法使用子集支持度性质的先验知识。

　　（a）证明频繁项集的所有非空子集一定也是频繁的。

　　（b）证明项集 s 的任意非空子集 s' 的支持度至少与 s 的支持度一样大。

　　（c）给定频繁项集 l 和 l 的子集 s，证明规则"$s' \Rightarrow l(s')$"的置信度不可能大于"$s \Rightarrow l(s)$"的置信度。其中，s' 是 s 的子集。

　　（d）Apriori 算法的一种变形将事务数据库 D 中的事务划分成 n 个不重叠的分区。证明在 D 中频繁的项集至少在 D 的一个分区中是频繁的。

6.4　设 c 是 Apriori 算法产生的 C_k 中的一个候选项集。在剪枝步，需要检查多少个长度为 $(k-1)$ 的子集？根据你的答案，你能给出一个图 6.4 的 **has_infrequent_subset** 过程的改进版本吗？

6.5　6.2.2 节介绍了由频繁项集产生关联规则的方法。提出一个更有效的方法。解释它为什么比 6.2.2 节的方法更有效。（提示：考虑将习题 6.3（b）和 6.3（c）的性质结合到你的设计中。）

6.6　数据库有 5 个事务。设 $min\_sup = 60\%$，$min\_conf = 80\%$。

273

TID	购买的商品
T100	{M, O, N, K, E, Y}
T200	{D, O, N, K, E, Y}
T300	{M, A, K, E}
T400	{M, U, C, K, Y}
T500	{C, O, O, K, I, E}

　　（a）分别使用 Apriori 算法和 FP-growth 算法找出频繁项集。比较两种挖掘过程的有效性。

　　（b）列举所有与下面的元规则匹配的强关联规则（给出支持度 s 和置信度 c），其中，X 是代表顾客的变量，$item_i$ 是表示项的变量（如"A"，"B"等）：

$$\forall x \in transaction, buys(X, item_1) \wedge buys(X, item_2) \Rightarrow buys(X, item_3) \quad [s, c]$$

6.7　（**实现项目**）使用一种你熟悉的程序设计语言，如 C++ 或 Java，实现本章介绍的三种频繁项集挖掘算法：（1）Apriori［AS94b］；（2）FP-growth［HPY00］和（3）ECLAT［Zak00］（使用垂直数据格式挖掘）。在各种不同的数据集上比较每种算法的性能。写一个报告，分析在哪些情况下（如数据大小、数据分布、最小支持度阈值设置和模式的稠密性），一种算法比其他算法好，并陈述理由。

6.8　数据库有 4 个事务。设 $min\_sup = 60\%$，$min\_conf = 80\%$。

cust_ID	TID	购买的商品（以 *brand-item_category* 形式）
01	T100	{King's-Carb, Sunset-Milk, Dairyland-Cheese, best-Bread}
02	T200	{Best-Cheese, Dairyland-Milk, Goldenfarm-Apple, tasty-Pie, Wonder-Bread}
01	T300	{Westcoast-Apple, Dairyland-Milk, Wonder-Bread, Tasty-Pie}
03	T400	{Wonder-Bread, Sunset-Milk, Dairyland-Cheese}

　　（a）在 *item_category* 粒度（例如，$item_i$ 可以是"*Milk*"），对于下面的规则模板

$$\forall x \in transaction, buys(X, item_1) \wedge buys(X, item_2) \Rightarrow buys(X, item_3) \quad [s, c]$$

列出最大 k 的频繁 k 项集和包含最大 k 的频繁 k 项集的所有强关联规则（包括它们的支持度 s 和置信度 c）。

(b) 在 *brand-item_category* 粒度（例如，$item_i$ 可以是"Sunset-Milk"），对于下面的规则模板

$$\forall x \in customer, buys(X, item_1) \wedge buys(X, item_2) \Rightarrow buys(X, item_3)$$

列出最大 k 的频繁 k 项集（但不输出任何规则）。

6.9 假定一个大型商店有一个事务数据库，分布在 4 个站点。每个成员数据库中的事务具有相同的格式 $T_j : \{i_1, \cdots, i_m\}$；其中，$T_j$ 是事务标识符，而 i_k（$1 \le k \le m$）是事务中购买的商品标识符。提出一种有效的算法，挖掘全局关联规则。可以给出你算法的要点。你的算法不必将所有的数据都转移到一个站点，并且不造成过度的网络通信开销。

6.10 假定大型事务数据库 *DB* 的频繁项集已经存储。讨论：如果新的事务集 ΔDB（增量地）加进，在相同的最小支持度阈值下，如何有效地挖掘（全局）关联规则？

6.11 大部分频繁模式挖掘算法只考虑事务中的不同项。然而，一种商品在一个购物篮中多次出现（如 4 块蛋糕，3 桶牛奶）的情况，在销售数据分析中可能是重要的。考虑项的多次出现，如何有效地挖掘频繁项集？对著名的算法，如 Apriori 算法和 FP-growth 算法，提出修改方案，以适应这种情况。

6.12 （实现项目）已经提出了许多进一步提高频繁项集挖掘算法性能的技术。以基于 FP 树的频繁模式增长算法（如 FP-growth）为例，实现如下优化技术之一，并将实现的性能与不使用这种优化的算法进行比较。

(a) 6.2.4 节的频繁模式挖掘方法使用自底向上的投影技术（即在项 p 的前缀路径上投影），使用 FP 树产生条件模式基。然而，也可以开发一种自顶向下的投影技术，即在条件模式基产生时投影到项 p 的后缀路径上。设计并实现自顶向下的 FP 树挖掘方法，并将你方法的性能与自底向上投影方法进行比较。

(b) 在 FP 增长算法的设计中，一律使用结点和指针。然而，当数据稀疏时，这可能浪费大量空间。另一种可能的设计是利用基于数组和指针的混合实现，其中当结点不包含多个子分枝的分裂点时，一个结点可以存放多个项。开发这种实现，并与原来的实现进行比较。

(c) 在模式增长挖掘期间产生大量的条件模式基，耗费大量时间和空间。一种有趣的选择是：将已经挖掘项 p 的分枝右推，即将它们推到 FP 树的其余分枝。这样做的好处是：在挖掘 FP 树的其余分枝时，需要产生的条件模式基较少，并且可以利用更多的共享。设计并实现这种方法，并研究它的性能。

6.13 给出一个小例子表明强关联规则中的项实际上可能是负相关的。

6.14 下面的相依表汇总了超市的事务数据。其中，*hot dogs* 表示包含热狗的事务，$\overline{hot\ dogs}$ 表示不包含热狗的事务，*hamburgers* 表示包含汉堡包的事务，$\overline{hamburgers}$ 表示不包含汉堡包的事务。

	hot dogs	$\overline{hot\ dogs}$	$\sum_{row}$
hamburgers	2000	500	2500
$\overline{hamburgers}$	1000	1500	2500
$\sum_{col}$	3000	2000	5000

(a) 假设挖掘出了关联规则"*hot dogs* ⇒ *hamburgers*"。给定最小支持度阈值 25%，最小置信度阈值 50%，该关联规则是强规则吗？

(b) 根据给定的数据，买 *hot dogs* 独立于买 *hamburgers* 吗？如果不是，两者之间存在何种相关联系？

(c) 在给定的数据上，将全置信度、最大置信度、*Kulczynski* 和余弦的使用与提升度和相关度进行比较。

6.15 （实现项目）DBLP 数据集（http://www.informatik.unitrier.de/~ley/db/）包括超过 100 万篇发表在计算机科学会议和杂志上的论文项。在这些项中，很多作者都有合著关系。

(a) 提出一种方法，挖掘密切相关的（即，经常一起写文章）合著者关系。

(b) 根据挖掘结果和本章讨论的模式评估度量，讨论哪种度量可能比其他度量更令人信服地揭示紧密合作模式。

（c）基于以上研究，开发一种方法，它能粗略地预测导师和学生关系，以及这种指导的近似周期。

6.6 文献注释

关联规则挖掘首先由 Agrawal、Imielinski 和 Swami［AIS93b］提出。6.2.1 节讨论的频繁项集挖掘的 Apriori 算法由 Agrawal 和 Srikant［AS94b］提出。使用类似的剪枝方法的算法变形独立地由 Mannila、Toivonen 和 Verkamo［MTV94］开发。结合这些工作的联合出版物稍后出现在 Agrawal、Mannila、Skrikant、Toivonen 和 Verkamo［AMS⁺96］中。由频繁项集产生关联规则的方法在 Agrawal 和 Srikant［AS94a］中介绍。

6.2.3 节介绍的 Apriori 的变形包括如下引文。使用散列表提高关联规则挖掘效率被 Park、Chen 和 Yu［PCY95a］研究。划分技术由 Savasere、Omiecinski 和 Navathe［SON95］提出。抽样方法在 Toivonen［Toi96］中讨论。动态项集计数方法在 Brin、Motwani、Ullman 和 Tsur［BMUT97］中给出。一种增量地更新所挖掘的关联规则的有效方法由 Cheung、Han、Ng 和 Wong［CHNW96］提出。在 Apriori 框架下，并行和分布关联规则挖掘由 Park、Chen 和 Yu［PCY95b］，Agrawal 和 Shafer［AS96］，Cheung、han、Ng 等［CHN⁺96］研究。另一种并行关联规则挖掘方法使用垂直数据库设计探查项集聚类，在 Zaki、Parthasarathy、Ogihara 和 Li［ZPOL97］中提出。

已经提出了一些不同于基于 Apriori 方法的、可伸缩的频繁项集挖掘方法。FP-growth 是一种挖掘频繁模式而不产生候选的模式增长方法，由 Han、Pie 和 Yin［HPY00］提出（见 6.2.4 节）。一种频繁模式的超级结构挖掘方法称为 H-Mine，由 Pei、Han、Lu 等［PHL⁺01］提出。一种集成 FP 树自顶向下和自底向上遍历的方法，由 Liu、Pan、Wang 和 Han［LPWH02］提出。一种旨在实现有效的模式增长挖掘的前缀树结构的基于数组的实现由 Grahne 和 Zhu［GZ03b］提出。Eclat 是一种通过探查垂直数据格式挖掘频繁项集的方法，由 Zaki［Zak00］提出。频繁项集的深度优先产生由 Agarwal、Aggarwal 和 Prasad［AAP01］提出。一种关联挖掘与关系数据库系统的集成被 Sarawagi、Thomas 和 Agrawal［STA98］研究。

闭频繁项集的挖掘由 Pasquier、Bastile、Taouil 和 Lakhal［PBTL99］提出，其中给出了一种称为 A-Close 的基于 Apriori 的算法用于这种项集的挖掘。CLOSET 是一种基于频繁模式增长的、有效的闭频繁项集算法，由 Pei、Han 和 Mao［PHM00］提出。Zaki 和 Hsiao［ZH02］提出的 CHARM 开发了一种称为 *diffset* 的紧凑的垂直 TID 表结构，只记录候选模式的 TID 表与它前缀模式的差。CHARM 还使用了一种快速的、基于散列方法，剪去非闭模式。Wang、Han 和 Pei［WHP03］的 CLOSET + 集成了以前提出的有效策略和新开发的如混合树投影和项跳过的技术。AFOPT 是一种探索在挖掘过程中 FP 树上的右推操作的方法，由 Liu、Lu、Lou 和 Yu［LLLY03］提出。Grahne 和 Zhu［GZ03b］提出一种称为 FPClose 的算法，把基于前缀树的算法与数组表示集成，使用模式增长方法挖掘闭项集。Pan、Cong、Tung 等［PCT⁺03］提出了 CARPENTER，一种在长的生物数据集中发现闭模式的方法，它集成了垂直数据格式和模式增长方法的优点。挖掘极大模式首先由 Bayardo［Bay98］研究，文中提出了 MaxMiner，一种基于 Apriori 的、逐层的、宽度优先的搜索方法，通过超集频繁性剪枝和子集非频繁性剪枝压缩搜索空间，挖掘极大项集（max-itemset）。另一种有效方法 MAFIA 由 Burdick、Calimlim 和 Gehrke［BCG01］开发，使用垂直位图压缩 TID 表，从而提高计数的有效性。频繁项集挖掘实现（Frequent Itemset Mining Implementation，FIMI）研讨会致力于频繁项集挖掘的实现方法，见 Goethals 和 Zaki 的报告［GZ03a］。

挖掘有趣的关联规则问题已经被许多研究人员研究。数据挖掘中规则的统计独立性由 Piatetski_Shapiro［PS91］研究。强关联规则的兴趣度问题由 Chen、Han 和 Yu［CHY96］，Brin、Motwani 和 Silverstein［BMS97］，Aggarwal 和 Yu［AY99］讨论，其中涵盖了许多兴趣度度量，包括提升度。推广关联到相关的有效方法在 Brin、Motwani 和 Silverstein［BMS97］中给出。评估关联规则兴趣度的支持度 - 置信度框架的其他替代方法在 Brin、Motwani、Ullman 和 Tsur［BMUT97］，以及 Ahmed、EI-Makky 和 Taha［AEMT00］中提出。

挖掘项集之间的强梯度关系的方法由 Imielinski、Khachiyan 和 Abdulghani［IKA02］提出。Silverstein、Brin、Motwani 和 Ullman［SBMU98］研究了挖掘事务数据库因果关系结构的问题。Hilderman 和 Hamilton［HH01］对不同兴趣度度量进行了一些比较研究。零事务不变性概念、兴趣度度量的比较分析，由 Tan、Kumar 和 Srivastava［TKS02］提出。使用全置信度作为相关性度量产生有趣的关联规则由 Omiecinski［Omi03］以及 Lee、Kim、Cai 和 Han［LKCH03］研究。Wu、Chen 和 Han［WCH10］为关联模式提出了 Kulczynski 度量，并对一组模式评估度量进行了对比分析。

第 7 章

Data Mining: Concepts and Techniques, Third Edition

高级模式挖掘

由于大量的研究、问题的多方面扩展和广泛的应用研究，频繁模式挖掘已经远远超越了事务数据。本章，我们将学习高级模式的挖掘方法。我们从给出模式挖掘的一般路线图开始，介绍挖掘各种类型的模式，讨论模式挖掘的延伸应用。我们全面深入地介绍挖掘多种类型模式的方法，包括：多层模式、多维模式、连续数据中的模式、稀有模式、负模式、受约束的频繁模式、高维数据中的频繁模式、巨型模式、压缩和近似模式。其他模式挖掘主题，包括挖掘序列模式和结构模式，从时空数据、多媒体数据和流数据挖掘模式，是更高级的课题，超出了本书范围。注意，模式挖掘是一个比频繁模式挖掘更一般的术语，因为前者还涵盖了稀有模式和负模式。然而，在没有歧义时，两个术语可以互换地使用。

7.1 模式挖掘：一个路线图

第 6 章以购物篮分析为例，介绍了频繁模式挖掘的基本概念、技术和应用。许多其他类型的数据、用户请求和应用导致大量的、形形色色的挖掘模式、关联和相关关系的方法的开发。考虑到该领域的丰富文献，重要的是给出一个清晰的路线图，帮助读者获得该领域的有条理的描述，为模式挖掘应用选择最佳方法。

图 7.1 列举了模式挖掘研究的一般路线图。大部分研究都主要关注模式挖掘的三个方面：所挖掘的模式类型、挖掘方法和应用。然而，一些研究综合了多个方面，例如，不同的应用可能需要挖掘不同的模式，这就自然地导致新的挖掘方法的开发。

基于模式的多样性，模式挖掘可以使用如下标准进行分类：

- **基本模式**：正如第 6 章的讨论，频繁模式可能有多种形式，包括简单的频繁模式、闭模式和极大模式。回顾一下，**频繁模式**是满足最小支持度阈值的模式（或项的集合）。模式 p 是一个**闭模式**，如果不存在与 p 具有相同支持度的超模式 p'。模式 p 是一个**极大模式**，如果不存在 p 的频繁超模式。频繁模式也可以映射到**关联规则**或基于兴趣度的其他类型的规则。有时，我们还可能对**不频繁模式**或**稀有模式**（很少出现但非常重要的模式）和**负模式**（揭示项之间的负相关的模式）感兴趣。

- **基于模式所涉及的抽象层**：模式或关联规则可能具有处于高、低，或多个抽象层的项。例如，假设挖掘的关联规则集包含如下规则：

$$buys(X, ``computer") \Rightarrow buys(X, ``printer") \tag{7.1}$$

$$buys(X, ``laptop\_computer") \Rightarrow buys(X, ``color\_laser\_printer") \tag{7.2}$$

其中 X 是变量，代表顾客。在规则 (7.1) 和规则 (7.2) 中，购买的商品涉及不同的抽象层（例如，"*computer*" 处于比 "*laptop_computer*" 更高的抽象层，"*color_laser printer*" 处于比 "*printer*" 低的层抽象）。我们称所挖掘的规则集由**多层关联规则**组成。反之，如果在给定的规则集中，规则不涉及不同抽象层的项或属性，则该集合包含**单层关联规则**。

- **基于规则或模式所涉及的维数**：如果关联规则或模式中的项或属性只涉及一个维，则它是**单维关联规则/模式**。例如，规则 (7.1) 和规则 (7.2) 都是单维关联规则，因为它们都只涉及一个维 $buys^{\ominus}$。

$\ominus$ 按照多维数据库使用的术语，我们把规则中的每个不同谓词称做维。

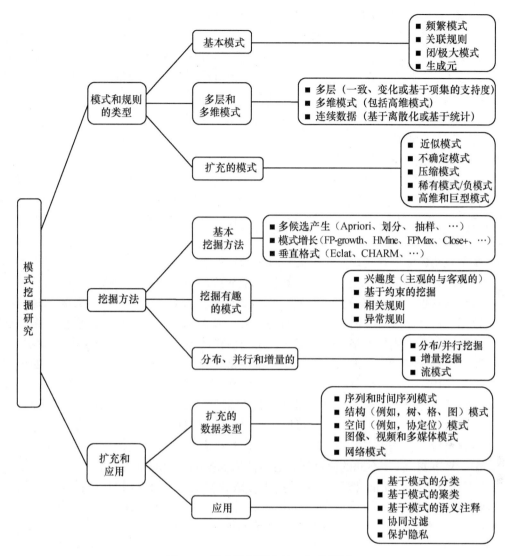

图 7.1　模式挖掘研究的一般路线图

如果规则/模式涉及两个或多个维，如涉及维 *age*、*income* 和 *buys*，则它是**多维关联规则**。下面的规则是一个多维关联规则的例子：

$$age(X, ``20\cdots29") \wedge income(X, ``52K\cdots58K") \Rightarrow buys(X, ``iPad") \qquad (7.3)$$

- **基于规则或模式中所处理的值类型**：如果规则考虑的关联是项是否出现，则它是**布尔关联规则**。例如，规则（7.1）和规则（7.2）都是由购物篮分析得到的布尔关联规则。

  如果规则描述的是量化的项或属性之间的关联，则它是**量化关联规则**（quantitative association rule）。在这种规则中，项或属性的量化值被划分为区间。上面的规则（7.3）也可以看做是量化关联规则，其中量化属性 *age* 和 *income* 已经离散化。

- **基于挖掘选择性模式的约束或标准**：被发现的模式或规则可以是**基于约束**的（即，满足用户指定的约束）、**近似的**、**压缩的**、**近似匹配的**（即，与接近或几乎匹配的项集的支持度计数相匹配）、top-k（即用户指定的 k 值的 k 最频繁项集）、感知冗余的 **top-k**（即相似的或排除冗余模式的 top-k 模式）等。

另外，模式挖掘也可以根据数据类型和所涉及的应用进行分类，使用以下标准：

- **基于所挖掘的数据类型和特征**：给定关系数据和数据仓库数据，大部分人对项集感兴趣。因此，在这种情况下，频繁模式挖掘本质上是**频繁项集挖掘**，即挖掘频繁项集的集合。然而，在许多其他应用中，模式可能涉及序列和结构。例如，通过研究频繁购买商品的订单，我们可能发现顾客往往可能先购买 PC，接下来购买数码相机，然后购买内存卡。这导致**序列模式**，即订购事件序列中的频繁子序列（常常被某些其他事件隔开）。

我们也可以挖掘**结构模式**，即结构数据集中的频繁子结构。注意，结构是一个更一般的概念，它涵盖不同类型的结构形式，如有向图、无向图、格、树、序列、集合、单个项或这些结构的组合。单个项是最简单的结构形式。一般模式的每个元素可以包含子序列、子树、子图等，并且这样的包含关系可以递归地定义。因此，结构模式的挖掘可以看做频繁模式挖掘的最一般形式。

- **基于应用领域的特定语义**：数据和应用都可能多种多样，因此所挖掘的模式可能因其特定领域的语义而差别很大。各种类型的应用数据包括空间数据、时间数据、时间空间数据、多媒体数据（例如，图像、音频和视频数据）、文本数据、时间序列数据、DNA 和生物学序列、软件程序、化合物结构、Web 结构、传感器网络、社交与信息网络、生物网络、数据流等。这种多样性导致大量不同的模式挖掘方法。

- **基于数据分析的使用方法**：频繁模式挖掘常常充当中间步骤，改善对数据的理解并进行作用更大的数据分析。例如，它可以作为分类的特征提取步骤使用，这称为**基于模式的分类**。类似地，**基于模式的聚类**也显示了其在聚类高维数据方面的优势。为了改善对数据的理解，模式可以用于语义注释或语境分析。模式分析也可以用在**推荐系统**中，基于类似用户的模式，向用户推荐他可能感兴趣的信息项（如书、电影、Web 页面）。不同的分析任务也可能需要挖掘不同的模式类型。

在以下几节，我们将介绍模式挖掘的高级方法和扩展，以及它们的应用。7.2 节讨论挖掘多层模式、多维模式、具有连续属性的模式和规则、稀有模式和负模式。基于约束的模式挖掘在 7.3 节研究。7.4 节解释如何挖掘高维和巨型模式。压缩的和近似的模式挖掘在 7.5 节详细讨论。7.6 节讨论模式挖掘的探索与应用。关于挖掘序列模式和结构模式，以及在复杂的和形形色色数据类型上的模式挖掘的高级课题在第 13 章简略介绍。

7.2 多层、多维空间中的模式挖掘

本节关注在多层、多维空间中的挖掘方法。尤其是，我们将学习挖掘多层关联规则（7.2.1 节）、多维关联规则（7.2.2 节）、量化关联规则（7.2.3 节）、稀有模式和负模式（7.2.4 节）。多层关联涉及多个抽象层的概念。多维关联涉及多个维或谓词（例如，涉及顾客购买和年龄的规则）。量化关联涉及其值之间有序的数值属性（例如，年龄）。稀有模式是这样的模式，尽管它们稀有的项组合，但很有趣。负模式显示项之间的负关联。

7.2.1 挖掘多层关联规则

对于许多应用而言，在较高的抽象层发现的强关联规则，尽管具有很高的支持度，但可能是常识性知识。我们可能希望下钻，在更细节的层次发现新颖的模式。另一方面，在较低或原始抽象层，可能有太多的零散模式，其中一些只不过是较高层模式的平凡特化。因此，人们关注如何开发在多个抽象层，以足够的灵活性挖掘模式，并易于在不同的抽象空间转换

的有效方法。

例 7.1 挖掘多层关联规则。 假设给定表 7.1 中事务数据的任务相关数据集，它是 AllElectronics 商店的销售数据，对每个事务显示了购买的商品。商品的概念分层显示在图 7.2 中。概念分层定义了由低层概念集到高层、更一般的概念集的映射序列。可以通过把数据中的低层概念用概念分层中对应的高层概念（或祖先）替换，对数据进行泛化。

表 7.1 任务相关的数据，D

TID	购买的商品
T100	Apple17″ MacBook Pro Notebook，HP Photosmart Pro b9180
T200	Microsoft Office Professional 2010，Microsoft Wireless Optical Mouse 5000
T300	Logitech VX Nano Cordless Laser Mouse，Fellowes GEL Wrist Rest
T400	Dell Studio XPS 16 Notebook，Canon PowerShot SD1400
T500	Lenovo ThinkPad X200 Tablet PC，Symantec Norton Antivirus 2010
…	…

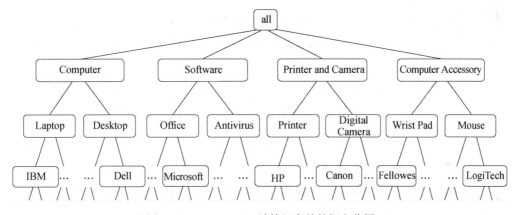

图 7.2 AllElectronics 计算机商品的概念分层

图 7.2 的概念分层有 5 层，分别称为第 0～4 层，根结点 **all** 为第 0 层（最一般的抽象层）。这里，第 1 层包括 *computer*、*software*、*printer and camera* 和 *computer accessory*；第 2 层包括 *laptop computer*、*desktop computer*、*office software*、*antivirus software* 等；而第 3 层包括 *Dell desktop computer*、*…*、*Microsoft office software* 等。第 4 层是该分层结构最具体的抽象层，由原始数据值组成。

283

标称属性的概念分层通常蕴涵在数据库模式中，可以使用第 3 章介绍的那些方法自动地产生。对于我们的例子，图 7.2 的概念分层由产品说明数据产生。数值属性的概念分层可以使用离散化技术产生，其中一些方法已经在第 3 章中介绍过。另外，概念分层也可以由熟悉数据的用户指定。对于我们的例子，可以由商店经理指定。

表 7.1 中的商品在图 7.2 的概念分层的最底层。在这种原始层数据中很难发现有趣的购买模式。例如，如果 "*Dell Studio XPS 16 Notebook*" 和 "*Logitech VX Nano Cordless Laser Mouse*" 每个都在很少一部分事务中出现，则可能很难找到涉及这些特定商品的强关联规则。少数人可能同时购买它们，使得该商品集不太可能满足最小支持度。然而，我们预料，在这些商品的泛化抽象之间，如在 "*Dell Notebook*" 和 "*Cordless Mouse*" 之间，可望更容易发现强关联。 ■

在多个抽象层的数据上挖掘产生的关联规则称为**多层关联规则**。在支持度 – 置信度框架下，使用概念分层可以有效地挖掘多层关联规则。一般而言，可以采用自顶向下策略，由概

284

念层1开始，向下到较低的、更特定的概念层，在每个概念层累积计数，计算频繁项集，直到不能再找到频繁项集。对于每一层，可以使用发现频繁项集的任何算法，如 Apriori 或它的变形。

这种方法的许多变形将在下面介绍，其中每种变形都涉及以稍微不同的方式使用支持度阈值。这些变形用图 7.3 和图 7.4 解释，其中结点指出项或项集已被考察过，而粗边框的矩形指出已考察过的项或项集是频繁的。

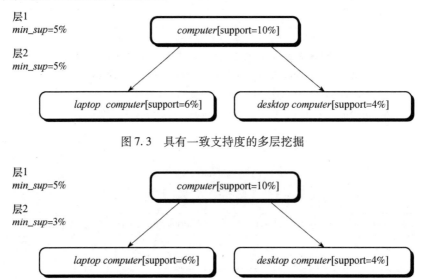

图 7.3　具有一致支持度的多层挖掘

图 7.4　具有递减支持度的多层挖掘

- **对于所有层使用一致的最小支持度**（称为**一致支持度**）：在每个抽象层上挖掘时，使用相同的最小支持度阈值。例如，在图 7.3 中，都使用最小支持度阈值 5%（例如，对于由"computer"到"laptop computer"）。发现"computer"和"laptop computer"都是频繁的，但"desktop computer"不是。

使用一致的最小支持度阈值时，搜索过程被简化。该方法也很简单，因为用户只需要指定一个最小支持度阈值。根据祖先是其后代超集的知识，可以采用类似于 Apriori 的优化策略：搜索时避免考察这样的项集，它包含其祖先不满足最小支持度的项。

然而，一致支持度方法有一些缺点。较低抽象层的项不大可能像较高抽象层的项那样频繁出现。如果最小支持度阈值设置太高，则可能错失在较低抽象层中出现的有意义的关联。如果阈值设置太低，则可能会产生出现在较高抽象层的无趣的关联。这导致下面的方法。

- **在较低层使用递减的最小支持度**（称为**递减支持度**）：每个抽象层有它自己的最小支持度阈值。抽象层越低，对应的阈值越小。例如，在图 7.4 中，层 1 和层 2 的最小支持度阈值分别为 5% 和 3%。这样，"computer"、"laptop computer"和"desktop computer"都被看做频繁的。
- **使用基于项或基于分组的最小支持度**（称为**基于分组的支持度**）：由于用户或专家通常清楚哪些组比其他组更重要，在挖掘多层规则时，有时更希望建立用户指定的基于项或基于分组的最小支持度阈值。例如，用户可以根据产品价格或者根据感兴趣的商品设置最小支持度阈值。如对"价格超过 1000 美元的照相机"或"平板电脑"设置特别低的支持度阈值，以便特别关注包含这类商品的关联模式。

为了从具有不同支持度阈值的组中挖掘混合项模式，通常在挖掘中取所有组的最低支持度阈值。这将避免过滤掉有价值的模式，该模式包含来自具有最低支持度阈值组的项。同时，每组的最小支持度阈值应该保持，以避免从每个组产生无趣的项集。在项集挖掘后，可以使用其他兴趣度度量，提取真正有趣的规则。

注意，在递减支持度和基于分组的支持度挖掘时，先验性质（Apriori property）可能并非对所有项都成立。然而，基于该性质的扩充，仍然可以开发有效的方法。细节留给感兴趣的读者作为习题。

挖掘多层关联规则的一个严重的副作用是，由于项之间的"祖先"关系，可能产生一些多个抽象层上的冗余规则。例如，考虑下面的规则

$$buys(X, \text{``}laptop\ computer\text{''}) \Rightarrow buys(X, \text{``}HP\ printer\text{''})$$
$$[support = 8\%, confidence = 70\%] \tag{7.4}$$
$$buys(X, \text{``}Dell\ laptop\ computer\text{''}) \Rightarrow buys(X, \text{``}HP\ printer\text{''})$$
$$[support = 2\%, confidence = 72\%] \tag{7.5}$$

其中，根据图 7.2 的概念分层，"*laptop computer*"是"*Dell laptop computer*"的祖先，而 X 是变量，代表在 AllElectronics 购买商品的顾客。

"如果挖掘出规则（7.4）和规则（7.5），那么后一个规则是有用的吗？它真的提供新的信息吗？"如果后一个具有较小一般性的规则不提供新的信息，则应当删除它。让我们看看如何来确定。规则 $R1$ 是规则 $R2$ 的祖先，如果 $R1$ 能够通过将 $R2$ 中的项用它在概念分层中的祖先替换得到。例如，规则（7.4）是规则（7.5）的祖先，因为"*laptop computer*"是"*Dell laptop computer*"的祖先。根据这个定义，一个规则被认为是冗余的，如果根据规则的祖先，它的支持度和置信度都接近于"期望"值。

例 7.2　检查多层关联规则的冗余性。假设规则（7.4）具有 70% 的置信度和 8% 的支持度，并且大约四分之一的"*laptop computer*"销售是"*Dell laptop computer*"。我们可以期望规则（7.5）具有大约 70% 的置信度（由于所有的"*Dell laptop computer*"也都是"*laptop computer*"样本）和 2%（即，$8\% \times \frac{1}{4}$）的支持度。如果确实是这种情况，则规则（7.5）不是有趣的，因为它不提供任何附加的信息，并且它的一般性不如规则（7.4）。　∎

7.2.2　挖掘多维关联规则

迄今为止，我们研究了含单个谓词，即谓词 *buys* 的关联规则。例如，在挖掘 AllElectronics 数据库时，可能发现布尔关联规则

$$buys(X, \text{``}digital\ camera\text{''}) \Rightarrow buys(X, \text{``}HP\ printer\text{''}) \tag{7.6}$$

沿用多维数据库使用的术语，我们把规则中每个不同的谓词称做维。因此，我们称规则（7.6）为**单维**（single-dimensional）或**维内关联规则**（intradimension association rule），因为包含单个不同谓词（例如，*buys*）的多次出现（即谓词在规则中出现的次数超过 1 次）。这种规则通常从事务数据中挖掘。

通常，销售和相关数据也都存放在关系数据库或数据仓库中，而不是只有事务数据。实际上，这种数据存储是多维的。例如，除了在销售事务中记录购买的商品之外，关系数据库还可能记录与商品和销售有关的其他属性，如商品的描述或销售分店的位置。还可能存储有关购物的顾客的附加信息（例如，顾客的年龄、职业、信誉度、收入和地址等）。把每个数据库属性或数据仓库的维看做一个谓词，则可以挖掘包含多个谓词的关联规则，如

$$age(X, "20\cdots29") \wedge occupation(X, "student") \Rightarrow buys(X, "laptop") \qquad (7.7)$$

涉及两个或多个维或谓词的关联规则称做**多维关联规则**（multidimensional association rule）。规则（7.7）包含三个谓词（age、occupation 和 buys），每个谓词在规则中仅出现一次。因此，我们称它具有**不重复谓词**。具有不重复谓词的关联规则称做**维间关联规则**（interdimension association rule）。我们也可以挖掘具有重复谓词的关联规则，它包含某些谓词的多次出现。这种规则称做**混合维关联规则**（hybrid-dimension association rule）。这种规则的一个例子如下，其中谓词 buys 是重复的。

$$age(X, "20\cdots29") \wedge buys(X, "laptop") \Rightarrow buys(X, "HP \, printer") \qquad (7.8)$$

数据库属性可能是标称的或量化的。**标称**（或分类）属性的值是"事物的名称"。标称属性具有有限多个可能值，值之间无序（例如，occupation、brand、color）。**量化**属性（quantitative attribute）是数值的，并在值之间具有一个隐序（例如，age、income、price）。根据量化属性的处理，挖掘多维关联规则的技术可以分为两种基本方法。

第一种方法，使用预先定义的概念分层对量化属性离散化。这种离散化在挖掘之前进行。例如，可以使用 income 的概念分层，用区间值，如"0..20K"，"21..30K"，"30..40K"等替换属性原来的数值。这里，离散化是静态的和预先确定的。第 3 章介绍了一些离散化数值属性技术。离散化的数值属性具有区间标号，可以像标称属性一样处理（其中，每个区间看做一个类别）。我们称这种方法为**使用量化属性的静态离散化挖掘多维关联规则**。

第二种方法，根据数据分布将量化属性离散化或聚类到"箱"。这些箱可能在挖掘过程中进一步组合。离散化的过程是动态的，以满足某种挖掘标准，如最大化所挖掘规则的置信度。由于该策略将数值属性的值处理成数量，而不是预先定义的区间或类别，所以由这种方法挖掘的关联规则称为（**动态**）**量化关联规则**。

让我们逐个研究这些挖掘多维关联规则方法。为简单起见，我们把讨论限于维间关联规则。注意，不是（像单维关联规则挖掘那样）搜索频繁项集，在多维关联规则挖掘中，我们搜索频繁谓词集。**k-谓词集**是包含 k 个合取谓词的集合。例如，规则（7.7）中的谓词集 {age, occupation, buys} 是一个 3-谓词集。类似于第 6 章用于项集的记号，我们用 L_k 表示频繁 k-谓词集的集合。

7.2.3 挖掘量化关联规则

正如前面所讨论的，关系和数据仓库数据通常涉及量化属性或维。我们可以把量化属性离散化为多个区间，而后在关联挖掘时把它们看做标称数据。然而，这种简单离散化可能导致产生大量规则，其中许多规则可能没有什么用。这里，我们介绍三种方法，帮助克服这一困难，以便发现新颖的关联关系：（1）数据立方体方法；（2）基于聚类的方法；（3）揭示异常行为的统计学方法。

1. 量化关联规则的基于数据立方体挖掘

在许多情况下，量化属性可以在挖掘前使用预定义的概念分层或数据离散化技术进行离散化，其中数值属性的值用区间标号替换。如果需要，标称属性也可以泛化到较高的概念层。如果与任务相关的结果数据存放在关系表中，则我们讨论过的任何频繁项集挖掘算法都可以稍加修改就能找出所有的频繁谓词集。尤其是，我们需要搜索所有的相关属性，而不是只搜索一个属性（如 buys），把每个属性－值对看做一个项。

另外，变换后的多维数据可以用来构造数据立方体。数据立方体非常适合挖掘多维关联规则：它们在多维空间存储聚集信息（例如，计数），这对于计算多维关联规则的支持度和置信度是基本的。数据立方体的概述已在第 4 章中介绍过，数据立方体计算的详细算法已在第 5 章中给出。图 7.5 显示了维 *age*、*income* 和 *buys* 的数据立方体的方体的格。可以使用 *n* 维方体的单元存放对应的 *n*-谓词集的支持度计数。基本方体按 *age*、*income* 和 *buys* 聚集了与任务相关的数据；2-D 方体（*age*、*income*）按 *age* 和 *income* 聚集等；0-D（顶点）方体包含与任务相关数据中事务的总数。

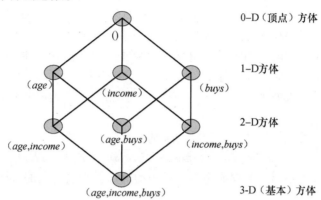

图 7.5 方体的格，形成一个 3-D 数据立方体。每个方体代表一个不同分组。基本方体包含三个谓词 *age*、*income* 和 buys

由于数据仓库和 OLAP 技术的使用日益增长，包含用户感兴趣的维的数据立方体可能已经存在，并且完全或部分物化。如果是这种情况，则我们可以简单地取出对应的聚集值，或使用较低层的物化方体来计算它们，并使规则产生算法返回所需要的规则。注意，即使是这种情况，仍然可以使用先验性质来对搜索空间进行剪枝。如果一个 *k*-谓词集的支持度 *sup* 不满足最小支持度，则该集合的进一步探查应当终止。这是因为该 *k*-项集的任何更加特殊化版本的支持度都不大于或等于 *sup*，因此也不满足最小支持度。对于挖掘任务，当不存在相关的数据立方体时，我们必须临时创建一个。这成为冰山立方体计算问题，其中最小支持度阈值作为冰山条件（第 5 章）。

2. 挖掘基于聚类的量化关联规则

除了使用基于离散化或基于数据立方体的数据集来产生量化关联规则外，还可以通过在量化维上对数据聚类来产生量化关联规则。（回忆一下，同一簇中的对象相互相似，而与其他簇中的对象不相似。）一般假定是，有趣的频繁模式或关联规则通常在量化属性相对稠密的簇中发现。这里，我们介绍一种发现量化关联规则的自顶向下的聚类方法和一种自底向上的聚类方法。

下面介绍一种典型的发现基于聚类的量化频繁模式的自顶向下方法。对于每个量化维，可以使用一种标准的聚类算法（例如，第 10 章介绍的 *k*-均值或基于密度的方法），发现该维上满足最小支持度阈值的簇。对于每个这样的簇，我们考察该簇与另一维的一个簇或标称属性值组合生成的二维空间，看这一组合是否满足最小支持度阈值。如果满足，则继续在该二维区域搜索簇，并进一步考察更高维空间。在该过程中，我们仍然可以使用先验剪枝：如果在任意点，组合的支持度不满足最小支持度，则它的进一步划分或与其他维组合也都不满足最小支持度。

发现基于聚类的频繁模式的自底向上方法先在高维空间聚类，形成支持度满足最小支持度阈值的簇，然后投影并合并较少维组合上的簇。然而，对于高维数据集，发现高维聚类本身就是一个困难问题。因此这种方法不太现实。

3. 使用统计学理论发现异常行为

有可能发现揭示异常行为的量化关联规则,其中"异常"的定义建立在统计学理论的基础上。例如,下面的关联规则可能指示异常行为:

$$sex = female \Rightarrow meanwage = 7.90\ \$/h(overall\_mean\_wage = 9.02\ \$/h) \qquad (7.9)$$

这个规则说明,女性的平均工资每小时只有 7.90 美元。这个规则(主观上)是有趣的,因为它揭示了一群人的收入显著地低于 9.02 美元/小时的平均工资。(如果平均工资为 7.90 美元/小时,则女性也挣 7.90 美元/小时这一事实就不是有趣的。)

我们定义的不可或缺的方面涉及使用统计检验证实规则的有效性。即规则(7.9)是可接受的,仅当统计检验(在此情况下,Z-检验)以高置信度证实它可以推断女性的平均工资确实低于总体中其他人的平均工资。(上面的规则是从基于美国 1985 年人口普查的实际数据库挖掘的。)

在新的定义下,关联规则是如下形式的规则:

$$population\_subset \Rightarrow \textbf{mean}\_of\_values\_for\_the\_subset \qquad (7.10)$$

其中,子集的均值显著不同于数据库中它的补的均值(并且被适当的统计检验证实)。

7.2.4 挖掘稀有模式和负模式

迄今为止,本章介绍的所有方法都是为了挖掘频繁模式。然而,有时令人感兴趣的不是频繁模式,而是发现稀有的,或发现反映项之间的负相关的模式。这些模式分别称为稀有模式和负模式。本节,我们考虑定义稀有模式和负模式的各种方法,这对挖掘也是有用的。

例 7.3 **稀有模式和负模式**。在珠宝首饰销售数据中,钻石表的销售是稀有的。然而,涉及钻石表销售的事务可能是令人感兴趣的。在超市数据中,如果我们发现顾客频繁地购买经典可口可乐或无糖可乐,但不可能两个都买,则一起购买经典可乐和无糖可乐被认为是一个负(相关)模式。在汽车销售数据中,一位经销商向一位给定的顾客销售了几辆耗油的车辆(如 SUV),而后又向同一顾客销售混合动力微型汽车。即使买 SUV 与买混合动力微型汽车可能是负相关的事件,但是发现并考察这种异常情况是有趣的。 ■

非频繁(或稀有)模式是其支持度低于(或远低于)用户指定的最小支持度阈值的模式。然而,由于大多数项集的出现频度通常都低于甚至远低于最小支持度阈值,因此实践中允许用户指定稀有模式的其他条件是可取的。例如,如果我们想找出这样的模式,它至少包括一件其价格超过 500 美元的商品,则我们应该明确地说明这一约束。这种项集的有效挖掘在挖掘多维关联时讨论过(7.2.1 节),那里的策略是采用多个最小支持度阈值(例如,基于项或基于分组的)。其他可用的方法在基于约束的模式挖掘中讨论(7.3 节),那里用户指定的约束推进到迭代的挖掘过程中。

可以定义负模式的方法有多种。我们将考虑其中三种。

定义 7.1:如果项集 X 和 Y 都是频繁的,但很少一起出现($sup(X \cup Y) < sup(X) \times supY)$),则项集 X 和 Y 是**负相关**的,并且模式 $X \cup Y$ 是**负相关模式**。如果 $sup(X \cup Y) \ll sup(X) \times sup(Y)$,则 X 和 Y 是**强负相关**的,并且模式 $X \cup Y$ 是**强负相关模式**。

该定义容易扩展到包括 k-项集的模式,其中 $k > 2$。

然而,这个定义的一个问题是,它不是零不变的。即它的值可能错误地被零事务影响,其中零事务是不包含被考察项集的任何项的事务(参见 6.3.3 节)。将在下面的例子中对它进行解释。

例 7.4　定义 7.1 的零事务问题。如果数据集中有许多零事务，则评估模式是否负相关的主要影响可能是零事务数，而不是被观测的模式。例如，假设一个缝纫机店销售针包 A 和 B。该店销售 A 和 B 各 100 包，但只有一个事务包括 A 和 B 两者。直观地，A 与 B 是负相关的，因为购买一种针包看来并不促进购买另一种。

让我们看看定义 7.1 如何处理这种情况。如果总共有 200 个事务，则有 $sup(A \cup B) = 1/200 = 0.005$，$sup(A) \times sup(B) = 100/200 \times 100/200 = 0.25$。因此，$sup(A \cup B) \ll sup(A) \times sup(B)$，定义 7.1 表明 A 和 B 是强负相关的。如果数据库中有 10^6 个事务而不是 200 个事务，那么会怎么样？在这种情况下，存在许多零事务，即存在许多既不包括 A 也不包括 B 的事务。该定义会怎么样？计算 $sup(A \cup B) = 1/10^6$，$sup(X) \times sup(Y) = 100/10^6 \times 100/10^6 = 1/10^8$。因此，$sup(A \cup B) \gg sup(X) \times sup(Y)$，与前面的发现矛盾，尽管 A 和 B 的出现次数并未改变。定义 7.1 中的度量不是零不变的，而正如 6.3.3 节的讨论，对于定量的兴趣度度量，零不变性是至关重要的。

定义 7.2：如果 X 和 Y 是强负相关的，则

$$sup(X \cup \overline{Y}) \times sup(\overline{X} \cup Y) \gg sup(X \cup Y) \times sup(\overline{X} \cup \overline{Y})$$

这个度量是零不变的吗？

例 7.5　定义 7.2 的零事务问题。考虑我们的针包例子。当数据库中总共有 200 个事务时，我们有

$$sup(A \cup \overline{B}) \times sup(\overline{A} \cup B) = 99/200 \times 99/200 = 0.245$$
$$\gg sup(A \cup B) \times sup(\overline{A} \cup \overline{B}) = 1/200 \times 1/200 \approx 0.000025$$

根据定义 7.2，这表明 A 与 B 是强负相关的。如果数据库中有 10^6 个事务会怎么样？该度量将计算

$$sup(A \cup \overline{B}) \times sup(\overline{A} \cup B) = 99/10^6 \times 99/10^6 = 9.8 \times 10^{-9}$$
$$\ll sup(A \cup B) \times sup(\overline{A} \cup \overline{B}) = 1/10^6 \times (10^6 - 199)/10^6 \approx 1 \times 10^{-6}$$

这次，该度量表明 A 和 B 是正相关的，因而矛盾。该度量不是零不变的。

作为第三种选择，考虑定义 7.3，它基于 Kulczynski 度量（条件概率的平均值）。它遵循 6.3.3 节讨论的兴趣度度量的精神实质。

定义 7.3：假设项集 X 和 Y 都是频繁的，即 $sup(X) \geqslant min\_sup$，$sup(Y) \geqslant min\_sup$，其中 min_sup 是最小支持度阈值。如果 $(P(X \mid Y) + P(Y \mid X))/2 < \varepsilon$，其中 ε 是负模式阈值，则 $X \cup Y$ 是**负相关模式**。

例 7.6　基于 Kulczynski 度量，使用定义 7.3 的负相关模式。让我们再次考察我们的针包例子。设 min_sup 为 0.01%，$\varepsilon = 0.02$。当数据库中有 200 个事务时，我们有 $sup(A) = sup(B) = 100/200 = 0.5 > 0.01\%$，并且 $(P(B \mid A) + P(A \mid B))/2 = (0.01 + 0.01)/2 < 0.02$，因此 A 与 B 是负相关的。如果我们有更多的事务，这还成立吗？当数据库中有 10^6 个事务时，该度量计算 $sup(A) = sup(B) = 100/10^6 = 0.01\% \geqslant 0.01\%$，并且 $(P(B \mid A) + P(A \mid B))/2 = (0.01 + 0.01)/2 < 0.02$，这再次表明 A 与 B 是负相关的。这与我们的直观一致。这个定义没有前两个定义的零不变问题。

考虑另一种情况：假设有 1 万个事务，商店销售了 1000 个 A 针包，但只有 10 个 B 针包；然而，每次售出 B 针包时也售出 A（它们出现在同一事务中）。在这种情况下，该度量计算 $(P(B \mid A) + P(A \mid B))/2 = (0.01 + 1)/2 = 0.505 \geqslant 0.02$，这表明 A 与 B 是正相关而不是负相关的。这也与我们的直观一致。

使用这个负相关的新定义，容易推导出挖掘大型数据库中负模式的有效方法。这作为习

题留给感兴趣的读者。

7.3 基于约束的频繁模式挖掘

数据挖掘过程可以从给定的数据集中发现数以千计的规则，其中大部分规则与用户不相关或用户不感兴趣。通常，用户具有很好的判断能力，知道沿着什么"方向"挖掘可能导致有趣的模式，知道他们想要发现什么"形式"的模式。他们可能还知道规则"条件"，可以排除某些他们知道无趣的规则。因此，一种好的启发式方法是让用户说明他们的这种直观或期望，作为限制搜索空间的约束条件。这种策略称为**基于约束的挖掘**（constraint-based mining）。这些约束包括：

- **知识类型约束**：指定待挖掘的知识类型，如关联、相关、分类或聚类。
- **数据约束**：指定任务相关的数据集。
- **维/层约束**：指定挖掘中所使用的数据维（或属性）、抽象层，或概念分层结构的层次。
- **兴趣度约束**：指定规则兴趣度的统计度量阈值，如支持度、置信度和相关性。
- **规则约束**：指定要挖掘的规则形式或条件。这种约束可以用元规则（规则模板）表示，如可以出现在规则前件或后件中谓词的最大或最小个数，或属性、属性值和聚集之间的联系。

以上约束可以用高级数据挖掘查询语言和用户界面说明。

前4种类型的约束已在本书的前面章节讨论过。本节，我们讨论使用规则约束挖掘任务。这种基于约束的挖掘允许用户描述他们想要发现的规则，因此使得数据挖掘过程更有效。此外，可以使用复杂的挖掘查询优化程序，利用用户指定的约束，从而使得挖掘过程更有效率。

[294]

基于约束的挖掘支持交互式探索挖掘与分析。7.3.1节将学习元规则制导的挖掘，它使用规则模板形式来说明句法规则约束。7.3.2节讨论模式空间剪枝（剪掉待挖掘的模式）和数据空间剪枝（剪去这样的数据片段，它们的进一步探查不可能对满足约束模式的发现有任何贡献）。

对于模式空间剪枝，我们介绍三类性质，它们有助于基于约束搜索空间剪枝：反单调性、单调性和简洁性。我们还讨论一类特殊的约束，称为可转变的约束，通过数据的适当定序，约束可以推进到迭代的挖掘过程中，具有与单调和反单调约束相同的剪枝能力。对于数据空间剪枝，我们介绍两类性质：数据的简洁性和数据的反单调性；并研究如何把它们与数据挖掘过程集成在一起。

对于每种讨论，我们都假定用户都正在搜索关联规则。使用兴趣度的相关性度量扩充支持度－置信度框架，所提供的过程都容易推广到相关规则的挖掘。

7.3.1 关联规则的元规则制导挖掘

"元规则有什么作用？"元规则使得用户可以说明他们感兴趣的规则的语法形式。规则的形式可以作为约束，帮助提高挖掘过程的性能。元规则可以根据分析者的经验、期望或对数据的直觉，或者根据数据库模式自动产生。

例7.7 元规则制导的挖掘。假设作为 AllElectronics 的市场分析员，你已经访问了描述顾客的数据（例如，顾客的年龄、地址和信用等级等）和顾客事务的列表。你对找出顾客的特点与顾客购买的商品之间的关联感兴趣。然而，不是要找出反映这种联系的所有关联规则，你只对确定什么样的两种顾客特点能够促进办公软件的销售特别感兴趣。可以使用一个

元规则来说明你感兴趣的规则形式。这种元规则的一个例子是

$$P_1(X, Y) \wedge P_2(X, W) \Rightarrow buys(X, \text{"office software"}) \qquad (7.11)$$

其中，P_1 和 P_2 是**谓词变量**，在挖掘过程中被例示为给定数据库的属性；X 是变量，代表顾客；Y 和 W 分别取赋给 P_1 和 P_2 的属性值。在典型情况下，用户要说明一个例示 P_1 和 P_2 需考虑的属性列表；否则，将使用默认的属性集。

一般而言，元规则形成一个关于用户感兴趣探查或证实的假定。然后，挖掘系统可以寻找与给定元规则相匹配的规则。例如，规则（7.12）匹配或**遵守**元规则（7.11）。 |295|

$$age(X, \text{"30..39"}) \wedge income(X, \text{"41K..60K"}) \Rightarrow buys(X, \text{"office software"}) \qquad (7.12)$$

■

"如何使用元规则指导挖掘过程？"让我们进一步考察这个问题。假设我们希望挖掘维间关联规则，如例 7.7 所示。元规则是形如

$$P_1 \wedge P_2 \wedge \cdots \wedge P_l \Rightarrow Q_1 \wedge Q_2 \wedge \cdots \wedge Q_r \qquad (7.13)$$

的规则模板。其中，$P_i (i = 1, 2, \cdots, l)$ 和 $Q_j (j = 1, 2, \cdots, r)$ 是被例示的谓词或谓词变量。设元规则中谓词的个数为 $p = l + r$。为找出满足该模板的维间关联规则，

- 我们需要找出所有的频繁 p-谓词集 L_p。
- 我们还必须有 L_p 中的 l-谓词子集的支持度或计数，以便计算由 L_p 导出的规则的置信度。

这是挖掘多维关联规则的典型情况。通过使用 7.3.2 节介绍的约束推进技术扩展这些方法，我们可以导出元规则制导挖掘的有效方法。

7.3.2　基于约束的模式产生：模式空间剪枝和数据空间剪枝

规则约束说明所挖掘的规则中变量的期望集合/子集联系，变量的初始化常量和聚集函数。用户可以使用他们的应用或数据知识来说明挖掘任务的规则约束。这些可以与元规则制导挖掘一起使用，或作为它的替代。本节，我们考察规则约束，看看怎样使用它们，使得挖掘过程更有效。让我们研究一个例子，其中规则约束用于挖掘混合维关联规则。

例 7.8　挖掘关联规则的约束。假设 AllElectronics 有一个多维销售数据库，包含以下相互关联的关系：

- item（item_ID, item_name, description, category, price）
- sales（transaction_ID, day, month, year, store_ID, city）
- trans_item（item_ID, transaction_ID） |296|

其中，表 item 包含属性 item_ID、item_name、description、category 和 price；表 sales 包含属性 transaction_ID、day、month、year、store_ID 和 city；这两个表通过外码属性 item_ID 和 transaction_ID 连接到表 trans_item。

假设我们的关联挖掘查询是"对于芝加哥 2010 年的销售，找出关于何种廉价商品（价格低于 10 美元）的销售可以促进（在同一事务中出现）何种昂贵商品（最低价为 50 美元）的销售的模式或规则"。

这个查询包含如下 4 个约束：（1）$sum(I.price) < 10$，其中 I 代表廉价商品的 item_ID；（2）$min(J.price) \geqslant 50$，其中 J 代表昂贵商品的 item_ID；（3）$T.city = Chicago$；（4）$T.year = 2010$，其中 T 代表 transaction_ID。为了简单起见，我们不明确地显示该挖掘查询；然而，从挖掘查询的语义，约束的语境是清楚的。

■

维/层约束和兴趣度约束可以在挖掘后用来过滤发现的规则，但是在挖掘中使用它们帮

助过滤搜索空间通常更有效，开销更小。维/层约束已经在 7.2 节讨论过，而兴趣度约束，如支持度、置信度和相关性度量已经在第 6 章讨论过。现在，让我们集中考虑规则约束。

"如何使用规则约束对搜索空间进行剪枝？更具体地说，什么类型的规则约束可以"推进"到挖掘过程中，并且仍然确保返回的挖掘查询回答具有完全性？"

一般而言，一种有效的频繁模式挖掘过程可以用两种主要方法在挖掘期间对其搜索空间进行剪枝：模式搜索空间剪枝和数据搜索空间剪枝。前者检查候选模式，确定模式是否可以被剪掉。使用先验性质，剪掉一个模式，如果在剩下的挖掘过程中，它的超模式都不可能产生。后者检查数据集，确定特定的数据片段在剩下的挖掘过程中是否对其后的可满足模式的产生有所贡献。如果不能，则在之后的探查中剪去该数据片段。有助于模式空间剪枝的约束称为模式剪枝约束，而可以用于数据空间剪枝的约束称为数据剪枝约束。

1. 用模式剪枝约束对模式空间剪枝

根据约束如何与模式挖掘过程配合，模式剪枝约束可以分为五类：（1）反单调的；（2）单调的；（3）简洁的；（4）可转变的；（5）不可转变的。对于每一类，我们将使用一个例子展示它的特性，并解释如何将这类约束用在挖掘过程中。

第一类约束是**反单调的**。考虑例 7.8 的规则约束"$sum(I.price) \leqslant \$100$"。假设我们使用类似于 Apriori 的方法，在第 k 次迭代时，探查长度为 k 的项集。如果一个候选项集中的商品价格和不小于 100 美元，则该项集可以从搜索空间中剪枝，因为再向该商品集中添加商品将会使它更贵，因此不可能满足该约束。换言之，如果一个项集不满足该规则约束，则它的任何超集也不可能满足该规则约束。如果一个规则具有这种性质，则称它是**反单调的**（antimonotonic）。根据反单调规则约束进行的剪枝可以用于 Apriori 风格算法的每一次迭代，以帮助提高整个挖掘过程的性能，从而确保数据挖掘任务的完全性。

先验性质是反单调的，它是说频繁项集的所有非空子集也必然是频繁的。如果给定的项集不满足最小支持度，则它的任何超集也不可能满足。这个性质用于 Apriori 算法的每次迭代，以便减少考察的候选项集的个数，从而压缩关联规则的搜索空间。

反单调约束的其他例子包括"$min(J.price) \geqslant \$50$"和"$count(I) \leqslant \$10$"等。任何违反这些约束的项集都可以丢弃，因为向这种项集添加更多的项不可能满足这些约束。注意，诸如"$avg(I.price) \leqslant \$10$"这样的约束不是反单调的。对于一个不满足该约束的项集，通过添加某些（便宜的）商品得到的超集可能满足该约束。因此，把这种约束推进到挖掘过程中，将不能保证挖掘任务的完全性。表 7.2 的第一列给出了基于 SQL 原语约束的列表。这些约束的反单调性显示在表的第二列。为了简化我们的讨论，只给出了存在性操作符（例如 $=$、$\in$，但没有 $\neq$、$\notin$）和带等号的比较（或包含）操作符（例如，$\leqslant$、$\subseteq$）。

表 7.2　常用的基于 SQL 的模式剪枝约束的特性

约束	反单调的	单调的	简洁的
$v \in S$	否	是	是
$S \supseteq V$	否	是	是
$S \subseteq V$	是	否	是
$min(S) \leqslant v$	否	是	是
$min(S) \geqslant v$	是	否	是
$max(S) \leqslant v$	是	否	是
$max(S) \geqslant v$	否	是	是
$count(S) \leqslant v$	是	否	弱

（续）

约束	反单调的	单调的	简洁的
$count(S) \geq v$	否	是	弱
$sum(S) \leq v(\forall a \in S,\ a \geq 0)$	是	否	否
$sum(S) \geq v(\forall a \in S,\ a \geq 0)$	否	是	否
$range(S) \leq v$	是	否	否
$range(S) \geq v$	否	是	否
$avg(S)\theta v,\ \theta \in \{\leq,\ \geq\}$	可转变的	可转变的	否
$support(S) \geq \xi$	是	否	否
$support(S) \leq \xi$	否	是	否
$all\_confidence(S) \geq \xi$	是	否	否
$all\_confidence(S) \leq \xi$	否	是	否

第二类约束是**单调的**。如果例 7.8 中的规则约束是 "$sum(I.price) \geq \$100$"，则基于约束的处理方法将很不相同。如果项集 I 满足该约束，即集合中的单价和不小于 100 美元，则进一步添加更多的商品到 I 将增加总价，并且总是满足该约束。因此，在项集 I 上进一步检查该约束是多余的。换言之，如果一个项集满足这个规则约束，则它的所有超集也满足。如果一个规则约束具有这种性质，则称它是**单调的**（monotonic）。类似的规则单调约束包括 "$min(I.price) \leq \$10$"，"$count(I) \geq \$10$" 等。基于 SQL 原语的单调性特性约束在表 7.2 的第三列给出。

第三类是**简洁的约束**。对于这类约束，我们可以枚举并且仅枚举确保满足该约束的所有集合。也就是说，如果一个规则约束是简洁的（succinct），则我们甚至可以在支持计数开始前就直接精确地产生满足它的集合。这避免了产生 – 测试方式的过大开销。换言之，这种约束是计数前可剪枝的。例如，例 7.8 中的约束 "$min(J.price) \geq \$50$" 是简洁的，因为我们能够准确无误地产生满足该约束的所有项集。

具体地说，这种集合由其价格不低于 50 美元的商品的非空集合组成。它是这种形式 S，其中 $S \neq \varnothing$ 是价格不低于 50 美元所有商品的子集。因为有一个精确 "公式" 产生满足简洁约束的所有集合，所以在挖掘过程中不必迭代地检验该规则约束。基于 SQL 原语约束的简洁性在表 7.2 的第四列给出[⊖]。

第四类约束是**可转变的约束**（convertible constraint）。有些类约束不属于以上三类。然而，如果项集中的项以特定的次序排列，则对于频繁项集的挖掘过程，约束可能成为单调的或反单调的。例如，约束 "$avg(I.price) \leq \$10$" 既不是反单调的，也不是单调的。然而，如果事务中的项以单价的递增顺序添加到项集中，则该约束就变成了反单调的，因为如果项集 I 违反了该约束（即平均单价大于 10 美元），则更贵的商品添加到该项集中不可能使它满足该约束。类似地，如果事务中的项以单价的递减顺序添加到项集中，则该约束就变成了单调的。因为，如果项集 I 满足该约束（即平均单价不超过 10 美元），则添加更便宜的商品到当前项集将使得平均单价不大于 10 美元。除了 "$avg(S) \leq v$" 和 "$avg(S) \geq v$" 外，表 7.2 还给出了其他一些可转变的约束，如 "$variance(S) \geq v$" 和 "$standard\_deviation(S) \geq v$" 等。

注意，以上讨论并不意味每种约束都是可转变的。例如，"$sum(S)\theta v$" 不是可转变的，

⊖　对于 $count(S) \leq v$（类似地对于 $count(S) \geq v$），我们可以有一个基于基数约束的成员产生函数，即 $\{X \mid X \subseteq Itemset \land |X| \leq v\}$。成员以这种方式产生具有不同的风格，因此称做弱简洁的。

其中 $\theta \in \{\leqslant, \geqslant\}$，并且 S 中的元素可以是任意实数。因此，还有第五类约束，称为**不可转变的约束**（inconvertible constraint）。一个好消息是，尽管有一些难处理的约束是不可转变的，但大部分使用 SQL 内部聚集的简单 SQL 表达式都属于前四类之一，对于它们可以使用有效的约束挖掘方法。

2. 用数据剪枝约束对数据空间剪枝

第二种对基于约束的频繁模式挖掘的搜索空间进行剪枝的方法是对数据空间剪枝。这种策略是剪掉对其后挖掘过程中可满足模式的产生没有贡献的数据片段。我们考虑两个性质：数据的简洁性和数据的反单调性。

约束是**数据简洁的**（data-succinct），如果可以在模式挖掘过程开始时使用它对不可能满足该约束的数据子集进行剪枝。例如，如果一个挖掘查询要求被挖掘的模式必须包含数码相机，则可以在挖掘过程开始前就剪掉所有不包含数码相机的事务。这有效地压缩了待考察的数据集。

有趣的是，许多约束都是**数据反单调的**（data-antimonotonic），意指在挖掘过程中，如果基于当前模式，一个数据项不满足数据反单调约束，则可以剪掉它。我们剪掉它，因为在剩下的挖掘过程中，它不能对当前模式的超模式的产生有任何贡献。

例 7.9 数据的反单调性。一个挖掘查询约束为 C_1：$sum(I.price) \geqslant \$100$，即被挖掘模式中商品的价格和不小于 100 美元。假设当前频繁项集 S 不满足约束 C_1（比如，因为 S 中商品的价格和是 50 美元）。如果事务 T_i 中剩下的频繁项，比如说是 $\{i_2.price = \$5, i_5.price = \$10, i_8.price = \$20\}$，则 T_i 不能使 S 满足该约束。因此，T_i 不可能对由 S 挖掘的模式有贡献，因此可以把它剪掉。

注意，这种剪枝不能在挖掘开始时进行，因为那时还不知道 T_i 中所有商品的价格和是否超过 100 美元（例如，可能有 $i_3.price = \$80$）。然而，在迭代挖掘过程中，我们可能发现某些项（例如 i_3）与 S 在事务数据集中不是频繁的，因而它们将被剪掉。因此，这种检查和剪枝应该在每次迭代时实施，以便压缩数据搜索空间。 ■

注意，约束 C_1 是与模式空间剪枝相关的单调约束。正如我们已经看到的，对于缩小搜索空间而言，这种约束的能力非常有限。然而，同样的约束可以用来有效地缩小数据搜索空间。

对于反单调约束，如 C_2：$sum(I.price) \leqslant \$100$，我们可以同时对模式空间和数据空间进行剪枝。根据对模式剪枝的研究，我们知道如果当前项集的价格和超过 100 美元，则可以剪掉它（因为进一步扩展不可能满足 C_2）。同时，我们还可以剪掉事务 T_i 中剩下的不能使 C_2 成立的任何项。例如，如果当前项集 S 中的商品的价格和为 90 美元，则 T_i 中剩下的频繁项中价格和超过 10 美元的任何模式都可以被剪掉。如果 T_i 中剩余的项都不能使该约束成立，则应该剪掉整个事务 T_i。

考虑既不是反单调又不是单调的模式约束，如 "C_3：$avg(I.price) \leqslant \$10$"。这些可能是数据反单调的，因为如果事务 T_i 中剩下的项不能使该约束成立，则 T_i 也可以被剪掉。因此，对于基于约束的数据空间剪枝而言，数据反单调约束可能是非常有用的。

注意，上面讨论的用数据反单调对搜索空间剪枝仅限于基于模式增长的挖掘算法，因为数据项的剪枝取决于它是否对特定模式有贡献。如果使用 Apriori 算法，则数据反单调性不能用于对数据空间剪枝，因为那里的数据与所有当前活跃的模式相关联。在每次迭代中，通常有许多活跃模式。一个数据项不能对一个给定模式的超模式形成有贡献，但仍然可能对其他活跃模式的超模式有贡献。因此，对于不是基于模式增长的算法而言，数据空间剪枝的能力可能非常有限。

7.4 挖掘高维数据和巨型模式

迄今为止，所提供的频繁模式挖掘方法都处理具有少量维的大型数据集。然而，有些应用需要挖掘高维数据，即具有数百或数千维的数据。我们可以使用已介绍的方法来挖掘高维数据吗？不幸的是，回答是否定的，因为这些典型方法的搜索空间随维数呈指数增长。

研究人员正沿着两个方向前进来克服这一困难。一个方向是进一步利用垂直数据格式，扩充模式增长方法，处理具有大量维（又称为特征或项，例如基因）但只有少量行（又称为事务或元组，例如样本）的数据集。这对许多应用都是有用的。例如，生物信息学的基因表达分析，那里我们常常需要分析微阵列数据，它包含大量基因（例如，10 000～100 000 个），但是只有少量样本（例如，100～1000 个）。另一个方向是开发新的挖掘方法，称为模式融合，用于挖掘巨型模式，即非常长的模式。 |301|

让我们先简略考察第一个方向，特别是，基于模式增长的行枚举方法。其基本思想是探查垂直数据格式，如 6.2.5 节所述，又称为**行枚举**。行枚举不同于传统的列（即项）枚举（又称为水平数据格式）。在传统的列枚举中，数据集 D 被看做行的集合，其中每行由一个项集组成。在行枚举中，数据集被看做一个项集，每个项集由 row_ID 集组成，指出该项在 D 的传统视图的位置。很容易把原数据集 D 变换成转换后的数据集 T。这样，具有较少行但具有大量维的数据集被变换成具有大量行但具有少量维的数据集。于是，就可以在这种相对低维的数据集上开发有效的模式增长方法。该方法的细节作为习题，留给感兴趣的读者。

本章的其余部分集中考虑第二个方向。我们介绍模式融合，一种挖掘巨型模式（长度非常长的模式）的新的挖掘方法。这种方法在模式搜索空间中跳跃，得到了巨型频繁模式完全集的一个很好的近似解。

通过模式融合挖掘巨型模式

尽管我们已经研究了在各种不同情况下挖掘频繁模式的方法，但是许多应用都具有非常难以挖掘的隐藏模式，主要是因为这些模式太长。例如，考虑生物信息学，那里通常的活动是 DNA 或微阵列数据分析。这涉及映射和分析非常长的 DNA 和蛋白质序列。与发现小模式相比，研究人员对发现大模式（例如，长序列）更感兴趣，因为大模式常常携带更重要的信息。我们称这种大模式为巨型模式（colossal pattern），以区别于具有大支持集的模式。发现巨型模式是一个挑战，因为递增式挖掘往往在到达长候选模式前就被数量巨大的中等长度的模式所"困"。这可以用下面的简单例子解释。

例 7.10　挖掘巨型模式的挑战。 考虑一个 40×40 的表，其中每行包含整数 1～40，以递增顺序出现。删除对角线上的整数，得到一个 40×39 的表。在该表的底部添加 20 个相同的行，每行都包含整数 41～79，以递增顺序出现，产生一个 60×39 的表（见图 7.6）。我们把每行看做一个事务，并令最小支持度阈值为 20。该表有指数

行/列	1	2	3	4	…	38	39
1	2	3	4	5	…	39	40
2	1	3	4	5	…	39	40
3	1	2	4	5	…	39	40
4	1	2	3	5	…	39	40
5	1	2	3	4	…	39	40
…	…	…	…	…	…	…	…
39	1	2	3	4	…	38	40
40	1	2	3	4	…	38	39
41	41	42	43	44	…	78	79
42	41	42	43	44	…	78	79
…	…	…	…	…	…	…	…
60	41	42	43	44	…	78	79

图 7.6　一个解释巨型模式的简单例子：该数据集包含指数个长度为 20 的中型模式，但只有一个巨型模式，即 (41, 42, …, 79)

个（即 $\binom{20}{40}$ 个）长度为 20 的中型闭/极大频繁模式，但只有一个长度为 39 的巨型模式 $\alpha = (41, 42, \cdots, 79)$。我们已经介绍的频繁模式挖掘算法都不能在合理的时间内运行完毕。该模式的搜索空间类似于图 7.7，其中中型模式的数量远多于巨型模式。 ■

本质上，我们已经研究过的所有模式挖掘算法，如 Apriori 和 FP-growth 算法，都是使用渐增的增长策略，即它们把候选模式的长度每次增加 1。像 Apriori 算法这样的宽度优先搜索方法不可避免产生大量中型模式，使得它不可能到达巨型模式。即使像 FP-growth 这样的深度优先方法也很容易在到达巨型模式前被数量巨大的子树所困。显然，需要一种全新的挖掘方法来克服这种困难。

一种称为模式融合（Pattern-Fusion）的新方法应运而生，它融合少量较短的频繁模式，形成巨型模式候选。因此，它在模式搜索空间跳跃，避免了宽度优先和深度优先搜索容易落入的陷阱。这种方法可以得到巨型频繁模式完全集的一个很好的近似解。

模式融合方法有如下主要特点。首先，它以有限的宽度遍历树。只使用有限大小的候选池中固定个数的模式作为模式树中向下搜索的开始结点。这样，它避免了指数搜索空间问题。

其次，模式融合具有只要可能就识别"捷径"的能力。每个模式的增长不是添加一个项，而是与池中多个模式凝聚。这些捷径指导模式融合更快地沿搜索树向下到达巨型模式。图 7.8 从概念上解释了这种挖掘模型。

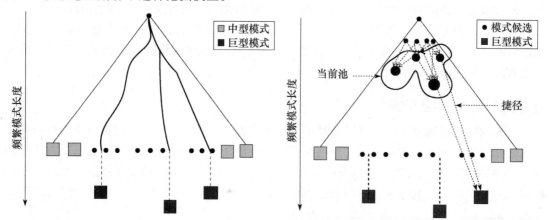

图 7.7 包含一些巨型模式，但有指数个中型模式的人工数据

图 7.8 模式树遍历：候选取自一个模式池，这导致模式空间通往巨型模式的捷径

由于模式融合旨在产生巨型模式的近似解，因此引进了一个质量评估模型，评估算法返回的模式。实验研究表明，模式融合能够有效地返回高质量的结果。

现在，让我们更详细地考察模式融合方法。首先，我们介绍**核模式**（core pattern）的概念。对于模式 α，项集 $\beta \subseteq \alpha$ 称为 α 的 τ-核模式，如果 $\dfrac{|D_\alpha|}{|D_\beta|} \geq \tau$，$0 < \tau \leq 1$，其中，$|D_\alpha|$ 是数据库 D 中包含 α 的模式数，τ 称为核比率。模式 α 是 (d, τ)-鲁棒的，如果 d 是这些项的最大个数，那么这些项可以从 α 中删除，结果模式仍然是 α 的 τ-核模式。即，

$$d = \max_\beta \{ |\alpha| - |\beta| \mid \beta \subseteq \alpha, \text{并且 } \beta \text{ 是 } \alpha \text{ 的 } \tau\text{-核模式} \}$$

例 7.11 核模式。图 7.9 给出了一个简单事务数据库，它包含 4 个不同事务，每个重复 100 次。$\{ \alpha_1 = (abe), \alpha_2 = (bcf), \alpha_3 = (acf), \alpha_4 = (abcfe) \}$。如果我们置 $\tau = 0.5$，则

（ab）是 α_1 的核模式，因为（ab）仅被 α_1 和 α_4 包含。因此，$\dfrac{|D_\alpha|}{|D_\beta|} = \dfrac{200}{200} \geq \tau$。$\alpha_1$ 是（2，0.5）–鲁棒的，α_4 而是（4，0.5）–鲁棒的。图 7.9 还表明较大的模式（例如（$abcef$））比较小的模式（例如（bcf））有更多的核模式。　　■

事务（事务数）	核模式（$\tau=0.5$）
（abe）（100）	（abe），（ab），（be），（ae），（e）
（bcf）（100）	（bcf），（bc），（bf）
（acf）（100）	（acf），（ac），（af）
（$abcef$）（100）	（ab），（ac），（af），（ae），（bc），（bf），（be），（ce），（fe），（e），（abc），（abf），（abe），（ace），（acf），（afe），（bcf），（bce），（bfe），（cfe），（$abcf$），（$abce$），（$bcfe$），（$acfe$），（$abfe$），（$abcef$）

图 7.9　一个事务数据库（包含重复）和每个不同事务的核模式

从例 7.11 我们可以推断，与较短的模式相比，较长的或巨型模式有更多的核模式。因此，巨型模式更鲁棒，也就是说，如果从该模式中去掉少量项，则结果模式会有类似的支集。模式越大，其鲁棒性越显著。巨型模式与它对应的核模式之间的鲁棒性关系可以扩展到多层。巨型模式较低层的核模式称为它的**核后代**。

给定一个较小的 c，巨型模式通常比短模式拥有更多的长度为 c 的核后代。这意味，如果我们从长度为 c 的模式的完全集中随机抽取，则我们选中巨型模式的核后代的可能性更大。在图 7.9 中，考虑长度 $c=2$ 模式的完全集，它总共有 $C_5^2 = 10$ 个模式。为了解释，我们假定最长的模式 $abcef$ 是巨型模式。随机抽取 $abcef$ 的一个核后代的概率为 0.9。相反，随机抽取较短模式（非巨型模式）的核后代的概率最多为 0.3。因此，巨型模式可以通过合并其核模式的真子集产生。例如，$abcef$ 可以通过只合并它的两个核模式 ab 和 cef 产生，而不必合并它的全部 26 个核模式。

現在，让我们看看以上观察如何帮助我们在模式空间跳跃，更直接地到达巨型模式。考虑下面的方案。首先，对于用户指定的短长度，产生不大于该长度的频繁模式的完全集，然后随机挑选一个模式 β。β 是某个巨型模式 α 的核后代的概率很高。在该完全集中，识别 α 的所有核后代，然后合并它们。这将产生 α 的更长的核后代，使我们有能力沿着核模式树 T_α 的一条通往 α 的路径向下跳跃。以同样的方式，我们选择 K 个模式。产生的较长核后代的集合是候选池，用于下一次迭代。

有一个问题：给定巨型模式 α 的核后代 β，如何找出 α 的其他核后代？给定两个模式 α 和 β，它们之间的距离定义为 $Dist(\alpha, \beta) = 1 - \dfrac{|D_\alpha \cap D_\beta|}{|D_\alpha \cup D_\beta|}$。模式距离满足三角不等式。

对于模式 α，令 C_α 为它所有核模式的集合。可以证明，C_α 被度量空间的一个直径为 $r(\tau)$ 的"球"所限定，其中 $r(\tau) = 1 - \dfrac{1}{2/\tau - 1}$。这意味，给定一个核模式 $\beta \in C_\alpha$，可以用一个范围查询识别当前池中 α 的所有核模式。注意，在挖掘算法中，每个随机抽取的模式都可能是多个巨型模式的核后代。因此，在合并用"球"发现的模式时，可能产生多个较大的核后代。

从以上讨论可知，模式融合方法包括两个阶段：

（1）**池初始化**：模式融合假定有一个短频繁模式的初始池。这是一个短长度的（如长度不超过3）频繁模式的完全集。这个初始池可以用任意已有的有效挖掘算法挖掘。

（2）**迭代的模式融合**：模式融合取用户指定的参数 K 作为输入，这里 K 是要挖掘模式的最大个数。该挖掘过程是迭代的。在每次迭代中，从当前池中随机地选取 K 个种子。对于每个种子，我们找出直径为 τ 的球内的所有模式。然后，每个"球"中的所有模式融合在一起，形成一个超模式集。这些超模式形成新的池。由于每个超模式的支集随迭代而收缩，因此迭代过程终止。

注意，模式融合合并大模式的小的子模式，而不是用单个项增量地扩展模式。因此，该方法有一个优点，绕过中型模式，沿着通往可能的巨型模式的路径前进。这一思想在图7.10中说明。显示在度量空间中的每个点代表一个核模式。与较小的模式相比，较大的模式具有更多相互邻近的核模式，这些都被虚线所示的球限定。在随机地从初始模式池中抽取时，有更高的概率得到大模式的核模式，因为大模式的球稠密得多。

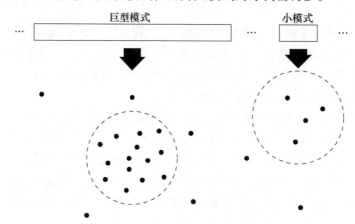

图7.10 模式度量空间：每个点代表一个核模式。如虚线内所显示的，巨型模式的核模式比小模式的核模式稠密

理论上已经证明，模式融合导致巨型模式很好的近似解。该方法已经在人工数据、由程序跟踪数据和微阵列数据构造的实际数据集上进行了测试。实验表明，该方法能够以很高的效率找出大部分巨型模式。

7.5 挖掘压缩或近似模式

频繁模式挖掘的主要挑战是所发现的模式数量巨大。使用最小支持度阈值控制所发现模式数量的效果有限。阈值太低，可能导致输出的模式数量爆炸，而阈值太高可能导致只发现常识性模式。

为了压缩挖掘产生的巨大的频繁模式集，同时维持高质量的模式，我们可以挖掘频繁模式的压缩集合或近似集合。top-k 最频繁闭模式的提出使得挖掘过程只关注 k 个最频繁模式。尽管令人感兴趣，但是它们一般并非是最具代表性的 k 个模式的缩影，因为这些模式的频度分布并不均匀。基于约束的频繁模式挖掘（7.3节）结合用户指定的约束过滤无趣的模式。模式/规则兴趣度和相关性度量（6.3节）也可以用来帮助限制感兴趣的模式/规则的搜索。

本节，我们考察频繁模式的两种"压缩"形式，它们建立在闭模式和极大模式的概念上。回忆6.2.6节，闭模式是频繁模式集的无损压缩，而极大模式是有损压缩。具体地说，

7.5.1 节考察频繁模式基于聚类的压缩，根据模式的相似性和支持度对模式进行分组。7.5.2 节学习一种"汇总"方法，其目标是导出感知冗余的 top-k 个涵盖整个（闭）频繁模式集的代表模式。这种方法不仅考虑模式的代表性，而且还考虑它们的相互独立性，以避免所产生的模式集中的冗余。k 个代表提供了频繁模式集上的紧凑压缩，使得它们更容易解释和使用。

7.5.1　通过模式聚类挖掘压缩模式

模式压缩可以通过模式聚类实现。聚类技术在第 10 章和第 11 章详细介绍。本节，我们不必了解聚类的太多细节，而是学习如何用聚类压缩频繁模式。聚类是一个自动的过程，把相似的对象聚合到一起，使得簇内的对象相互相似，而与其他簇中的对象不相似。在这种情况下，对象是频繁模式。使用一种称为 δ-簇的紧密性度量对频繁模式聚类。代表模式从每个簇中选取，从而提供频繁模式集的一个压缩版本。

在开始介绍前，让我们先回顾一些定义。项集 X 是数据集 D 中的**闭频繁项集**，如果 X 是频繁的，并且不存在 X 的真超项集 Y，使得 Y 与 X 在 D 中具有相同的支持度计数。项集 X 是数据集 D 中的**极大频繁项集**，如果 X 是频繁的，并且不存在 X 的超项集 Y，使得 $X \subset Y$ 并且 Y 在 D 中是频繁的。仅使用这些概念还不足以得到数据集好的代表性压缩，如例 7.12 所示。

例 7.12　使用闭项集和极大项集压缩的缺点。 表 7.3 显示了一个大型数据集的频繁项集的一个子集，其中 a、b、c、d、e、f 代表项。这里没有闭项集，因此我们不能使用闭频繁项集压缩该数据。唯一的极大频繁项集是 P_3。然而，我们看到项集 P_2、P_3 和 P_4 的支持度显著不同。如果我们打算使用 P_3 代表该数据的压缩版本，则我们将整个失去支持度信息。通过目视考察，考虑两对 (P_1, P_2) 和 (P_4, P_5)。每对中的模式就支持度和表达式而言都很相似。因此，直观地，P_2、P_3 和 P_4 一起可以将充当该数据更好的压缩版本。　　■ 　308

表 7.3　频繁项集的一个子集

ID	项集	支持度	ID	项集	支持度
P_1	$\{b, c, d, e\}$	205 227	P_4	$\{a, c, d, e, f\}$	161 563
P_2	$\{b, c, d, e, f\}$	205 211	P_5	$\{a, c, d, e\}$	161 576
P_3	$\{a, b, c, d, e, f\}$	101 758			

因此，让我们看看是否能够找到一种聚类频繁项集的方法，作为得到它们压缩表示的一种手段。我们需要定义一种好的相似性度量，根据该度量对模式聚类，然后每个簇仅选择和输出一个代表模式。由于闭频繁模式的集合是原频繁模式集合的无损压缩，因此在闭模式集合上发现代表模式是一个好想法。

我们可以使用闭模式之间的距离度量。设 P_1 和 P_2 是两个闭模式，它们的支持事务集分别为 $T(P_1)$ 和 $T(P_2)$。P_1 和 P_2 的模式距离（pattern distance）$Pat\_Dist(P_1, P_2)$ 定义为

$$Pat\_Dist(P_1, P_2) = 1 - \frac{|T(P_1) \cap T(P_2)|}{|T(P_1) \cup T(P_2)|} \tag{7.14}$$

模式距离是一种定义在事务集合上的有效距离度量（metric）。注意，正如我们所期望的，它包含了模式的支持度信息。

例 7.13　模式距离。 假设 P_1 和 P_2 是两个模式，使得 $T(P_1) = \{t_1, t_2, t_3, t_4, t_5\}$，$T(P_2) = \{t_1, t_2, t_3, t_4, t_6\}$，其中 t_i 是数据库中的事务。P_1 和 P_2 之间的距离为 $Pat\_Dist(P_1,$

$P_2) = 1 - \dfrac{4}{6} = \dfrac{1}{3}$。 ■

现在，我们考虑模式的表达。给定两个模式 A 和 B，我们说 B 可以被 A 表达，如果 $O(B) \subset O(A)$，其中 $O(A)$ 是模式 A 的对应项集。根据这个定义，假定模式 P_1，P_2，$\cdots$，P_k 在同一个簇中。该簇的代表 P_r 应该能够表达该簇中的所有其他模式。显然，我们有 $\cup_{i=1}^{k} O(P_i) \subseteq O(P_r)$。

利用距离度量，我们可以在频繁模式集上简单地使用一种聚类方法，如 k-均值（10.2 节）。然而，这会带来两个问题。第一，聚类的质量不能保证；第二，它也许不能为每个簇找到一个代表模式（即模式 P_r 也许不属于相同的簇）。为了克服这些问题，出现了 δ-簇的概念，其中 $\delta(0 \leq \delta \leq 1)$ 度量簇的紧密性。

模式 P 是被另一个模式 P' **δ-覆盖**的，如果 $O(P) \subseteq O(P')$，并且 $Pat\_Dist(P, P') \leq \delta$。一个模式集形成一个 **$\delta$-簇**，如果存在一个代表模式 P，使得对于该集合中的每个模式 P，P 是被 P,δ-覆盖的。

注意，根据 δ-簇的概念，一个模式可能属于多个簇。而且，使用 δ-簇，我们只需要计算每个模式与簇的代表模式之间的距离。因为模式 P 是被代表模式 P,δ-覆盖的，仅当 $O(P) \subseteq O(P_r)$，所以我们可以通过仅考虑这些模式的支持度来简化距离计算：

$$Pat\_Dist(P, P_r) = 1 - \frac{|T(P) \cap T(P_r)|}{|T(P) \cup T(P_r)|} = 1 - \frac{|T(P_r)|}{|T(P)|} \quad (7.15)$$

如果我们限制代表模式是频繁的，则代表模式（即簇）的个数不少于极大频繁模式的个数，因为极大频繁模式只能被自己覆盖。为了得到更简洁的压缩，我们放宽对代表模式的约束，即我们允许代表模式的支持度稍微小于 min_sup。

对于任意代表模式 P_r，假定它的支持度为 k。由于它至少覆盖一个其支持度至少为 min_sup 的频繁模式（即 P），因此有

$$\delta \geq Pat\_Dist(P, P_r) = 1 - \frac{|T(P_r)|}{|T(P)|} \geq 1 - \frac{k}{min\_sup} \quad (7.16)$$

即，$k \geq (1 - \delta) \times min\_sup$。这是代表模式的最小支持度，记作 min_sup_r。

根据前面的讨论，模式压缩问题可以定义如下：给定一个事务数据库，最小支持度 min_sup 和聚类质量度量 δ，模式压缩问题是找到一个代表模式的集合 R，使得对于每个频繁模式 P（关于 min_sup），存在一个代表模式 $P_r \in R$（关于 min_sup_r），它覆盖 P，并且 $|R|$ 是最小化的。

找出代表模式的最小集合是 NP 困难问题。然而，已经开发了一些有效算法，与原来闭模式集相比，它们把所产生的闭模式数目减少了几个数量级。这些方法成功地发现模式集的高质量压缩。

7.5.2 提取感知冗余的 top-k 模式

挖掘 top-k 个最频繁模式是一种减少挖掘返回的模式数量的策略。然而，在许多情况下，频繁模式不是相互独立的，而常常是集中在一些小区域内。这有点像在全世界找出 20 个居住中心，结果可能是集中在少数几个国家而不是均匀地分布在全球的城市。大部分用户更愿意得到 k 个最有趣的模式，它们不仅是显著的，而且是相互独立的，并且是很少有冗余的。不仅具有高显著性，而且具有低冗余的 k 个代表模式的小集合称为感知冗余的 top-k 模式（redundancy-aware top-k patterns）。

例 7.14　感知冗余的 top-k 策略与其他 top-k 策略。图 7.11 直观地显示了感知冗余的 top-k 模式与传统的 top-k 模式和 k-概括模式。假设我们有图 7.11a 所示的频繁模式集，其中每个圆代表一个模式，其显著性用灰度表示。两个圆之间的距离反映两个对应模式的冗余度：两个圆越接近，一个模式对另一个而言就越冗余。假设我们想找出最能代表给定集合的 3 个模式，即 k = 3。我们应该选择哪 3 个？

箭头用来指示所选的模式。图 7.11b 显示使用感知冗余的 top-k 模式选择的模式，图 7.11c 显示使用传统的 top-k 模式选择的模式，图 7.11d 显示使用 k-概括模式选择的模式。在图 7.11c 中，**传统的 top-k 策略**仅依赖显著性：它选择 3 个最显著的模式表示该集合。

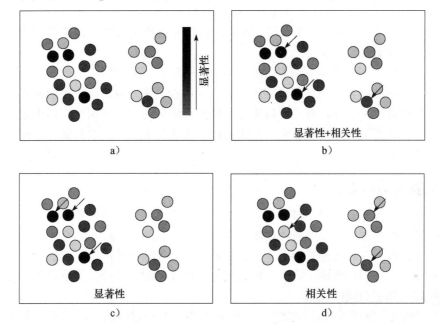

图 7.11　比较 top-k 方法的概念视图（其中，灰度表示模式的显著性，并且显示的两个模式越邻近，它们相互越冗余）：a）原模式；b）感知冗余的 top-k 模式；c）传统的 top-k 模式；d）k-概括模式

在图 7.11d 中，**k-概括模式策略**仅依赖于非冗余性选择模式。它发现 3 个簇，并发现最具代表性的模式是最靠近每个簇"中心"的模式。这些模式被选中，用来代表数据。被选中的模式被看做"概括模式"，意指它们"提供"它们所代表簇的"概要"。

相比之下，在图 7.11b 中，**感知冗余的 top-k 模式**在显著性和冗余性之间进行平衡。这里选择的 3 个模式具有高显著性和低冗余性。例如，由于它们的冗余性，两个高显著性的模式紧挨着显示。考虑到两个都选将会是冗余的，所以感知冗余的 top-k 模式策略只选择它们之中的一个。为了形式化地定义感知冗余的 top-k 模式，我们需要定义显著性和冗余性概念。　　　　　　　　　　　　　　　　　　　　　　　　　■

显著性度量 S 是一个函数，它把模式 $p \in \mathcal{P}$ 映射到一个实数值，使得 $S(p)$ 是模式 p 的兴趣度（或有用性）。一般而言，显著性度量可以是客观的也可以是主观的。客观度量仅依赖于模式的结构和发现过程使用的数据。通常使用的客观度量包括支持度、置信度、相关度和 tf-idf（词频与逆文档频率），而后者通常用于信息检索。主观度量基于用户对数据的信赖。因此，它取决于考察模式的用户。通常，主观度量是一个基于用户的先验知识或背景模型的相对评分。它常常通过计算模式偏离背景模型的程度，度量模式的非期望性。设

$S(p,q)$ 是模式 p 和 q 的**联合显著性**，$S(p|q) = S(p,q) - S(q)$ 是给定 q、p 的相对显著性。注意，联合显著性 $S(p,q)$ 是两个模式 p 和 q 的共同显著性，而不是单个超模式 $p \cup q$ 的显著性。

给定显著性度量 S，**两个模式 p 和 q 之间的冗余性 R** 定义为 $R(p,q) = S(p) + S(q) - S(p,q)$。于是，有 $S(p|q) = S(p) - R(p,q)$。

假定两个模式的联合显著性不小于任何一个模式的显著性（因为它是两个模式的共同显著性），并且不超过两个模式的显著性之和（因为存在冗余）。也就是说两个模式之间的冗余应该满足

$$0 \leqslant R(p,q) \leqslant min(S(p), S(q)) \tag{7.17}$$

理想的冗余性度量 $R(p,q)$ 很难得到。然而，我们可以使用模式间的距离（如，5.1 节定义的距离度量）来近似冗余度。

于是，发现感知冗余的 top-k 模式的问题可以转换成发现最大化边缘显著性的 k-模式集问题，这是一个信息检索已经透彻研究的问题。在信息检索领域，一个文档具有高边缘相关性，如果它与查询相关，并且与先前选定的文档具有最小的边缘相似性，其中边缘相似性通过选取最相关的选定文档计算。实验研究表明这种方法是有效的，并且能够发现高显著和低冗余的 top-k 模式。

7.6 模式探索与应用

对于发现的频繁模式，挖掘过程有无办法返回附加的信息，帮助我们更好地理解这些模式？对于频繁模式挖掘，有哪些应用？本节将讨论这些问题。7.6.1 节考察如何自动产生频繁模式的**语义注解**。这种注解类似于字典，它们基于背景和模式的用法提供与模式相关的语义信息，有助于对它们的理解。语义类似模式也形成注解的一部分，提供发现的模式与用户已知其他模式之间更直接的联系。

7.6.2 节概述频繁模式挖掘的应用。尽管第 6 章已讨论过应用，但那里主要涉及购物篮分析和相关分析，但是还有许多其他领域，频繁模式挖掘也是有用的。这些包括从数据预处理和分类，到聚类和复杂数据的分析。

7.6.1 频繁模式的语义注解

典型地，模式挖掘产生大量的频繁模式，而不提供解释这些模式的足够信息。在 7.5 节，我们介绍了缩小频繁模式输出集规模的模式处理技术，如提取感知冗余的 top-k 模式或压缩模式集。然而，这些并未提供模式的语义解释。如果我们还能对发现的频繁模式产生语义注解将会是有益的，这将帮助我们更好地理解模式。

"频繁模式的合适语义注解是什么？"想想我们在字典中查找一个术语的含义时，我们找到了什么。假设我们查找术语 "*pattern*"。典型地，一个词典包含对该术语的以下解释：

（1）一组定义，如 "a decorative design, as for wallpaper, china, or textile fabrics, etc. ; a natural or chance configuration；"

（2）例句，如 "*patterns* of frost on the window; the behavior *patterns* of teenagers；…"

（3）取自同义词典的同义词，如 "model, archetype, design, exemplar, motif, …"

类似地，如果我们为频繁模式提取类似的信息，并提供这种有结构的注解会怎么样？这将为用户解释模式的含义，决定如何，或者是否进一步探查它们提供很大的帮助。不幸的是，没有领域专家为模式提供如此精确的语义定义是不可能的。尽管如此，我们可以探索如

何为频繁模式挖掘近似地做这件事。[313]

一般而言，一个模式的隐藏含义可以从具有类似意义的模式，与它共同出现的数据对象和该模式出现的事务中推断。包含这种信息的注解类似于词典的词条，可以看做用有结构的语义信息注解每个项。让我们考察一个例子。

例 7.15　一个频繁模式的语义注解。图 7.12 显示了模式"$\{frequent, pattern\}$"语义注解的例子。这个类似于词典的注解提供了与"$\{frequent, pattern\}$"有关的语义信息，包括最突出的语境指示符（context indicator）、最具代表性的数据事务和语义最类似的模式。这类语义注解类似于自然语言处理。一个词的语义可以从它的语境推断，并且具有类似语境的词往往语义类似。语境指示符和代表性事务从不同角度提供了模式的语境视图，帮助用户理解该模式。语义类似的模式提供了该模式与用户已经知道的其他模式之间的更直接的联系。■

"我们如何为频繁模式自动地进行语义注解？"频繁模式高质量语义注解的关键是成功的模式语境建模。关于模式 p 的语境建模，有如下考虑：

- **语境单元**（context unit）是数据库 D 的基本对象，它携带语义信息，并且至少与一个频繁模式 p 一起至少一个出现在 D 的事务中。语境单元可以是项、模式，或者甚至事务，依赖于特定的任务或数据。

- **模式 p 的语境**（context）是从数据库中挑选的加权的语境单元的集合（称为**语境指示符**）。它携带语义信息，并且与频繁模式 p 一起出现。

> Pattern: "$\{frequent, pattern\}$"
> **context indicators:**
> 　　"mining," "constraint," "Apriori," "FP-growth,"
> 　　"rakesh agrawal," "jiawei han," ...
> **representative transactions:**
> 　　1) mining *frequent patterns* without candidate ...
> 　　2) ... mining closed *frequent* graph *patterns*
> **semantically similar patterns:**
> 　　"$\{frequent, sequential, pattern\}$," "$\{graph, pattern\}$"
> 　　"$\{maximal, pattern\}$," "$\{frequent, closed, pattern\}$," ...

图 7.12　模式"$frequent, pattern$"的语义注解

p 的语境可以使用向量空间模型建模，即 p 的语境可以表示为 $C(p) = \langle w(u_1),$ [314] $w(u_2), \cdots, w(u_n) \rangle$，其中 $w(u_i)$ 是项 u_i 的权重函数。事务 t 表示成一个向量 $\langle v_1, v_2, \cdots, v_m \rangle$，其中 $v_i = 1$，当且仅当 $v_i \in t$；否则，$v_i = 0$。

基于这些概念，我们定义**语义模式注解**的基本任务：

（1）选择语境单元，并对每个单元设计强度权重，对频繁模式的语境建模。

（2）为两个模式的语境、一个事务和一个模式的语境设计相似性度量。

（3）对于给定的频繁模式，提取最显著的语境指示符、代表事务和语义相似模式，构建注解。

"我们应该选择哪些语境单元作为语境指示符？"尽管语境单元可以是项、事务或模式，但典型地，在三者中，频繁模式提供最丰富的语义信息。通常，有大量频繁模式与模式 p 相关联。因此，我们需要系统的方法，从大型模式集中只选择那些最重要的、非冗余的频繁模式。

考虑到闭模式集是频繁模式集的无损压缩，我们可以先用有效的闭模式挖掘方法得到闭模式集合。然而，正如 7.5 节的讨论，闭模式集不够紧凑，需要进行模式压缩。我们可以使用 7.5.1 节介绍的模式压缩方法，或者使用 Jaccard 系数（第 2 章）进行微聚类，然后从每个簇中选择最有代表性的模式。

"接下去，我们如何为每个语境指示符设定权重？"一个好的权重函数应该具有如下性质：（1）模式 p 最好的语境指示符是它自己；（2）如果两个模式一样强，则赋予它们相同的权重；（3）如果两个模式是独立的，则它们都不能指示另一个的含义，模式 p 的含义可

以由指示符的出现或不出现推断。

互信息是多个可能的权重函数之一。它广泛地用于信息论，度量两个随机变量的相互独立性。直观地，它度量一个随机变量能推断另一个随机变量多少信息。给定两个频繁模式 p_α 和 p_β，令 $X = \{0,1\}$ 和 $Y = \{0,1\}$ 是两个随机变量，分别代表 p_α 和 p_β 的出现。**互信息** $I(X;Y)$ 用下式计算：

$$I(X;Y) = \sum_{x \in X} \sum_{y \in Y} P(x,y) \log \frac{P(x,y)}{P(x)P(y)} \tag{7.18}$$

其中，$P(x=1,\ y=1) = \dfrac{|D_\alpha \cap D_\beta|}{|D|}$，$P(x=0,\ y=1) = \dfrac{|D_\beta| - |D_\alpha \cap D_\beta|}{|D|}$，$P(x=1,\ y=0) = \dfrac{|D_\alpha| - |D_\alpha \cap D_\beta|}{|D|}$，$P(x=0,\ y=0) = \dfrac{|D| - |D_\alpha \cup D_\beta|}{|D|}$。可以使用标准的拉普拉斯平滑来避免零概率。

互信息有利于强相关的单元，因此可以用来对所选择语境单元的指示强度建模。使用语境模型，可以用如下步骤完成模式注解：

（1）为了提取最显著的语境指示符，可以使用余弦相似性（第2章），度量语境向量之间的相似性，按权重对语境指示符排序，并提取多个最强的。

（2）为了提取代表事务，把每个事务表示成一个语境向量。根据模式 p 的语境相似性对事务排序。

（3）为了提取语境相似的模式，对每个频繁模式 p，根据它们的语境模型与 p 的语境之间的相似性，确定 p 的排序。

根据以上原则，已经在大型数据集上进行了实验，产生语义注解。下面的例子解释了这样的一个实验。

例7.16 为 DBLP 数据集上的频繁模式产生的语义注解。表7.4 显示了为部分 DBLP 数据集⊖的频繁模式产生的注解。DBLP 数据集包含了数据库、信息检索和数据挖掘领域的12 个主要会议的论文集。每个事务由两个部分组成：作者和对应论文的标题。

考虑两种类型的模式：（1）频繁的作者或合著者，每个都是作者的频繁项集；（2）频繁的标题术语，每个都是标题词的频繁序列模式。该方法可以自动地为每个不同类型的频繁模式产生类似于词典的注解。对于合著者或单个作者这样的频繁项集，最强的语境指示符通常是其他合著者和出现在他们工作中的有判别能力的标题术语。提取的语义相似的模式还反映了作者和与其工作相关的术语间的联系。然而，这些相似的模式甚至可能不与给定的模式一起出现在一篇文章中。例如，模式 "*timos_k_selli*"、"*ramakrishnan_srikant*" 等并不与模式 "*christos_faloutsos*" 一起出现，但是被提取，因为它们都是数据库和数据挖掘研究人员，因而语境类似；因此，这种语义注解是有意义的。

对于标题术语 "*information retrieval*"，它是一个序列模式，它的最强语境指示符通常是这样的作者，他们往往在其文章标题中使用该术语，或者使用趋向于与该术语一起出现的其他术语。它的语义相似的模式通常提供有趣的概念或解释术语，它们具有相近的意思，例如，"*information retrieval→information filter*"。

在两种情景中，提取的代表性事务都给出了有效俘获给定模式含义的论文标题。实验表明了产生类似于词典注解的语义模式注解的有效性，能够帮助用户理解被注解的模式。 ■

⊖ *www. informatik. uci-trier. de/ ~ ley/db/*。

表 7.4　为 DBLP 数据集中的频繁模式产生的注解

模式	类型	注　　解
christos_ faloutso	语境指示符	spiros papadimitriou；fast；use fractal；graph；use correlate；
	代表事务 代表事务 代表事务	multiattribute hash use gray code recovery latent time-series their observe sum network tomography particle filter index multimedia database tutorial
	语义类似的模式	spiros papadimitriou&christos faloutso； spiros papadimitriou；flip korn；timos k selli； ramakrishnan srikant， ramakrishnan srikant&rakesh agrawal
information retrieval	语境指示符	w_bruce_croft；web information； monika_rauch_henzinger；james_ p_callan；full-text；
	代表事务 代表事务	web information retrieval language model information retrieval
	语义类似的模式	information use；web information；probabilist information； information filter；text information

这里介绍的语境建模和语义分析方法是一般性方法，可以处理任何具有语境信息的频繁模式。这种语义注解可能有许多其他应用，如确定模式的排位、按语义对模式分类和聚类、对数据库进行概括。模式语境模型和语义分析的应用并不局限于模式注释。其他应用的例子包括模式压缩、事务聚类、模式关系发现和模式同义词发现。

7.6.2　模式挖掘的应用

我们已经研究了频繁模式挖掘的许多方面，其主题涵盖从有效的挖掘算法和模式的多样性，到模式的兴趣度、模式的压缩/近似和语义模式注解。让我们用一点时间，考虑该领域为何引起如此大的关注。频繁模式在哪些应用领域是有用的？本节，我们概述频繁模式的应用。我们已经涉及一些应用领域，如购物篮分析和相关分析，但是频繁模式挖掘还能用于许多其他领域。这些涵盖从数据预处理和分类，到聚类和复杂数据的分析。

总而言之，频繁模式挖掘是一项数据挖掘任务，它发现频繁出现并且具有某些突出性质的模式，这些性质使它们有别于其他模式，常常揭示某些固有的和有价值的信息。模式可以是项的集合、子序列、子结构或一些值。该任务还包括稀有模式发现，揭示很少一起出现但有趣的一些项。发现频繁模式和稀有模式导致许多广泛而有趣的应用。

在许多数据密集型应用中，模式挖掘作为**预处理**，广泛地用于**噪声过滤和数据清理**。例如，我们可以使用它分析微阵列数据。典型地，数据密集型应用包含数以万计的维（例如，表示基因）。这种数据可能是充满噪声的。这些数据的频繁模式挖掘可以帮助我们识别哪些是噪声，哪些不是。我们可以假定频繁地一起出现的项不太可能是随机噪声，不应该过滤掉。另一方面，非常频繁地出现的那些项（类似于文本文档中的停用词）可能没有特色，也应该过滤掉。频繁模式挖掘有助于背景信息识别和降低噪声。

模式挖掘常常有助于发现**隐藏在数据中的固有结构和簇**。例如，考虑 DBLP 数据，频繁模式挖掘可以很容易地发现有趣的簇，如合著者簇（通过考察经常一起合作的作者）和会议簇（通过考察许多常见的作者和术语的共享）。这种结构或簇可以用于更复杂的数据挖掘的预处理。

317

尽管存在大量分类方法（第 8 章和第 9 章），但研究发现可以使用频繁模式作为构件，建立高质量的分类模型，因此称为**基于模式的分类**。这种方法之所以成功，原因是：（1）很不频繁的项或项集可能是由随机噪声导致的，对模型构造而言可能不可靠，但相对频繁的模式通常携带了构建更可靠模型的更多信息增益；（2）一般而言，模式（即由多个属性组成的项集）比单个属性（特征）携带更多的信息增益；（3）产生的模式一般是直观、容易理解的，并且容易解释。最近的研究已经报告了一些方法，挖掘有趣的、频繁的和有区分力的模式，并把它们用于有效的分类。基于模式的分类方法将在第 9 章中介绍。

频繁模式也可以用于**高维空间中子空间的有效聚类**。高维空间聚类是一个挑战，那里两个对象之间的距离很难度量。这是因为这种距离受控于对象所在的不同维集。因此，取代在整个高维空间上对数据对象聚类，在某些子空间中发现簇可能更有意义。最近，研究人员已经开发了基于子空间的模式增长方法，基于数据对象的公共频繁模式对它们聚类。他们的研究表明，这种方法对基于微阵列的基因表达数据的聚类非常有效。子空间聚类方法在第 11 章讨论。

对于**时间空间数据**、**时间序列数据**、**图像数据**、**视频数据**和**多媒体数据**的分析，模式分析是有用的。时间空间数据分析的一个领域是发现**协同定位模式**。例如，这些模式可以帮助确定特定的疾病是否在地理上与某些对象（如水井、医院或河流）相关。在时间序列数据分析中，研究人员把时间序列值离散化成多个区间（或水平），使得微小的波动和值差可以被忽略。然后，可以把数据概括成序列模式，可以对它进行索引，有利于相似搜索和比较分析。在图像分析和模式识别中，研究人员已经识别出频繁出现的视频片段，将它们作为"可视词"，它们可以用于有效的聚类、分类和比较分析。

模式挖掘还用于**序列或结构数据分析**，如树、图、子序列和网络分析。在软件工程，研究人员把程序执行中连续的或间断的子序列看做有助于识别软件错误的序列模式。大型软件中的复制 – 粘贴问题可以被源程序的扩展序列模式分析识别。剽窃的软件程序可以基于它们本质上等价的程序流程/循环结构识别。可以识别作者共同使用的语句子结构并用来区别不同作者写的文章。

频繁模式和有判别力的模式可以用做基本的**索引结构**（称为图索引），帮助搜索大型复杂的、结构化的数据集和网络。这些支持图结构化数据（如化学化合物数据库或 XML 结构数据库）中的相似性搜索。这种模式也可以用于数据压缩和汇总。

此外，频繁模式还可以用于**推荐系统**，那里，人们可以发现相关性、顾客行为的簇和基于一般事件或有判别力模式的分类模型（第 13 章）。

最后，对模式挖掘有效计算方法的研究与许多其他**可伸缩的计算**的研究相互加强。例如，使用 BUC 和 Star-Cubing 算法计算和物化冰山立方体（第 5 章）分别与用 Apriori 和 FP-growth 算法计算频繁模式（第 6 章）具有许多相似性。

7.7 小结

- 频繁模式挖掘的研究**范围**已经远远超越第 6 章介绍的挖掘频繁项集和关联的基本概念和方法。本章给出了一个该领域的路线图，其中主题按照可挖掘的模式和规则的类型、挖掘方法和应用组织。

- 除了挖掘基本的频繁项集和关联外，还可以**挖掘高级的模式形式**，如多层关联和多维关联、量化关联规则、稀有模式和负模式。还可以挖掘高维模式、压缩的或近似的模式。

- **多层关联**涉及多个抽象层中的数据（例如，"买计算机"和"买便携式计算机"）。这些可以使用多个最小支持度阈值挖掘。**多维关联**包含多个维。挖掘这种关联的技术因如何处理重复谓词而异。**量化关联**规则涉及量化属性。离散化、聚类和揭示异常行为的统计分析可以与模式挖掘过程集成在一起。

- **稀有模式**很少出现但特别有趣。**负模式**是其成员呈现负相关行为的模式。应该小心定义负模式，考虑零不变性性质。稀有模式和负模式可能凸显数据的异常行为，这可能很有趣。

- **基于约束的挖掘**策略可以用来引导挖掘过程，挖掘与用户直观一致或满足某些约束的模式。许多用户指定的约束都可以推进到挖掘过程中。约束可以分为**模式剪枝约束**和**数据剪枝约束**，这些约束的性质包括单调性、反单调性、数据反单调性和简洁性。具有这些性质的约束可以正确地集成到数据挖掘过程中。

- 已经为**高维空间**中的模式挖掘开发了一些方法，包括为挖掘维数很大但元组很少的数据集（如微阵列数据）的基于行枚举的模式增长方法，以及通过模式融合方法挖掘**巨型模式**（即非常长的模式）。

- 为了减少挖掘返回的模式数量，我们可以代之以挖掘压缩模式或近似模式。压缩模式可以通过基于聚类概念定义代表模式来挖掘，而近似模式可以通过提取**感知冗余**的 **top-k 模式**（即 k 个代表模式的小集合，它们不仅具有高显著性，而且相互之间低冗余）来挖掘。

- 可以产生**语义注解**，帮助用户理解发现的频繁模式（如，"｛*frequent*, *pattern*｝"这样的术语）的含义。这样的注解类似于词典，提供关于项的语义信息。这些信息包括语境指示符（例如，指示模式语境的术语）、最具代表性的事务（例如，包括该术语的片段或语句）和语义最相似的模式（例如，"｛*maximal*, *pattern*｝"与"｛*frequent*, *pattern*｝"语义类似）。这种注解从不同角度提供了模式的语境视图，有助于理解它们。 |320|

- 频繁模式挖掘具有形形色色的应用，涵盖从基于模式的数据清理，到基于模式的分类、聚类、离群点或异常分析。这些方法在本书的随后章节中讨论。

7.8 习题

7.1 提出并概述一种挖掘多层关联规则的**层共享挖掘**方法，其中每个项用它的层位置编码。设计它，使得数据库的初始化扫描为每个概念层的项收集计数，识别频繁项和次频繁项。就挖掘多层关联的处理开销与挖掘单层关联相比较发表评论。

7.2 假设作为一家连锁店的经理，你想使用销售事务数据库发现你的商店的广告效果。尤其是，你想研究具体因素如何影响预告特定类型商品降价出售的广告效果。要研究的因素是：顾客居住的地区（*region*）、星期几（*day-of-the-week*）和一天内的广告次数（*time-of-the-day*）。讨论如何设计一种有效的方法，挖掘该事务数据集，并解释如何用**多维和多层挖掘**方法帮助你得到好的解。

7.3 **量化关联规则**可能揭示数据集中的异常行为，其中"异常"可以根据统计学理论定义。例如，7.2.3 节表明关联规则

$$sex = female \land meanwage = 7.90 \ \$/h \ (overallmeanwage = 9.02 \ \$/h)$$

暗示一个异常模式。该规则说明，女性的平均工资每小时只有 7.90 美元，显著地低于每小时 9.02 美元的总体平均工资。讨论如何在具有量化属性的大型数据集中系统而有效地发现这种量化规则。

7.4 在多维数据分析中，提取数据立方体中与度量显著变化相关联的类似单元特征对是有趣的。其中，单元是类似的，如果它们被上卷（即祖先）、下钻（即后代）或一维突变（即堂兄妹）。这种分析称为**立方体梯度分析**。

假设立方体的度量是 *average*。用户提出了一组探测单元，并希望发现它们满足一定梯度阈值的对应梯度单元的集合。例如，找出其平均销售价格高于给定探测单元 20% 的对应梯度单元的集合。开发一个算法，有效地挖掘大型数据立方体中被约束的梯度单元的集合。 |321|

7.5 7.2.4 节给出了一些定义负相关模式的方法。考虑定义 7.3："假设项集 X 和 Y 都是频繁的，即 $sup(X) \geq min\_sup$，$sup(Y) \geq min\_sup$，其中 min_sup 是最小支持度阈值。如果 $(P(X \mid Y) + P(Y \mid X))/2 < \varepsilon$，其中 ε 是负模式阈值，则 $X \cup Y$ 是**负相关模式**。"为挖掘负相关模式集设计一个有效的模式增长算法。

7.6 证明下表中的每一项正确地刻画了它对应的关于频繁项集挖掘的**规则约束**。

规则约束	反单调性	单调性	简洁性
（a）$v \in S$	否	是	是
（b）$S \subseteq V$	是	否	是
（c）$min(S) \leq v$	否	是	是
（d）$range(S) \leq v$	是	否	否
（e）$variance(S) \leq v$	可转换的	可转换的	否

7.7 商店中每种商品的价格都是非负的。商店经理只对某些形式的规则感兴趣，使用（a）~（d）给定的约束。对于以下每种情况，识别它们的约束类型，并简略讨论如何使用基于约束的挖掘有效地挖掘这种关联规则。

（a）至少包含一个蓝光 DVD 电影。

（b）包含一些商品，它们的价格和小于 150 美元。

（c）包含一件免费商品，并且其他商品的价格和至少是 200 美元。

（d）所有商品的平均价格在 100 ~ 500 美元之间。

7.8 7.4.1 节介绍了挖掘高维数据的核模式融合方法。解释为什么如果存在的话，数据集中的长模式很可能被这种方法发现。

7.9 7.5.1 节把闭模式 P_1 和 P_2 之间的模式距离定义为

$$Pat\_Dist(P_1, P_2) = 1 - \frac{|T(P_1) \cap T(P_2)|}{|T(P_1) \cup T(P_2)|}$$

其中，$T(P_1)$ 和 $T(P_2)$ 分别是 P_1 和 P_2 的支持事务集。这是一个有效的距离度量（distance metric）吗？给出推导支持你的答案。

7.10 关联规则挖掘常常产生大量的规则，其中许多可能是类似的，因而没有包含多少新信息。设计一种有效的算法，把大型模式集压缩成小的、紧凑的集合。讨论你的挖掘方法在不同的模式相似性定义下是否是鲁棒的。

7.11 频繁模式挖掘可能产生过多的模式。因此，重要的是开发挖掘压缩模式的方法。假设用户只想得到 k 个模式（其中，k 是一个小整数）。概述一种有效的方法，它产生 k 个最具代表性的模式，其中越是截然不同的模式越是首选的模式。使用一个小数据集解释你的方法的有效性。

7.12 为挖掘的模式产生语义注解是有趣的。7.6.1 节介绍了一种模式注解方法。其他方法也是可能的，如利用类型信息。例如，在 DBLP 数据集中，作者、会议、术语和论文形成多类型的数据。为自动的语义模式注解开发一种方法，很好地利用该类型信息。

7.9 文献注释

本章介绍了各种不同的方法，扩展了（第 6 章介绍的）频繁项集挖掘的基本技术。一个扩展方向是挖掘多层和多维关联规则。多层关联规则挖掘由 Srikant 和 Agrawal［SA95］，Han 和 Fu［HF95］研究。在 Srikant 和 Agrawal［SA95］中，这种挖掘在广义关联规则的语境下研究，并且提出了一种 R-兴趣度，用来删除冗余规则。Kamber、Han 和 Chiang［KHC97］研究了使用量化属性的静态离散化和数据立方体挖掘多维关联规则。

另一个扩展方向是在数值属性上挖掘模式。Srikant 和 Agrawal［SA96］提出了一种非基于网格的技术，挖掘量化关联规则，它使用了一种部分完全性度量。基于规则聚类挖掘量化关联规则由 Lent、Swami 和 Widom［LSW97］提出。基于 x-单调和方格区域挖掘量化关联规则的技术由 Fukuda、Morimoto、Morishita 和 Tokuyama［FMMT96］和 Yoda、Fukuda、Morimoto 等［YFM$^+$97］提出。在区间数据上挖掘（基于距离的）关联规则由 Miller 和 Yang［MY97］提出。Aumann 和 Lindell［AL99］研究了基于统计理论的量化关联规则挖掘，只提供那些显著偏离正常数据的规则。

通过推进基于分组的约束挖掘稀有模式由 Wang、He 和 Han［WHH00］提出。Savasere、Omiecinski 和

Navathe[SON98]，以及 Tan、Steinbach 和 Kumar[TSK05] 讨论了挖掘负关联规则。

基于约束的挖掘把挖掘过程直接导向用户可能感兴趣的模式。Klemettinen、Mannila、Ronkainen 等 [KMR⁺94] 提出使用元规则作为定义有趣的一维关联规则形式的语法和语义过滤器。元规则制导的挖掘由 Shen、Ong、Mitbander 和 Zaniolo[SOMZ96] 提出，那里的元规则后件指定用于满足元规则前件的数据动作（如贝叶斯聚类或绘图）。Fu 和 Han[HF95] 研究了关联规则元规则制导挖掘的基于关系的方法。 |323|

使用模式剪枝约束的基于约束的挖掘方法由 Ng、Lakshmanan、Han 和 Pang[NLHP98]，Lakshmanan、Ng、Han 和 Pang[LNHP99]，以及 Pei、Han 和 Lakshmanan[PHL01] 研究。使用数据剪枝约束归约数据的基于约束的模式挖掘由 Bonchi、Giannotti、Mazzanti 和 Pedreschi[BGMP03]，以及 Zhu、Yan、Han 和 Yu[ZYHY07]研究。一种挖掘约束相关集的有效方法在 Grahne、Lakshmanan 和 Wang[GLW00] 中给出。一种对偶挖掘方法在 Bucila、Gehrke、Kifer 和 White[BGKW03] 中给出。涉及在挖掘中使用模板或谓词约束的其他思想在 Anand 和 Kahn[AK93]，Dhar 和 Tuzhilin[DT93]，Hoschka 和 Klösgen[HK91]，Liu、Hsu 和 Chen[LHC97]，Silberschatz 和 Tuzhilin[ST96]，Srikant、Vu 和 Agrawa[SVA97] 中讨论。

当挖掘涉及诸如生物信息学应用中的高维模式时，传统的模式挖掘方法遇到了挑战。Pan、Cong、Tung 等[PCT⁺03] 提出了 CARPENTER，一种在高维生物学数据集中发现闭模式的方法，它结合了数据的垂直表示和模式增长方法的优点。Pan、Tung、Cong 和 Xu[PTCX04] 提出了 COBBLER，它结合行枚举和列枚举，发现闭频繁项集。Liu、Han、Xin 和 Shao[LHXS06] 提出 TDClose，从极大行集开始，集成行枚举树，挖掘高维数据中的闭频繁模式。它使用最小支持度阈值的剪枝能力缩小搜索空间。关于挖掘称为巨型模式的非常长的模式，Zhu、Yan、Han 等[ZYH⁺07] 开发了核模式融合方法，它在指数多个中间模式中跳跃，到达巨型模式。

为了产生归约的模式集，当前的研究集中在挖掘频繁模式的压缩集。闭模式可以看做频繁模式的无损压缩，而极大频繁模式可以看做频繁模式的简单有损压缩。Wang、Han、Lu 和 Tsvetkov[WHLT05] 提出的 top-k 模式，以及 Yang、Fayyad 和 Bradley[YFB01] 提出的容错模式都是有趣模式的可选形式。Afrati、Gionis 和 Mannila[AGM04] 提出使用 k-项集涵盖频繁模式的集合。对于频繁项集压缩，Yan、Cheng、Han 和 Xin[YCHX05] 提出了一种基于轮廓的方法，而 Xin、Han、Yan 和 Cheng[XHYC05] 提出了一种基于聚类的方法。通过考虑模式的显著性和模式的冗余性，Xin、Cheng Yan 和 Han[XCYH06] 提出了一种提取感知冗余的 top-k 模式的方法。

频繁模式的自动语义注解对于解释模式的含义是有用的。Mei、Xin、Cheng 等[MXC⁺07] 研究了频繁模式语义注解的方法。

频繁项集挖掘的一个重要扩展是挖掘序列和结构数据。这包括挖掘序列模式（如 Agrawal 和 Srikant[AS95]，Pei、Han、Mortazavi-Asl 等[PHMA⁺01，PHMA⁺04]，以及 Zaki[Zak01]）、挖掘频繁情节（Mannila、Toivonen 和 Verkamo[MTV97]）、挖掘结构模式（例如，Inokuchi、Washio 和 Motoda[IWM98]，Kuramochi 和 Karypis[KK01]，以及 Yan 和 Han[YH02]）、挖掘周期关联规则（Özden、Ramaswamy 和 Silberschatz[ORS98]）、事务间关联规则挖掘（Lu、Han 和 Feng[LHF98]）和日历购物篮分析（Ramaswamy、Mahajan 和 Silberschatz[RMS98]）。挖掘这些模式被视为高级课题，读者可以参阅以上文献。 |324|

模式挖掘已经被扩展，以便帮助有效的分类和聚类。基于模式的分类（如 Liu、Hsu 和 Ma[LHM98]，Cheng、Yan、Han 和 Hsu[CYHH07]）在第 9 章讨论。基于模式的聚类（如 Agrawal、Gehrke、Gunopulos 和 Raghavan[AGGR98]，以及 H. Wang、W. Wang、Yang 和 Yu[WWYY02]）在第 11 章讨论。

模式挖掘还有助于其他数据分析和处理任务，如立方体梯度挖掘和判别分析（Imielinski、Khachiyan 和 Abdulghani[IKA02]，Dong、Han、Lam 等[DHL⁺04]，Ji、Bailey 和 Dong[JBD05]）、基于有判别力的模式的索引（Yan、Yu 和 Han[YYH05]）和基于有判别力的模式的相似性搜索（Yan、Zhu、Yu 和 Han[YZYH06]）。

模式挖掘已经被扩展到挖掘空间、时间、时间序列、多媒体数据和数据流。挖掘空间关联规则或空间排列规则由 Koperski 和 Han[KH95], Xiong、Shekhar、Huang 等 [XSH⁺04], 以及 Cao、Mamoulis 和 Cheung [CMC05] 研究。基于模式的时间序列挖掘在 Shieh 和 Keogh[SK08], 以及 Ye 和 Keogh[YK09] 中讨论。关于基于模式的多媒体数据挖掘有许多研究, 如 Zaïane、Han 和 Zhu[ZHZ00], 以及 Yuan、Wu 和 Yang [YWY07]。在数据流上挖掘频繁模式已经被许多研究人员提出, 包括 Manku 和 Motwani[MM02], Karp、Papadimitriou 和 Shenker[KPS03], 以及 Metwally、Agrawal 和 El Abbadi[MAA05]。这些模式挖掘被视为高级课题。

模式挖掘具有广泛的应用。应用领域包括计算机科学, 如软件错误分析、传感器网络挖掘和操作系统性能改进。例如, Li、Lu、Myagmar 和 Zhou[LLMZ04] 的 CPMiner 使用模式挖掘识别复制 – 粘贴代码, 隔离错误。Li 和 Zhou[LZ05] 的 PR-Miner 使用模式挖掘从源代码中提取针对具体应用的程序设计规则。判别模式挖掘对程序错误检测和软件行为分类 (Lo、Cheng、Han 等 [LCH⁺09]) 以及传感器网络的故障检测和维修 (Khan、Le、Ahmadi 等 [KLA⁺08]) 是有用的。

分类：基本概念

分类是一种重要的数据分析**形式**，它提取刻画重要数据类的模型。这种模型称为分类器，预测分类的（离散的、无序的）类标号。例如，我们可以建立一个分类模型，把银行贷款申请划分成安全或危险。这种分析可以帮助我们更好地全面理解数据。许多分类和预测方法已经被机器学习、模式识别和统计学方面的研究人员提出。大部分算法是内存驻留的算法，通常假定数据量很小。最近的数据挖掘研究建立在这些工作基础上，开发了可伸缩的分类和预测技术，能够处理大的、驻留磁盘的数据。分类有大量应用，包括欺诈检测、目标营销、性能预测、制造和医疗诊断。

我们从介绍分类的主要思想开始（8.1 节）。在本章的其余部分，我们将学习数据分类的基本技术，包括如何建立决策树分类器（8.2 节）、贝叶斯分类器（8.3 节）和基于规则的分类器（8.4 节）。8.5 节讨论如何评估和比较不同的分类方法，给出准确率的各种度量，以及得到可靠、准确估计的各种技术。提高分类器准确率的方法在 8.6 节介绍，包括数据集是类不平衡的情况（即感兴趣的主要类是稀有的）。

8.1 基本概念

在 8.1.1 节，我们介绍分类的概念。8.1.2 节描述分类作为一个两步过程的一般方法。在第一步，我们基于以前的数据建立一个分类模型。在第二步，我们确定该模型的准确率是否可以接受，如果可以，我们就使用该模型对新的数据进行分类。

8.1.1 什么是分类

银行贷款员需要分析数据，以便搞清楚哪些贷款申请者是"安全的"，银行的"风险"是什么。AllElectronics 的销售经理需要数据分析，以便帮助他猜测具有某些特征的顾客是否会购买新的计算机。医学研究人员希望分析乳腺癌数据，以便预测病人应当接受三种具体治疗方案中的哪一种。在上面的每个例子中，数据分析任务都是**分类**（classfication），都需要构造一个模型或**分类器**（classifer）来预测类标号，如贷款申请数据的"安全"或"危险"，销售数据的"是"或"否"，医疗数据的"治疗方案 A"、"治疗方案 B"或"治疗方案 C"。这些类别可以用离散值表示，其中值之间的次序没有意义。例如，可以使用值 1、2 和 3 表示上面的治疗方案 A、B 和 C，其中这组治疗方案之间并不存在蕴涵的序。

假设销售经理希望预测一位给定的顾客在 AllElectronics 的一次购物期间将花多少钱。该数据分析任务就是**数值预测**（numeric prediction）的一个例子，其中所构造的模型预测一个连续值函数或有序值，而不是类标号。这种模型是**预测器**（predictor）。**回归分析**（regression analysis）是数值预测最常用的统计学方法，因此这两个术语常常作为同义词使用，尽管还存在其他数值预测方法。分类和数值预测是**预测问题**的两种主要类型。本章将主要讲述分类。

8.1.2 分类的一般方法

"如何进行分类?"**数据分类**是一个两阶段过程，包括学习阶段（构建分类模型）和分类阶段（使用模型预测给定数据的类标号）。对于贷款申请数据，该过程显示在图 8.1 中。（为了便于解释，数据被简化。实际上，我们可能需要考虑更多的属性。）

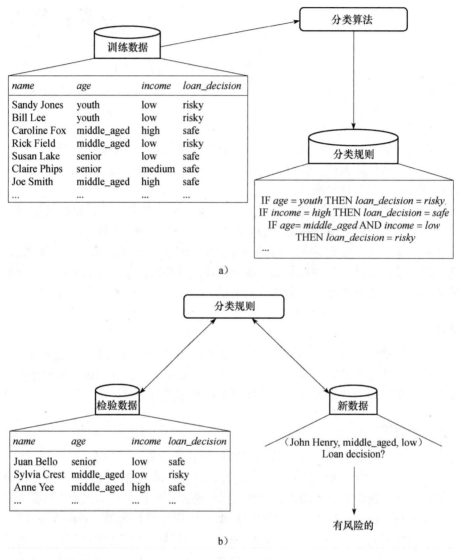

图 8.1　数据分类过程：a）学习：用分类算法分析训练数据，这里，类标号属性是 *loan_ decision*，学习的模型或分类器以分类规则形式提供；b）分类：检验数据用于评估分类规则的准确率，如果准确率是可以接受的，则规则用于新的数据元组分类

在第一阶段，建立描述预先定义的数据类或概念集的分类器。这是**学习阶段**（或训练阶段），其中分类算法通过分析或从训练集"学习"来构造分类器。**训练集**由数据库元组和与它们相关联的类标号组成。元组 X 用 n 维属性向量 $X = (x_1, x_2, \cdots, x_n)$ 表示，分别描述元组在 n 个数据库属性 $A_1, A_2, \cdots, A_n$ 上的 n 个度量$^\ominus$。假定每个元组 X 都属于一个预先定义的类，由一个称为**类标号属性**（class label attribute）的数据库属性确定。类标号属性是

$\ominus$　每个属性代表 X 的一个"特征"。因此，模式识别文献使用术语特征向量，而不是属性向量。在我们的讨论中，我们使用"属性向量"，并且在我们的记号中，代表向量的变量用粗斜体；描述向量的度量用斜体，例如，$X = (x_1, x_2, x_3)$。

离散值的和无序的。它是分类的（或标称的），因为每个值充当一个类别或类。构成训练数据集的元组称为**训练元组**，并从所分析的数据库中随机地选取。在谈到分类时，数据元组也称为样本、实例、数据点或对象[⊖]。

由于提供了每个训练元组的类标号，这一阶段也称为**监督学习**（supervised learning）（即分类器的学习在被告知每个训练元组属于哪个类的"监督"下进行的）。它不同于**无监督学习**（unsupervised learning）（或**聚类**），每个训练元组的类标号是未知的，并且要学习的类的个数或集合也可能事先不知道。例如，如果我们没有用于训练集的 *loan_decision* 数据，则我们可以使用聚类尝试确定"相似元组的组群"，可能对应于贷款申请数据中的风险组群。聚类是第 10 章和第 11 章的主题。

分类过程的第一阶段也可以看做学习一个映射或函数 $y = f(X)$，它可以预测给定元组 X 的类标号 y。在这种观点下，我们希望学习把数据类分开的映射或函数。在典型情况下，该映射用分类规则、决策树或数学公式的形式提供。在我们的例子中，该映射用分类规则表示，这些规则识别贷款申请是安全的还是有风险的（见图 8.1a）。这些规则可以用来对以后的数据元组分类，也能对数据内容提供更好的理解。它们也提供了数据的压缩表示。

"分类的准确率如何？"在第二阶段（见图 8.1b），使用模型进行分类。首先评估分类器的预测准确率。如果我们使用训练集来度量分类器的准确率，则评估可能是乐观的，因为分类器趋向于**过分拟合**（overfit）该数据（即在学习期间，它可能包含了训练数据中的某些特定的异常，这些异常不在一般数据集中出现）。因此，需要使用由**检验元组**和与它们相关联的类标号组成的**检验集**（test set）。它们独立于训练元组，意指不使用它们构造分类器。

分类器在给定检验集上的**准确率**（accuracy）是分类器正确分类的检验元组所占的百分比。每个检验元组的类标号与学习模型对该元组的类预测进行比较。8.5 节介绍了多种估计分类器准确率的方法。如果认为分类器的准确率是可以接受的，那么就可以用它对类标号未知的数据元组进行分类（这种数据在机器学习中也称为"未知的"或"先前未见到的"数据）。例如，可以使用图 8.1a 中通过分析先前的贷款申请数据学习得到的分类规则来批准或拒绝新的或未来的贷款申请人。

8.2 决策树归纳

决策树归纳是从有类标号的训练元组中学习决策树。**决策树**（decision tree）是一种类似于流程图的树结构，其中，每个**内部结点**（非树叶结点）表示在一个属性上的测试，每个**分枝**代表该测试的一个输出，而每个树叶结点（或*终端结点*）存放一个类标号。树的最顶层结点是**根**结点。一棵典型的决策树如图 8.2 所示。它表示概念 *buys_computer*，即它预测 AllElectronics 的顾客是否可能购买计算机。内部结点用矩形表示，而叶结点用椭圆表示。有些决策树算法只产生二叉树（其中，每个内部结点正好分叉出两个其他结点），而另一些决策树算法可能产生非二叉的树。

"如何使用决策树分类？"给定一个类标号未知的元组 X，在决策树上测试该元组的属性值。跟踪一条由根到叶结点的路径，该叶结点就存放着该元组的类预测。决策树容易转换成分类规则。

"为什么决策树分类器如此流行？"决策树分类器的构造不需要任何领域知识或参数设置，因此适合于探测式知识发现。决策树可以处理高维数据。获取的知识用树的形式表示是

⊖ 在机器学习文献中，通常称训练元组为训练样本。本书中，我们更多地使用元组而不是样本。

直观的，并且容易被人理解。决策树归纳的学习和分类步骤是简单和快速的。一般而言，决策树分类器具有很好的准确率。然而，成功的使用可能依赖手头的数据。决策树归纳算法已经成功地应用于许多应用领域的分类，如医学、制造和生产、金融分析、天文学和分子生物学。决策树是许多商业规则归纳系统的基础。

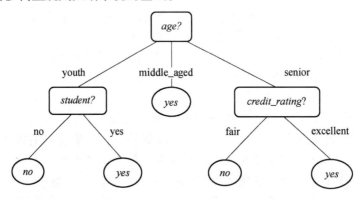

图 8.2 概念 *buys_computer* 的决策树，指出 AllElectronics 的顾客是否可能购买计算机。每个内部（非树叶）结点表示一个属性上的测试，每个树叶结点代表一个类（*buys_computer = yes*，或 *buys_computer = no*）

在 8.2.1 节，我们介绍学习决策树的基本算法。在决策树构造时，使用属性选择度量来选择将元组最好地划分成不同的类的属性。常用的属性选择度量在 8.2.2 节给出。决策树建立时，许多分枝可能反映训练数据中的噪声或离群点。树剪枝试图识别并剪去这种分枝，以提高在未知数据上分类的准确率。树剪枝在 8.2.3 节介绍。大型数据库决策树归纳的可伸缩性问题在 8.2.4 节讨论。8.2.5 节提供一种决策树归纳的可视化挖掘方法。

8.2.1 决策树归纳

在 20 世纪 70 年代后期和 20 世纪 80 年代初期，机器学习研究人员 J. Ross Quinlan 开发了决策树算法，称为**迭代的二分器**（Iterative Dichotomiser，ID3）。这项工作扩展了 E. B. Hunt，J. Marin 和 P. T. Stone 的概念学习系统。Quinlan 后来提出了 **C4.5**（ID3 的后继），成为了新的监督学习算法的性能比较基准。1984 年，多位统计学家（L. Breiman、J. Friedman、R. Olshen 和 C. Stone）出版了著作《Classification and Regression Trees》（**CART**），介绍了二叉决策树的产生。ID3 和 CART 大约同时独立地发明，但是从训练元组学习决策树却采用了类似的方法。这两个基础算法引发了决策树归纳研究的旋风。

ID3、C4.5 和 CART 都采用贪心（即非回溯的）方法，其中决策树以自顶向下递归的分治方式构造。大多数决策树归纳算法都沿用这种自顶向下方法，从训练元组集和它们相关联的类标号开始构造决策树。随着树的构建，训练集递归地划分成较小的子集。基本决策树算法概括在图 8.3 中。乍一看，算法似乎有点长，但不要担心，它是相当直截了当的。算法的基本策略如下。

- 用三个参数 D，*attribute_list* 和 *Attribute_selection_method* 调用该算法。我们称 D 为数据分区。开始，它是训练元组和它们相应类标号的完全集。参数 *attribute_list* 是描述元组属性的列表。*Attribute_selection_method* 指定选择属性的启发式过程，用来选择可以按类 "最好地" 区分给定元组的属性。该过程使用一种属性选择度量，如信息增益或基尼指数（Gini index）。树是否是严格的二叉树由属性选择度量确定。某些属性选择度量，如基尼指数强制结果树是二叉树。其他度量，如信息增益并非如此，它允许多路划分（即从一个结点生长两个或多个分枝）。

- 树从单个结点 N 开始，N 代表 D 中的训练元组（步骤 1）$^{\ominus}$。 [332]

- 如果 D 中的元组都为同一类，则结点 N 变成树叶，并用该类标记它（步骤 2 和步骤 3）。注意，步骤 4 和步骤 5 是终止条件。所有的终止条件都在算法的最后解释。

- 否则，算法调用 *Attribute_selection_method* 确定**分裂准则**（splitting criterion）。分裂准则通过确定把 D 中的元组划分成个体类的"最好"方法，告诉我们在结点 N 上对哪个属性进行测试（步骤 6）。分裂准则还告诉我们对于选定的测试，从结点 N 生长哪些分枝。更具体地说，分裂准则指定**分裂属性**，并且也指出**分裂点**（splitting-point）或**分裂子集**（splitting subset）。理想情况下，分裂准则这样确定，使得每个分枝上的输出 [333] 分区都尽可能"纯"。一个分区是**纯的**，如果它的所有元组都属于同一类。换言之，如果根据分裂准则的互斥输出划分 D 中的元组，则希望结果分区尽可能纯。

算法：Generate_decision_tree。由数据分区 D 中的训练元组产生决策树。

输入：

- 数据分区 D，训练元组和它们对应类标号的集合。
- *attribute_list*，候选属性的集合。
- *Attribute_selection_method*，一个确定"最好地"划分数据元组为个体类的分裂准则的过程。这个准则由分裂属性（*splitting_attribute*）和分裂点或划分子集组成。

输出： 一棵决策树。

方法：

(1)　创建一个结点 N；

(2)　**if** D 中的元组都在同一类 C 中 **then**

(3)　　返回 N 作为叶结点，以类 C 标记；

(4)　**if** *attribut_list* 为空 **then**

(5)　　返回 N 作为叶结点，标记为 D 中的多数类；　　　　　　　//多数表决

(6)　使用 *Attribute_selection_method(D, attribute_list)*，找出"最好的" *splitting_criterion*；

(7)　用 *splitting_criterion* 标记结点 N；

(8)　**if** *splitting_attribute* 是离散值的，并且允许多路划分 **then**　　　//不限于二叉树

(9)　　 *attribute_list←attribute_list-splitting_attribute*;　// 删除分裂属性

(10) **for** *splitting_criterion* 的每个输出 j

　　//划分元组并对每个分区产生子树

(11)　　设 D_j 是 D 中满足输出 j 的数据元组的集合；　　　　　　　// 一个分区

(12)　　**if** D_j 为空 **then**

(13)　　　加一个树叶到结点 N，标记为 D 中的多数类；

(14)　　**else** 加一个由 *Generate_decision_tree(D_j, attribute_list)* 返回的结点到 N；

　　endfor

(15) 返回 N；

图 8.3　由训练元组归纳决策树的基本算法

- 结点 N 用分裂准则标记作为结点上的测试（步骤 7）。对分裂准则的每个输出，由结点 N 生长一个分枝。D 中的元组据此进行划分（步骤 10~11）。有三种可能的情况，如图 8.4 所示。设 A 是分裂属性。根据训练数据，A 具有 v 个不同值 $\{a_1, a_2, \cdots, a_v\}$。

$\ominus$　结点 N 上类标号训练元组的分区是元组的集合，用树处理时，这些元组沿着从根到结点 N 的路径到 N。有时，文献上称该集合为结点 N 上的**元组族**（family）。我们称该集合为"结点 N 代表的元组"，或简单地称它为"结点 N 的元组"。大部分实现在结点上存放指向这些元组的指针，而不是实际元组。

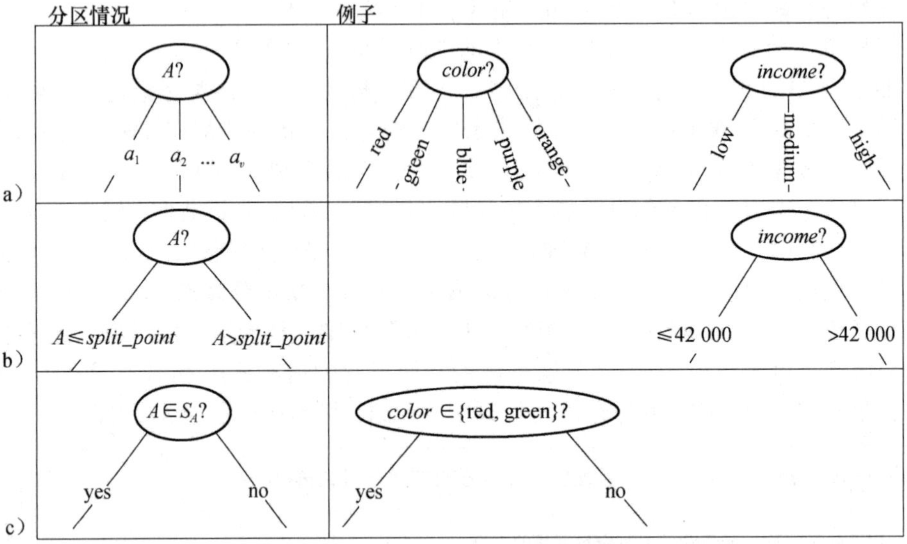

图 8.4 根据分裂准则划分元组的三种可能性，每个都给出了例子。设 A 是分裂属性：a）如果 A 是离散值的，则对 A 的每个已知值产生一个分枝；b）如果 A 是连续值的，则产生两个分枝，分别对应于 $A \leqslant split\_point$ 和 $A > split\_point$；c）如果 A 是离散值的，并且必须产生二叉树，则测试形如 $A \in S_A$，其中 S_A 是 A 的分裂子集

（1）A 是离散值的：在这种情况下，结点 N 的测试输出直接对应于 A 的已知值。对 A 的每个已知值 a_j 创建一个分枝，并且用该值标记（见图 8.4a）。分区 D_j 是 D 中在 A 上取值为 a_j 的类标记元组的子集。因为在一个给定的分区中的所有元组都具有相同的 A 值，所以在以后的元组划分中不需要再考虑 A。因此，把 A 从属性列表 attribute_list 中删除（步骤 8 ~ 步骤 9）。

（2）A 是连续值的：在这种情况下，结点 N 的测试有两个可能的输出，分别对应于条件 $A \leqslant split\_point$ 和 $A > split\_poin$，其中 split_point 是分裂点，作为分裂准则的一部分由 Attribute_selection_method 返回。（在实践中，分裂点 a 通常取 A 的两个已知相邻值的中点，因此可能不是训练数据中 A 的存在值。）从 N 生长出两个分枝，并按上面的输出标记（见图 8.4b）。划分元组，使得 D_1 包含 D 中 $A \leqslant split\_point$ 的类标记元组的子集，而 D_2 包含其他元组。

（3）A 是离散值并且必须产生二叉树（由属性选择度量或所使用的算法指出）：在结点 N 的测试形如 "$A \in S_A$?"，其中 S_A 是 A 的分裂子集，由 Attribute_selection_method 作为划分准则的一部分返回。它是 A 的已知值的子集。如果给定元组有 A 的值为 a_j，并且 $a_j \in S_A$，则在结点 N 上的测试条件满足。从 N 生长出两个分枝（见图 8.4c）。根据约定，N 的左分枝标记为 yes，使得 D_1 对应于 D 中满足测试条件的类标记元组的子集。N 的右分枝标记为 no，使得 D_2 对应于 D 中不满足测试条件的类标记元组的子集。

- 对于 D 的每个结果分区 D_j 上的元组，算法使用同样的过程递归地形成决策树（步骤 14）。
- 递归划分步骤仅当下列终止条件之一成立时停止：

（1）分区 D（在结点 N 提供）的所有元组都属于同一个类（步骤 2 和步骤 3）。

（2）没有剩余属性可以用来进一步划分元组（步骤 4）。在此情况下，使用**多数表决**（步骤 5）。这涉及将 N 转换成树叶，并用 D 中的多数类标记它。另外，也可以存放结点元组的类分布。

（3）给定的分枝没有元组，即分区 D_j 为空（步骤 12）。在这种情况下，用 D 中的多数类创建一个树叶（步骤 13）。

- 返回结果决策树（步骤 15）。

给定训练集 D，算法的计算复杂度为 $O(n \times |D| \times log(|D|))$，其中 n 是描述 D 中元组的属性个数，$|D|$ 是 D 中的训练元组数。这意味以 $|D|$ 个元组产生一棵树的计算开销最多为 $n \times |D| \times log(|D|)$。证明留给读者作为习题。

决策树归纳的**增量**版本也已经提出。当给定新的训练数据时，这些算法重构从先前训练数据学习得到的决策树，而不是从头开始学习一棵新树。

决策算法之间的差别包括在创建树时如何选择属性（见 8.2.2 节）和用于剪枝的机制（见 8.2.3 节）。上面介绍的基本算法对于树的每一层，需要扫描一遍 D 中的元组。在处理大型数据库时，这可能导致很长的训练时间和内存不足。关于决策树归纳的可伸缩性的改进在 8.2.4 节讨论。8.2.5 节介绍一种构建决策树的可视化的交互方法。关于从决策树提取规则的讨论在 8.4.2 节讨论基于规则的分类时给出。

8.2.2 属性选择度量

属性选择度量是一种选择分裂准则，把给定类标记的训练元组的数据分区 D "最好地"划分成单独类的启发式方法。如果我们根据分裂准则的输出把 D 划分成较小的分区，理想情况是，每个分区应当是纯的（即落在一个给定分区的所有元组都属于相同的类）。从概念上讲，"最好的"分裂准则是导致最接近这种情况的划分。属性选择度量又称为**分裂规则**，因为它们决定给定结点上的元组如何分裂。

属性选择度量为描述给定训练元组的每个属性提供了秩评定。具有最好度量得分[⊖]的属性被选为给定元组的分裂属性。如果分裂属性是连续值的，或者如果我们限于构造二叉树，则一个分裂点或一个分裂子集也必须作为分裂准则的一部分返回。为分区 D 创建的树结点用分裂准则标记，从准则的每个输出生长出分枝，并且相应地划分元组。本节介绍三种常用的属性选择度量——信息增益、增益率和基尼指数（Gini 指数）。

这里使用的符号如下。设数据分区 D 为标记类元组的训练集。假定类标号属性具有 m 个不同值，定义了 m 个不同的类 $C_i (i=1, \cdots, m)$。设 $C_{i,D}$ 是 D 中 C_i 类元组的集合，$|D|$ 和 $|C_{i,D}|$ 分别是 D 和 $C_{i,D}$ 中元组的个数。

1. 信息增益

ID3 使用信息增益作为属性选择度量。该度量基于香农（Claude Shannon）在研究消息的值或"信息内容"的信息论方面的先驱工作。设结点 N 代表或存放分区 D 的元组。选择具有最高信息增益的属性作为结点 N 的分裂属性。该属性使结果分区中对元组分类所需要的信息量最小，并反映这些分区中的最小随机性或"不纯性"。这种方法使得对一个对象分类所需要的期望测试数目最小，并确保找到一棵简单的（但不必是最简单的）树。

对 D 中的元组分类所需要的期望信息由下式给出：

$$Info(D) = - \sum_{i=1}^{m} p_i \log_2(p_i) \tag{8.1}$$

其中，p_i 是 D 中任意元组属于类 C_i 的非零概率，并用 $|C_{i,D}| / |D|$ 估计。使用以 2 为底的对数函数是因为信息用二进位编码。$Info(D)$ 是识别 D 中元组的类标号所需要的平均信息量。注意，此时我们所有的信息只是每个类的元组所占的百分比。$Info(D)$ 又称为 D 的**熵**（entropy）。

现在，假设我们要按某属性 A 划分 D 中的元组，其中属性 A 根据训练数据的观测具有 v 个不同值 $\{a_1, a_2, \cdots, a_v\}$。如果 A 是离散值的，则这些值直接对应于 A 上测试的 v 个输

⊖ 依赖于度量，最高或最低得分被选为最好的（即某些度量力求最大化，而另外的度量力求最小化）。

出。可以用属性 A 将 D 划分为 v 个分区或子集 $\{D_1, D_2, \cdots, D_v\}$，其中，$D_j$ 包含 D 中的元组，它们的 A 值为 a_j。这些分区对应于从结点 N 生长出来的分枝。理想情况下，我们希望该划分产生元组的准确分类。即我们希望每个分区都是纯的。然而，这些分区多半是不纯的（例如，分区可能包含来自不同类而不是来自单个类的元组）。（在此划分之后）为了得到准确的分类，我们还需要多少信息？这个量由下式度量：

$$Info_A(D) = \sum_{j=1}^{v} \frac{|D_j|}{|D|} \times Info(D_j) \qquad (8.2)$$

项 $\dfrac{|D_j|}{|D|}$ 充当第 j 个分区的权重。$Info_A(D)$ 是基于按 A 划分对 D 的元组分类所需要的期望信息。需要的期望信息越小，分区的纯度越高。

信息增益定义为原来的信息需求（仅基于类比例）与新的信息需求（对 A 划分后）之间的差。即

$$Gain(A) = Info(D) - Info_A(D) \qquad (8.3)$$

换言之，$Gain(A)$ 告诉我们通过 A 上的划分我们得到了多少。它是知道 A 的值而导致的信息需求的期望减少。选择具有最高信息增益 $Gain(A)$ 的属性 A 作为结点 N 的分裂属性。这等价于在"能做最佳分类"的属性 A 上划分，使得完成元组分类还需要的信息最小（即最小化 $Info_A(D)$）。

例8.1 使用信息增益进行决策树归纳。 表8.1 给出了一个标记类的元组的训练集 D，随机地从 AllElectronics 顾客数据库中选取。（该数据取自［Qui86］。在这个例子中，每个属性都是离散值的，连续值属性已经被泛化。）类标号属性 buys_computer 有两个不同值（即 $\{yes, no\}$），因此有两个不同的类（即 $m=2$）。设类 C_1 对应于 yes，而类 C_2 对应于 no。类 yes 有 9 个元组，类 no 有 5 个元组。为 D 中的元组创建（根）结点 N。为了找出这些元组的分裂准则，必须计算每个属性的信息增益。首先使用 (8.1) 式，计算对 D 中元组分类所需要的期望信息：

$$Info(D) = -\frac{9}{14}\log_2\frac{9}{14} - \frac{5}{14}\log_2\frac{5}{14} = 0.940 \text{ 位}$$

表 8.1 AllElectronics 顾客数据库标记类的训练元组

RID	age	income	student	credit_rating	Class：buys_computer
1	youth	high	no	fair	no
2	youth	high	no	excellent	no
3	middle_aged	high	no	fair	yes
4	senior	medium	no	fair	yes
5	senior	low	yes	fair	yes
6	senior	low	yes	excellent	no
7	middle_aged	low	yes	excellent	yes
8	youth	medium	no	fair	no
9	youth	low	yes	fair	yes
10	senior	medium	yes	fair	yes
11	youth	medium	yes	excellent	yes
12	middle_aged	medium	no	excellent	yes
13	middle_aged	high	yes	fair	yes
14	senior	medium	no	excellent	no

下一步，需要计算每个属性的期望信息需求。从属性 age 开始。需要对 age 的每个类考察 yes 和 no 元组的分布。对于 age 的类 "youth"，有 2 个 yes 元组，3 个 no 元组。对于类 "middle_aged"，有 4 个 yes 元组，0 个 no 元组。对于类 "senior"，有 3 个 yes 元组，2 个 no 元组。使用 (8.2) 式，如果元组根据 age 划分，则对 D 中的元组进行分类所需要的期望信息为：

$$Info_{age}(D) = \frac{5}{14} \times \left(-\frac{2}{5}\log_2\frac{2}{5} - \frac{3}{5}\log_2\frac{3}{5} \right) + \frac{4}{14} \times \left(-\frac{4}{4}\log_2\frac{4}{4} - \frac{0}{4}\log_2\frac{0}{4} \right)$$

$$+ \frac{5}{14} \times \left(-\frac{3}{5}\log_2\frac{3}{5} - \frac{2}{5}\log_2\frac{2}{5} \right)$$

$$= 0.694 \ 位$$

|338|

因此，这种划分的信息增益

$$Gain(age) = Info(D) - Info_{age}(D) = 0.940 - 0.694 = 0.246 \ 位$$

类似地，可以计算 $Gain(income) = 0.029$ 位，$Gain(student) = 0.151$ 位，$Gain(credit\_rating) = 0.048$ 位。由于 age 在属性中具有最高的信息增益，所以它被选作分裂属性。结点 N 用 age 标记，并且每个属性值生长出一个分枝。然后元组据此划分，如图 8.5 所示。注意，落在分区 age = "middle_aged" 的元组都属于相同的类。由于它们都属于类 "yes"，所以要在该分枝的端点创建一个树叶，并用 "yes" 标记。算法返回的最终决策树如图 8.2所示。　　　　　　　　　　　　　　　　　　　　　　　　　　　　　　　　　■

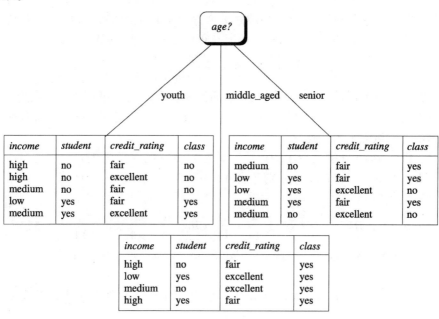

图 8.5　属性 age 具有最高信息增益，因此成为决策树根结点的分裂属性。age 的每个输出生
　　　　出分枝，元组据此相应地划分

|339|

"但是，如何计算连续值属性的信息增益？" 假设属性 A 是连续值的，而不是离散值的。（例如，假定有属性 age 的原始值，而不是该属性的离散化版本。）对于这种情况，必须确定 A 的 "最佳" **分裂点**，其中分裂点是 A 上的阈值。

首先，将 A 的值按递增序排序。典型地，每对相邻值的中点被看做可能的分裂点。这样，给定 A 的 v 个值，则需要计算 v − 1 个可能的划分。例如，A 的值 a_i 和 a_{i+1} 之间的中点是

$$\frac{a_i + a_{i+1}}{2} \tag{8.4}$$

如果 A 的值已经预先排序，则确定 A 的最佳划分只需要扫描一遍这些值。对于 A 的每个可能分裂点，计算 $Info_A(D)$，其中分区的个数为 2，即（8.2）式中 $v = 2$（或 $j = 1, 2$）。A 具有最小期望信息需求的点选做 A 的分裂点。D_1 是满足 $A \leqslant split\_poin$ 的元组集合，而 D_2 是满足

$A > split\_point$ 的元组集合。

2. 增益率

信息增益度量偏向具有许多输出的测试。换句话说，它倾向于选择具有大量值的属性。例如，考虑充当唯一标识符的属性，如 $product\_ID$。在 $product\_ID$ 的划分将导致大量分区（与值一样多），每个只包含一个元组。由于每个分区都是纯的，所以基于该划分对数据集 D 分类所需要的信息为 $Info_{product\_ID}(D) = 0$。因此，通过对该属性的划分得到的信息增益最大。显然，这种划分对分类没有用。

ID3 的后继 C4.5 使用一种称为增益率（gain ratio）的信息增益扩充，试图克服这种偏倚。它用"分裂信息（split information）"值将信息增益规范化。分裂信息类似于 $Info(D)$，定义如下

$$SplitInfo_A(D) = -\sum_{j=1}^{v} \frac{|D_j|}{|D|} \times \log_2 \left(\frac{|D_j|}{|D|} \right) \tag{8.5}$$

该值代表由训练数据集 D 划分成对应于属性 A 测试的 v 个输出的 v 个分区产生的信息。注意，对于每个输出，它相对于 D 中元组的总数考虑具有该输出的元组数。它不同于信息增益，信息增益度量关于分类基于同样划分的所获得的信息。增益率定义为

$$GrianRate(A) = \frac{Grain(A)}{SplitInfo_A(D)} \tag{8.6}$$

选择具有最大增益率的属性作为分裂属性。然而需要注意的是，随着划分信息趋向于 0，该比率变得不稳定。为了避免这种情况，增加一个约束：选取的测试的信息增益必须较大，至少与考察的所有测试的平均增益一样大。

例 8.2 属性 *income* 的增益率的计算。属性 *income* 的测试将表 8.1 中的数据划分成 3 个分区，即 *low*、*medium* 和 *high*，分别包含 4、6 和 4 个元组。为了计算 *income* 的增益率，首先使用（8.5）式得到

$$SplitInfo_A(D) = -\frac{4}{14} \times \log_2 \frac{4}{14} - \frac{6}{14} \times \log_2 \frac{6}{14} - \frac{4}{14} \times \log_2 \frac{4}{14} = 1.557$$

由例 8.1，*Gain*（*income*）= 0.029。因此，*GainRatio*（*income*）= 0.029/1.557 = 0.019。 ■

3. 基尼指数

基尼指数（Gini index）在 CART 中使用。使用上面介绍的概念，基尼指数度量数据分区或训练元组集 D 的不纯度，定义为

$$Gini(D) = 1 - \sum_{i=1}^{m} p_i^2 \tag{8.7}$$

其中，p_i 是 D 中元组属于 C_i 类的概率，并用 $|C_{i,D}|/|D|$ 估计。对 m 个类计算和。

基尼指数考虑每个属性的二元划分。首先考虑 A 是离散值属性的情况，其中 A 具有 v 个不同值 $\{a_1, a_2, \cdots, a_v\}$ 出现在 D 中。为了确定 A 上最好的二元划分，考察使用 A 的已知值形成的所有可能子集。每个子集 S_A 可以看做属性 A 的一个形如 "$A \in S_A$?" 的二元测试。给定一个元组，如果该元组 A 的值出现在 S_A 列出的值中，则该测试满足。如果 A 具有 v 个可能的值，则存在 2^v 个可能的子集。例如，如果 *income* 具有 3 个可能的值 $\{low, medium, high\}$，则可能的子集是 $\{low, medium, high\}$、$\{low, medium\}$、$\{low, high\}$、$\{medium, high\}$、$\{low\}$、$\{medium\}$、$\{high\}$ 和 $\{\}$。不考虑幂集 $\{low, medium, high\}$ 和空集，因为从概念上讲，它们不代表任何分裂。因此，基于 A 的二元划分，存在 $\left(\frac{2^v - 2}{2} \right)$ 种形成数据集 D 的两个分区的可能方法。

当考虑二元划分裂时，计算每个结果分区的不纯度的加权和。例如，如果 A 的二元划分

将 D 划分成 D_1 和 D_2，则给定该划分，D 的基尼指数为

$$Gini_A(D) = \frac{|D_1|}{|D|}Gini(D_1) + \frac{|D_2|}{|D|}Gini(D_2) \tag{8.8}$$

对于每个属性，考虑每种可能的二元划分。对于离散值属性，选择该属性产生最小基尼指数的子集作为它的分裂子集。

对于连续值属性，必须考虑每个可能的分裂点。其策略类似于上面介绍的信息增益所使用的策略，其中将每对（排序列后的）相邻值的中点作为可能的分裂点。对于给定的（连续值）属性，选择产生最小基尼指数的点作为该属性的分裂点。注意，对于 A 的可能分裂点 $split\_poin$，D_1 是 D 中满足 $A \leqslant split\_poin$ 的元组集合，而 D_2 是 D 中满足 $A > split\_point$ 的元组集合。

对离散或连续值属性 A 的二元划分导致的不纯度降低为

$$\Delta Gini(A) = Gini(D) - Gini_A(D) \tag{8.9}$$

最大化不纯度降低（或等价地，具有最小基尼指数）的属性选为分裂属性。该属性和它的分裂子集（对于离散值的分裂属性）或分裂点（对于连续值的分裂属性）一起形成分裂准则。

例 8.3　使用基尼指数进行决策树归纳。设 D 是表 8.1 的训练数据，其中 9 个元组属于类 $buys\_computer = yes$，而其余 5 个元组属于类 $buys\_computer = no$。对 D 中元组创建（根）结点 N。首先使用基尼指数（8.7）式计算 D 的不纯度：

$$Gini(D) = 1 - \left(\frac{9}{14}\right)^2 - \left(\frac{5}{14}\right)^2 = 0.459$$

为了找出 D 中元组的分裂准则，需要计算每个属性的基尼指数。从属性 $income$ 开始，并考虑每个可能的分裂子集。考虑子集 $\{low, medium\}$。这将导致 10 个满足条件 "$income \in \{low, medium\}$" 的元组在分区 D_1 中。D 中的其余 4 个元组将指派到分区 D_2 中。基于该 ⌊342⌋ 划分计算出的基尼指数值为

$$\begin{aligned}
Gini_{income \in \{low, medium\}}(D) &= \frac{10}{14}Gini(D_1) + \frac{4}{14}Gini(D_2) \\
&= \frac{10}{14}\left(1 - \left(\frac{7}{10}\right)^2 - \left(\frac{3}{10}\right)^2\right) + \frac{4}{14}\left(1 - \left(\frac{2}{4}\right)^2 - \left(\frac{2}{4}\right)^2\right) \\
&= 0.443 \\
&= Gini_{income \in \{high\}}(D)
\end{aligned}$$

类似地，用其余子集划分的基尼指数值是：0.458（子集 $\{low, high\}$ 和 $\{medium\}$）和 0.450（子集 $\{medium, high\}$ 和 $\{low\}$）。因此，属性 $income$ 的最好二元划分在 $\{low, medium\}$（或 $\{high\}$）上，因为它最小化基尼指数。评估属性 age，得到 $\{youth, senior\}$（或 $\{middle\_aged\}$）为 age 的最好划分，具有基尼指数 0.357；属性 $student$ 和 $credit\_rating$ 都是二元的，分别具有基尼指数值 0.367 和 0.429。

因此，属性 age 和分裂子集 $\{youth, senior\}$ 产生最小的基尼指数，不纯度降低 $0.459 - 0.357 = 0.102$。二元划分 "$age \in \{youth, senior\}$?" 导致 D 中元组的不纯度降低最大，并返回作为分裂准则。结点 N 用该准则标记，从它生长出两个分枝，并且相应地划分元组。　■

4. 其他属性选择度量

本节并不打算穷举属性选择度量。我们已经展示了建立决策树常用的三种度量。这些度量并非无偏的。正如我们看到的，信息增益偏向于多值属性。尽管增益率调整了这种偏倚，

但是它倾向于产生不平衡的划分，其中一个分区比其他分区小得多。基尼指数偏向于多值属性，并且当类的数量很大时会有困难。它还倾向于导致相等大小的分区和纯度。尽管是有偏的，但是这些度量在实践中产生相当好的结果。

已经提出了其他一些属性选择度量。市场上流行的一种决策树算法 CHAID 使用一种基于统计 χ^2 检验的属性选择度量。其他度量包括 C-SEP（在某些情况下，它比信息增益和基尼指数的性能好）和 G-统计量（一种信息论度量，非常近似于 χ^2 分布）。

基于最小描述长度（Minimum Description Length，MDL）原理的属性选择度量具有最小偏向多值属性的偏倚。基于 MDL 的度量使用编码技术将"最佳"决策树定义为需要最少二进位的树：（1）对树编码；（2）对树的异常（即不正确地被树分类的情况）编码。它的基本思想是：首选最简单的解。

其他属性选择度量考虑**多元划分**（即元组的划分基于属性的组合而不是单个属性）。例如，CART 系统可以基于属性的线性组合发现多元划分。多元划分是一种**属性**（或特征）构造，其中新属性基于已有的属性创建。（属性构造作为数据变换的一种形式，已经在第 3 章讨论过。）这里提到的其他度量已经超出了本书的范围。其他的参考文献在本章结尾的文献注释（8.9 节）中给出。

"哪种属性选择度量最好？"所有的度量都具有某种偏倚。已经证明，决策树归纳的时间复杂度一般随树的高度指数增加。因此，倾向于产生较浅的树（例如，多路划分而不是二元划分，促成更平衡的划分）的度量可能更可取。然而，某些研究发现，较浅的树趋向于具有大量树叶和较高的错误率。尽管有一些比较研究，但是并未发现一种度量显著优于其他度量。大部分度量都产生相当好的结果。

8.2.3　树剪枝

在决策树创建时，由于数据中的噪声和离群点，许多分枝反映的是训练数据中的异常。剪枝方法处理这种过分拟合数据问题。通常，这种方法使用统计度量剪掉最不可靠的分枝。一棵未剪枝的树和它剪枝后的版本显示在图 8.6 中。剪枝后的树更小、更简单，因此更容易理解。通常，它们在正确地对独立的检验集分类时比未剪枝的树更快、更好。

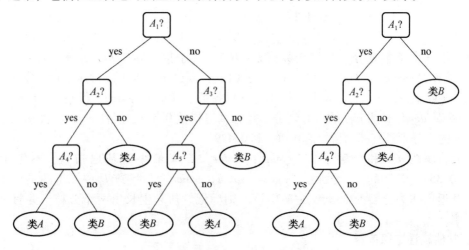

图 8.6　一棵未剪枝的决策树和它剪枝后的版本

"如何进行树剪枝？"有两种常用的剪枝方法：先剪枝和后剪枝。

在**先剪枝**（prepruning）方法中，通过提前停止树的构建（例如，通过决定在给定的结点不再分裂或划分训练元组的子集）而对树"剪枝"。一旦停止，结点就成为树叶。该树叶可以持有子集元组中最频繁的类，或这些元组的概率分布。

在构造树时，可以使用诸如统计显著性、信息增益、基尼指数等度量来评估划分的优劣。如果划分一个结点的元组导致低于预定义阈值的划分，则给定子集的进一步划分将停止。然而，选取一个适当的阈值是困难的。高阈值可能导致过分简化的树，而低阈值可能使得树的简化太少。

第二种更常用的方法是**后剪枝**（postpruning），它由"完全生长"的树剪去子树。通过删除结点的分枝并用树叶替换它而剪掉给定结点上的子树。该树叶的类标号用子树中最频繁的类标记。例如，注意图 8.6 未剪枝树的结点"A_3?"的子树。假设该子树中最频繁的类是"类 B"。在树剪枝后的版本中，该子树被剪枝，用树叶"类 B"替换。 [344]

CART 使用的**代价复杂度**剪枝算法是后剪枝方法的一个实例。该方法把树的复杂度看做树中树叶结点的个数和树的错误率的函数（其中，**错误率**是树误分类的元组所占的百分比）。它从树的底部开始。对于每个内部结点 N，计算 N 的子树的代价复杂度和该子树剪枝后 N 的子树（即用一个树叶结点替换）的代价复杂度。比较这两个值。如果剪去结点 N 的子树导致较小的代价复杂度，则剪掉该子树；否则，保留该子树。

使用一个标记类元组的**剪枝集**来评估代价复杂度。该集合独立于用于建立未剪枝树的训练集和用于准确率评估的检验集。算法产生一个渐进的剪枝树的集合。一般而言，最小化代价复杂度的最小决策树是首选。

C4.5 使用一种称为**悲观剪枝**的方法，它类似于代价复杂度方法，因为它也使用错误率评估，对子树剪枝做出决定。然而，悲观剪枝不需要使用剪枝集，而是使用训练集估计错误率。注意，基于训练集评估准确率或错误率过于乐观，因此具有较大的偏倚。因此，悲观剪枝方法通过加上一个惩罚来调节从训练集得到的错误率，以抵消所出现的偏倚。

可以根据对树编码所需的二进位位数，而不是根据估计的错误率，对树进行剪枝。"最佳"剪枝树是最小化编码二进位位数的树。这种方法采用 8.2.2 节介绍的 MDL 原则。其基本思想是：最简单的解是首选的解。与代价复杂性剪枝不同，它不需要独立的元组集。 [345]

另外，对于组合方法，先剪枝和后剪枝可以交叉使用。后剪枝所需要的计算比先剪枝多，但是通常产生更可靠的树。并未发现一种剪枝方法优于所有其他方法。尽管某些剪枝方法需要额外的数据支持，但是在处理大型数据库时，这并不是问题。

尽管剪枝后的树一般比未剪枝的树更紧凑，但是它们仍然可能很大、很复杂。决策树可能受到重复和复制的困扰（见图 8.7），使得它们很难解释。沿着一条给定的分枝反复测试一个属性（如"$age < 60$?"，后面跟着"$age < 45$?"等）时就会出现**重复**（repetition）。**复制**（replication）是树中存在重复的子树。这些情况影响了决策树的准确率和可解释性。使用多元划分（基于组合属性的划分）可以防止该问题的出现。另一种方法是使用不同形式的知识表示（如规则），而不是用决策树。8.4.2 节介绍如何从决策树中提取 IF-THEN 规则，构造基于规则的分类器。 [346]

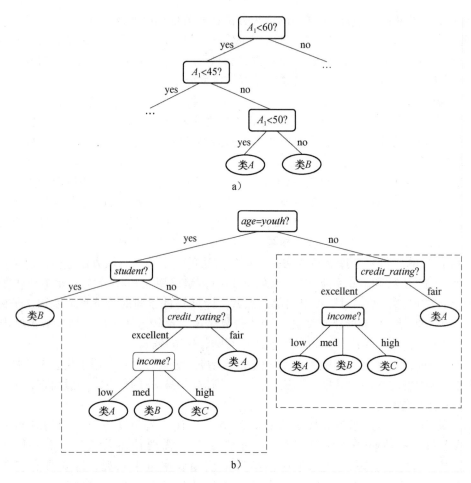

图 8.7 子树的例子：a）重复（其中属性 age 沿树的给定分枝重复地测试）；b）复制（树中存在重复的子树，如以结点 "credit_rating?" 开始的子树）

8.2.4 可伸缩性与决策树归纳

"如果驻留在磁盘上的类标记元组训练集 D 不能装进内存会怎样？换言之，决策树归纳的可伸缩性如何？"已有的决策树算法，如 ID3、C4.5 和 CART 都是为相对较小的数据集设计的。当这些算法用于超大型现实世界数据库的挖掘时，有效性就成了令人关注的问题。我们已经讨论的决策树算法都限制训练元组驻留在内存中。

在数据挖掘应用中，包含数以百万计元组的超大型训练集是很普通的。大部分情况下，训练数据不能放在内存！因此，由于训练元组在主存和高速缓存换进换出，决策树的构造可能变得效率低下。需要更加可伸缩的方法，处理因为太大而不能放在内存的训练数据。早期"节省空间"的策略包括离散化连续值属性和在每个结点对数据抽样。然而，这些策略仍然假定训练集可以放在内存。

最近，已经提出了一些可以处理可伸缩问题的决策树算法。例如，RainForest（雨林）能适应可用的内存量，并用于任意决策树归纳算法。该方法在每个结点，对每个属性维护一个 **AVC-集**（其中 AVC 表示"属性-值，类标号"），描述该结点的训练元组。结点 N 上属性 A 的 AVC-集给出 N 上元组 A 的每个值的类标号计数。图 8.8 显示了表 8.1 的元组数据的 AVC-集。结点 N 上所有 AVC-集的集合是 N 的 **AVC-组群**。结点 N 上属性 A 的 AVC-集的大

小仅依赖于 A 的不同值的个数和 N 上元组集合中类的个数。通常，即使对于实际数据集，它也能够放在内存中。然而，RainForest 还有一些技术，用于处理 AVC-组群不能放在内存的情况。因此，对于非常大的数据集上的决策树归纳，该方法具有很好的可伸缩性。

age	buys_computer	
---	yes	no
youth	2	3
middle_aged	4	0
senior	3	2

income	buys_computer	
---	yes	no
low	3	1
medium	4	2
high	2	2

student	buys_computer	
---	yes	no
yes	6	1
no	3	4

credit_ratting	buys_computer	
---	yes	no
fair	6	2
excellent	3	3

图 8.8 存放训练数据的聚集信息的数据结构（例如，描述表 8.1 中数据的 AVC-集）是提高决策树归纳可伸缩性的方法之一

树构造的自助乐观算法（Bootstrapped Optimistic Algorithm for Tree Construction，BOAT）是一种决策树算法，采用了完全不同的可伸缩方法——它不基于特殊数据结构的使用，而是使用一种称为"自助法"（见 8.5.4 节）的统计学技术，创建给定训练数据的一些较小的样本（或子集），其中每个子集都能放在内存中。使用每个子集构造一棵树，导致多棵树。考察这些树并使用它们构造一棵新树 T'，它"非常接近"于原来的所有训练数据都放在内存所产生的树。 [347]

BOAT 可以使用任何选择二元划分并且基于划分纯度的属性选择度量，如基尼指数。BOAT 使用属性选择度量下限，以便检测这棵"很好的"树 T' 是否与使用整个数据产生的"实际的"树 T 不同。它对 T' 求精，以便得到 T。

通常，BOAT 只需要扫描 D 两次。即使与传统的决策树算法（如图 8.3 中的基本算法）比较，这也是相当大的改进。传统的方法对于树的每一层需要一次扫描！BOAT 比 RainForest 快二到三倍，而构造相同的树。BOAT 的另一个优点是它可以增量地更新。也就是说，BOAT 可以以训练数据的新插入或删除更新决策树，以便反映这些变化，而不必从头开始重新构造树。

8.2.5 决策树归纳的可视化挖掘

"对于决策树归纳，有没有交互式方法，使得我们可以在树构建时看到数据和树？关于数据的知识能够帮助树的构建吗？"本节，我们将学习一种支持这些选项的决策树归纳方法。**基于感知的分类**（Perception-based Classification，PBC）是一种基于多维可视化技术的交互式方法，允许用户在构建决策树时加上关于数据的背景知识。通过可视化地与数据交互，用户也可能逐步深入地理解数据。在获得大约相同准确率的同时，构建的决策树往往比使用传统的决策树归纳方法建立的决策树更小，因而更容易解释。

"如何对数据可视化，以支持交互式决策树构建？"PBC 使用一种基于像素的方法观察具有类标号信息的多维数据。它采用扇形方法，把多维数据对象映射到一个被划分成 d 个扇形的圆，其中每个扇形代表一个属性（2.3.1 节）。这里，每个数据对象的一个属性值被映射到一个着色的像素，表示该对象的类标号。对每个对象的每个属性 – 值对都进行这种映射。对每个属性排序，以便确定扇形内安排的次序。例如，给定扇形内的属性值可以这样安 [348]

排，以便显示相同属性值内（关于类标号）的同质区域。一次可视化的训练数据量大致由属性数和数据对象数的乘积确定。

PBC 系统显示一个划分的屏幕，包括一个数据交互窗口（Data Interaction window）和一个知识交互窗口（Knowledge Interaction window）（见图8.9）。数据交互窗口显示所考察数据的各个扇形，而知识交互窗口显示已构建的决策树。开始，数据交互窗口对整个训练集进行可视化，而知识交互窗口显示一棵空的决策树。

传统的决策树算法只允许对数值属性进行二元划分。然而，PBC 允许用户指定多个分裂点，导致从单个树结点长出多个分枝。

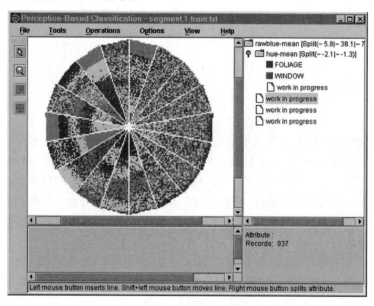

图8.9 交互式决策树构建系统 PBC 的屏幕快照。多维训练数据在数据交互窗口（左）显示在诸扇形中。知识交互窗口（右）显示当前的决策树。取自 Ankerst、Elsen、Ester 和 Kriegel[AEEK99]

349

树交互地构建。用户在数据交互窗口观察多维数据，并选择分裂属性和一个或多个分裂点。当前决策树在知识窗口扩展。用户选择决策树的一个结点，可以给该结点指定一个类标号（使该结点变成树叶），或者要求可视化对应于该结点的训练数据。这导致除从根到该结点路径上使用的分裂准则外，每个属性重新可视化。该交互过程继续，直到决策树的每个树叶都被指定一个类标号。

在各种不同的数据集上，使用 PBC 创建的决策树可以与 CART、C4.5 和 SPRINT 算法产生的决策树相媲美。使用 PBC 创建的决策树的准确率可以与算法生成的决策树相媲美，但更小，因此更容易理解。用户不仅可以使用他们的领域知识构建决策树，而且还可以在构建过程中更加深入地理解他们的数据。

8.3 贝叶斯分类方法

"什么是贝叶斯分类法？"贝叶斯分类法是统计学分类方法。它们可以预测类隶属关系的概率，如一个给定的元组属于一个特定类的概率。

贝叶斯分类基于贝叶斯定理。分类算法的比较研究发现，一种称为朴素贝叶斯分类法的简单贝叶斯分类法可以与决策树和经过挑选的神经网络分类器相媲美。用于大型数据库，贝叶斯分类法也已表现出高准确率和高速度。

朴素贝叶斯分类法假定一个属性值在给定类上的影响独立于其他属性的值。这一假定称为类条件独立性。做此假定是为了简化计算，并在此意义下称为"朴素的"。

8.3.1 节回顾基本的概率概念和贝叶斯定理。在 8.3.2 节将学习如何进行贝叶斯分类。

8.3.1 贝叶斯定理

贝叶斯定理用 Thomas Bayes 的名字命名。Thomas Bayes 是一位不墨守成规的英国牧师，是 18 世纪概率论和决策论的早期研究者。设 X 是数据元组。在贝叶斯的术语中，X 看做"证据"。通常，X 用 n 个属性集的测量值描述。令 H 为某种假设，如数据元组 X 属于某个特定类 C。对于分类问题，希望确定给定"证据"或观测数据元组 X，假设 H 成立的概率 $P(H|X)$。换言之，给定 X 的属性描述，找出元组 X 属于类 C 的概率。

$P(H|X)$ 是**后验概率**（posterior probability），或在条件 X 下，H 的后验概率。例如，假设数据元组世界限于分别由属性 *age* 和 *income* 描述的顾客，而 X 是一位 35 岁的顾客，其收入为 4 万美元。令 H 为某种假设，如顾客将购买计算机。则 $P(H|X)$ 反映当我们知道顾客的年龄和收入时，顾客 X 将购买计算机的概率。

相反，$P(H)$ 是**先验概率**（prior probability），或 H 的先验概率。对于我们的例子，它是任意给定顾客将购买计算机的概率，而不管他们的年龄、收入或任何其他信息。后验概率 $P(H|X)$ 比先验概率 $P(H)$ 基于更多的信息（例如顾客的信息）。$P(H)$ 独立于 X。

类似地，$P(X|H)$ 是条件 H 下，X 的似然概率。也就是说，它是已知顾客 X 将购买计算机，该顾客是 35 岁并且收入为 4 万美元的概率。

$P(X)$ 是 X 的先验概率。使用我们的例子，它是顾客集合中的年龄为 35 岁并且收入为 4 万美元的概率。

"如何估计这些概率？"正如下面将看到的，$P(X)$、$P(H)$ 和 $P(X|H)$ 可以由给定的数据估计。**贝叶斯定理**是有用的，它提供了一种由 $P(X)$、$P(H)$ 和 $P(X|H)$ 计算后验概率 $P(H|X)$ 的方法。贝叶斯定理是：

$$P(H|X) = \frac{P(X|H)P(H)}{P(X)} \tag{8.10}$$

现在，我们已经扫清了障碍，8.3.2 节将考察如何在朴素贝叶斯分类中使用贝叶斯定理。

8.3.2 朴素贝叶斯分类

朴素贝叶斯（Naïve Bayesian）**分类法**或**简单贝叶斯分类法**的工作过程如下：

（1）设 D 是训练元组和它们相关联的类标号的集合。通常，每个元组用一个 n 维属性向量 $X = \{x_1, x_2, \cdots, x_n\}$ 表示，描述由 n 个属性 $A_1, A_2, \cdots, A_n$ 对元组的 n 个测量。

（2）假定有 m 个类 $C_1, C_2, \cdots, C_m$。给定元组 X，分类法将预测 X 属于具有最高后验概率的类（在条件 X 下）。也就是说，朴素贝叶斯分类法预测 X 属于类 C_i，当且仅当

$$P(C_i|X) > P(C_j|X) \qquad 1 \leqslant j \leqslant m, \quad j \neq i$$

这样，最大化 $P(C_i|X)$。$P(C_i|X)$ 最大的类 C_i 称为最大后验假设。根据贝叶斯定理（(8.10) 式），

$$P(C_i|X) = \frac{P(X|C_i)P(C_i)}{P(X)} \tag{8.11}$$

（3）由于 $P(X)$ 对所有类为常数，所以只需要 $P(X|C_i)P(C_i)$ 最大即可。如果类的先

验概率未知，则通常假定这些类是等概率的，即 $P(C_1) = P(C_2) = \cdots = P(C_m)$，并据此对 $P(X \mid C_i)$ 最大化。否则，最大化 $P(X \mid C_i)P(C_i)$。注意，类先验概率可以用 $P(C_i) = |C_{i,D}| / |D|$ 估计，其中 $|C_{i,D}|$ 是 D 中 C_i 类的训练元组数。

（4）给定具有许多属性的数据集，计算 $P(X \mid C_i)$ 的开销可能非常大。为了降低计算 $P(X \mid C_i)$ 的开销，可以做**类条件独立**的朴素假定。给定元组的类标号，假定属性值有条件地相互独立（即属性之间不存在依赖关系）。因此，

$$P(X \mid C_i) = \prod_{k=1}^{n} P(x_k \mid C_i) = P(x_1 \mid C_i)P(x_2 \mid C_i)\cdots P(x_n \mid C_i) \tag{8.12}$$

可以很容易地由训练元组估计概率 $P(x_1 \mid C_i)$，$P(x_2 \mid C_i)$，$\cdots$，$P(x_n \mid C_i)$。注意，x_k 表示元组 X 在属性 A_k 的值。对于每个属性，考察该属性是分类的还是连续值的。例如，为了计算 $P(X \mid C_i)$，考虑如下情况：

（a）如果 A_k 是分类属性，则 $P(x_k \mid C_i)$ 是 D 中属性 A_k 的值为 x_k 的 C_i 类的元组数除以 D 中 C_i 类的元组数 $|C_{i,D}|$。

（b）如果 A_k 是连续值属性，则需要多做一点工作，但是计算很简单。通常，假定连续值属性服从均值为 μ、标准差为 σ 的高斯分布，由下式定义

$$g(x, \mu, \sigma) = \frac{1}{\sqrt{2\pi}\sigma} e^{-\frac{(x-\mu)^2}{2\sigma^2}} \tag{8.13}$$

因此

$$P(x_k \mid C_i) = g(x_k, \mu_{C_i}, \sigma_{C_i}) \tag{8.14}$$

这些公式看上去可能有点儿令人生畏，但是沉住气！需要计算 μ_{C_i} 和 σ_{C_i}，它们分别是 C_i 类训练元组属性 A_k 的均值（即平均值）和标准差。将这两个量与 x_k 一起代入（8.13）式，计算 $P(x_k \mid C_i)$。

例如，设 $X = (35, 40\,000$ 美元$)$，其中 A_1 和 A_2 分别是属性 *age* 和 *income*。设类标号属性为 *buys_computer*。X 相关联的类标号是 "*yes*"（即 *buys_computer = yes*）。假设 *age* 尚未离散化，因此是连续值属性。假设从训练集发现 D 中购买计算机的顾客年龄为 38 ± 12 岁。换言之，对于属性 *age* 和这个类，有 $\mu = 38$ 和 $\sigma = 12$。可以把这些量与元组 X 的 $x_1 = 35$ 一起代入（8.13）式，估计 $P(age = 35 \mid buys\_computer = yes)$。关于均值和标准差的计算，参见 2.2 节。

（5）为了预测 X 的类标号，对每个类 C_i，计算 $P(X \mid C_i)P(C_i)$。该分类法预测输入元组 X 的类为 C_i，当且仅当

$$P(X \mid C_i)P(C_i) > P(X \mid C_j)P(C_j), \qquad 1 \leqslant j \leqslant m, j \neq i \tag{8.15}$$

换言之，被预测的类标号是使 $P(X \mid C_i)P(C_i)$ 最大的类 C_i。

"贝叶斯分类法的有效性如何？"该分类法与决策树和神经网络分类法的各种比较实验表明，在某些领域，贝叶斯分类法足以与它们相媲美。理论上讲，与其他所有分类算法相比，贝叶斯分类法具有最小的错误率。然而，实践中并非总是如此。这是由于对其使用的假定（如类条件独立性）的不正确性，以及缺乏可用的概率数据造成的。

贝叶斯分类还可以用来为不直接使用贝叶斯定理的其他分类法提供理论判定。例如，在某种假定下，可以证明：与朴素贝叶斯分类法一样，许多神经网络和曲线拟合算法输出最大的后验假定。

例 8.4　使用朴素贝叶斯分类预测类标号。给定与例 8.3 决策树归纳相同的训练数据，希望使用朴素贝叶斯分类来预测未知元组的类标号。训练数据在表 8.1 中。数据元组用属性

age、$income$、$student$ 和 $credit\_rating$ 描述。类标号属性 $buys\_computer$ 具有两个不同值（即 $\{yes，no\}$）。设 C_1 对应于类 $buys\_computer = yes$，而 C_2 对应于类 $buys\_computer = no$。希望分类的元组为：

$$X = (age = youth, income = medium, student = yes, credit\_rating = fair)$$

需要最大化 $P(X \mid C_i)P(C_i)$，$i = 1$，2。每个类的先验概率 $P(C_i)$ 可以根据训练元组计算：

$$P(buys\_computer = yes) = 9/14 = 0.643$$
$$P(buys\_computer = no) = 5/14 = 0.357$$

为了计算 $P(X \mid C_i)$，$i = 1$，2，计算下面的条件概率：

$$P(age = youth \mid buys\_computer = yes) \qquad = 2/9 = 0.222$$
$$P(age = youth \mid buys\_computer = no) \qquad = 3/5 = 0.600$$
$$P(income = medium \mid buys\_computer = yes) \qquad = 4/9 = 0.444$$
$$P(income = medium \mid buys\_computer = no) \qquad = 2/5 = 0.400$$
$$P(student = yes \mid buys\_computer = yes) \qquad = 6/9 = 0.667$$
$$P(student = yes \mid buys\_computer = no) \qquad = 1/5 = 0.200$$
$$P(credit\_rating = fair \mid buys\_computer = yes) \qquad = 6/9 = 0.667$$
$$P(credit\_rating = fair \mid buys\_computer = no) \qquad = 2/5 = 0.400$$

使用上面的概率，得到：

$$P(X \mid buys\_computer = yes) = P(age = youth \mid buys\_computer = yes)$$
$$\times P(income = medium \mid buys\_computer = yes)$$
$$\times P(student = yes \mid buys\_computer = yes)$$
$$\times P(credit\_rating = fair \mid buys\_computer = yes)$$
$$= 0.222 \times 0.444 \times 0.667 \times 0.667 = 0.044$$

类似地，

$$P(X \mid buys\_computer = no) = 0.600 \times 0.400 \times 0.200 \times 0.400 = 0.019$$

为了找出最大化 $P(X \mid C_i)P(C_i)$ 的类，计算

$$P(X \mid buys\_computer = yes)P(buys\_computer = yes) = 0.044 \times 0.643 = 0.028$$
$$P(X \mid buys\_computer = no)P(buys\_computer = no) = 0.019 \times 0.357 = 0.007$$

因此，对于元组 X，朴素贝叶斯分类预测元组 X 的类为 $buys\_computer = yes$。 ■

"如果遇到零概率值怎么办？"注意，在（8.12）式中，根据类条件独立假设，用概率 $P(x_1 \mid C_i)$，$P(x_2 \mid C_i)$，…，$P(x_n \mid C_i)$ 的乘积估计 $P(X \mid C_i)$。这些概率可以由训练元组估计（步骤4）。需要对每个类计算 $P(X \mid C_i)(i = 1$，2，…，$m)$，以便找出最大化 $P(X \mid C_i)$ $P(C_i)$ 的类 C_i（步骤5）。考虑这一计算。对于元组 X 中每个属性 – 值对（即 $A_k = x_k$，$k = 1$，2，…，n），需要统计每个类（即每个 C_i，$i = 1$，…，m）中具有该属性 – 值对的元组数。在例8.4中，有两个类 $buys\_computer = yes$ 和 $buys\_computer = no$。因此，对于 X 的属性 – 值对 $student = yes$，需要两个计数——身份是学生并且 $buys\_computer = yes$ 的顾客数（用于 $P(X \mid buys\_computer = yes)$）和身份是学生并且 $buys\_computer = no$ 的顾客数（用于 $P(X \mid buys\_computer = no)$）。

但是，如果关于类 $buys\_computer = no$，没有代表学生的元组，导致 $P(student = yes \mid buys\_computer = no) = 0$ 怎么办？换句话说，如果得到某个 $P(x_k \mid C_i)$ 的零概率值，会发生什么？尽管没有这个零概率，仍然可能得到一个表明 X 属于 C_i 类的高概率，但是将这个零概率代

入（8.12）式将返回 $P(X \mid C_i)$ 的概率为零！一个零概率将消除乘积中涉及的（C_i 上）所有其他（后验）概率的影响。

有一个简单的技巧来避免该问题。可以假定训练数据库 D 很大，以至于对每个计数加 1 造成的估计概率的变化可以忽略不计，但可以方便地避免概率值为零。这种概率估计技术称为**拉普拉斯校准**或**拉普拉斯估计法**，以法国数学家皮埃尔·拉普拉斯（Pierre Laplace，1749—1827 年）的名字命名。如果对 q 个计数都加上 1，则必须记住在用于计算概率的对应分母上加上 q。用下面的例子解释这一技术。

例 8.5　使用拉普拉斯校准避免计算零概率值。假设在某训练数据库 D 上，类 *buys_computer = yes* 包含 1000 个元组，有 0 个元组 *income = low*，990 个元组 *income = medium*，10 个元组 *income = high*。不使用拉普拉斯校准，这些事件的概率分别是 0、0.990（990/1000）和 0.010（10/1000）。对这三个量使用拉普拉斯校准，假定对每个收入 – 值对增加一个元组。用这种方法，分别得到如下的概率（保留三位小数）：

$$\frac{1}{1003} = 0.001, \quad \frac{991}{1003} = 0.988, \quad \frac{11}{1003} = 0.011$$

这些"校准的"概率估计与对应的"未校准的"估计很接近，但是避免了零概率值。　　■

8.4　基于规则的分类

本节考察基于规则的分类法，其中学习得到的模型用一组 IF-THEN 规则表示。首先，考察如何使用这种规则进行分类（8.4.1 节）。其次，研究从决策树产生规则（8.4.2 节），或者使用顺序覆盖算法直接从训练数据中提取规则的方法（8.4.3 节）。

8.4.1　使用 IF-THEN 规则分类

规则是表示信息或少量知识的好方法。基于规则的分类器使用一组 IF-THEN 规则进行分类。一个 **IF-THEN** 规则是一个如下形式的表达式

IF 条件 THEN 结论。

规则 $R1$ 是一个例子

$R1$：IF *age = youth* AND *student = yes* THEN *buys_computer = yes*

规则的"IF"部分（或左部）称为**规则前件**或**前提**。"THEN"部分（或右部）是**规则的结论**。在规则前件，条件由一个或多个用逻辑连接词 AND 连接的属性测试（例如，*age = youth* 和 *student = yes*）组成。规则的结论包含一个类预测（在这个例子中，预测顾客是否购买计算机）。$R1$ 也可以写作

$$R1：(age = youth) \wedge (student = yes) \Rightarrow (buys\_computer = yes)$$

对于给定的元组，如果规则前件中的条件（即所有的属性测试）都成立，则我们说规则前件**被满足**（或简单地，规则被满足），并且规则**覆盖**了该元组。

规则 R 可以用它的覆盖率和准确率来评估。给定类标记的数据集 D 中的一个元组 X，设 n_{covers} 为规则 R 覆盖的元组数，$n_{correct}$ 为 R 正确分类的元组数，$|D|$ 是 D 中的元组数。可以将 R 的**覆盖率**和**准确率**定义为

$$coverage(R) = \frac{n_{covers}}{|D|} \tag{8.16}$$

$$accuracy(R) = \frac{n_{correct}}{n_{covers}} \tag{8.17}$$

也就是说，规则的覆盖率是规则覆盖（即其属性值使得规则的前件为真）的元组的百分比。对于规则的准确率，考察在它覆盖的元组中，可以被规则正确分类的元组所占的百分比。

例 8.6　规则的准确率和覆盖率。让我们回到表 8.1 的数据。这些是有类标记的元组，取自 AllElectronics 的顾客数据库。我们的任务是预测顾客是否购买计算机。考虑上面的规则 $R1$，它覆盖了 14 个元组中的 2 个。它可以对这两个元组正确地分类。因此，$coverage(R1) = 2/14 = 14.28\%$，而 $accuracy(R1) = 2/2 = 100\%$。　■

让我们看看如何使用基于规则的分类来预测给定元组 X 的类标号。如果规则被 X 满足，则称该规则被**触发**。例如，假设有

$$X = (age = youth, income = medium, student = yes, credit\_rating = fair)$$

想根据 $buys\_computer$ 对 X 分类。X 满足 $R1$，触发该规则。

如果 $R1$ 是唯一满足的规则，则该规则**激活**，返回 X 的类预测。注意，触发并不总意味激活，因为可能有多个规则被满足！如果多个规则被触发，则可能存在一个问题。如果它们指定了不同的类怎么办？或者，如果没有一个规则被 X 满足怎么办？

我们处理第一个问题。如果多个规则被触发，则需要一种解决冲突的策略来决定激活哪一个规则，并对 X 指派它的类预测。有许多可能的策略。我们考察两种，即规模序和规则序。

356

规模序（size ordering）方案把最高优先权赋予具有"最苛刻"要求的被触发的规则，其中苛刻性用规则前件的规模度量。也就是说，激活具有最多属性测试的被触发的规则。

规则序（rule ordering）方案预先确定规则的优先次序。这种序可以是基于类的或基于规则的。使用**基于类的序**，类按"重要性"递减排序，如按普遍性的降序排序。也就是说，最普遍（或最频繁）类的所有规则首先出现，次普遍类的规则随后，如此等等。作为选择，它们也可以根据每个类的误分类代价排序。在每个类中，规则是无序的——它们不必有序，因为它们都预测相同的类。（因此不存在类冲突！）

使用**基于规则的序**，根据规则质量的度量，如准确率、覆盖率或规模（规则前件中的属性测试数），或者根据领域专家的建议，把规则组织成一个优先权列表。在使用规则序时，规则集称为**决策表**。使用规则序，最先出现在决策表中的被触发的规则具有最高优先权，因此激活它的类预测。满足 X 的其他规则都被忽略。大部分基于规则的分类系统都使用基于类的规则序策略。

注意，在第一种策略中，规则总体上是无序的。在对元组分类时可以按任意次序使用它们。也就是说，每个规则之间是析取（逻辑 OR）关系。每个规则代表一个独立的金块或知识。这与规则序（决策表）方案相反，那里的规则必须按预先确定的次序使用，以避免冲突。决策表中的每个规则都蕴涵它前面规则的否定。因此，决策表中的规则更难解释。

既然已经知道如何处理冲突，让我们回到不存在 X 满足规则的情况。此时，如何确定 X 的类标号？在这种情况下，可以建立一个省缺或**默认规则**，根据训练集指定一个默认类。这个类可以是多数类，或者不被任何规则覆盖的元组的多数类。当且仅当没有其他规则覆盖 X 时，最后才使用默认规则。默认规则的条件为空。这样，当没有其他规则满足时该规则被激活。

在下面几节内，我们考察如何建立基于规则的分类器。

8.4.2　由决策树提取规则

在 8.2 节，我们学习了如何从训练数据集建立决策树分类器。决策树分类法是一种流行

的分类方法——容易理解决策树如何工作，并且它们以准确著称。决策树可能变得很大，并且很难解释。本节考察如何通过从决策树提取 IF-THEN 规则，建立基于规则的分类器。与决策树相比，IF-THEN 规则可能更容易理解，特别是当决策树非常大时更是如此。

为了从决策树提取规则，对每条从根到树叶结点的路径创建一个规则。沿着给定路径上的每个分裂准则的逻辑 AND 形成规则的前件（"IF" 部分）。存放类预测的树叶结点形成规则的后件（"THEN" 部分）。

例 8.7 **由决策树提取分类规则**。沿着从根结点到树中每个树叶结点的路径，图 8.2 的决策树可以转换成 IF-THEN 分类规则。由图 8.2 提取的规则是：

R1：IF *age* = *youth* AND *student* = *no* THEN *buys_computer* = *no*

R2：IF *age* = *youth* AND *student* = *yes* THEN *buys_computer* = *yes*

R3：IF *age* = *middle_aged* THEN *buys_computer* = *yes*

R4：IF *age* = *senior* AND *credit_rating* = *excellent* THEN *buys_computer* = *yes*

R5：IF *age* = *senior* AND *credit rating* = *fair* THEN *buys computer* = *no* ■

所提取的每个规则之间蕴涵着析取（逻辑 OR）关系。由于这些规则直接从树中提取，所以它们是**互斥的**和**穷举的**。互斥意味不可能存在规则冲突，因为没有两个规则被相同的元组触发。（每个树叶有一个规则，并且任何元组都只能映射到一个树叶。）穷举意味对于每种可能的属性–值组合都存在一个规则，使得该规则集不需要默认规则。因此，规则的序不重要——它们是无序的。

由于每个树叶一个规则，所以提取的规则集并不比对应的决策树简单多少！在某些情况下，提取的规则可能比原来的树更难解释。例如，图 8.7 显示的倾斜的决策树存在子树重复和复制。提取的规则集可能很大并且难以理解，因为某些属性测试可能是不相关的和冗余的。因此，该树很浓密。尽管很容易从决策树提取规则，但是可能需要做更多工作，对结果规则集进行剪枝。

"如何修剪规则集？" 对于给定的规则前件，不能提高规则的估计准确率的任何条件都可以剪掉（即删除），从而泛化该规则。C4.5 从未剪枝的树提取规则，然后使用类似于树剪枝的悲观方法对规则剪枝。使用训练元组和它们相关联的类标号来估计规则的准确率。然而，这将导致乐观估计，或者，调节该估计以补偿偏倚，导致悲观估计。此外，对整个规则集的总体准确率没有贡献的任何规则也将剪去。

然而，在规则剪枝时，可能出现其他问题，因为这些规则不再是互斥和穷举的。为了处理冲突，C4.5 采用**基于类的定序**方案。它把一个类的所有规则放在一个组中，然后确定类规则集的秩。在规则集中的规则是无序的。C4.5 确定类规则集的序，最小化假正例错误（即规则预测为类 *C*，但实际类不是 *C*）。首先考察具有最小假正例的类规则集。一旦剪枝完成，就进行最终的检查，删除复制。在选择默认类时，C4.5 不选择多数类，因为这个类多半有许多规则用于它的元组。或者，它选择包含最多未被任何规则覆盖的训练元组的类。

8.4.3　使用顺序覆盖算法的规则归纳

使用**顺序覆盖算法**（sequential covering algorithm）可以直接从训练数据提取 IF-THEN 规则（即不必产生决策树）。算法的名字源于规则被顺序地学习（一次一个），其中，给定类的每个规则覆盖该类的许多元组（并且希望不覆盖其他类的元组）。顺序覆盖算法是最广泛使用的挖掘分类规则析取集的方法，是本节的主题。

有许多流行的顺序覆盖算法，包括 AQ、CN2 和最近提出的 RIPPER。算法的一般策略如下。一次学习一个规则。每学习一个规则，就删除该规则覆盖的元组，并在剩下的元组上重复该过程。这种规则的顺序学习与决策树形成了对照。由于决策树中每条到树叶的路径对应一个规则，因此可以把决策树归纳看做同时学习一组规则。

基本顺序覆盖算法显示在图 8.10 中。这里，一次为一个类学习规则。理想情况下，在为 C 类学习规则时，我们希望它覆盖 C 类的所有（或许多）训练元组，并且没有（或很少）覆盖其他类的元组。这样，学习的规则应该具有高准确率。规则不必是高覆盖率的。这是因为每个类可以有多个规则，使得不同的规则可以覆盖同一个类中的不同元组。该过程继续，直到满足某终止条件，如不再有训练元组，或返回规则的质量低于用户指定的阈值。给定当前的训练元组集，*Learn_One_Rule* 过程为当前类找出"最好的"规则。

算法：**顺序覆盖**。学习一组 IF-THEN 分类规则。

输入：

- *D*,类标记元组的数据集合。
- *Att-vals*,所有属性与它们可能值的集合。

输出：IF-THEN 规则的集合。

方法：

(1) *Rule_set = {};*   // 学习的规则集初始为空

(2) **for** 每个类 *c* **do**

(3)   **repeat**

(4)   *Rule* = **Learn_One_Rule**(*D, Att-vals,c*);

(5)   从 *D* 中删除被 *Rule* 覆盖的元组；

(6)   **until** 终止条件满足；

(7) *Rule_set = Rule_set + Rule* // 将新规则添加到规则集

(8) **endfor**

(9) 返回 *Rule_set*;

图 8.10 基本顺序覆盖算法

"如何学习规则？"典型地，规则以从一般到特殊的方式增长（见图 8.11）。我们可以将这想象成束状搜索（beam search），从空规则开始，然后逐渐向它添加属性测试。添加的属性测试作为规则前件条件的逻辑合取。假设训练集 *D* 由贷款申请数据组成。涉及每个申请者的属性包括他们的年龄、收入、文化程度、住处、信誉等级和贷款期限。分类属性是 *loan_decision*，指出贷款申请是被接受（认为是安全的）还是被拒绝（认为是有风险的）。为了学习 "*accept*" 类的规则，从最一般的规则开始，即从规则前件条件为空的规则开始。该规则是：

IF   THEN loan_decision = accept

然后，我们考虑每个可以添加到该规则中的可能属性测试。这些可以从参数 *Att-vals* 导出，该参数包含属性及其相关联值的列表。例如，对于属性–值对（*att, val*），可以考虑诸如 *att = val*、*att ≤ val*、*att > val* 等测试。通常，训练数据包含许多属性，每个属性都有一些可能的值。找出最优规则集是计算昂贵的。或者，*Learn_One_Rule* 采用一种贪心的深度优先策略。每当面临添加一个新的属性测试（合取项）到当前规则时，它根据训练样本选择最能提高规则质量属性的测试。稍后，将更详细地讨论规则质量度量。目前，我们使用规则的准确率作为质量度量。回到图 8.11 的例子，假设 *Learn_One_Rule* 发现属

性测试 *income = high* 最大限度地提高了当前（空）规则的准确率。把它添加到条件中，当前规则变成

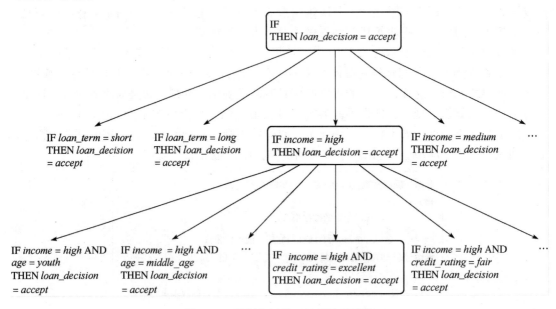

图 8.11 规则空间从一般到特殊搜索

IF *income = high* THEN *loan_decision = accept*

每添加一个测试属性到规则时，结果规则将覆盖更多的"*accept*"元组。在下一次迭代时，再次考虑可能的属性测试，结果选中 *credit_rating = excellent*。当前规则增长，变成

IF *income = high* AND *credit_rating = excellent* THEN *loan_decision = accept*

重复该过程，每一步继续贪心地增长规则，直到结果规则达到可接受的质量水平。

贪心搜索不允许回溯。在每一步，启发式地添加当时看上去最好的选择。在这一过程中，如果我们不自觉地做出一个很差的选择会怎么样？为了减少发生这种情况的几率，可以选择最好的 *k* 个而不是一个属性测试添加到当前规则中。这样，进行宽度为 *k* 的束状搜索，在每一步维持 *k* 个最佳候选，而不是一个最佳候选。

1. 规则质量度量

Learn_One_Rule 需要度量规则的质量。每当考虑一个属性测试时，它必须检查，看添加该测试到规则的条件中是否能导致一个改进的规则。乍一看准确率似乎是一个显然的选择，但考虑例8.8。

例8.8 根据准确率从两个规则中选择。考虑图 8.12 所示的两个规则。这两个规则都是 *loan_decision = accept* 类的规则。使用"*a*"表示"*accept*"类的元组，"*r*"表示"*reject*"类的元组。规则 *R1* 正确地对它覆盖的 40 个元组中的 38 个进行了分类。规则 *R2* 只覆盖了 2 个元组，它正确地进行了分类。它们的准确率分别为 95% 和 100%。这样，*R2* 比 *R1* 具有更高的准确率。然而由于小覆盖率，*R2* 不是更好的规则。■

从这个例子可以看出，准确率本身并非规则质量的可靠估计。覆盖率本身也没有用——对于给定的类，可以构造一个规则，它覆盖许多元组，大部分属于其他类！因此，寻找评估规则质量的其他度量，可以集成准确率和覆盖率。这里，将考察几种度量，主要是熵，另一种是基于信息增益的度量，以及一种考虑覆盖率的统计检验。对于我们的讨论，假设学习类 *c* 的规则。当前的规则是 *R*：IF *condition* THEN *class = c*。我们想知道给定属性测试逻辑合取

到 condition 中是否导致更好的规则。我们称新的条件为 condition'，其中 R'：IF condition' THEN class = c 是一个可能的新规则。换言之，我们想知道 R'是否比 R 更好。

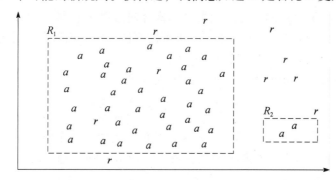

图 8.12 loan_decision = accept 类的规则，显示 accept(a) 和 reject(r) 元组

在讨论用于决策树属性选择的信息增益度量时（8.3.2 节（8.1）式），我们已经见过熵。熵又称为对数据集 D 的元组分类所需的期望信息。这里，D 是 condition'覆盖的元组集合，而 p_i 是 D 中 C_i 类的概率。熵越小，condition'越好。熵更偏向于覆盖单个类大量元组和少量其他类元组的条件。

另一种度量基于信息增益，在一阶归纳学习器（First Order Inductive Learner，FOIL）中提出。FOIL 是一种学习一阶逻辑规则的顺序覆盖算法。学习一阶逻辑规则更复杂，因为这种规则包含变量，而本节所关心的规则都是命题（即不含变量）[注]。在机器学习中，用于学习规则的类的元组称正元组，而其余元组为负元组。设 pos(neg) 为被 R 覆盖的正（负）元组数。设 pos'(neg') 为被 R'覆盖的正（负）元组数。FOIL 用下式估计扩展 condition'而获得的信息

$$FOIL\_Gain = pos' \times \left(\log_2 \frac{pos'}{pos' + neg'} - \log_2 \frac{pos}{pos + neg} \right) \tag{8.18}$$

它偏向于具有高准确率并且覆盖许多正元组的规则。

还可以使用统计显著性检验来确定规则的效果是否并非出于偶然性，而是预示属性值与类之间的真实相关性。该检验将规则覆盖的元组的观测类分布与规则随机预测产生的期望类分布进行比较。我们希望评估这两个分布之间的观测差是否是随机的。可以使用**似然率统计量**（likelihood ratio statistic） [362]

$$Likelihood\_Ratio = 2 \sum_{i=1}^{m} f_i \log \left(\frac{f_i}{e_i} \right) \tag{8.19}$$

其中 m 是类数。

对于满足规则的元组，f_i 是这些元组中类 i 的观测频率，e_i 是规则随机预测时类 i 的期望频率。该统计量服从自由度为 $m-1$ 的 χ^2 分布。似然率越高，规则正确预测数与"随机猜测器"的差越显著。也就是说，规则的性能并非偶然性。似然率有助于识别具有显著覆盖率的规则。

CN2 使用熵和似然率检验，而 FOIL 的信息增益被 RIPPER 使用。

2. 规则剪枝

在评估规则时，Learn_One_Rule 不使用检验集。上面介绍的规则质量评估使用原训练数

㊀ 顺便说一下，FOIL 由 ID3 之父 Quinlan 提出。

据的元组。这种评估是乐观的，因为规则可能过分拟合这些数据。也就是说，规则可能在训练数据上性能很好，但是在以后的数据上就不那么好。为了补偿这一点，可以对规则剪枝。通过删除一个合取（属性测试）对规则剪枝。选择对规则 R 剪枝，如果在独立的元组集上评估，R 剪枝后的版本具有更高的质量。与决策树剪枝一样，称这个元组集为剪枝集。可以使用各种剪枝策略，如前面介绍的悲观剪枝方法。

FOIL 使用一种简单但很有效的方法。给定规则 R，

$$FOIL\_Prune(R) = \frac{pos - neg}{pos + neg} \qquad (8.20)$$

其中，pos 和 neg 分别为规则 R 覆盖的正元组数和负元组数。这个值将随着 R 在剪枝集上的准确率的增加而增加。因此，如果 R 剪枝后版本的 $FOIL\_Prune$ 值较高，则对 R 剪枝。

根据约定，在考虑剪枝时，RIPPER 从最近添加的合取项开始。只要剪枝导致改进，就一次剪去一个合取项。

8.5　模型评估与选择

既然已经建立了分类模型，你的脑海中就可能浮现许多问题。例如，假设使用先前的销售数据训练分类器，预测顾客的购物行为。你希望评估该分类器预测未来顾客购物行为（即未经过训练的未来顾客数据）的准确率。你甚至可能尝试了不同的方法，建立了多个分类器，并且希望比较它们的准确率。但是，什么是准确率？如何估计它？分类器"准确率"的某些度量比其他度量更合适吗？如何得到可靠的准确率估计？本节讨论这些问题。

8.5.1 节介绍分类器准确率的各种评估度量。保持和随机子抽样（8.5.2 节）、k-折交叉验证（8.5.3 节）和自助方法（8.5.4 节）都是基于给定数据的随机抽样划分，评估准确率的常用技术。如果有多个分类器并且想选择一个"最好的"，怎么办？这称为模型选择（即选择一个分类器）。最后两节讨论这一问题。8.5.5 节讨论如何使用统计显著性检验来评估两个分类器的准确率之差是否纯属偶然。8.5.6 节介绍如何使用成本收益和接受者操作特征（Receiver Operating Characteristic，ROC）曲线比较分类器。

8.5.1　评估分类器性能的度量

本节介绍一些评估度量，用来评估分类器预测元组类标号的性能或"准确率"。我们将考虑各类元组大致均匀分布的情况，也考虑类不平衡的情况（例如，在医学化验中，感兴趣的重要类稀少）。本节介绍的分类器评估度量汇总在图 8.13 中，包括准确率（又称为"识别率"）、敏感度（或称为召回率，recall）、特效性、精度（precision）、F_1 和 F_β。注意，尽管准确率是一个特定的度量，但是"准确率"一词也经常用于谈论分类器预测能力的通用术语。

由于学习算法对训练数据的过分特化作用，使用训练数据导出分类器，然后评估结果模型的准确率可能错误地导致过于乐观的估计。（稍后，我们更详细地讨论！）分类器的准确率最好在检验集上估计。检验集由训练模型时未使用的含标记类的元组组成。

在讨论各种度量之前，需要熟悉一些术语。回忆一下，我们可能谈论过**正元组**（感兴趣的主要类的元组）和**负元组**（其他元组）$^{\ominus}$。例如，给定两个类，正元组可能是 *buys_computer = yes*，负元组是 *buys_computer = no*。假设在有标号的元组组成的训练集上使用分类器。

$\ominus$　在机器学习和模式识别文献中，它们分别称为正样本和负样本。

P 是正元组数，N 是负元组数。对于每个元组，我们把分类器预测的类标号与该元组已知的类标号进行比较。

度量	公式
准确率、识别率	$\dfrac{TP+TN}{P+N}$
错误率、误分类率	$\dfrac{FP+FN}{P+N}$
敏感度、真正例率、召回率	$\dfrac{TP}{P}$
特效性、真负例率	$\dfrac{TN}{N}$
精度	$\dfrac{TP}{TP+FP}$
F、F_1、F分数 精度和召回率的调和均值	$\dfrac{2 \times precision \times recall}{precision+recall}$
F_β，其中β是非负实数	$\dfrac{(1+\beta^2) \times precision \times recall}{\beta^2 \times precision+recall}$

图 8.13　评估度量。注意：某些度量有多个名称。TP, TN, FP, FN, P, N 分别表示真正例、真负例、假正例、假负例、正和负样本数

还有四个需要知道的术语。这些术语是用于计算许多评估度量的"构件"，理解它们有助于领会各种度量的含义。

- 真正例/真阳性（True Positive，TP）：是指被分类器正确分类的正元组。令 TP 为真正例的个数。
- 真负例/真阴性（True Negative，TN）：是指被分类器正确分类的负元组。令 TN 为真负例的个数。
- 假正例/假阳性（False Positive，FP）：是被错误地标记为正元组的负元组（例如，类 *buys_computer* = *no* 的元组，被分类器预测为 *buys_computer* = *yes*）。令 FP 为假正例的个数。
- 假负例/假阴性（False Negative，FN）：是被错误地标记为负元组的正元组（例如，类 *buys_computer* = *yes* 的元组，被分类器预测为 *buys_computer* = *no*）。令 FN 为假负例的个数。

这些术语汇总在图 8.14 的混淆矩阵中。

混淆矩阵是分析分类器识别不同类元组的一种有用工具。TP 和 TN 告诉我们分类器何时分类正确，而 FP 和 FN 告诉我们分类器何时分类错误。给定 m 个类（其中 $m \geqslant 2$），**混淆矩阵**（confusion matrix）是一个至少为 $m \times m$ 的表。前 m 行和 m 列中的表目 $CM_{i,j}$ 指出类 i 的元组被分类器标记为类 j 的个数。理想地，对于具有高准确率的分类器，大部分元组应该被混淆矩阵从 $CM_{1,1}$ 到 $CM_{m,m}$ 的对角线上的表目表示，而其他表目为 0 或者接近 0。也就是说，FP 和 FN 接近 0。

365

	预测的类		
		yes	*no*	合计
实际的类	*yes*	TP	FN	P
	no	FP	TN	N
	合计	P'	N'	$P+N$

图 8.14　一个混淆矩阵，显示了正元组和负元组的合计

该表可能有附加的行和列，提供合计。例如，在图 8.14 的混淆矩阵中，显示了 P 和 N。此外，P' 是被分类器标记为正的元组数（$TP + FP$），N' 是被标记为负的元组数（$TN + FN$）。元组的总数为 $TP + TN + FP + PN$，或 $P + N$，或 $P' + N'$。注意，尽管所显示的混淆矩阵是针

对二元分类问题的，但是容易用类似的方法给出多类问题的混淆矩阵。

现在，从准确率开始，考察评估度量。分类器在给定检验集上的**准确率**（accuracy）是被该分类器正确分类的元组所占的百分比。即，

$$accuracy = \frac{TP + TN}{P + N} \tag{8.21}$$

在模式识别文献中，准确率又称为分类器的总体**识别率**；即它反映分类器对各类元组的正确识别情况。两个类 buys_computer = yes（正类）和 buys_computer = no（负类）混淆矩阵的例子显示在图 8.15 中。显示了合计，以及每类和总体识别率。看一眼混淆矩阵，很容易看出相应的分类器是否混淆了两个类。

类	buyscomputer=yes	buyscomputer=no	合计	识别率（%）
buys_computer=yes	**6954**	**46**	7000	99.34
buys_computer=no	**412**	**2588**	3000	86.27
合计	7366	2634	10 000	95.42

图 8.15 类 buys_computer = yes 和 buys_computer = no 的混淆矩阵，其中第 i 行和第 j 列的表目显示类 i 的元组被分类器标记为类 j 的个数。理想地，非对角线上的表目应当为 0 或接近 0。

例如，我们看到 421 个 "no" 元组被误标记为 "yes"。当类分布相对平衡时，准确率最有效。

我们也可以说分类器 M 的**错误率**或**误分类率**，它是 1 − accuracy（M），其中 accuracy(M) 是 M 的准确率。它也可以用下式计算

$$error\ rate = \frac{FP + FN}{P + N} \tag{8.22}$$

如果想使用训练集（而不是检验集）来估计模型的错误率，则该量称为**再代入误差**（resubstitution error）。这种错误估计是实际错误率的乐观估计（类似地，对应的准确率估计也是乐观的），因为并未在没有见过的任何样本上对模型进行检验。

现在，考虑**类不平衡问题**，其中感兴趣的主类是稀少的。也就是说，数据集的分布反映负类显著地占多数，而正类占少数。例如，在欺诈检测应用中，感兴趣的类（或正类）是 "fraud"（欺诈），它的出现远不及负类 "nonfraudulant"（非欺诈）频繁。在医疗数据中，可能也有稀有类，如 "cancer"（癌症）。假设已经训练了一个分类器，对医疗数据元组分类，其中类标号属性是 "cancer"，而可能的类值是 "yes" 和 "no"。97% 的准确率使得该分类器看上去相当准确，但是，如果实际只有 3% 的训练元组是癌症，怎么样？显然，97% 的准确率可能不是可接受的。例如，该分类器可能只是正确地标记非癌症元组，而错误地对所有癌症元组分类。因此，需要其他的度量，评估分类器正确地识别正元组（ "cancer = yes"）的情况和正确地识别负元组（ "cancer = no"）的情况。

为此，可以分别使用**灵敏性**（sensitivity）和**特效性**（specificity）度量。灵敏度也称为真正例（识别）率（即正确识别的正元组的百分比），而特效性是真负例率（即正确识别的负元组的百分比）。这些度量定义为

$$sensitivity = \frac{TP}{P} \tag{8.23}$$

$$specificity = \frac{TN}{N} \tag{8.24}$$

可以证明准确率是灵敏性和特效性度量的函数：

$$accuracy = sensitivity\frac{P}{(P+N)} + specificity\frac{N}{(P+N)} \tag{8.25}$$

例 8.9　灵敏性和特效性。 图 8.16 显示了医疗数据的混淆矩阵，其中，类标号属性 *cancer* 的类值为 *yes* 和 *no*。该分类器的灵敏度为 $\frac{90}{300}=30.00\%$。特效性为 $\frac{9650}{9700}=98.56\%$。 367

该分类器的总体准确率为 $\frac{9650}{10\,000}=96.50\%$。这样，我们注意到，尽管该分类器具有很高的准确率，但是考虑到它很低的灵敏度，它正确标记正类（稀有类）的能力还是很差。处理类失衡数据集的技术在 8.6.5 节给出。　■

类	yes	no	合计	识别率（%）
yes	**90**	**210**	300	30.00
no	**140**	**9560**	9700	98.56
合计	230	9770	10 000	96.40

图 8.16　类 *cancer = yes* 和 *cancer = no* 的混淆矩阵

精度和召回率度量也在分类中广泛使用。**精度**（precision）可以看做精确性的度量（即标记为正类的元组实际为正类所占的百分比），而**召回率**（recall）是完全性的度量（即正元组标记为正的百分比）。召回率看上去熟悉，因为它就是灵敏度（或真正例率）。这些度量可以如下计算：

$$precision = \frac{TP}{TP+FP} \tag{8.26}$$

$$recall = \frac{TP}{TP+FN} = \frac{TP}{P} \tag{8.27}$$

例 8.10　精度与召回率。 关于 *yes* 类，图 8.16 中分类器的精度为 $\frac{90}{230}=39.13\%$。召回率为 $\frac{90}{300}=30.00\%$，与例 8.9 计算灵敏度相同。　■

类 C 的精度满分 1.0 意味分类器标记为类 C 的每个元组都确实属于类 C。然而，对于被分类器错误分类的类 C 的元组数，它什么也没告诉我们。类 C 的召回率满分 1.0 意味类 C 的每个元组都标记为类 C，但是并未告诉我们有多少其他元组被不正确地标记属于类 C。精度与召回率之间趋向于呈现逆关系，有可能以降低一个为代价而提高另一个。例如，通过标记所有以肯定方式出现的癌症元组为 *yes*，医疗数据分类器可能获得高精度，但是，如果它误标记许多其他癌症元组，则它可能具有很低的召回率。精度和召回率通常一起使用，用固定的召回率值比较精度，或用固定的精度比较召回率。例如，可以在 0.75 的召回率水平比较精度。

另一种使用精度和召回率的方法是把它们组合到一个度量中。这是 F 度量（又称为 F_1 368 分数或 F 分数）和 F_β 度量的方法。它们定义如下：

$$F = \frac{2 \times precision \times recall}{precision + recall} \tag{8.28}$$

$$F_\beta = \frac{(1+\beta^2) \times precision \times recall}{\beta^2 \times precision + recall} \tag{8.29}$$

其中，β 是非负实数。F 度量是精度和召回率的调和均值（证明留做习题）。它赋予精度和召回率相等的权重。F_β 度量是精度和召回率加权度量。它赋予召回率权重是赋予精度的 β 倍。通常使用的 F_β 是 F_2（它赋予召回率权重是精度的 2 倍）和 $F_{0.5}$（它赋予精度的权重是召回率的 2 倍）。

"还有其他，准确率可能不合适的情况吗？"在分类问题中，通常假定所有的元组都是唯一可分类的，即每个训练元组都只能属于一个类。然而，由于大型数据库中的数据非常多样化，假定所有的对象都唯一可分类并非总是合理的。假定每个元组可以属于多个类是更可行的。这样，如何度量大型数据库上分类器的准确率呢？准确率度量是不合适的，因为它没考虑元组属于多个类的可能性。

不是返回类标号，而是返回类分布概率是有用的。这样，准确率度量可以采用**二次猜测**（second guess）试探：一个类预测被断定是正确的，如果它与最可能的或次可能的类一致。尽管这在某种程度上确实考虑了元组的非唯一分类，但它不是完全解。

除了基于准确率的度量外，还可以根据其他方面比较分类器：

- **速度**：这涉及产生和使用分类器的计算开销。
- **鲁棒性**：这是假定数据有噪声或有缺失值时分类器做出正确预测的能力。通常，鲁棒性用噪声和缺失值渐增的一系列合成数据集评估。
- **可伸缩性**：这涉及给定大量数据，有效地构造分类器的能力。通常，可伸缩性用规模渐增的一系列数据集评估。
- **可解释性**：这涉及分类器或预测器提供的理解和洞察水平。可解释性是主观的，因而很难评估。决策树和分类规则可能容易解释，但随着它们变得更复杂，它们的可解释性也随之消失。我们将讨论这一领域的某些工作，如在第9章，讨论从一种称为后向传播的"黑盒"神经网络分类器提取规则。

概括地说，我们已经介绍了一些评估度量。当数据类比较均衡地分布时，准确率效果最好。其他度量，如灵敏度（或召回率）、特效性、精度、F 和 F_β 更适合类不平衡问题，那里主要感兴趣的类是稀少的。本节剩余部分集中讨论如何获得可靠的分类器准确率估计。

8.5.2 保持方法和随机二次抽样

保持（holdout）方法是我们迄今为止讨论准确率时暗指的方法。在这种方法中，给定数据随机地划分成两个独立的集合：训练集和检验集。通常，2/3 的数据分配到训练集，其余 1/3 分配到检验集。使用训练集导出模型，其准确率用检验集估计（见图 8.17）。估计是悲观的，因为只有一部分初始数据用于导出模型。

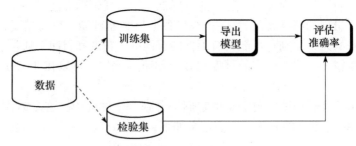

图 8.17 用保持方法估计准确率

随机二次抽样（random subsampling）是保持方法的一种变形，它将保持方法重复 k 次。总准确率估计取每次迭代准确率的平均值。

8.5.3 交叉验证

在 **k-折交叉验证**（k-fold cross-validation）中，初始数据随机地划分成 k 个互不相交的子集或"折" D_1，D_2，$\cdots$，D_k，每个折的大小大致相等。训练和检验进行 k 次。在第 i 次迭代，分区 D_i 用做检验集，其余的分区一起用做训练模型。也就是说，在第一次迭代，子集

D_2，$\cdots$，D_k 一起作为训练集，得到第一个模型，并在 D_1 上检验；第二次迭代在子集 D_1，D_3，$\cdots$，D_k 上训练，并在 D_2 上检验；如此下去。与上面的保持和随机二次抽样不同，这里每个样本用于训练的次数相同，并且用于检验一次。对于分类，准确率估计是 k 次迭代正确分类的元组总数除以初始数据中的元组总数。 370

留一（leave-one-out）是 k-折交叉验证的特殊情况，其中 k 设置为初始元组数。也就是说，每次只给检验集"留出"一个样本。在**分层交叉验证**（stratified cross-validation）中，折被分层，使得每个折中样本的类分布与在初始数据中的大致相同。

一般地，建议使用分层 10-折交叉验证估计准确率（即使计算能力允许使用更多的折），因为它具有相对较低的偏倚和方差。

8.5.4 自助法

与上面提到的准确率估计方法不同，**自助法**（bootstrap）从给定训练元组中有放回的均匀抽样。也就是说，每当选中一个元组，这个元组同样也可能被再次选中并被再次添加到训练集中。例如，想象一台从训练集中随机选择元组的机器。在有放回的抽样中，允许机器多次选择同一个元组。

有多种自助方法。最常用的一种是 **.632 自助法**，其方法如下。假设给定的数据集包含 d 个元组。该数据集有放回地抽样 d 次，产生 d 个样本的自助样本集或训练集。原数据元组中的某些元组很可能在该样本集中出现多次。没有进入该训练集的数据元组最终形成检验集。假设进行这样的抽样多次。其结果是，在平均情况下，63.2% 原数据元组将出现在自助样本中，而其余 38.8% 的元组将形成检验集（因此称为 .632 自助法）。

"数字 63.2% 从何而来？"每个元组被选中的概率是 $1/d$，因此未被选中的概率是 $(1 - 1/d)$。需要挑选 d 次，因此一个元组在 d 次挑选都未被选中的概率是 $(1 - 1/d)^d$。如果 d 很大，该概率近似为 $e^{-1} = 0.368$。[一]因此 36.8% 的元组未被选为训练元组而留在检验集中，其余的 63.2% 的元组将形成训练集。

可以重复抽样过程 k 次，其中在每次迭代中，使用当前的检验集得到从当前自助样本得到的模型的准确率估计。模型的总体准确率则用下式估计

$$Acc(M) = \sum_{i=1}^{k} (0.632 \times Acc(M_i)_{test\_set} + 0.368 \times Acc(M_i)_{train\_set}) \qquad (8.30)$$

其中，$Acc(M_i)_{test\_set}$ 是自助样本 i 得到的模型用于检验集 i 的准确率。$Acc(M_i)_{train\_set}$ 是自助样本 i 得到的模型用于原数据元组集的准确率。对于小数据集，自助法效果很好。 371

8.5.5 使用统计显著性检验选择模型

假设已经由数据产生了两个分类模型 M_1 和 M_2。已经进行 10 折交叉验证，得到了每个的平均错误率[二]。"如何确定哪个模型最好？"直观地，可以选择具有最低错误率的模型。然而，平均错误率只是对未来数据真实总体上的错误估计。10 折交叉验证实验的错误率之间可能存在相当大的方差。尽管由 M_1 和 M_2 得到的平均错误率看上去可能不同，但是差别可能不是统计显著的。如果两者之间的差别可能只是偶然的，怎么办？本节讨论这些问题。

为了确定两个模型的平均错误率是否存在"真正的"差别，需要使用统计显著性检验。此外，希望得到平均错误率的置信界，使得我们可以做出这样的陈述："对于未来样本的95%，观测到的均值将不会偏离正、负两个标准差"或者"一个模型比另一个模型好，误差幅度为±4%。"

为了进行统计检验，我们需要什么？假设对于每个模型，我们做了10次10-折交叉验证，每次使用数据的不同的10折划分。每个划分都独立地抽取。可以分别对 M_1 和 M_2 得到的10个错误率取平均值，得到每个模型的平均错误率。对于一个给定的模型，在交叉验证中计算的每个错误率都可以看做来自一种概率分布的不同的独立样本。一般地，它们服从具有 $k-1$ 个自由度的 t 分布，其中 $k=10$。（该分布看上去很像正态或高斯分布，尽管定义这两个分布的函数很不相同。两个分布都是单峰的、对称的和钟形的。）这使得我们可以做假设检验，其中所使用的显著性检验是 *t*-检验，或**研究者的 *t*-检验**（student's *t*-test）。假设这两个模型相同，换言之，两者的平均错误率之差为0。如果我们能够拒绝该假设（称为原假设（null hypothesis）），则我们可以断言两个模型之间的差是统计显著的。在此情况下，我们可以选择具有较低错误率的模型。

在数据挖掘实践中，通常使用单个检验集，即可能对 M_1 和 M_2 使用相同的检验集。在这种情况下，对于10-折交叉验证的每一轮，**逐对比较**每个模型。也就是说，对于10-折交叉验证的第 i 轮，使用相同的交叉验证划分得到 M_1 的错误率和 M_2 的错误率。设 $err(M_1)_i$（或 $err(M_2)_i$）是模型 M_1（或 M_2）在第 i 轮的错误率。对 M_1 的错误率取平均值得到 M_1 的平均错误率，记为 $\overline{err}(M_1)$。类似地，可以得到 $\overline{err}(M_2)$。两个模型差的方差记为 $var(M_1 - M_2)$。t-检验计算 k 个样本具有 $k-1$ 自由度的 t-统计量。在我们的例子中，$k=10$，因为这里的 k 个样本是从每个模型的10-折交叉验证得到的错误率。逐对比较的 t-统计量按下式计算：

$$t = \frac{\overline{err}(M_1) - \overline{err}(M_2)}{\sqrt{var(M_1 - M_2)/k}} \tag{8.31}$$

其中

$$var(M_1 - M_2) = \frac{1}{k}\sum_{i=1}^{k} \left[err(M_1)_i - err(M_2)_i - (\overline{err}(M_1) - \overline{err}(M_2)) \right]^2 \tag{8.32}$$

为了确定 M_1 和 M_2 是否显著不同，计算 t 并选择**显著水平** *sig*。在实践中，通常使用5%或1%的显著水平。然后，在标准的统计学教科书中查找 t-分布表。通常，该表以自由度为行，显著水平为列。假定要确定 M_1 和 M_2 之间的差对总体的95%（即 *sig* = 5%或0.05）是否显著不同。需要从该表查找对应于 $k-1$ 个自由度（对于我们的例子，自由度为9）的 t 分布值。然而，由于 t-分布是对称的，通常只显示分布上部的百分点。因此，找 $z = sig/2 = 0.025$ 的表值，其中 z 也称为**置信界**（confident limit）。如果 $t > z$ 或 $t < -z$，则 t 值落在拒斥域，在分布的尾部。这意味可以拒绝 M_1 和 M_2 的均值相同的原假设，并断言两个模型之间存在统计显著的差别。否则，如果不能拒绝原假设，于是断言 M_1 和 M_2 之间的差可能是随机的。

如果有两个检验集而不是单个检验集，则使用 t-检验的非逐对版本，其中两个模型的均值之间的方差估计为

$$var(M_1 - M_2) = \sqrt{\frac{var(M_1)}{k_1} + \frac{var(M_2)}{k_2}} \tag{8.33}$$

其中，k_1 和 k_2 分别用于 M_1 和 M_2 的交叉验证样本数（在我们的情况下，10-折交叉验证的

轮）。这也称为**两个样本的 t-检验**[⊖]。在查 t-分布表时，自由度取两个模型的最小自由度。

8.5.6 基于成本效益和 ROC 曲线比较分类器

真正例、真负例、假正例和假负例也可以用于评估与分类模型相关联的**成本效益**（或 `373` 风险增益）。与假负例（如错误地预测癌症患者未患癌症）相关联的代价比与假正例（不正确地，但保守地将非癌症患者分类为癌症患者）相关联的代价大得多。在这些情况下，通过赋予每种错误不同的代价，可以使一种类型的错误比另一种更重要。这些代价可以看做对病人的危害，导致治疗的费用和其他医院开销。类似地，与真正例决策相关联的效益也可能不同于真负例。到目前为止，为计算分类器的准确率，一直假定相等的代价，并用真正例和真负例之和除以检验元组总数。

作为选择，通过计算每种决策的平均成本（或效益），可以考虑成本效益。涉及成本效益的其他应用包括贷款申请决策和目标营销广告邮寄。例如，贷款给一个拖欠者的代价远超过拒绝贷款给一个非拖欠者导致的商机损失的代价。类似地，在试图识别响应促销邮寄广告的家庭的应用中，向大量不理睬的家庭邮寄广告的代价可能比不向本来可能响应的家庭邮寄广告导致的商机损失的代价更重要。在总体分析中考虑的其他代价包括收集数据和开发分类工具的开销。

接收者操作特征（Receiver Operating Characteristic，ROC）**曲线**是一种比较两个分类模型有用的可视化工具。ROC 曲线源于信号检测理论，是第二次世界大战期间为雷达图像分析开发的。ROC 曲线显示了给定模型的真正例率（*TPR*）和假正例率（*FPR*）之间的权衡[⊖]。给定一个检验集和模型，*TPR* 是该模型正确标记的正（或 "*yes*"）元组的比例；而 *FPR* 是该模型错误标记为正的负（或 "*no*"）元组的比例。假定 *TP*、*FP*、*P* 和 *N* 分别是真正例、假正例、正和负元组数，由 8.5.1 节，我们知道 $TPR = \dfrac{TP}{P}$，这是灵敏度。此外，

$FPR = \dfrac{FP}{N}$，它是 $1 - specificity$。

对于二类问题，ROC 曲线使得我们可以对检验集的不同部分，观察模型正确地识别正实例的比例与模型错误地把负实例识别成正实例的比例之间的权衡。*TPR* 的增加以 *FPR* 的增加为代价。ROC 曲线下方的面积是模型准确率的度量。

为了绘制给定分类模型 *M* 的 ROC 曲线，模型必须能够返回每个检验元组的类预测概率。使用这些信息，对检验元组定秩和排序，使得最可能属于正类或 "*yes*" 类的元组出现在表的顶部，而最不可能属于正类的元组放在该表的底部。朴素贝叶斯（8.3 节）和后向传播（9.2 节）分类器都返回每个预测的类概率分布，因而是合适的。而其他分类器，如决策树分类器（8.2 节），可以很容易地修改，以便返回类概率预测。对于给定的元组 *X*，设概 `374` 率分类器返回的值为 $f(X) \to [0, 1]$。对于二类问题，通常选择阈值 t，使得 $f(X) \geqslant t$ 的元组 *X* 视为正的，而其他元组视为负的。注意，真正例数和假正例数都是 t 的函数，因此可以把它们表示成 $TP(t)$ 和 $FP(t)$。二者都是单调减函数。

首先介绍绘制 ROC 曲线的一般思想，然后给出一个例子。ROC 曲线的垂直轴表示 *TPR*，水平轴表示 *FPR*。为了绘制 *M* 的 ROC 曲线，从左下角开始（这里，$TPR = FPR = 0$），检查列表顶部元组的实际类标号。如果它是真正例元组（即正确地分类的正元组），则 *TP* 增加，

⊖ 在第 5 章，这个检验用于基于 OLAP 挖掘的抽样立方体。
⊖ *TPR* 和 *FPR* 是两个进行比较的操作特征。

从而 TPR 增加。在图中，向上移动，并绘制一个点。如果模型把一个负元组分类为正，则有一个假正例，因而 FP 和 FPR 都增加。在图中，向右移动并绘制一个点。该过程对排序的每个检验元组重复，每次都对真正例在图中向上移动，而对假正例向右移动。

例 8.11　**绘制 ROC 曲线**。图 8.18 显示一个概率分类器对 10 个检验元组返回的概率值（第 3 列），按概率的递减序排序。列 1 只是元组的标识号，方便解释。列 2 是元组的实际类标号。有 5 个正元组和 5 个负元组，因此 $P = 5$，$N = 5$。随着我们考察每个元组的已知类标号，我们可以确定其他列 TP、FP、TN、FN、TPR 和 FPR 的值。从元组 1 开始，该元组具有最高的概率得分，取该得分为阈值，即 $t = 0.9$。这样，分类器认为元组 1 为正，而其他所有元组为负。由于元组 1 的实际类标号为正，所以有一个真正例，因此 $TP = 1$，而 $FP = 0$。在其余 9 个元组中，它们都被分类为负，5 个实际为负（因此 $TN = 5$），其余 4 个实际为正，因此 $FN = 4$。可以计算 $TPR = \dfrac{TP}{P} = \dfrac{1}{5} = 0.2$，而 $FPR = 0$。这样，有 ROC 曲线的一个点 $(0.2, 0)$。

元组编号	类	概率	TP	FP	TN	FN	TPR	FPR
1	P	0.90	1	0	5	4	0.2	0
2	P	0.80	2	0	5	3	0.4	0
3	N	0.70	2	1	4	3	0.4	0.2
4	P	0.60	3	1	4	2	0.6	0.2
5	P	0.55	4	1	4	1	0.8	0.2
6	N	0.54	4	2	3	1	0.8	0.4
7	N	0.53	4	3	2	1	0.8	0.6
8	N	0.51	4	4	1	1	0.8	0.8
9	P	0.50	5	4	1	0	1.0	0.8
10	N	0.40	5	5	0	0	1.0	1.0

图 8.18　元组按递减得分排序，其中得分是概率分类器返回的值

然后，设置阈值 t 为元组 2 的概率值 0.8，因而该元组现在也被视为正的，而元组 3 ~ 10 都被看做负的。元组 2 的实际类标号为正，因而现在 $TP = 2$。该行剩下的都容易计算，产生点 $(0.4, 0)$。接下来，考察元组 3 的类标号并令 $t = 0.7$，分类器为该元组返回的概率值。因此，元组 3 被看做是正的，但它的实际类标号为负，因而它是一个假正例。因此，TP 不变，FP 递增值，所以 $FP = 1$。该行的其他值也容易计算，产生点 $(0.4, 0.2)$。通过考察每个元组，结果 ROC 曲线是一个锯齿线，如图 8.19 所示。

有许多方法可以从这些点得到一条曲线，最常用的是凸包。该图还显示一条对角线，对模型的每个真正例元组，好像都恰好遇到一个假正例。为了比较，这条直线代表随机猜测。

图 8.20 显示两个分类模型的 ROC 曲线。该图还显示了一条对角线，代表随机猜测。模型的 ROC 曲线离对角线越近，模型的准确率越低。如果模型真的很好，则随着有序列表向下移动，开始可能会遇到真正例元组。这样，曲线将陡峭地从 0 开始上升。后来，遇到的真正例元组越来越少，假正例元组越来越多，曲线平缓并变得更加水平。

为了评估模型的准确率，可以测量曲线下方的面积。有一些软件包可以用来进行这些计算。面积越接近 0.5，对应模型的准确率越低。完全正确的模型面积为 1.0。

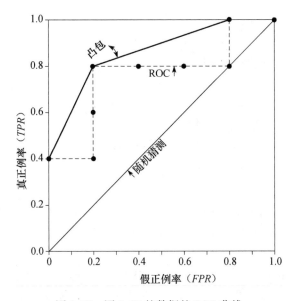

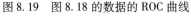

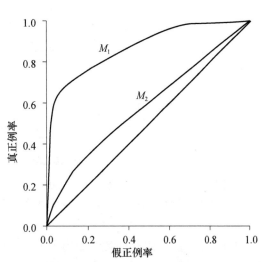

图 8.19 图 8.18 的数据的 ROC 曲线

图 8.20 两个分类模型 M_1 和 M_2 的 ROC 曲线。对角线显示，对于每个真正例，都等可能地遇到一个假正例。ROC 曲线越接近该对角线，模型越不准确。因此，M_1 更准确

8.6 提高分类准确率的技术

本节将学习提高分类准确率的一些技巧。我们关注组合方法。组合分类器（ensemble）是一个复合模型，由多个分类器组合而成。个体分类器投票，组合分类器基于投票返回类标号预测。组合分类器往往比它的成员分类器更准确。在 8.6.1 节，我们从一般性介绍组合分类方法开始。装袋（8.6.2 节）、提升（8.6.3 节）和随机森林（8.6.4 节）都是流行的组合分类方法。

传统的学习模型假定数据类是良分布的。然而，在现实世界的许多领域中，数据是类不平衡的，其中感兴趣的主类只有少量元组。这称为类不平衡问题。我们还研究提高类不平衡数据分类准确率的技术。这些在 8.6.5 节介绍。

377

8.6.1 组合分类方法简介

装袋、提升和随机森林都是**组合分类方法**的例子（见图 8.21）。组合分类把 k 个学习得到的模型（或基分类器）M_1，M_2，…，M_k 组合在一起，旨在创建一个改进的复合分类模型 M^*。使用给定的数据集 D 创建 k 个训练集 D_1，D_2，…，D_k，其中 D_i（$1 \le i \le k$）用于创建分类器 M_i。给定一个待分类的新数据元组，每个基分类器通过返回类预测投票。组合分类器基于基分类器的投票返回类预测。

组合分类器往往比它的基分类器更准确。例如，考虑一个进行多数表决的组合分类器。也就是说，给定一个待分类元组 X，它收集由基分类器返回的类标号预测，并输出占多数的类。基分类器可能出错时，但是仅当超过一半的基分类器出错时，组合分类器才会误分类 X。当模型之间存在显著差异时，组合分类器产生更好的结果。也就说，理想地，基分类器之间几乎不相关。基分类器还应该优于随机猜测。每个基分类器都可以分配到不同的 CPU 上，因此组合分类方法是可并行的。

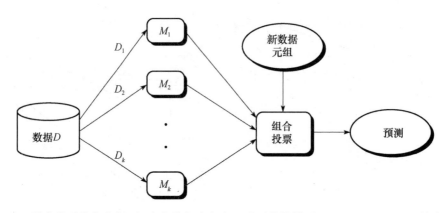

图 8.21 提高模型的准确率：组合分类方法产生一系列分类模型 M_1，M_2，…，M_k。给定一个待分类的新数据元组，每个基分类器对该元组的类标号"投票"。组合分类器组合这些投票返回类预测

为了帮助解释组合分类的能力，考虑一个被两个属性 x_1 和 x_2 描述的二类问题，这个问题有一个线性决策边界。图 8.22a 显示了该问题的决策树分类器的决策边界。图 8.22b 显示相同问题的决策树的组合分类器的决策边界。尽管组合分类器的决策边界仍然是分段常数，但是它具有更好的解并且比单棵树好。

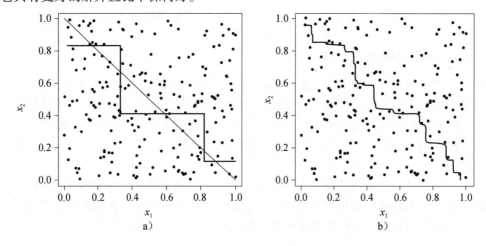

图 8.22 一个线性可分问题（即实际的决策边界是一条直线）的决策边界：a）单棵决策树；b）决策树的组合分类器。决策树努力近似线性边界。组合分类器更接近于真实的边界。取自 Seni 和 Elder[SE10]

8.6.2 装袋

先直观地考察装袋（bagging）如何作为一种提高准确率的方法。假设你是一个病人，希望根据你的症状做出诊断。你可能选择看多个医生，而不是一个。如果某种诊断比其他诊断出现的次数多，则你可能将它作为最终或最好的诊断。也就是说，最终诊断是根据多数表决做出的，其中每个医生都具有相同的投票权重。现在，将医生换成分类器，你就可以得到装袋的基本思想。直观地，更多医生的多数表决比少数医生的多数表决更可靠。

给定 d 个元组的集合 D，**装袋**（bagging）过程如下。对于迭代 i（$i = 1$，2，…，k），d 个元组的训练集 D_i 采用有放回抽样，由原始元组集 D 抽取。注意，术语装袋表示自助聚集（bootstrap aggregation）。每个训练集都是一个自助样本，如 8.5.4 节所介绍的那样。由于使

用有放回抽样, D 的某些元组可能不在 D_i 中出现, 而其他元组可能出现多次。由每个训练集 D_i 学习, 得到一个分类模型 M_i。为了对一个未知元组 X 分类, 每个分类器 M_i 返回它的类预测, 算作一票。装袋分类器 M^* 统计得票, 并将得票最高的类赋予 X。通过取给定检验元组的每个预测的平均值, 装袋也可以用于连续值的预测。算法汇总在图 8.23 中。

算法: 装袋。装袋算法——为学习方案创建组合分类模型,其中每个模型给出等权重预测。

输入:

- D: d 个训练元组的集合;
- k: 组合分类器中的模型数;
- 一种学习方案 (例如,决策树算法、后向传播等)

输出: 组合分类器——复合模型 $M*$。

方法:

(1) **for** i = 1 to k **do**   // 创建 k 个模型
(2) 通过对 D 有放回抽样,创建自助样本 D_i;
(3) 使用 D_i 和学习方法导出模型 M_i;
(4) **endfor**

使用组合分类器对元组 X 分类:
　　让 k 个模型都对 X 分类并返回多数表决;

图 8.23　装袋

装袋分类器的准确率通常显著高于从原训练集 D 导出的单个分类器的准确率。对于噪声数据和过分拟合的影响, 它也不会很差并且更鲁棒。准确率的提高是因为复合模型降低了个体分类器的方差。

379

8.6.3　提升和 AdaBoost

现在考察组合分类方法提升。与 8.6.2 节一样, 假设你是一位患者, 有某些症状。你选择咨询多位医生, 而不是一位。假设你根据医生先前的诊断准确率, 对每位医生的诊断赋予一个权重。然后, 这些加权诊断的组合作为最终的诊断。这就是提升的基本思想。

在**提升**(boosting)方法中, 权重赋予每个训练元组。迭代地学习 k 个分类器。学习得到分类器 M_i 之后, 更新权重, 使得其后的分类器 M_{i+1} "更关注" M_i 误分类的训练元组。最终提升的分类器 M^* 组合每个个体分类器的表决, 其中每个分类器投票的权重是其准确率的函数。

Adaboost (Adaptive Boosting) 是一种流行的提升算法。假设我们想提升某种学习方法的准确率。给定数据集 D, 它包含 d 个类标记的元组 (X_1, y_1), (X_2, y_2), $\cdots$, (X_d, y_d), 其中 y_i 是元组 X_i 的类标号。开始, Adaboost 对每个训练元组赋予相等的权重 $1/d$。为组合分类器产生 k 个基分类器需要执行算法的其余部分 k 轮。在第 i 轮, 从 D 中元组抽样, 形成大小为 d 的训练集 D_i。使用有放回抽样——同一个元组可能被选中多次。每个元组被选中的机会由它的权重决定。从训练集 D_i 导出分类器 M_i。然后使用 D 作为检验集计算 M_i 的误差。元组的权重根据它们的分类情况调整。

380

如果元组不正确地分类, 则它的权重增加。如果元组正确分类, 则它的权重减少。元组的权重反映对它们分类的困难程度——权重越高, 越可能错误地分类。然后, 使用这些权重, 为下一轮的分类器产生训练样本。其基本思想是, 当建立分类器时, 希望它更关注上一轮误分类的元组。某些分类器对某些"困难"元组分类可能比其他分类器好。这样，建立了一个互补的分类器系列。算法汇总在图8.24中。

算法： Adaboost.一种提升算法——创建分类器的组合。每个给出一个加权投票。

输入：

- D：类标记的训练元组集。
- k：轮数（每轮产生一个分类器）。
- 一种分类学习方案。

输出： 一个复合模型。

方法：

(1) 将D中每个元组的权重初始化为$1/d$；

(2) **for** i = 1 **to** k **do**   // 对于每一轮

(3)   根据元组的权重从D中有放回抽样,得到D_i；

(4)   使用训练集D_i导出模型M_i；

(5)   计算M_i的错误率$error(M_i)$（8.34式）

(6)   **if** $error(M_i) > 0.5$ **then**

(7)   中止循环；

(8)   **endif**

(9)   **for** D 的每个被正确分类的元组 **do**

(10)   元组的权重乘以$error(M_i)/(1-error(M_i))$；   // 更新权重

(11)   规范化每个元组的权重；

(12)   **endfor**

使用组合分类器对元组x分类：

(1)   将每个类的权重初始化为0；

(2)   **for** i = 1 to k **do**   // 对于每个生成的分类器 **do**

(3) $w_i = \log \dfrac{1-error(M_i)}{error(M_i)}$；   // 分类器的投票权重

(4) $c = M_i(\boldsymbol{x})$；   // 从M_i得到$\boldsymbol{x}$的类预测

(5)   将w_i加到类c的权重；

(6)   **endfor**

(7)   返回具有最大权重的类；

图8.24 Adaboost，一种提升算法

现在，让我们考察该算法涉及的某些数学问题。为了计算模型M_i的错误率，求M_i误分类D中的每个元组的加权和。即，

$$error(M_i) = \sum_{j=1}^{d} w_i \times err(X_j) \tag{8.34}$$

其中，$err(X_j)$ 是元组 X_j 的误分类误差：如果 X_j 被误分类，则 $err(X_j)$ 为1；否则，它为0。如果分类器 M_i 的性能太差，错误率超过0.5，则丢弃它，并重新产生新的训练集 D_i，由它导出新的 M_i。

M_i 的错误率影响训练元组权重的更新。如果一个元组在第 i 轮正确分类，则其权重乘以 $error(M_i)/(1-error(M_i))$。一旦所有正确分类元组的权重都被更新，就对所有元组的权重（包括误分类的元组）规范化，使得它们的和与以前一样。为了规范化权重，将它乘以

旧权重之和，除以新权重之和。结果，正如上面介绍的一样，误分类元组的权重增加，而正确分类元组的权重减少。

"一旦提升完成，如何使用分类器的组合预测元组 X 的类标号？"不像装袋将相同的表决权赋予每个分类器，提升根据分类器的分类情况，对每个分类的表决权赋予一个权重。分类器的错误率越低，它的准确率就越高，因此它的表决权重就应当越高。分类器 M_i 的表决权重为

$$\log \frac{1 - error(M_i)}{error(M_i)} \qquad (8.35)$$

对于每个类 c，对每个将类 c 指派给 X 的分类器的权重求和。具有最大权重和的类是"赢家"，并返回作为元组 X 的类预测。

"提升与装袋相比，情况如何？"由于提升关注误分类元组，所以存在结果复合模型对数据过分拟合的危险。因此，"提升的"结果模型有时可能没有从相同数据导出的单一模型的准确率高。装袋不太受过分拟合的影响。尽管与单个模型相比，两者都能够显著提高准确率，但是提升往往得到更高的准确率。

8.6.4 随机森林

现在，介绍另一种组合方法，称为**随机森林**。想象组合分类器中的每个分类器都是一棵决策树，因此分类器的集合就是一个"森林"。个体决策树在每个结点使用随机选择的属性决定划分。更准确地说，每一棵树都依赖于独立抽样，并与森林中所有树具有相同分布的随机向量的值。分类时，每棵树都投票并且返回得票最多的类。

随机森林可以使用装袋（8.6.2 节）与随机属性选择结合来构建。给定 d 个元组的训练集 D，为组合分类器产生 k 棵决策树的一般过程如下。对于每次迭代 $i(i = 1, 2, \cdots, k)$，使用有放回抽样，由 D 产生 d 个元组的训练集 D_i。也就是说，每个 D_i 都是 D 的一个自助样本（8.5.4 节），使得某些元组可能在 D_i 出现多次，而另一些可能不出现。设 F 是用来在每个结点决定划分的属性数，其中 F 远小于可用属性数。为了构造决策树分类器 M_i，在每个结点随机选择 F 个属性作为该结点划分的候选属性。使用 CART 算法的方法来增长树。树增长到最大规模，并且不剪枝。用这种方式，使用随机输入选择形成的随机森林称为 Forest-RI。

随机森林的另一种形式称为 Forest-RC，使用输入属性的随机线性组合。它不是随机地选择一个属性子集，而是由已有属性的线性组合创建一些新属性（特征）。即一个属性由指定的 L 个原属性组合产生。在每个给定的结点，随机选择 L 个属性，并且以从 $[-1, 1]$ 中随机选取的数为系数相加。产生 F 个线性组合，并在其中搜索找到最佳划分。当只有少量属性可用时，为了降低个体分类器之间的相关性，这种形式的随机森林是有用的。

随机森林的准确率可以与 Adaboost 相媲美，但是对错误和离群点更鲁棒。随着森林中树的个数增加，森林的泛化误差收敛。因此，过拟合不是问题。随机森林的准确率依赖于个体分类器的实力和它们之间的依赖性。理想情况是保持个体分类器的能力而不提高它们的相关性。随机森林对每次划分所考虑的属性数很敏感。通常选取 $\log_2 d + 1$ 个属性。（一个有趣的观察是，使用单个随机选择的属性可能导致很好的准确率，常常比使用多个属性更高。）由于随机森林在每次划分时只考虑很少的属性，因此它们在大型数据库上非常有效。它们可能比装袋和提升更快。随机森林给出了变量重要性的内在估计。

8.6.5 提高类不平衡数据的分类准确率

本节再次考虑类不平衡问题。尤其是，研究提高类不平衡数据分类准确率的方法。

给定两类数据，该数据是类不平衡的，如果感兴趣的主类（正类）只有少量元组代表，而大多数元组都代表负类。对于多类不平衡数据，每个类的数据分布差别显著，其中，主类或感兴趣的类的元组稀少。类不平衡问题与代价敏感学习密切相关，那里每个类的错误代价并不相等。例如，在医疗诊断中，错误地把一位癌症患者诊断为健康（假阴性）的代价远高于错误地把一个健康人诊断为患有癌症（假阳性）。假阴性错误可能导致失去生命，因此比假阳性错误的代价高得多。类不平衡数据的其他应用包括欺诈检测、从卫星雷达图像检测石油泄漏和故障监测。

传统的分类算法旨在最小化分类误差。它们假定：假正例和假负例错误的代价是相等的。由于假定类平衡分布和相等的错误代价，所以传统的分类算法不适合类不平衡数据。本章前面介绍了一些处理类不平衡问题的方法。尽管准确率度量假定各类的代价都相等，但是可以使用不同类型分类的其他评估度量。例如，8.5.1 节介绍的灵敏度或召回率（真正例率）和特效性（真负例率），都有助于评估分类器正确预测类不平衡数据类标号的能力。已讨论的其他相关度量包括 F_1 和 F_β。8.5.6 节展示 ROC 曲线如何绘制灵敏性与 $1 - specificity$（即假正例率）。当研究分类器在不平衡数据上的性能时，这种曲线可以提供对数据的洞察。

本节考察提高类不平衡数据分类准确率的一般方法。这些方法包括：（1）过抽样；（2）欠抽样；（3）阈值移动；（4）组合技术。前三种不涉及对分类模型结构的改变。也就是说，过抽样和欠抽样改变训练集中的元组分布；阈值移动影响对新数据分类时模型如何决策。组合方法沿用 8.6.2 ~ 8.6.4 节介绍的技术。为了便于解释，我们针对两类不平衡数据问题介绍一般方法，其中较高代价的类比较低代价的类稀少。

过抽样和欠抽样都改变训练集的分布，使得稀有（正）类能够很好地代表。**过抽样**对正元组重复采样，使得结果训练集包含相同个数的正元组和负元组。**欠抽样**减少负元组的数量。它随机地从多数（负）类中删除元组，直到正元组与负元组的数量相等。

例 8.12　过抽样与欠抽样。假设原训练集包含 100 个正元组和 1000 个负元组。在过抽样中，复制稀有类元组，形成包含 1000 个正元组和 1000 个负元组的新训练集。在欠抽样中，随机地删除负元组，形成包含 100 个正元组和 100 个负元组的新训练集。 ■

存在过抽样和欠抽样的多种变形。它们可能因如何增加和删除元组而异。例如，SMOTE 算法使用过抽样，把元组空间中"靠近"给定的诸正元组的合成元组添加到训练集。

不平衡类问题的**阈值移动**（threshold-moving）方法不涉及抽样。它用于对给定输入元组返回一个连续输出值的分类器（像 8.5.6 节讨论 ROC 如何绘制曲线那样）。即对于输入元组 X，这种分类器返回一个映射 $f(X) \rightarrow [0, 1]$ 作为输出。该方法不是操控训练元组，而是基于输出值返回分类决策。最简单的方法是，对于某个阈值 t，满足 $f(X) \geq t$ 的元组 X 被视为正的，而其他元组被看做负的。其他方法可能涉及用加权操控输出。一般而言，阈值移动方法移动阈值 t，使得稀有类的元组容易分类（因而，降低了代价高的假阴性出现的机会）。这种分类器的例子包括朴素贝叶斯分类器（8.3 节）和后向传播那样的神经网络（9.2 节）。阈值移动方法尽管不像过抽样和欠抽样那么流行，但是它简单，并且对于两类不平衡数据已经表现得相当成功。

组合方法（8.6.2~8.6.4 节）也已经用于类不平衡问题。组成组合分类器的个体分类器可以使用上面介绍的方法，如过抽样和阈值移动。

上面介绍的方法对两类任务的类不平衡问题相对有效。实验观察表明，阈值移动和组合方法优于过抽样和欠抽样。即便在非常不平衡的数据集上，阈值移动也很有效。多类任务上的类不平衡困难得多，那里过抽样和阈值移动都不太有效果。尽管阈值移动和组合方法表现出了希望，但是为多类不平衡问题寻找更好的解决方案依然是尚待解决的问题。

8.7 小结

- **分类**是一种数据分析形式，它提取描述数据类的模型。分类器或分类模型预测类别标号（类）。**数值预测**建立连续值函数模型。分类和数值预测是两类主要的预测问题。

- **决策树归纳**是一种自顶向下递归归纳算法，它使用一种属性选择度量为树的每个非树叶结点选择属性测试。**ID3**、**C4.5** 和 **CART** 都是这种算法的例子，它们使用不同的属性选择度量。**树剪枝**算法试图通过剪去反映数据中噪声的分枝，提高准确率。早期的决策树算法通常假定数据是驻留内存的。已经为可伸缩的树归纳提出了一些可伸缩的算法，如 **RainForest**。

- **朴素贝叶斯分类**基于后验概率的贝叶斯定理。它假定类条件独立——一个属性值对给定类的影响独立于其他属性的值。

- **基于规则的分类器**使用 IF-THEN 规则进行分类。规则可以从决策树提取，或者使用顺序覆盖算法直接由训练数据产生。

- **混淆矩阵**可以用来评估分类器的质量。对于两类问题，它显示真正例、真负例、假正例、假负例。评估分类器预测能力的度量包括**准确率**、**灵敏度**（又称为**召回率**）、**特效性**、**精度**、**F** 和 **F_β**。当感兴趣的主类占少数时，过分依赖准确率度量可能受骗。

- 分类器的构造与评估需要把标记的数据集划分成训练集和检验集。**保持**、**随机抽样**、**交叉验证**和**自助法**都是用于这种划分的典型方法。

- 显著性检验和 ROC 曲线对于模型选择是有用的。**显著性检验**可以用来评估两个分类器准确率的差别是否出于偶然。**ROC 曲线**绘制一个或多个分类器的真正例率（或灵敏性）与假正例率（或 1 – *specificity*）。

- **组合方法**可以通过学习和组合一系列个体（基）分类器模型提高总体准确率。**装袋**、**提升**和**随机森林**都是流行的组合方法。

- 当感兴趣的主类只有少量元组代表时就会出现**类不平衡问题**。处理这一问题的策略包括**过抽样**、**欠抽样**、**阈值移动**和**组合技术**。

8.8 习题

8.1 简述决策树分类的主要步骤。

8.2 在决策树归纳中，为什么树剪枝是有用的？使用独立的元组集评估剪枝有什么缺点？

8.3 给定决策树，选项有：（a）将决策树转换成规则，然后对结果规则剪枝；或（b）对决策树剪枝，然后将剪枝后的树转换成规则。相对于（b），（a）的优点是什么？

8.4 计算决策树算法在最坏情况下的计算复杂度是重要的。给定数据集 D，属性数 n 和训练元组数 $|D|$，根据 n 和 D 来分析计算复杂度。

8.5 给定一个具有 50 个属性（每个属性包含 100 个不同值）的 5GB 的数据集，而你的台式机有 512MB 内存。简述对这种大型数据集构造决策树的一种有效算法。通过粗略地计算主存的使用说明你的答案是正确的。

8.6 为什么朴素贝叶斯分类称为"朴素"的？简述朴素贝叶斯分类的主要思想。

8.7 下表由雇员数据库的训练数据组成。数据已泛化。例如，*age* "31…35" 表示年龄在 31~35 之间。对于给定的行，*count* 表示 *department*、*status*、*age* 和 *salary* 在该行上具有给定值的元组数。

department	status	age	salary	count
sales	senior	31…35	46K…50K	30
sales	junior	26…30	26K…30K	40
sales	junior	31…35	31K…35K	40
systems	junior	21…25	46K…50K	20
systems	senior	31…35	66K…70K	5
systems	junior	26…30	46K…50K	3
systems	senior	41…45	66K…70K	3
marketing	senior	36…40	46K…50K	10
marketing	junior	31…35	41K…45K	4
secretary	senior	46…50	36K…40K	4
secretary	junior	26…30	26K…30K	6

设 status 是类标号属性。

(a) 如何修改基本决策树算法，以便考虑每个广义数据元组（即每个行）的 count？

(b) 使用修改过的算法，构造给定数据的决策树。

(c) 给定一个数据元组，它的属性 department、age 和 salary 的值分别为"systems"、"26…30"和"46…50K"。该元组 status 的朴素贝叶斯分类是什么？

8.8 RainForest 是一种可伸缩的决策树归纳算法。开发一种可伸缩的朴素贝叶斯分类算法。对于大多数数据库，它只需要扫描整个数据集一次。讨论这种算法是否可以进一步求精，结合提升进一步提高分类的准确率。

8.9 设计一种方法，对无限的数据流进行有效的朴素贝叶斯分类（即只能扫描数据流一次）。如果想发现这种分类模式的演变（例如，将当前的分类模式与较早的模式进行比较，如与一周以前的模式相比），你有何修改建议？

8.10 证明准确率是灵敏性和特效性度量的函数，即证明（8.25）式成立。

8.11 调和均值是多种平均值中的一种。第2章讨论了如何计算算术均值，这是大部分人计算平均值所想到的。正实数 x_1，x_2，$\cdots$，x_n 的**调和均值 H** 定义为

$$H = \frac{n}{\dfrac{1}{x_1} + \dfrac{1}{x_2} + \cdots + \dfrac{1}{x_n}} = \frac{n}{\displaystyle\sum_{i=1}^{n} \frac{1}{x_i}}$$

F 度量是精度和召回率的调和均值。使用这一事实为 F 推导（8.28）式。此外，把 F_β 写成真正例、假负例和假正例的函数。

8.12 图 8.25 中数据元组已经按分类器返回概率值的递减序排列。对于每个元组，计算真正例（TP）、假正例（FP）、真负例（TN）和假负例（FN）的个数。计算真正例率（TPR）和假正例率（FPR）。为该数据绘制 ROC 曲线。

8.13 当一个数据对象可以同时属于多个类时，很难评估分类的准确率。评述在这种情况下，你将使用何种标准比较在相同数据上建立的不同分类器。

8.14 假设在两个预测模型 M_1 和 M_2 之间进行选择。已经在每个模型上做了10轮10-折交叉验证，其中在第 i 轮，M_1 和 M_2 都使用相同的数据划分。M_1 得到的错误率为 30.5、32.2、20.7、20.6、31.0、41.0、27.7、28.0、21.5、28.0。M_2 得到的错误率为 22.4、14.5、22.4、19.6、20.7、20.4、22.1、19.4、18.2、35.0。评述在 1% 显著水平上，一个模型是否显著地比另一个好。

元组号	类	概率
1	P	0.95
2	N	0.85
3	P	0.78
4	P	0.66
5	N	0.60
6	P	0.55
7	N	0.53
8	N	0.52
9	N	0.51
10	P	0.40

图 8.25 元组按递减得分排序，其中得分是分类器返回的概率值

8.15 什么是提升? 陈述它为何能够提高决策树归纳的准确性。

388

8.16 概述处理类不平衡问题的方法。假设银行想开发一个分类器, 预防信用卡交易中的欺诈。解释基于大量非欺诈实例和很少的欺诈实例, 如何构造高质量的分类器。

8.9 文献注释

分类是机器学习、统计学和模式识别的基本课题。这些领域的许多教科书都强调分类方法, 如 Mitchell[Mit97], Bishop[Bis06], Duda、Hart 和 Stork[DHS01], Theodoridis 和 Koutroumbas[TK08], Hastie、Tibshirani 和 Friedman[HTF09], Alpaydin[Alp11], Marsland[Mar09]。

关于决策树归纳, C4.5 算法在 J. R. Quinlan 的书中介绍[Qui93]。CART 系统的细节在 Breiman, Friedman, Olshen 和 Stone 的 *Classification and Regression Trees*[BFOS84] 中给出。这两本书都对决策树归纳的许多问题给出了很好的介绍。C4.5 有一个商品化的后继, 称为 C5.0, 可以在 *www.rulequest.com* 上找到。C4.5 前驱 ID3 的细节在[Qui86]给出。ID3 扩展了由 Hunt、Marin 和 Stone[HMS66]介绍的关于概念学习系统的先驱者的工作。

其他决策树归纳算法包括 FACT(Loh 和 Vanichsetakul[LV88]), QUEST(Loh 和 Shih[LS97]), PUBLIC(Rastogi 和 Shim[RS98]) 和 CHAID(Kass[Kas80] 和 Magidson[Mag94])。INFERULE(Uthurusamy、Fayyad 和 Spangler[UFS91]) 从非决定性的数据学习决策树, 得到的是概率而不是类别分类规则。KATE(Manago 和 Kodratoff[MK91]) 从复杂的结构化数据学习决策树。ID3 的增量版本包括 ID4(Schlimmer 和 Fisher[SF86a]) 和 ID5(Utgoff[Utg88]), 后者在 Utgoff、Berkman 和 Clouse[UBC97] 中被扩展。CART 的一个增量版本在 Crawford[Cra89] 中介绍。BOAT(Gehrke、Ganti、Ramakrishnan 和 Loh[GGRL99]) 是一种处理数据挖掘中可伸缩性问题的决策树算法, 也是增量的。其他处理可伸缩性问题的决策树算法包括 SLIQ(Mehta、Agrawal 和 Rissanen[MAR96]), SPRINT(Shafer、Agrawal 和 Mehta[SAM96]), RainForest(Gehrke、Ramakrrishnan 和 Ganti[GRG98]), 以及早期的方法, 如 Catlet[Cat91], 以及 Chan 和 Stolfo[CS93a, CS93b]。

涉及决策树归纳的许多重要问题(如属性选择和剪枝)的全面综述见 Murthy[Mur98]。基于感知的分类(PBC), 一种决策树构建的可视化和交互的方法, 由 Ankerst、Elsen、Ester 和 Kriegel[AEEK99] 提出。

关于属性选择度量的详细讨论见 Kononenko 和 Hong[KH97]。信息增益由 Quinlan[Qui86] 提出, 基于 Shannon 和 Weaver[SW49] 的信息论的先驱工作。增益率作为信息增益的扩充提出, 被[Qui93] 作为 C4.5 的一部分介绍。基尼指数是为 CART 提出的, 在 Breiman、Friedman、Olshen 和 Stone[BFOS84] 中。G-统计量基于信息论, 在 Sokal 和 Rohlf[SR81] 中给出。属性选择度量比较包括 Buntine 和 Niblett[BN92], Fayyad 和 Irani[FI92], Kononenko[Kon95], Loh 和 Shih[LS97], 以及 Shih[Shi00]。Fayyad 和 Irani[FI92] 证明了诸如信息增益和基尼指数等基于不纯性度量的局限性。他们提出了一类属性选择度量, 称为 C-SEP(Class SEParation, 类分离)。这些度量在某些情况下比不纯性度量更好。

389

Kononenko[Kon95] 注意到基于最小描述长度原则的属性选择度量不太偏向多值属性。Martin 和 Hirschberg[MH95] 证明了在最坏情况下以及在相当一般的条件下, 在平均情况下, 决策树归纳的时间复杂度随树的高度指数增长。Fayyad 和 Irani[FI90] 发现, 对于大量领域, 浅决策树(shallow decision trees) 往往具有大量树叶和较高的错误率。属性(或特征)构造在 Liu 和 Motoda[LM98, Le98] 中介绍。

有许多决策树剪枝算法, 包括代价复杂性剪枝(Breiman、Friedman、Olshen 和 Stone[BFOS84]), 减少错误剪枝(Quinlan[Qui87]) 和悲观估计剪枝(Quinlan[Qui86])。PUBLIC(Rastogi 和 Shim[RS98]) 将决策树构造和剪枝集成在一起。基于 MDL 的剪枝方法可以在 Quinlan 和 Rivest[QR89], Mehta、Rissanen 和 Agrawal[MRA95], 以及 Rastogi 和 Shim[RS98] 中找到。其他方法包括 Niblett 和 Bratko[NB86], Hosking、Pednault 和 Sadan[HPS97]。剪枝方法的实验比较见 Mingers[Min89], Malerba、Floriana 和 Semeraro[MFS95]。关于简化决策树的综述, 见 Breslow 和 Aha[BA97]。

贝叶斯分类的全面介绍可以在 Duda、Hart 和 Stork[DHS01], Weiss 和 Kulikowski[WK91], 以及 Mitchell[Mit97] 中找到。当类条件独立性不成立时, 朴素贝叶斯分类的预测能力分析见 Domingos 和 Pazzani[DP96]。对于朴素贝叶斯分类法, 连续值属性的核密度估计, 而不是高斯估计的实验在 John[Joh97] 中报告。

有一些基于规则的分类器的例子。这些例子包括 AQ15（Hong、Mozetic 和 Michalski［HMM86］），CN2（Clark 和 Niblett［CN89］），ITRULE（Smyth 和 Goodman［SG92］），RISE（Domingos［Dom94］），IREP（Furnkranz 和 Widmer［FW94］），RIPPER（Cohen［Coh95］），FOIL（Quinlan 和 Cameron-Jones［Qui90, QCJ93］），以及 Swap-1（Weiss 和 Indurkhya［WI98］）。基于频繁模式挖掘的基于规则的分类在第 9 章介绍。关于由决策树提取规则，见 Quinlan［Qui87, Qui93］。规则精炼策略由给定的规则集识别最有趣的规则，可以在 Major 和 Mangano［MM95］中找到。

估计分类准确率的问题在 Weiss 和 Kulikowski［WK91］以及 Witten 和 Frank［WF05］中讨论。灵敏度、特效性和精度在大部分信息检索教材中都有讨论。关于 F 和 F_β 度量，见 van Rijsbergen［vR90］。根据 Kohavi［Koh95］的理论和实验研究，与保持、交叉验证、留一（Stone［Sto74］）和自助（Efron 和 Tibshirani［ET93］）方法相比，优先推荐评估分类法准确率的分层 10-折交叉验证。关于置信界和统计检验的显著性，见 Freedman、Pisani 和 Purves［FPP07］。

关于 ROC 曲线分析，见 Egan［Ega75］，Swets［Swe88］，以及 Vuk 和 Curk［VC06］。装袋在 Briman［Bre96］中提出。Freund 和 Schapire［FS97］提出 Adaboost。这种提升技术已用于多种不同的分类法，包括决策树归纳（Quinlan［Que96］）和朴素贝叶斯分类（Elkan［Elk97］）。Friedman［Fri01］为回归问题提出了一种梯度提升机。随机森林的组合方法由 Breiman［Bre01］提出。Seni 和 Elder［SE10］提出了重要性抽样学习组合（Importance Sampling Learning Ensembles，ISLE）框架，把装袋、Adaboost、随机森林和梯度提升都看做一般组合产生过程的特例。

Friedman 和 Popescu［FB08, FP05］提出了规则组合分类，一个基于 ISLE 的模型，其中组合分类器由简单、清晰的规则组成。据观察，这种组合分类器具有相当或较高的准确率和更好的可解释性。有许多包含组合分类程序的在线软件包，包含装袋、Adaboost、梯度提升和随机森林。对类不平衡问题和代价敏感学习的研究包括 Weiss［Wei04］，Zhou 和 Liu［ZL06］，Zapkowicz 和 Stephen［ZS02］，Elkan［Elk01］，以及 Domingos［Dom99］。

加州大学欧文分校（UCI）维护了一个数据集的机器学习库，用于分类算法的开发和测试。它还维护了一个数据库中知识发现（Knowledge Discovery in Databases，KDD）档案，一个大型数据集的联机库，涵盖各种数据类型、分析任务和应用领域。关于这两个库的信息，见 *http：//www. ics. uci. edu/ ~ mlearn/MLRepository. html* 和 *http：//kdd. ics. uci. edu*。

没有一种分类方法对于所有数据类型和领域都优于其他方法。分类方法的实验比较包括 Quinlan［Qui88］，Shavlik、Mooney 和 Towell［SMT91］，Brown、Corruble 和 Pittard［BCP93］，Curram 和 Mingers［CM94］，Brown、Corruble 和 Pittard［MST94］，Brodley 和 Utgoff［BU95］，以及 Lim、Loh 和 Shih［LLS00］。

分类：高级方法

本章，我们将学习数据分类的高级技术。我们从**贝叶斯信念网络**开始（9.1 节）。不同于朴素贝叶斯分类，贝叶斯信念网络不假定类条件独立性。**后向传播**（backpropagation）是一种神经网络算法，将在 9.2 节讨论。一般而言，神经网络是一组连接的输入/输出单元，其中每个连接都有一个与之相关联的权重。权重在学习阶段不断调整，以帮助网络正确地预测输入元组的类标号。一种更新的分类算法称做支持向量机，将在 9.3 节介绍。**支持向量机**把训练数据变换到更高维空间，在那里，使用称做支持向量的基本训练元组，找出将数据按类分开的超平面。9.4 节介绍**使用频繁模式分类**，探索频繁地在数据中出现的属性 – 值对之间的关系。这种方法建立在频繁模式研究的基础之上（第 6 章和第 7 章）。

9.5 节介绍**惰性学习**或**基于实例**的分类方法，如最近邻分类和基于案例的推理分类。它们在模式空间存放所有训练元组，一直等到提供检验元组之后才进行泛化。其他分类方法，如遗传算法、粗糙集合、模糊逻辑技术，将在 9.6 节介绍。9.7 节介绍分类的其他主题，包括多类分类、半监督分类、主动学习和迁移学习。

9.1 贝叶斯信念网络

第 8 章介绍了贝叶斯定理和朴素贝叶斯分类。本章，我们介绍贝叶斯信念网络——一种概率的图模型。与朴素贝叶斯分类不同，它允许表示属性子集之间的依赖关系。贝叶斯信念网络可以用来分类。9.1.1 节介绍贝叶斯信念网络的基本概念。9.1.2 节，我们将学习如何训练这种模型。

9.1.1 概念和机制

朴素贝叶斯分类法假定类条件独立。即给定元组的类标号，假定属性的值可以条件地相互独立。这一假定简化了计算。当假定成立时，与其他所有分类器相比，朴素贝叶斯分类器是最准确的。然而，在实践中，变量之间可能存在依赖关系。**贝叶斯信念网络**（Bayesian belief network）说明联合条件概率分布。它允许在变量的子集间定义类条件独立性。它提供一种因果关系的图形模型，可以在其上进行学习。训练后的贝叶斯信念网络可以用于分类。贝叶斯信念网络也被称做**信念网络**、**贝叶斯网络**和**概率网络**。为简洁计，我们称它为信念网络。

信念网络由两个成分定义——有向无环图和条件概率表的集合（见图 9.1）。有向无环图的每个节点代表一个随机变量。变量可以是离散值或连续值。它们可能对应于给定数据中的实际属性，或对应于相信形成联系的"隐藏变量"（例如，在医疗数据中，隐藏变量可以预示由多种症状表示的综合病症，刻画一种具体的疾病）。而每条弧表示一个概率依赖。如果一条弧由节点 Y 到 Z，则 Y 是 Z 的**双亲**或**直接前驱**，而 Z 是 Y 的**后代**。给定其双亲，每个变量条件独立于图中它的非后代。

图 9.1 是一个 6 个布尔变量的简单信念网络，取自 Russell、Binder、Koller 和 Kanazawa[RBKK95]。图 9.1a 中的弧可以表示因果知识。例如，肺癌患者受其家族肺癌史的影响，也受其是否吸烟的影响。注意，倘若已知患者得了肺癌，变量 *PostiveXRay* 独

立于该患者是否具有家族肺癌史，也独立于他是否吸烟。换言之，一旦我们知道变量 *LungCancer* 的结果，那么变量 *FamilyHistory* 和 *Smoker* 就不再提供关于 *PostiveXRay* 的任何附加信息。这些弧还表明：给定其双亲 *FamilyHistory* 和 *Smoker*，变量 *LungCancer* 条件地独立于 *Emphysema*。

对于每个变量，信念网络有一个**条件概率表**（Conditional Probability Table，CPT）。变量 Y 的 CPT 说明条件分布 $P(Y \mid Parents(Y))$，其中 $Parents(Y)$ 是 Y 的双亲。图 9.1b 显示了变量 *LungCancer* 的 CPT。对于其双亲值的每个可能组合，表中给出了 *LungCancer* 的每个已知值的条件概率。例如，从左上角和右下角的表目，我们分别看到

$$P(LungCancer = yes \mid FamilyHistory = yes, Smoker = yes) = 0.8$$
$$P(LungCancer = no \mid FamilyHistory = no, Smoker = no) = 0.9$$

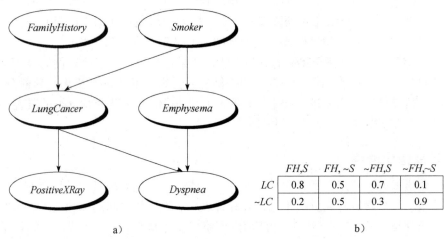

	FH,S	*FH, ~S*	*~FH,S*	*~FH,~S*
LC	0.8	0.5	0.7	0.1
~LC	0.2	0.5	0.3	0.9

a)   b)

图 9.1　一个简单的贝叶斯信念网络：a) 一个提议的因果模型，用有向无环图表示；b) 变量 *LungCance*(*LC*) 的条件概率表，给出其双亲节点 *FamilyHistory* 和 *Smoke* 的每个可能值组合的条件概率。取自 Russell、Binder、Koller 和 Kanazawa[RBKK95]

设 $X = (x_1, \cdots, x_n)$ 是被变量或属性 $Y_1, \cdots, Y_n$ 描述的数据元组。注意，给定变量的双亲，每个变量都条件地独立于网络图中它的非后代。这使得网络用下式提供存在的联合概率分布的完全表示：

$$P(x_1, \cdots, x_n) = \prod_{i=1}^{n} P(x_i \mid Parents(Y_i)) \tag{9.1}$$

其中，$P(x_1, \cdots, x_n)$ 是 X 的值的特定组合的概率，而 $P(x_i \mid Parents(Y_i))$ 的值对应于 Y_i 的 CPT 的表目。

网络内的节点可以选作"输出"节点，代表类标号属性。可以有多个输出节点。多种推断和学习算法都可以用于这种网络。分类过程不是返回单个类标号，而是可以返回概率分布，给出每个类的概率。信念网络可以用来回答实证式查询的概率（例如，倘若给定一个人 X 光片有问题（Positive XRay）和呼吸困难（Dyspnea），他患肺癌的概率有多大）和最可能的查询解释（例如，哪些人群最有可能 X 光片有问题和呼吸困难）。

信念网络已经成功地用来对一些著名的问题建模。一个例子是遗传连锁（genetic linkage）分析（例如，基因到染色体的映射）。通过贝叶斯网络推理和使用具有现代科技水平的算法解决基因连锁问题，这种分析具有非常好的可伸缩性。其他得益于使用信念网络的应

用包括计算机视觉（例如，图像复原和立体视觉）、文档和文本分析、决策支持系统和灵敏度分析。把许多应用归结为贝叶斯网络推理是有益的，因为这样就不必为每个应用创建专门的算法。

9.1.2　训练贝叶斯信念网络

"贝叶斯信念网络如何学习？"在信念网络学习或训练时，许多方案都是可行的。网络**拓扑**（或节点和弧的"布局"）可以由专家构造或由数据导出。网络变量可以是可观测的，或隐藏在所有或某些训练元组中。隐藏数据的情况也称为缺失值或不完全数据。

给定可观测变量，存在一些学习算法，从训练数据学习网络拓扑。该问题是一个离散最优化问题，其解法见本章末尾的文献注释（9.10 节）。专家通常对所分析领域成立的直接条件依赖具有很好的把握，这有助于网络设计。专家必须说明参与直接依赖的节点的条件概率。这些概率可以用来计算其他概率值。

如果网络拓扑已知并且变量是可观测的，则训练网络是直接的。该过程由计算 CPT 表目组成，与朴素贝叶斯分类涉及的概率计算类似。

当网络拓扑给定，而某些变量是隐藏的时，可以选择不同的方法来训练信念网络。我们将介绍一种有希望的梯度下降法。对于缺乏高等数学背景的读者，这些介绍看上去有点吓人，充满了微积分公式。然而，存在求解这些方程的软件包，并且其一般思想容易理解。

设 D 是数据元组 X_1，X_2，…，$X_{|D|}$ 的训练集。训练信念网络意味着我们必须学习 CPT 表目的值。设 w_{ijk} 是具有双亲 $U_i = u_{ik}$ 的变量 $Y_i = y_{ij}$ 的 CPT 表目，其中 $w_{ijk} \equiv P(Y_i = y_{ij} \mid U_i = u_{ik})$。例如，如果 w_{ijk} 是图 9.1b 左上角的 CPT 表目，则 Y_i 是 *LungCancer*；y_{ij} 是其值"*yes*"；U_i 列出 Y_i 的双亲节点 {*FamilyHistory*，*Smoker*}；而 u_{ik} 列出双亲节点的值 {"*yes*"，"*yes*"}。w_{ijk} 可以看做权重，类似于神经网络（见 9.2 节）中隐藏单元的权重。权重的集合记作 $\boldsymbol{W}$。这些权重被初始化为随机概率值。梯度下降策略采用贪心爬山法。在每次迭代后，这些权重都会被修改，并最终收敛到一个局部最优解。

假定 w_{ijk} 的每种可能设置都是等可能的，**梯度下降**（gradient descent）策略用于搜索能最好地对数据建模的 w_{ijk} 值。这种策略是迭代的。它沿着准则函数的梯度的负方向（即陡峭下降的方向）搜索解。我们要找出最大化该函数的权重的集合 $\boldsymbol{W}$。开始，这些权重被初始化为随机的概率值。梯度下降策略执行贪心的爬山法，因为在每次迭代或每一步，算法向当时看上去是最优解的方向移动而不回溯。每次迭代都更新权重。最终，它收敛于一个局部最优解。

对于我们的问题，我们最大化 $P_w(D) = \prod_{d=1}^{|D|} P_w(\boldsymbol{X}_d)$。这通过按 $\ln P_w(S)$ 的梯度来做，使得问题更简单。给定网络拓扑和 w_{ijk} 的初值，该算法按以下步骤处理：

（1）**计算梯度**：对每个 i，j，k，计算

$$\frac{\partial \ln P_w(D)}{\partial w_{ijk}} = \sum_{d=1}^{|D|} \frac{P(Y_i = y_{ij}, U_i = u_{ik} \mid \boldsymbol{X}_d)}{w_{ijk}} \tag{9.2}$$

（9.2）式右端的概率要对 D 中的每个训练元组 $\boldsymbol{X}_d$ 计算。为简单起见，我们简单地称此概率为 p。当 Y_i 和 U_i 表示的变量对某个 $\boldsymbol{X}_d$ 是隐藏的时，则对应的概率 p 可以使用贝叶斯网络推理的标准算法（如商用数值软件包 HUGIN 提供的那些），由元组的观察变量计算。

（2）**沿梯度方向前进一小步**：用下式更新权重

$$w_{ijk} \leftarrow w_{ijk} + (l) \frac{\partial \ln P_w(D)}{\partial w_{ijk}} \tag{9.3}$$

其中，l 是表示步长的**学习率**，而 $\frac{\partial \ln P_w(D)}{\partial w_{ijk}}$ 由（9.2）式计算。学习率被设置为一个小常数有助于收敛。

（3）**重新规格化权重**：由于权重 w_{ijk} 是概率值，它们必须在 0.0 和 1.0 之间，并且对于所有的 i，k，$\sum_j w_{ijk}$ 必须等于 1。权重被（9.3）式更新后，可以对它们重新规格化（renormalizing）来保证这一条件。

遵循这种学习形式的算法称做自适应概率网络（adaptive probabilistic networks）。训练信念网络的其他方法参见本章的文献注释（9.10 节）。信念网络是计算密集的。因为信念网络提供了因果结构的显式表示，因此专家可以用网络拓扑和/或条件概率值的形式提供先验知识。这可以显著地提高学习率。

9.2 用后向传播分类

"什么是后向传播？"后向传播是一种神经网络学习算法。神经网络领域最早是由心理学家和神经学家开创的，旨在寻求开发和检验神经的计算模拟。粗略地说，**神经网络**是一组连接的输入/输出单元，其中每个连接都与一个权重相关联。在学习阶段，通过调整这些权重，使得它能够预测输入元组的正确类标号来学习。由于单元之间的连接，神经网络学习又称**连接者学习**（connectionist learning）。

神经网络需要很长的训练时间，因而更适合具有足够长的训练时间的应用。它需要大量的参数，如网络拓扑或"结构"，通常这些主要靠经验确定。神经网络常常因其可解释性差而受到批评。例如，人们很难解释网络中学习的权重和"隐藏单元"的符号含义。对于数据挖掘，这些特点最初使得神经网络并不理想。

然而，神经网络的优点包括其对噪声数据的高承受能力，以及它对未经训练的数据的模式分类能力。当你在缺乏属性与类之间的联系的知识时也可以使用它们。不像大部分决策树算法，它们非常适合连续值的输入和输出。它们已经成功地应用于广泛的现实世界的数据，包括手写字符识别、病理和实验医学、训练计算机朗读英文课文。神经网络算法天生是并行的，可以使用并行技术来加快计算过程。此外，最近已经开发了一些从训练过的神经网络提取规则的技术。这些因素推动了神经网络在数据挖掘分类和数值预测方面的应用。

有许多不同类型的神经网络和神经网络算法。最流行的神经网络算法是后向传播，它在20 世纪 80 年代就颇有名气。在 9.2.1 节，我们将学习多层前馈神经网络，后向传播算法即在这种类型的网络上运行。9.2.2 节讨论定义网络拓扑。后向传播算法在 9.2.3 节介绍。从训练后的神经网络提取规则在 9.2.4 节讨论。

9.2.1 多层前馈神经网络

后向传播算法在多层前馈神经网络上学习。它迭代地学习用于元组类标号预测的一组权重。**多层前馈**（multilayer feed-forward）神经网络由一个输入层、一个或多个隐藏层和一个输出层组成。多层前馈网络的例子如图 9.2 所示。

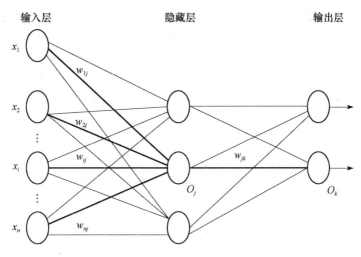

图9.2　一个多层前馈神经网络

　　每层由一些单元组成。网络的输入对应于对每个训练元组的观测属性。输入同时提供给构成**输入层**的单元。这些输入通过输入层，然后加权同时地提供给称做**隐藏层**的"类神经元的"第二层。该隐藏层单元的输出可以输入到另一个隐藏层，诸如此类。隐藏层的数量是任意的，尽管实践中通常只用一层。最后一个隐藏层的权重输出作为构成**输出层**的单元的输入。输出层发布给定元组的网络预测。

　　输入层的单元称做**输入单元**。隐藏层和输出层的单元，由于其符号生物学基础，有时称做**神经节点**（neurodes），或称**输出单元**。图 9.2 所示的多层神经网络具有两层输出单元。因此，我们称之为**两层**神经网络。（不计算输入层，因为它只用来传递输入值到下一层。）类似地，包含两个隐藏层的网络称做三层神经网络等。网络是**前馈**的，因为其权重都不回送到输入单元，或前一层的输出单元。网络是**全连接**的，如果每个单元都向下一层的每个单元提供输入。

　　每个输出单元取前一层单元输出的加权和作为输入（见后面的图 9.4）。它应用一个非线性（激活）函数作用于加权输入。多层前馈神经网络可以将类预测作为输入的非线性组合建模。从统计学的观点来讲，它们进行非线性回归。给定足够多的隐藏单元和足够的训练样本，多层前馈神经网络可以逼近任意函数。

399

9.2.2　定义网络拓扑

　　"如何设计神经网络的拓扑结构？"在开始训练之前，用户必须确定网络拓扑，说明输入层的单元数、隐藏层数（如果多于一层）、每个隐藏层的单元数和输出层的单元数。

　　对训练元组中每个属性的输入测量值进行规范化将有助于加快学习过程。通常，对输入值规范化，使得它们落入 0.0 和 1.0 之间。离散值属性可以重新编码，使得每个域值有一个输入单元。例如，如果属性 A 有 3 个可能的或已知的值 $\{a_0, a_1, a_2\}$，则可以分配三个输入单元表示 A，即我们可以用 I_0、I_1、I_2 作为输入单元。每个单元都初始化为 0。如果 $A = a_0$，则 I_0 置为 1，其余为 0；如果 $A = a_1$，则 I_1 置 1，其余为 0；诸如此类。

　　神经网络可以用于分类（预测给定元组的类标号）和数值预测（预测连续值输出）。对于分类，一个输出单元可以用来表示两个类（其中值 1 代表一个类，而值 0 代表另一个类）。如果多于两个类，则每个类使用一个输出单元。（关于多类分类的更多策略，见 9.7.1 节。）

对于"最好的"隐藏层单元数，没有明确的规则确定。网络设计是一个反复试验的过程，并可能影响结果训练网络的准确性。权重的初值也可能影响结果的准确性。一旦网络经过训练，并且其准确率不能被接受，则通常用不同的网络拓扑或使用不同的初始权重集，重复训练过程。可以使用准确率估计的交叉验证技术（已经在第8章介绍），帮助确定何时找到一个可接受的网络。已经提出了一些自动搜索"好"网络结构的技术。通常，这些技术使用爬山法，从一个有选择的改良的初始结构开始。

9.2.3 后向传播

"后向传播如何工作？"后向传播通过迭代地处理训练元组数据集，把每个元组的网络预测与实际已知的目标值相比较进行学习。目标值可以是训练元组的已知类标号（对于分类问题）或者是连续值（对于预测）。对于每个训练样本，修改权重使得网络预测和实际目标值之间的均方误差最小。这种修改"后向"进行，即由输出层，经由每个隐藏层，到第一个隐藏层（因此称做后向传播）。尽管不能保证，一般而言，权重将最终收敛，学习过程停止。算法概括在图9.3中。所涉及的步骤用输入、输出和误差等术语表达。如果你是第一次接触神经网络学习，这些看上去有些困难。然而，如果你熟悉了这一过程，你就会发现每一步都很简单。这些步骤解释如下：

400

> **算法：后向传播**。使用后向传播算法，学习分类或预测的神经网络。
> **输入：**
> - D：由训练元组和其相关联的目标值组成的数据集；
> - L：学习率；
> - $network$：多层前馈网络。
>
> **输出：** 训练后的神经网络。
> **方法：**
> (1)　　初始化$network$的所有权重和偏倚。
> (2)　　**while** 终止条件不满足 {
> (3)　　　**for** D中每个训练元组X {
> (4)　　　　// 前向传播输入
> (5)　　　　**for**每个输入层单元j {
> (6)　　　　　$O_j=I_j$;　// 输入单元的输出是它的实际输入值
> (7)　　　　**for** 隐藏或输出层的每个单元j {
> (8)　　　　　$I_j=\sum_i w_{ij}O_i+\theta_j$; // 关于前一层$i$，计算单元$j$的净输入
> (9)　　　　　$O_j=1/(1+e^{-I_j})$; } // 计算单元j的输出
> (10)　　　　// 后向传播误差
> (11)　　　　**for** 输出层的每个单元j
> (12)　　　　　$Err_j=O_j(1-O_j)(T_j-O_j)$; // 计算误差
> (13)　　　　**for** 由最后一个到第一个隐藏层，对于隐藏层的每个单元j
> (14)　　　　　$Err_j=O_j(1-O_j)\sum_k Err_k w_{jk}$; // 计算关于下一个较高层$k$的误差
> (15)　　　　**for** $network$中的每个权w_{ij} {
> (16)　　　　　$\Delta W_{ij}=(l)\,Err_jO_i$;　// 权重增量
> (17)　　　　　$W_{ij}=W_{ij}+\Delta W_{ij}$; } // 权重更新
> (18)　　　　**for** $network$中每个偏倚θ_{ij} {
> (19)　　　　　$\Delta\theta_j=(l)\,Err_j$;　// 偏倚增量
> (20)　　　　　$\theta_j=\theta_j+\Delta\theta_j$; } // 偏倚更新
> (21) }}

图9.3 后向传播算法

初始化权重: 网络的权重被初始化为小随机数(例如, 由 -1.0 到 1.0, 或由 -0.5 到 0.5)。每个单元都有一个相关联的偏倚(bias), 在下面解释。类似地, 偏倚也初始化为小随机数。

每个训练元组 X 按以下步骤处理。

向前传播输入: 首先, 训练元组提供给网络的输入层。输入通过输入单元, 不发生变化。也就是说, 对于输入单元 j, 它的输出 O_j 等于它的输入值 I_j。然后, 计算隐藏层和输出层的每个单元的净输入和输出。隐藏层和输出层单元的净输入用其输入的线性组合计算。为帮助解释这一点, 图9.4 给出了一个隐藏层或输出层单元。每个单元都有许多输入, 这些输入事实上是连接它的上一层的单元的输出。每个连接都有一个权重。为计算该单元的净输入, 连接该单元的每个输入都乘以其对应的权重, 然后求和。给定隐藏层或输出层的单元 j, 到单元 j 的净输入 I_j 是:

$$I_j = \sum_i w_{ij} O_i + \theta_j \tag{9.4}$$

其中, w_{ij} 是由上一层的单元 i 到单元 j 的连接的权重; O_i 是上一层的单元 i 的输出; 而 θ_j 是单元 j 的**偏倚**。偏倚充当阈值, 用来改变单元的活性。

隐藏层和输出层的每个单元取其净输入, 然后将**激活**(activation)函数作用于它, 如图9.4所示。该函数象征被该单元代表的神经元的活性。使用**逻辑斯谛**(logistic)或 **S 型**(sigmoid)函数。给定单元 j 的净输入 I_j, 则单元 j 的输出 O_j 用下式计算:

$$O_j = \frac{1}{1 + e^{-I_j}} \tag{9.5}$$

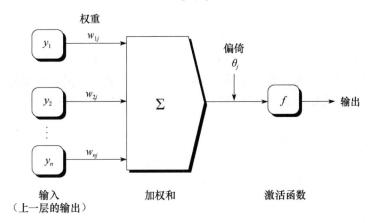

图 9.4 一个隐藏或输出单元 j: 单元 j 的输入是来自上一层的输出。这些与对应的权重相乘, 以形成加权和。加权和加到与单元 j 相关联的偏倚上。一个非线性的激活函数用于净输入。(为了便于解释, 单元 j 的输入标记为 y_1, y_2, $\cdots$, y_n。如果单元 j 在第一个隐藏层, 则这些输入对应于输入元组 $(x_1, x_2, \cdots, x_n)$。)

401
ι
402

该函数又称挤压函数(squashing function), 因为它将一个较大的输入值域映射到一个较小的区间 0 到 1。逻辑斯谛函数是非线性的, 并且是可微的, 使得后向传播算法可以对非线性可分的分类问题建模。

对于每个隐藏层, 直到输出层, 我们计算输出值 O_j, 给出网络预测。实践中, 由于在向后传播误差时还需要这些中间输出值, 所以存放每个单元的中间输出值是一个好办法。这种技巧可以显著地降低所需的计算量。

向后传播误差: 通过更新权重和反映网络预测误差的偏倚, 向后传播误差。对于输出层单元 j, 误差 Err_j 用下式计算

$$Err_j = O_j(1 - O_j)(T_j - O_j) \tag{9.6}$$

其中, O_j 是单元 j 的实际输出, 而 T_j 是 j 给定训练元组的已知目标值。注意, $O_j(1 - O_j)$ 是逻辑斯谛函数的导数。

为计算隐藏层单元 j 的误差, 考虑下一层中连接 j 的单元的误差加权和。隐藏层单元 j 的误差是

$$Err_j = O_j(1 - O_j) \sum_k Err_k w_{jk} \tag{9.7}$$

其中, w_{jk} 是由下一较高层中单元 k 到单元 j 的连接权重, 而 Err_k 是单元 k 的误差。

更新权重和偏倚, 以反映误差的传播。权重用下式更新, 其中, Δw_{ij} 是权 w_{ij} 的改变量。

$$\Delta w_{ij} = (l)Err_j O_i \tag{9.8}$$

$$w_{ij} = w_{ij} + \Delta w_{ij} \tag{9.9}$$

"(9.8) 式中的 'l' 是什么?"变量 l 是**学习率**, 通常取 0.0 和 1.0 之间的常数值。后向传播使用梯度下降法搜索权重的集合。这些权重拟合训练数据, 使得样本的网络类预测与元组的已知目标值之间的均方距离最小[⊖]。学习率帮助避免陷入决策空间的局部极小 (即权重看上去收敛, 但不是最优解), 并有助于找到全局最小。如果学习率太低, 则学习将进行得很慢。如果学习率太高, 则可能出现在不适当的解之间的摆动。一种调整规则是将学习率设置为 $1/t$, 其中 t 是已对训练样本集迭代的次数。

偏倚由下式更新。其中, $\Delta \theta_j$ 是偏倚 θ_j 的改变量。

$$\Delta \theta_j = (l)Err_j \tag{9.10}$$

$$\theta_j = \theta_j + \Delta \theta_j \tag{9.11}$$

注意, 这里我们每处理一个样本就更新权重和偏倚, 这称做**实例更新** (case update)。权重和偏倚的增量也可以累积到变量中, 使得可以在处理完训练集中的所有元组之后再更新权重和偏倚。后一种策略称做**周期更新** (epoch update), 其中扫描训练集的一次迭代是一个**周期**。理论上, 后向传播的数学推导使用周期更新, 而实践中, 实例更新更常见, 因为它通常产生更准确的结果。

终止条件: 训练停止, 如果

- 前一周期所有的 Δw_{ij} 都太小, 小于某个指定的阈值, 或
- 前一周期误分类的元组百分比小于某个阈值, 或
- 超过预先指定的周期数。

实践中, 权重收敛可能需要数十万个周期。

"后向传播的有效性如何?"计算的有效性依赖于训练网络所用的时间。给定 $|D|$ 个元组和 w 个权重, 则每个周期需要 $O(|D| \times w)$ 时间。然而, 在最坏情况下, 周期数可能是输入元组数 n 的指数。在实践中, 网络收敛所需要的时间是非常不确定的。存在一些加快训练速度的技术。例如, 可以使用一种称做模拟退火的技术, 它能确保收敛到全局最优。

例 9.1 通过后向传播算法学习的样本计算。图 9.5 给出了一个多层前馈神经网络。令学习率为 0.9。该网络的初始权重和偏倚值在表 9.1 中给出, 第一个训练元组为 $X = \{1, 0, 1\}$, 其类标号为 1。

给定第一个训练元组 X, 该例展示后向传播计算。首先把该元组提供给网络, 计算每个单元的净输入和输出。这些值显示在表 9.2 中。计算每个单元的误差, 并向后传播。误差值显示在表 9.3 中, 权重和偏倚的更新显示在表 9.4 中。 ■

⊖ 一种也用于训练贝叶斯信念网络的梯度下降法, 见 9.1.2 节。

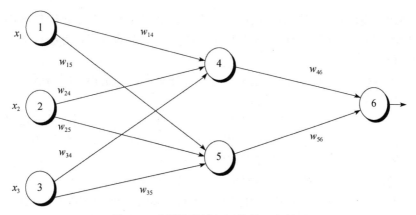

图9.5 多层前馈神经网络的一个例子

表9.1 初始输入、权重和偏倚值

x_1	x_2	x_3	w_{14}	w_{15}	w_{24}	w_{25}	w_{34}	w_{35}	w_{46}	w_{56}	θ_4	θ_5	θ_6
1	0	1	0.2	−0.3	0.4	0.1	−0.5	0.2	−0.3	−0.2	−0.4	0.2	0.1

表9.2 净输入和输出的计算

单元 j	净输入 I_j	输出 O_j
4	$0.2+0-0.5-0.4 = -0.7$	$1 + (1 + e^{0.7}) = 0.33$
5	$-0.3+0+0.2+0.2 = 0.1$	$1 + (1 + e^{-0.1}) = 0.525$
6	$-(0.3)(0.332) - (0.2)(0.525) + 0.1 = -0.105$	$1 + (1 + e^{0.105}) = 0.474$

表9.3 每个节点误差的计算

单元 j	Err_j
6	$(0.474)(1-0.474)(1-0.474) = 0.1311$
5	$(0.525)(1-0.525)(0.1311)(-0.2) = -0.0065$
4	$(0.332)(1-0.332)(0.1311)(-0.3) = -0.02087$

405

表9.4 权重和偏倚更新的计算

权重或偏差	新值
w_{46}	$-0.3 + (0.9)(0.1311)(0.332) = -0.261$
w_{56}	$-0.2 + (0.9)(0.1311)(0.525) = -0.138$
w_{14}	$0.2 + (0.9)(-0.0087)(1) = 0.192$
w_{15}	$-0.3 + (0.9)(-0.0065)(1) = -0.306$
w_{24}	$0.4 + (0.9)(-0.0087)(0) = 0.4$
w_{25}	$0.1 + (0.9)(-0.0065)(0) = 0.1$
w_{34}	$-0.5 + (0.9)(-0.0087)(1) = -0.508$
w_{35}	$0.2 + (0.9)(-0.0065)(1) = 0.194$
θ_6	$0.1 + (0.9)(0.1311) = 0.218$
θ_5	$0.2 + (0.9)(-0.0065) = 0.194$
θ_4	$-0.4 + (0.9)(-0.0087) = -0.408$

"如何使用训练过的网络对未知元组分类？"为了对未知元组 X 分类，把该元组输入到训练过的网络，计算每个单元的净输入和输出。（不需要计算误差和/或它们的后向传播。）如果每个类有一个输出节点，则具有最高输出值的节点决定 X 的预测类标号，如果只有一个输出节点，则输出值大于或等于0.5可以视为正类，而值小于0.5可以视为负类。

业已提出了一些后向传播算法的变形和替代，用于神经网络分类。这些可能涉及网络拓扑和学习速率或其他参数的动态调整，或使用不同的误差函数。

9.2.4 黑盒内部：后向传播和可解释性

"神经网络像一个黑盒。如何'理解'后向传播神经网络的学习结果？"神经网络的主要缺点是其知识的表示。用加权链连接单元的网络表示的知识让人很难解释。这激发了提取隐藏在训练后的神经网络中的知识及象征性地表示这些知识的研究。方法包括由网络提取规则和灵敏度分析。

业已提出了各种规则提取算法。通常，这些方法对训练给定神经网络所用的过程、网络的拓扑结构和输入值的离散化加以限制。

406 全连接的网络很难处理。因此，由神经网络提取规则的第一步通常是**网络剪枝**。这一步可以简化网络结构，剪去对训练后的网络影响最小的加权链。例如，如果删除一个加权链不导致网络的分类准确率下降，则应该删除它。

一旦训练后的网络已被剪枝，某些方法将进行链、单元或活化值（activation value）聚类。例如，在一种方法中，对训练过的两层神经网络中每个隐藏单元，使用聚类发现公共活化值的集合（见图9.6）。对每个隐藏单元分析这些活化值的组合。导出涉及这些活化值和对应的输出单元值组合的规则。类似地，研究输入值和活化值的集合，导出描述输入和隐藏层单元联系的规则。最后，两个规则的集合可以结合在一起，形成 IF-THEN 规则。其他算法可能导出其他形式的规则，包括 M-of-N 规则（其中，为了应用规则的后件，规则前件中给定的 N 个条件中的 M 个条件必须为真），具有 M-of-N 测试的决策树、模糊规则和有穷自动机。

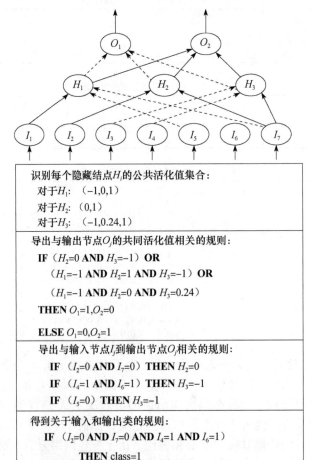

图9.6　可以从训练神经网络提取规则。取自 Lu、Setiono 和 Liu[LSL95]

灵敏度分析（sensitivity analysis）用于评估一个给定的输入变量对网络输出的影响。改变该变量的输入，而其他输入变量为某固定值。其间，监测网络输出的改变。由这种形式的分析得到的知识是形如"IF X 减少 5% THEN Y 增加 8%"的规则。

9.3 支持向量机

本节研究**支持向量机**（Support Vector Machine，SVM），一种对线性和非线性数据进行分类的方法。简要地说，**SVM** 是一种算法，它按以下方法工作。它使用一种非线性映射，把原训练数据映射到较高的维上。在新的维上，它搜索最佳分离超平面（即将一个类的元组与其他类分离的"决策边界"）。使用到足够高维上的、合适的非线性映射，两个类的数据总可以被超平面分开。SVM 使用支持向量（"基本"训练元组）和边缘（由支持向量定义）发现该超平面。稍后，我们将更深入地讨论这些新概念。

"我听说 SVM 最近引起了极大关注，为什么？"支持向量机的第一篇论文由 Vladimir Vapnik 和他的同事 Bernhard Boser 及 Isabelle Guyon 于 1992 年发表，尽管其基础工作早在 20 世纪 60 年代就已经出现（包括 Vapnik 和 Alexei Chervonenkis 关于统计学习理论的早期工作）。尽管最快的 SVM 的训练也非常慢，但是由于其对复杂的非线性边界的建模能力，它们是非常准确的。与其他模型相比，它们不太容易过分拟合。支持向量还提供了学习模型的紧凑表示。SVM 可以用于数值预测和分类。它们已经用在许多领域，包括手写数字识别、对象识别、演说人识别，以及基准时间序列预测检验。

9.3.1 数据线性可分的情况

为了解释 SVM，让我们首先考察最简单的情况——两类问题，其中两个类是线性可分的。设给定的数据集 D 为 (X_1, y_1)，(X_2, y_2)，…，$(X_{|D|}, y_{|D|})$，其中 X_i 是训练元组，具有类标号 y_i。每个 y_i 可以取值 +1 或 −1（即 $y_i \in \{+1, -1\}$），分别对应于类 buys_computer = yes 和 buys_computer = no。为了便于可视化，让我们考虑一个基于两个输入属性 A_1 和 A_2 的例子，如图 9.7 所示。从该图可以看出，该二维数据是**线性可分的**（或简称"线性的"），因为可以画一条直线，把类 +1 的元组与类 −1 的元组分开。

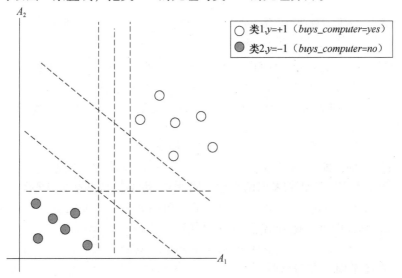

图 9.7 线性可分的 2-D 数据集。有无限多个（可能的）分离超平面或"决策边界"，其中一些用虚线显示。哪一个最好

408

可以画出无限多条分离直线。我们想找出"最好的"一条，即（我们希望）在先前未见到的元组上具有最小分类误差的那一条。如何找到这条最好的直线？注意，如果我们的数据是 3-D 的（即具有 3 个属性），则我们希望找出最佳分离平面。推广到 n 维，我们希望找出最佳超平面。我们将使用术语"超平面"表示我们寻找的决策边界，而不管输入属性的个数是多少。这样，换一句话说，我们如何找出最佳超平面？

SVM 通过搜索**最大边缘超平面**（Maximum Marginal Hyperplane，MMH）来处理该问题。考虑图 9.8，它显示了两个可能的分离超平面和它们的相关联的边缘。在给出边缘的定义之前，让我们先直观地考察该图。两个超平面都对所有的数据元组正确地进行了分类。然而，直观地看，我们预料具有较大边缘的超平面在对未来的数据元组分类上比具有较小边缘的超平面更准确。这就是为什么（在学习或训练阶段）SVM 要搜索具有最大边缘的超平面，即最大边缘超平面。MMH 相关联的边缘给出类之间的最大分离性。

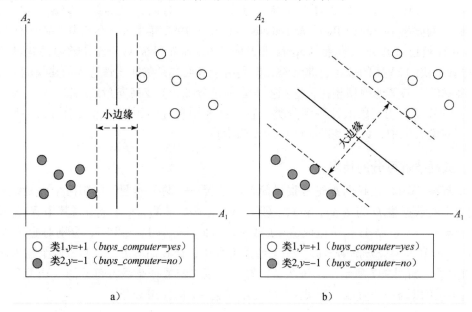

图 9.8　这里，我们看到两个可能的分离超平面和它们的边缘。哪一个更好？图 9.8b 所示的具有最大边缘的分离超平面应当具有更高的泛化准确率

关于**边缘**的非形式化定义，我们可以说从超平面到其边缘的一个侧面的最短距离等于从该超平面到其边缘的另一个侧面的最短距离，其中边缘的"侧面"平行于超平面。事实上，在处理 MMH 时，这个距离是从 MMH 到两个类的最近的训练元组的最短距离。

分离超平面可以记为

$$\boldsymbol{W} \cdot \boldsymbol{X} + b = 0 \tag{9.12}$$

其中，$\boldsymbol{W}$ 是权重向量，即 $\boldsymbol{W} = \{w_1, w_2, \cdots, w_n\}$；$n$ 是属性数；b 是标量，通常称做偏倚（bias）。为了便于观察，让我们考虑两个输入属性 A_1 和 A_2，如图 9.8b 所示。训练元组是二维的，如 $\boldsymbol{X} = (x_1, x_2)$，其中 x_1 和 x_2 分别是 $\boldsymbol{X}$ 在属性 A_1 和 A_2 上的值。如果我们把 b 看做附加的权重 w_0，则我们可以把分离超平面改写成

$$w_0 + w_1 x_1 + w_2 x_2 = 0 \tag{9.13}$$

这样，位于分离超平面上方的点满足

$$w_0 + w_1 x_1 + w_2 x_2 > 0 \tag{9.14}$$

类似地，位于分离超平面下方的点满足

$$w_0 + w_1 x_1 + w_2 x_2 < 0 \qquad\qquad (9.15)$$ 410

可以调整权重使得定义边缘 "侧面" 的超平面可以记为

$$H_1 : w_0 + w_1 x_1 + w_2 x_2 \geqslant 1, \quad 对于\ y_i = +1 \qquad (9.16)$$

$$H_2 : w_0 + w_1 x_1 + w_2 x_2 \leqslant -1, \quad 对于\ y_i = -1 \qquad (9.17)$$

也就是说，落在 H_1 上或上方的元组都属于类 $+1$，而落在 H_2 上或下方的元组都属于类 -1。结合两个不等式 (9.16) 和 (9.17)，我们得到

$$y_i (w_0 + w_1 x_1 + w_2 x_2) \geqslant 1, \forall i \qquad\qquad (9.18)$$

落在超平面 H_1 或 H_2 (即定义边缘的 "侧面") 上的任意训练元组都使 (9.18) 式的等号成立，称为**支持向量** (support vector)。也就是说，它们离 (分离) MMH 一样近。在图 9.9 中，支持向量用加粗的圆圈显示。本质上，支持向量是最难分类的元组，并且给出了最多的分类信息。

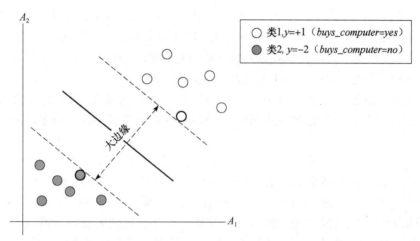

图 9.9　支持向量。SVM 发现最大分离超平面，即与最近的训练元组具有最大距离的超平面。支持向量用加粗的圆圈显示

由上，我们可以得到最大边缘的计算公式。从分离超平面到 H_1 上任意点的距离是 $\dfrac{1}{\|W\|}$，其中 $\|W\|$ 是欧几里得范数，即 $\sqrt{W \cdot W}^{\ominus}$。根据定义，它等于 H_2 上任意点到分离超平面的距离。因此，最大边缘是 $\dfrac{2}{\|W\|}$。 411

"SVM 如何找出 MMH 和支持向量?" 使用某种 "特殊的数学技巧"，我们可以改写 (9.18) 式，将它变换成一个称做被约束的 (凸) 二次最优化问题。这种特殊的数学技巧已经超出了本书范围。高水平的读者可能注意到这种 "技巧" 涉及使用拉格朗日公式改写 (9.18) 式，并使用 Karush-Kuhn-Tucker (KKT) 条件求解。细节可以在本章结尾的文献注释中找到 (9.10 节)。

如果数据很少 (例如，少于 2000 个训练元组)，则可以使用任何求解约束的凸二次最优化问题的最优化软件包来找出支持向量和 MMH。对于大型数据，可以使用特殊的、更有效的训练 SVM 的算法。这些细节已经超出了本书的范围。一旦我们找出支持向量和 MMH (注意，支持向量定义 MMH)，我们就有了一个训练后的支持向量机。MMH 是一个线性类

$\ominus$　如果 $W = \{w_1, w_2, \cdots, w_n\}$，则 $\sqrt{W \cdot W} = \sqrt{w_1^2 + w_2^2 + \cdots + w_n^2}$。

边界, 因此对应的 SVM 可以用来对线性可分的数据进行分类。我们称这种训练后的 SVM 为线性 SVM。

"一旦我们得到训练后的支持向量机, 如何用它对检验元组 (即新元组) 分类?" 根据上面提到的拉格朗日公式, 最大边缘超平面可以改写成决策边界

$$d(\boldsymbol{X}^T) \ = \ \sum_{i=1}^{l} y_i\alpha_i\boldsymbol{X}_i\boldsymbol{X}^T + b_0 \tag{9.19}$$

其中, y_i 是支持向量 $\boldsymbol{X}_i$ 的类标号, $\boldsymbol{X}^T$ 是检验元组, α_i 和 b_0 是由上面的最优化或 SVM 算法自动确定的数值参数, 而 l 是支持向量的个数。

感兴趣的读者可能注意到, α_i 是拉格朗日乘子。对于线性可分的数据, 支持向量是实际训练元组的子集 (正如我们下面将看到的, 尽管在处理非线性可分的数据时, 这稍微有点扭曲)。

给定检验元组 $\boldsymbol{X}^T$, 我们将它代入 (9.19) 式, 然后检查结果的符号。这将告诉我们检验元组落在超平面的哪一侧。如果该符号为正, 则 $\boldsymbol{X}^T$ 落 MMH 上或上方, 因而 SVM 预测 $\boldsymbol{X}^T$ 属于类 +1 (在此情况下, 代表 *buys_computer = yes*)。如果该符号为负, 则 $\boldsymbol{X}^T$ 落 MMH 上或下方, 因而 SVM 预测 $\boldsymbol{X}^T$ 属于类 -1 (代表 *buys_computer = no*)。

注意, 我们的问题的拉格朗日公式 (9.19) 包含支持向量 $\boldsymbol{X}_i$ 和检验元组 $\boldsymbol{X}^T$ 的点积。正如下面将要介绍的, 当给定数据非线性可分时, 这对于发现 MMH 和支持向量是非常有用的。

在考虑非线性可分的情况之前, 还有两件重要的事情需要注意。学习后的分类器的复杂度由支持向量数而不是由数据的维数刻画。因此, 与其他方法相比, SVM 不太容易过分拟合。支持向量是基本或临界的训练元组——它们距离决策边界 (MMH) 最近。如果删除其他元组并重新训练, 则将发现相同的分离超平面。此外, 找到的支持向量数可以用来计算 SVM 分类器的期望误差率的上界, 这独立于数据的维度。具有少量支持向量的 SVM 可以具有很好的泛化性能, 即使数据的维度很高时也是如此。

9.3.2 数据非线性可分的情况

在 9.3.1 节, 我们学习了对线性可分数据分类的线性 SVM。但是, 如果数据不是线性可分的, 如图 9.10 中的数据, 怎么办? 在这种情况下, 不可能找到一条将这些类分开的直线。我们上面研究的线性 SVM 不可能找到可行解, 怎么办?

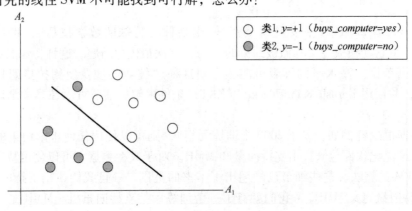

图 9.10　显示线性不可分数据的一个简单 2 维例子。与图 9.7 的线性可分的数据不同, 这里
　　　　不可能画一条直线将两个类分开。该决策边界是非线性的

好消息是，可以扩展上面介绍的线性 SVM，为线性不可分的数据（也称非线性可分的数据，或简称非线性数据）的分类创建非线性的 SVM。这种 SVM 能够发现输入空间中的非线性决策边界（即非线性超曲面）。

你可能会问："如何扩展线性方法？"我们按如下方法扩展线性 SVM 的方法，得到非线性的 SVM。有两个主要步骤。第一步，我们用非线性映射把原输入数据变换到较高维空间。这一步可以使用多种常用的非线性映射，下面将进一步介绍。一旦将数据变换到较高维空间，第二步就在新的空间搜索分离超平面。我们又遇到二次优化问题，可以用线性 SVM 公式求解。在新空间找到的最大边缘超平面对应于原空间中的非线性分离超曲面。 |413|

例 9.2 原输入数据到较高维空间的非线性变换。考虑下面的例子。使用映射 $\phi_1(X) = x_1$，$\phi_2(X) = x_2$，$\phi_3(X) = x_3$，$\phi_4(X) = (x_1)^2$、$\phi_5(X) = x_1 x_2$ 和 $\phi_6(X) = x_1 x_3$，把一个 3 维输入向量 $X = (x_1, x_2, x_3)$ 映射到 6 维空间 Z 中。在新空间中，决策超平面是 $d(Z) = WZ + b$，其中 W 和 Z 是向量。这是线性的。我们解 W 和 b，然后替换回去，使得新空间（Z）中的线性决策超平面对应于原来 3 维空间中非线性的二次多项式

$$d(Z) = w_1 x_1 + w_2 x_2 + w_3 x_3 + w_4 (x_1)^2 + w_5 x_1 x_2 + w_6 x_1 x_3 + b$$
$$= w_1 z_1 + w_2 z_2 + w_3 z_3 + w_4 z_4 + w_5 z_5 + w_6 z_6 + b$$ ∎

但是，还存在一些问题。首先，如何选择到较高维空间的非线性映射？其次，所涉及的计算开销将很大。考虑对检验元组 X^T 分类的 (9.19) 式。给定该检验元组，我们必须计算与每个支持向量的点积[⊖]。在训练阶段，我们也必须多次计算类似的点积，以便找出最大边缘超曲面（MMH）。这种开销特别大。因此，点积所需要的计算量很大并且开销很大。我们需要其他技巧。

幸运的是，我们可以使用另一种数学技巧。在求解线性 SVM 的二次最优化问题时（即在新的较高维空间搜索线性 SVM 时），训练元组仅出现在形如 $\phi(X_i) \cdot \phi(X_j)$ 的点积中，其中 $\phi(X)$ 只不过是用于训练元组变换的非线性映射函数。结果表明，它完全等价于将核函数 $K(X_i, X_j)$ 应用于原输入数据，而不必在变换后的数据元组上计算点积。即

$$K(X_i, X_j) = \phi(X_i) . \phi(X_j) \tag{9.20}$$

换言之，每当 $\phi(X_i) \cdot \phi(X_j)$ 出现在训练算法中时，我们都可以用 $K(X_i, X_j)$ 替换它。这样，所有的计算都在原来的输入空间上进行，这可能是低得多的维度。我们可以避免这种映射——事实上，我们甚至不必知道该映射是什么。稍后，我们将更详细地讨论什么函数可以用作该问题的核函数。

使用这种技巧之后，我们可以找出最大分离超平面。该过程与 9.3.1 节介绍的过程类似，尽管它涉及在上面的拉格朗日乘子 α_i 上设置一个用户指定的上界 C。该上界通过实验确定。

"可以使用什么样的核函数？"可以用来替换上面的点积的核函数的性质已经被深入研究。3 种可以使用的核函数包括： |414|

$$\boldsymbol{h} \text{ 次多项式核函数} : K(X_i, X_j) = (X_i . X_j + 1)^h$$

$$\text{高斯径向基函数核函数} : K(X_i, X_j) = e^{-\|X_i - X_j\|^2 / 2\sigma^2}$$

$$\text{S 型核函数} : K(X_i, X_j) = \tanh(\kappa X_i \cdot X_j - \delta)$$

这些核函数每个都导致（原）输入空间上的不同的非线性分类器。神经网络的爱好者

⊖ 两个向量 $X^T = (x_1^T, x_2^T, \cdots, x_n^T)$ 和 $X_i = (x_{i1}, x_{i2}, \cdots, x_{in})$ 的点积是 $x_1^T x_{i1} + x_2^T x_{i2} + \cdots + x_n^T x_{in}$。注意，对于 n 个维都涉及一次乘法和一次加法。

可能注意到，非线性的 SVM 所发现的决策超曲面与其他著名的神经网络分类器所发现的同属一种类型。例如，具有高斯径向基函数（RBF）的 SVM 与称做径向基函数（RBF）网络的一类神经网络产生相同的决策超曲面。具有 S 型核的 SVM 等价于一种称做多层感知器（无隐藏层）的简单 2 层神经网络。

没有一种"黄金规则"可以确定哪种可用的核函数将推导出最准确的 SVM。在实践中，核函数的选择一般并不导致结果准确率的很大差别。SVM 训练总是发现全局解，而不像诸如后向传播等神经网络常常存在局部极小（9.2.3 节）。

迄今为止，我们已经介绍了二元（即两类）分类的线性和非线性 SVM。对于多类问题，可以组合 SVM 分类器。某些策略，如每类训练一个分类器和使用纠错码，见 9.7.1 节。

关于 SVM，主要研究目标是提高训练和检验速度，使得 SVM 可以成为超大型数据集（例如，数以百万计的支持向量）更可行的选择。其他问题包括，为给定的数据集确定最佳核函数，为多类问题找出更有效的方法。

9.4 使用频繁模式分类

频繁模式（frequent pattern）显示了频繁地出现在给定数据集中的属性 - 值对之间的有趣联系。例如，我们可能发现属性 - 值对 $age = youth$ 和 $credit = OK$ 出现在 20% 的购买计算机的 AllElectronics 顾客元组中。我们可以把每个属性 - 值对看做一个项，因此搜索这种频繁模式称做频繁模式挖掘或频繁项集挖掘。在第 6 章和第 7 章，我们看到如何由频繁模式导出**关联规则**，那里关联通常用于分析顾客在商店的购买模式。这种分析可以用于许多决策过程，如产品布局、分类设计和交叉购物。

本节，我们考察如何把频繁模式用于分类。9.4.1 节探索**关联分类**，其中关联规则由频繁模式产生并用于分类。其基本思想是，我们可以搜索频繁模式（属性 - 值对的合取）与类标号之间的强关联。9.4.2 节探索基于有区别力的频繁模式分类，其中，在构建分类模型时，频繁模式充当组合特征，可以看做是对单个特征的补充。由于频繁模式考察多个属性之间的高置信度关联，因此基于频繁模式的分类可能克服决策树归纳一次只考虑一个属性的限制。研究表明，许多基于频繁模式的分类方法比诸如 C4.5 等传统的分类方法更准确、更可伸缩。

9.4.1 关联分类

本节，我们将学习关联分类，讨论 3 种方法：CBA、CMAR 和 CPAR。

在开始讨论之前，让我们先考虑关联规则挖掘。关联规则挖掘是一个两步过程，包括频繁模式挖掘，后随规则产生。第一步搜索反复出现在数据集中的属性 - 值对的模式，其中属性 - 值对看做项。结果属性 - 值对形成频繁项集（又称频繁模式）。第二步分析频繁模式，以便产生关联规则。所有的关联规则关于它们的"准确率"（或置信度）和它们实际代表的数据集的比例（称做支持度）必须满足一定的标准。例如，下面是从数据集 D 中挖掘的一个关联规则，显示了它的置信度和支持度。

$$
\begin{aligned}
age = youth \wedge credit &= OK \Rightarrow buys\_computer \\
&= yes[support = 20\%, confidence = 93\%]
\end{aligned}
\tag{9.21}
$$

其中，"$\wedge$"表示逻辑"AND"。我们进一步讨论支持度和置信度。

更正式地，设 D 是元组的数据集合。D 中每个元组用 n 个属性 A_1, A_2, $\cdots$, A_n 和一个类标号属性 A_{class} 描述。所有的连续属性都被离散化并按分类（或标称）属性处理。**项** p 是一个形如（A_i, v）的属性 – 值对，其中 A_i 是属性，取值 v。数据元组 $X = (x_1, x_2, \cdots, x_n)$ 满足项 $p = (A_i, v)$，当且仅当 $x_i = v$，其中 x_i 是 X 的第 i 个属性的值。关联规则的规则前件（左部）可以有任意多个项，并且规则的后件（右部）也可以有任意多个项。然而，在挖掘用于分类的关联规则时，我们只对形如 $p_1 \wedge p_2 \wedge \cdots p_l \Rightarrow A_{class} = C$ 的关联规则感兴趣，其中规则的前件是项（形如 p_1, p_2, $\cdots$, p_l （$l \leq n$））的合取，与一个类标号 C 相关联。对于一个给定的规则 R，D 中满足该规则前件也具有类标号 C 的元组所占的百分比称做 R 的**置信度**。

从分类角度，这类似于规则的准确率。例如，关联规则（9.21）的 93% 的置信度意味 D 中身为青年人并且信誉度为 OK 的顾客中，93% 属于类 $buys\_computer = yes$。D 中满足规则前件并具有类标号 C 的元组所占的百分比称规则 R 的**支持度**。关联规则（9.21）的支持度 20% 意味 D 中 20% 的顾客是青年，信誉为 OK，并且属于类 $buys\_computer = yes$。 [416]

一般而言，关联规则分类包括以下步骤：

（1）挖掘数据，得到频繁项集，即找出数据中经常出现的属性 – 值对。

（2）分析频繁项集，产生每个类的关联规则，它们满足置信度和支持度标准。

（3）组织规则，形成基于规则的分类器。

关联分类方法的主要不同在于挖掘频繁项集所用的方法、如何将被分析的规则导出并用于分类。现在，我们考察关联分类的各种方法。

最早、最简单的关联分类算法是**基于分类的关联**（Classification Based on Association, CBA）。CBA 使用迭代方法挖掘频繁项集，类似于 6.2.1 节介绍的 Apriori 算法，其中多遍扫描数据集，导出的频繁项集用来产生和测试更长的项集。一般而言，扫描的遍数等于所发现的最长的规则的长度。找出满足最小置信度和最小支持度阈值的规则的完全集后，然后分析，找出包含在分类器中的规则。CBA 使用一种启发式方法构造分类器，其中规则按照它们的置信度和支持度递减优先级排序。如果一组规则具有相同的前件，则选取具有最高置信度的规则代表该集合。在对新元组分类时，使用满足该元组的第一个规则对它进行分类。分类器还包含一个默认规则，具有最低优先级，用来为不能被分类器中其他规则满足的新元组指定默认类。这样，构成分类器的规则的集合形成一个决策表。一般而言，实验表明 CBA 在大量数据集上比 C4.5 更准确。

基于多关联规则的分类（Classification based on Multiple Association Rules, CMAR）在频繁项集挖掘和分类器构造方面都不同于 CBA。它还借助于树结构有效存储和检索规则，使用多种规则剪枝策略。CMAR 采用 FP-growth 算法的变形来发现满足最小支持度和最小置信度阈值的规则的完全集。FP-growth 算法已在 6.2.4 节介绍。FP-growth 算法使用称做 FP-树的结构记录包含在数据集 D 中的所有频繁项集信息，仅需要扫描 D 两次。然后从 FP-树挖掘频繁项集。CMAR 使用一种加强的 FP-树，记录满足每个频繁项集的元组的类标号分布。这样，它可以把规则产生与频繁项集挖掘合并成一步。

CMAR 还使用另一种树结构来有效地存储和提取规则，并根据置信度、相关度和数据库覆盖率对规则剪枝。当规则插入该树时就触发规则剪枝策略。例如，给定两个规则 $R1$ 和 [417] $R2$，如果 $R1$ 的前件比 $R2$ 更一般，并且 $conf(R1) \geqslant conf(R2)$，则剪去 $R2$。其基本原理是，如果规则存在具有更高置信度的更泛化的版本，则可以剪去具有低置信度的更特殊化的规则。CMAR 还根据统计显著性 χ^2 检验剪去规则前件与类并非正相关的规则。

"如果多个规则可用，我们使用哪一个？"作为分类法，CMAR 的运作也与 CBA 不同。

假设给定的待分类的元组为 X，并且只有一个规则满足或匹配 X[⊖]。这种情况是平凡的——我们简单地把规则的类标号指派给 X。假设多个规则满足 X。这些规则形成一个集合 S。使用哪个规则确定 X 的类标号？CBA 将把规则集合 S 中具有最大置信度的规则的类标号指派给 X，而 CMAR 在作出它的类预测时考虑多个规则。它根据类标号将规则分组。在一个组中的所有规则都具有相同的类标号，而在不同组中的规则具有不同的类标号。

CMAR 使用加权的 χ^2 度量，根据组中规则的统计相关性找出"最强的"规则组。然后把 X 的类标号指派为最强的组的类标号。这样，在预测新元组的类标号时，它考虑多个规则，而不只是一个具有最高置信度的规则。实验表明，CMAR 比 CBA 的平均准确率稍高。它的运行时间、可伸缩性和内存使用都更有效。

"有没有方法减少产生的规则数量？"CBA 和 CMAR 都采用频繁项集挖掘的方法产生候选关联规则。这些规则包含所有满足最小支持度的属性 – 值对（项）的合取。然后考察这些规则，选出表示分类器的子集。然而，这种方法产生的规则相当多。CPAR（Classification based on Predictive Association Rules，基于预测关联规则的分类）采用了不同方法产生规则，基于一种称做 FOIL（见 8.4.3 节）的分类规则产生算法。FOIL 构造规则来区别正元组（如类 *buys_computer* = yes 的元组）和负元组（如类 *buys_computer* = no 的元组）。对于多类问题，将 FOIL 用于每一个类。也就是说，对于类 C，类 C 的所有元组都看做正元组，而其余的都看做负元组。产生规则以区分 C 类和其他类的元组。每当产生一个规则时，就删除它满足（或覆盖）的正样本，直到数据集合中所有的正元组都被覆盖。这样，产生的规则更少。CPAR 放宽了这一步，允许被覆盖的元组留下并被考虑，但是降低它们的权重。对每个类重复该过程。结果规则被合并在一起，形成分类器的规则集。

在分类时，CPAR 采用多少有些不同于 CMAR 的多规则策略。如果多个规则满足新元组 X，则类似于 CMAR，这些规则将按类分组。然而，CPAR 根据期望准确率，使用每组中的最好的 k 个规则预测 X 的类标号。通过考虑组中最好的 k 个规则而不是所有的规则，这避免了较低秩规则的影响。在大量数据集上，CPAR 的准确率与 CMAR 接近。然而，由于 CPAR 产生的规则比 CMAR 少得多，对于大型训练数据集，CPAR 有效得多。

总之，关联分类根据数据中频繁出现的属性 – 值对的合取构造规则，提供了一种新的可选的分类模式。

9.4.2 基于有区别力的频繁模式分类

从关联分类我们看到频繁模式反映了数据中属性 – 值对（项）之间的强关联，并且对于分类是有用的。

"但是，用于分类的频繁模式的区别能力怎么样？"频繁模式代表特征组合。让我们比较一下频繁模式与单个特征的区别能力。对于 3 个 UCI 数据集[⊖]，图 9.11 绘制了频繁模式和单个特征（即长度等于 1 的模式）的信息增益。某些频繁模式的区别能力比单个特征强。它们捕获了数据更内在的语义，因此比单个特征更具表达能力。

"在构建分类模型时，除了单个特征外，为什么不把频繁模式看做组合特征呢？"这种观念是**基于频繁模式分类**的基础——在既包含单个属性又包含频繁模式的特征空间学习分类模型。这样，我们把原特征空间转换到更大的空间。这可能提高包含重要特征的机会。

⊖ 如果一个规则的前件满足或匹配 X，则称该规则满足 X。

⊖ 加州大学欧文分校（UCI）在 *http://kdd.ics.uci.edu/* 保存了许多大型数据集。这些数据集被许多研究者用来测试和比较机器学习和数据挖掘算法。

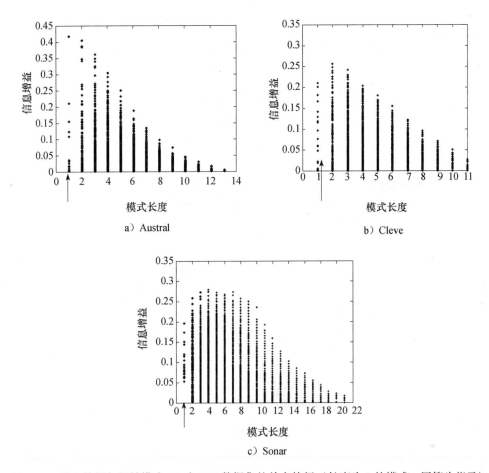

a）Austral

b）Cleve

c）Sonar

图 9.11 单个特征与频繁模式：3 个 UCI 数据集的单个特征（长度为 1 的模式，用箭头指示）和频繁模式（组合特征）的信息增益。取自 Cheng、Yan、Han 和 Hsu[CYHH07]

让我们回到最初的问题——频繁模式的区别能力如何？频繁项集挖掘产生的许多频繁模式都没有区别能力，因为它们只基于支持度，而不考虑预测能力。也就是说，根据定义，为了成为频繁的，一个模式必须满足用户定义的最小支持度阈值 min_sup。例如，如果 $min\_sup = 5\%$，则一个模式是频繁的，如果它出现在 5% 的数据元组中。考虑图 9.12，它绘制了 3 个 UCI 数据集的模式频度（支持度）与信息增益，还绘制出了分析推导出的信息增益的理论上界。该图显示，低频度的模式的区别能力（用信息增益评估）受限于一个小上界。这是因为这种模式对数据集的覆盖范围有限。类似地，很高频度的模式的区别力也受限于一个小上界，这是因为它们在数据中的普遍性。信息增益的上界是模式频度的函数。信息增益的上界随着模式频度单调增加。这一观察可以解析地证实。支持度居中的模式（例如，在图 9.12a 中，$support = 300$）可能有区别力，也可能没有。因此，并非所有频繁模式都是有用的。

如果我们把所有的频繁模式都添加到特征空间，则结果特征空间将会很大。这会减慢某些学习过程，并且还可能因为特征太多而过分拟合，导致准确率降低。许多模式可能是冗余的。因此，一种好的做法是使用特征选择，删除那些区别能力较弱和冗余的频繁模式。基于有区别力的频繁模式分类的一般框架如下：

419

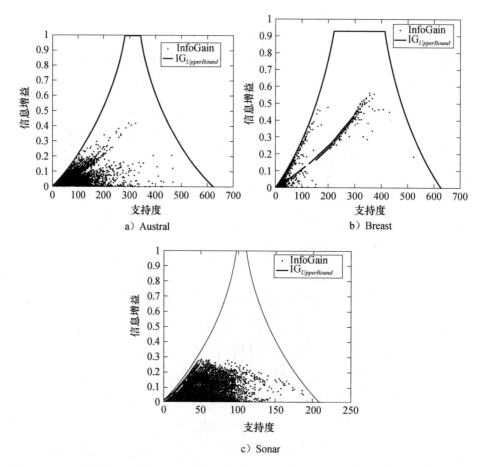

图 9.12　3 个 UCI 数据集的模式频度（支持度）与信息增益。还显示了信息增益的理论上界
（$IG_{UpperBound}$）。取自 Cheng、Yan、Han 和 Hsu[CYHH07]

（1）**特征产生**：根据类标号划分数据集 D。使用频繁项集挖掘，发现每个分区中满足最小支持度的频繁模式。频繁模式的集合 F 形成候选特征。

（2）**特征选择**：对 F 进行特征选择，得到选择后的（更有区别能力的）频繁模式集 F_S。此步骤可以使用信息增益、Fisher 得分或其他评估度量。还可以把相关性检验也结合到该步骤中，清除冗余模式。数据集 D 变换成 D'，其中特征空间现在包含单个特征和选取的频繁模式 F_S。

（3）**学习分类模型**：在数据集 D' 上建立分类器。任何学习算法都可以用来建立分类模型。

一般框架概括在图 9.13a 中，其中有区别能力的模式用黑色实心圆表示，尽管该方法是简单的，但是我们仍然可能遇到计算瓶颈——必须找出所有频繁模式，然后分析每一个以进行选择。由于项的组合导致的模式数量爆炸，所发现的频繁模式可能数量巨大。

为了提高该方法的效率，考虑把步骤 1 和

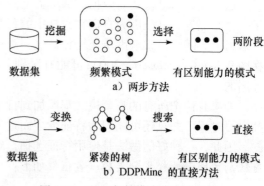

图 9.13　基于频繁模式分类的框架

2 浓缩为一步。即有可能只挖掘具有高度区别能力的频繁模式的集合，而不是产生频繁模式的完全集。这种更直接的方法称做有区别能力的模式的直接挖掘。DDPMine 算法采用这种方法，如图 9.13b 所示。它首先把训练数据变换到一个称做频繁模式树或 FP-树（6.2.4 节）的紧凑树结构。该树保存了所有属性－值对（项集）的关联信息。然后在树中搜索有区别能力的模式。这种方法是直接的，因为它避免产生大量无区别能力的模式。它通过删除训练元组，进而逐步收缩 FP-树，逐渐地简化问题。这进一步加快了挖掘速度。

通过变换原数据到 FP-树，DDPMine 避免产生冗余模式，因为 FP-树只存放闭频繁模式。根据定义，对于闭模式 α 而言，α 的任何子模式 β 都是冗余的（6.1.2 节）。DDPMine 直接挖掘有区别能力的模式，并且把特征选择集成到挖掘框架中。使用信息增益的理论上界以便于分支定界搜索，这显著地修剪了搜索空间。实验结果表明，DDPMine 比两步方法的速度提高了几个数量级，而不降低分类准确率。在准确率和效率两个方面，DDPMine 都优于最先进的关联分类方法。

9.5 惰性学习法（或从近邻学习）

迄今为止，本书所讨论的分类方法——决策树归纳、贝叶斯分类、基于规则的分类、后向传播分类、支持向量机和基于关联规则挖掘的分类——都是急切学习法的例子。当给定训练元组集时，**急切学习法**（eager learner）在接收待分类的新元组（如检验元组）之前就构造泛化模型（即分类模型）。我们可以认为学习后的模型已经就绪，并急于对先前未见过的元组进行分类。

421
~
422

想象相反的惰性方法，其中学习程序直到对给定的检验元组分类之前的一刻才构造模型。也就是说，当给定一个训练元组时，**惰性学习法**（lazy learner）简单地存储它（或只是稍加处理），并且一直等待，直到给定一个检验元组。仅当看到检验元组时，它才进行泛化，以便根据与存储的训练元组的相似性对该元组进行分类。不像急切学习方法，惰性学习法在提供训练元组时只做少量工作，而在进行分类或数值预测时做更多的工作。由于惰性学习法存储训练元组或"实例"，它们也称**基于实例的学习法**（instance-based learner），尽管所有的学习本质上都是基于实例的。

在做分类或数值预测时，惰性学习法的计算开销可能相当大。它们需要有效的存储技术，并且非常适合在并行硬件上实现。它们不提供多少解释或对数据结构的洞察。然而，惰性学习法天生地支持增量学习。它们也能对具有超多边形形状的复杂决策空间建模，这些可能不太容易被其他学习算法描述（如被决策树建模的超矩形形状）。本节考察两个惰性学习法的例子：k-最近邻分类（9.5.1 节）和基于案例的推理分类（9.5.2 节）。

9.5.1 k-最近邻分类

k-最近邻方法是 20 世纪 50 年代早期首次引进的。当给定大量数据集时，该方法是计算密集的，直到 20 世纪 60 年代计算能力大大增强之后才流行起来。此后它广泛用于模式识别领域。

最近邻分类法是基于类比学习，即通过将给定的检验元组与和它相似的训练元组进行比较来学习。训练元组用 n 个属性描述。每个元组代表 n 维空间的一个点。这样，所有的训练元组都存放在 n 维模式空间中。当给定一个未知元组时，**k-最近邻分类法**（k-nearest-neighbor classifier）搜索模式空间，找出最接近未知元组的 k 个训练元组。这 k 个训练元组是未知元组的 k 个"最近邻"。

"邻近性"用距离度量，如欧几里得距离。两个点或元组 $X_1 = (x_{11}, x_{12}, \cdots, x_{1n})$ 和 $X_2 = (x_{21}, x_{22}, \cdots, x_{2n})$ 的欧几里得距离是：

$$dist(X_1, X_2) = \sqrt{\sum_{i=1}^{n} (x_{1i} - x_{2i})^2} \qquad (9.22)$$

换言之，对于每个数值属性，我们取元组 X_1 和 X_2 该属性对应值的差，取差的平方和，并取其平方根。通常，在使用 (9.22) 式之前，我们把每个属性的值规范化。这有助于防止具有较大初始值域的属性（如收入）比具有较小初始值域的属性（如二元属性）的权重过大。例如，可以通过计算下式，使用最小 - 最大规范化把数值属性 A 的值 v 变换到 [0，1] 区间中的 v'

$$v' = \frac{v - min_A}{max_A - min_A} \qquad (9.23)$$

其中，min_A 和 max_A 分别是属性 A 的最小值和最大值。第 2 章还从数据变换角度介绍了数据规范化的其他方法。

对于 k - 最近邻分类，未知元组被指派到它的 k 个最近邻中的多数类。当 $k = 1$ 时，未知元组被指派到模式空间中最接近它的训练元组所在的类。最近邻分类也可以用于数值预测，即返回给定未知元组的实数值预测。在这种情况下，分类器返回未知元组的 k 个最近邻的实数值标号的平均值。

"但是，如果属性不是数值的而是标称的（或类别的）如颜色，如何计算距离？"上面的讨论假定用来描述元组的属性都是数值的。对于标称属性，一种简单的方法是比较元组 X_1 和 X_2 中对应属性的值。如果二者相同（例如，元组 X_1 和 X_2 均为蓝色），则二者之间的差为 0。如果二者不同（例如，元组 X_1 是蓝色，而元组 X_2 是红色），则二者之间的差为 1。其他方法可能采用更复杂的方案（例如，对蓝色和白色赋予比蓝色和黑色更大的差值）。

"缺失值怎么办？"通常，如果元组 X_1 和/或 X_2 在给定属性 A 上的值缺失，则我们假定取最大的可能差。假设每个属性都已经映射到 [0，1] 区间。对于标称属性，如果 A 的一个或两个对应值缺失，则我们取差值为 1。如果 A 是数值属性，并且在元组 X_1 和 X_2 上都缺失，则差值也取 1。如果只有一个值缺失，而另一个存在并且已经规范化（记作 v'），则取差为 $|1 - v'|$ 和 $|0 - v'|$ 中的最大者。

"如何确定近邻数 k 的值？"这可以通过实验来确定。从 $k = 1$ 开始，使用检验集估计分类器的错误率。重复该过程，每次 k 增值 1，允许增加一个近邻。可以选取产生最小错误率的 k。一般而言，训练元组越多，k 的值越大（使得分类和数值预测决策可以基于存储元组的较大比例）。随着训练元组数趋向于无穷并且 $k = 1$，错误率不会超过贝叶斯错误率的 2 倍（后者是理论最小错误率）。如果 k 也趋向于无穷，则错误率趋向于贝叶斯错误率。

最近邻分类法使用基于距离的比较，本质上赋予每个属性相等的权重。因此，当数据存在噪声或不相关属性时，它们的准确率可能受到影响。然而，这种方法已经被改进，结合属性加权和噪声数据元组的剪枝。距离度量的选择可能是至关重要的。也可以使用曼哈顿（城市块）距离（2.4.4 节）或其他距离度量。

最近邻分类法在对检验元组分类时可能非常慢。如果 D 是有 $|D|$ 个元组的训练数据库，而 $k = 1$，则对一个给定的检验元组分类需要 $O(|D|)$ 次比较。通过预先排序并将排序后的元组安排在搜索树中，比较次数可以降低到 $O(log|D|)$。并行实现可以把运行时间降低为常数，即 $O(1)$，独立于 $|D|$。

加快分类速度的其他技术包括使用部分距离计算和编辑存储的元组。**部分距离**（partial distance）方法基于 n 个属性的子集计算距离。如果该距离超过阈值，则停止给定存储元组的进一步计算，该过程转向下一个存储元组。**编辑**（editing）方法可以删除被证明是"无用的"元组。该方法也称**剪枝**或**精简**，因为它减少了存储元组的总数。

9.5.2　基于案例的推理

基于案例的推理（Case-Based Reasoning，CBR）分类法使用一个存放问题解的数据库来求解新问题。不像最近邻分类法把训练元组作为欧氏空间的点存储，CBR 把问题解决方案的元组或"案例"作为复杂的符号描述存储。CBR 的商务应用包括顾客服务台问题求解，其中案例描述关于产品的问题诊断。CBR 还被用在诸如工程和法律领域，其中案例分别是技术设计和法律裁决。医学教育是 CBR 的另一个应用领域，其中患者病史和治疗方案用来帮助诊断和治疗新的患者。

当给定一个待分类的新案例时，基于案例的推理首先检查是否存在一个同样的训练案例。如果找到一个，则返回附在该案例上的解。如果找不到同样的案例，则基于案例的推理搜索具有类似于新案例成分的训练案例。从概念上讲，这些训练案例可以视为新案例的近邻。如果案例用图表示，则这涉及搜索类似于新案例的子图。基于案例的推理试图组合近邻训练案例的解，为新案例提出一个解决方案。如果各解之间出现不相容，则可能需要回溯，搜索其他解。基于案例的推理可以使用背景知识和问题求解策略，以便提出可行的组合解。

基于案例的推理存在的挑战包括找到一个好的相似性度量（例如，为了匹配子图）和组合解的合适方法。其他挑战包括，为索引训练案例选择显著的特征和开发有效的索引技术。准确性和有效性之间的折中随着存储的案例数量增大而演变。随着案例数增加，基于案例的推理变得更智能。然而，到达某一点之后，系统的有效性将随着搜索和处理相关案例所需的时间的增加而受损。与最近邻分类一样，一种解决方案是编辑训练数据库。为了提高性能，可以丢弃冗余的或未被证明有用的案例。然而，这些决策并非轮廓鲜明的，并且它们的自动处理仍然是一个活跃的研究领域。

425

9.6　其他分类方法

本节，我们简要介绍其他一些分类方法，包括遗传算法（9.6.1 节）、粗糙集方法（9.6.2 节）和模糊集方法（9.6.3 节）。一般而言，与本书前面介绍的方法相比，这些方法不常在商品化数据挖掘系统中使用。然而，这些方法在某些应用中确实表现出了它们的优点，因此值得在此介绍。

9.6.1　遗传算法

遗传算法（genetic algorithm）试图利用自然进化的思想。一般而言，遗传学习开始如下：创建一个由随机产生的规则组成的初始**群体**。每个规则可以用一个二进位串表示。作为一个简单的例子，假设给定的训练集样本用两个布尔属性 A_1 和 A_2 描述，并且有两个类 C_1 和 C_2。规则"**IF** A_1 **AND NOT** A_2 **THEN** C_2"可以用二进位串"100"编码，其中最左边的两个二进位分别代表属性 A_1 和 A_2，而最右边的二进位代表类。类似地，规则"**IF NOT** A_1 **AND NOT** A_2 **THEN** C_1"可以用"001"编码。如果一个属性具有 $k(k > 2)$ 个值，则可以用 k 个二进位对该属性的值编码。类可以用类似的方式编码。

根据适者生存的原则，形成新的群体，它由当前群体中最适合的规则以及这些规则的后代组成。通常，规则的**拟合度**（fitness）用它在训练样本集上的分类准确率评估。

后代通过使用诸如交叉和变异等遗传操作来创建。在**交叉**操作中，来自规则对的子串交换，形成新的规则对。在**变异**操作中，规则串中随机选择的位被反转。

继续基于先前的规则群体产生新的规则群体的过程，直到群体 P "进化"，P 中的每个规则都满足预先指定的拟合度阈值。

遗传算法易于并行，并且业已用于分类和其他优化问题。在数据挖掘中，它们可能用于评估其他算法的拟合度。

9.6.2 粗糙集方法

粗糙集理论可以用于分类，发现不准确数据或噪声数据内的结构联系。它用于离散值属性。因此，连续值属性必须在使用前离散化。

粗糙集理论基于给定训练数据内部的**等价类**（equivalence class）的建立。形成一个等价类的所有数据元组是不加区分的；也就是说，对于描述数据的属性，这些样本是等价的。给定现实世界数据，通常有些类不能被可用的属性区分。粗糙集可以用来近似地或"粗略地"定义这些类。给定类 C 的粗糙集定义用两个集合来近似：C 的**下近似**（lower approximation）和 C 的**上近似**（upper approximation）。C 的下近似由一些这样的数据元组组成，根据其属性的知识，它们毫无疑问属于 C。C 的上近似由所有这样的元组组成，根据其属性的知识，它们不可能被认为不属于 C。类 C 的下近似和上近似如图 9.14 所示，其中每个矩形区域代表一个等价类。可以对每个类产生决策规则。通常，使用决策表表示这些规则。

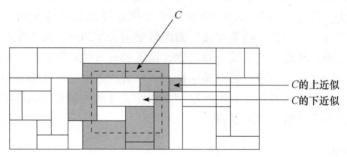

图 9.14 类 C 的元组集（使用 C 的上、下近似集）的粗糙集近似。矩形区域表示等价类

粗糙集也可以用于属性子集选择（或特征归约，可以识别和删除无助于给定训练数据分类的属性）和相关分析（根据分类任务评估每个属性的贡献或显著性）。找出可以描述给定数据集中所有概念的最小属性子集（**归约集**）问题是 NP-困难的。然而，业已提出了一些降低计算强度的算法。例如，有一种方法使用**识别矩阵**（discernibility matrix）存放每对数据元组属性值之差。不是在整个训练集上搜索，而是搜索矩阵，检测冗余属性。

9.6.3 模糊集方法

基于规则的分类系统有一个缺点：对于连续属性，它们有陡峭的截断。例如，考虑下面关于顾客信用卡申请审批的规则。该规则本质上是说：工作两年或多年，并且具有较高收入（即至少 50 000 美元）的顾客申请将被批准。

$$IF(year\_employed \geqslant 2)AND(income \geqslant 50\,000)THEN\ credit = approved \qquad (9.24)$$

根据规则（9.24），一个至少工作两年的顾客将得到信用卡，如果他的收入是 50 000 美元；但是，如果他的收入是 49 000 美元，则他将得不到信用卡。这种苛刻的阈值看起来可能不公平。

换一种方式，我们可以将收入离散化成类别，如 {*low_income*, *medium_income*, *high_income*}，然后使用**模糊逻辑**，允许为每个类定义"模糊"阈值或边界（见图 9.15）。模糊逻辑使用 0.0 和 1.0 之间的真值表示一个特定的值是一个给定类成员的隶属程度，而不是用类之间的精确截断。然后，每个类别表示一个**模糊集**。因而，使用模糊逻辑，我们可以表达这样的概念：在某种程度上，49 000 美元的收入是高的，尽管没有 50 000 美元的收入高。通常，模糊逻辑系统提供图形工具帮助用户把属性值转换成模糊真值。

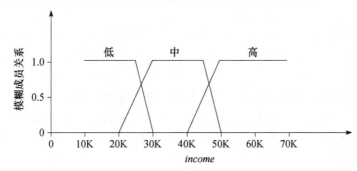

图 9.15 *income* 的模糊真值，表示 *income* 值关于类别 {*low*，*medium*，*high*} 的隶属度。每个类别表示一个模糊集。注意，给定的 *income* 值 *x* 可能隶属于多个模糊集。*x* 在每个模糊集的隶属值的总和不必为 1

模糊集理论也称**可能性理论**（possibility theory）。它是 Lotfi Zadeh 于 1965 年提出的，作为传统的二值逻辑和概率论的一种替代。它允许我们处理高层抽象，并且提供了一种处理数据的不精确测量的手段。最重要的是，模糊集理论允许我们处理模糊或不精确的事实。例如，高收入集的成员是不精确的（例如，如果收入 50 000 美元是高收入，则收入 49 000 美元或 48 000 美元如何？）。不像传统的"明确的"集合，元素或者属于集合 *S* 或者属于它的补，在模糊集合论中，元素可以属于多个模糊集。例如，*income* 值 49 000 美元属于模糊集 *medium* 和 *high*，但具有不同的隶属度。使用模糊集的记号和图 9.15，这可以表示为

$$m_{medium\_income}(\$49\,000) = 0.15 \text{ 而 } m_{high\_income}(\$49\,000) = 0.96$$

其中 *m* 是隶属函数，分别在模糊集 *medium_income* 和 *high_income* 上计算。在模糊集理论中，给定元素 *x*（例如 49 000 美元）的隶属值之和不必等于 1。这与传统的概率论不同。传统的概率论受总和公理的约束。

对于进行基于规则的分类的数据挖掘系统来说，模糊集理论是有用的。它提供了结合模糊度量的操作。假设除了 *income* 的模糊集之外，我们还为属性 *years_employed* 定义模糊集 *junior_employee* 和 *senior_employee*。假设有一个规则，对给定的雇员 *x* 检测规则前件（IF 部分）*high_income* 和 *senior_employee*。如果这两个模糊度量用 AND 连接在一起，则取它们的最小度量为该规则的度量。换言之，

$$m_{(high\_income\ AND\ senior\_employee)}(x) = min(m_{high\_income}(x), m_{senior\_employee}(x))$$

这类似于说：一条链与它的最弱的链接一样结实。如果两个度量用 OR 连接，则取它们的最大度量作为规则的度量。换言之，

$$m_{(high\_income\ OR\ senior\_employee)}(x) = max(m_{high\_income}(x), m_{senior\_employee}(x))$$

直观地讲，这好像是说绳索与它的最结实的绳股一样结实。

给定一个待分类的元组，可以使用多个模糊规则。每个可用的规则为类的隶属贡献一票。通常，对每个预测分类的真值进行求和，并组合这些和。有一些过程，将模糊输出结果

转换成系统返回的非模糊或明确的值。

模糊逻辑系统已用于许多分类领域，包括市场调查、财经、卫生保健和环境工程。

9.7 关于分类的其他问题

我们研究的大部分分类算法都处理多类问题，但是某些算法，如支持向量机，假定数据中只有两个类。当存在的类多于两个时，如何进行调整？这一问题将在9.7.1节讨论多类分类时处理。

如果我们想对数据建立一个分类器，但是只有一些数据有类标号，而大部分没有，我们怎么做？文档分类、语音识别和信息提取只不过是这种应用的几个例子，然而，无标号的数据大量存在。例如，考虑文档分类。假设我们想建立一个模型，对诸如文章和 Web 页面这样的文本文档进行自动分类。特殊地，我们希望该模型识别曲棍球文档和足球文档。我们有大量文档可用，但文档没有类标号。回想一下，监督学习需要一个训练集，即一个有类标记的数据集。让人来审查每个文档并赋予其一个类标号（以便形成训练集）是费时而且代价高昂的。

语音识别要求训练有素的语言学家对讲话的语音准确标记。据报道，1分钟讲话需要10分钟标记，而加注音素（声音的基本单位）可能需要400倍的时间。信息提取系统使用具有详细注解标记的文档训练。这些通过专家对文本中的项或有趣的关系（如公司或个人的名字）加标记得到。对于某些领域而言，可能需要高级专门知识和技能，如生物医学信息提取涉及的基因和疾病知识。显然，人工地指定类标号来准备训练集可能极端昂贵、耗时和乏味。

我们将研究3种分类方法，它们非常适合具有大量无标号数据的情况。9.7.2节介绍半监督分类，它使用有标号和无标号的数据构建分类器。9.7.3节介绍主动学习，该学习算法仔细选取少量无标号的元组，并请求人工给出这些元组的类标号。9.7.4节介绍迁移学习，其目标是从一个或多个源任务（例如，对照相机评论分类）提取知识，并把这一知识用于目标任务（例如，TV 评论）。这些策略都能减少对大量数据进行注解的需求，节省费用和时间。

9.7.1 多类分类

某些分类算法，如支持向量机，是为二元分类设计的。如何扩充这些算法，允许**多类分类**（即涉及两个以上类的分类）？

一种简单的方法是**一对所有**（One-Versus-All，OVA）。给定 m 个类，我们训练 m 个二元分类器，每类一个。分类器 j 使用类 j 的元组为正类，其余元组为负类，进行训练。通过学习，它对类 j 返回一个正值，而对其他类返回一个负值。为了对未知元组 X 分类，分类器集作为一个组合分类器投票。例如，如果分类器 j 预测 X 为正类，则类 j 得到一票。如果它预测 X 为负类，则除 j 之外的每个类都得到一票。得票最多的类被指派给 X。

所有对所有（All-Versus-All，AVA）是另一种方法，它对每一对类学习一个分类器。给定 m 个类，我们构建 $m(m-1)/2$ 个二元分类器。每个分类器都使用它应该区分的两个类的元组来训练。为了对未知元组分类，所有的分类器投票表决。该元组被指派到得票最多的类。"所有对所有"往往优于"一对所有"。

以上方案存在的问题是，二元分类器对错误敏感。如果一个分类器出错，则它可能影响投票结果。

可以使用**纠错码**提高多类分类的准确性, 不只是对以上情况, 也适用于一般的分类。纠错码最初是为通信任务的数据传输纠错设计的。对于这种任务, 使用纠错码将冗余添加到被传输的数据中, 使得即使因信道噪声而出现错误, 也能在另一端正确地接收到数据。对于多类分类, 即使个体二元分类器对给定的未知元组做出了错误预测, 我们仍然可以正确地标记该元组。

纠错码被赋予每个类, 其中每个码字都是一个位向量。图 9.16 显示了一个例子, 7 位码字被赋予类 C_1、C_2、C_3 和 C_4。我们对每个位的位置训练一个分类器。因此, 在我们的例子中, 我们训练 7 个分类器。如果一个分类器出错, 由于有附加的位而获得的冗余, 我们仍然有较好的机会正确地预测给定的未知元组的类。该技术使用一种称做海明距离 (Hamming distance) 的距离度量, 万一出错用来猜测 "最接近的" 类。该技术在例 9.3 中解释。

例 9.3 使用纠错码的多类分类。考虑图 9.16 中与类 $C_1 \sim$ C_4 相关联的 7 位纠错码。假设给定一个待分类的未知元组, 7 个训练过的二元分类器共同输出码字 0001010, 与 4 个类的码字都不匹配。显然出现了分类错误, 但是我们能够推算出最可能的类应该是哪个吗? 我们可以尝试使用海明距离。两个码字的**海明距离**是它们的不相同的位数。输出码字与 C_1 的海明距离为 5, 因为它们有 5 位 (即第 1、2、3、5、7 位) 不同。类似地, 输出

类	纠错码字
C_1	1111111
C_2	0000111
C_3	0011001
C_4	0101010

图 9.16 涉及 4 个类的多类分类问题的纠错码

码字与 C_2、C_3 和 C_4 的海明距离分别为 3、3 和 1。注意, 输出码字与 C_4 的码字最接近。也就是说, 输出码字与类码字之间的最小海明距离是与 C_4 的距离。因此, 我们指派 C_4 为给定元组的类标号。

纠错码可以对 $(h-1)/2$ 个 1 位错误纠错, 其中 h 是两个码字之间的海明距离。如果我们对每类使用 1 位, 如对类 $C_1 \sim C_4$ 使用 4 位码字, 则这等价于一对所有方法, 并且这些码不足以自纠错。(作为习题, 试证之。) 在为多类分类选择纠错码时, 码字之间必须是行分离和列分离的。其间距离越大, 错误越可能被纠正。

9.7.2 半监督分类

半监督分类 (semi-supervised classification) 使用有类标号的数据和无类标号的数据构建分类器。设 $X_l = \{(x_1, y_1), \cdots, (x_l, y_l)\}$ 是有标号的数据的集合, $X_u = \{x_{l+1}, \cdots, x_n\}$ 是无标号的数据的集合。这里, 我们介绍这种学习方法的几个例子。

自我训练 (self-training) 是半监督分类的最简单形式。它首先使用有标号的数据建立一个分类器。然后, 试用该分类器对无标号的数据加标号。将类标号预测最有把握的元组添加到有标号的数据的集合中, 并重复这一过程 (见图 9.17)。尽管这种方法容易理解, 但其缺点是可能强化错误。

协同训练 (co training) 是半监督分类的另一种形式, 其中两个或多个分类器互教互学。理想地, 每个学习器都对每个元组使用一个不同的、理想的独立特征集。例如, 考虑网页数据, 其中涉及网页图像的数据可以作为一个特征集, 而涉及对应文本的属性构成相同数据的另一个特征集。每个特征集都应该足以训练一个好分类器。假设我们把特征集划分成两个集合, 并且训练了两个分类器 f_1 和 f_2, 其中每个分类器都在不同的特征集上训练。使用 f_1 和 f_2 对无标号的数据 X_u 预测类标号。然后, 每个分类器都教导另一个: 从 f_1 得到的预测最大把

握的元组（连同它的标号）被添加到 f_2 的有标号的数据集上。类似地，从 f_2 得到的预测把握最大的元组被添加到 f_1 的有标号的数据集上。这种方法总结如图 9.17 所示。与自我训练相比，协同训练对错误不太敏感。一个困难是，使用该方法的假定可能不成立，即也许不可能把特征划分成互斥的、类条件独立的集合。

自我训练

（1）选择一种学习方法，如贝叶斯分类。使用有类标号的数据 X_l 构建一个分类器。

（2）使用该分类器对无类标号的数据 X_u 加标号。

（3）选择具有最高置信度（最有把握的预测）的元组 $x \in X_u$，将它和它的预测标号添加到 X_l。

（4）重复以上过程（即使用扩展的有标号的数据重新训练分类器）。

协同训练

（1）对于有类标号的数据 X_l，定义两个不重叠的特征集。

（2）在有类标号的数据 X_l 上，训练两个分类器 f_1 和 f_2，其中，f_1 使用一个特征集训练，而 f_2 使用另一个。

（3）分别用 f_1 和 f_2 对 X_u 分类。

（4）将最有把握的 $(x, f_1(x))$ 添加到 f_2 使用的有标号的数据集上，其中 $x \in X_u$。类似地，将最有把握的 $(x, f_2(x))$ 添加到 f_1 使用的有标号的数据集上。

（5）重复以上过程。

图 9.17 半监督分类的自我训练和协同训练方法

还存在半监督学习的其他方法。例如，可以对特征和类标号的联合概率分布建模。对于无标号数据，标号可以按缺失数据处理。EM 算法（第 11 章）可以用来最大化模型似然。还有人提出使用支持向量机的方法。

9.7.3 主动学习

主动学习（active learning）是一种迭代的监督学习，适合数据丰富但类标号稀缺或获取昂贵的情况。学习算法是主动的，因为它可能有目的地向用户（例如，智者）询问类标号。通常，这种方法用于学习概念的元组数远少于典型的监督学习所需要的数量。

"主动学习如何克服这种标号瓶颈？"为了控制开销，主动学习程序的目标是使用尽可能少的有标号的实例来获得高准确率。设 D 是所考虑的全部数据。存在一些在 D 上主动学习的策略。图 9.18 图示了一种基于池的（pool-based）主动学习方法。假设 D 的一个小的子集有类标号。该集合记作 L。U 是 D 中无类标号的数据，也称它为无标号数据池。主动学习程序以 L 为初始训练集开始学习。然后，它使用一个查询函数，从 U 中精心选择一个或多个样本，并向一位智者（如注释者）询问它们的类标号。新标记的样本被添加到 L 中，之后学习程序按标准的监督方法使用它们，重复该过程。主动学习的目标是使用尽可能少的标记元组获得高准确率。通常，主动学习算法用一个学习曲线评估，把准确率作为被询问的实例数的函数。

主动学习的大部分研究都集中在如何选择被询问的元组上。已经提出了一些框架。不确定抽样是最常见的，其中主动学习程序选择最无把握如何加标号的元组进行询问。其他策略旨在缩小解释空间（version space），即与观察到的训练元组一致的所有假设的子集。另外，我们也可以按照决策论方法，估计期望误差的减少。如通过降低 U 上的期望熵，选择使错误预测总数降低最大的元组。后一种方法计算量较大。

图 9.18　基于池的主动学习周期。取自 Settles［Set10］，计算机科学技术
报告 1648，威斯康星 – 麦迪逊大学

9.7.4　迁移学习

假设 AllElectronics 收集了顾客对一种产品（如一种品牌的照相机）的大量评论。分类任务是自动地将这些评论标记为肯定或否定。这种任务称做**意见分类**（sentiment classification）。我们可以考察每个评论，通过加上类标号 *positive* 或 *negative* 来注释它们。然后，可以使用这些加标号的评论来训练和检验一个分类器，用来把该产品的未来评论标记为 *positive* 或 *negative*。注释评论数据的人工可能是昂贵的和耗时的。

假设 AllElectronics 还收集了关于其他产品（如 TV）的顾客评论。对于不同类型的产品，评论数据的分布可能差别很大。我们不能假定 TV 的评论数据与照相机的评论数据具有相同的分布；因此，我们必须为 TV 的评论数据另外建立一个分类模型。考察并标记 TV 评论数据以便形成训练集需要付出很大的努力。事实上，对于每种产品，为了训练一个评论分类模型，我们都需要对大量数据加标号。如果能够改编一个已有的分类模型（例如，为照相机构建的模型），帮助学习一个用于 TV 的分类模型，则是一件好事。这种*知识迁移*将降低对大量数据注释的需求，节省费用和时间。这正是迁移学习的本质。

迁移学习（transfer learning）旨在从一个或多个源任务提取知识，并将这种知识用于目标任务。在我们的例子中，源任务是照相机评论分类，目标任务是 TV 评论分类。图 9.19 显示了传统的学习方法与迁移学习的比较。传统的学习方法对每个新的分类任务，基于可用有类标号的训练和检验数据，建立一个新的分类器。迁移学习算法在为新（目标）任务构建分类器时，使用源任务的知识。结果分类器的构建需要较少的训练数据和较少的训练时间。传统的学习算法假定训练和检验数据都从相同的分布和相同的特征空间抽取。因此，如果分布改变，则这些方法需要从头重建模型。

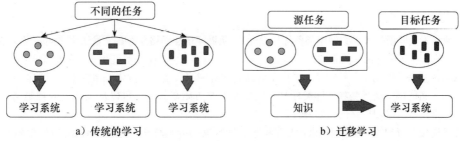

图 9.19　迁移学习与传统学习：a）传统的学习方法对每个分类任务从头开始建立一个新的分类器；b）迁移学习运用源分类器的知识简化新的目标任务的分类器的构建。取自 Pan 和 Yang［PY10］

迁移学习允许分布、任务，甚至用于训练和检验的数据域不同。迁移学习类似于人们所用的方法，即运用一项任务的知识使得另一项任务的学习更容易。例如，如果我们知道如何演奏竖笛，则我们可以运用我们的识谱和音乐知识简化学习弹钢琴的任务。类似地，懂西班牙语使得学习意大利语更容易。

对于一些常见的应用，数据过时或分布改变，迁移学习是有用的。这里，我们再给两个例子。考虑 Web 文档分类；我们可能需要训练一个分类器，例如，根据预先定义的类别，为取自各种不同新闻组的文章加标号。用于训练分类器的 Web 数据可能很容易变成过时的，因为 Web 上的主题变化频繁。迁移学习的另一个应用领域是垃圾邮件过滤。我们可以使用一个用户群的邮件训练一个分类器，把邮件标记为"垃圾邮件"或"非垃圾邮件"。如果新的用户出现，则他们的邮件分布可能不同于原来的用户群，因此需要改变学习得到的模型，吸纳新的数据。

迁移学习的方法有多种，最常见的是基于实例的迁移学习方法。这种方法重新评估来自源任务的某些数据的权重，并使用它们学习目标任务。**TrAdaBoost**（Transfer AdaBoost）算法是这种方法的一个典范。考虑我们的 Web 文档分类的例子，其中用于训练分类器的老数据（源数据）的分布不同于新数据（目标数据）的分布。TrAdaBoost 假定源领域和目标领域数据都被相同的属性集描述（即它们具有相同的"特征空间"）和相同的类标号集，但是两个领域的数据分布很不相同。它扩充了 8.6.3 节介绍的 AdaBoost 集成分类方法。TrAda-Boost 只要求标记少量目标数据。TrAdaBoost 不是丢弃所有老的源数据，而是假定它们大部分在训练新分类器时可能都是有用的。其基本思想是，通过自动调整赋予训练元组的权重，过滤掉与新数据很不相同的老数据的影响。

回忆一下，在提升过程中，组合分类器通过学习一系列分类器来创建。开始，每个元组赋予一个权重。学习分类器 M_i 之后，调整诸权重，使得其后的分类器 M_{i+1} "更关注"被 M_i 错误分类的元组。对于目标数据，TrAdaBoost 使用同样的策略。然而，如果源数据元组被错误分类，则 TrAdaBoost 认为该元组可能与目标数据很不相同。因此，它降低这种元组的权重，使得它们对其后的分类器的影响很小。这样，即使新数据本身不足以训练模型，TrAdaBoost 也能使用少量新数据和大量老数据，学习一个准确的分类模型。因此，使用这种方法，TrAdaBoost 使得知识可以从旧分类器迁移到新的。

迁移学习的一个难题是**负转移**（negative transfer）。当新分类器的性能比完全不迁移更差时就出现负迁移。如何避免负迁移是一个未来研究的领域。混杂迁移学习（heterogeneous transfer learning）涉及从不同的特征空间和多个源领域迁移知识，是未来研究的另一个重点。迄今为止，大部分迁移学习的研究都还在小规模应用上。在大型应用上，如在社会网络分析和视频分类上应用迁移学习是一个需要进一步考察的领域。

9.8　小结

- 不像朴素贝叶斯分类（它假定类条件独立性），**贝叶斯信念网络**允许在变量子集之间定义类条件独立性。它提供了一种因果关系的图形模型，在其上进行学习。训练后的贝叶斯信念网络可以用来分类。
- **后向传播**是一种用于分类的使用梯度下降法的神经网络算法。它搜索一组权重，对数据建模，使得数据元组的网络类预测和实际类标号之间的平均平方距离最小。可以从训练过的神经网络提取规则，帮助改进学习网络的可解释性。
- **支持向量机**（SVM）是一种用于线性和非线性数据的分类算法。它把源数据变换到较高维空间，使用称做**支持向量**的基本元组，从中发现分离数据的超平面。
- 频繁模式反映数据中属性–值对（或项）之间的强关联，可以用于**基于频繁模式的分类**。方法包括关联分类和基于有区别能力的频繁模式分类。在**关联分类**中，使用从频繁模式产生的关联规则构建分类器。在**基于有区别能力的频繁模式分类**中，在建立分类模型时，除考虑单个特征之外，频繁模式充当组合特征。

- 决策树分类、贝叶斯分类、后向传播分类、支持向量机和基于频繁模式的分类方法都是**急切学习方法**的例子，因为它们都使用训练元组构造一个泛化模型，从而为新元组的分类做好准备。这与诸如最近邻分类和基于案例的推理分类等**惰性学习方法**或**基于实例**的方法相反。后者将所有训练元组存储在模式空间中，一直等到检验元组出现才进行泛化。因此，惰性学习方法需要有效的索引技术。
- 在**遗传算法**中，规则总体通过交叉和变异操作"进化"，直到总体中所有的规则都满足指定的阈值。**粗糙集理论**可以用来近似地定义类，这些类基于可用的属性是不可区分的。**模糊集**方法用隶属度函数替换连续值属性的"脆弱的"阈值。
- 可以调整二元分类方法（如支持向量机），处理**多类分类**。这涉及构造二元分类器的组合分类器。可以使用纠错码提高组合分类器的准确率。
- 当存在大量无标号的数据时，**半监督学习**是有用的。半监督学习使用有标号和无标号数据建立分类器。半监督分类的例子包括自我训练和协同训练。
- **主动学习**是一种监督学习，它适合数据丰富、但类标号稀缺或难以获得的情况。学习算法可以主动地向用户（例如，智者）询问类标号。为了保持低代价，主动学习的目标是使用尽可能少的有标号的实例来获得高准确率。

437

- **迁移学习**旨在从一个或多个源任务提取知识，并把这些知识运用于目标任务。TrAdaBoost 是进行迁移学习的基于实例方法的一个例子，它对来自源任务的某些元组重新加权，并使用它们学习目标任务，因此只需要很少有标号的目标任务元组。

9.9　习题

9.1　下表由取自雇员数据库的训练数据组成。数据已泛化。例如，*age* "31…35" 表示年龄在 31～35 岁之间。对于给定的行，*count* 表示 *department*、*status*、*age* 和 *salary* 在该行上具有给定值的数据元组数。

department	status	age	salary	count
sales	senior	31…35	46K…50K	30
sales	junior	26…30	26K…30K	40
sales	junior	31…35	31K…35K	40
systems	junior	21…25	46K…50K	20
systems	senior	31…35	66K…70K	5
systems	junior	26…30	46K…50K	3
systems	senior	41…45	66K…70K	3
marketing	senior	36…40	46K…50K	10
marketing	junior	31…35	41K…45K	4
secretary	senior	46…50	36K…40K	4
secretary	junior	26…30	26K…30K	6

设 *status* 是类标号属性。

(a) 为给定的数据设计一个多层前馈神经网络。标记输入层和输出层节点。

(b) 给定训练实例（*sales*, *senior*, 31…35, 46K…50K），使用（a）中得到的多层前馈神经网络，给出后向传播算法一次迭代后的权重。指出你使用的初始权重和偏倚以及学习率。

9.2　支持向量机（SVM）是一种具有高准确率的分类方法。然而，在使用大型数据元组集进行训练时，SVM 的处理速度很慢。讨论如何克服这一困难，并为大型数据集有效的 SVM 分类开发一种可伸缩的 SVM 算法。

9.3　比较和对照关联分类和基于有区别能力的频繁模式分类。为什么基于频繁模式的分类能够获得比经典的决策树方法更高的分类准确率？

438

9.4　比较急切分类（例如，决策树、贝叶斯、神经网络）相对于惰性分类（例如，*k* - 最近邻、基于案例的推理）的优点和缺点。

9.5 给定最近邻数 k 和描述每个元组的属性数 n，写一个 k – 最近邻分类算法。

9.6 简要介绍使用（a）遗传算法，（b）粗糙集，（c）模糊集的分类过程。

9.7 例 9.3 对于 4 个类的多类分类问题，给出了一个使用纠错码的例子。

   （a）假设对于给定待分类元组，7 个训练后的二元分类器共同输出码字 0101110，与 4 个类的码字都不匹配。使用纠错码，应该把哪个类标号赋予该元组？

   （b）解释为什么使用 4 位向量的码字不足以纠错。

9.8 在有大量无标号数据的情况下，半监督分类、主动学习和迁移学习是有用的。

   （a）叙述半监督分类、主动学习和迁移学习。详细说明这些方法对于哪些应用有用以及其用于分类面临的挑战。

   （b）研究并描述一种不同于自我训练和协同训练的半监督分类方法。

   （c）研究并描述一种不同于基于池的主动学习方法。

   （d）研究并描述一种不同于基于实例的迁移学习方法。

9.10 文献注释

关于贝叶斯信念网络的介绍，见 Darwiche[Dar10] 和 Heckerman[Hec96]。关于概率网络的全面介绍见 Pearl[Pea88]，Koller 和 Friedman[KF09]。给定可观测的变量，由训练数据学习信念网络结构的方案由 Cooper 和 Herskovits[CH92]、Buntine[Bun94]、Heckerman、Geiger 和 Chickering[HGC95] 提出。在信念网络上推理的算法可以在 Russell 和 Norvig[RN95]，以及 Jensen[Jen96] 著作中找到。9.1.2 节介绍的训练贝叶斯信念网络的梯度下降法在 Russell、Binder、Koller 和 Kanazawa[RBKK95] 著作中给出。图 9.1 给出的例子取自 Russell 等[RBKK95]。

学习具有隐藏变量的信念网络的可选策略包括 Dempster、Laird 和 Rubin 的[DLR77] EM（期望最大化）算法（Lauritzen[Lau95]）和基于最小描述长度原则的方法（Lam[Lam98]）。Cooper[Coo90] 证明在非约束的信念网络上推理的一般问题是 NP-困难的。信念网络的局限性，如很高的计算复杂度（Laskey 和 Mahoney[LM97]），促使考察分层的、可复合的贝叶斯模型（Pfeffer、Koller、Milch 和 Takusagawa[PKMT99]，以及 Xiang、Olesen 和 Jensen[XOJ00]）。这些遵循知识表示的面向对象的方法。Fishelson 和 Geiger[FG02] 提出了用于遗传连锁分析的贝叶斯网络。

感知器是一种简单的神经网络，由 Rosenblatt[Ros58] 在 1958 年提出，成为机器学习历史上的早期里程碑。它的输入单元随机地连接到线性阈值单层输出单元。1969 年，Minsky 和 Papert[MP69] 证明感知器不能学习线性不可分的概念。这种局限性和当时硬件的局限性压制了计算神经模型研究激情将近 20 年。1986 年，Rumelhart、Hinton 和 Williams[RHW86] 提出后向传播算法后才重新引起人们的兴趣，因为该算法可以学习线性不可分的概念。

自那以后，已经提出后向传播的许多变形，包括替换的误差函数（Hanson 和 Burr[HB88]），网络拓扑的动态调整（Mézard 和 Nadal[MN89]、Fahlman 和 Lebiere[FL90]、Le Cun、Denker 和 Solla[LDS90]，以及 Harp、Samad 和 Guha[HSG90]），以及学习率和动量参数的动态调整（Jacobs[Jac88]）。其他变形在 Chauvin 和 Rumelhart[CR95] 中讨论。神经网络的书籍包括 Rumelhart 和 McClelland[RM86]，Hecht-Nielsen[HN90]，Hertz、Krogh 和 Palmer[HKP91]，Chauvin 和 Rumelhart[CR95]，Bishop[Bis95]，Ripley[Rip96]，以及 Haykin[Hay99]。许多机器学习书籍，如 Mitchell[Mit97]，Russell 和 Norvig[RN95]，其中也包含后向传播算法的很好解释。

有许多由神经网络提取规则的技术，如[SN88, Gal93, TS93, Avn95, LSL95, CS96, LGT97]。9.2.4 节介绍的规则提取方法基于 Lu、Setiono 和 Liu[LSL95]。由神经网络提取规则技术的批评可以在 Craven 和 Shavlik[CS97] 中找到。Roy[Roy00] 提出，神经网络的理论基础关于连接者学习作为人脑模型的假定有缺陷。神经网络在工业、商务和科学方面的应用概览在 Widrow、Rumelhart 和 Lehr[WRL94] 中有涉及。

支持向量机（SVM）源于 Vapnik 和 Chervonenkis 的统计学习理论的早期工作［VC71]。SVM 的第一篇论文是 Boser、Guyon 和 Vapnik[BGV92] 的文章。更详细的论述可以在 Vapnik[Vap95, Vap98] 的书中找到。好的入门书包括 Burges[Bur98] 的 SVM 指南和 Haykin[Hay08]，Kecman[Kec01]，Cristianini 和 Shawe-

Taylor[CS-T00] 的教科书。关于最优化问题的求解方法，参见 Fletcher[Fle87]，以及 Nocedal 和 Wright[NW99]。这些文献给出了本书提到的"特殊数学技巧"的其他细节，如问题到拉格朗日公式的变换和其后用 Karush-Kuhn-Tucker（KKT）条件求解。 440

关于 SVM 在回归方面的应用，见 Schölkopf、Bartlett、Smola 和 Williamson[SBSW99]，以及 Drucker、Burges、Kaufman、Smola 和 Vapnik[DBK⁺97]。SVM 用于大型数据集的方法，包括 Platt[Pla98] 的顺序最小优化算法，诸如 Osuna、Freund 和 Girosi[OFG97] 的分解方法，以及 Yu、Yang 和 Han[YYH03] 提出的 CB-SVM，一种用于大型数据集的基于微聚类的 SVM。一个关于支持向量机的软件库由 Chang 和 Lin 在网站 *www. csie. ntu. edu. tw/~ cjlin/libsvm/* 上提供，它支持多类分类。

已经提出了许多算法把频繁模式挖掘用于分类任务。早期的关联分类研究包括 Liu、Hsu 和 Ma[LHM98] 提出的 CBA 算法。使用显露模式（项集，其支持度从一个数据集到另一个数据集显著变化）分类，由 Dong 和 Li[DL99] 以及 Li、Dong 和 Ramamohanarao[LDR00] 提出。CMAR 由 Li、Han 和 Pei[LHP01] 提出。CPAR 由 Yin 和 Han[YH03b] 提出。Cong、Tan、Tung 和 Xu 提出 RCBT，挖掘 top-k 个覆盖规则组，以高准确率对基因表达数据分类[CTTX05]。

Wang 和 Karypis[WK05] 提出 HARMONY（为以实例为中心的分类挖掘最高置信度分类规则），它借助于剪枝策略的帮助，直接挖掘最终的分类规则集。Lent、Swami 和 Widom[LSW97] 提出了挖掘多维关联规则的 ARCS 系统。它结合了关联规则挖掘、聚类和图像处理的思想，并将它们用来分类。Meretakis 和 Wüthrich[MW99] 提出通过挖掘长项集构造朴素贝叶斯分类器。Veloso、Meira 和 Zaki[VMZ06] 基于惰性（非急切）学习方法，提出了一种基于关联规则的分类方法，其中计算被请求驱动。

基于有区别能力的频繁模式分类由 Cheng、Yan、Han 和 Hsu[CYHH07] 以及 Cheng、Yan、Han 和 Yu[CYHY08] 引进。前一著作建立在频繁模式的区分能力的理论上界的基础上（基于信息增益[Qui86] 或 Fisher 得分[DHS01]），这个上界可以用于设置最小支持度。后一著作介绍 DDPMine 算法，这是一种直接为分类挖掘有区别能力的频繁模式的方法，因为它避免产生频繁模式的完全集。H. Kim、S. Kim、Weninger 等提出 NDPMine 算法，它通过考虑重复特征，进行基于频繁和有区别能力的模式分类[KKW⁺10]。

最近邻分类于 1951 年由 Fix 和 Hodges[FH51] 引进。关于最近邻分类的文章的全面汇集可以在 Dasarathy[Das91] 中找到。更多的文献可以在许多分类教材中找到，如 Duda、Hart 和 Stork[DHS01]、James[Jam85]，以及 Cover 和 Hart[CH67]、Fukunaga 和 Hummels[FH87] 的文章。它们与属性加权和噪声实例剪枝的集成在 Aha[Aha92] 中介绍。使用搜索树改善最近邻分类时间的细节在 Friedman、Bentley 和 Finkel[FBF77] 中有介绍。部分距离方法由向量量化和压缩的研究者提出。其要点在 Gersho 和 Gray[GG92] 有介绍。删除"无用"训练元组的编辑方法首先由 Hart[Har68] 提出。 441

最近邻分类法的计算复杂性在 Preparata 和 Shamos[PS85] 中讨论。基于案例的推理（CBR）的文献包括 Riesbeck 和 Schank[RS89]，Kolodner[Kol93] 的教材，以及 Leake[Lea96]，Aamodt 和 Plazas[AP94] 的文章。关于商业应用的清单，参见[All94]。在医学方面的应用的例子包括 Koton[Kot88] 的 CASEY、Bareiss、Porter 和 Weir[BPW88] 的 PROTOS，而 Rissland 和 Ashley[RA87] 是 CBR 用于法律的一个例子。多个商用软件产品都提供了 CBR。关于遗传算法的书籍见 Goldberg[Gol89]，Michalewicz[Mic92] 和 Mitchell[Mit96]。

粗糙集的介绍在 Pawlak[Paw91] 中有介绍。数据挖掘中粗糙集理论的简洁总结包括 Ziarko[Zia91]，以及 Cios、Pedrycz 和 Swiniarski[CPS98]。粗糙集业已用于许多应用的特征归约和专家系统，包括 Ziarko[Zia91]，Lenarcik 和 Piasta[LP97]，以及 Swiniarski[Swi98]。降低寻找归约的计算强度的算法已在 Rauszer[SR92] 中提出。模糊集理论由 Lofti Zadeh 在[Zad65, Zad83] 中提出。更多的介绍可以在 Yager 和 Zadeh[YZ94]、Kecman[Kec01] 中找到。

多类分类的著作在 Hastie 和 Tibshirani[HT98]，Tax 和 Duin[TD02]，以及 Allwein、Shapire 和 Singer[ASS00] 中介绍。Zhu[Zhu05] 提供了半监督分类的全面综述。关于进一步的参考文献，参见 Chapelle、Schölkopf 和 Zien[CSZ06] 编辑的书。Dietterich 和 Bakiri[DB95] 提出对多类分类使用纠错码。关于主动学习的综述，参见 Settles[Set10]。Pan 和 Yang 提出了关于迁移学习的综述[PY10]。迁移学习的 TrAdaBoost 算法在 Dai、Yang、Xue 和 Yu[DYXY07] 中给出。 442

聚类分析：基本概念和方法

想象你是 AllElectronics 的客户关系主管，有 5 个经理为你工作。你想把公司的所有客户组织成 5 个组，以便可以为每组分配一个不同的经理。从策略上讲，你想使每组内部的客户尽可能相似。此外，两个商业模式很不相同的客户不应该放在同一组。你的这种商务策略的意图是根据每组客户的共同特点，开发一些特别针对每组客户的客户联系活动。什么类型的数据挖掘能够帮助你完成这一任务？

与分类不同，每个客户的类标号（或 group_ID）是未知的。你需要发现这些分组。考虑到大量客户和描述客户的众多属性，靠人研究数据，并且人工地找出将客户划分成有战略意义的组群的方法可能代价很大，甚至是不可行的，你需要借助于聚类工具。

聚类是一个把数据对象集划分成多个组或簇的过程，使得簇内的对象具有很高的相似性，但与其他簇中的对象很不相似。相异性和相似性根据描述对象的属性值评估，并且通常涉及距离度量$^{\ominus}$。聚类作为一种数据挖掘工具已经植根于许多应用领域，如生物学、安全、商务智能和 Web 搜索。

本章介绍聚类分析的基本概念和方法。在 10.1 节，我们引进该主题并研究海量数据的聚类方法和各种应用的要求。我们将学习一些基本聚类技术，分成如下几类：划分方法（10.2 节）、层次方法（10.3 节）、基于密度的方法（10.4 节）和基于网格的方法（10.5 节）。在 10.6 节，我们简要讨论如何评估聚类方法。关于高级聚类方法的讨论留给第 11 章。

10.1 聚类分析

本节为研究聚类分析建立基础。10.1.1 节定义聚类分析并给出一些例子。在 10.1.2 节，我们将学习比较聚类方法，以及对聚类的要求。基本聚类技术的概述在 10.1.3 节提供。

10.1.1 什么是聚类分析

聚类分析（cluster analysis）简称**聚类**（clustering），是一个把数据对象（或观测）划分成子集的过程。每个子集是一个**簇**（cluster），使得簇中的对象彼此相似，但与其他簇中的对象不相似。由聚类分析产生的簇的集合称做一个**聚类**。在这种语境下，在相同的数据集上，不同的聚类方法可能产生不同的聚类。划分不是通过人，而是通过聚类算法进行。聚类是有用的，因为它可能导致数据内事先未知的群组的发现。

聚类分析已经广泛地用于许多应用领域，包括商务智能、图像模式识别、Web 搜索、生物学和安全。在商务智能应用中，聚类可以用来把大量客户分组，其中组内的客户具有非常类似的特征。这有利于开发加强客户关系管理的商务策略。此外，考虑具有大量项目的咨询公司。为了改善项目管理，可以基于相似性把项目划分成类别，使得项目审计和诊断（改善项目提交和结果）可以更有效地实施。

在图像识别应用中，聚类可以在手写字符识别系统中用来发现簇或"子类"。假设我们有手写数字的数据集，其中每个数字标记为 1, 2, 3 等。注意，人们写相同的数字可能存在

$\ominus$ 数据的相似性和相异性已在 2.4 节详细讨论。你可以参阅那一节，快速复习。

很大差别。例如，数字"2"，有些人写的时候可能在左下方带一个小圆圈，而另一些人不会。我们可以使用聚类确定"2"的子类，每个子类代表手写可能出现的"2"的变体。使用基于子类的多个模型可以提高整体识别的准确率。

在 Web 搜索中也有许多聚类应用。例如，由于 Web 页面的数量巨大，关键词搜索常常会返回大量命中对象（即与搜索相关的网页）。可以用聚类将搜索结果分组，以简明、容易访问的方式提交这些结果。此外，已经开发出把文档聚类成主题的聚类技术，这些技术已经广泛地用在实际的信息检索中。

作为一种数据挖掘功能，聚类分析也可以作为一种独立的工具，用来洞察数据的分布，观察每个簇的特征，将进一步分析集中在特定的簇集合上。另外，聚类分析可以作为其他算法（如特征化、属性子集选择和分类）的预处理步骤，之后这些算法将在检测到的簇和选择的属性或特征上进行操作。

由于簇是数据对象的集合，簇内的对象彼此相似，而与其他簇的对象不相似，因此数据对象的簇可以看做隐含的类。在这种意义下，聚类有时又称自动分类。再次强调，至关重要的区别是，聚类可以自动地发现这些分组，这是聚类分析的突出优点。

在某些应用中，聚类又称做**数据分割**（data segmentation），因为它根据数据的相似性把大型数据集合划分成组。聚类还可以用于**离群点检测**（outlier detection），其中离群点（"远离"任何簇的值）可能比普通情况更值得注意。离群点检测的应用包括信用卡欺诈检测和电子商务中的犯罪活动监控。例如，信用卡交易中的异常情况，如非常昂贵且非频繁地购买，类似可能的欺诈活动是值得注意的。离群点检测是第 12 章的主题。

数据聚类正在蓬勃发展，有贡献的研究领域包括数据挖掘、统计学、机器学习、空间数据库技术、信息检索、Web 搜索、生物学、市场营销等。由于数据库中收集了大量的数据，聚类分析已经成为数据挖掘研究领域中一个非常活跃的研究课题。

作为统计学的一个分支，聚类分析已经被广泛地研究了许多年，主要集中在基于距离的聚类分析。基于 k-均值（k-means）、k-中心点（k-medoids）和其他一些方法的聚类分析工具已经被加入到许多统计分析软件包或系统中，例如 S-Plus、SPSS 以及 SAS。回忆一下，在机器学习领域，分类称做监督学习，因为给定了类标号信息，即学习算法是监督的，因为它被告知每个训练元组的类隶属关系。聚类被称做**无监督学习**（unsupervised learning），因为没有提供类标号信息。由于这种原因，聚类是**通过观察学习**，而不是通过示例学习。在数据挖掘领域，研究工作一直集中在为大型数据库的有效聚类分析寻找合适的方法上。活跃的研究主题包括聚类方法的可伸缩性，对复杂形状（如非凸形）和各种数据类型（例如，文本、图形和图像）聚类的有效性，高维聚类技术（例如，对具有数千特征的对象聚类），以及针对大型数据库中数值和标称混合数据的聚类方法。

10.1.2 对聚类分析的要求

聚类是一个富有挑战性的研究领域。本节，我们将学习作为一种数据挖掘工具对聚类的要求，以及用于比较聚类方法的诸方面。

数据挖掘对聚类的典型要求如下：

- **可伸缩性**：许多聚类算法在小于几百个数据对象的小数据集合上运行良好，然而，大型数据库可能包含数百万甚至数十亿个对象，Web 搜索尤其如此，在大型数据集的样本上进行聚类可能会导致有偏的结果。因此，我们需要具有高度可伸缩性的聚类算法。

- **处理不同属性类型的能力**：许多算法是为聚类数值（基于区间）的数据设计的。然而，应用可能要求聚类其他类型的数据，如二元的、标称的（分类的）、序数的，或者这些数据类型的混合。最近，越来越多的应用需要对诸如图、序列、图像和文档这样的复杂数据类型进行聚类的技术。

- **发现任意形状的簇**：许多聚类算法基于欧几里得或曼哈顿距离度量（第 2 章）来确定簇。基于这些距离度量的算法趋向于发现具有相近尺寸和密度的球状簇。然而，一个簇可能是任意形状的。例如，考虑传感器，通常为了环境检测而部署它们。传感器读数上的聚类分析可能揭示有趣的现象。我们可能想用聚类发现森林大火蔓延的边缘，这常常是非球形的。重要的是要开发能够发现任意形状的簇的算法。

- **对于确定输入参数的领域知识的要求**：许多聚类算法都要求用户以输入参数（如希望产生的簇数）的形式提供领域知识。因此，聚类结果可能对这些参数十分敏感。通常，参数很难确定，对于高维数据集和用户尚未深入理解的数据来说更是如此。要求提供领域知识不仅加重了用户的负担，而且也使得聚类的质量难以控制。

- **处理噪声数据的能力**：现实世界中的大部分数据集都包含离群点和/或缺失数据、未知或错误的数据。例如，传感器读数通常是有噪声的——有些读数可能因传感机制问题而不正确，而有些读数可能因周围对象的瞬时干扰而出错。一些聚类算法可能对这样的噪声敏感，从而产生低质量的聚类结果。因此，我们需要对噪声鲁棒的聚类方法。

- **增量聚类和对输入次序不敏感**：在许多应用中，增量更新（提供新数据）可能随时发生。一些聚类算法不能将新插入的数据（如数据库更新）合并到已有的聚类结构中去，而是需要从头开始重新聚类。一些聚类算法还可能对输入数据的次序敏感。也就是说，给定数据对象集合，当以不同的次序提供数据对象时，这些算法可能生成差别很大的聚类结果。需要开发增量聚类算法和对数据输入次序不敏感的算法。

- **聚类高维数据的能力**：数据集可能包含大量的维或属性。例如，在文档聚类时，每个关键词都可以看做一个维，并且常常有数以千计的关键词。许多聚类算法擅长处理低维数据，如只涉及两三个维的数据。发现高维空间中数据对象的簇是一个挑战，特别是考虑这样的数据可能非常稀疏，并且高度倾斜。

- **基于约束的聚类**：现实世界的应用可能需要在各种约束条件下进行聚类。假设你的工作是在一个城市中为给定数目的自动提款机（ATM）选择安放位置。为了做出决定，你可以对住宅进行聚类，同时考虑如城市的河流和公路网、每个簇的客户的类型和数量等情况。找到既满足特定的约束又具有良好聚类特性的数据分组是一项具有挑战性的任务。

- **可解释性和可用性**：用户希望聚类结果是可解释的、可理解的和可用的。也就是说，聚类可能需要与特定的语义解释和应用相联系。重要的是研究应用目标如何影响聚类特征和聚类方法的选择。

下面是可以用于比较聚类方法的诸方面：

- **划分准则**：在某些方法中，所有的对象都被划分，使得簇之间不存在层次结构。也就是说，在概念上，所有的簇都在相同的层。这种方法是有用的。例如，把客户分组，使得每组都有自己的经理。另外，其他方法分层划分数据对象，其中簇可以在不同的语义层形成。例如，在文本挖掘中，我们可能想把文档资料组织成多个一般主题，如"政治"和"体育"，每个主题都可能有子主题，例如"体育"可能有

"足球"、"篮球"、"棒球"和"曲棍球"子主题。在层次结构中，后 4 个子主题都处于比"体育"低的层次。

- **簇的分离性**：有些聚类方法把数据对象划分成互斥的簇。把客户聚类成组，使得每组由一位经理负责，此时每个客户可能只属于一个组。在其他一些情况下，簇可以不是互斥的，即一个数据对象可以属于多个簇。例如，在把文档聚类到主题时，一个文档可能与多个主题有关。因此，作为簇的主题可能不是互斥的。

- **相似性度量**：有些方法用对象之间的距离确定两个对象之间的相似性。这种距离可以在欧氏空间、公路网、向量空间或其他空间中定义。在其他方法中，相似性可以用基于密度的连接性或邻近性定义，并且可能不依赖两个对象之间的绝对距离。相似性度量在聚类方法的设计中起重要作用。虽然基于距离的方法常常可以利用最优化技术，但是基于密度或基于连通性的方法常常可以发现任意形状的簇。 [447]

- **聚类空间**：许多聚类方法都在整个给定的数据空间中搜索簇。这些方法对于低维数据集是有用的。然而，对于高维数据，可能有许多不相关的属性，可能使得相似性度量不可靠。因此，在整个空间中发现的簇常常没有意义。最好是在相同数据集的不同子空间内搜索簇。子空间聚类发现揭示对象相似性的簇和子空间（通常是低维的）。

总而言之，聚类算法具有多种要求。这些因素包括可伸缩性和处理不同属性类型、噪声数据、增量更新、任意形状的簇和约束的能力。可解释性和可用性也是重要的。此外，关于划分的层次、簇是否互斥、所使用的相似性度量、是否在子空间聚类，聚类方法也可能有区别。

10.1.3 基本聚类方法概述

文献中有大量的聚类算法。很难对聚类方法提出一个简洁的分类，因为这些类别可能重叠，从而使得一种方法具有几种类别的特征。尽管如此，对各种不同的聚类方法提供一个相对有组织的描述仍然是十分有用的。一般而言，主要的基本聚类算法可以划分为如下几类，它们将在本章的其余部分讨论。

划分方法（partitioning method）：给定一个 n 个对象的集合，划分方法构建数据的 k 个分区，其中每个分区表示一个簇，并且 $k \leq n$。也就是说，它把数据划分为 k 个组，使得每个组至少包含一个对象。换言之，划分方法在数据集上进行一层划分。典型地，基本划分方法采取互斥的簇划分，即每个对象必须恰好属于一个组。这一要求，例如在模糊划分技术中，可以放宽。在文献注释中列出了该类技术的参考文献（10.9 节）。

大部分划分方法是基于距离的。给定要构建的分区数 k，划分方法首先创建一个初始划分。然后，它采用一种**迭代的重定位技术**，通过把对象从一个组移动到另一个组来改进划分。一个好的划分的一般准则是：同一个簇中的对象尽可能相互"接近"或相关，而不同簇中的对象尽可能"远离"或不同。还有许多评判划分质量的其他准则。传统的划分方法可以扩展到子空间聚类，而不是搜索整个数据空间。当存在很多属性并且数据稀疏时，这是有用的。 [448]

为了达到全局最优，基于划分的聚类可能需要穷举所有可能的划分，计算量极大。实际上，大多数应用都采用了流行的启发式方法，如 k-均值和 k-中心点算法，渐近地提高聚类质量，逼近局部最优解。这些启发式聚类方法很适合发现中小规模的数据库中的球状簇。为了发现具有复杂形状的簇和对超大型数据集进行聚类，需要进一步扩展基于划分的方法。10.2 节深入研究基于划分的聚类方法。

层次方法（hierarchical method）：层次方法创建给定数据对象集的层次分解。根据层次分解如何形成，层次方法可以分为凝聚的或分裂的方法。凝聚的方法，也称自底向上的方法，开始将每个对象作为单独的一个组，然后逐次合并相近的对象或组，直到所有的组合并为一个组（层次的最顶层），或者满足某个终止条件。分裂的方法，也称为自顶向下的方法，开始将所有的对象置于一个簇中。在每次相继迭代中，一个簇被划分成更小的簇，直到最终每个对象在单独的一个簇中，或者满足某个终止条件。

层次聚类方法可以是基于距离的或基于密度和连通性的。层次聚类方法的一些扩展也考虑了子空间聚类。

层次方法的缺陷在于，一旦一个步骤（合并或分裂）完成，它就不能被撤销。这个严格规定是有用的，因为不用担心不同选择的组合数目，它将产生较小的计算开销。然而，这种技术不能更正错误的决定。已经提出了一些提高层次聚类质量的方法。层次聚类方法将在 10.3 节介绍。

基于密度的方法（density-based method）：大部分划分方法基于对象之间的距离进行聚类。这样的方法只能发现球状簇，而在发现任意形状的簇时遇到了困难。已经开发了基于密度概念的聚类方法，其主要思想是：只要"邻域"中的密度（对象或数据点的数目）超过某个阈值，就继续增长给定的簇。也就是说，对给定簇中的每个数据点，在给定半径的邻域中必须至少包含最少数目的点。这样的方法可以用来过滤噪声或离群点，发现任意形状的簇。

基于密度的方法可以把一个对象集划分成多个互斥的簇或簇的分层结构。通常，基于密度的方法只考虑互斥的簇，而不考虑模糊簇。此外，可以把基于密度的方法从整个空间聚类扩展到子空间聚类。基于密度的聚类方法在 10.4 节介绍。

基于网格的方法（grid-based method）：基于网格的方法把对象空间量化为有限个单元，形成一个网格结构。所有的聚类操作都在这个网格结构（即量化的空间）上进行。这种方法的主要优点是处理速度很快，其处理时间通常独立于数据对象的个数，而仅依赖于量化空间中每一维的单元数。

对于许多空间数据挖掘问题（包括聚类），使用网格通常都是一种有效的方法。因此，基于网格的方法可以与其他聚类方法（如基于密度的方法和层次方法）集成。基于网格的方法在 10.5 节介绍。

图 10.1 简略地总结了这些方法。有些聚类方法集成了多种聚类方法的思想，因此有时很难将一个给定的算法只划归到一个聚类方法类别。此外，有些应用可能有某种聚类准则，要求集成多种聚类技术。

方　　法	一般特点
划分方法	– 发现球形互斥的簇 – 基于距离 – 可以用均值或中心点等代表簇中心 – 对中小规模数据集有效
层次方法	– 聚类是一个层次分解（即多层） – 不能纠正错误的合并或划分 – 可以集成其他技术，如微聚类或考虑对象"连接"
基于密度的方法	– 可以发现任意形状的簇 – 簇是对象空间中被低密度区域分隔的稠密区域 – 簇密度：每个点的"邻域"内必须具有最少个数的点 – 可能过滤离群点
基于网格的方法	– 使用一种多分辨率网格数据结构 – 快速处理（典型地，独立于数据对象数，但依赖于网格大小）

图 10.1　本章讨论的聚类方法概览。注意，有些算法可能结合了多种方法

在以下各节，我们详细考察以上各种聚类方法。高级聚类方法和相关问题在第 11 章讨论。一般地，这些章节中用到的符号如下：D 表示由 n 个被聚类的对象组成的数据集。对象用 d 个变量描述，其中每个变量又称属性或维，因此对象也可能被看做 d 维对象空间中的点。对象用粗斜体字母表示（例如 p）。

10.2　划分方法

聚类分析最简单、最基本的版本是划分，它把对象组织成多个互斥的组或簇。为了使得问题说明简洁，我们假定簇个数作为背景知识给定。这个参数是划分方法的起点。

形式地，给定 n 个数据对象的数据集 D，以及要生成的簇数 k，**划分算法**把数据对象组织成 k（$k \leq n$）个分区，其中每个分区代表一个簇。这些簇的形成旨在优化一个客观划分准则，如基于距离的相异性函数，使得根据数据集的属性，在同一个簇中的对象是"相似的"，而不同簇中的对象是"相异的"。

本节，我们将学习最著名、最常用的划分方法——k-均值（10.2.1 节）和 k-中心点（10.2.2 节）。我们还将学习这些经典划分方法的一些变种，以及如何扩展它们以处理大型数据集。

10.2.1　k-均值：一种基于形心的技术

假设数据集 D 包含 n 个欧氏空间中的对象。划分方法把 D 中的对象分配到 k 个簇 C_1，$\cdots$，C_k 中，使得对于 $1 \leq i$, $j \leq k$，$C_i \subset D$ 且 $C_i \cap C_j = \varnothing$。一个目标函数用来评估划分的质量，使得簇内对象相互相似，而与其他簇中的对象相异。也就是说，该目标函数以簇内高相似性和簇间低相似性为目标。

基于形心的划分技术使用簇 C_i 的形心代表该簇。从概念上讲，簇的形心是它的中心点。形心可以用多种方法定义，例如用分配给该簇的对象（或点）的均值或中心点定义。对象 $p \in C_i$ 与该簇的代表 c_i 之差用 $dist(p, c_i)$ 度量，其中 $dist(x, y)$ 是两个点 x 和 y 之间的欧氏距离。簇 C_i 的质量可以用簇内变差度量，它是 C_i 中所有对象和形心 c_i 之间的误差的平方和，定义为

$$E = \sum_{i=1}^{k} \sum_{p \in C_i} dist(p, c_i)^2 \tag{10.1}$$

其中，E 是数据集中所有对象的误差的平方和；p 是空间中的点，表示给定的数据对象；c_i 是簇 C_i 的形心（p 和 c_i 都是多维的）。换言之，对于每个簇中的每个对象，求对象到其簇中心距离的平方，然后求和。这个目标函数试图使生成的结果簇尽可能紧凑和独立。

优化簇内变差是一项具有挑战性的计算任务。在最坏情况下，我们必须枚举大量可能的划分（是簇数的指数），并检查簇内变差值。业已证明，在一般的欧式空间中，即便对于两个簇（即 $k=2$），该问题也是 NP-困难的。此外，即便在二维欧氏空间中，对于一般的簇个数 k，该问题也是 NP-困难的。如果簇个数 k 和空间维度 d 固定，则该问题可以在 $O(n^{dk+1}\log n)$ 时间内求解，其中 n 是对象的个数。为了克服求精确解的巨大计算开销，实践中通常需要使用贪心方法。一个基本例子是 k-均值算法，它简单并且经常使用。

"k-均值算法是怎样工作的？"k-均值算法把簇的形心定义为簇内点的均值。它的处理流程如下。首先，在 D 中随机地选择 k 个对象，每个对象代表一个簇的初始均值或中心。对剩下的每个对象，根据其与各个簇中心的欧氏距离，将它分配到最相似

的簇。然后，k-均值算法迭代地改善簇内变差。对于每个簇，它使用上次迭代分配到该簇的对象，计算新的均值。然后，使用更新后的均值作为新的簇中心，重新分配所有对象。迭代继续，直到分配稳定，即本轮形成的簇与前一轮形成的簇相同。k-均值过程概括在图 10.2 中。

452

> **算法：k-均值**。用于划分的k-均值算法，其中每个簇的中心都用簇中所有对象的均值来表示。
>
> **输入：**
> - k：簇的数目；
> - D：包含n个对象的数据集。
>
> **输出：** k个簇的集合。
>
> **方法：**
> （1）从D中任意选择k个对象作为初始簇中心；
> （2）**repeat**
> （3）   根据簇中对象的均值，将每个对象分配到最相似的簇；
> （4）   更新簇均值，即重新计算每个簇中对象的均值；
> （5）**until** 不再发生变化；

图 10.2 k-均值划分算法

例 10.1 使用 k-均值划分的聚类。考虑二维空间的对象集合，如图 10.3a 所示。令 $k=3$，即用户要求将这些对象划分成 3 个簇。

根据图 10.2 中的算法，我们任意选择 3 个对象作为 3 个初始的簇中心，其中簇中心用" + "标记。根据与簇中心的距离，每个对象被分配到最近的一个簇。这种分配形成了如图 10.3a中虚线所描绘的轮廓。

下一步，更新簇中心。也就是说，根据簇中的当前对象，重新计算每个簇的均值。使用这些新的簇中心，把对象重新分布到离簇中心最近的簇中。这样的重新分布形成了图 10.3b 中虚线所描绘的轮廓。

重复这一过程，形成图 10.3c 所示结果。这种迭代地将对象重新分配到各个簇，以改进划分的过程被称为迭代的重定位（iterative relocation）。最终，对象的重新分配不再发生，处理过程结束，聚类过程返回结果簇。 ∎

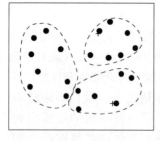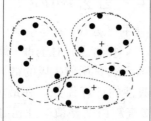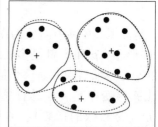

a）初始聚类　　　　　　b）迭代　　　　　　c）最终的聚类

图 10.3 使用 k-均值方法聚类对象集；更新簇中心，并相应地重新分配诸对象
（每个簇的均值都用" + "标注）

不能保证 k-均值方法收敛于全局最优解，并且它常常终止于一个局部最优解。结果可能依赖于初始簇中心的随机选择。（作为习题，请你给出一个例子。）实践中，为了得到好的结果，通常以不同的初始簇中心，多次运行 k-均值算法。

k–均值算法的复杂度是 $O(nkt)$，其中 n 是对象总数，k 是簇数，t 是迭代次数。通常，$k \ll n$ 并且 $t \ll n$。因此，对于处理大数据集，该算法是相对可伸缩的和有效的。

k–均值方法有一些变种。它们可能在初始 k 个均值的选择、相异度的计算、簇均值的计算策略上有所不同。

仅当簇的均值有定义时才能使用 k–均值方法。在某些应用中，例如当涉及具有标称属性的数据时，均值可能无定义。**k–众数**（k-modes）**方法**是 k–均值的一个变体，它扩展了 k–均值范例，用簇众数取代簇均值来聚类标称数据。它采用新的相异性度量来处理标称对象，采用基于频率的方法来更新簇的众数。可以集成 k–均值和 k–众数方法，对混合了数值和标称值的数据进行聚类。

要求用户必须事先给出要生成的簇数 k 可以算是该方法的一个缺点。然而，针对如何克服这一缺点已经有一些研究，如提供 k 值的近似范围，然后使用分析技术，通过比较由不同 k 得到的聚类结果，确定最佳的 k 值。k–均值方法不适合于发现非凸形状的簇，或者大小差别很大的簇。此外，它对噪声和离群点敏感，因为少量的这类数据能够对均值产生极大的影响。

"怎样提高 k–均值算法的可伸缩性？"一种使 k–均值在大型数据集上更有效的方法是在聚类时使用合适规模的样本。另一种是使用过滤方法，使用空间层次数据索引节省计算均值的开销。第三种方法利用微聚类的思想，首先把邻近的对象划分到一些"微簇"（microcluster）中，然后对这些微簇使用 k–均值方法进行聚类。微聚类方法将在 10.3 节进一步讨论。

10.2.2　k–中心点：一种基于代表对象的技术

k–均值算法对离群点敏感，因为这种对象远离大多数数据，因此分配到一个簇时，它们可能严重地扭曲簇的均值。这不经意间影响了其他对象到簇的分配。正如在例 10.2 中所观察到的，(10.1) 式平方误差函数的使用更是严重恶化了这一影响。

例 10.2　k–均值的缺点。考虑一维空间的 7 个点，它们的值分别为 1、2、3、8、9、10 和 25。直观地，通过视觉观察，我们猜想这些点划分成簇 $\{1, 2, 3\}$ 和 $\{8, 9, 10\}$，其中点 25 被排除，因为它看上去是一个离群点。k–均值如何划分这些值？如果我们以 $k = 2$ 和 (10.1) 式使用 k–均值，划分 $\{\{1, 2, 3\}, \{8, 9, 10, 25\}\}$ 具有簇内变差

$$(1 - 2)^2 + (2 - 2)^2 + (3 - 2)^2 + (8 - 13)^2 + (9 - 13)^2 + (10 - 13)^2 + (25 - 13)^2 = 196$$

其中，簇 $\{1, 2, 3\}$ 的均值为 2，簇 $\{8, 9, 10, 25\}$ 的均值为 13。把这一划分与划分 $\{\{1, 2, 3, 8\}, \{9, 10, 25\}\}$ 比较，后者的簇内变差为

$$(1 - 3.5)^2 + (2 - 3.5)^2 + (3 - 3.5)^2 + (8 - 3.5)^2 + (9 - 14.67)^2 + (10 - 14.67)^2$$
$$+ (25 - 14.67)^2 = 189.67$$

其中，簇 $\{1, 2, 3, 8\}$ 的均值为 3.5，簇 $\{9, 10, 25\}$ 的均值为 14.67。后一个划分具有最小簇内变差，因此，由于离群点 25 的缘故，k–均值方法把 8 分配到不同于 9 和 10 所在的簇。此外，第二个簇中心为 14.67，显著地偏离簇中的所有成员。■

"如何修改 k–均值算法，降低它对离群点的敏感性？"我们可以不采用簇中对象的均值作为参照点，而是挑选实际对象来代表簇，每个簇使用一个代表对象。其余的每个对象被分配到与其最为相似的代表性对象所在的簇中。于是，划分方法基于最小化所有对象 p 与其对应的代表对象之间的相异度之和的原则来进行划分。确切地说，使用了一个**绝对误差标准**（absolute-error criterion），其定义如下：

$$E = \sum_{i=1}^{k} \sum_{p \in C_j} dist(\pmb{p}, \pmb{o}_i) \tag{10.2}$$

其中，E 是数据集中所有对象 $\pmb{p}$ 与 C_i 的代表对象 $\pmb{o}_i$ 的绝对误差之和。这是 $\pmb{k}$ – 中心点 (k-medoids) 方法的基础。k – 中心点聚类通过最小化该绝对误差（(10.2) 式），把 n 个对象划分到 k 个簇中。

当 $k = 1$ 时，我们可以在 $O(n^2)$ 时间内找出准确的中位数。然而，当 k 是一般的正整数时，k – 中心点问题是 NP – 困难的。

围绕中心点划分（Partitioning Around Medoids，PAM）算法（图 10.5）是 k – 中心点聚类的一种流行的实现。它用迭代、贪心的方法处理该问题。与 k – 均值算法一样，初始代表对象（称做种子）任意选取。我们考虑用一个非代表对象替换一个代表对象是否能够提高聚类质量。尝试所有可能的替换。继续用其他对象替换代表对象的迭代过程，直到结果聚类的质量不可能被任何替换提高。质量用对象与其簇中代表对象的平均相异度的代价函数度量。

具体地说，设 $o_1, \cdots, o_k$ 是当前代表对象（即中心点）的集合。为了决定一个非代表对象 O_{random} 是否是一个当前中心点 o_j（$1 \le j \le k$）的好的替代，我们计算每个对象 $\pmb{p}$ 到集合 $\{o_1, \cdots, o_{j-1}, o_{random}, o_{j+1}, \cdots, o_k\}$ 中最近对象的距离，并使用该距离更新代价函数。对象重新分配到 $\{o_1, \cdots, o_{j-1}, o_{random}, o_{j+1}, \cdots, o_k\}$ 中是简单的。假设对象 $\pmb{p}$ 当前被分配到中心点 o_j 代表的簇中（见图 10.4a 或图 10.4b）。在 o_j 被 o_{random} 置换后，我们需要把 $\pmb{p}$ 重新分配到不同的簇吗？对象 $\pmb{p}$ 需要重新分配，被分配到 o_{random} 或者其他 $o_i (i \ne j)$ 代表的簇，取决于哪个最近。例如，在图 10.4a 中，$\pmb{p}$ 离 o_i 最近，因此它被重新分配到 o_i。然而，在图 10.4b 中，$\pmb{p}$ 离 o_{random} 最近，因此它被重新分配到 o_{random}。要是 $\pmb{p}$ 当前被分配到其他对象 $o_i (i \ne j)$ 代表的簇中又该怎么办？只要对象 $\pmb{p}$ 离 o_i 还比离 o_{random} 更近，那么它就仍然被分配到 o_i 代表的簇（见图 10.4c）。否则，$\pmb{p}$ 被重新分配到 o_{random}（见图 10.4d）。

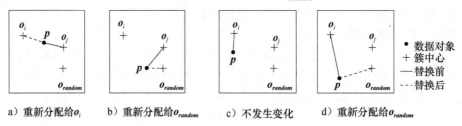

a) 重新分配给 o_i b) 重新分配给 o_{random} c) 不发生变化   d) 重新分配给 o_{random}

· 数据对象
+ 簇中心
— 替换前
-- 替换后

图 10.4 k – 中心点聚类代价函数的 4 种情况

每当重新分配发生时，绝对误差 E 的差对代价函数有影响。因此，如果一个当前的代表对象被非代表对象所取代，则代价函数就计算绝对误差值的差。交换的总代价是所有非代表对象所产生的代价之和。如果总代价为负，则实际的绝对误差 E 将会减小，o_j 可以被 o_{random} 取代或交换。如果总代价为正，则认为当前的代表对象 o_j 是可接受的，在本次迭代中没有变化发生。

"哪种方法更鲁棒，k – 均值还是 k – 中心点？"当存在噪声和离群点时，k – 中心点方法比 k – 均值更鲁棒，这是因为中心点不像均值那样容易受离群点或其他极端值影响。然而，k – 中心点算法的每次迭代的复杂度是 $O(k(n-k))$。当 n 和 k 的值较大时，这种计算开销变得相当大，远高于 k – 均值方法。这两种方法都要求用户指定簇数 k。

"如何缩放 k – 中心点方法？"像 PAM（图 10.5）这样的典型的 k – 中心点算法在

小型数据集上运行良好，但是不能很好地用于大数据集。为了处理大数据集，可以使用一种称做 CLARA（Clustering LARge Applications，大型应用聚类）的基于抽样的方法。CLARA 并不考虑整个数据集合，而是使用数据集的一个随机样本。然后使用 PAM 方法由样本计算最佳中心点。理论上，样本应该近似地代表原数据集。在许多情况下，大样本都很有效，如果每个对象都以相同的概率被选到样本中的话。被选中的代表对象（中心点）非常类似于从整个数据集选取的中心点。CLARA 由多个随机样本建立聚类，并返回最佳的聚类作为输出。在一个随机样本上计算中心点的复杂度为 $O(ks^2 + k(n - k))$，其中 s 是样本的大小，k 是簇数，而 n 是对象的总数。CLARA 能够处理的数据集比 PAM 更大。

> **算法**：k-**中心点**。**PAM**，一种基于中心点或中心对象进行划分的 k-中心点算法。
> **输入**：
> - k：结果簇的个数。
> - D：包含 n 个对象的数据集合。
>
> **输出**：k 个簇的集合。
> **方法**：
> （1）从 D 中随机选择 k 个对象作为初始的代表对象或种子；
> （2）**repeat**
> （3）　　将每个剩余的对象分配到最近的代表对象所代表的簇；
> （4）　　随机地选择一个非代表对象 o_{random}；
> （5）　　计算用 o_{random} 代替代表对象 o_j 的总代价 S；
> （6）　　**if** $S<0$，**then** o_{random} 替换 o_j，形成新的 k 个代表对象的集合；
> （7）**until** 不发生变化；

图 10.5　PAM，一种 k-中心点划分算法

CLARA 的有效性依赖于样本的大小。注意，PAM 在给定的数据集上搜索 k 个最佳中心点，而 CLARA 在数据集选取的样本上搜索 k 个最佳中心点。如果最佳的抽样中心点都远离最佳的 k 个中心点，则 CLARA 不可能发现好的聚类。如果一个对象是 k 个最佳中心点之一，但它在抽样时没有被选中，则 CLARA 将永远不能找到最佳聚类。（作为习题，请你给出一个例子解释这一点。）

"如何改进 CLARA 的聚类质量和可伸缩性？"回忆一下，在搜索最佳中心点时，PAM 针对每个当前中心点考察数据集的每个对象，而 CLARA 把候选中心点仅局限在数据集的一个随机样本上。一种称做 **CLARANS**（Clustering Large Application based upon RANdomized Search，基于随机搜索的聚类大型应用）的随机算法可以在使用样本得到聚类的开销和有效性之间权衡。

首先，它在数据集中随机选择 k 个对象作为当前中心点。然后，它随机地选择一个当前中心点 x 和一个不是当前中心点的对象 y。用 y 替换 x 能够改善绝对误差吗？如果能，则进行替换。CLARANS 进行这种随机搜索 l 次。l 步之后的中心点的集合被看做一个局部最优解。CLARANS 重复以上随机过程 m 次，并返回最佳局部最优解作为最终的结果。

10.3　层次方法

尽管划分方法满足把对象集划分成一些互斥的组群的基本聚类要求，但是在某些情况

456

下，我们想把数据划分成不同层上的组群，如层次。**层次聚类方法**（hierarchical clustering method）将数据对象组成层次结构或簇的"树"。

对于数据汇总和可视化，用层次结构的形式表示数据对象是有用的。例如，作为 AllElectronics 的人力资源部经理，你可以把你的雇员组织成较大的组群，如主管、经理和职员。你可以把这些组进一步划分为较小的子组群。例如，一般的职员组可以进一步划分成子组群：高级职员、职员和实习人员。所有这些组群形成了一个层次结构。我们可以很容易地对组织在层次结构中的数据进行汇总或特征化。这样的数据组织可以用来发现诸如经理的平均工资和职员的平均工资。

作为另一个例子，考虑手写字符识别。手写字符样本集可以先划分成一般的组群，其中每个群组对应于一个唯一的字符。某些组群可以进一步划分成子组群，因为一个字符可能有多种显著不同的写法。如果需要，层次划分可以递归继续，直到达到期望的粒度。

在前面的例子中，尽管我们层次地划分数据，但是我们并未假定数据具有层次结构（例如，在我们的 AllElectronics 的层次结构中，经理与职员在相同的层）。这里，我们使用层次结构只是以压缩的形式汇总和提供底层数据。这种层次结构对于数据可视化特别有用。

另外，在某些应用中，我们也可能相信数据具有一个我们想要发现的基本层次结构。例如，层次聚类可能揭示 AllElectronics 雇员在收入上的分层结构。在进化研究中，层次聚类可以按动物的生物学特征对它们分组，发现进化路径，即物种的分层结构。再如，用层次方法对战略游戏（如国际象棋和西洋跳棋）进行布局聚类可以帮助开发用于训练棋手的游戏战略。

本节，我们将学习层次聚类方法。10.3.1 节从凝聚和分裂层次聚类的讨论开始。凝聚和分裂层次聚类分别使用自底向上和自顶向下策略把对象组织到层次结构中。凝聚方法从每个对象都作为一个簇开始，迭代地合并，形成更大的簇。与此相反，分裂方法开始令所有给定的对象形成一个簇，迭代地分裂，形成较小的簇。

层次聚类方法可能在合并或分裂点的选择方法上遇到困难。这种决定是至关重要的，因为一旦对象的组群被合并或被分裂，则下一步处理将在新产生的簇上进行。它既不会撤销先前所做工作，也不会在簇之间进行对象交换。因此，如果合并或分裂选择不当，则可能导致低质量的簇。此外，这些方法不具有很好的可伸缩性，因为每次合并或分裂的决定都需要考察和评估许多对象或簇。

一种提高层次方法聚类质量的有希望的方向是集成层次聚类与其他聚类技术，形成**多阶段聚类**。我们介绍两种这样的方法，即 BIRCH 和 Chameleon。BIRCH（10.3.3 节）从使用树结构分层划分对象开始，其中树叶和低层结点可以看做"微簇"，依赖于分辨率的尺度。然后，它使用其他聚类算法，在这些微簇上进行宏聚类。Chameleon（10.3.4 节）探索层次聚类中的动态建模。

存在多种方法对层次聚类方法进行分类。例如，它们可分为算法方法、概率方法和贝叶斯方法。凝聚、分裂和多阶段方法都是算法的，即它们都将数据对象看做确定性的，并且根据对象之间的确定性的距离计算簇。概率方法使用概率模型捕获簇，并且根据模型的拟合度度量簇的质量。我们在 10.3.5 节讨论概率层次聚类。贝叶斯方法计算可能的聚类的分布，即它们返回给定数据上的一组聚类结构和它们的概率、条件，而不是输出数据集上的单个确定性的聚类。贝叶斯方法作为高级课题，不在本书讨论。

10.3.1 凝聚的与分裂的层次聚类

层次聚类方法可以是凝聚的或分裂的，取决于层次分解是以自底向上（合并）还是以自顶向下（分裂）方式形成。让我们更深入地考察这些策略。

凝聚的层次聚类方法使用自底向上的策略。典型地，它从令每个对象形成自己的簇开始，并且迭代地把簇合并成越来越大的簇，直到所有的对象都在一个簇中，或者满足某个终止条件。该单个簇成为层次结构的根。在合并步骤，它找出两个最接近的簇（根据某种相似性度量），并且合并它们，形成一个簇。因为每次迭代合并两个簇，其中每个簇至少包含一个对象，因此凝聚方法最多需要 n 次迭代。

分裂的层次聚类方法使用自顶向下的策略。它从把所有对象置于一个簇中开始，该簇是层次结构的根。然后，它把根上的簇划分成多个较小的子簇，并且递归地把这些簇划分成更小的簇。划分过程继续，直到最底层的簇都足够凝聚——或者仅包含一个对象，或者簇内的对象彼此都充分相似。

在凝聚或分裂聚类中，用户都可以指定期望的簇个数作为终止条件。

例 10.3　凝聚的与分裂的层次聚类。图 10.6 显示了一种凝聚的层次聚类算法 **AGNES**（Agglomerative NESting）和一种分裂的层次聚类算法 **DIANA**（Divisive ANAlysis）在一个包含五个对象的数据集 $\{a, b, c, d, e\}$ 上的处理过程。初始，凝聚方法 AGNES 将每个对象自成一簇，然后这些簇根据某种准则逐步合并。例如，如果簇 C_1 中的一个对象和簇 C_2 中的一个对象之间的距离是所有属于不同簇的对象间欧氏距离中最小的，则 C_1 和 C_2 可能被合并。这是一种**单链接**（single-linkoge）方法，因为每个簇都用簇中所有对象代表，而两个簇之间的相似度用不同簇中最近的数据点对的相似度来度量。簇合并过程反复进行，直到所有的对象最终合并形成一个簇。

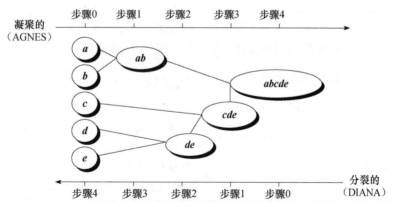

图 10.6　数据对象 $\{a, b, c, d, e\}$ 的凝聚和分裂层次聚类

分裂方法 DIANA 以相反的方法处理。所有的对象形成一个初始簇，根据某种原则（如簇中最近的相邻对象的最大欧氏距离），将该簇分裂。簇的分裂过程反复进行，直到最终每个新的簇只包含一个对象。　■

通常，使用一种称做**树状图**（dendrogram）的树形结构来表示层次聚类的过程。它展示对象是如何一步一步被分组聚集（在凝聚方法中）或划分（在分裂方法中）。图 10.7 显示图 10.6 中的 5 个对象的树状图，其中，$l = 0$ 显示在第 0 层 5 个对象都作为单元素簇。在 $l = 1$，对象 a 和 b 被聚在一起形成第一个簇，并且它们在后续各层一直在一起。我们还可以用一个垂直的数轴来显示簇间的相似尺度。例如，当两组对象 $\{a, b\}$ 和 $\{c, d, e\}$ 的相似度大约为 0.16 时，它们被合并形成一个簇。

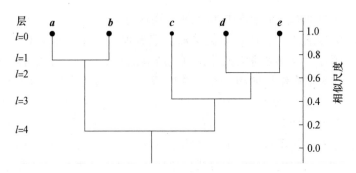

图 10.7 数据对象 $\{a, b, c, d, e\}$ 的层次聚类的树状图表示

分裂方法的一个挑战是如何把一个大簇划分成几个较小的簇。例如，把 n 个对象的集合划分成两个互斥的子集有 $2^{n-1} - 1$ 种可能的方法，其中 n 是对象数。当 n 很大时，考察所有的可能性的计算量是令人望而却步的。因此，分裂方法通常使用启发式方法进行划分，但可能导致不精确的结果。为了效率，分裂方法通常不对已经做出的划分决策回溯。一旦一个簇被划分，该簇的任何可供选择其他划分都不再考虑。由于分裂方法的这一特点，凝聚方法远比分裂方法多。

10.3.2 算法方法的距离度量

无论使用凝聚方法还是使用分裂方法，一个核心问题是度量两个簇之间的距离，其中每个簇一般是一个对象集。

4 个广泛采用的簇间距离度量方法如下，其中 $|p - p'|$ 是两个对象或点 p 和 p' 之间的距离，m_i 是簇 C_i 的均值，而 n_i 是簇 C_i 中对象的数目。这些度量又称连接度量（linkage measure）。

$$\text{最小距离：} dist_{min}(C_i, C_j) = \min_{p \in C_i, p' \in C_j} \{|p - p'|\} \tag{10.3}$$

$$\text{最大距离：} dist_{max}(C_i, C_j) = \max_{p \in C_i, p' \in C_j} \{|p - p'|\} \tag{10.4}$$

$$\text{均值距离：} dist_{mean}(C_i, C_j) = |m_i - m_j| \tag{10.5}$$

$$\text{平均距离：} dist_{avg}(C_i, C_j) = \frac{1}{n_i n_j} \sum_{p \in C_i, p' \in C_j} |p - p'| \tag{10.6}$$

当算法使用最小距离 $dist_{min}(C_i, C_j)$ 来衡量簇间距离时，有时称它为**最近邻聚类算法**（nearest-neighbor clustering algorithm）。此外，如果当最近的两个簇之间的距离超过用户给定的阈值时聚类过程就会终止，则称其为**单连接算法**（single-linkage algorithm）。如果我们把数据点看做图的结点，图中的边构成簇内结点间的路径，那么两个簇 C_i 和 C_j 的合并就对应于在 C_i 和 C_j 的最近的一对结点之间添加一条边。由于连接簇的边总是从一个簇通向另一个簇，结果图将形成一棵树。因此，使用最小距离度量的凝聚层次聚类算法也被称为**最小生成树算法**（minimal spanning tree algorithm），其中图的生成树是一棵连接所有结点的树，而最小生成树是具有最小边权重和的生成树。

当一个算法使用最大距离 $dist_{max}(C_i, C_j)$ 来度量簇间距离时，有时称它为**最远邻聚类算法**（farthest-neighbor clustering algorithm）。如果当最近的两个簇之间的最大距离超过用户给定的阈值时聚类过程便终止，则称其为**全连接算法**（complete-linkage algorithm）。通过把数据点看做图中的结点，用边来连接结点，我们可以把每个簇看成是一个完全子图，也就是说，簇中所有结点都有边来连接。两个簇间的距离由两个簇中距离最远的结点间的距离确定。最远邻算法试图在每次迭代中尽可能少地增加簇的直径。如果真实的簇较为紧凑并且大

461

小近似相等，则这种方法将会产生高质量的簇，否则产生的簇可能毫无意义。

以上最小和最大距离度量代表了簇间距离度量的两个极端。它们趋向对离群点或噪声数据过分敏感。使用均值距离或平均距离是对最小和最大距离之间的一种折中方法，并且可以克服离群点敏感性问题。尽管均值距离计算最简单，但是平均距离也有它的优势，因为它既能处理数值数据又能处理分类数据。分类数据的均值向量可能很难计算或者根本无法定义。

例 10.4 单连接与全连接。我们把层次聚类应用于如图 10.8a 所示的数据集。图 10.8b 显示使用单连接的树状图。图 10.8c 显示使用全连接的情况，其中为了显示简单，省略了簇 $\{A, B, J, H\}$ 和 $\{C, D, G, F, E\}$ 之间的边。该例表明，通过单连接，我们可以发现由局部邻近性定义的分层的簇，而全连接则趋向发现由全局邻近性选择的簇。 ■

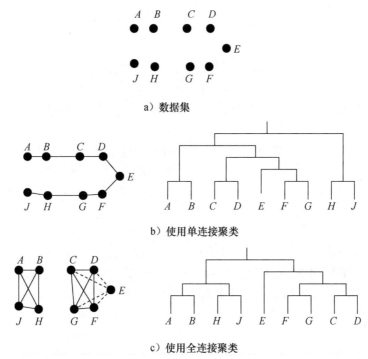

图 10.8 使用单连接聚类和全连接聚类

以上 4 种基本连接度量有一些变形。例如，我们可以用簇形心（即中心对象）之间的距离度量两个簇之间的距离。

10.3.3 BIRCH：使用聚类特征树的多阶段聚类

利用层次结构的平衡迭代归约和聚类（Balanced Iterative Reducing and Clustering using Hierarchies，BIRCH）是为大量数值数据聚类设计的，它将层次聚类（在初始微聚类阶段）与诸如迭代地划分这样的其他聚类算法（在其后的宏聚类阶段）集成在一起。它克服了凝聚聚类方法所面临的两个困难：（1）可伸缩性；（2）不能撤销先前步骤所做的工作。

BIRCH 使用聚类特征来概括一个簇，使用聚类特征树（CF-树）来表示聚类的层次结构。这些结构帮助聚类方法在大型数据库甚至在流数据库中取得好的速度和伸缩性，还使得 BIRCH 方法对新对象增量或动态聚类也非常有效。

考虑一个 n 个 d 维的数据对象或点的簇。簇的**聚类特征**（Clustering Feature，CF）是一个 3 维向量，汇总了对象簇的信息，定义如下

$$CF = \langle n, LS, SS \rangle \tag{10.7}$$

其中，LS 是 n 个点的线性和（即 $\sum_{i=1}^{n} x_i$），而 SS 是数据点的平方和（即 $\sum_{i=1}^{n} x_i^2$）。

聚类特征本质上是给定簇的统计汇总。使用聚类特征，我们可以很容易地推导出簇的许多有用的统计量。例如，簇的形心 x_0、半径 R 和直径 D 分别是

462
~
463

$$x_0 = \frac{\sum_{i=1}^{n} x_i}{n} = \frac{LS}{n} \tag{10.8}$$

$$R = \sqrt{\frac{\sum_{i=1}^{n} (x_i - x_0)^2}{n}} \tag{10.9}$$

$$D = \sqrt{\frac{\sum_{i=1}^{n} \sum_{j=1}^{n} (x_i - x_j)^2}{n(n-1)}} = \sqrt{\frac{2nSS - 2LS^2}{n(n-1)}} \tag{10.10}$$

其中，R 是成员对象到形心的平均距离，D 是簇中逐对对象的平均距离。R 和 D 都反映了形心周围簇的紧凑程度。

使用聚类特征概括簇可以避免存储个体对象或点的详细信息。我们只需要固定大小的空间来存放聚类特征。这是空间中 BIRCH 有效性的关键。此外，聚类特征是可加的。也就是说，对于两个不相交的簇 C_1 和 C_2，其聚类特征分别为 $CF_1 = \langle n_1, LS_1, SS_1 \rangle$ 和 $CF_2 = \langle n_2, LS_2, SS_2 \rangle$，合并 C_1 和 C_2 后的簇的聚类特征是

$$CF_1 + CF_2 = \langle n_1 + n_2, LS_1 + LS_2, SS_1 + SS_2 \rangle \tag{10.11}$$

例 10.5　聚类特征。 假设簇 C_1 有三个点 $(2, 5)$，$(3, 2)$ 和 $(4, 3)$。C_1 的聚类特征是

$$CF_1 = \langle 3, (2 + 3 + 4, 5 + 2 + 3), (2^2 + 3^2 + 4^2, 5^2 + 2^2 + 3^2) \rangle = \langle 3, (9, 10), (29, 38) \rangle$$

假设 C_1 和另一个簇 C_2 是不相交的，其中 $CF_2 = (3, (35, 36), (417, 440) \rangle$。$C_1$ 和 C_2 合并之后形成一个新的簇 C_3，其聚类特征便是 CF_1 和 CF_2 之和，即

$$CF_3 = \langle 3 + 3, (9 + 35), (10 + 36), (29 + 417, 38 + 440) \rangle = \langle 6, (44, 46), (446, 478) \rangle \qquad ■$$

CF-树 是一棵高度平衡的树，它存储了层次聚类的聚类特征。图 10.9 给出了一个例子。根据定义，树中的非叶结点都有后代或 "子女"。非叶结点存储了其子女的 CF 的总和，因而汇总了关于其子女的聚类信息。CF-树有两个参数：分支因子 B 和阈值 T。分支因子定义了每个非叶结点的子女的最大数目，而阈值参数给出了存储在树的叶结点中的子簇的最大直径。这两个参数影响结果树的大小。

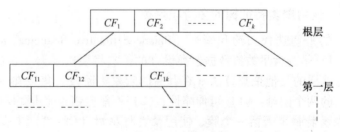

图 10.9　CF-树结构

给定有限的主存，BIRCH 一个重要的考虑是最小化 I/O 时间。BIRCH 采用了一种多阶

464　段聚类技术：数据集的单遍扫描产生一个基本的好聚类，而一或多遍的额外扫描可以进一步

地改进聚类质量。它主要包括两个阶段：

- **阶段一**：BIRCH 扫描数据库，建立一棵存放于内存的初始 CF-树，它可以被看做数据的多层压缩，试图保留数据的内在聚类结构。
- **阶段二**：BIRCH 采用某个（选定的）聚类算法对 CF 树的叶结点进行聚类，把稀疏的簇当做离群点删除，而把稠密的簇合并为更大的簇。

在阶段一中，随着对象被插入，CF-树被动态地构造。这样，该方法支持增量聚类。一个对象被插入到最近的叶条目（子簇）。如果在插入后，存储在叶结点中的子簇的直径大于阈值，则该叶结点和可能的其他结点被分裂。新对象插入后，关于该对象的信息向树根结点传递。通过修改阈值，CF-树的大小可以改变。如果存储 CF-树需要的内存大于主存的大小，可以定义较大的阈值，并重建 CF-树。

重建过程从旧树的叶结点构建一棵新树。这样，重建树的过程不需要重读所有的对象或点。这类似于 B+树构建中的插入和结点分裂。因此，为了建树，只需读一次数据。采用一些启发式方法，通过额外的数据扫描来处理离群点和改进 CF-树的质量。CF-树建好后，可以在阶段二使用任意聚类算法，例如典型的划分方法。

"BIRCH 的有效性如何？"该算法的时间复杂度是 $O(n)$，其中 n 是被聚类的对象数。实验表明该算法关于对象数是线性可伸缩的，并且具有较好的数据聚类质量。然而，既然 CF-树的每个结点由于大小限制只能包含有限的条目，一个 CF-树结点并不总是对应于用户认为的一个自然簇。此外，如果簇不是球形的，则 BIRCH 不能很好地工作，因为它使用半径或直径的概念来控制簇的边界。

聚类特征和 CF-树的概念的应用已经超越 BIRCH，这一思想已经被许多其他聚类算法借用以处理聚类流数据和动态数据问题。

10.3.4 Chameleon：使用动态建模的多阶段层次聚类

Chameleon（变色龙）是一种层次聚类算法，它采用动态建模来确定一对簇之间的相似度。在 Chameleon 中，簇的相似度依据如下两点评估：（1）簇中对象的连接情况；（2）簇的邻近性。也就是说，如果两个簇的互连性都很高并且它们之间又靠得很近就将其合并。这样，Chameleon 就不用依赖于一个静态的、用户提供的模型，能够自动地适应被合并簇的内部特征。这一合并过程有利于发现自然、同构的簇，并且只要定义了相似度函数就可应用于所有类型的数据。

图 10.10 解释 Chameleon 如何运作。Chameleon 采用 k-最近邻图的方法来构建一个稀疏图；其中，图的每个顶点代表一个数据对象，如果一个对象是另一个对象的 k 个最相似的对象之一，那么这两个顶点（对象）之间就存在一条边。这些边加权后反映对象间的相似度。Chameleon 使用一种图划分算法，把 k-最近邻图划分成大量相对较小的子簇，使得边割最小。也就是说，簇 C 被划分成子簇 C_i 和 C_j，使得把 C 二分成 C_i 和 C_j 而被切断的边的权重之和最小。它评估簇 C_i 和 C_j 之间的绝对互连性。

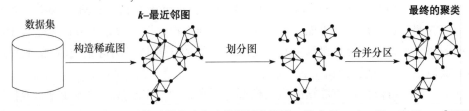

图 10.10　Chameleon：基于 k-最近邻和动态建模的层次聚类。取自 Karypis、Han 和 Kumar[KHK99]

然后，Chameleon 使用一种凝聚层次聚类算法，其基于子簇的相似度反复地合并子簇。为了确定最相似的子簇对，它既考虑每个簇的互连性，又考虑簇的邻近性（closeness）。更确切地说，Chameleon 根据两个簇 C_i 和 C_j 的相对互连度 $RI(C_i, C_j)$ 和相对接近度 $RC(C_i, C_j)$ 来决定它们的相似度:

466

- 两个簇 C_i 和 C_j 的**相对互连度** $RI(C_i, C_j)$ 定义为 C_i 和 C_j 之间的绝对互连度关于两个簇 C_i 和 C_j 的内部互连度的规范化，即

$$RI(C_i, C_j) = \frac{|EC_{\{C_i, C_j\}}|}{\frac{1}{2}(|EC_{C_i}| + |EC_{C_j}|)} \tag{10.12}$$

其中，$EC_{\{C_i, C_j\}}$ 是包含 C_i 和 C_j 的簇的边割，如上面所定义的那样；类似地，EC_{C_i}（或 EC_{C_j}）是将 C_i（或 C_j）划分成大致相等的两部分的割边的最小和。

- 两个簇 C_i 和 C_j 的**相对接近度** $RC(C_i, C_j)$ 定义为 C_i 和 C_j 之间的绝对接近度关于两个簇 C_i 和 C_j 的内部接近度的规范化，定义如下:

$$RC(C_i, C_j) = \frac{\bar{S}_{EC_{\{C_i, C_j\}}}}{\frac{|C_i|}{|C_i| + |C_j|}\bar{S}_{EC_{C_i}} + \frac{|C_j|}{|C_i| + |C_j|}\bar{S}_{EC_{C_j}}} \tag{10.13}$$

其中，$\bar{S}_{EC_{\{C_i, C_j\}}}$ 是连接 C_i 顶点和 C_j 顶点的边的平均权重，$\bar{S}_{EC_{C_i}}$（$\bar{S}_{EC_{C_j}}$）是最小二分簇 C_i（或 C_j）的边的平均权重。

业已发现，与一些著名的算法（如 BIRCH 和基于密度的 DBSCAN（10.4.1 节））相比，Chameleon 在发现高质量的任意形状的簇方面具有更强的能力。然而，在最坏的情况下，高维数据的处理代价可能需要 $O(n^2)$ 的时间，其中 n 是对象个数。

10.3.5 概率层次聚类

算法的层次聚类方法使用连接度量，往往使得聚类容易理解并且有效。它们广泛用在许多聚类分析应用中。然而，算法的层次聚类方法也有一些缺点。第一，为层次聚类选择一种好的距离度量常常是困难的。第二，为了使用算法的方法，数据对象不能有缺失的属性值。在数据被部分地观测的情况下（即某些对象的某些属性值缺失），由于距离计算无法进行，因此很难使用算法的层次聚类方法。第三，大部分算法的层次聚类方法都是启发式的，在每一步局部地搜索好的合并/划分。因此，结果聚类层次结构的优化目标可能不清晰。

概率层次聚类（probabilistic hierarchical clustering）旨在通过使用概率模型度量簇之间的距离，克服以上某些缺点。

一种看待聚类问题的方法是，把待聚类的数据对象集看做要分析的基础数据生成机制的一个样本，或生成模型（generative model）。例如，在对市场调查数据进行聚类分析时，我

467

们假定收集的调查资料是所有可能顾客意见的一个样本。这里，数据生成机制是关于不同顾客意见的概率分布，不可能直接和完整地得到。聚类的任务是使用待聚类的观测数据对象，尽可能准确地估计该生成模型。

实践中，我们可以假定该数据的生成模型采用常见的分布函数，如高斯分布或伯努利分布，它们由参数确定。于是，学习生成模型的任务就归结为找出使得模型最佳拟合观测数据

集的参数值。

例 10.6　生成模型。 假设给定用于聚类分析的一维点集 $X = \{x_1, \cdots, x_n\}$。我们假定这些数据点被高斯分布

$$\mathcal{N}(\mu, \sigma^2) = \frac{1}{\sqrt{2\pi\sigma^2}} e^{-\frac{(x-\mu)^2}{2\sigma^2}} \tag{10.14}$$

生成，其中参数是 μ（均值）和 σ^2（方差）。

于是，点 $x_i \in X$ 被该模型生成的概率为

$$P(x_i \mid \mu, \sigma^2) = \frac{1}{\sqrt{2\pi\sigma^2}} e^{-\frac{(x_i-\mu)^2}{2\sigma^2}} \tag{10.15}$$

于是，X 被该模型生成的似然为

$$L(\mathcal{N}(\mu, \sigma^2): X) = P(X \mid \mu, \sigma^2) = \prod_{i=1}^{n} \frac{1}{\sqrt{2\pi\sigma^2}} e^{-\frac{(x_i-\mu)^2}{2\sigma^2}} \tag{10.16}$$

学习该生成模型的任务是找出参数 μ 和 σ^2，使得似然 $L(\mathcal{N}(\mu, \sigma^2): X)$ 最大，即找出

$$\mathcal{N}(\mu, \sigma_0^2) = \arg\max\{L(\mathcal{N}(\mu, \sigma^2)): X\} \tag{10.17}$$

其中，$\max\{L(\mathcal{N}(\mu, \sigma^2): X)\}$ 称做最大似然。∎

给定一个对象集，由所有对象形成的簇的质量可以用最大似然度量。对于划分成 m 个簇 $C_1, \cdots, C_m$ 的对象集，质量可以用下式度量：

$$Q(\{C_1, \cdots, C_m\}) = \prod_{i=1}^{m} P(C_i) \tag{10.18}$$

|468

其中，$P(\ )$ 是最大似然。如果我们把两个簇 C_{j_1} 和 C_{j_2} 合并成一个簇 $C_{j_1} \cup C_{j_2}$，则整个聚类质量的变化是

$$Q((\{C_1, \cdots, C_m\} - \{C_{j_1}, C_{j_2}\}) \cup \{C_{j_1} \cup C_{j_2}\}) - Q(\{C_1, \cdots, C_m\})$$

$$= \frac{\prod_{i=1}^{m} P(C_i) P(C_{j_1} \cup C_{j_2})}{P(C_{j_1}) P(C_{j_2})} - \prod_{i=1}^{m} P(C_i)$$

$$= \prod_{i=1}^{m} P(C_i) \left(\frac{P(C_{j_1} \cup C_{j_2})}{P(C_{j_1}) P(C_{j_2})} - 1 \right) \tag{10.19}$$

当我们在层次聚类中选择合并两个簇时，对于任意一对簇，$\prod_{i=1}^{m} P(C_i)$ 是常量。因此，给定簇 C_1 和 C_2，它们之间的距离可以用下式度量

$$dist(C_1, C_2) = -\log \frac{P(C_1 \cup C_2)}{P(C_1) P(C_2)} \tag{10.20}$$

概率层次聚类方法可以采用凝聚聚类的框架，但使用概率模型（10.20）式度量簇间距离。

仔细观察（10.19）式，我们看到合并两个簇不可能总是使聚类质量提高，即 $\frac{P(C_{j_1} \cup C_{j_2})}{P(C_{j_1})\ P(C_{j_2})}$ 可能小于 1。例如，假定在如图 10.11 所示的模型中使用高斯分布函数。尽管合并簇 C_1 和 C_2 导致结果簇更好地拟合高斯分布，但是合并簇 C_3 和 C_4 将降低聚类质量，因为没有一个高斯函数可以很好地拟合合并后的簇。

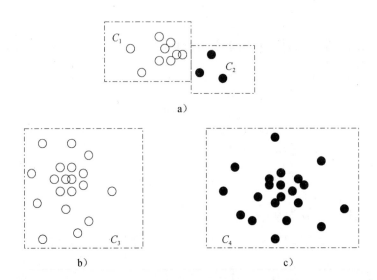

图 10.11 概率层次聚类的簇合并:合并簇 C_1 和 C_2 使总体聚类质量提高,但合并簇 C_3 和 C_4 不能

基于这种观察,概率的层次聚类可以从每个对象一个簇开始,并且合并两个簇 C_i 和 C_j,如果它们之间的距离为负。在每次迭代中,我们试图找到 C_i 和 C_j 以最大化 $\log \dfrac{P(C_i \cup C_j)}{P(C_i)P(C_j)}$。只要 $\log \dfrac{P(C_i \cup C_j)}{P(C_i)P(C_j)} > 0$,即只要聚类质量有提高,则迭代继续。伪代码如图 10.12 所示。

概率层次聚类方法容易理解,并且具有与算法的凝聚层次聚类方法同样的有效性;事实上,它们有相同的框架。概率模型有更好的可解释性,但是有时不如距离度量灵活。概率模型可以处理部分观测的数据。例如,给定一个多维数据集,其中某些对象在某些维上有缺失值,我们可以在每个维上使用该维的观测值独立地学习一个高斯模型。结果簇层次结构实现数据拟合选取的概率模型的优化目标。

概率的层次聚类的一个缺点是,它只输出一个关于选取的概率模型的层次结构。它不能处理聚类层次结构的不确定性。给定一个数据集,可能存在多个拟合观测数据的层次结构。算法的方法和概率的方法都不能发现这些层次结构分布。最近,已经开发了贝叶斯树结构模型来处理这些问题。我们把贝叶斯和其他复杂的概率的聚类方法作为高级课题,本书不再阐述。

算法: 概率层次聚类算法。

输入: 包含 n 个对象的数据集 $D=\{o_1,\cdots,o_n\}$。

输出: 簇的分层结构。

方法:

(1)　为每个对象创建一个簇 $C_i=\{o_i\}$,$1 \leqslant i \leqslant n$;

(2)　**for** $i=1$ **to** n

(3)　　**找出**一对簇 C_i 和 C_j 使得 $C_i,C_j = \arg\max_{i \neq j} \log \dfrac{P(C_i \cup C_j)}{P(C_i)P(C_j)}$;

(4)　　**if** $\log \dfrac{P(C_i \cup C_j)}{P(C_i)P(C_j)} > 0$ **then** 合并 C_i 和 C_j;

(5)　　**else** 停止;

图 10.12　概率层次聚类算法

10.4　基于密度的方法

划分和层次方法旨在发现球状簇。它们很难发现任意形状的簇,如图 10.13 中 "S" 形和椭圆形簇。给定这种数据,它们很可能不正确地识别凸区域,其中噪声或离群点被包含在簇中。

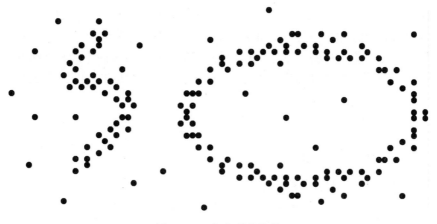

图 10.13　任意形状的簇

为了发现任意形状的簇，作为选择，我们可以把簇看做数据空间中被稀疏区域分开的稠密区域。这是基于密度的聚类方法的主要策略，该方法可以发现非球状的簇。本节，我们将学习基于密度聚类的基本技术——三种代表性的方法，即 DBSCAN（10.4.1 节）、OPTICS（10.4.2 节）和 DENCLUE（10.4.3 节）。

10.4.1　DBSCAN：一种基于高密度连通区域的基于密度的聚类

"如何在基于密度的聚类中发现稠密区域？"对象 o 的密度可以用靠近 o 的对象数度量。**DBSCAN**（Density-Based Spatial Clustering of Applications with Noise，具有噪声应用的基于密度的空间聚类）找出核心对象，即其邻域稠密的对象。它连接核心对象和它们的邻域，形成稠密区域作为簇。

"**DBSCAN** 如何确定对象的邻域？"一个用户指定的参数 $\varepsilon > 0$ 用来指定每个对象的邻域半径。对象 o 的 ε-邻域是以 o 为中心、以 ε 为半径的空间。

由于邻域大小由参数 ε 确定，因此，**邻域的密度**可以简单地用邻域内的对象数度量。为了确定一个邻域是否稠密，DBSCAN 使用另一个用户指定的参数 $MinPts$，指定稠密区域的密度阈值。如果一个对象的 ε-邻域至少包含 $MinPts$ 个对象，则该对象是**核心对象**（core object）。核心对象是稠密区域的支柱。

给定一个对象集 D，我们可以识别关于参数 ε 和 $MinPts$ 的所有核心对象。聚类任务就归结为使用核心对象和它们的邻域形成稠密区域，这里稠密区域就是簇。对于核心对象 q 和对象 p，我们说 p 是从 q（关于 ε 和 $MinPts$）**直接密度可达的**（directly density-reachable），如果 p 在 q 的 ε-邻域内。显然，对象 p 是从另一个对象 q 直接密度可达的，当且仅当 q 是核心对象，并且 p 在 q 的 ε-邻域中。使用直接密度可达关系，核心对象可以把它的 ε-邻域中的所有对象都"带入"一个稠密区域。

"如何使用以核心对象为中心的小稠密区域来装配一个大稠密区域？"在 DBSCAN 中，p 是从 q（关于 ε 和 $MinPts$）**密度可达的**（density-reachable），如果存在一个对象链 p_1，p_2，$\cdots$，p_n，使得 $p_1 = q$，$p_n = p$，并且对于 $p_i \in D$（$1 \leqslant i \leqslant n$），$p_{i+1}$ 是从 p_i 关于 ε 和 $MinPts$ 直接密度可达的。注意，密度可达不是等价关系，因为它不是对称的。如果 o_1 和 o_2 都是核心对象，并且 o_1 是从 o_2 密度可达的，则 o_2 是从 o_1 密度可达的。然而，如果 o_2 是核心对象而 o_1 不是，则 o_1 可能是从 o_2 密度可达的，但反过来就不可以。

为了把核心对象与它的近邻连接成一个稠密区域，**DBSCAN** 使用密度相连概念。两个对象 p_1，$p_2 \in D$ 是关于 ε 和 $MinPts$ **密度相连的**（density-connected），如果存在一个对象 $q \in$

471

D，使得对象 p_1 和 p_2 都是从 q 关于 ε 和 $MinPts$ 密度可达的。注意，密度相连是不会传递的。如果 o_1 和 o_2 是密度相连的，并且 o_2 和 o_3 是密度相连的，则如果 o_2 不是一个核心对象，并且对象链中没有其他核心对象可以代替 o_2，那 o_1 和 o_3 就仍有可能不是密度相连的。

例10.7 密度可达和密度相连。给定圆的半径为 ε，令 $MinPts = 3$，考虑图10.14。

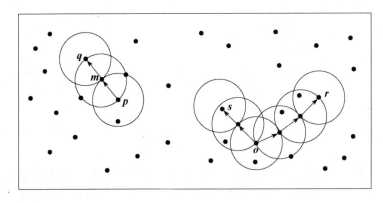

图 10.14 基于密度的聚类中的密度可达和密度相连性。取自 Ester、Kriegel、Sander 和 Xu[EKSX96]

在被标记的点中，m，p，o 和 r 都是核心对象，因为它们的 ε-邻域内都至少包含 3 个对象。对象 q 是从 m 直接密度可达的。对象 m 是从 p 直接密度可达的，并且反之亦然。

对象 q 是从 p（间接）密度可达的，因为 q 是从 m 直接密度可达的，并且 m 是从 p 直接密度可达的。然而，p 并不是从 q 密度可达的，因为 q 不是核心对象。类似地，r 和 s 是从 o 密度可达的，而 o 是从 r 密度可达的。因此，o、r 和 s 都是密度相连的。 ■

我们可以使用密度相连的闭包来发现连通的稠密区域作为簇。每个闭集都是一个**基于密度的簇**。子集 $C \subseteq D$ 是一个簇，如果（1）对于任意两个对象 o_1，$o_2 \in C$，o_1 和 o_2 是密度相连的，并且（2）不存在对象 $o \in C$ 和另一个对象 $o' \in (D - C)$，使得 o 和 o' 是密度相连的。

"DBSCAN 如何发现簇?" 初始，给定数据集 D 中的所有对象都被标记为 "unvisited"。DBSCAN 随机地选择一个未访问的对象 p，标记 p 为 "visited"，并检查 p 的 ε-邻域是否至少包含 $MinPts$ 个对象。如果不是，则 p 被标记为**噪声点**。否则为 p 创建一个新的簇 C，并且把 p 的 ε-邻域中的所有对象都放到候选集合 N 中。DBSCAN 迭代地把 N 中不属于其他簇的对象添加到 C 中。在此过程中，对于 N 中标记为 "unvisited" 的对象 p'，DBSCAN 把它标记为 "visited"，并且检查它的 ε-邻域。如果 p' 的 ε-邻域至少有 $MinPts$ 个对象，则 p' 的 ε-邻域中的对象都被添加到 N 中。DBSCAN 继续添加对象到 C，直到 C 不能再扩展，即直到 N 为空。此时，簇 C 完全生成，于是被输出。

为了找出下一个簇，DBSCAN 从剩下的对象中随机地选择一个未访问的对象。聚类过程继续，直到所有对象都被访问。DBSCAN 算法的伪代码如图 10.15 所示。

如果使用空间索引，则 DBSCAN 的计算复杂度为 $O(n \log n)$，其中 n 是数据库对象数，其复杂度为 $O(n^2)$。如果用户定义的参数 ε 和 $MinPts$ 设置恰当，则该算法可以有效地发现任意形状的簇。

> **算法：DBSCAN**，一种基于密度的聚类算法。
>
> **输入：**
>
> - D：一个包含 n 个对象的数据集。
> - ε：半径参数。
> - $MinPts$：邻域密度阈值。
>
> **输出：** 基于密度的簇的集合。
>
> **方法：**
>
> （1）标记所有对象为 **unvisited**；
>
> （2）**do**
>
> （3）　　随机选择一个 **unvisited** 对象 p；
>
> （4）　　标记 p 为 **visited**；
>
> （5）　　**if** p 的 ε-邻域至少有 $MinPts$ 个对象
>
> （6）　　　　创建一个新簇 C，并把 p 添加到 C；
>
> （7）　　　　令 N 为 p 的 ε-邻域中的对象的集合；
>
> （8）　　　　**for** N 中每个点 p'
>
> （9）　　　　　　**if** p' 是 **unvisited**
>
> （10）　　　　　　　标记 p' 为 **visited**；
>
> （11）　　　　　　　**if** p' 的 ε-邻域至少有 $MinPts$ 个点，把这些点添加到 N；
>
> （12）　　　　　　　**if** p' 还不是任何簇的成员，把 p' 添加到 C；
>
> （13）　　　　**end for**
>
> （14）　　　　输出 C；
>
> （15）　　**else** 标记 p 为噪声；
>
> （16）**until** 没有标记为 **unvisited** 的对象；

图 10.15　DBSCAN 算法

10.4.2　OPTICS：通过点排序识别聚类结构

尽管 DBSCAN 能够根据给定的输入参数 ε（邻域的最大半径）和 $MinPts$（核心对象的邻域中要求的最少点数）聚类对象，但是它把选择能产生可接受的聚类结果的参数值的责任留给了用户。这是许多其他聚类算法都存在的问题。参数的设置通常依靠经验，难以确定，对于现实世界的高维数据集而言尤其如此。大多数算法都对这些参数值非常敏感：设置的细微不同可能导致差别很大的聚类结果。此外，现实的高维数据集常常具有非常倾斜的分布，全局密度参数不能很好地刻画其内在的聚类结构。

注意，基于密度的簇关于邻域阈值是单调的。也就是说，在 DBSCAN 中，对于固定的 $MinPts$ 值和两个邻域阈值 $\varepsilon_1 < \varepsilon_2$，关于 ε_1 和 $MinPts$ 的簇 C 一定是关于 ε_2 和 $MinPts$ 的簇 C' 的子集。这意味，如果两个对象在同一个基于密度的簇中，则它们一定也在同一个具有较低密度要求的簇中。

为了克服在聚类分析中使用一组全局参数的缺点，提出了 **OPTICS** 聚类分析方法。OPTICS 并不显式地产生数据集聚类，而是输出**簇排序**（cluster ordering）。这个排序是所有分析对象的线性表，并且代表了数据的基于密度的聚类结构。较稠密簇中的对象在簇排序中相互靠近。这个排序等价于从广泛的参数设置中得到的基于密度的聚类。这样，OPTICS 不需要用户提供特定密度阈值。簇排序可以用来提取基本的聚类信息（例如，簇中心或任意形状的簇），导出内在的聚类结构，也可以提供聚类的可视化。

为了同时构造不同的聚类，对象需要按特定次序处理。这个次序选择这样的对象，即关于最小的 ε 值，它是密度可达的，以便较高密度（较低 ε 值）的簇先完成。基于这个想法，

473 ～ 474

对于每个对象，OPTICS 需要两个重要信息:

- 对象 p 的**核心距离**（core-distance）是最小的值 ε'，使得 p 的 ε'- 邻域内至少有 $MinPts$ 个对象。也就是说，ε' 是使得 p 成为核心对象的最小半径阈值。如果 p 不是关于 ε 和 $MinPts$ 的核心对象，则 p 的核心距离没有定义。

- 从对象 q 到对象 p 的**可达距离**（reachability-distance）是使 p 从 q 密度可达的最小半径值。根据密度可达的定义，q 必须是核心对象，并且 p 必须在 q 的邻域内。因此，从 q 到 p 的可达距离是 max $\{core\text{-}distance\ (q),\ dist(p,\ q)\}$。如果 q 不是关于 ε 和 $MinPts$ 的核心对象，则从 q 到 p 的可达距离没有定义。

对象 p 可能直接由多个核心对象可达。因此，关于不同的核心对象，p 可能有多个可达距离。p 的最小可达距离特别令人感兴趣，因为它给出了 p 连接到一个稠密簇的最短路径。

例 10.8　核心距离和可达距离。图 10.16 演示了核心距离和可达距离的概念。假设 $\varepsilon =$ 6mm、$MinPts = 5$。p 的核心距离是 p 与 p 的第 4 个最近的数据对象之间的距离 ε'。从 p 到 q_1 的可达距离是 p 的核心距离（即 $\varepsilon' = 3$mm），因为它比从 p 到 q_1 的欧氏距离大。q_2 关于 p 的可达距离是从 p 到 q_2 的欧氏距离，因为它大于 p 的核心距离。　■

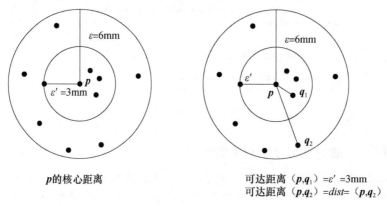

p的核心距离　　　　　　　可达距离$(p,q_1) = \varepsilon' = 3$mm
　　　　　　　　　　　　　可达距离$(p,q_2) = dist= (p,q_2)$

图 10.16　OPTICS 的术语。取自 Ankerst、Breunig、Kriegel 和 Sander[ABKS99]

OPTICS 计算给定数据库中所有对象的排序，并且存储每个对象核心距离和相应的可达距离。OPTICS 维护一个称做 OrderSeeds 的表来产生输出排序。OrderSeeds 中的对象按到各自的最近核心对象的可达距离排序，即按每个对象的最小可达距离排序。

开始，OPTICS 用输入数据库中的任意对象作为当前对象 p。它检索 p 的 ε- 邻域，确定核心距离并设置可达距离为未定义。然后，输出当前对象 p。如果 p 不是核心对象，则 OPTICS 简单地转移到 OrderSeeds 表（或输入数据库，如果 OrderSeeds 为空）的下一个对象。如果 p 是核心对象，则对于 p 的 ε- 邻域中的每个对象 q，OPTICS 更新从 p 到 q 的可达距离，并且如果 q 尚未处理，则把 q 插入 OrderSeeds。该迭代继续，直到输入完全耗尽并且 OrderSeeds 为空。

数据集的簇排序可以用图形描述，这有助于可视化和理解数据集中聚类结构。例如，图 10.17 是一个简单的二维数据集的可达性图，它给出了如何对数据结构化和聚类的一般观察。数据对象连同它们各自的可达距离（纵轴）按簇次序（横轴）绘出。其中三个高斯"凸起"反映数据集中的三个簇。为在不同的细节层次上观察高维数据的聚类结构，也已开发了一些方法。

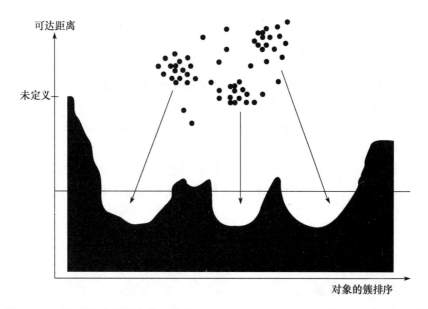

图 10.17　OPTICS 中的簇次序。取自 Ankerst、Breunig、Kriegel 和 Sander[ABKS99]

由于 OPTICS 算法的结构与 DBSCAN 非常相似，因此两个算法具有相同的时间复杂度。如果使用空间索引，则复杂度为 $O(n\log n)$，否则为 $O(n^2)$，其中 n 是对象数。

10.4.3　DENCLUE：基于密度分布函数的聚类

密度估计是基于密度的聚类方法的核心问题。**DENCLUE**（DENsity-based CLUstEring，基于密度的聚类）是一种基于一组密度分布函数的聚类算法。我们先给出密度估计的一些背景知识，然后介绍 DENCLUE 算法。

在概率统计中，**密度估计**是根据一系列观测数据集来估计不可观测的概率密度函数。在基于密度聚类的背景下，不可观测的概率密度函数是待分析的所有可能的对象的总体的真实分布。观测数据集被看做取自该总体的一个随机样本。

在 DBSCAN 和 OPTICS 中，密度通过统计被半径参数 ε 定义的邻域中的对象个数来计算。这种密度估计对所使用的半径值非常敏感。例如，在图 10.18 中，随着半径的稍微增加，密度显著改变。

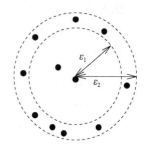

为了解决这一问题，可以使用**核密度估计**（kernel density estimation），它是一种源自统计学的非参数密度估计方法。核密度估计的一般思想是简单的。我们把每个观测对象都看做周围区域中高概率密度的一个指示器。一个点上的概率密度依赖于从该点到观测对象的距离。

图 10.18　DBSCAN 和 OPTICS 中密度估计的微妙变化。邻域半径从 ε_1 稍增加到 ε_2 导致高得多的密度

476
∼
477

设 $x_1, \cdots, x_n$ 是随机变量 f 的独立的、等分布样本。概率密度函数的近似核密度为

$$\hat{f}_h(x) = \frac{1}{nh}\sum_{i=1}^{n} K\left(\frac{x - x_i}{h}\right) \tag{10.21}$$

其中，$K()$ 是核，h 是用作光滑参数的带宽。**核**（kernel）可以看做一个函数，对其邻域中的样本点的影响建模。从技术上讲，核 $K()$ 是一个非负的实数值可积函数，满足两个要求：$\int_{-\infty}^{+\infty} K(u)\mathrm{d}u = 1$，并且对于所有的 u 值，$K(-u) = K(u)$。经常使用的核是均值为 0，方差

为 1 的标准高斯函数:

$$K\left(\frac{x-x_i}{h}\right) = \frac{1}{\sqrt{2\pi}}e^{-\frac{(x-x_i)^2}{2h^2}} \tag{10.22}$$

DENCLUE 使用高斯核估计基于给定的待聚类的对象集密度。点 x^* 称做**密度吸引点**(density attractor),如果它是估计的密度函数的局部最大点。为了避免平凡的局部最大点,DEN-CLUE 使用一个噪声阈值 ξ,并且仅考虑满足 $\hat{f}(x^*) \geqslant \xi$ 的密度吸引点 x^*。这些非平凡密度吸引点都是簇中心。

通过密度吸引点,使用一个步进式爬山过程,把待分析的数据分配到簇中。对于对象 x,爬山过程从 x 出发,并且被估计的密度函数的梯度所指导。也就是说,x 的密度吸引点计算如下:

$$x^0 = x$$
$$x^{j+1} = x^j + \delta\frac{\nabla\hat{f}(x^j)}{|\nabla\hat{f}(x^j)|} \tag{10.23}$$

其中 δ 是控制收敛速度的参数,而

$$\nabla\hat{f}(x) = \frac{1}{h^{d+2}n\sum_{i=1}^{n}K\left(\frac{x-x_i}{h}\right)(x_i-x)} \tag{10.24}$$

爬山过程在步骤 $k > 0$ 处停止,如果 $\hat{f}(x^{k+1}) < \hat{f}(x^k)$,并且把 x 分配到密度吸引点 $x^* = x^j$。对象 x 是离群点或噪声,如果在爬山过程中它收敛于一个满足 $\hat{f}(x^*) < \xi$ 的局部最大点 x^*。

DENCLUE 的一个簇是一个密度吸引点的集合 X 和一个输入对象的集合 C,使得 C 中的每个对象都被分配到 X 中的一个密度吸引点,并且每对密度吸引点之间都存在一条其密度大于 ξ 的路径。通过使用被路径连接的多个密度吸引点,DENCLUE 可以发现任意形状的簇。

DENCLUE 有一些优点。它可以视为多种著名的聚类方法(如单连接方法和 DBSCAN)的一般化。此外,DENCLUE 是抗噪声的。核密度估计通过把噪声均匀地分布到输入数据,可以有效地降低噪声的影响。

10.5 基于网格的方法

迄今为止所讨论的方法都是数据驱动的——它们划分对象集并且自动适应嵌入空间中的数据分布。另外,**基于网格的聚类**(grid-based clustering)方法采用空间驱动的方法,把嵌入空间划分成独立于输入对象分布的单元。

基于网格的聚类方法使用一种多分辨率的网格数据结构。它将对象空间量化成有限数目的单元,这些单元形成了网格结构,所有的聚类操作都在该结构上进行。这种方法的主要优点是处理速度快,其处理时间独立于数据对象数,而仅依赖于量化空间中每一维上的单元数。

本节,我们使用两个典型的例子解释基于网格的聚类。STING(10.5.1 节)考察存储在网格单元中的统计信息。CLIQUE(10.5.2 节)是基于网格和密度的聚类方法,用于高维数据空间中的子空间聚类。

10.5.1 STING:统计信息网格

STING(STatistical INformation Grid,统计信息网格)是一种基于网格的多分辨率的聚类技术,它将输入对象的空间区域划分成矩形单元。空间可以用分层和递归方法进行划分。这种多层矩形单元对应不同级别的分辨率,并且形成一个层次结构:每个高层单元被划分为多个低

一层的单元。关于每个网格单元的属性的统计信息（如均值、最大值和最小值）被作为统计参数预先计算和存储。对于查询处理和其他数据分析任务，这些统计参数是有用的。

图 10. 19 显示了 STING 聚类的一个层次结构。高层单元的统计参数可以很容易地从低层单元的参数计算得到。这些参数包括：属性无关的参数 *count*（计数）；属性相关的参数 *mean*（均值）、*stdev*（标准差）、*min*（最小值）、*max*（最大值），以及该单元中属性值遵循的 *distribution*（分布）类型，如 *normal*（正态的）、*uniform*（均匀的）、*exponential*（指数的）或 *none*（如果分布未知）。这里，属性是一个选作分析的度量，如住宅对象的 *price*。当数据被加载到数据库时，最底层单元的参数 *count*、*mean*、*stdev*、*min* 和 *max* 直接由数据计算。如果分布的类型事先知道，则 *distribution* 的值可以由用户指定，也可以通过假设检验（如 χ^2 检验）来获得。较高层单元的分布类型可以基于其对应的低层单元多数的分布类型，用一个阈值过滤过程的合取来计算。如果低层单元的分布彼此不同，阈值检验失败，则高层单元的分布类型被置为 *none*。 479

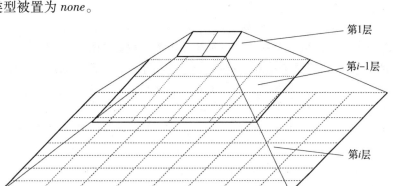

第1层

第*i*−1层

第*i*层

图 10. 19　STING 聚类的层次结构

"这些统计信息如何用于回答查询？"统计参数的使用可以按照以下自顶向下的基于网格的方式。首先，在层次结构中选定一层作为查询回答过程的开始点。通常，该层包含少量单元。对于当前层的每个单元，我们计算反映该单元与给定查询的相关程度的置信度区间（或者估计其概率范围）。不相关的单元就不再进一步考虑。下一个较低层的处理就只检查剩余的相关单元。这个处理过程反复进行，直到达到最底层。此时，如果查询要求被满足，则返回满足查询的相关单元的区域。否则，检索和进一步处理落在相关单元中的数据，直到它们满足查询要求。

STING 的一个有趣性质是：如果粒度趋向于 0（即朝向非常低层的数据），则它趋向于 DBSCAN 的聚类结果。换言之，使用计数和单元大小信息，使用 STING 可以近似地识别稠密的簇。因此，STING 也可以看做基于密度的聚类方法。

"与其他聚类算法相比，STING 有什么优点？"STING 有几个优点：（1）基于网格的计算是独立于查询的，因为存储在每个单元中的统计信息提供了单元中数据汇总信息，不依赖于查询；（2）网格结构有利于并行处理和增量更新；（3）该方法的主要优点是效率高：STING 扫描数据库一次来计算单元的统计信息，因此产生聚类的时间复杂度是 $O(n)$，其中 480 n 是对象数。在层次结构建立后，查询处理时间是 $O(g)$，其中 g 是最底层网格单元的数目，通常远远小于 n。

由于 STING 采用了一种多分辨率的方法来进行聚类分析，因此 STING 的聚类质量取决于网格结构的最底层的粒度。如果最底层的粒度很细，则处理的代价会显著增加；然而，如果网格结构最底层的粒度太粗,则会降低聚类分析的质量。此外,STING 在构建一个父亲单元时没有考虑子女单元和其相邻单元之间的联系。因此,结果簇的形状是 isothetic,即所有的簇边界不是水平的,就是竖直的,没有斜的分界线。尽管该技术有较快的处理速度,但可能降低簇的质量和精确性。

10.5.2 CLIQUE:一种类似于 Apriori 的子空间聚类方法

数据对象通常有数 10 个属性,其中许多可能不相关。属性的值可能差异很大。这些因素使得我们很难在整个数据空间找出簇。在数据的不同子空间中搜索簇可能更有意义。例如,考虑健康信息学应用,其中患者记录包含大量属性以描述个人信息、大量症状、身体状况和家族病史。

找出在所有,甚至是在大部分属性上非常一致的患者群是不大可能的。例如,在禽流感患者中,age、gender 和 job 属性可能在一个很宽的值域中显著变化。因此,很难在整个数据空间找出这样的簇。然而,通过子空间搜索,我们可能在较低维空间中发现类似患者的簇(例如,高烧、咳嗽但不流鼻涕等症状,年龄在 3~16 岁的类似的患者簇)。

CLIQUE(Clustering In QUEst)是一种简单的基于网格的聚类方法,用于发现子空间中基于密度的簇。CLIQUE 把每个维划分成不重叠的区间,从而把数据对象的整个嵌入空间划分成单元。它使用一个密度阈值识别稠密单元和稀疏单元。一个单元是稠密的,如果映射到它的对象数超过该密度阈值。

CLIQUE 识别候选搜索空间的主要策略是使用稠密单元关于维度的单调性。这基于频繁模式和关联规则挖掘使用的先验性质(第 6 章)。在子空间聚类的背景下,单调性陈述如下:一个 k-维($k>1$)单元 c 至少有 l 个点,仅当 c 的每个($k-1$)-维投影(它是($k-1$)-维单元)至少有 l 个点。考虑图 10.20,其中嵌入数据空间包含 3 个维:age,salary 和 vacation。例如,子空间 age 和 salary 中的一个二维单元包含 l 个点,仅当该单元在每个维(即分别在 age 和 salary)上的投影都至少包含 l 个点。

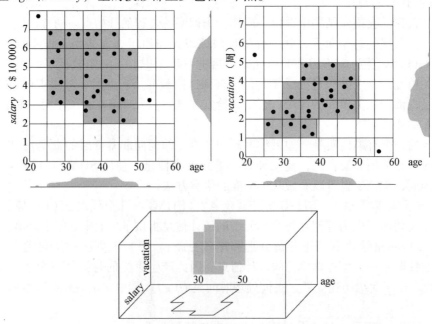

图 10.20 对 salary 和 vacation 维上发现的关于 age 的稠密单元取交,
从而为发现更高维度上的稠密单元提供候选搜索空间

CLIQUE 通过两个阶段进行聚类。在第一阶段，CLIQUE 把 $d-$ 维数据空间划分若干互不重叠的矩形单元，并且从中识别出稠密单元。CLIQUE 在所有的子空间中发现稠密单元。为了做到这一点，CLIQUE 把每个维都划分成区间，并识别至少包含 l 个点的区间，其中 l 是密度阈值。然后，CLIQUE 迭代地连接子空间 $(D_{i_1}, \cdots, D_{i_k})$ 和 $(D_{j_1}, \cdots, D_{j_k})$ 中的 $k-$ 维稠密单元 c_1 和 c_2，如果 $D_{i_1} = D_{j_1}, \cdots, D_{i_{k-1}} = D_{j_{k-1}}$，并且在这些维上，$c_1$ 和 c_2 共享相同的区间。连接操作产生空间 $(D_{i_1}, \cdots, D_{i_{k-1}}, D_{i_k}, D_{j_k})$ 中的 $(k+1)-$ 维候选单元 c。CLIQUE 检查 c 中的点数是否满足密度阈值。当没有候选产生或候选都不稠密时，迭代终止。

在第二阶段中，CLIQUE 使用每个子空间中的稠密单元来装配可能具有任意形状的簇。其思想是利用最小描述长度（MDL）原理（第 8 章），使用最大区域来覆盖连接的稠密单元，其中最大区域是一个超矩形，落入该区域中的每个单元都是稠密的，并且该区域在该子空间的任何维上都不能再扩展。一般地找出簇的最佳描述是 NP-困难的。因此，CLIQUE 采用了一种简单的贪心方法。它从一个任意稠密单元开始，找出覆盖该单元的最大区域，然后在尚未被覆盖的剩余的稠密单元上继续这一过程。当所有稠密单元都被覆盖时，贪心方法终止。

"CLIQUE 的效果如何？" CLIQUE 自动地发现含有高密度簇的最高维的子空间。它对输入对象的顺序不敏感，并且无须假定任何规范的数据分布。它随着输入规模线性地伸缩，并且当数据维数增加时具有良好的可伸缩性。然而，获得有意义的聚类结果依赖于正确地调整网格的大小（这里，网格是一种稳定的结构）和密度阈值。这在实践中是相当困难的，因为网格大小和密度阈值被用于数据集中所有的维组合。这样，作为该方法简洁性的代价，聚类结果的精度可能会降低。此外，对于一个给定的稠密区域，该区域在所有低维子空间上的投影将是稠密的。这可能导致所报告的稠密区域存在大量重叠。而且，它很难发现那些在不同维子空间上密度差异较大的簇。

对该方法的一些扩展也遵循类似的基本原理。例如，想象网格是固定的箱的集合。我们可以基于数据分布的统计量，使用自适应的、数据驱动的策略，动态地为每个维确定箱，而不是使用固定的箱。另外，我们可以使用熵（见第 8 章），而不是使用密度阈值作为子空间簇质量的度量。

10.6 聚类评估

到目前为止，我们已经学习了什么是聚类，并且已经认识了一些常见的聚类方法。你可能会问："当我们在数据集上试用一种聚类方法时，我们如何评估聚类的结果是否好？"一般而言，聚类评估估计在数据集上进行聚类的可行性和被聚类方法产生的结果的质量。聚类评估主要包括如下任务：

- 估计聚类趋势。在这项任务中，对于给定的数据集，我们评估该数据集是否存在非随机结构。盲目地在数据集上使用聚类方法将返回一些簇，然而，所挖掘的簇可能是误导。数据集上的聚类分析是有意义的，仅当数据中存在非随机结构。

- 确定数据集中的簇数。一些诸如 $k-$ 均值这样的算法需要数据集的簇数作为参数。此外，簇数可以看做数据集的有趣并且重要的概括统计量。因此，在使用聚类算法导出详细的簇之前，估计簇数是可取的。

- 测定聚类质量。在数据集上使用聚类方法之后，我们想要评估结果簇的质量。许多度量都可以使用。有些方法测定簇对数据的拟合程度，而其他方法测定簇与基准匹配的程度，如果这种基准存在的话。还有一些测定对聚类打分，因此可以比较相同数据集上的两组聚类结果。

在本节的其余部分，我们将讨论这三个主题。

10.6.1 估计聚类趋势

聚类趋势评估确定给定的数据集是否具有可以导致有意义的聚类的非随机结构。考虑一个没有任何非随机结构的数据集，如数据空间中均匀分布的点。尽管聚类算法可以为该数据集返回簇，但是这些簇是随机的，没有任何意义。

例 10.9 聚类要求数据的非均匀分布。图 10.21 显示了一个 2 维数据空间中均匀分布的数据集。尽管聚类算法仍然可以人工地把这些点划分成簇，但是由于数据的均匀分布，对于应用而言，这些簇不可能有任何意义。■

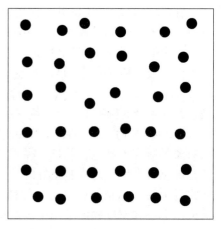

图 10.21 一个在数据空间均匀分布的数据集

"如何评估数据集的聚类趋势?"直观地看，我们可以评估数据集被均匀分布产生的概率。这可以通过空间随机性的统计检验来实现。为了解释这一思想，我们考察一种简单但有效的统计量——霍普金斯统计量。

霍普金斯统计量（Hopkins Statistic）是一种空间统计量，检验空间分布的变量的空间随机性。给定数据集 D，它可以看做随机变量 o 的一个样本，我们想要确定 o 在多大程度上不同于数据空间中的均匀分布。我们按以下步骤计算霍普金斯统计量:

（1）均匀地从 D 的空间中抽取 n 个点 $\boldsymbol{p}_1$, $\cdots$, $\boldsymbol{p}_n$。也就是说，D 的空间中的每个点都以相同的概率包含在这个样本中。对于每个点 $\boldsymbol{p}_i (1 \leqslant i \leqslant n)$，我们找出 $\boldsymbol{p}_i$ 在 D 中的最近邻，并令 x_i 为 $\boldsymbol{p}_i$ 与它在 D 中的最近邻之间的距离，即

$$x_i = \min_{\boldsymbol{v} \in D} \{ dist(\boldsymbol{p}_i, \boldsymbol{v}) \} \tag{10.25}$$

（2）均匀地从 D 中抽取 n 个点 $\boldsymbol{q}_1$, $\cdots$, $\boldsymbol{q}_n$。对于每个点 $\boldsymbol{q}_i (1 \leqslant i \leqslant n)$，我们找出 $\boldsymbol{q}_i$ 在 $D - \{\boldsymbol{q}_i\}$ 中的最近邻，并令 y_i 为 $\boldsymbol{q}_i$ 与它在 $D - \{\boldsymbol{q}_i\}$ 中的最近邻之间的距离，即

$$y_i = \min_{\boldsymbol{v} \in D, \boldsymbol{v} \neq \boldsymbol{q}_i} \{ dist(\boldsymbol{q}_i, \boldsymbol{v}) \} \tag{10.26}$$

（3）计算霍普金斯统计量 H

$$H = \frac{\sum_{i=1}^{n} y_i}{\sum_{i=1}^{n} x_i + \sum_{i=1}^{n} y_i} \tag{10.27}$$

"霍普金斯统计量告诉我们数据集 D 有多大可能遵守数据空间的均匀分布吗?"如果 D 是均匀分布的，则 $\sum_{i=1}^{n} y_i$ 和 $\sum_{i=1}^{n} x_i$ 将会很接近，因而 H 大约为 0.5。然而，如果 D 是高度倾斜的，则 $\sum_{i=1}^{n} y_i$ 将显著地小于 $\sum_{i=1}^{n} x_i$，因而 H 将接近于 0。

我们的原假设是同质假设——D 是均匀分布的，因而不包含有意义的簇。非均匀假设（即 D 不是均匀分布的，因而包含簇）是备择假设。我们可以迭代地进行霍普金斯统计量检验，使用 0.5 作为拒绝备择假设阈值，即如果 $H > 0.5$，则 D 不大可能具有统计显著的簇。

10.6.2　确定簇数

确定数据集中"正确的"簇数是重要的，不仅因为像 k – 均值这样的聚类算法需要这种参数，而且因为合适的簇数可以控制适当的聚类分析粒度。这可以看做在聚类分析的可压缩性与准确性之间寻找好的平衡点。考虑两种极端情况。如果把整个数据集看做一个簇，会怎么样？这将最大化数据的压缩，但是这种聚类分析没有任何价值。另一方面，把数据集的每个对象看做一个簇将产生最细的聚类（即最准确的解，由于对象到其对应的簇中心的距离都为 0）。在像 k – 均值这样的算法中，这甚至实现开销最小。然而，每个簇一个对象并不提供任何数据概括。

确定簇数并非易事，因为"正确的"簇数常常是含糊不清的。通常，找出正确的簇数依赖于数据集分布的形状和尺度，也依赖于用户要求的聚类分辨率。有许多估计簇数的可能方法。这里，我们简略介绍几种简单的，但流行和有效的方法。

一种简单的经验方法是，对于 n 个点的数据集，设置簇数 p 大约为 $\sqrt{\dfrac{n}{2}}$。在期望情况下，每个簇大约有 $\sqrt{2n}$ 个点。

肘方法（elbow method）基于如下观察：增加簇数有助于降低每个簇的簇内方差之和。这是因为有更多的簇可以捕获更细的数据对象簇，簇中对象之间更为相似。然而，如果形成太多的簇，则降低簇内方差和的边缘效应可能下降，因为把一个凝聚的簇分裂成两个只引起簇内方差和的稍微降低。因此，一种选择正确的簇数的启发式方法是，使用簇内方差和关于簇数的曲线的拐点。

严格地说，给定 $k > 0$，我们可以使用一种像 k – 均值这样的算法对数据集聚类，并计算簇内方差和 $var(k)$。然后，我们绘制 var 关于 k 的曲线。曲线的第一个（或最显著的）拐点暗示"正确的"簇数。

更高级的方法是使用信息准则或信息论的方法确定簇数。更多资料请参阅文献注释（10.9 节）。

数据集中"正确的"簇数还可以通过**交叉验证**确定。交叉验证是一种常用于分类的技术（第 8 章）。首先，把给定的数据集 D 划分成 m 个部分。然后，使用 $m – 1$ 个部分建立一个聚类模型，并使用剩下的一部分检验聚类的质量。例如，对于检验集中的每个点，我们可以找出最近的形心。因此，我们可以使用检验集中的所有点与它们的最近形心之间的距离的平方和来度量聚类模型拟合检验集的程度。对于任意整数 $k > 0$，我们依次使用每一部分作为检验集，重复以上过程 m 次，导出 k 个簇的聚类。取质量度量的平均值作为总体质量度量。然后，我们对不同的 k 值，比较总体质量度量，并选取最佳拟合数据的簇数。

10.6.3　测定聚类质量

假设你已经评估了给定数据集的聚类趋势，可能已经试着确定了数据集的簇数。现在，你可以使用一种或多种聚类方法来得到数据集的聚类。"一种方法产生的聚类好吗？如何比较不同方法产生的聚类？"

对于测定聚类的质量，我们有几种方法可供选择。一般而言，根据是否有基准可用，这些方法可以分成两类。这里，基准是一种理想的聚类，通常由专家构建。

如果有可用的基准，则**外在方法**（extrinsic method）可以使用它。外在方法比较聚类结果和基准。如果没有基准可用，则我们可以使用**内在方法**（intrinsic method），通过考虑簇的分离情况评估聚类的好坏。基准可以看做一种"簇标号"形式的监督。因此,外在方法又称监督方法,而内在方法是无监督方法。

我们针对每类考察一些简单的方法。

1. 外在方法

当有基准可用时,我们可以把它与聚类进行比较,以评估聚类。这样,外在方法的核心任务是,给定基准$\mathcal{C}_g$,对聚类$\mathcal{C}$赋予一个评分$Q(\mathcal{C}, \mathcal{C}_g)$。一种外在方法是否有效很大程度依赖于该方法使用的度量Q。

一般而言,一种聚类质量度量Q是有效的,如果它满足如下4项基本标准:

- **簇的同质性**(cluster homogeneity)。这要求,聚类中的簇越纯,聚类越好。假设基准是说数据集D中的对象可能属于类别$L_1, \cdots, L_n$。考虑一个聚类$\mathcal{C}_1$,其中簇$C \in \mathcal{C}_1$包含来自两个类L_i和L_j($1 \leq i < j \leq n$)的对象。再考虑一个聚类$\mathcal{C}_2$,除了把C划分成分别包含L_i和L_j中对象的两个簇之外,它等价于$\mathcal{C}_1$。关于簇的同质性,聚类质量度量Q应该赋予$\mathcal{C}_2$比$\mathcal{C}_1$更高的得分,即$Q(\mathcal{C}_2, \mathcal{C}_g) > Q(\mathcal{C}_1, \mathcal{C}_g)$。

- **簇的完全性**(cluster completeness)。这与簇的同质性相辅相成。簇的完全性要求对于聚类来说,根据基准,如果两个对象属于相同的类别,则它们应该被分配到相同的簇。簇的完全性要求聚类把(根据基准)属于相同类别的对象分配到相同的簇。考虑聚类$\mathcal{C}_1$,它包含簇C_1和C_2,根据基准,它们的成员属于相同的类别。假设$\mathcal{C}_2$除C_1和C_2在$\mathcal{C}_2$中合并到一个簇之外,它等价于聚类$\mathcal{C}_1$。关于簇的完全性,聚类质量度量Q应该赋予$\mathcal{C}_2$更高的得分,即$Q(\mathcal{C}_2, \mathcal{C}_g) > Q(\mathcal{C}_1, \mathcal{C}_g)$。

- **碎布袋**(rag bag)。在许多实际情况下,常常有一种"碎布袋"类别,包含一些不能与其他对象合并的对象。这种类别通常称为"杂项"、"其他"等。碎布袋准则是说,把一个异种对象放入一个纯的簇中应该比放入碎布袋中受更大的"处罚"。考虑聚类$\mathcal{C}_1$和簇$C \in \mathcal{C}_1$,使得根据基准,除一个对象(记作o)之外,C中所有的对象都属于相同的类别。考虑聚类$\mathcal{C}_2$,它几乎等价于$\mathcal{C}_1$,唯一例外是在$\mathcal{C}_2$中,o被分配给簇$C' \neq C$,使得C'包含来自不同类别的对象(根据基准),因而是噪声。换言之,$\mathcal{C}_2$中的C'是一个碎布袋。于是,关于碎布袋准则,聚类质量度量Q应该赋予$\mathcal{C}_2$更高的得分,即$Q(\mathcal{C}_2, \mathcal{C}_g) > Q(\mathcal{C}_1, \mathcal{C}_g)$。

- **小簇保持性**(small cluster preservation)。如果小的类别在聚类中被划分成小片,则这些小片很可能成为噪声,从而小的类别就不可能被该聚类发现。小簇保持准则是说,把小类别划分成小片比将大类别划分成小片更有害。考虑一个极端情况。设D是$n+2$个对象的数据集,根据基准,n个对象$o_1, \cdots, o_n$属于一个类别,而其他两个对象o_{n+1}, o_{n+2}属于另一个类别。假设聚类$\mathcal{C}_1$有3个簇:$C_1 = \{o_1, \cdots, o_n\}$,$C_2 = \{o_{n+1}\}$,$C_3 = \{o_{n+2}\}$。设聚类$\mathcal{C}_2$也有3个簇$C_1 = \{o_1, \cdots, o_{n-1}\}$,$C_2 = \{o_n\}$,$C_3 = \{o_{n+1}, o_{n+2}\}$。换言之,$\mathcal{C}_1$划分了小类别,而$\mathcal{C}_2$划分了大类别。保持小簇的聚类质量度量$Q$应该赋予$\mathcal{C}_2$更高的得分,即$Q(\mathcal{C}_2, \mathcal{C}_g) > Q(\mathcal{C}_1, \mathcal{C}_g)$。

许多聚类质量度量都满足这4个标准中的某些。这里,我们介绍一种BCubed精度和召回率,它满足这4个标准。

BCubed根据基准,对给定数据集上聚类中的每个对象估计精度和召回率。一个对象的精度指示同一簇中有多少个其他对象与该对象同属一个类别。一个对象的召回率反映有多少同一类别的对象被分配在相同的簇中。

设$D = \{o_1, \cdots, o_n\}$是对象的集合,$\mathcal{C}$是D中的一个聚类。设$L(o_i)$($1 \leq i \leq n$)是基

准确定的 o_i 的类别，$C(o_i)$ 是 $\mathcal{C}$ 中 o_i 的 *cluster_ID*。于是，对于两个对象 o_i 和 $o_j(1 \leqslant i, j \leqslant n, i \neq j)$，$o_i$ 和 o_j 之间在聚类 $\mathcal{C}$ 中的关系的正确性由下式给出

$$
\text{Correctness}(o_i, o_j) = \begin{cases} 1 & \text{如果 } L(o_i) = L(o_j) \Leftrightarrow C(o_i) = C(o_j) \\ 0 & \text{其他} \end{cases} \tag{10.28}
$$

BCubed 精度定义为

$$
\text{Precision BCubed} = \frac{1}{n} \sum_{i=1}^{n} \frac{\displaystyle\sum_{o_j: i \neq j, C(o_i) = C(o_j)} \text{Correctness}(o_i, o_j)}{\| \{o_j \mid i \neq j, C(o_i) = C(o_j)\} \|} \tag{10.29}
$$

BCubed 召回率定义为

$$
\text{Recall BCubed} = \frac{1}{n} \sum_{i=1}^{n} \frac{\displaystyle\sum_{o_j: i \neq j, L(o_i) = L(o_j)} \text{Correctness}(o_i, o_j)}{\| \{o_j \mid i \neq j, L(o_i) = L(o_j)\} \|} \tag{10.30}
$$

2. 内在方法

当没有数据集的基准可用时，我们必须使用内在方法来评估聚类的质量。一般而言，内在方法通过考察簇的分离情况和簇的紧凑情况来评估聚类。许多内在方法都利用数据集的对象之间的相似性度量。

轮廓系数（silhouette coefficient）就是这种度量。对于 n 个对象的数据集 D，假设 D 被划分成 k 个簇 $C_1, \cdots, C_k$。对于每个对象 $o \in D$，我们计算 o 与 o 所属的簇的其他对象之间的平均距离 $a(o)$。类似地，$b(o)$ 是 o 到不属于 o 的所有簇的最小平均距离。假设 $o \in C_i$（$1 \leqslant i \leqslant k$），则

$$
a(o) = \frac{\displaystyle\sum_{o' \in C_i, o \neq o'} dist(o, o')}{|C_i| - 1} \tag{10.31}
$$

而

$$
b(o) = \min_{C_j: 1 \leqslant j \leqslant k, j \neq i} \left\{ \frac{\displaystyle\sum_{o' \in C_j} dist(o, o')}{|C_j|} \right\} \tag{10.32}
$$

对象 o 的**轮廓系数**定义为

$$
s(o) = \frac{b(o) - a(o)}{\max\{a(o), b(o)\}} \tag{10.33}
$$

轮廓系数的值在 -1 和 1 之间。$a(o)$ 的值反映 o 所属的簇的紧凑性。该值越小，簇越紧凑。$b(o)$ 的值捕获 o 与其他簇的分离程度。$b(o)$ 的值越大，o 与其他簇越分离。因此，当 o 的轮廓系数值接近 1 时，包含 o 的簇是紧凑的，并且 o 远离其他簇，这是一种可取的情况。然而，当轮廓系数的值为负时（即 $b(o) < a(o)$），这意味在期望情况下，o 距离其他簇的对象比距离与自己同在簇的对象更近。在许多情况下，这是很糟糕的，应该避免。

为了度量聚类中的簇的拟合性，我们可以计算簇中所有对象的轮廓系数的平均值。为了度量聚类的质量，我们可以使用数据集中所有对象的轮廓系数的平均值。轮廓系数和其他内在度量也可以用在肘方法中，通过启发式地导出数据集的簇数取代簇内方差之和。

10.7　小结

- **簇**是数据对象的集合，同一个簇中的对象彼此相似，而不同簇中的对象彼此相异。将物理或抽象对象的集合划分为相似对象的类的过程称为**聚类**。
- 聚类分析具有广泛的**应用**，包括商务智能、图像模式识别、Web 搜索、生物学和安全。聚类分析可

以作为独立的数据挖掘工具来获得对数据分布的了解,也可以作为在检测的簇上运行的其他数据挖掘算法的预处理步骤。

- 聚类是数据挖掘研究一个富有活力的领域。它与机器学习的**无监督学习**有关。

490

- 聚类是一个充满挑战的领域,其典型的**要求**包括可伸缩性、处理不同类型的数据和属性的能力、发现任意形状的簇、确定输入参数的最小领域知识需求、处理噪声数据的能力、增量聚类和对输入次序的不敏感性、聚类高维数据的能力、基于约束的聚类,以及聚类的可解释性和可用性。

- 已经开发了许多聚类算法,这些算法可以从多方面分类,如根据划分标准、簇的分离性、所使用的相似性度量和聚类空间。本章讨论如下几类主要的基本聚类方法:划分方法、层次方法、基于密度的方法和基于网格的方法。有些算法可能属于多个类别。

- **划分方法**首先创建 k 个分区的初始集合,其中参数 k 是要构建的分区数。然后,它采用迭代重定位技术,试图通过把对象从一个簇移到另一个簇来改进划分的质量。典型的划分方法包括 k-均值、k-中心点、CLARANS。

- **层次方法**创建给定数据对象集的层次分解。根据层次分解的形成方式,层次方法可以分为凝聚的(自底向上)或分裂的(自顶向下)。为了弥补合并或分裂的僵硬性,凝聚的层次方法的聚类质量可以通过以下方法改进:分析每个层次划分中的对象连接(如 Chameleon),或者首先执行微聚类(也就是把数据划分为"微簇"),然后使用其他的聚类技术,迭代重定位,在微簇上聚类(如 BIRCH)。

- **基于密度的方法**基于密度的概念来聚类对象。它或者根据邻域中对象的密度(例如 DBSCAN),或者根据某种密度函数(例如 DENCLUE)来生成簇。OPTICS 是一个基于密度的方法,它生成数据聚类结构的一个增广序。

- **基于网格的方法**首先将对象空间量化为有限数目的单元,形成网格结构,然后在网格结构上进行聚类。STING 是基于网格方法的一个典型例子,它基于存储在网格单元中的统计信息聚类。CLIQUE 是基于网格的子空间聚类算法。

- **聚类评估**估计在数据集上进行聚类分析的可行性和由聚类方法产生的结果的质量。任务包括评估聚类趋势、确定簇数和测定聚类的质量。

10.8 习题

10.1 简略介绍如下聚类方法:划分方法、层次方法、基于密度的方法和基于网格的方法。每种给出一个例子。

491

10.2 假设数据挖掘的任务是将如下的 8 个点(用 (x, y) 代表位置)聚类为 3 个簇。

$$A_1(2,10), A_2(2,5), A_3(8,4), B_1(5,8), B_2(7,5), B_3(6,4), C_1(1,2), C_2(4,9)$$

距离函数是欧氏距离。假设初始我们选择 A_1、B_1 和 C_1 分别为每个簇的中心,用 k-均值算法给出:

(a) 在第一轮执行后的 3 个簇中心。

(b) 最后的 3 个簇。

10.3 用一个例子表明 k-均值不能找到全局最优解,即不能最优化簇内方差。

10.4 对于 k-均值算法,有趣的是通过小心地选择初始簇中心,我们或许不仅可以加快算法的收敛速度,而且能够保证结果聚类的质量。k-**均值++** 算法是 k-均值算法的变形,它按以下方法选择初始中心。首先,它从数据对象中随机地选择一个中心。迭代地,对于每个未被选为中心的每个对象 p,选择一个作为新中心。该对象以正比于 $dist(p)^2$ 的概率随机选取,其中 $dist(p)$ 是 p 到已选定的最近中心的距离。迭代过程继续,直到选出 k 个中心。

解释为什么该方法不仅可以加快 k-均值算法的收敛速度,而且能够保证最终聚类结果的质量。

10.5 给出 PAM 的重新分配步骤的伪代码。

10.6 k-均值和 k-中心点算法都可以进行有效的聚类。

(a) 概述 k-均值和 k-中心点相比较的优缺点。

(b) 概述这两种方法与层次聚类方法(如 AGNES)相比有何优缺点。

10.7　证明：在 DBSCAN 中，密度相连是等价关系。

10.8　证明：在 DBSCAN 中，对于固定的 $MinPts$ 值和两个邻域阈值 $\varepsilon_1 < \varepsilon_2$，关于 ε_1 和 $MinPts$ 的簇 C 一定是关于 ε_1 和 $MinPts$ 的簇 C' 的子集。

10.9　给出 OPTICS 算法的伪代码。

10.10　为什么 BIRCH 方法在发现任意形状的簇时会遇到困难，而 OPTICS 却不会？对 BIRCH 方法做一些改进，使得它可以发现任意形状的簇。

10.11　给出 CLIQUE 算法在所有子空间发现稠密单元步骤的伪代码。

10.12　指出在何种情况下，基于密度的聚类方法比基于划分的聚类方法和层次聚类方法更适合。并给出一些应用实例来支持你的观点。

10.13　给出一个例子来说明如何集成特定的聚类方法，例如，一种聚类算法被用作另一种算法的预处理步骤。此外，请解释为什么两种聚类方法的集成有时会改进聚类的质量和有效性。

10.14　聚类已经被认为是一种具有广泛应用的、重要的数据挖掘任务。对如下每种情况给出一个应用实例：

（a）把聚类作为主要的数据挖掘功能的应用。

（b）把聚类作为预处理工具，为其他数据挖掘任务作数据准备的应用。

10.15　数据立方体和多维数据库以层次的或聚集的形式包含标称的、序数的和数值的数据。根据你已经学习的关于聚类方法的知识，设计一个可以有效地在大型数据立方体中发现簇的聚类方法。

10.16　按如下标准对下列每种聚类方法进行描述：（1）可以确定的簇的形状；（2）必须指定的输入参数；（3）局限性。

（a）k – 均值

（b）k – 中心点

（c）CLARA

（d）BIRCH

（e）CHAMELEON

（f）DBSCAN

10.17　人眼在判断聚类方法对二维数据的聚类质量上是快速而有效的。你能设计一个数据可视化方法来使数据聚类可视化并帮助人判断三维数据的聚类质量吗？对更高维数据又如何？

10.18　假设你打算在一个给定的区域分配一些自动取款机（ATM），使得满足大量约束条件。住宅或工作场所可以被聚类以便每个簇被分配一个 ATM。然而，该聚类可能被两个因素所约束：（1）障碍物对象，即有一些可能影响 ATM 可达性的桥梁、河流和公路。（2）用户指定的其他约束，如每个 ATM 应该能为 10 000 户家庭服务。在这两个约束限制下，怎样修改聚类算法（如 k – 均值）来实现高质量的聚类？

10.19　对**基于约束的聚类**，除了每个簇具有最小数目的客户（如对 ATM 的分配）的约束外，还可以有许多其他种类的约束。例如，约束可以是每个簇中的客户的最大数目，每个簇中客户的平均收入，每两个簇之间的最大距离等。请对可以影响生成簇的约束条件进行分类，并讨论在这些约束条件之下怎样有效地实现聚类。

10.20　设计一种保护隐私的聚类方法，使得数据所有者可以放心地让第三方来挖掘其数据以得到高质量聚类，而不必担心数据中某些私有或敏感的信息被泄露出去。

10.21　证明 BCubed 度量满足非本征聚类评估方法的 4 点基本要求。

10.9　文献注释

聚类已经被广泛研究了 40 多年，并且由于其广泛的应用而横跨了许多学科。大多数的模式分类和机器学习书籍都包含关于聚类分析或者无监督学习的章节。一些教材专门介绍聚类分析，包括 Hartigan [Har75]，Jain 和 Dubes[JD88]，Kaufman 和 Rousseeuw[KR90]，以及 Arabie、Hubert 和 De Sorte[AHS96]。还有许多关于聚类方法的不同方面的综述文章，最近的一些综述包括 Jain、Murty 和 Flynn[JMF99]，

Parsons、Haque 和 Liu[PHL04]，Jain[Jai10]。

关于划分方法，k-均值算法首先由 Lloyd[Llo57] 提出，然后是由 MacQueen[Mac67] 提出。Arthur 和 Vassilvitskii[AV07] 提出了 k-均值++算法。一种过滤算法使用空间层次数据索引加快簇均值的计算在 Kanungo、Mount、Netanyahu 等 [KMN$^+$02] 中给出。

PAM 和 CLARA 的 k-中心点算法由 Kaufman 和 Rousseeuw[KR90] 提出。k-众数（聚类标称数据）和 k-原型（聚类混合数据）算法由 Huang[Hua98] 提出。Chaturvedi、Green 和 Carroll[CGC94，CGC01] 也独立地提出了 k-众数聚类算法。CLARANS 算法由 Ng 和 Han[NH94] 提出。Ester、Kriege 和 Xu[EKX95] 提出了采用有效的空间存取方法（例如 R*树和聚焦技术）来进一步改进 CLARANS 的性能。另一种基于 k-均值的可伸缩的聚类算法由 Bradley、Fayyad 和 Reina[BFR98] 提出。

凝聚层次聚类算法的早期综述在 Day 和 Edelsbrunner[DE84] 中提出。凝聚层次聚类（如 AGNES）和分裂层次聚类（如 DIANA）由 Kaufman 和 Rousseeuw[KR90] 提出。改进层次聚类方法的聚类质量的一个有趣方向是集成层次聚类和基于距离的迭代重定位或其他非层次的聚类方法。例如，由 Zhang、Ramakrishnan 和 Linvy[ZRL96] 提出的 BIRCH 在采用其他技术之前，首先用 CF-树进行层次聚类。层次聚类也能通过复杂的连接分析、变换或最近邻分析来进行，例如 Guha、Rastogi 和 Shim[GRS98] 提出的 CURE、Guha、Rastogi 和 Shim[GRS99] 提出的 ROCK（聚类标称属性），以及 Karypis、Han 和 Kumar[KHK99] 提出的 Chameleon。

采用通常的连接算法并使用概率模型定义簇相似度的概率层次聚类框架由 Friedman[Fri03]、Heller 和 Ghahramani[HG05] 开发。

关于基于密度的聚类方法，Ester、Kriegel、Sande 和 Xu[EKSX96] 提出了 DBSCAN。Ankerst、Breunig、Kriegel 和 Sander[ABKS99] 开发了一种簇排序方法 OPTICS，它方便了基于密度的聚类，而不用担心参数说明。基于一组密度分布函数的 DENCLUE 算法由 Hinneburg 和 Keim[HK98] 提出。Hinneburg 和 Gabriel[HG07] 开发了 DENCLUE 2.0，它包含了一个新的用于高斯核的爬山过程，自动调整步长。

一种基于网格的多分辨率方法 STING 由 Wang、Yang 和 Muntz[WYM97] 提出，它在网格单元中收集统计信息。WaveCluster 由 Sheikholeslami、Chatterjee 和 Zhang[SCZ98] 提出，是一种通过小波变换来变换原特征空间的多分辨率的聚类方法。

聚类标称数据的可伸缩方法由 Gibson、Kleinberg 和 Raghavan[GKR98]，Guha、Rastogi 和 Shim[GRS99]，以及 Ganti、Gehrke 和 Ramakrishnan[GGR99] 研究。还有一些其他的聚类范型。例如，模糊聚类方法在 Kaufman 和 Rousseeuw[KR90]，Bezdek[Bez81]，以及 Bezdek 和 Pal[BP92] 中进行了讨论。

关于高维聚类，一种称做 CLIQUE 的基于先验的维增长的子空间聚类算法由 Agrawal、Gehrke、Gunopulos 和 Raghavan[AGGR98] 提出。它集成了基于密度和基于网格的聚类方法。

当前的研究已经发展到对流数据的聚类（Babcock、Badu 和 Datar 等[BBD$^+$02]）。Guha、Mishra、Motwani 和 O'Callaghan[GMMO00] 以及 O'Callaghan、Mishra、Motwaini 等[OMM$^+$02] 提出了一种基于 k-中位数的数据流聚类方法。Aggarwal、Han、Wang 和 Yu[AHWY03] 提出了一种针对演变的数据流聚类的方法。Aggarwal、Han、Wang 和 Yu[AHWY04a] 提出了一种对高维数据流投影聚类的框架。

聚类评估在少量专著和综述中有涉及，如 Jain 和 Dubes[JD88]，Halkidi、Batistakis 和 Vazirgiannis[HBV01]。聚类质量评估的外在方法被广泛考察，最近的一些研究包括 Meilǎ[Mei03，Mei05]，Amigó、Gonzalo、Artiles 和 Verdejo[AGAV09]。本章介绍的 4 个基本准则在 Amigó、Gonzalo、Artiles 和 Verdejo Amigó、Gonzalo、Artiles 和 Verdejo[AGAV09] 中有精确的描述，而一些单个的准则以前也被提及，例如 Meilǎ[Mei03]，Rasenberg 和 Hirschberg[RH07]。Bagga 和 Baldwin[BB98] 引进 BCubed 度量。轮廓系数在 Kaufman 和 Rousseeuw[KR90] 中有所介绍。

高级聚类分析

在第 10 章中，我们已经学习了聚类分析的原理。本章，我们将讨论聚类分析的高级课题。我们主要考察如下四方面。

- **基于概率模型的聚类**：11.1 节介绍导出簇的一般框架和方法，其中每个对象都指派了一个属于簇的概率。基于概率模型的聚类广泛地用于许多数据挖掘应用，如文本挖掘。
- **聚类高维数据**：当维度很高时，传统的距离度量可能被噪声所左右。11.2 节介绍在高维数据上进行聚类分析的基本方法。
- **聚类图和网络数据**：图和网络数据在应用中日趋流行，如联机社会网络、万维网和数字图书馆。在 11.3 节，我们将学习聚类图和网络数据的关键问题，包括相似性度量和聚类方法。
- **具有约束的聚类**：在迄今为止的讨论中，我们都未在聚类中假定任何约束。然而，在许多实际应用中，可能存在各种约束。这些约束可能源于背景知识或对象的空间分布。在 11.4 节，我们将学习如何以各种不同类型的约进行聚类分析。

本章结束时，你将会对高级聚类分析的问题和技术有很好的理解。

11.1 基于概率模型的聚类

迄今为止，在我们讨论的所有聚类分析方法中，每个数据对象只能被指派到多个簇中的一个。这种簇分配规则在某些应用中是必要的，如把客户分配给销售经理。然而，在其他应用中，这种僵硬的要求可能并非我们期望的。本节，我们将解释在某些应用中需要模糊或灵活的簇指派，并且介绍计算概率簇和指派的一般方法。

"在何种情况下，一个数据对象属于多个簇？"考虑例 11.1。

例 11.1 聚类产品评论。AllElectronics 有一个网店，那里顾客不仅在线购物，而且还对产品发表评论。并非每种产品都收到评论，某些产品可能有很多评论，而其他一些没有或很少。此外，一个评论可能涉及多种产品。这样，作为 AllElectronics 的评论编辑，你的任务是对这些评论进行聚类。

理想情况下，一个簇关于一个主题，例如，一组产品、服务或高度相关的问题。对于你的任务而言，把评论互斥地指派到一个簇效果并不好。假设关于照相机和摄像机有一个簇，关于计算机有另一个簇。如果一个评论谈论摄像机与计算机的兼容性，怎么办？该评论与这两个簇相关，而并不互斥地属于任何一个簇。

你可能愿意使用一种聚类方法，它允许一个评论属于多个簇，如果该评论确实涉及多个主题的话。为了反映一个评论属于某个簇的强度，你想在评论到簇的指派上附加一个代表这种部分隶属关系的权重。■

这种一个对象可能属于多个簇的情况在许多应用中经常出现。例 11.2 也解释了这种现象。

例 11.2 研究用户搜索意图的聚类。AllElectronics 的网店在日志中记录了所有顾客搜索和购买行为。一项重要的数据挖掘任务是使用日志数据进行归类和理解用户搜索意图。例如，考虑一次用户会话（用户与网上商店交互的短周期）。该用户是在搜索一种产品，在不同的产品之间进行比较，还是在寻找客户支持信息？这里，聚类分析是有用的，因为很难完全预先确定用户的行为模式。一个包含类似用户搜索轨迹的簇可能代表类似的用户行为。

然而，并非每个会话都属于一个簇。例如，假设涉及购买数码相机的会话形成一个簇，而比较笔记本电脑的用户会话形成另一个簇。如果一个用户在一次会话订购了一部数码相机，并且同时比较了多种笔记本电脑，怎么办？这种会话应该在某种程度上属于这两个簇。■

本节，我们将系统地研究允许一个对象属于多个簇的聚类主题。我们从 11.1.1 节讨论模糊簇的概念开始。然后，在 11.1.2 节把这一概念推广到基于概率模型的簇。在 11.1.3 节，我们介绍期望极大化算法，挖掘这种簇的一般框架。

11.1.1 模糊簇

给定一个对象集 $X = \{x_1, \cdots, x_n\}$，模糊集 S 是 X 的一个子集，它允许 X 中的每个对象都具有一个属于 S 的 0 到 1 之间隶属度。形式地，一个模糊集 S 可以用一个函数 $F_S: X \to [0, 1]$ 建模。

例 11.3 模糊集。 一种数码相机的销售量越大，该数码相机就越流行。在 AllElectronics 中，给定数码相机 o 的销售量，我们可以使用如下公式来计算 o 的流行程度：

$$pop(o) = \begin{cases} 1 & \text{如果 } o \text{ 销售了 1000 部或更多} \\ \dfrac{i}{1000} & \text{如果 } o \text{ 销售了 } i(i < 1000) \text{ 部} \end{cases} \quad (11.1)$$

函数 $pop()$ 定义了一个流行的数码相机的模糊集。例如，假设 AllElectronics 的数码相机销售显示在表 11.1 中。流行的数码相机的模糊集是 $\{A(0.05), B(1), C(0.86), D(0.27)\}$，括号中的是隶属度。■

表 11.1 数码相机及其在 AllElectronics 的销量

数码相机	销量	数码相机	销量
A	50	C	860
B	1320	D	270

我们可以把模糊集概念用在聚类上。也就是说，给定对象的集合，一个簇就是对象的一个模糊集。这种簇称做模糊簇。因此，一个聚类包含多个模糊簇。

给定对象集 $o_1, \cdots, o_n$，k 个**模糊簇** $C_1, \cdots, C_k$ 的**模糊聚类**可以用一个**划分矩阵** $M = [w_{ij}]$ $(1 \leq i \leq n, 1 \leq j \leq k)$ 表示。其中 w_{ij} 是 o_i 在模糊簇 C_j 的隶属度。划分矩阵应该满足以下三个要求：

- 对于每个对象 o_i 和簇 C_j，$0 \leq w_{ij} \leq 1$。这一要求强制模糊簇是模糊集。
- 对于每个对象 o_i，$\sum_{j=1}^{k} w_{ij} = 1$。这一要求确保每个对象同等地参与聚类。
- 对于每个簇 C_j，$0 < \sum_{i=1}^{n} w_{ij} < n$。这一要求确保对于每个簇，最少有一个对象，其隶属值非零。

例 11.4 模糊簇。 假设 AllElectronics 的网店有 6 个评论。表 11.2 显示了包含在这些评论中的关键词。

表 11.2　评论和所用关键词的集合

评论 ID	关键词	评论 ID	关键词
R_1	数码相机、镜头	R_4	数码相机、镜头、计算机
R_2	数码相机	R_5	计算机、CPU
R_3	镜头	R_6	计算机、计算机游戏

我们可以把这些评论分成两个模糊簇 C_1 和 C_2。C_1 关于数码相机和镜头，而 C_2 关于计算机。划分矩阵是

$$M = \begin{bmatrix} 1 & 0 \\ 1 & 0 \\ 1 & 0 \\ \dfrac{2}{3} & \dfrac{1}{3} \\ 0 & 1 \\ 0 & 1 \end{bmatrix}$$

这里，我们用关键词"数码相机"和"镜头"作为簇 C_1 的特征，而"计算机"作为簇 C_2 的特征。对于评论 R_i 和簇 $C_j (1 \leqslant i \leqslant 6, 1 \leqslant j \leqslant 2)$，$w_{ij}$ 定义为

$$w_{ij} = \frac{|R_i \cap C_j|}{|R_i \cap (C_1 \cup C_2)|} = \frac{|R_i \cap C_j|}{|R_i \cap \{数码相机, 镜头, 计算机\}|}$$

在这个模糊聚类中，评论 R_4 分别以隶属度 $\dfrac{2}{3}$ 和 $\dfrac{1}{3}$ 属于簇 C_1 和 C_2。　■

"如何评估模糊聚类描述数据集的好坏程度？"考虑对象集 $o_1, \cdots, o_n$ 和 k 个簇 $C_1, \cdots, C_k$ 的模糊聚类 $\mathcal{C}$。令 $M = [w_{ij}] (1 \leqslant i \leqslant n, 1 \leqslant j \leqslant k)$ 为划分矩阵。设 $c_1, \cdots, c_k$ 分别为簇 $C_1, \cdots, C_k$ 的中心。这里，中心可以定义为均值或中心点，或者用仅限于具体应用的其他方法定义。

正如在第 10 章所讨论的，对象与其被指派到的簇的中心之间的距离或相似度可以用来度量该对象属于簇的程度。这一思想可以扩充到模糊聚类。对于任意对象 o_i 和簇 C_j，如果 $w_{ij} > 0$，则 $dist(o_i, c_j)$ 度量 o_i 被 C_j 代表，因而属于簇 C_j 的程度。由于一个对象可能参与多个簇，所以用隶属度加权的到簇中心的距离之和捕获对象拟合聚类的程度。

对于对象 o_i，**误差的平方和**（SSE）由下式给出

$$\text{SSE}(o_i) = \sum_{j=1}^{k} w_{ij}^p dist(o_i, c_j)^2 \tag{11.2}$$

其中，参数 $p(p \geqslant 1)$ 控制隶属度的影响。p 的值越大，隶属度的影响越大。簇 C_j 的 SSE 是

$$\text{SSE}(C_j) = \sum_{i=1}^{n} w_{ij}^p dist(o_i, c_j)^2 \tag{11.3}$$

最后，聚类 $\mathcal{C}$ 的 SSE 定义为

$$\text{SSE}(\mathcal{C}) = \sum_{i=1}^{n} \sum_{j=1}^{k} w_{ij}^p dist(o_i, c_j)^2 \tag{11.4}$$

聚类的 SSE 可以用来度量模糊聚类对数据集的拟合程度。

模糊聚类又称软聚类（soft clustering），因为它允许一个对象属于多个簇。容易看出传统的（硬）聚类强制每个对象互斥地仅属于一个簇，这是模糊聚类的特例。我们把如何计算模糊聚类的讨论推迟到 11.1.3 节。

11.1.2 基于概率模型的聚类

"模糊簇（11.1.1 节）提供了一种灵活性，允许一个对象属于多个簇。有没有一个说明聚类的一般框架，其中对象可以用概率的方法参与多个簇？"本章，我们介绍基于概率模型的聚类的一般概念来回答这一问题。

正如在第 10 章讨论的那样，我们之所以在数据集上进行聚类分析，是因为我们假定数据集中的对象属于不同的固有类别。回忆一下，可以使用聚类趋势分析（10.6.1 节）考查数据集是否包含形成有意义的簇的对象。这里，隐藏在数据中的固有类别是潜在的，因为我们不可能直接观测到它们，而必须使用观测数据来推断。例如，隐藏在 AllElectronics 网店的评论集中的主题是潜在的，因为我们不能直接看到这些主题。然而，我们可以从评论中推导出这些主题，因为每个评论都是关于一个或多个主题的。

因此，聚类分析的目标是发现隐藏的类别。作为聚类分析主题的数据集可以看做隐藏的类别的可能实例的一个样本，但是没有类标号。由聚类分析导出的簇使用数据集推断，并且旨在逼近隐藏的类别。

从统计学讲，我们可以假定隐藏的类别是数据空间上的一个分布，可以使用概率密度函数（或分布函数）精确地表示。我们称这种隐藏的类别为概率簇（probabilistic cluster）。对于一个概率簇 C，它的密度函数 f 和数据空间的点 o，$f(o)$ 是 C 的一个实例在 o 上出现的相对似然。

例 11.5 概率簇。假设 AllElectronics 销售的数码相机可以划分成两个类别：业余型 C_1（例如，傻瓜相机）、专业型 C_2（例如，单镜头反光相机）。图 11.1 显示了它们各自的（关于属性 *price*）密度函数 f_1 和 f_2。

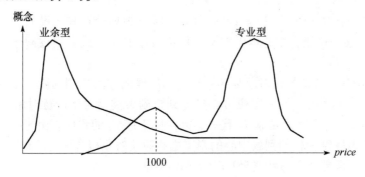

图 11.1 两个概率簇的概率密度函数

对于一个价格值，如 1000 美元，$f_1(1000)$ 是价格为 1000 美元的业余型相机的相对似然。类似地，$f_2(1000)$ 是价格为 1000 美元的专业型相机的相对似然。

概率密度函数 f_1 和 f_2 不能被直接观测到。AllElectronics 只能通过分析其销售的数码相机的价格推断这些分布。此外，一个相机常常并不与确定的类别（例如，"业余型"或"专业型"）一致。通常，这些类别基于用户的背景知识，并且因人而异。例如，专业 – 业余段的相机可能被某些顾客看做处于业余型的高端，而被其他顾客视为专业型的低端。

作为 AllElectronics 的分析员，你可能把每个类别看做一个概率簇，并用相机价格上的聚类分析来逼近这些类别。■

假设我们想通过聚类分析找出 k 个概率簇 $C_1, \cdots, C_k$。对于 n 个对象的数据集 D，我们可以把 D 看做这些簇的可能实例的一个有限样本。从概念上讲，我们可以假定 D 按如下方

501

502

法形成。每个簇 $C_j (1 \leqslant j \leqslant k)$ 都与一个实例从该簇抽样的概率 ω_j 相关联。通常假定 $\omega_1, \cdots,$ ω_k 作为问题设置的一部分给定，并且 $\sum\limits_{j=1}^{k} \omega_j = 1$，确保所有对象都被 k 个簇产生。这里，参数 ω_j 捕获了关于簇 C_j 的相对总体的背景知识。

然后，我们运行如下两步过程，产生 D 的一个对象。这些步骤总共执行 n 次，产生 D 的 n 个对象 $o_1, \cdots, o_n$。

（1）按照概率 $\omega_1, \cdots, \omega_k$，选择一个簇 C_j。

（2）按照 C_j 的概率密度函数 f_j，选择一个 C_j 的实例。

该数据产生过程是混合模型的基本假定。**混合模型**假定观测对象集是来自多个概率簇的实例的混合。从概念上讲，每个观测对象都独立地由两步产生：首先，根据簇的概率选择一个概率簇；然后，根据选定簇的概率密度函数选择一个样本。

给定数据集 D 和所要求的簇数 k，基于概率模型的聚类分析的任务是推导出使用以上数据产生过程最可能产生 D 的 k 个概率簇。剩下的一个重要问题是，如何度量 k 个概率簇的集合和它们的概率产生观测数据集的似然。

考虑 k 个概率簇 $C_1, \cdots, C_k$ 的集合 $\boldsymbol{C}$，k 个簇的概率密度函数分别为 $f_1, \cdots, f_k$，而它们的概率分别为 $\omega_1, \cdots, \omega_k$。对于对象 o，o 被簇 $C_j (1 \leqslant j \leqslant k)$ 产生的概率为 $P(o \mid C_j) = \omega_j f_j(o)$。因此，$o$ 被簇的集合 $\boldsymbol{C}$ 产生的概率为

$$P(o \mid \boldsymbol{C}) = \sum_{j=1}^{k} \omega_j f_j(o) \tag{11.5}$$

由于我们假定对象是独立地产生的，因此对于 n 个对象的数据集 $D = \{o_1, \cdots, o_n\}$，我们有

$$P(D \mid \boldsymbol{C}) = \prod_{i=1}^{n} P(o_i \mid \boldsymbol{C}) = \prod_{i=1}^{n} \sum_{j=1}^{k} \omega_j f_j(o_i) \tag{11.6}$$

现在，数据集 D 上的基于概率模型的聚类分析的任务是，找出 k 个概率簇的集合 $\boldsymbol{C}$，使得 $P(D \mid \boldsymbol{C})$ 最大化。最大化 $P(D \mid \boldsymbol{C})$ 通常是难处理的，因为通常来说，簇的概率密度函数可以取任意复杂的形式。为了使得基于概率模型的聚类是计算可行，我们通常折中，假定概率密度函数是一个参数分布。

设 $o_1, \cdots, o_n$ 是 n 个观测对象，$\Theta_1, \cdots, \Theta_k$ 是 k 个分布的参数，分别令 $\boldsymbol{O} = \{o_1, \cdots, o_n\}$，$\boldsymbol{\Theta} = \{\Theta_1, \cdots, \Theta_k\}$。于是，对于任意对象 $o_i \in \boldsymbol{O} (1 \leqslant i \leqslant n)$，（11.5）式可以改写为

$$P(o_i \mid \boldsymbol{\Theta}) = \sum_{j=1}^{k} \omega_j P_j(o_i \mid \Theta_j) \tag{11.7}$$

其中，$P_j(o_i \mid \Theta_j)$ 是 o_i 使用参数 Θ_j，由第 j 个分布产生的概率。因此，（11.6）式可以改写为

$$P(\boldsymbol{O} \mid \boldsymbol{\Theta}) = \prod_{i=1}^{n} \sum_{j=1}^{k} \omega_j P_j(o_i \mid \Theta_j) \tag{11.8}$$

使用参数概率分布模型，基于概率模型的聚类分析任务是推导出最大化（11.8）式的参数集 $\boldsymbol{\Theta}$。

例 11.6　单变量高斯混合模型。让我们用单变量高斯分布作为例子。也就是说，我们假定每个簇的概率密度函数都服从一维高斯分布。每个簇的概率密度函数的两个参数是中心 μ_j 和标准差 $\sigma_j (1 \leqslant j \leqslant k)$。我们把参数记作 $\Theta_j = (\mu_j, \sigma_j)$，$\boldsymbol{\Theta} = \{\Theta_1, \cdots, \Theta_k\}$。设数据集为 $\boldsymbol{O} = \{o_1, \cdots, o_n\}$，其中 $o_i (1 \leqslant i \leqslant n)$ 是实数。对于每个点 $o_i \in \boldsymbol{O}$，我们有

$$P(o_i \mid \Theta_j) = \frac{1}{\sqrt{2\pi}\sigma_j} e^{-\frac{(o_i - \mu_j)^2}{2\sigma^2}} \tag{11.9}$$

假定每个簇都有相同的概率, 即 $\omega_1 = \omega_2 = \cdots = \omega_k = \dfrac{1}{k}$, 并把 (11.9) 式代入 (11.7) 式, 我们有

$$P(o_i \mid \Theta) = \frac{1}{k} \sum_{i=1}^{k} \frac{1}{\sqrt{2\pi}\sigma_j} e^{-\frac{(o_i - \mu_j)^2}{2\sigma^2}} \tag{11.10}$$

使用 (11.8) 式, 我们有

$$P(O \mid \Theta) = \frac{1}{k} \prod_{i=1}^{n} \sum_{j=1}^{k} \frac{1}{\sqrt{2\pi}\sigma_j} e^{-\frac{(o_i - \mu_j)^2}{2\sigma^2}} \tag{11.11}$$

使用单变量高斯混合模型的基于概率模型的聚类分析任务是推断 Θ, 使得 (11.11) 式最大化。∎

11.1.3 期望最大化算法

"如何计算模糊聚类和基于概率模型的聚类?" 本节, 我们介绍一种原理性方法。我们从回顾第 10 章研究的 k–均值聚类问题和 k–均值算法开始。

容易证明, k–均值聚类是模糊聚类的一种特例 (习题 11.1)。k–均值算法迭代地执行直到不能再改进聚类。每次迭代包括两个步骤:

期望步 (E–步): 给定当前的簇中心, 每个对象都被指派到簇中心离该对象最近的簇。这里, 期望每个对象都属于最近的簇。

最大化步 (M–步): 给定簇指派, 对于每个簇, 算法调整其中心, 使得指派到该簇的对象到该新中心的距离之和最小化。也就是说, 将指派到一个簇的对象的相似度最大化。

我们可以推广这一两步过程来处理模糊聚类和基于概率模型的聚类。一般而言, **期望–最大化** (Expectation-Maximization, EM) 算法是一种框架, 它逼近统计模型参数的最大似然或最大后验估计。在模糊或基于概率模型的聚类的情况下, EM 算法从初始参数集出发, 并且迭代直到不能改善聚类, 即直到聚类收敛或改变充分小 (小于一个预先设定的阈值)。每次迭代也由两步组成:

- **期望步** 根据当前的模糊聚类或概率簇的参数, 把对象指派到簇中。
- **最大化步** 发现新的聚类或参数, 最大化模糊聚类的 SSE ((11.4) 式) 或基于概率模型的聚类的期望似然。

例 11.7 使用 EM 算法的模糊聚类。考虑图 11.2 中的 6 个点, 其中显示了点的坐标。让我们使用 EM 算法计算两个模糊聚类。

我们随机地选择两个点, 如 $c_1 = a$, $c_2 = b$, 作为两个簇的初始中心。第一次迭代执行期望步和最大化步的细节如下:

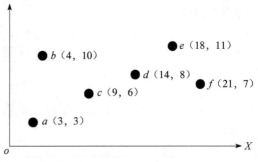

图 11.2 模糊聚类的数据集

在 **E–步** 中, 对于每个点, 我们计算它属于每个簇的隶属度。对于任意点 o, 我们分别以隶属权重

$$\frac{\dfrac{1}{dist(o,c_1)^2}}{\dfrac{1}{dist(o,c_1)^2} + \dfrac{1}{dist(o,c_2)^2}} = \frac{dist(o,c_2)^2}{dist(o,c_1)^2 + dist(o,c_2)^2} \text{ 和 } \frac{dist(o,c_1)^2}{dist(o,c_1)^2 + dist(o,c_2)^2}$$

把 o 指派到 c_1 和 c_2，其中 $dist(\ ,\ )$ 是欧氏距离。其理由是，如果 o 靠近 c_1，并且 $dist(o,\ c_1)$ 小，则 o 关于 c_1 的隶属度应该高。我们也可以规范化隶属度，使得一个对象的隶属度之和等于 1。

对于点 a，我们有 $w_{a,c_1}=1$，$w_{a,c_2}=0$，即 a 互斥地属于 c_1。对于点 b，我们有 $w_{b,c_1}=0$，$w_{b,c_2}=1$。对于点 c，我们有 $w_{c,c_1}=\dfrac{41}{45+41}=0.48$，$w_{c,c_2}=\dfrac{45}{45+41}=0.52$。其他点的隶属度显示在表 11.3 的划分矩阵中。

表 11.3 EM 算法前 3 次迭代的中间结果

迭代	E - 步	M - 步
1	$M^T=\begin{bmatrix} 1 & 0 & 0.48 & 0.42 & 0.41 & 0.47 \\ 0 & 1 & 0.52 & 0.58 & 0.59 & 0.53 \end{bmatrix}$	$c_1=(8.47,\ 5.12)$ $c_2=(10.42,\ 8.99)$
2	$M^T=\begin{bmatrix} 0.73 & 0.49 & 0.91 & 0.26 & 0.33 & 0.42 \\ 0.27 & 0.51 & 0.09 & 0.74 & 0.67 & 0.58 \end{bmatrix}$	$c_1=(8.51,\ 6.11)$ $c_2=(14.42,\ 8.69)$
3	$M^T=\begin{bmatrix} 0.80 & 0.76 & 0.99 & 0.02 & 0.14 & 0.23 \\ 0.20 & 0.24 & 0.01 & 0.98 & 0.86 & 0.77 \end{bmatrix}$	$c_1=(6.40,\ 6.24)$ $c_2=(16.55,\ 8.64)$

在 **M - 步**中，我们根据划分矩阵重新计算簇的形心，极小化（11.4）式的 SSE。新的形心应该调整为

$$c_j=\frac{\sum\limits_{每个点o} w_{o,c_j}^2 o}{\sum\limits_{每个点o} w_{o,c_j}^2} \tag{11.12}$$

其中，$j=1,\ 2$。在这个例子中，

$$c_1=\left(\frac{1^2\times 3+0^2\times 4+0.48^2\times 9+0.42^2\times 14+0.41^2\times 18+0.47^2\times 21}{1^2+0^2+0.48^2+0.42^2+0.41^2+0.47^2},\right.$$
$$\left.\frac{1^2\times 3+0^2\times 10+0.48^2\times 6+0.42^2\times 8+0.41^2\times 11+0.47^2\times 7}{1^2+0^2+0.48^2+0.42^2+0.41^2+0.47^2}\right)$$
$$=(8.47,5.12)$$

并且

$$c_2=\left(\frac{0^2\times 3+1^2\times 4+0.52^2\times 9+0.58^2\times 14+0.59^2\times 18+0.53^2\times 21}{0^2+1^2+0.52^2+0.58^2+0.59^2+0.53^2},\right)$$
$$\left(\frac{0^2\times 3+1^2\times 10+0.52^2\times 6+0.58^2\times 8+0.59^2\times 11+0.53^2\times 7}{0^2+1^2+0.52^2+0.58^2+0.59^2+0.53^2}\right)$$
$$=(10.42,8.99)$$

我们重复该迭代，其中每次迭代包含一个 E - 步和一个 M - 步。表 11.3 显示了前 3 次迭代的结果。当簇中心收敛或变化足够小时，算法停止。∎

"如何使用 EM 算法计算基于概率模型的聚类？"让我们使用单变量高斯混合模型（例 11.6）进行解释。

例 11.8 对混合模型使用 EM 算法。 给定数据对象集 $O=\{o_1,\cdots,o_n\}$，我们希望挖掘参数集 $\Theta=\{\Theta_1,\cdots,\Theta_k\}$，使得（11.11）式的 $P(O\mid\Theta)$ 最大化，其中 $\Theta_j=(\mu_j,\ \sigma_j)$ 分别是第 $j(1\leqslant j\leqslant k)$ 个单变量高斯分布的均值和标准差。

我们可以使用 EM 算法。把随机值作为初值赋予参数 Θ，然后迭代地执行 E - 步和 M - 步，直到参数收敛或改变充分小。

在 E - 步中，对于每个对象 $o_i \in \boldsymbol{O} (1 \leqslant i \leqslant n)$，我们计算 o_i 属于每个分布的概率，即

$$P(\Theta_j \mid o_i, \Theta) = \frac{P(o_i \mid \Theta_j)}{\sum_{l=1}^{k} P(o_i \mid \Theta_l)} \tag{11.13}$$

在 M - 步中，我们调整参数 Θ，使得（11.11）式的 $P(\boldsymbol{O} \mid \Theta)$ 期望似然最大化。这可以通过设置

$$\mu_j = \frac{1}{k} \sum_{i=1}^{n} o_i \frac{P(\Theta_j \mid o_i, \Theta)}{\sum_{l=1}^{n} P(\Theta_j \mid o_l, \Theta)} = \frac{1}{k} \frac{\sum_{i=1}^{n} o_i P(\Theta_j \mid o_i, \Theta)}{\sum_{i=1}^{n} P(\Theta_j \mid o_i, \Theta)} \tag{11.14}$$

和

$$\sigma_j = \sqrt{\frac{\sum_{i=1}^{n} P(\Theta_j \mid o_i, \Theta)(o_i - u_j)^2}{\sum_{i=1}^{n} P(\Theta_j \mid o_i, \Theta)}} \tag{11.15}$$

来实现。∎

在许多应用中，基于概率模型的聚类已经表现出了很好的效果，因为它比划分方法和模糊聚类方法更通用。它的一个突出优点是，使用合适的统计模型以捕获潜在的簇。EM 算法因其简洁性，已经广泛用来处理数据挖掘和统计学的许多学习问题。注意，一般而言，EM 算法可能收敛不到最优解，而是可能收敛于局部极大。已经考察了许多避免收敛于局部极大的启发式方法。例如，我们可以使用不同的随机初始值，运行 EM 过程多次。此外，如果分布很多或数据集只包含很少观测数据点，则 EM 算法的计算开销可能很大。

11.2 聚类高维数据

迄今为止，我们研究过的聚类方法在维度不高时，即少于 10 个属性时，运行良好。然而，存在一些重要的高维应用。"如何在高维数据上进行聚类分析？"

本节，我们学习聚类高维数据的方法。11.2.1 节从主要挑战和使用的方法概述开始。高维数据聚类方法可以分成两类：子空间聚类方法（11.2.2 节和 11.2.3 节）和维归约方法（11.2.4 节）。

11.2.1 聚类高维数据：问题、挑战和主要方法

在介绍高维数据聚类的具体方法之前，让我们先用例子说明高维数据聚类分析的必要性，考察需要新方法的挑战。然后，我们根据它们是否在原空间的子空间中搜索簇，或者是否创建新的较低维的空间并在其中搜索簇，将主要方法加以分类。

在一些应用中，数据对象可能用 10 个或更多属性描述。我们称这种对象在所谓的高维数据空间中。

例 11.9 高维数据和它们的聚类。 AllElectronics 记录每位顾客购买的产品。作为客户关系经理，你想根据顾客在 AllElectronics 购买的产品把他们聚类。

顾客购物数据的维度很高。AllElectronics 销售数万种产品。因此，顾客购物简况是公司销售的产品的向量，具有数万维。

"传统的距离度量在低维聚类分析中频繁使用，在高维数据上还有效吗？"考虑表 11.4

中所示的顾客，其中有 10 种商品 P_1，$\cdots$，P_{10}，用于解释。如果顾客购买了某种商品，则对应的位被设置为 1，否则为 0。让我们计算 Ada、Bob 和 Cathy 之间的欧氏距离（2.16 式）。容易看出

$$dist(\text{Ada},\text{Bob}) = dist(\text{Bob},\text{Cathy}) = dist(\text{Ada},\text{Cathy}) = \sqrt{2}$$

根据欧氏距离，这 3 个对象彼此之间的相似性（或相异性）完全一样。然而，进一步观察告诉我们，Ada 与 Cathy 应该比与 Bob 更相似，因为 Ada 和 Cathy 都购买了商品 P_1。　　■

表 11.4　顾客购物数据

顾客	P_1	P_2	P_3	P_4	P_5	P_6	P_7	P_8	P_9	P_{10}
Ada	1	0	0	0	0	0	0	0	0	0
Bob	0	0	0	0	0	0	0	0	0	1
Cathy	1	0	0	0	1	0	0	0	0	1

正如例 11.9 所示，在高维空间中，传统的距离度量可能没有效果。这种距离度量可能被一些维上的噪声所左右。因此，在整个高维空间上的簇可能不可靠，而发现这样的簇可能没有意义。

"那么，高维数据上什么样的簇才是有意义的？"对于高维数据聚类分析来说，我们仍然想把相似的对象聚在一起。然而，数据空间常常太大、太混乱。另一个挑战是，我们不仅需要发现簇，而且还要对每个簇，找出显露该簇的属性集。换言之，高维空间中的簇通常用一个小属性集，而不是用整个数据空间定义。本质上，聚类高维数据应该返回作为簇的对象分组（与传统的聚类分析一样）；此外，对于每个簇，还要返回刻画该簇的属性集。例如，在表 11.4 中，为了刻画 Ada 和 Cathy 之间的相似性，可以返回 P_1 作为属性，因为 Ada 和 Cathy 都购买了 P_1。

聚类高维数据是搜索簇和它们存在的子空间。因此，存在两类主要方法。

- 子空间聚类方法搜索存在于给定高维数据空间的子空间中的簇，其中子空间用整个空间中的属性子集定义。子空间聚类方法在 11.2.2 节讨论。
- 维归约方法试图构造更低维的空间，并在这种空间中搜索簇。通常，这种方法可能通过组合原数据的一些维，构造新的维。维归约方法是 11.2.4 节的主题。

一般而言，除了传统的聚类面临的挑战外，聚类高维数据还面临一些新的挑战：

- 一个主要问题是如何为高维数据聚类创建一个合适的模型。与传统的低维空间聚类不同，隐藏在高维空间中的簇通常非常小。例如，在聚类顾客购物数据时，我们并不期望许多顾客都具有相似的购物模式。搜索这种小的，但有意义的簇如同在干草堆中寻针。如上所示，传统的距离度量可能没什么效果。我们常常必须考虑各种更复杂的技术，对子空间中对象的相关性和一致性建模。
- 通常，有指数多个可能的子空间或维归约选项，因此最优解的计算开销高得令人不敢问津。例如，如果原空间有 1000 个维，并且我们想发现维度为 10 的簇，则存在 $C_{1000}^{10} = 2.63 \times 10^{23}$ 个可能的子空间。

11.2.2　子空间聚类方法

"如何从高维数据中发现子空间簇？"已经提出了许多方法，它们大致可以划分成三个主要类别：子空间搜索方法、基于相关性的聚类方法和双聚类方法。

1. 子空间搜索方法

子空间搜索方法为聚类搜索各种子空间。这里，簇是在子空间中彼此相似的对象的子

集。相似性用传统的方法度量，如距离或密度。例如，10.5.3 节介绍的 CLIQUE 算法就是一种子空间聚类方法。它以维度递增次序枚举子空间和子空间中的簇，并利用反单调性剪掉不可能存在簇的子空间。

子空间搜索方法面临的主要挑战是如何有成效和有效地搜索一系列子空间。一般地，有两种策略：

510

- 自底向上方法从低维子空间开始，并且仅当较高维子空间可能存在簇时，才搜索这些较高维子空间。利用各种剪枝技术，以降低需要搜索的较高维子空间的数量。CLIQUE 是自底向上方法的一个例子。
- 自顶向下方法从整个空间开始，递归地搜索越来越小的子空间。仅当局部性假定成立时，自顶向下方法才有效。该假定限制簇的子空间可以被局部邻域确定。

例 11.10 PROCLUS，一种自顶向下的子空间方法。PROCLUS 是一种类似于 k – 中心点的方法。它首先使用数据集的一个样本，为高维数据集产生 k 个潜在的簇中心。然后，它迭代地对子空间的簇进行求精。在每次迭代，对于每个当前中心点，PROCLUS 考虑该中心点在整个数据集中的局部邻域，并且通过最小化邻域中的点到每个维上的中心点的距离的标准差，识别簇的子空间。一旦为这些中心点确定了所有的子空间，数据集中的每个点根据对应的子空间被指派到最近的中心点，识别簇和可能的离群点。在下一次迭代，如果能够提高聚类质量，则新的中心点就取代已有的中心点。 ■

2. 基于相关性的聚类方法

尽管子空间搜索方法使用传统的度量（如距离和密度）搜索簇，但是基于相关性的方法可以进一步发现被高级相关性模型定义的簇。

例 11.11 一种使用 PCA 的基于相关性的方法。作为一个例子，基于 PCA 的方法使用 PCA（主成分分析，见第 3 章）导出新的、不相关的维集合，然后在新的空间或它的子空间中挖掘簇。除了 PCA 之外，还可以使用其他空间变换，如 Hough 变换或分形维。 ■

关于子空间搜索方法和基于相关性的聚类方法的进一步细节，请参阅文献注释（11.7 节）。

3. 双聚类方法

在某些应用中，我们希望同时聚类对象和属性。结果簇是所谓的双簇（bicluster），满足如下要求：（1）只有一个小对象集参与一个簇；（2）一个簇只涉及少数属性；（3）一个对象可以参与多个簇，或完全不参与任何簇；（4）一个属性可以被多个簇涉及，或完全不被任何簇涉及。11.2.3 节将详细讨论双聚类。

511

11.2.3 双聚类

在迄今为止所讨论聚类分析中，我们根据对象的属性值对它们聚类。对象和属性以不同的方式处理。然而，在某些应用中，对象和属性以对称的方式定义，其中数据分析涉及搜索矩阵，寻找作为簇的唯一模式的子矩阵。这类聚类技术属于双聚类（biclustering）。

本节，我们首先介绍两个双聚类应用的例子——基因表达和推荐系统。然后，我们将学习不同类型的双聚类。最后，我们介绍双聚类方法。

1. 应用实例

双聚类技术最早是为了满足分析基因表达数据的需要而提出的。基因是从一个生命有机体向其后代传递特征的单元。典型地，基因驻留在一个 DNA 段中。对于所有生物，基因都是至关重要的，因为它们确定所有的蛋白质和功能 RNA 链。它们持有用来构建和维持生命有机体细胞和传递遗传特征到后代的信息。功能基因的合成产生 RNA 或者蛋白质，依赖于基因表达过程。基因型（genotype）是细胞、有机体或个体的基因组成。显型（phenotype）是有机体的可观测的特征。基因表达在遗传学的最基本层面，因为基因型导致显型。

使用 DNA 图谱（又称 DNA 微阵列）和其他生物工程技术，我们可以在大量不同的实验条件下，测量一个有机体的大量（可能是所有的）基因的表达水平。这些条件可能对应于实验中的不同时间点或取自不同器官的样本。粗略地说，基因表达数据或 DNA 微阵列数据概念上是一个基因 – 样本/条件矩阵，其中每行对应于一个基因，每列对应于一个样本或条件。矩阵的每个元素都是实数，记录一个基因在特定条件下的表达水平。图 11.3 给出了一个图示。

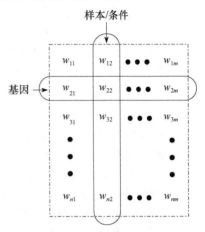

图 11.3 微阵列数据矩阵

从聚类的角度来看，基因表达数据矩阵可以在两个维上分析——基因维和样本/条件维。

- 在基因维上分析时，我们把每个基因看做一个对象，而把样本/条件看做属性。在基因维上挖掘，我们可以发现多个基因的共有模式，或把基因聚类成组。例如，我们可能发现表明它们自身相似性的基因组，在生物信息学（如发现途径）中，这是被高度关注的。
- 在分析样本/条件维时，我们把样本/条件看做对象，而把基因看做属性。这样，我们可以发现样本/条件的模式，或把样本/条件聚类成组。例如，我们可以通过比较瘤样本和非瘤样本组，发现基因表达的差异。

512

例 11.12 基因表达。在生物信息学的研究与开发中，基因表达矩阵很流行。例如，一项重要的任务是使用新基因和已知类的其他基因的表达数据对新的基因分类。对称地，我们也可以使用新样本（例如，新患者）和已知类的其他样本（例如，瘤和非瘤）对新样本分类。对于理解疾病机理和医疗处置，这种任务的价值无法估量。■

正如我们所看到的，许多基因表达数据挖掘问题都与聚类分析高度相关。然而，这面临的挑战是，在许多情况下，我们需要同时在两个维上聚类（例如，基因和样本/条件），而不是在一个维上聚类（例如，基因或样本/条件）。此外，与我们迄今为止讨论的聚类模型不同，在基因表达数据矩阵上的簇是一个子矩阵，并且通常具有如下特点：

- 只有少量基因参与该簇。
- 该簇只涉及少量样本/条件。
- 一个基因可能参与多个簇，也可能完全不参与任何簇。
- 样本/条件可能被多个簇所涉及，也可能完全不被任何簇所涉及。

为了发现基因 – 样本/条件矩阵中的簇，对于双聚类，我们需要满足如下要求的聚类技术：

- 一个基因簇只使用样本/条件的一个子集定义。
- 一个样本/条件簇只使用基因的一个子集定义。

513

- 簇既不是互斥的（例如，一个基因可能参与多个簇），也不是穷举的（例如，一个基因可能不参与任何簇）。

双聚类不仅在生物信息学中有用，而且在其他一些应用中也有用，例如推荐系统。

例 11.13 对推荐系统使用双聚类。AllElectronics 收集了顾客对产品的评价数据，并使用这些数据向顾客推荐产品。该数据可以用顾客－产品矩阵建模，其中每行代表一位顾客，每列代表一种产品。矩阵的每个元素代表一位顾客对一种产品的评价，它可能是评分（例如，喜欢、有点喜欢、不喜欢）或购买态度（例如，买或不买）。图 11.4 解释了这一结构。

顾客－产品矩阵可以在两个维上分析：顾客维和产品维。把每位顾客看做一个对象，每种产品看做一个属性，AllElectronics 可以发现具有类似爱好和购买模式的顾客组。使用产品为对象，顾客为属性，AllElectronics 可以挖掘顾客兴趣类似的产品组。

	产品			
顾客	w_{11}	w_{12}	$\cdots$	w_{1m}
	w_{21}	w_{22}	$\cdots$	w_{2m}
	$\cdots$	$\cdots$		$\cdots$
	w_{n1}	w_{n2}	$\cdots$	w_{nm}

图 11.4　顾客－产品矩阵

此外，AllElectronics 还可以同时在顾客和产品上挖掘聚类。这样的簇包含顾客的一个子集，并且涉及产品的一个子集。例如，AllElectronics 对发现都喜欢同一组产品的顾客群特别感兴趣。这种簇是顾客－产品矩阵的一个子矩阵，其中所有的元素都具有较高的值。使用这种簇，AllElectronics 可以按两个方向做出推荐。首先，公司可以向与该簇中的顾客相似的新顾客推荐产品。其次，公司可以向顾客推荐与该簇涉及的产品相似的新产品。 ■

与基因表达数据矩阵一样，顾客－产品矩阵中的双簇通常具有如下特点：

- 只有少量顾客参与一个簇。
- 一个簇只涉及少量产品。
- 一位顾客可能参与多个簇，也可能完全不参与任何簇。
- 一种产品可能被多个簇所涉及，也可能完全不被任何簇所涉及。

可以把双聚类用于顾客－产品矩阵，挖掘满足以上要求的簇。

2. 双簇的类型

"如何对双簇建模并挖掘它们？"让我们从基本概念开始。为简单起见，在讨论中，我们将使用"基因"和"条件"指代这两个维。我们的讨论容易扩展到其他应用。例如，我们可以简单地用"顾客"和"产品"分别替换"基因"和"条件"来处理顾客－产品双聚类问题。

设 $A = \{a_1, \cdots, a_n\}$ 为基因的集合，$B = \{b_1, \cdots, b_m\}$ 为条件的集合。设 $E = [e_{ij}]$ 为基因表达数据矩阵，即基因－条件矩阵，其中 $1 \leqslant i \leqslant n$，$1 \leqslant j \leqslant m$。子矩阵 $I \times J$ 由基因的子集 $I \subseteq A$ 和条件的子集 $J \subseteq B$ 定义。例如，在图 11.5 所示的矩阵中，$\{a_1, a_{33}, a_{86}\} \times \{b_6, b_{12}, b_{36}, b_{99}\}$ 是一个子矩阵。

双簇是一个子矩阵，其中基因和条件都遵循一致的模式。我们可以基于这种模式定义不同双簇的类型：

- 作为最简单的情况，子矩阵 $I \times J (I \subseteq A, J \subseteq B)$ 是一个**具有常数值的双簇**，如果对于任意 $i \in I$ 和 $j \in J$，$e_{ij} = c$，其中 c 是常数。例如，图 11.5 中的子矩阵 $\{a_1, a_{33}, a_{86}\} \times \{b_6, b_{12}, b_{36}, b_{99}\}$ 就是一个具有常数值的双簇。

	$\cdots$	b_6	$\cdots$	b_{12}	$\cdots$	b_{36}	$\cdots$	b_{99}	$\cdots$
a_1	$\cdots$	60	$\cdots$	60	$\cdots$	60	$\cdots$	60	$\cdots$
$\cdots$	$\cdots$	$\cdots$	$\cdots$	$\cdots$	$\cdots$	$\cdots$	$\cdots$	$\cdots$	$\cdots$
a_{33}	$\cdots$	60	$\cdots$	60	$\cdots$	60	$\cdots$	60	$\cdots$
$\cdots$	$\cdots$	$\cdots$	$\cdots$	$\cdots$	$\cdots$	$\cdots$	$\cdots$	$\cdots$	$\cdots$
a_{86}	$\cdots$	60	$\cdots$	60	$\cdots$	60	$\cdots$	60	$\cdots$
$\cdots$	$\cdots$	$\cdots$	$\cdots$	$\cdots$	$\cdots$	$\cdots$	$\cdots$	$\cdots$	$\cdots$

图 11.5　基因－条件矩阵、一个子矩阵、一个双簇

- 一个双簇是有趣的，如果每行都有一个常数值，尽管不同行可能有不同的值。一个**行上具有常数值的双簇**是子矩阵 $I \times J$，使得对于 $i \in I$ 和 $j \in J$，有 $e_{ij} = c + \alpha_i$，其中 α_i 是行 i 的调节量。例如，图 11.6 显示一个行上具有常数值的双簇。

对称地，一个**列上具有常数值的双簇**是子矩阵 $I \times J$，使得对于 $i \in I$ 和 $j \in J$，有 $e_{ij} = c + \beta_j$，其中 β_j 是列 j 的调节量。

- 如果行以与列同步的方式改变，并且反之亦然。更精确地说，一个**具有相干（coherent）值的双簇**（又称**基于模式的簇**）是一个子矩阵 $I \times J$，使得对于 $i \in I$ 和 $j \in J$，有 $e_{ij} = c + \alpha_i + \beta_j$，其中 α_i 和 β_j 分别是行 i 和列 j 的调节量。例如，图 11.7 显示了一个具有相干值的双簇。

可以证明，$I \times J$ 是一个具有相干值的双簇，当且仅当对于任意 i_1，$i_2 \in I$ 和 j_1，$j_2 \in J$，有 $e_{i_1 j_1} - e_{i_2 j_1} = e_{i_1 j_2} - e_{i_2 j_2}$。此外，我们可以不用加法，而是用乘法定义具有相干值的双簇，即 $e_{ij} = c \cdot (\alpha_i \cdot \beta_j)$。显然，在行或列上具有常数值的双簇是具有相干值的双簇的特例。

- 在某些应用中，我们可能只对基因或条件向上或向下调整改变感兴趣，而不关心准确的值。一个**行上具有相干演变的双簇**是一个子矩阵 $I \times J$，使得对于 i_1，$i_2 \in I$ 和 j_1，$j_2 \in J$，有 $(e_{i_1 j_1} - e_{i_2 j_1})(e_{i_1 j_2} - e_{i_2 j_2}) \geq 0$。例如，图 11.8 显示了一个行上具有相干演变的双簇。对称地，我们可以定义列上具有相干演变的双簇。

10	10	10	10	10
20	20	20	20	20
50	50	50	50	50
0	0	0	0	0

10	50	30	70	20
20	60	40	80	30
50	90	70	110	60
0	40	20	60	10

10	50	30	70	20
20	100	50	1000	30
50	100	90	120	80
0	80	20	100	10

图 11.6 行上具有常数值的双簇   图 11.7 具有相干值的双簇   图 11.8 行上具有相干演变的双簇

接下来，我们研究如何挖掘双簇。

3. 双聚类方法

上面的双簇类型定义只考虑了理想情况。在实际数据集中，这样完美的双簇很罕见。当它们确实存在时，它们通常很小。随机噪声可能影响 e_{ij} 的读数，因而阻止了双簇以完美形状出现。

在含噪声的数据中发现双簇的方法主要有两类。**基于最优化的方法**执行迭代搜索。在每个迭代中，具有最高显著性得分的子矩阵被识别为双簇。这一过程在用户指定的条件满足时终止。考虑到计算开销，通常使用贪心搜索，找到局部最优的双簇。**枚举方法**使用一个容忍阈值指定被挖掘的双簇对噪声的容忍度，并试图枚举所有满足要求的双簇的子矩阵。我们以 δ - 簇和 MaPle 算法为例解释这些思想。

4. 使用 δ - 簇算法最优化

对于一个子矩阵 $I \times J$，第 i 行的均值是

$$e_{iJ} = \frac{1}{|J|} \sum_{j \in J} e_{ij} \tag{11.16}$$

对称地，第 j 列的均值是

$$e_{Ij} = \frac{1}{|I|} \sum_{i \in I} e_{ij} \tag{11.17}$$

子矩阵所有元素的均值是

$$e_{IJ} = \frac{1}{|I\|J|} \sum_{i \in I, j \in J} e_{ij} = \frac{1}{|I|} \sum_{i \in I} e_{iJ} = \frac{1}{|J|} \sum_{j \in J} e_{Ij} \tag{11.18}$$

作为双簇的子矩阵的质量可以用均方残差来度量

$$H(I \times J) = \frac{1}{|I \| J|} \sum_{i \in I, j \in J} (e_{ij} - e_{iJ} - e_{Ij} + e_{IJ})^2 \qquad (11.19)$$

如果 $H(I \times J) \leqslant \delta$，则称子矩阵 $I \times J$ 是一个 **δ - 双簇**，其中 $\delta \geqslant 0$ 是一个阈值。当 $\delta = 0$ 时，$I \times J$ 是一个具有相干值的完美双簇。通过设置 $\delta > 0$，用户可以指定相对于完美双簇，每个元素的平均噪声容忍度，因为在（11.19）式中，每个元素上的剩余是

$$residue(e_{ij}) = e_{ij} - e_{iJ} - e_{Ij} + e_{IJ} \qquad (11.20)$$

极大 δ - 双簇是一个 δ - 双簇 $I \times J$，使得不存在另一个 δ - 双簇 $I' \times J'$，$I \subseteq I'$，$J \subseteq J'$，并且至少有一个真包含成立。找出最大的极大双簇是计算量巨大的。因此，我们使用启发式贪心搜索方法来得到局部最优的簇。算法的运行分两阶段。

- 在删除阶段，我们从整个矩阵开始。当矩阵的均值二次剩余超过 δ 时，我们迭代地删除行和列。在每次迭代中，对于每一行 i，我们计算均值二次剩余

$$d(i) = \frac{1}{|J|} \sum_{j \in J} (e_{ij} - e_{iJ} - e_{Ij} + e_{IJ})^2 \qquad (11.21)$$

  此外，对于每一列 j，我们计算均值二次剩余

$$d(j) = \frac{1}{|I|} \sum_{i \in I} (e_{ij} - e_{iJ} - e_{Ij} + e_{IJ})^2 \qquad (11.22)$$

  我们删除具有最大均值二次剩余的行或列。这一阶段结束时，我们得到一个子矩阵 $I \times J$，它是一个 δ - 双簇。然而，该子矩阵可能不是极大的。

- 在增加阶段，只要保持满足 δ - 双簇的要求，我们就迭代地扩展删除阶段得到的 δ - 双簇 $I \times J$。在每次迭代中，我们考虑不在当前 δ - 双簇 $I \times J$ 中的所有行和所有列，计算它们的均值二次剩余。均值二次剩余最小的行或列被添加到当前 δ - 双簇中。

这个贪心算法只能发现一个 δ - 双簇。为了找到多个不严重重叠的 δ - 双簇，我们可以运行该算法多次。每次运行输出一个 δ - 双簇后，我们可以用随机数替换输出 δ - 双簇中的元素。尽管该贪心算法也许既不能找到最优的 δ - 双簇，也不能找出所有的 δ - 双簇，但是即便在大矩阵上它也很快。

5. 使用 MaPle 枚举所有的双簇

如上所述，一个子矩阵 $I \times J$ 是具有相干值的双簇，当且仅当对于任意 i_1，$i_2 \in I$ 和 j_1，$j_2 \in J$，有 $e_{i_1 j_1} - e_{i_2 j_1} = e_{i_1 j_2} - e_{i_2 j_2}$。对于任意 2×2 的子矩阵 $I \times J$，我们可以定义 $p\text{-}score$ 为

$$p\text{-}score \begin{pmatrix} e_{i_1 j_1} & e_{i_1 j_2} \\ e_{i_2 j_1} & e_{i_2 j_2} \end{pmatrix} = | (e_{i_1 j_1} - e_{i_2 j_1}) - (e_{i_1 j_2} - e_{i_2 j_2}) | \qquad (11.23)$$

一个子矩阵 $I \times J$ 是一个 **δ-p 簇**（对于基于模式的簇），如果 $I \times J$ 的每个 2×2 子矩阵的 $p\text{-}score$ 都最多为 δ，其中 δ 是一个阈值，说明以完美双簇为标准，用户对噪声的容忍度。这里，$p\text{-}score$ 控制双簇中每个元素上的噪声，而均值二次剩余捕获了平均噪声。

δ-p 簇的一个有趣性质：如果 $I \times J$ 是一个 δ-p 簇，则 $I \times J$ 的所有 $x \times y (x, y \geqslant 2)$ 子矩阵也都是 δ-p 簇。这种单调性使得我们可以得到非冗余 δ-p 簇的简洁表示。一个 δ-p 簇是极大的，如果不能把更多的行或列添加到该簇，而仍然保持 δ-p 簇性质。为了避免冗余，我们只需要计算所有的极大 δ-p 簇，而不是所有的 δ-p 簇。

MaPle 是一种枚举所有极大 δ-p 簇的算法。它采用集合枚举树和深度优先策略，系统地枚举条件的每种组合。枚举的框架与频繁模式挖掘的模式增长方法（第 6 章）相同。考虑基因表达数据。对于每个条件组合 J，MaPle 找出基因的最大子集 I，使得 $I \times J$ 是 δ-p 簇。如

果 $I \times J$ 不是其他 δ-p 簇的子矩阵，则 $I \times J$ 是一个极大 δ-p 簇。

可能存在大量的条件组合。MaPle 使用 δ-p 簇的单调性剪去许多无效果的组合。对于一个条件组合 J，如果不存在基因子集 I，使得 $I \times J$ 是一个 δ-p 簇，则不必再考虑 J 的任何超集。此外，仅当 J 的每个（$|J| - 1$）-子集 J'，$I \times J'$ 都是 δ-p 簇时，我们才考虑把 $I \times J$ 作为 δ-p 簇的候选。MaPle 还利用一些剪枝策略来加快搜索，并保持返回所有极大 δ-p 簇的完全性。例如，当考察当前的 δ-p 簇 $I \times J$ 时，MaPle 收集所有可能添加以扩展该簇的基因和条件。如果这些候选基因和条件与 I 和 J 一起形成了一个已经找到的 δ-p 簇的子矩阵，则 $I \times J$ 和 J 的任何超集的搜索都可以被剪枝。关于 MaPle 算法的更多信息，有兴趣的读者可以参阅文献注释（11.7 节）。

这里，一个有趣的观察是，MaPle 中极大 δ-p 簇搜索有点类似于挖掘频繁闭模式。因此，MaPle 借用了深度优先框架和频繁模式挖掘的模式增长方法的剪枝技术的思想。这是频繁模式挖掘和聚类分析可以共享类似的技术和思想的一个范例。

MaPle 和其他枚举所有双簇的算法的一个优点是，它们保证结果的完全性，并且不丢失任何重叠的双簇。然而，这种枚举算法的一个难题是，如果矩阵变得非常大，如包含数十万顾客和数百万种产品的顾客 – 产品矩阵，则这些算法可能非常耗时。

11.2.4 维归约方法和谱聚类

子空间聚类方法试图在原数据空间的子空间中发现簇。在某些情况下，构造一个新的空间，而不是使用原数据空间的子空间效果更好。这就是聚类高维数据的维归约方法的动机。

例 11.14 在导出的空间中聚类。考虑图 11.9 中的 3 个点簇。不可能在原空间 $X \times Y$ 的任何子空间对这些点聚类，因为这 3 个簇最终被投影到 X 和 Y 轴的重叠区域上。如果我们构造一个新的维 $-\frac{\sqrt{2}}{2}x + \frac{\sqrt{2}}{2}y$（图中虚线显示），怎么样？把这些点投影到新的维上，这 3 个簇变得清晰可见。∎

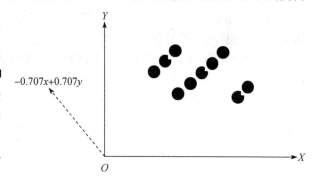

尽管例 11.14 只涉及两个维，但是构造新空间（使得隐藏在数据中的聚类结构变得明显）可以扩展到高维数据。更理想的情况是，新构造的空间应该具有较低的维度。

图 11.9 在导出的空间中聚类可能效果更好

有许多维归约方法。最直截了当的方法是对数据集使用特征选择和提取方法，如第 3 章讨论的那些方法。然而，这些方法可能也不能检测出聚类结构。因此，结合特征提取和聚类的方法更可取。本节，我们研究谱聚类，一组在高维数据应用中有效的方法。

图 11.10 给出了谱聚类方法的一般框架。Ng-Jordan-Weiss 算法是一种谱聚类方法。让我们考察该框架的每一步。考察时，作为例子，我们还注意用于 Ng-Jordan-Weiss 算法的特殊条件。

给定数据对象 $o_1, \cdots, o_n$ 的集合，每两个对象之间的距离 $dist(o_i, o_j)$（$1 \leq i, j \leq n$）和期望的簇数 k，谱聚类方法步骤如下：

(1) 使用距离度量计算相似矩阵（affinity matrix）W，使得

519

$$W_{ij} = e^{-\frac{dist(o_i, o_j)}{\sigma^2}}$$

其中，σ 是缩放参数，控制相似性 W_{ij} 随 $dist(o_i, o_j)$ 增加而降低的速度。在 Ng-Jordan-Weiss
算法中，W_{ii} 被设置为 0。

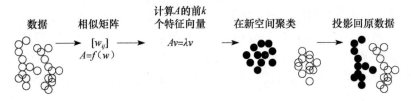

图 11.10 谱聚类方法的框架。取自 http://videolectures.net/micued08_azran_mcl/上的幻灯片 8

（2）使用相似矩阵 W，导出矩阵 $A = f(W)$。导出的方法可能不同。Ng-Jordan-Weiss 算
法定义一个对角矩阵 D，其中 D_{ii} 是 W 第 i 行之和，即

$$D_{ii} = \sum_{j=1}^{n} W_{ij} \tag{11.24}$$

然后，设置 A 为

$$A = D^{-\frac{1}{2}} W D^{-\frac{1}{2}} \tag{11.25}$$

（3）找出 A 的前 k 个特征向量。一个方阵的特征向量是非零向量，与该矩阵相乘后，
它仍然与原向量成比例。严格地说，向量 v 是矩阵 A 的特征向量，如果 $Av = \lambda v$，其中 λ 称
做对应的特征值。这一步基于相似矩阵 W，从 A 导出 k 个新的维。通常，k 应该比原数据空
间的维度小得多。

Ng-Jordan-Weiss 算法计算 A 的具有最大特征值的 k 个特征向量 $x_1, \cdots, x_k$。

（4）使用前 k 个特征向量，把原数据投影到由前 k 个特征向量定义的新空间，并运行诸
如 k - 均值这样的聚类算法找出 k 个簇。

Ng-Jordan-Weiss 算法把 k 个最大的特征向量按列堆积在一起形成一个矩阵 $X = [x_1 x_2 \cdots
x_k] \in R^{n \times k}$。通过规范化 X 使得其每行都具有单位长度，形成矩阵 Y，即

$$Y_{ij} = \frac{X_{ij}}{\sqrt{\sum_{j=1}^{k} X_{ij}^2}} \tag{11.26}$$

然后，把 Y 的每一行看做 k 维空间 R^k 中的一个点，并运行 k - 均值（或其他用于划分的算
法），把这些点聚类成 k 个簇。

（5）根据变换后的点被分配到第 4 步得到的簇，把原数据点分配到这些簇。

在 Ng-Jordan-Weiss 算法中，原对象 o_i 被分配到第 j 个簇，当且仅当矩阵 Y 的第 i 行被分
配到第 4 步结果的第 j 个簇。

在谱聚类方法中，新空间的维度被设置为簇的个数。该设置期望每个新的维都能够显露
一个簇。

例 11.15 Ng-Jordan-Weiss 算法。考虑图 11.11 中的点集合。图 11.11 中显示了数据
集、相似矩阵、3 个最大的特征向量和规范化后的向量。注意，使用 3 个新的维（由 3 个最
大的特征向量形成），簇容易被检测到。 ■

谱聚类在诸如图像处理这样的高维应用中是有效的。理论上讲，当满足一定条件时，它
的效果良好。然而，可伸缩性是一个挑战。在大矩阵上计算特征向量开销很大。谱聚类可以
与其他聚类方法结合，如与双聚类结合。关于维归约聚类方法，如核 PCA 的更多信息，可

以参阅文献注释中（11.7 节）。

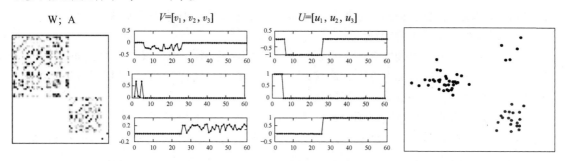

图 11.11　新的维和 Ng-Jordan-Weiss 算法的聚类结果。取自 http://videolectures.net/ micued08_azran_mcl/ 上的幻灯片 9

11.3　聚类图和网络数据

在图和网络数据上的聚类分析提取有价值的知识和信息。这种数据在许多应用中日益普遍。我们在 11.3.1 节讨论聚类图和网络数据的应用与挑战。这种聚类的相似性度量在 11.3.2 节给出。在 11.3.3 节，我们将学习关于图聚类的方法。

一般而言，术语"图"和"网络"可以互换地使用。在本节的其余部分，我们主要使用术语"图"。 $\boxed{522}$

11.3.1　应用与挑战

作为 AllElectronics 的客户关系经理，你注意到大量与顾客及其购买行为有关的数据可以利用图更好地建模。

例 11.16　偶图。AllElectronics 的顾客购买行为可以用一个偶图表示。在偶图中，顶点可以划分成两个不相交的集合，使得每条边都连接一个集合中的一个顶点和另一个集合中的一个顶点。对于 AllElectronics 的顾客购买数据，一个顶点集代表顾客，每个顶点一位顾客。另一个顶点集代表产品，每个顶点一种产品。边连接起顾客和产品，表示顾客对产品的购买。图 11.12 给出了一个图示。

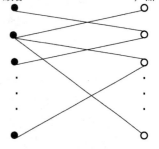

"我们通过顾客 – 产品偶图上的聚类分析能够得到什么类型的知识？"通过对顾客聚类，把购买类似产品集的顾客放入一组，客户关系经理可以进行产品推荐。例如，假设 Ada 属于一个顾客簇，其中大部分顾客在过去 12 个月内都购买了数码相机，但是 Ada 还没有买。作为经理，你决定向她推荐数码相机。

图 11.12　代表顾客 – 购买数据的偶图

作为选择，我们可以对产品聚类，使得被类似的顾客集购买的产品聚在一起。这种聚类信息也能用于产品推荐。例如，如果数码相机和高速闪存卡属于相同的产品簇，则当一位顾客购买数码相机时，我们可以推荐高速闪存卡。　■

偶图广泛用于许多应用。考虑下面的例子。

例 11.17　Web 搜索引擎。在 Web 搜索引擎中存储了搜索日志，记录了用户的查询和单击链接信息。（单击链接信息告诉我们作为搜索的结果，用户单击了哪些页面。）查询和单击链接信息可以用一个偶图表示，其中两类顶点集分别对应于查询和网页。一条边链接一 $\boxed{523}$

个查询和一个网页,如果用户在该查询中单击了该网页。通过查询 – 网页偶图上的聚类分析可以得到有价值的信息。例如,如果每个查询的单击链接信息都相似,则我们可以识别用不同语言提出但意指相同事物的查询。

另一个例子,网络上的所有网页形成一个有向图又称 Web 图,其中每个网页是一个顶点,每个从源网页指向目标网页的超链接是一条边。在 Web 图上的聚类分析可以揭示社区、发现中心和权威网页,并且检测垃圾网页。∎

除偶图外,聚类分析也可以用于其他类型的图,如下面的例子所示。

例 11.18 社会网络。社会网络是一个社会结构。它可以用一个图表示,其中顶点是个人或组织,边是顶点之间的相互依赖,表示朋友关系、共同兴趣或合作活动。AllElectronics 的顾客形成一个社会网络,其中每位顾客是一个顶点,而一条边连接两位顾客,如果他们相互认识。

作为客户关系经理,你对通过聚类分析,从 AllElectronics 的顾客网络发现的有用信息感兴趣。你从该网络发现簇,其中一个簇中的顾客相互认识或具有共同的朋友。同一个簇的顾客可能在购物决策方面相互影响。此外,可以设计沟通渠道来通知簇的 “头”(即簇中连接 “最好” 的人),使得促销信息可以快速传播。这样,你可以使用这种顾客聚类来提升 AllElectronics 的销售。

另一个例子是科学出版物的作者形成一个社会网络,其中作者是顶点,而两位作者被一条边连接,如果他们合作发表了一个出版物。一般而言,该网络是一个加权图,因为两位作者之间的边可以携带权重,代表合作强度,如两位作者(两端的顶点)合作发表了多少出版物。聚类合著者网络提供了关于作者社区与合作模式的洞察。∎

“对于图和网络数据上的聚类分析,有什么特殊的困难吗?” 在迄今为止讨论的大部分聚类算法中,对象都用一组属性表示。图和网络数据的独有特征只是给出了对象(顶点)和它们之间的联系(边)。没有明确定义维或属性。为了在图和网络数据上进行聚类分析,主要存在两个新挑战。

524

- “如何度量图中的两个对象之间的相似性?” 我们不可能使用诸如欧氏距离这样的传统的距离度量,而是需要开发新的测度来量化相似性。这种测度通常不是度量,因而对于有效的聚类方法的开发就提出了新的挑战。图的相似性度量在 11.3.2 节讨论。

- “如何设计在图和网络数据上有效的聚类模型和方法?” 图和网络数据通常是复杂的,携带了比传统聚类分析应用更复杂的拓扑结构。许多图数据集都很大,如 Web 图至少包含数十亿网页。图还可能是稀疏的,在平均情况下,一个顶点只连接到图中少量其他顶点。为了发现深埋在数据中的准确、有用的知识,需要一个好的聚类方法来适应这些因素。图和网络数据的聚类方法在 11.3.3 节讨论。

11.3.2 相似性度量

“如何度量图中两个顶点之间的相似性或距离?” 在我们的讨论中,我们考虑两种度量:测地距和基于随机游走的距离。

1. 测地距

图中两个顶点之间距离的一种简单度量是两个顶点之间的最短路径。两个顶点之间的**测地距**(geodesic distance)是两个顶点之间最短路径的边数。对于图中两个非连通的顶点,测地距被定义为无穷大。

使用测地距，我们可以定义图分析和聚类的一些其他有用的度量。给定图 $G = (V, E)$，其中 V 是顶点集，而 E 是边集，我们有如下定义：

- 对于顶点 $v \in V$，v 的**离心率**（eccentricity）记作 $eccen(v)$，是 v 与其他顶点 $u \in V - \{v\}$ 之间的最大测地距。v 的离心率捕获了 v 与图中最远的顶点的远近程度。

- 图 G 的**半径**是图的所有顶点的最小离心率。即

$$r = \min_{v \in V} eccen(v) \tag{11.27}$$

半径捕获了图中"最靠近中心的点"与"最远边界"之间的距离。

- 图 G 的**直径**是图的所有顶点的最大离心率。即

$$d = \max_{v \in V} eccen(v) \tag{11.28}$$

直径代表了图中所有顶点对之间的最大距离。

- 外围顶点是处于直径上的顶点。

例 11.19 基于测地距的度量。考虑图 11.13 中的图 G。a 的离心率是 2，即 $eccen(a) = 2$。由于 $eccen(b) = 2$，并且 $eccen(c) = eccen(d) = eccen(e) = 3$，因此 G 的半径为 2，直径为 3。注意，不必有 $d = 2 \times r$。顶点 c，d 和 e 都是外围顶点。

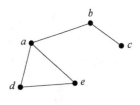

■ 图 11.13 图 G，其中顶点 c，d 和 e 都是外围顶点

525

2. SimRank：基于随机游走和结构情境的相似性

对于某些应用，用测地距量图中顶点之间的相似性可能不合适。这里我们引入 SimRank，一种基于随机游走和图结构情境下的相似性度量。在数学中，随机游走是一个轨迹，由相继的随机步组成。

例 11.20 社会网络中人的相似性。让我们考虑度量例 11.18 的 AllElectronics 顾客社会网络中两个顶点之间的相似性。这里，相似性可以解释为两个网络参与者之间的亲密程度，即就该网络表现的联系而言两个人的亲密程度。

"用测地距度量这种网络中的相似性和亲密程度的效果如何？"假设 Ada 和 Bob 是该网络中的两位顾客，并且网络是无向的。测地距距离（即 Ada 于 Bob 之间的最短路径长度）是消息可以从 Ada 传递到 Bob（或相反）的最短路径。然而，这种信息对 AllElectronics 的客户关系管理没有用，因为公司一般不想从一位顾客向另一位发送特定的消息。因此，测地距不适合这种应用。

"社会网络中的相似性意味什么？"我们考虑两种定义相似性的方法。

- 两位顾客是相似的，如果他们在社会网络中有相似的近邻。这种直观推断是因为，实践中，两个从许多共同朋友那里接受推荐的人常常做出相似的决策。这种相似性基于顶点的局部结构（即邻域），因而称做基于结构情境的（structural context-based）相似性。

526

- 假设 AllElectronics 把促销信息发给社会网络中的 Ada 和 Bob。Ada 和 Bob 可能随机地把这种信息传给网络中他们的朋友（或近邻）。Ada 和 Bob 之间的亲密性可以用其他顾客同时收到源于发给 Ada 和 Bob 的促销消息的似然来度量。这种相似性基于网络随机游走可达性，因而称做基于随机游走的相似性（similarity based on random walk）。■

让我们更仔细地考察基于结构背景的相似性和基于随机游走的相似性所表示的意义。

基于结构情境的相似性的直观意义是，图中两个顶点是相似的，如果它们与相似的顶点相链接。为了度量这种相似性，我们需要定义个体的邻域的概念。在有向图 $G = (V, E)$ 中，其中 V 是顶点的集合，而 $E \subseteq V \times V$ 是边的集合，对于顶点 $v \in V$，v 的个体入邻域（individual in-neighborhood）定义为

$$I(v) = \{u \mid (u,v) \in E\} \tag{11.29}$$

类似地，我们可以把 v 的个体出邻域（individual out-neighborhood）定义为

$$O(v) = \{w \mid (v,w) \in E\} \tag{11.30}$$

按照例11.20的直观解释，对于任意一对顶点，我们定义一种基于结构情境的相似度 SimRank，其值在0和1之间。对于任意顶点 $v \in V$，该顶点与自身的相似度为 $s(v, v) = 1$，因为邻域是相同的。对于顶点 $u, v \in V$，使得 $u \neq v$，我们定义

$$s(u,v) = \frac{C}{\mid I(u) \parallel I(v) \mid} \sum_{x \in I(u)} \sum_{y \in I(v)} s(x,y) \tag{11.31}$$

其中 C 是0和1之间的常数。一个顶点可能没有入近邻。因此，当 $I(u)$ 或 $I(v)$ 为 ϕ 时，我们定义（11.31）式为0。参数 C 指定相似性沿着边传播时的衰减率。

"如何计算 SimRank？"一种直截了当的方法是迭代地计算（11.31）式，直到到达不动点。设 $s_i(u, v)$ 为第 i 轮计算的 SimRank。开始，我们令

$$s_0(u,v) = \begin{cases} 0 & \text{如果 } u \neq v \\ 1 & \text{如果 } u = v \end{cases} \tag{11.32}$$

我们使用（11.31）式，由 s_i 计算 s_{i+1}

$$s_{i+1}(u,v) = \frac{C}{\mid I(u) \parallel I(v) \mid} \sum_{x \in I(u)} \sum_{y \in I(v)} s_i(x,y) \tag{11.33}$$

可以证明，$\lim_{i \to \infty} s_i(u, v) = s(u, v)$。近似计算 SimRank 的其他方法在文献注释中给出（11.7节）。

现在，让我们考虑基于随机游走的相似性。一个有向图是强连通的，如果对于任意两个顶点 u 和 v，都存在一条从 u 到 v 和另一条从 v 到 u 的路径。在一个强连通的图 $G = (V, E)$ 中，对于任意两个顶点 $u, v \in V$，我们可以定义从 u 到 v 的期望距离为

$$d(u,v) \sum_{t:u \rightsquigarrow v} P[t]l[t] \tag{11.34}$$

其中，$u \rightsquigarrow v$ 是一条从 u 开始到 v 结束的路径，可能包含环，但是直到结束才到达 v。对于一条漫游 $t = w_1 \to w_2 \to \cdots \to w_k$，其长度为 $l(t) = k - 1$。该漫游的概率定义为

$$P[t] = \begin{cases} \prod_{i=1}^{k-1} \frac{1}{\mid O(w_i) \mid} & \text{如果 } l(t) > 0 \\ 0 & \text{如果 } l(t) = 0 \end{cases} \tag{11.35}$$

为了度量顶点 w 同时收到源于 u 和 v 的消息的概率，我们把期望距离扩展为期望相遇距离（expected meeting distance），即

$$m(u,v) \sum_{t:(u,v) \rightsquigarrow (x,x)} P[t]l[t] \tag{11.36}$$

其中，$(u, v) \rightsquigarrow (x, x)$ 是一对长度相等的漫游 $u \rightsquigarrow x$ 和 $v \rightsquigarrow x$。使用0和1之间的常数 C，我们定义期望相遇概率为

$$P(u,v) = \sum_{t:(u,v) \rightsquigarrow (x,x)} P[t]C^{l(t)} \tag{11.37}$$

它是基于随机游走的相似性度量。这里，参数 C 指定在轨迹的每一步继续游走的概率。

已经证明，对于任意两个顶点 u 和 v，$s(u, v) = p(u, v)$，即 SimRank 是基于结构背景和随机游走的。

11.3.3　图聚类方法

让我们考虑如何在图上进行聚类。我们先介绍图聚类的直观思想，然后讨论图聚类的两种一般方法。

为了发现图中的簇，想象把图切割成若干片，每片是一个簇，使得簇内的顶点很好地互连，而不同簇的顶点以很弱的方式连接。对于图 $G = (V, E)$，**割**（cut）$C = (S, T)$ 是图 G 的顶点 V [528] 的一个划分，使得 $V = S \cup T$ 并且 $S \cap T = \varnothing$。割的割集是边的集合 $\{(u, v) \in E \mid u \in S, v \in T\}$。割的大小是割集的边数。对于加权图，割的大小是割集的边的加权和。

"对于导出图中的簇，什么样的割最好？"在图论和一些网络应用中，最小割十分重要。一个割是最小的，如果它的大小不大于任何其他割。存在计算图的最小割的多项式算法，我们可以在图聚类中使用这些算法吗？

例 11.21　割与簇。考虑图 11.14 中的图 G。该图有两个簇 $\{a, b, c, d, e, f\}$，$\{g, h, i, j, k\}$ 和一个离群点 l。

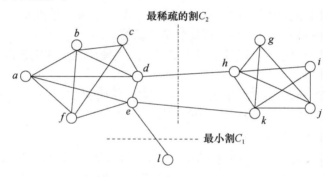

图 11.14　图 G 和它的两个割

考虑割 $C_1 = (\{a, b, c, d, e, f, g, h, i, j, k\}, \{l\})$。只有一条边 (e, l) 跨越被 C_1 创建的两个分割。因此，C_1 的割集是 $\{(e, l)\}$，其大小为 1。（注意：连通图的任何割的大小都不可能小于 1。）作为最小割，C_1 并不导致好的聚类，因为它只把离群点 l 与图中其他点分开。

割 $C_2 = (\{a, b, c, d, e, f, l\}, \{g, h, i, j, k\})$ 导致比 C_1 好得多的聚类。C_2 的割集中的边是连接图中两个"自然簇"的边。具体地说，由于边 (d, h) 和 (e, k) 在割集中，大部分连接 d, h, e 和 k 的边都在一个簇中。■

例 11.21 表明，使用最小割未必导致好的聚类。我们最好选择这样的割，对于涉及割集中一条边的每个顶点 u，大部分与 u 相连接的边都属于一个簇。令 $deg(u)$ 为 u 的度数，即连接到 u 的边数。割 $C = (S, T)$ 的稀疏性定义为

$$\Phi = \frac{\text{割的大小}}{\min\{|S|, |T|\}} \qquad (11.38)$$

[529]

一个割是最稀疏的，如果它的稀疏性不大于其他任何割的稀疏性。可能有多个最稀疏的割。

在例 11.21 和图 11.14 中，C_2 是最稀疏的割。使用稀疏性作为客观函数，最稀疏的割试图最小化跨越划分的边数，并且平衡划分的大小。

考虑图 $G = (V, E)$ 上的聚类，它把该图划分成 k 个簇。聚类的**模块性**（modularity）评估聚类的质量，定义为

$$Q = \sum_{i=1}^{k} \left(\frac{l_i}{|E|} - \left(\frac{d_i}{2|E|} \right)^2 \right) \tag{11.39}$$

其中，l_i 是第 i 个簇的顶点之间的边数，d_i 是第 i 个簇的顶点的度数和。图的聚类的模块性是落入个体簇中的所有边所占的比例与如果图的顶点随机连接则落入个体簇的所有边所占比例之差。图的最佳聚类可以最大化模块性。

从理论上讲，许多图聚类问题都可以看做在图中找最好的割，如最稀疏的割。然而，实践中，一些挑战依然存在。

- **高计算开销**：许多图割问题都是计算开销很大的。例如，最稀疏的割问题是 NP – 困难的。因此，在大图上找出最优解是不现实的。必须在有效性/可伸缩性与质量之间寻求好的折中。
- **复杂的图**：图可能比这里介绍的更为复杂，涉及权重和/或环。
- **高维性**：图可能有许多顶点。在相似度矩阵中，顶点用向量表示（矩阵的一行），其维度是图中的顶点数。因此，图聚类方法必须处理高维性。
- **稀疏性**：大图通常是稀疏的，意指在平均情况下，每个顶点只与少量其他顶点相连接。由大的稀疏图得到的矩阵可能也是稀疏的。

有两类图数据聚类方法，可以处理以上难题。一类使用聚类高维数据的方法，而另一类是专门为图聚类设计的。

第一组方法基于一般的高维数据聚类方法。它们使用如 11.3.2 节讨论的那些相似性度量，从图中提取相似度矩阵。然后，在相似度矩阵上使用一般的聚类方法发现簇。通常，使用高维数据的聚类方法。例如，在许多情况下，一旦得到相似度矩阵，就可以使用谱聚类方法（11.2.4 节）。谱聚类可以逼近最优图割解。更多的信息，请参阅文献注释（11.7 节）。

第二组方法是专门用于图的方法。它们搜索图，找出良连通的成分作为簇。作为例子，让我们考察一种称做 **SCAN**（Structural Clustering Algorithm for Networks，网络的结构聚类算法）的方法。

给定无向图 $G = (V, E)$，对于顶点 $u \in V$，u 的邻域是 $\Gamma(u) = \{v \mid (u, v) \in E\} \cup \{u\}$。使用结构情境相似性的思想，SCAN 用规范化的公共邻域大小来度量两个顶点 u，$v \in V$ 之间的相似性，即

$$\sigma(u, v) = \frac{|\Gamma(u) \cap \Gamma(v)|}{\sqrt{|\Gamma(u)\|\Gamma(v)|}} \tag{11.40}$$

该计算值越大，两个顶点越相似。SCAN 使用相似度阈值 ε 定义簇隶属关系。对于顶点 $u \in V$，u 的 ε – 邻域定义为 $N_\varepsilon(u) = \{v \in \Gamma(u) \mid \sigma(u, v) \geq \varepsilon\}$。$u$ 的 ε – 邻域包含 u 的所有近邻，它们与 u 的结构情境相似性至少为 ε。

在 SCAN 中，核心顶点是簇内的顶点，即 $u \in V$ 是核心顶点，如果 $|N_\varepsilon(u)| \geq \mu$，其中 μ 是点数阈值。SCAN 由核心顶点产生（grow）簇。如果顶点 v 在核心顶点 u 的 ε – 邻域内，则 v 被指派到与 u 相同的簇中。簇增长的过程继续，直到所有的簇都不能进一步增长。这一过程类似于基于密度的聚类方法 DBSCAN（第 10 章）。

顶点 v 可以从核心点 u 直接到达，如果 $v \in N_\varepsilon(u)$。从传递角度来说，顶点 v 可以从核心点 u 到达，如果存在顶点序列 $w_1, \cdots, w_n$，使得 w_1 可以从 u 直接到达，对于 $1 < i \leq n$，w_i 可以从 w_{i-1} 直接到达，并且 v 可以从 w_n 直接到达。此外，两个顶点 u，$v \in V$（它们可能是也可能不是核心点）是相连的，如果存在一个核心点 w 使得 u 和 v 都是从 w 可达的。簇中的所有顶点都是相连的。一个簇是最大的顶点集，使得该集合中的每对顶点都是相连的。

有些顶点可能不属于任何簇。这种顶点 u 称为中心（hub），如果 u 的邻域 $\Gamma(u)$ 包含来自多个簇的顶点。如果一个顶点不属于任何簇，也不是中心，则它是离群点。

图 11.15 展示了 SCAN 算法。搜索框架与 DBSCAN 的簇发现过程类似。SCAN 发现图的一个割，其中每个簇都是一个顶点集，它们基于结构情境的传递相似性是连通的。

```
算法：图数据聚类的SCAN。
输入：图 G=(V, E)，相似度阈值 ε，点数阈值 μ。
输出：簇的集合。
方法：设置 V 中所有的顶点为未标记的。
  for all 未标记的顶点 u do
    if u 是核心顶点 then
      产生一个新的簇标识 c
      把所有 v∈Nₑ(u) 插入队列 Q
      while Q≠∅ do
      w←Q 中的第一个顶点
      R←可以直接从 w 到达的顶点集
        for all s∈R do
          if s 不是未标记的或被标记为 nonmember then
            把当前的簇标识 c 赋予 s
          endif
          if s 是未标记的 then
            把 s 插入队列 Q
          endif
        endfor
        从 Q 中移出 w
      end while
    else
      把 u 标记为 nonmember
    endif
  endfor
  for all 标记为 nonmember 的顶点 u do
    if ∃x, y∈Γ(u)：x 和 y 具有不同的簇标识 then
      标记 u 为 hub
    else
      标记 u 为离群点
    endif
  endfor
```

图 11.15　图数据上聚类分析的 SCAN 算法

SCAN 的一个优点是，其时间复杂性关于边数是线性的。在大的稀疏图上，边数与顶点数在同一数量级。因此，在大型图上，SCAN 可望具有好的可伸缩性。

531

11.4　具有约束的聚类

通常，用户具有背景知识，希望把它们集成到聚类分析中，可能还会有一些特定应用的要求。这些信息可以作为聚类约束来建模。我们用两步来处理具有约束的聚类这一主题。11.4.1 节对聚类图数据的约束类型进行归类。具有约束的聚类方法在 11.4.2 节介绍。

532

11.4.1　约束的分类

本节研究如何对聚类分析所用的约束进行分类。特殊地，我们可以根据约束的主观性，或根据约束的强制程度对它们加以分类。

正如第 10 章中所讨论的,聚类分析涉及三个基本方面:作为簇实例的对象、作为对象群的簇和对象之间的相似性。因此,我们讨论的第一种方法是根据约束作用于何处对约束分类。这样,我们有三种类型:实例上的约束、簇上的约束和相似性度量上的约束。

实例上的约束:实例上的约束说明一对或一组实例如何在聚类分析中被分组。这类约束的两种常见类型,包括:

- **必须联系约束**(must-link constraint)。如果在两个对象 x 和 y 上指定了必须联系约束,则 x 和 y 应该分组到聚类分析输出的一个簇中。必须联系约束是传递的,即如果 must-link(x, y) 并且 must-link(y, z),则 must-link(x, z)。
- **不能联系约束**(cannot-link constraint)。不能联系约束与必须联系约束相反。如果在两个对象 x 和 y 上指定了不能联系约束,则在聚类分析的输出中,x 和 y 应该属于不同的簇。不能联系约束可能是承袭的,即如果有 cannot-link(x, y),must-link(x, x') 且 must-link(y, y'),则 cannot-link(x', y')。

实例上的约束可以使用具体的实例定义。另外,它也可以通过实例变量或实例的属性来定义。例如,约束

$$Constraint(x,y):\text{must-link}(x,y) \text{ 如果 } dist(x,y) \leq \varepsilon$$

使用对象之间的距离指定了一个必须联系的约束。

簇上的约束:簇上的约束可能使用簇的属性,说明对簇的要求。例如,约束可能指定一个簇中对象的最小个数、簇的最大直径或簇的形状(例如,凸形)。为划分方法指定的簇数可以看做簇上的约束。

相似性度量上的约束:通常,在聚类分析中,诸如欧氏距离这样的相似性度量用来度量对象之间的相似性。在某些应用中也有例外。相似性度量上的约束说明相似性计算必须遵守的要求。例如,为了把集市上的人作为移动对象聚类,当欧氏距离用来给出两点之间的步行距离时,相似性度量上的约束是:实现最短距离的轨迹不能穿越墙。

可能存在多种方法表示一种约束,这依赖于约束的类别。例如,我们可以说明一个簇上的约束

$$Constraint_1:\text{簇的直径不能大于 } d$$

这一约束也可以使用实例上的约束表示为

$$Constraint'_1:\text{cannot-link}(x,y) \text{ 如果 } dist(x,y) > d \tag{11.41}$$

例 11.22 **实例、簇和相似性度量上的约束**。AllElectronics 把它的顾客聚类,以便可以为每组顾客指定一位客户关系经理。假设我们想说明,地址相同的所有顾客都应该放在同一组,这将为家庭提供更综合性的服务。这可以用实例上的必须联系约束表达:

$$Constraint_{family}(x,y):\text{must-link}(x,y) \text{ 如果 } x.address = y.address$$

AllElectronics 有 8 位客户关系经理。为了确保他们每人都有类似的工作量,我们在簇上施以约束,例如,应该有 8 个簇,并且每个簇最少有 10% 的顾客,最多有 15% 的顾客。我们可以使用驾驶距离来计算两位顾客之间的空间距离。然而,如果两位顾客居住在不同的国家,则我们必须使用飞行距离。这是一个相似性度量上的约束。 ∎

另一种对聚类约束分类的方法是考虑约束必须遵守的程度。一个约束是**硬性的**,如果违反该约束的聚类是不可接受的。一个约束是**软性的**,如果违反该约束的聚类是不可取的,但是在找不到更好的解时还可以接受。软性约束又称可取性。

例 11.23 **硬性和软性约束**。对于 AllElectronics,例 11.22 的 $Constraint_{family}$ 是硬性约束,

因为把一个家庭划分到不同的簇可能影响公司为该家庭提供综合服务，导致很差的顾客满意度。簇数上的约束（对应于公司的客户关系经理数）也是硬性的。例 11.22 还有一个平衡簇大小的约束。尽管满足该约束是非常可取的，但是公司还可以变通，因为它乐意指派一位资深和更有能力的客户关系经理来管理一个大簇。因此，该约束是软性的。　■

理想情况下，对于特定的数据集和约束集，所有的聚类都满足这些约束。然而，有可能不存在满足所有约束的数据集上的聚类。例如，如果约束集中的两个约束冲突，则没有聚类能够同时满足它们。

例 11.24　冲突的约束。考虑约束：

$$\text{must-link}(x,y) \text{ 如果 } dist(x,y) < 5$$
$$\text{cannot-link}(x,y) \text{ 如果 } dist(x,y) > 3$$

如果数据集中有两个对象 x，y 使得 $dist(x, y) = 4$，则没有聚类能够同时满足这两个约束。

考虑如下两个约束

$$\text{must-link}(x,y) \text{ 如果 } dist(x,y) < 5$$
$$\text{must-link}(x,y) \text{ 如果 } dist(x,y) < 3$$

给定第一个约束，则第二个约束是冗余的。此外，对于一个数据集，其中任意两个对象之间的距离至少为 5，则这些对象的每个可能的聚类都满足这些约束。　■

"如何评估约束集的质量和有用性？"一般而言，我们考虑它们的提供信息性和一致性。**信息性**是指约束携带的超越聚类模型的信息量。给定一个数据集 D、一个聚类模型 A 和一个约束集 C，C 关于 D 上的 A 的提供信息性可以用 A 在 D 上的聚类不满足 C 的约束所占的比例度量。提供信息性越高，约束携带的要求和背景知识越具体。约束集的**一致性**是约束本身之间的一致程度，可以用约束之间的冗余性度量。

11.4.2　具有约束的聚类方法

尽管我们可以把聚类约束分类，但是应用可能具有很不相同的具体约束形式。因此需要各种各样的技术来处理具体的约束。本节，我们讨论处理硬性约束和软性约束的一般原理。

1. 处理硬性约束

处理硬性约束的一般策略是，在聚类的指派过程中，严格遵守约束。为了解释这一思想，我们以划分聚类为例。

给定数据集和实例上约束集（即必须联系或不能联系约束），我们如何扩充 k - 均值方法，满足这些约束？ **COP-k-均值算法**按以下方法处理：

（1）**对必须联系约束产生超实例**。计算必须联系约束的传递闭包。这里，所有的必须联系约束看做一个等价关系。该闭包给出一个或多个对象子集，其中一个子集中的所有对象必须分配到一个簇中。为了表示这种子集，我们把该子集的所有对象用均值取代。超实例还携带权重，它是超实例代表的对象数。

这一步之后，必须联系约束已经满足。

（2）**进行修改后的 k-均值聚类**。回忆一下，在 k-均值聚类中，对象被指派到最近的中心。如果最近中心指派违反不能联系约束，怎么办？为了遵守不能联系约束，我们把 k-均值的中心指派过程修改为最近的可行中心指派。也就是说，当对象依次指派到中心时，在每一步，我们要确保所做的指派都不违反不能联系约束。对象被指派到最近的中心，使得该指派遵守所有的不能联系约束。

因为 COP-k-均值确保每步都不违反任何约束，因此它不需要回溯。它是一种贪心算法，只要约束之间不存在冲突，它将产生满足所有约束的聚类。

2. 处理软性约束

具有软性约束的聚类是一个优化问题。当聚类违反软性约束时，在聚类上施加一个罚。因此，聚类的最优化目标包含两部分：优化聚类质量和最小化违反约束的罚。总体目标函数是聚类质量得分和罚得分的组合。

为了解释这一点，我们再次以划分聚类为例。给定一个数据集和实例上的软性约束的集合，**CVQE**（Constrained Vector Quantization Error）算法进行 k – 均值聚类，而施加违反约束罚。CVQE 使用的目标函数是 k – 均值中所用距离和，用违反约束罚加以调整，按如下方法计算：

- **违反必须联系的罚**。如果对象 x 和 y 上存在必须联系约束，但是它们被分别指派到不同的簇 c_1 和 c_2，则该约束被违反。作为结果，c_1 和 c_2 之间的距离 $dist(c_1, c_2)$ 作为罚而被加到目标函数中。
- **违反不能联系的罚**。如果对象 x 和 y 上存在不能联系约束，但是它们被指派到共同的中心 c，则该约束被违反。c 和 c' 之间的距离 $dist(c, c')$ 作为罚而被加到目标函数中。

[536]

3. 加快约束聚类的速度

约束，如相似性度量上的约束，可能导致聚类的开销很大。考虑如下**含有障碍物**的聚类问题：为了聚类集市中作为移动对象的人，欧氏距离用来度量两点之间的步行距离。然而，相似性度量上的一个约束是，实现最短距离的轨迹不能穿越墙（11.4.1 节）。因为障碍物可能出现在对象之间，因此两个对象之间的距离可能需要通过几何学计算（例如，涉及三角测量）导出。如果涉及大量对象和大量障碍物，则计算的开销可能很大。

含有障碍物的聚类问题可以用图概念表示。首先，如果在区域 R 内连接点 p 和另一个点 q 的直线不与任何障碍物相交，则称点 p 是从点 q **可见的**（visible）。图 $VG = (V, E)$ 是一个**可见图**（visibility graph），如果它满足以下条件：障碍物的每个顶点对应 V 中的一个结点，并且 V 中的两个结点 v_1 和 v_2 被 E 中的一条边相连，当且仅当它们代表的对应顶点是彼此可见的。令 $VG' = (V', E')$ 是通过在 V 中添加两个点 p 和 q，由 VG 创建的可见图。如果 V' 中两个点是互相可见的，则 E' 包含连接这两点的边。两点 p 和 q 间的最短路径将是 VG' 的一条子路径，如图 11.16a 所示。我们看到，这条路径从点 p 到 v_1、v_2 或 v_3 的一条边开始，经过 VG 中的一条路径，然后结束于 v_4 或 v_5 到 q 的边。

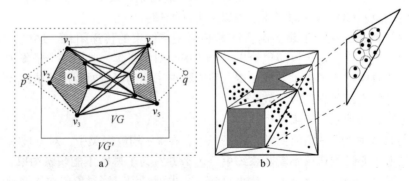

图 11.16　含有障碍物对象（o_1 和 o_2）的聚类：a）一个可见图；b）含有微簇
区域的三角划分。取自 Tung、Hou 和 Han［THH01］

为降低两个对象或点间距离计算的开销，可以使用一些预处理或优化技术。一种方法是把邻近的点首先聚集到一些微簇中。此过程可以这样来做，先用三角划分的方法把区域 R 划分成若干三角形，然后使用类似于 BIRCH 或 DBSCAN 的方法，把同一个三角形中相似的点聚集到微簇中，如图 11.16b 所示。通过处理这些微簇而不是个体点，就会降低总的计算量。然后，可以执行预计算来构造两种基于最短路径计算的连接索引：（1）VV 索引，针对任意一对障碍物顶点；（2）MV 索引，针对任意一对微簇和障碍物顶点。使用这些索引有助于进一步优化总体性能。

使用这样的预计算和优化策略，任意两点的距离（在微簇的粒度水平上）都可以有效地计算。因此，聚类过程可以以一种类似于 CLARANS 那样典型有效的 k – 中心点算法来完成，并能在大数据集上取得很好的聚类质量。

11.5　小结

- 在传统的聚类分析中，对象被互斥地指派到一个簇中。然而，在许多应用中，需要以模糊或概率方式把一个对象指派到一个或多个簇。**模糊聚类**和**基于概率模型的聚类**允许一个对象属于一个或多个簇。**划分矩阵**记录对象属于簇的隶属度。
- **基于概率模型的聚类**假定每个簇是一个有参分布。使用待聚类的数据作为观测样本，我们可以估计簇的参数。
- **混合模型**假定观测对象是来自多个概率簇的实例的混合。从概念上讲，每个观测对象都是通过如下方法独立地产生的：首先根据簇概率选择一个概率簇，然后根据选定簇的概率密度函数选择一个样本。
- **期望最大化（EM）算法**是一个框架，它逼近最大似然或统计模型参数的后验概率估计。EM 算法可以用来计算模糊聚类和基于概率模型的聚类。
- **高维数据**对聚类分析提出了一些挑战，包括如何对高维簇建模和如何搜索这样的簇。
- 高维数据聚类方法主要有两类：子空间聚类方法和维归约方法。**子空间聚类方法**在原空间的子空间中搜索簇。例子包括**子空间搜索方法**、**基于相关性的聚类方法**和**双聚类方法**。**维归约方法**创建较低维的新空间，并在新空间搜索簇。
- **双聚类方法**同时聚类对象和属性。双簇的类型包括具有常数值、行/列常数值、相干值、行/列相干演变值的双簇。双聚类方法的两种主要类型是**基于最优化的方法**和**枚举方法**。
- **谱聚类**是一种**维归约方法**。其一般思想是使用相似矩阵构建新维。
- **聚类图和网络数据**有许多应用，如社会网络分析。挑战包括如何度量图中对象之间的相似性和如何为图和网络数据设计聚类方法。
- **测地距**是图中两个顶点之间的边数，它可以用来度量相似性。另外，像社会网络这样的图的相似性也可以用结构情境和随机游走度量。**SimRank** 是一种基于结构情境和随机游走的相似性度量。
- **图聚类**可以建模为计算**图割**。最稀疏的**割**导致好的聚类，而**模块性**可以用来度量聚类质量。
- **SCAN** 是一种图聚类算法，它搜索图，识别良连通的成分作为簇。
- **约束**可以用来表达具体应用对聚类分析的要求或背景知识。聚类约束可以分为**实例**、**簇**和**相似性度量**上的约束。实例上的约束可以是**必须联系约束**和**不能联系约束**。约束可以是**硬性的**或**软性的**。
- **聚类的硬性约束**可以通过在聚类指派过程严格遵守约束而强制实施。**软性约束聚类**可以看做一个优化问题。可以使用启发式方法加快约束聚类的速度。

11.6　习题

11.1　传统的聚类方法是僵硬的，因为它们要求每个对象排他性地只属于一个簇。解释为什么这是模糊聚类的特例。你可以使用 k – 均值作为例子。

11.2　AllElectronics 销售 1000 种产品 P_1，…，P_{1000}。考虑顾客 Ada、Bob 和 Cathy，Ada 和 Bob 购买 3 种同样的产品 P_1，P_2 和 P_3。对于其他 997 种产品，Ada 和 Bob 独立地随机购买其中 7 件。Cathy 购买 10

件产品,随机地从 1000 种产品中选择。使用欧氏距离,$dist(\text{Ada}, \text{Bob}) > dist(\text{Ada}, \text{Cathy})$ 的概率是多少?如果使用 Jaccard 相似度(第 2 章)呢?从这个例子你学到了什么?

11.3 证明 $I \times J$ 是一个具有相干值的双簇,当且仅当对于任意 i_1, $i_2 \in I$ 和 j_1, $j_2 \in J$,都有 $e_{i_1j_1} - e_{i_2j_1} = e_{i_1j_2} - e_{i_2j_2}$。

11.4 比较 MaPle 算法(11.2.3 节)和闭频繁项集挖掘算法 CLOSET(Pei,Han 和 Mao[PHM00])。它们的主要相似处和差别是什么?

11.5 SimRank 是图和网络数据聚类的相似性度量。

(a)证明:对于 SimRank 计算,$\lim\limits_{i \to \infty} s_i(u, v) = s(u, v)$。

(b)证明:对于 SimRank,$s(u, v) = p(u, v)$。

11.6 在大型稀疏图中,在平均情况下,每个顶点的度数都很低。使用 SimRank,相似矩阵仍然很稀疏吗?如果是,在什么意义下?如果不是,为什么?解释你的答案。

11.7 比较 SCAN(11.3.3 节)和 DBSCAN(10.4.1 节)算法。它们的相似处和差别是什么?

11.8 考虑划分聚类和簇上的如下约束:每个簇中的对象数必须在 $\frac{n}{k}(1 - \delta)$ 和 $\frac{n}{k}(1 + \delta)$ 之间,其中,n 是数据集中的对象总数,k 是期望的簇数,δ 在 $[0, 1)$ 中是一个参数。你能扩充 k-均值方法来处理这一约束吗?讨论该约束是硬性约束和软性约束两种情况。

11.7 文献注释

Höppner Klawonn、Kruse 和 Runkler[HKKR99]给出了模糊聚类的详细讨论。模糊 c-均值算法(例 11.7 基于该算法)由 Bezdek[Bez81]提出。Fraley 和 Raftery[FR02]给出了基于模型的聚类分析和概率模型的全面综述。McLachlan 和 Basford[MB88]系统介绍了聚类分析中的混合模型和应用。

Dempster、Laird 和 Rubin[DLR77]被公认为首次引进 EM 算法,并对其命名。然而,正如[DLR77]中所承认的,EM 算法的思想以前"在不同的环境下提出过多次"。Wu[Wu83]给出了 EM 算法的正确分析。

混合模型和 EM 算法广泛用在许多数据挖掘应用中。基于模型的聚类、混合模型和 EM 算法的介绍可以在最近的机器学习和统计学习教科书中找到,如 Bishop[Bis06],Marsland[Mar09] 和 Alpaydin[Alp11]。

正如 Beyer 等[BGRS99]所指出的,维度增加严重影响距离函数。它对分类、聚类和半监督学习的各种技术都有显著的影响(Radovanović、Nanopoulos 和 Ivanović[RNI09])。

Kriegel、Kröger 和 Zimek[KKZ09]给出了关于高维数据聚类方法的全面综述。CLIQUE 算法是由 Agrawal、Gehrke、Gunopulos 和 Raghavan[AGGR98]开发的。PROCLUS 算法是由 Aggawal、Procopiuc、Wolf 等[APW⁺99]提出的。

双聚类技术最初是由 Hartigan[Har72]提出的。术语双聚类(biclustering)是由 Mirkin[Mir98]创造的。Cheng 和 Church[CC00]把双聚类引入基因表达数据分析。还有许多双聚类模型和方法的研究。δ-p 簇的概念是 Wang、Wang、Yang 和 Yu[WWYY02]引进的。关于更详尽的综述,见 Madeira 和 Oliveira[MO04],以及 Tanay、Sharan 和 Shamir[TSS04]。在本章中,我们介绍 δ-簇算法,分别 Cheng 和 Church[CC00],Pei,Zhang,Cho 等[PZC⁺03]作为双聚类的基于最优化方法和枚举方法的例子。

Donath 和 Hoffman[DH73],Fiedler[Fie73]开创了谱聚类。本章,我们使用 Ng、Jordan 和 Weiss[NJW01]提出的一个算法作为例子。关于谱聚类的教程,见 Luxburg[Lux07]。

聚类图和网络数据是一个重要的、快速成长的课题。Schaeffer[Sch07]给出了一个综述。相似性的 SimRank 度量是 Jeh 和 Widom[JW02a]提出的。Xu 等[XYFS07]提出了 SCAN 算法。Arora、Rao 和 Vazirani[ARV09]讨论了最稀疏的割和近似算法。

具有约束的聚类被广泛研究。Davidson、Wagstaff 和 Basu[DWB06]提出了提供信息和一致的度量。COP-k-均值算法由 Wagstaff 等[WCRS01]给出。CVQE 算法由 Davidson 和 Ravi[DR05]提出。Tung、Han、Lakshmanan 和 Ng[THLN01]构建了基于用户指定约束的基于约束的聚类框架。Tung、Hou 和 Han[THH01]提出了一种存在物理障碍物的情况下的基于约束的空间聚类的有效方法。

离群点检测

想象你是信用卡公司的交易稽核员。为了保护客户免受信用卡欺诈，你特别关注很不同于典型情况的信用卡使用。例如，如果一次购买量比卡主的通常购买量大得多，如果该购买远离卡主的居住地，则该购买是可疑的。你想在交易出现时就尽快检测这种交易，并且与卡主联系进行核实。这是许多信用卡公司通常做的事。什么类型的数据挖掘技术可以帮助检测这种可疑的交易？

大部分信用卡交易都是正常的。然而，如果信用卡被盗，则交易模式通常会显著改变——购物地点和购买的商品通常都很不同于真正的卡主和其他顾客。信用卡欺诈检测的基本思想是识别那些非常不同于正常情况的交易。

离群点检测（又称为异常检测）是找出其行为很不同于预期对象的过程。这种对象称为**离群点**或**异常**。除欺诈检测外，离群点检测在许多应用中都是重要的，如医疗处理、公共安全、工业损毁检测、图像处理、传感器/视频网络监视和入侵检测。

离群点检测和聚类分析是两项高度相关的任务。聚类发现数据集中的多数模式并据此组织数据，而离群点检测则试图捕获那些显著偏离多数模式的异常情况。离群点检测和聚类服务于不同目的。

本章研究离群点检测技术。12.1 节定义不同类型的离群点。12.2 节概述离群点检测方法。本章的其余部分将详细地研究离群点检测方法，这些方法按类别组织，有统计学的（12.3 节）、基于邻近性的（12.4 节）、基于聚类的（12.5 节）和基于分类的（12.6 节），此外，我们还将学习挖掘情境离群点和集体离群点（12.7 节），高维数据的离群点检测（12.8 节）。

543

12.1 离群点和离群点分析

先定义什么是离群点，对不同类型的离群点分类，然后讨论离群点检测的挑战。

12.1.1 什么是离群点

假定使用一个给定的统计过程来产生数据对象集。**离群点**（outlier）是一个数据对象，它显著不同于其他数据对象，好像它是被不同的机制产生的一样。为了容易叙述，本章可能称非离群点的数据对象为"正常"或期望数据。类似地，称离群点为"异常"数据。

例 12.1　离群点。在图 12.1 中，大部分对象都粗略地服从高斯分布。然而，区域 R 中的对象显著不同。它不太可能与数据集中的其他对象服从相同的分布。因此，在该数据集中，R 中的对象是离群点。■

离群点不同于噪声数据。如第 3 章所提到的，噪声是被观测变量的随机误差或方差。一般而言，噪声在数据分析（包括离群点分析）中不是令人感兴趣的。例如，在信用卡欺诈检测，顾客的购买行为可以用一个随机变量建模。一位顾客可能会产生某些看上

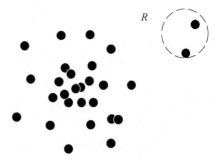

图 12.1　区域 R 中的对象是离群点

去像"随机误差"或"方差"的"噪声交易",如买一份较丰盛的午餐,或比通常多要了一杯咖啡。这种交易不应该视为离群点,否则信用卡公司将因验证太多的交易而付出沉重代价。公司也会因为用许多假警报打扰顾客而失去他们。与许多其他数据分析和数据挖掘任务一样,应该在离群点检测前就删除噪声。

544

离群点是有趣的,因为怀疑产生它们的机制不同于产生其他数据的机制。因此,在离群点检测时,重要的是搞清楚为什么检测到的离群点被某种其他机制产生。通常这样做,在其余数据上做各种假设,并且证明检测到的离群点显著违反了这些假设。

离群点检测还与演变数据集上的新颖性检测(novelty detection)相关。例如,通过检测新内容不断出现的社会媒体网站,新颖性检测可以及时地识别新的主题和趋势。新主题最初可能以离群点形式出现。在某种程度上,离群点检测与新颖性检测在建模和方法上都有许多相似之处。然而,两者的关键区别是,在新颖性检测时,一旦新主题被证实,则通常把它们合并到正常行为的模型中,这样接踵而来的实例不再被视为离群点。

12.1.2 离群点的类型

一般而言,离群点可以分成三类:全局离群点、情境(或条件)离群点和集体离群点。下面逐一考察这些类别。

1. 全局离群点

在给定的数据集中,一个数据对象是**全局离群点**(global outlier),如果它显著地偏离数据集中的其余对象。全局离群点有时也称为点异常,是最简单的一类离群点。大部分离群点检测方法都旨在找出全局离群点。

例 12.2 全局离群点。再次考虑图 12.1 中的点。区域 R 中的点显著地偏离数据集的其余部分,因此是全局离群点的实例。 ■

为了检测全局离群点,关键问题是针对所考虑的应用,找到一个合适的偏离度量。已经提出了各种度量,并且基于这些度量,离群点检测被划分成不同的类别。稍后再详细讨论这一问题。

在许多应用中,全局离群点检测都是重要的。例如,考虑计算机网络的入侵检测。如果一台计算机的通信行为非常不同于正常模式(例如,在短时间内,大量的包被广播),则该行为可以看做一个全局离群点,而对应的计算机可能是黑客的受害者。另一个例子,在交易审计系统中,不遵守常规的交易可能被视为全局离群点,并且应该搁置,以便进一步考察。

2. 情境离群点

"今天的温度为 28℃。这是一个异常(即离群点)吗?"这依赖于时间和地点!如果是

545

多伦多的冬天,则这是一个离群点;如果是多伦多的夏天,则这是正常的。与全局离群点检测不同,在这种情况下,今天的温度值是否是一个离群点依赖于情境——时间、地点和可能的其他因素。

在给定的数据集中,一个数据对象是**情境离群点**(contextual outlier),如果关于对象的特定情境,它显著地偏离其他对象。情境离群点又称为条件离群点,因为它们条件地依赖于选定的情境。因此,在情境离群点检测中,情境必须作为问题定义的一部分加以说明。一般地,在情境离群点检测中,所考虑数据对象的属性划分成两组:

- **情境属性**:数据对象的情境属性定义对象的情境。在温度例子中,情境属性是时间和地点。
- **行为属性**:定义对象的特征,并用来评估对象关于它所处的情境是否是离群点。在

温度例子中，行为属性可以是温度、湿度和气压。

与全局离群点检测不同，在情境离群点检测中，一个对象是否是离群点不仅依赖行为属性，而且还依赖情境属性。行为属性值的一个格局在某种情境下可能是离群点（例如，对于多伦多的冬季室外，28℃ 是离群点），但是在另一情境下不是离群点（例如，对于多伦多的夏季室外，28℃ 不是离群点）。

情境离群点是局部离群点的推广。局部离群点是基于密度的离群点检测方法引进的概念。数据集中的一个对象是**局部离群点**（local outlier），如果它的密度显著地偏离它所在的局部区域的密度。稍后，我们将在 12.4.3 节更详细讨论局部离群点分析。

全局离群点检测可以看做情境离群点检测的特例，其中情境属性集为空。换言之，全局离群点检测使用整个数据集作为情境。情境离群点分析为用户提供了灵活性，因为用户可以在不同的情境下考察离群点，这在许多应用中都是非常期望的。

例 12.3　情境离群点。在信用卡欺诈检测中，除了全局离群点外，分析者还可以考虑不同情境下的离群点。考虑一位顾客，他使用了信用卡额度的 90%。如果认为这位顾客属于具有低信用额度的顾客群，则这种行为可能不被视为离群点。然而，高收入群顾客的类似行为则可能被视为离群点，如果他们的余额常常超过他们的信用额度。这种离群点可能带来商机——提高这种顾客的信用额度可能带来新的收益。 ■ 546

除了对象在行为属性空间对多数的偏离度量外，应用中情境离群点检测的质量还依赖于情境属性的意义。情境属性多半由领域专家确定，被看做背景知识的一部分。在许多应用中，得到足够的信息确定情境属性或收集高质量的情境数据都并非易事。

"在情境离群点检测中，如何确切表示有意义的情境？"一种直截了当的方法是简单地使用情境属性的分组作为情境。然而，这可能没什么效果，因为某些分组可能没有足够的数据或充斥噪声。更一般的方法是使用数据对象在情境属性空间中的相似性。我们将在 12.4 节详细讨论这种方法。

3. 集体离群点

假设你是 AllElectronics 的供应链经理，每天处理数以千计的订单和出货。如果一个订单的出货延误，则可能不认为是离群点，因为统计表明延误时常发生。然而，如果一天有 100 个订单延误，则你必须注意。这 100 个订单整体来看，形成一个离群点，尽管如果单个考虑，则它们每个或许都不是离群点。你可能需要更详细地整个考察这些订单，搞清楚出货问题。

给定一个数据集，数据对象的一个子集形成**集体离群点**（collective outlier），如果这些对象作为整体显著偏离整个数据集。重要的是，个体数据对象可能不是离群点。

例 12.4　集体离群点。在图 12.2 中，黑色对象作为整体形成一个集体离群点，因为这些对象的密度比数据集中的其他对象高得多。然而，每个黑色对象个体对于整个数据集并非离群点。 ■

集体离群点检测有许多应用。例如，在入侵检测时，从一台计算机到另一台计算机的拒绝服务包是正常的，完全不视为离群点。然而，如果多台计算机不断地相互发送拒绝服务包，则它们可能被看做集体离群点。所涉及的计算机可能被怀疑遭受攻击。另一个例子，两个当事人之间的股票交易被认为是正常的。然而，短期内，相同股票在一小群当事人之间的大量交易就是

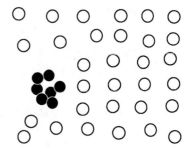

图 12.2　黑色对象形成集体离群点 547

集体离群点，因为它们可能是某些人操纵股市的证据。

与全局或情境离群点检测不同，在集体离群点检测中，不仅必须考虑个体对象的行为，而且还要考虑对象组群的行为。因此，为了检测集体离群点，需要关于对象之间联系的背景知识，如对象之间的距离或相似性测量方法。

总而言之，数据集可能有多种类型的离群点。此外，一个对象可能属于多种类型的离群点。在商业中，不同的离群点可能用于不同的应用或不同的目的。全局离群点检测最简单。情境离群点检测需要背景知识来确定情境属性和情境。集体离群点检测需要背景信息来对对象之间的联系建模，以便找出离群点的组群。

12.1.3 离群点检测的挑战

离群点检测在许多应用中都是有用的，但是仍然面临许多挑战：

- **正常对象和离群点的有效建模**。离群点检测的质量高度依赖于正常（非离群点）对象和离群点的建模。通常，为数据的正常行为构建一个综合模型如果不是不可能的话，也是一个很大的挑战。一部分原因是很难枚举一个应用中所有可能的正常行为。

正常数据与异常数据（离群点）之间的边界通常并不清晰。它们之间可能有很宽的灰色地带。因此，尽管一些离群点检测方法对数据集中的每个对象指定一个"正常对象"或"离群点"标号，但是其他方法对每个对象指定一个得分，度量该对象的"离群性"。

- **针对应用的离群点检测**。从技术上讲，在离群点检测中，选择相似性/距离度量和描述数据对象的联系模型是至关重要的。不幸的是，这种选择通常依赖于应用。不同的应用可能具有很不相同的要求。例如，在诊所数据分析中，小偏离就可能是重要的，足以证实离群点。相反，在市场分析中，对象通常有很大的波动，因此需要显著的偏差才能证实离群点。离群点检测高度依赖于应用类型使得不可能开发通用的离群点检测方法。相反，必须开发针对具体应用的离群点检测方法。

- **在离群点检测中处理噪声**。正如前面提到的，离群点不同于噪声。众所周知，实际数据的质量往往很差。噪声常常不可避免地存在于许多应用所收集的数据集中。噪声可能以属性值的偏差，甚至缺失值的形式出现。低质量的数据和噪声的存在给离群点检测带来了巨大的挑战。它们可能扭曲数据，模糊正常对象与离群点之间的差别。此外，噪声和缺失数据可能"掩盖"离群点，降低离群点检测的有效性——离群点可能看上去像"伪装的"噪声点，而离群点检测方法可能错误地把噪声点识别成离群点。

- **可理解性**。在许多应用中，用户可能不仅要检测离群点，而且要知道被检测到的点为何是离群点。为了满足可理解性要求，离群点检测方法必须提供某种检测理由。例如，可以使用统计学方法，基于该对象被大多数数据的相同机制产生的似然性，说明该对象是离群点的可能性。似然越小，该对象越不太可能被相同的机制产生，并且越可能是离群点。

本章的其余部分讨论离群点检测方法。

12.2 离群点检测方法

在文献和实践中，有许多离群点检测方法。这里，我们用两种方法对离群点检测方法进行分类。第一，根据用于分析的数据样本是否具有领域专家提供的、可以用来构建离群点检测模型的标号，对离群点检测方法进行分类；第二，根据各方法关于正常对象和离群点的假定，对各方法分组。

12.2.1　监督、半监督和无监督方法

如果可以得到专家标记的正常和离群点对象实例，则可以使用它们建立离群点检测模型。所使用的方法可以划分成监督方法、半监督方法和无监督方法。

1. 监督方法

监督方法对数据的正常性和异常性建模。领域专家考察并标记基础数据的一个样本。然后，离群点检测可以用分类问题（第 8 章、第 9 章）建模。任务是学习一个可以识别离群点的分类器。样本用于训练和检验。在某些应用中，专家可能只标记正常对象，而不与正常对象模型匹配的其他对象都视为离群点。其他方法对离群点建模，并且把不与离群点模型匹配的对象看做正常的。

尽管许多分类方法都可以使用，但是监督的离群点检测依然面临如下挑战：

- 两个类（正常对象和离群点）是不平衡的。即离群点的总体通常比正常对象的总体小得多。因此，可以使用处理不平衡类的方法（8.6.5 节），如对离群点过抽样（即进行复制），提高它们在构建分类器训练集中的分布。由于数据中离群点的总体太小，所以领域专家考察和用于训练的样本数据可能不足以代表离群点的分布。缺乏离群点样本可能限制了所构建分类器的能力。为了处理这一问题，有些方法"构造"人工离群点。

- 在许多应用中，捕获尽可能多的离群点（即离群点检测的灵敏度或召回率）比把正常对象误当做离群点更重要。因此，当分类方法用于监督的离群点检测时，必须适当地解释，以便考虑应用关注的召回率。

总之，由于与其他数据样本相比离群点很稀少，所以离群点检测的监督方法必须注意如何训练和如何解释分类率。

2. 无监督方法

在某些应用中，没有标记为"正常"或"离群点"的对象。因此，必须使用无监督的学习方法。

无监督的离群点检测方法暗中假定：正常对象在某种程度上是"聚类的"。换言之，无监督的离群点检测方法预料正常对象遵守远比离群点频繁的模式。正常对象不必落入一个组群，具有高度相似性，而是可以形成多个组群，每个组群具有不同的特征。然而，离群点将是远离正常对象的组群。

这一假定并非总是成立。例如，在图 12.2 中，正常对象并没有强模式，而是均匀分布的。然而，集体离群点在一个小区域内具有很高的相似性。无监督方法不能有效地检测这种离群点。在某些应用中，正常对象发散地分布，并且许多对象都不遵守强模式。例如，在某些入侵检测和计算机病毒检测问题中，正常活动是很发散的，并且许多都不落入高质量的簇中。在这种情况下，无监督方法可能具有很高的假正例率——它们可能把许多正常对象误标记为离群点（在这些应用中，误标记为入侵或病毒），并导致许多离群点逃脱检测。由于入侵和病毒的高度相似性（即它们都攻击目标系统的关键资源），所以使用监督方法对离群点建模可能更加有效。

许多聚类方法都可以调整，充当无监督的离群点检测方法。其中心思想是，先找出簇，然后，不属于任何簇的对象都被检测为离群点。然而，这种方法有两个问题。第一，不属于

任何簇的对象可能是噪声，而不是离群点；第二，先找出簇，再找出离群点的开销可能太大。通常假定离群点的数量远少于正常对象。在可以触及实际内容（即离群点）之前必须先处理大量非目标数据实体（即正常对象）可能不那么吸引人。最近的无监督的离群点检测方法发展了一些智能的想法，直接处理离群点，而不必显式和完全地找出簇。在 12.4 节和 12.5 节分别讨论基于邻近性和基于聚类的方法时，我们将更多地学习这些技术。

3. 半监督方法

在许多应用中，尽管得到一些被标记的实例是可行的，但是这种被标记的实例的数量通常很少。我们可能遇到这种情况，只有少量正常和离群点对象被标记，而大部分数据都是无标记的。半监督的离群点检测方法正是用来处理这种情况。

半监督离群点检测方法可以看做半监督学习方法（9.7.2 节）的应用。例如，当有一些被标记的正常对象时，我们可以使用它们，与邻近的无标记的对象一起，训练一个正常对象的模型。然后，使用这个正常对象的模型来检测离群点——不拟合这个正常对象模型的对象都被分类为离群点。

如果只有一些被标记的离群点，则半监督的离群点检测更棘手。少量被标记的离群点不大可能代表所有可能的离群点。因此，仅基于少量被标记的离群点而构建的离群点模型不太可能是有效的。为了提高离群点检测的质量，可以从由无监督方法得到的正常对象模型那里获得帮助。

关于无监督方法的更多信息，感兴趣的读者可以参阅本章的文献注释（12.11 节）。

12.2.2 统计方法、基于邻近性的方法和基于聚类的方法

正如 12.1 节所述，离群点检测方法对离群点与其余数据做出假定。根据所做的假定，可以把离群点检测方法分为三类：统计学方法、基于邻近性的方法和基于聚类的方法。

551

1. 统计学方法

统计学方法（又称为**基于模型的方法**）对数据的正常性做出假定。它们假定正常的数据对象由一个统计（随机）模型产生，而不遵守该模型的数据是离群点。

例 12.5 使用统计（高斯）模型检测离群点。在图 12.1 中，除区域 R 中的点外，其他点都拟合一个高斯分布 g_D，其中对于数据空间的每个位置 x，$g_D(x)$ 给出 x 上的概率密度。这样，高斯分布 g_D 可以用来对正常数据，即数据集中的大部分数据点建模。对于区域 R 中的每个对象 y，可以估计该点拟合该高斯分布的概率 $g_D(y)$。由于 $g_D(y)$ 太低，所以 y 不太可能由该高斯模型产生，因此它是离群点。 ∎

统计学方法的有效性高度依赖于对给定数据所做的统计模型假定是否成立。有多种统计模型。例如，使用的统计模型可以是参数的或非参数的。离群点检测的统计学方法将在 12.3 节详细讨论。

2. 基于邻近性的方法

基于邻近性的方法假定一个对象是离群点，如果它在特征空间中的最近邻也远离它，即该对象与它的最近邻之间的邻近性显著地偏离数据集中其他对象与它们的近邻之间的邻近性。

例 12.6 使用邻近性检测离群点。再次考虑图 12.1 中的对象。如果使用对象的 3 个最近邻建模，则区域 R 中的对象显著地不同于该数据集中的其他对象。对于 R 中的两个对象，它们的第二个和第三个最近邻都显著地比其他对象的第二个和第三个最近邻更远。因此，可以把 R 中的对象标记为基于邻近性的离群点。 ∎

基于邻近性的方法的有效性高度依赖于所使用的邻近性（或距离）度量。在某些应用中，这种度量不易得到。此外，如果离群点相互靠近，则基于邻近性的方法常常很难检测离群点的组群。

有两种主要的基于邻近性的离群点检测方法，即基于距离的和基于密度的离群点检测。基于邻近性离群点检测在 12.4 节讨论。

3. 基于聚类的方法

基于聚类的方法假定正常数据对象属于大的、稠密的簇，而离群点属于小或稀疏的簇，或者不属于任何簇。

例 12.7　使用聚类检测离群点。在图 12.1 中有两个簇。簇 C_1 包含数据集中除区域 R 中的点之外的所有点。簇 C_2 是个很小的簇，只包含 R 中的两个点。与簇 C_2 相比，簇 C_1 很大。因此，基于聚类的方法断言 R 中的两个点是离群点。 ∎

正如前面第 10 章和第 11 章所讨论的，有许多聚类方法。因此也有许多基于聚类的离群点检测方法。聚类是一种开销很大的数据挖掘操作。直截了当地采用聚类方法用于离群点检测可能开销很大，因而不能很好地扩展到大数据集上。基于聚类的离群点检测方法将在 12.5 节详细讨论。

12.3　统计学方法

与聚类的统计学方法一样，离群点检测的统计学方法对数据的正常性做假定。它们假定数据集中的正常对象由一个随机过程（生成模型）产生。因此，正常对象出现在该随机模型的高概率区域中，而低概率区域中的对象是离群点。

离群点检测的统计学方法的一般思想是：学习一个拟合给定数据集的生成模型，然后识别该模型低概率区域中的对象，把它们作为离群点。然而，有许多不同方法来学习生成模型。一般而言，根据如何指定和如何学习模型，离群点检测的统计学方法可以划分成两个主要类型：参数方法和非参数方法。

参数方法假定正常的数据对象被一个以 Θ 为参数的参数分布产生。该参数分布的概率密度函数 $f(x, \Theta)$ 给出对象 x 被该分布产生的概率。该值越小，x 越可能是离群点。

非参数方法并不假定先验统计模型，而是试图从输入数据确定模型。注意，大多数非参数方法并不假定模型是完全无参的。（完全无参假定将使得从数据学习模型是不可能的。）相反，非参数方法通常假定参数的个数和性质都是灵活的，不预先确定。非参数方法的例子包括直方图和核密度估计。

12.3.1　参数方法

本节介绍几种简单、实用的离群点检测的参数方法。我们首先讨论基于正态分布的单变量的参数方法。然后，我们讨论如何使用多参数分布处理多变量数据。

1. 基于正态分布的一元离群点检测

仅涉及一个属性或变量的数据称为一元数据。为简单起见，通常假定数据由一个正态分布产生。然后，可以由输入数据学习正态分布的参数，并把低概率的点识别为离群点。

让我们从一元数据开始。将通过假定数据服从正态分布来检测离群点。

例 12.8　使用最大似然检测一元离群点。假设某城市过去 10 年中 7 月份的平均温度按递增序排列为 24.0℃、28.9℃、28.9℃、29.0℃、29.1℃、29.1℃、29.2℃、29.2℃、29.3℃和 29.4℃。假定平均温度服从正态分布，由两个参数决定：均值 μ 和标准差 σ。

可以使用最大似然方法来估计参数 μ 和 σ。即最大化对数似然函数

$$\ln L(\mu, \sigma^2) = \sum_{i=1}^{n} \ln f(x_i \mid (\mu, \sigma^2)) = -\frac{n}{2}\ln(2\pi) - \frac{n}{2}\ln\sigma^2 - \frac{1}{2\sigma^2}\sum_{i=1}^{n}(x_i - \mu)^2 \tag{12.1}$$

其中，n 是样本总数，在该例中等于 10。

对 μ 和 σ 求导并对结果求解得到如下最大似然估计:

$$\hat{\mu} = \bar{x} = \frac{1}{n}\sum_{i=1}^{n} x_i \tag{12.2}$$

$$\hat{\sigma}^2 = \frac{1}{n}\sum_{i=1}^{n}(x_i - \bar{x})^2 \tag{12.3}$$

在这个例子中，有

$$\hat{\mu} = \frac{24.0 + 28.9 + 28.9 + 29.0 + 29.1 + 29.1 + 29.2 + 29.2 + 29.3 + 29.4}{10} = 28.61$$

$$\begin{aligned}\hat{\sigma}^2 = (&(24.1 - 28.61)^2 + (28.9 - 28.61)^2 + (28.9 - 28.61)^2 + (29.0 - 28.61)^2 \\ &+ (29.1 - 28.61)^2 + (29.1 - 28.61)^2 + (29.2 - 28.61)^2 + (29.2 - 28.61)^2 \\ &+ (29.3 - 28.61)^2 + (29.4 - 28.61)^2)/10 \approx 2.29\end{aligned}$$

由此，有 $\hat{\sigma} = \sqrt{2.29} = 1.51$。

[554] 最大偏离值为 24.0℃，偏离估计的均值 4.61℃。在正态分布的假定下，区域 $\mu \pm 3\sigma$ 包含 99.7% 的数据。由于 $\frac{4.61}{1.51} = 3.04 > 3$，24.0℃ 被该正态分布产生的概率小于 0.15%，因此它被识别为离群点。 ■

例 12.8 详细说明了一种简单实用的离群点检测方法。它简单地标记一个对象为离群点，如果它离估计的分布均值超过 3σ，其中 σ 是标准差。

这种直截了当的统计学离群点检测方法也可以用于可视化。例如，盒图方法（在第 2 章介绍）使用五数概括绘制一元输入数据（图 12.3）: 最小的非离群点值（Min）、第一个四分位数（$Q1$）、中位数（$Q2$）、第三个四分位数（$Q3$）和最大的非离群点值（Max）。中间四分位数极差（IQR）定义为 $Q3 - Q1$。比 $Q1$ 小 $1.5 \times IQR$ 或比 $Q3$ 大 $1.5 \times IQR$ 的任何对象都视为离群点，因为 $Q1 - 1.5 \times IQR$ 和 $Q3 + 1.5 \times IQR$ 之间的区域包含了 99.3% 的对象。其理由类似于使用 3σ 作为正态分布的阈值。

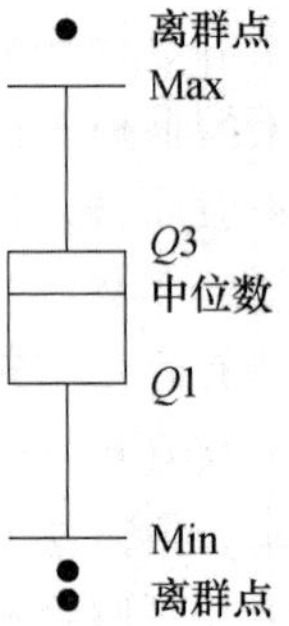

图 12.3 使用盒图对离群点可视化

另一种使用正态分布的一元离群点检测的统计学方法是 *Grubb* 检验（又称为最大标准残差检验）。对于数据集中的每个对象 x，定义 z 分数（z-score）为

$$z = \frac{|x - \bar{x}|}{s} \tag{12.4}$$

其中，$\bar{x}$ 是输入数据的均值，s 是标准差。对象 x 是离群点，如果

$$z \geqslant \frac{N-1}{\sqrt{n}}\sqrt{\frac{t_{\alpha/(2N), N-2}^2}{N - 2 + t_{\alpha/(2N), N-2}^2}} \tag{12.5}$$

[555] 其中，$t_{\alpha/(2N), N-2}^2$ 是显著水平 $\alpha/(2N)$ 下的 t-分布的值，N 是数据集中的对象数。

2. 多元离群点检测

涉及两个或多个属性或变量的数据称为多元数据。许多一元离群点检测方法都可以扩

充，用来处理多元数据。其核心思想是把多元离群点检测任务转换成一元离群点检测问题。这里，我们使用两个例子来解释这一思想。

例 12.9 使用马哈拉诺比斯距离检测多元离群点。对于一个多元数据集，设 $\bar{o}$ 为均值向量。对于数据集中的对象 o，从 o 到 $\bar{o}$ 的马哈拉诺比斯（Mahalanobis）距离为

$$MDist(o, \bar{o}) = (o - \bar{o})^T S^{-1} (o - \bar{o}) \tag{12.6}$$

其中 S 是协方差矩阵。

$MDist(o, \bar{o})$ 是一元变量，于是可以对它进行 Grubb 检验。因此，可以按如下方法对多元离群点检测任务进行变换：

（1）计算多元数据集的均值向量。

（2）对于每个对象 o，计算从 o 到 $\bar{o}$ 的马哈拉诺比斯距离 $MDist(o, \bar{o})$。

（3）在变换后的一元数据集 $\{MDist(o, \bar{o}) | o \in D\}$ 中检测离群点。

（4）如果 $MDist(o, \bar{o})$ 被确定为离群点，则 o 也被视为离群点。 ■

第二个例子使用 χ^2 统计量来度量对象与输入数据集均值之间的距离。

例 12.10 使用 χ^2 统计量的多元离群点检测。在正态分布的假定下，χ^2 统计量也可以用来捕获多元离群点。对于对象 o，χ^2 统计量是

$$\chi^2 = \sum_{i=1}^{n} \frac{(o_i - E_i)^2}{E_i} \tag{12.7}$$

其中，o_i 是 o 在第 i 维上的值，E_i 是所有对象在第 i 维上的均值，而 n 是维度。如果对象的 χ^2 统计量很大，则该对象是离群点。 ■

3. 使用混合参数分布

如果假定数据是由正态分布产生的，则在许多情况下这种假定很有效。然而，当实际数据很复杂时，这种假定过于简单。在这种情况下，假定数据是被混合参数分布产生的。

556

例 12.11 使用混合参数分布检测多元离群点。考虑图 12.4 中的数据，其中有两个大簇 C_1 和 C_2。这里，假定数据由一个正态分布产生效果不好。估计的均值落在这两个簇之间，而不是任何一个簇的内部。这两个簇之间的对象不可能被检测为离群点，因为它们离均值很近。 ■

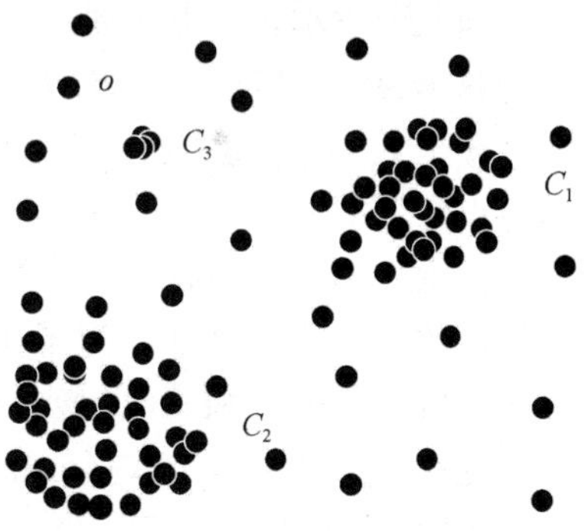

为了克服这一困难，假定正常的数据对象被多个正态分布产生（这里是两个）。也就是说，假定两个正态分布 $\Theta_1(\mu_1, \sigma_1)$ 和 $\Theta_2(\mu_2, \sigma_2)$。对于数据集中的任意对象 o，o 被这两个分布产生的概率为

$$Pr(o | \Theta_1, \Theta_2) = f_{\Theta_1}(o) + f_{\Theta_2}(o)$$

其中，f_{Θ_1} 和 f_{Θ_2} 分别是 Θ_1 和 Θ_2 的概率密度函数。可以使用期望最大化（EM）算法（第 11 章），由该数据学习参数 $\mu_1, \sigma_1, \mu_2, \sigma_2$，就像用混合模型聚类所做的那样。每个簇都用学习得到的正态分布表示。一个对象 o 被检测为离群点，如果它不属于任何簇，即它被这两个分布的组合产生的概率很低。

图 12.4 一个复杂的数据集

例 12.12 使用多个簇检测多元离群点。在图 12.4 中，大部分数据对象都在簇 C_1 或 C_2 中。其他对象代表噪声，均匀地分布在数据空间中。一个小簇 C_3 非常可疑，因为它不靠近两个主要的簇 C_1 和 C_2 中的任何一个。C_3 中的对象也将被检测为离群点。

注意，识别 C_3 中的点为离群点是困难的，无论假定给定的数据集服从一个正态分布，还是服从多个分布的混合分布。这是因为由于较高的局部密度，C_3 中对象的概率比某些噪

声对象（如图中的 o）高。   ■

为了处理例 12.12 揭示的问题，假定正常的数据对象由一个正态分布或被一个混合的正态分布产生，而离群点由另一个分布产生。启发式地，可以在产生离群点的分布上加上一些约束。例如，如果离群点分布在一个较大的区域中，则假定该分布具有较大的方差是合理的。从技术上讲，可以令 $\sigma_{outlier}=k\sigma$，其中 k 是一个用户指定参数，σ 是产生正常数据对象的正态分布的标准差。同样，EM 算法可以用来学习这种参数。

12.3.2 非参数方法

在离群点检测的非参数方法中，"正常数据"的模型从输入数据学习，而不是假定一个先验。通常，非参数方法对数据做较少假定，因而在更多情况下都可以使用。

例 12.13 使用直方图检测离群点。 AllElectronics 记录了每个顾客事务的购买金额。图 12.5 使用直方图（参见第 2 章和第 3 章）按所有事务的百分比图示购买金额。例如，60% 事务的购买金额为 0 ~ 1000 美元。

可以使用直方图作为非参数统计模型来捕获离群点。例如，一个购买金额为 7500 美元的事务可能被视为离群点，因为只有 1 − (60% + 20% + 10% + 6.7% + 3.1%) = 0.2% 事务的购买量超过 5000 美元。另一方面，购买量为 385 美元的事务可以看做正常的，因为它落入包含 60% 事务的箱（或桶）中。   ■

如上例所示，直方图是一种频繁使

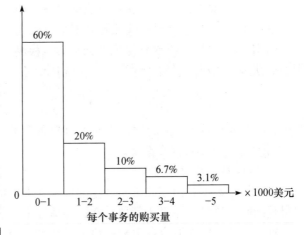

图 12.5　每个事务的购买量的直方图

用的非参数统计模型，可以用来检测离群点。该过程包括如下两步：

步骤 1：构造直方图。 在这一步，使用输入数据（训练数据）构造一个直方图。该直方图可以像例 12.13 中那样是一元的，或者多元的，如果输入数据是多维的。

注意，尽管非参数方法并不假定任何先验统计模型，但是通常确实要求用户提供参数，以便由数据学习。例如，为了构造一个好的直方图，用户必须指定直方图的类型（例如，等宽的或等深的）和其他参数（例如，直方图中的箱数或每个箱的大小）。与参数方法不同，这些参数并不指定数据分布的类型（例如，高斯分布）。

步骤 2：检测离群点。 为了确定一个对象 o 是否是离群点，可以对照直方图检查它。在最简单的方法中，如果该对象落入直方图的一个箱中，则该对象被看做正常的，否则被认为是离群点。

对于更复杂的方法，可以使用直方图赋予每个对象一个离群点得分。在例 12.13 中，可以令对象的离群点得分为该对象落入的箱的容积的倒数。例如，购买量 7500 美元的事务的离群点得分为 $\frac{1}{2\%}=500$，而购买量为美元 385 的事务的离群点得分为 $\frac{1}{60\%}=1.67$。这些得分表明，购买量 7500 美元的事务远比购买量 385 美元的事务更可能是离群点。

使用直方图作为离群点检测的非参数模型的一个缺点是，很难选择一个合适的箱尺寸。一方面，如果箱尺寸太小，则许多正常对象都会落入空的或稀疏箱，因而被误识别为离群点。这将导致很高的假正例率和低精度。另一方面，如果箱尺寸太大，则离群点对象可能渗入某些频繁的箱中，因而"假扮"成正常的。这将导致很高的假负例率和低召回率。

为了解决这些问题，可以采用核密度估计来估计数据的概率密度分布。把每个观测对象看做一个周围区域中的高概率密度指示子。一个点上的概率密度依赖于该点到观测对象的距离。使用核函数对样本点对其邻域内的影响建模。核函数 $K()$ 是一个非负实数值可积函数，满足如下两个条件：

- $\int_{-\infty}^{+\infty} K(u)\,du = 1$。
- 对于所有的 u 值，$K(-u) = K(u)$。

一个频繁使用的核函数是均值为 0，方差为 1 的标准高斯函数：

$$K\left(\frac{x - x_i}{h}\right) = \frac{1}{\sqrt{2\pi}} e^{-\frac{(x-x_i)^2}{2h^2}} \tag{12.8}$$

设 $x_1, \cdots, x_n$ 是随机变量 f 的独立的、同分布的样本。该概率密度函数的核函数近似为

$$\hat{f}_h(x) = \frac{1}{nh} \sum_{i=1}^{n} K\left(\frac{x - x_i}{h}\right) \tag{12.9}$$

其中，$K()$ 是核函数；h 是带宽，充当光滑参数。

一旦通过核密度估计近似数据集的概率密度函数，就可以使用估计的密度函数 $\hat{f}$ 来检测离群点。对于对象 o，$\hat{f}(o)$ 给出该对象被随机过程产生的估计概率。如果 $\hat{f}(o)$ 大，则该对象可能是正常的；否则，o 可能是离群点。这一步通常与参数方法的对应步骤类似。

总之，离群点检测的统计学方法由数据学习模型，以区别正常的数据对象和离群点。使用统计学方法的一个优点是，离群点检测可以是统计上无可非议的。当然，仅当对数据所做的统计假定满足实际约束时才为真。

高维数据的数据分布常常是复杂的，并且很难完全理解。因此，在高维数据上，离群点检测的统计学方法仍然是一个大难题。高维数据的离群点检测将在 12.8 节进一步讨论。

统计学方法的计算开销依赖于模型。在使用简单的参数模型（如高斯模型）时，拟合参数通常需要线性时间。当使用更复杂的模型时（如混合模型，那里学习中使用 EM 算法），逼近最佳参数值通常需要多次迭代。然而，每次迭代，关于数据集的大小都是线性的。对于核密度估计，模型学习的开销可能高达二次。一旦模型学习成功，每个对象的离群点检测的开销通常都很小。

12.4 基于邻近性的方法

给定特征空间中的对象集，可以使用距离度量来量化对象之间的相似性。直观地，远离其他对象的对象可以被视为离群点。基于邻近性的方法假定：离群点对象与它最近邻的邻近性显著偏离数据集中其他对象与它们近邻之间的邻近性。

有两种类型的基于邻近性的离群点检测方法：基于距离的和基于密度的方法。基于距离的离群点检测方法考虑对象给定半径的**邻域**。一个对象被认为是离群点，如果它的邻域内没有足够多的其他点。基于密度的离群点检测方法考察对象和它近邻的密度。这里，一个对象被识别为离群点，如果它的密度相对于它的近邻低得多。

让我们从基于距离的离群点开始。

12.4.1 基于距离的离群点检测和嵌套循环方法

一种代表性的基于邻近性的离群点检测方法使用**基于距离的离群点**概念。对于待分析的

数据对象集 D，用户可以指定一个距离阈值 r 来定义对象的合理邻域。对于每个对象 o，可以考察 o 的 r－邻域中的其他对象的个数。如果 D 中大多数对象都远离 o，即都不在 o 的 r－邻域中，则 o 可以被视为一个离群点。

令 $r(r \geqslant 0)$ 是距离阈值，$\pi(0 < \pi \leqslant 1)$ 是分数（fraction）阈值。对象 o 是一个 $DB(r, \pi)$ **离群点**，如果

$$\frac{\| \{o' \mid dist(o, o') \leqslant r\} \|}{\| D \|} \leqslant \pi \tag{12.10}$$

其中 $dist(\cdot, \cdot)$ 是距离度量。

同样，可以通过检查 o 与它的第 k 个最近邻 o_k 之间的距离来确定对象 o 是否是 $DB(r, \pi)$－离群点，其中 $k = \lceil \pi \| D \| \rceil$。对象 o 是离群点，如果 $dist(o, o_k) > r$，因为在这种情况下，在 o 的 r－邻域中，除 o 之外少于 k 个对象。

"如何计算 $DB(r, \pi)$－离群点？"一种简单的方法是使用嵌套循环，检查每个对象的 r－邻域，如图 12.6 所示。对于每个对象 o_i（$1 \leqslant i \leqslant n$），计算 o_i 与其他对象之间的距离，统计 o_i 的 r－邻域中其他对象的个数。一旦在到 o_i 的 r 距离内找到 $\pi \cdot n$ 个其他对象，则内循环可以立即中止，因为 o_i 已经违反（12.10）式，因而不是 $DB(r, \pi)$－离群点。另一方面，如果对于 o_i，内循环完成，则这意味在半径 r 内，o_i 的近邻数少于 $\pi \cdot n$，因而是 $DB(r, \pi)$－离群点。

简单的嵌套循环方法的时间为 $O(n^2)$。令人吃惊地，实际的 CPU 运行时间与数据集的大小常常是线性的。当数据集中离群点的个数很少时（在大部分时候本应如此），对于大部分非离群点对象，内循环都提前结束。相应地，数据集只有一小部分被考察。

当数据集很大时，整个对象集不可能放在主存中，嵌套循环方法的开销仍然很大。假设主存有 m 页用于挖掘。不是逐个对象执行内循环，在这种情况下，外循环使用 $m-1$ 页存放尽可能多的对象，而使用剩下的 1 页运行内循环。直到 $m-1$ 页中的对象都被识别为非离群点时（这非常可能发生），内循环才中止。相应地，算法的 I/O 开销大约为 $O\left(\left(\frac{n}{b}\right)^2\right)$，其中 b 是一页可以存放的对象数。

```
算法：基于距离的离群点检测。
输入：
    ● 对象集D={o₁,…,oₙ}，阈值r（r>0）和π（0<π≤1）。
输出：D中的DB（r，π）-离群点。
方法：
    for i=1 to n do
        count←0
        for j=1 to n do
            if i≠j and dist（oᵢ, oⱼ）≤r then
                count←count+1
                if count≥π·n then
                    exit{oᵢ不可能是DB（r，π）-离群点}
                end if
            end if
        end for
        print oᵢ{根据（12.10）式，oᵢ是DB（r，π）-离群点}
    end for;
```

图 12.6 $DB(r, \pi)$－离群点检测的嵌套循环算法

嵌套循环的开销主要来自两个方面。第一，为了检查一个对象是否是离群点，嵌套循环方法要对整个数据集检查该对象。为了改进性能，需要探索如何由靠近对象的近邻来确定对象的离群性。第二，嵌套循环方法逐个检查每个对象。为了改进性能，应该尝试根据对象间的邻近性把它们分组，并且在大部分时候逐组检查对象的离群性。12.4.2 节介绍如何实现以上思想。

12.4.2 基于网格的方法

CELL 是一种基于距离的离群点检测的基于网格的方法。在这种方法中，数据空间被划分成多维网格，其中每个单元是一个其对角线长度为 $\frac{r}{2}$ 的超立方体，其中 r 是一个距离阈值参数。换言之，如果有 l 维，则单元的每个边长为 $\frac{r}{2\sqrt{l}}$。

例如，考虑一个二维数据集。图 12.7 显示了网格的一部分。单元的每个边长为 $\frac{r}{2\sqrt{2}}$。

考虑图 12.7 中的单元 C。单元 C 的近邻单元可以划分成两组。直接与 C 相邻的单元构成第 1 层单元（图中用"1"标示），而在任意方向远离 C 一个或两个单元的单元构成第 2 层单元（图中用"2"标记）。这两层单元具有如下性质：

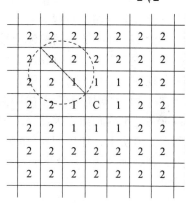

- **第 1 层单元的性质**：给定 C 的任意点 x 和第 1 层中的任意点 y，有 $dist(x, y) \leqslant r$。
- **第 2 层单元的性质**：给定 C 的任意点 x 和任意点 y，使得 $dist(x, y) \geqslant r$，则 y 在一个第 2 层单元中。

设 a 是单元 C 中的对象数，b_1 是第 1 层单元中的对象总数，b_2 是第 2 层单元中的对象总数。可以使用如下规则：

562

图 12.7 CELL 方法的网格

- **层 -1 单元剪枝规则**：根据第 1 层单元的性质，如果 $a + b_1 > \lceil \pi n \rceil$，则 C 中的每个对象 o 都不是 $DB(r, \pi)$ - 离群点，因为 C 和第 1 层单元中的所有对象都在 o 的 r - 邻域中，并且至少有 $\lceil \pi n \rceil$ 个这样的近邻。
- **层 -2 单元剪枝规则**：根据第 2 层单元的性质，如果 $a + b_1 + b_2 < \lceil \pi n \rceil + 1$，则 C 中的所有对象都是 $DB(r, \pi)$ - 离群点，因为它们的 r - 邻域中的其他对象都少于 $\lceil \pi n \rceil$ 个。

使用以上两个规则，CELL 方法使用网格把数据分组——在一个单元中的所有对象形成一组。对于满足以上规则之一的组，可以确定单元中的所有对象都是离群点或者都不是离群点，因而不必逐个检查这些对象。此外，为了使用以上两个规则，只需要检查有限多个邻近目标单元的单元，而不是整个数据集。

使用以上两个规则，许多对象都可以确定为非离群点或离群点。只需要检查不能使用以上两个规则剪枝的那些对象。即使对于这样的对象 o，也只需要计算 o 与 o 的第 2 层中的对象之间的距离。这是因为第 1 层中的所有对象到 o 的距离最多为 r，并且不在第 1 层或第 2 层中的对象到 o 的距离都超过 r，因而不可能在 o 的 r - 邻域中。

当数据集很大，以至于大部分数据都存放中磁盘上时，CELL 方法可能导致许多对磁盘的随机访问，这开销很大。已经提出了另一种方法，只使用很少的主存（大约为数据集的 1%），通过 3 次数据集扫描，挖掘所有的离群点。首先使用有放回抽样，从给定数据集 D 创建一个样本 S。S 中的每个对象被看做一个分区的形心。根据距离，把 D 中的对象分配到各分区中。以上步骤在一次扫描 D 完成。候选离群点在第二次扫描 D 识别。第三次扫描后，找出所有 $DB(r, \pi)$ - 离群点。

563

12.4.3 基于密度的离群点检测

基于距离的离群点，如 $DB(r, \pi)$ – 离群点，只是一种类型的离群点。尤其是，基于距离的离群点检测从全局考虑数据集。由于如下两个原因，这种离群点被看做 "全局离群点"：

- 例如，一个 $DB(r, \pi)$ – 离群点至少远离（用参数 r 定量）数据集中（$1 - \pi$）× 100% 的对象。换言之，这种离群点远离数据的大多数。
- 为了检测基于距离的离群点，需要两个距离参数 r 和 π，它们用于每个离群点对象。

现实世界的许多数据集都呈现更复杂的结构，那里对象可能关于其局部邻域，而不是关于整个数据分布而被视为离群点。看一个例子。

例 12.14 基于局部邻近性的离群点。考虑图 12.8 中的数据点。有两个簇：C_1 是稠密的，C_2 是稀疏的。对象 o_3 可以被检测为基于距离的离群点，因为它远离数据集的大多数。

现在，考虑对象 o_1 和 o_2。它们是离群点吗？一方面，o_1 和 o_2 到稠密簇 C_1 的距离小于 C_2 簇中对象到它的最近邻的平均距离。因此，o_1 和 o_2 都不是基于距离的离群点。事实上，如果把 o_1 和 o_2 分类为 $DB(r, \pi)$ – 离群点，则必须把簇 C_2 中的所有对象都分类为 $DB(r, \pi)$ – 离群点。

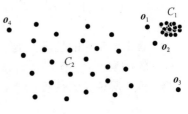

图 12.8 全局离群点和局部离群点

另一方面，当局部地考虑簇 C_1 时，o_1 和 o_2 都可以视为离群点，因为 o_1 和 o_2 都显著地偏离 C_1 中的对象。此外，o_1 和 o_2 也远离 C_2 中的对象。

总之，基于距离的离群点检测方法不能捕获像 o_1 和 o_2 这样的局部离群点。注意，o_4 与它最近邻之间的距离远大于 o_1 与它最近邻之间的距离。然而，因为 o_4 是局部于簇 C_2（它是稀疏的）的，因而不认为 o_4 是局部离群点。 ■

"如何确切地定义例 12.14 所示的局部离群点？"这里，关键的思想是，需要把对象周围的密度与对象邻域周围的密度进行比较。基于密度的离群点检测方法的基本假定是：非离群点对象周围的密度与其邻域周围的密度类似，而离群点对象周围的密度显著不同于其邻域周围的密度。

根据以上假定，基于密度的离群点检测方法使用对象和其近邻的相对密度指示对象是离群点的程度。

现在，考虑给定对象集 D，如何度量对象 o 的相对密度。对象 o 的 k – 距离记为 $dist_k(o)$，是 o 与另一个对象 $p \in D$ 之间的距离 $dist(o, p)$，使得：

- 至少有 k 个对象 $o' \in D - \{o\}$，使得 $dist(o, o') \le dist(o, p)$。
- 至多有 $k - 1$ 个对象 $o'' \in D - \{o\}$，使得 $dist(o, o'') < dist(o, p)$。

换言之，$dist_k(o)$ 是 o 与其第 k 个最近邻之间的距离。因此，o 的 k – 距离邻域包含其到 o 的距离不大于 $dist_k(o)$ 的所有对象，记为

$$N_k(o) = \{o' \mid o' \in D, dist(o,o') \le dist_k(o)\} \tag{12.11}$$

注意，$N_k(o)$ 中的对象可能超过 k 个，因为可能会有多个对象到 o 的距离相等。

可以使用 $N_k(o)$ 中对象到 o 的平均距离作为 o 的局部密度的度量。然而，这种简单的度量有一个问题：如果 o 有一个非常近的近邻 o'，使得 $dist(o, o')$ 非常小，则距离度量的统计波动可能出乎意料地高。为了解决这一问题，可以通过加上光滑效果，转换成如下可达距离。

对于两个对象 o 和 o'，如果 $dist(o, o') > dist_k(o)$，则从 o' 到 o 的可达距离是 $dist(o, o')$，否则是 $dist_k(o)$。即

$$reachdist_k(o \leftarrow o') = \max\{dist_k(o), dist(o, o')\} \qquad (12.12)$$

这里，k 是用户指定的参数，用于控制光滑效果。本质上，k 指定需要考察以便确定对象密度的最小邻域。重要的是，可达距离不是对称的，即一般而言，$reachdist_k(o \leftarrow o') \neq (reachdist_k(o' \leftarrow o))$。

现在，把对象 o 的局部可达密度定义为

$$lrd_k(o) = \frac{\| N_k(o) \|}{\sum\limits_{o' \in N_k(o)} reachdist_k(o' \leftarrow o)} \qquad (12.13)$$

这里为离群点检测定义的密度度量与基于密度的聚类（12.5 节）定义的密度度量之间存在重要区别。在基于密度的聚类中，为了确定一个对象是否可以看做基于密度的簇的核心对象，使用两个参数：用于指定邻域的区域的半径参数 r 和邻域中的最少点数。这两个参数都是全局的，用于所有对象。相比之下，受相对密度是找出局部离群点的关键这一观察的启发，使用参数 k 确定邻域，但不必指定邻域中对象的最小数量作为密度的一个条件，而是计算对象局部可达密度，并把它与近邻比较，确定该对象被视为离群点的程度。

尤其是，定义 o 的局部离群点因子（local outlier factor）为

$$LOF_k(o) = \frac{\sum\limits_{o' \in N_k(o)} \dfrac{lrd_k(o')}{lrd_k(o)}}{\| N_k(o) \|} = \sum\limits_{o' \in N_k(o)} lrd_k(o') \sum\limits_{o' \in N_k(o)} reachdist_k(o' \leftarrow o) \qquad (12.14)$$

换言之，局部离群点因子是 o 的可达密度与 o 的 k-最近邻的可达密度之比的平均值。对象 o 的局部可达密度越低（即项 $\sum\limits_{o' \in N_k(o)} reachdist_k(o' \leftarrow o)$ 越小），并且 o 的 k-最近邻的局部可达密度越高，LOF 值越高。这恰好捕获了与其 k-最近邻的局部密度相比，局部离群点的局部密度相对较低。

局部离群点因子具有一些很好的性质。首先，对于一个深藏在一致簇内部的对象，如图 12.8 中簇 C_2 中心的那些点，局部离群点因子接近于 1。这一性质确保，无论簇是稠密的还是稀疏的，簇内的对象不会错误地标记为离群点。

其次，对于一个对象 o，$LOF(o)$ 的含义容易理解。例如，考虑图 12.9 中的对象。对于对象 o，令

$$direct_{\min}(o) = \min\{reachdist_k(o' \leftarrow o) \mid o' \in N_k(o)\} \qquad (12.15)$$

为从 o 到它的 k-最近邻的最小可达距离。类似地，可以定义

$$direct_{\max}(o) = \max\{reachdist_k(o' \leftarrow o) \mid o' \in N_k(o)\} \qquad (12.16)$$

还考虑 o 的 k-最近邻。令

$$indirect_{\min}(o) = \min\{reachdist_k(o' \leftarrow o) \mid o' \in N_k(o) \text{ and } o'' \in N_k(o')\} \qquad (12.17)$$

并且

$$indirect_{\max}(o) = \max\{reachdist_k(o' \leftarrow o) \mid o' \in N_k(o) \text{ and } o'' \in N_k(o')\} \qquad (12.18)$$

因此，可以证明 $LOF(o)$ 受限于

$$\frac{direct_{\min}(o)}{indirect_{\max}(o)} \leqslant LOF(o) \leqslant \frac{direct_{\max}(o)}{indirect_{\min}(o)} \qquad (12.19)$$

这一结果清楚地表明，LOF 捕获了对象的相对密度。

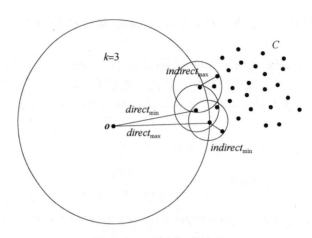

图 12.9 $LOF(o)$ 的性质

12.5 基于聚类的方法

离群点概念与簇概念高度相关。基于聚类的方法通过考察对象与簇之间的关系检测离群点。直观地，离群点是一个对象，它属于小的偏远簇，或不属于任何簇。

这导致三种基于聚类的离群点检测的一般方法。考虑一个对象。

- 该对象属于某个簇吗？如果不，则它被识别为离群点。
- 该对象与最近的簇之间的距离很远吗？如果是，则它是离群点。
- 该对象是小簇或稀疏簇的一部分吗？如果是，则该簇中的所有对象都是离群点。

让我们对每种方法考察一个例子。

例 12.15 把离群点检测为不属于任何簇的对象。群居动物（例如，山羊和鹿）成群居住和迁移。使用离群点检测，可以把离群点看做不属于任何畜群的动物。这种动物或者是走失的，或者是受伤的。

在图 12.10 中，每个点都代表一个生活在畜群中的动物。使用基于密度的聚类方法，如 DBSCAN，我们注意到黑色点都属于簇。白色点 a 不属于任何簇，因而被宣布为离群点。 ■

第二种基于聚类的离群点检测方法考虑对象与距它最近的簇之间的距离。如果该距离很大，则该对象关于该簇很可能是离群点。因此，这种方法检测关于簇的个体离群点。

例 12.16 使用到最近簇的距离的基于聚类的离群点检测。使用 k-均值聚类方法，可以把图 12.11 中的数据点划分成 3 个簇，如图中不同符号所示。每个簇的中心用 "+"标记。

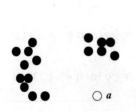

图 12.10 对象 a 是离群点，因为它不属于任何簇

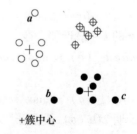

+簇中心

图 12.11 离群点（a，b，c）都（关于簇中心）远离距它们最近的簇

对于每个对象 o，都可以根据该对象与最近簇中心的距离，赋予该对象一个离群点得

分。假设到 o 的最近中心为 c_o，则 o 与 c_o 之间的距离为 $dist(o, c_o)$，c_o 与指派到 c_o 的对象

之间的平均距离为 l_{c_o}。比率 $\dfrac{dist(o, c_o)}{l_{c_o}}$ 度量 $dist(o, c_o)$ 与平均值的差异程度。在图 12.11

中，点 a、b 和 c 都相对远离它们的对应中心，因而被怀疑为离群点。　■

这种方法也能用于入侵检测，如例 12.17 所示。

例 12.17 通过基于聚类的离群点检测进行入侵检测。 通过考虑训练数据集中的数据点与簇之间的相似性，已经开发了一种提升方法来检测 TCP 连接数据中的入侵。这种方法包括如下三步。

(1) 使用训练数据集找出正常数据的模式。更明确地说，TCP 连接数据根据日期分段。在每个段中发现频繁模式。分段中处于多数的频繁模式被视为正常数据的模式，并称为"基本连接"。

(2) 训练数据中包含基本连接的连接被看做无攻击的。这些连接被聚类成簇。

(3) 把原数据集中的数据点与上一步得到的簇进行比较。认为是关于这些簇的离群点的任何点都被看做可能的攻击。　■

注意，迄今为止我们看到的每种方法都只检测个体离群点，因为它们一次把一个对象与数据集中的簇进行比较。然而，在大型数据集中，一些离群点可能是类似的，并且形成一个小簇。例如，在入侵检测中，使用相同手段攻击系统的黑客可能形成一个簇。迄今为止所讨论的方法可能被这种离群点所欺骗。

为了解决这一问题，第三种基于聚类的离群点检测方法识别小簇或稀疏簇，并宣告这些簇中的对象也是离群点。这种方法的一个例子是 *FindCBLOF* 算法，其方法如下。

(1) 找出数据集中的簇，并把它们按大小降序排列。该算法假定大部分数据点都不是离群点。它使用一个参数 $\alpha(0\leqslant\alpha\leqslant1)$ 来区别大簇和小簇。任何至少包含数据集中百分之 α（例如，$\alpha=90\%$）数据点的簇都被视为"大簇"，而其余的簇被看做"小簇"。

(2) 对于每个数据点赋予基于簇的局部离群点因子（CBLOF）。对于属于大簇的点，它的 CBLOF 是簇的大小和该点与簇的相似性的乘积。对于属于小簇的点，它的 CBLOF 用小簇的大小和该点与最近的大簇的相似性的乘积计算。

CBLOF 用统计学方法定义点和簇之间的相似性，代表点属于簇的概率。该值越大，点与簇越相似。CBLOF 值可以检测远离任何簇的离群点。此外，远离任何大簇的小簇被看做由离群点组成。具有最低 CBLOF 值的点被怀疑是离群点。

例 12.18 检测小簇中的离群点。 图 12.12 中的数据点形成 3 个簇：大簇 C_1 和 C_2，一个小簇 C_3。对象 o 不属于任何簇。

使用 CBLOF，*FindCBLOF* 可以识别 o 和簇 C_3 中的点为离群点。对于 o，最近的大簇是 C_1。CBLOF 简单地为 o 与 C_1 的相似性，该值很小。对于 C_3 中的点，最近的大簇是 C_2。尽管簇 C_3 中有 3 个点，但是这些点与簇 C_2 中的点的相似性都很低，并且 $|C_3|=3$ 很小，因此 C_3 中点的 CBLOF 得分很小。　■

如果在检测离群点前必须先找出簇，则基于聚类的方法可能导致很大的计算开销。已经开发了一些技术来提高有效性。**固定宽度聚类**（fixed-width clustering）是一种线性时间技术，用于一些离群点检测方法。其思想是简单而有效的。一个点被指派到一个簇，如果从该点到该簇中心的距离在预先定义的距离阈值内。如果一个点不能指派到任何已存在的簇，则创建

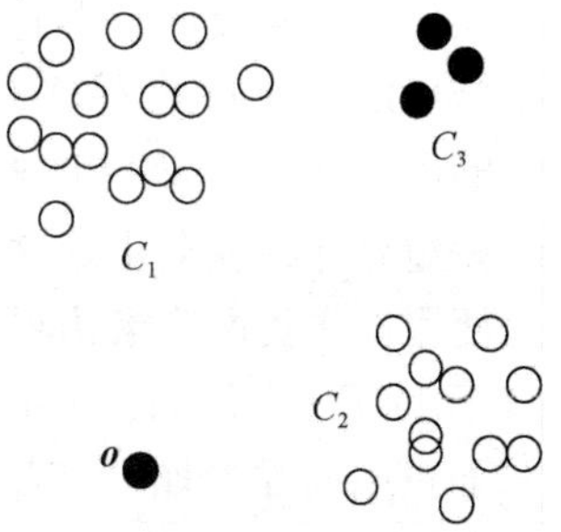

图 12.12 小簇中的离群点

一个新簇。在某些条件下，距离阈值可以由数据学习。

基于聚类的离群点检测方法具有如下优点。首先，它们可以检测离群点，而不要求数据是有标号的，即它们以无监督方式检测。它们对许多类型的数据都有效。簇可以看做数据的概括。一旦得到簇，基于聚类的方法只需要把对象与簇进行比较，以确定该对象是否是离群点。这一过程通常很快，因为与对象总数相比，簇的个数通常很小。

基于聚类的方法的缺点是，它的有效性高度依赖于所使用的聚类方法。这些方法对于离群点检测而言可能不是最优的。对于大型数据集，聚类方法通常开销很大，这可能成为一个瓶颈。

12.6 基于分类的方法

如果训练数据具有类标号，则离群点检测可以看做分类问题。基于分类的离群点检测方法的一般思想是，训练一个可以区分"正常"数据和离群点的分类模型。

考虑一个训练数据集，它包含一些标记为"正常"，而其他标记为"离群点"的样本。于是，可以在该训练集上构建一个分类器。可以使用任意分类算法（第 8 章和第 9 章）。然而，这种方法对于离群点检测效果不好，因为训练集是高度有偏的。也就是说，正常样本的数量可能远远超过离群点样本的数量。这种不平衡（其中离群点样本的数量可能不足）可能使得我们很难构建一个准确的分类器。例如，考虑系统的入侵检测。因为大部分系统访问都是正常的，因此很容易得到正常事件的一个好的表示。然而，由于新的意外入侵不时出现，因此枚举所有可能的入侵是不切实际的。这样，只有离群点（或入侵）样本的一个不充分的表示。

为了解决这一难题，基于分类的离群点检测方法通常使用一类模型（one-class model）。也就是说，构建一个仅描述正常类的分类器。不属于正常类的任何样本都被视为离群点。

例 12.19 使用一类模型检测离群点。考虑图 12.13 所示的训练集，其中白点是标记为"正常"的样本，而黑点是标记为"离群点"的样本。为了构建一个离群点检测模型，可以使用如 SVM（第 9 章）这样的分类方法来学习正常类的决策边界。给定一个新对象，如果该对象在正常类的决策边界内，则它被视为正常的；如果该对象在该决策边界外，则它被宣布为离群点。

仅使用正常类的模型检测离群点的优点是，该模型可以检测可能不靠近训练集中的任何离群点的新离群点。只要这种离群点落在正常类的决策边界外，就会出现这种情况。

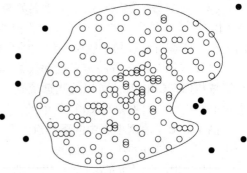

图 12.13 为正常类学习一个模型

使用正常类的决策边界的思想可以推广处理正常对象可能属于多个类的情况，如模糊聚类（第 11 章）。例如，AllElectronics 接收退回商品。顾客可能因为多种原因（对应于类的类别）而退回商品，如"产品设计缺陷"和"产品运输期间损坏"。每一类都是正常的。为了检测离群点实例，AllEletronics 可以为每个正常类学习一个模型。为了确定一个实例是否是离群点，可以在该实例上运行每个模型。如果该实例不拟合任何模型，则它被宣布为离群点。

基于分类的方法和基于聚类的方法可以联合使用，以半监督的方式检测离群点。

例 12.20 通过半监督学习检测离群点。考虑图 12.14，其中对象被标记为"正常"或"离群点"，或者没有标号。使用基于聚类的方法，发现一个大簇 C 和一个小簇 C_1。因为 C 中的某些对象携带了标号"正常"，因此可以把该簇的所有对象（包括没有标号的对象）都看做正常对象。在离群点检测中，使用这个簇的一类模型来识别离群点。类似地，因为簇 C_1 中的某些对象携带标号"离群点"，因此宣布 C_1 中的所有对象都是离群点。未落入 C 模型中的任何对象（如 a）也被视为离群点。 ■

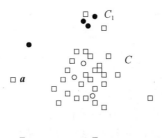

○ 标号为"正常"的对象 ● 标号为"离群点"的对象 □ 无标号的对象

图 12.14 通过半监督学习检测离群点 572

通过从有标号的样本学习，基于分类的方法可以把人的领域知识吸纳到检测过程中。一旦构建好分类模型，离群点检测过程就很快。只需要把被考察的对象与由训练数据学习得到的模型进行比较。基于分类的方法的质量高度依赖训练集的可利用性和质量。在许多应用中，很难得到高质量的训练数据，这制约了基于分类的方法的应用。

12.7 挖掘情境离群点和集体离群点

给定数据集的一个数据对象是**情境离群点**（或条件离群点），如果关于指定的对象情境，它显著地偏离（12.1 节）。情境使用**情境属性**定义。这些高度依赖于应用，并且通常由用户提供，作为情境离群点检测任务的一部分。情境属性可以包括空间属性、时间、网络位置和复杂结构的属性。此外，**行为属性**定义对象的特征，并用于估计对象在它所属的情境下是否是离群点。

例 12.21 情境离群点。为了确定某处的温度是否异常（离群点），说明关于地点信息的属性充当情境属性。这些属性可以是空间属性（如经纬度）或图或网络中的位置属性。也可以使用时间属性。在客户关系管理中，一位顾客是否是离群点可能依赖于具有类似概况的其他顾客。这里，定义顾客概况的属性提供离群点检测的情境。 ■

与一般的离群点检测相比，识别情境离群点需要分析对应的情境信息。情境离群点检测方法可以根据情境是否可以清楚地识别而分成两类。

12.7.1 把情境离群点检测转换成传统的离群点检测

这类方法适用于情境可以被清楚识别的情况，其基本思想是把情境离群点检测问题转换成典型的离群点检测问题。具体地说，对于给定的数据对象，用两步来评估该对象是否是离群点。第一步，使用对象的情境属性识别对象的情境。第二步，使用一种传统的离群点检测方法，估计该对象的离群点得分。 573

例 12.22 情境可以清楚识别时的情境离群点检测。在客户联系管理中，可以在顾客组群的情境下检测离群点顾客。假设 AllElectronics 在 4 个属性上记录了顾客信息，这些属性是年龄组 age_group（即 25 岁以下、25～45、45～65 和 65 岁以上）、邮政编码 post_code、每年的购买次数 number_of_transaction_per_year 和年度购买总量 annual_total_transaction_amount。属性年龄组和邮政编码充当情境属性，而每年的购买次数和年度购买总量是行为属性。

为了检测这种情况下的离群点，对于顾客 c，首先使用属性年龄组和邮政编码确定 c 的情境。然后，可以把 c 与同一组群的其他顾客进行比较，并使用传统的离群点检测方法（前面讨论的那些）来确定 c 是否是离群点。　　　　　　　　　　　　　　　　　　　■

情境可以在不同的粒度层指定。假设 AllElectronics 在比属性年龄组、邮政编码、每年的购买次数和年度购买总量更细的粒度上记录顾客信息。仍然可以在年龄组和邮政编码上对顾客分组，然后在每组上挖掘离群点。如果落入一个组群中的顾客数很少，甚至为 0，怎么办？对于顾客 c，如果对应的情境包含很少，甚至没有其他顾客，那么使用精确的情境评估 c 是否是离群点是很不可靠的，甚至是不可能的。

为了解决这一难题，可以假定居住在相同区域、年龄差不多的顾客具有相似的正常行为。这一假定有助于把情境一般化，并且使离群点检测更有效。例如，使用训练数据，可以在情境属性上学习数据的一个混合模型 U，在行为属性上学习数据的另一个混合模型 V。还学习一个映射 $p(V_i \mid U_j)$，捕获属于情境属性上的簇 U_j 的对象 o 被行为属性上的簇 V_i 产生的概率。离群点得分可以用下式计算

$$S(o) = \sum_{U_j} p(o \in U_j) \sum_{V_i} p(o \in V_i) p(V_i \mid U_j) \qquad (12.20)$$

这样，情境离群点问题被转换成使用混合模型的离群点检测。

12.7.2　关于情境对正常行为建模

在某些应用中，清楚地把数据划分成情境是不方便的或不可行的。例如，考虑如下情况，AllElectronics 的网店在搜索日志中记录了顾客的浏览。对于每位顾客，数据日志记录了该顾客搜索的和浏览的产品。AllElectronics 对情境离群点行为感兴趣，例如，一位顾客突然购买一件与她的当前浏览不相关的产品。然而，在这个应用中，情境不可能很容易地指定，因为不清楚先前浏览过的多少产品应该考虑作为情境，并且这一数量可能因产品而异。

第二类情境离群点检测方法关于情境对正常行为建模。使用一个训练数据集，这种方法训练一个模型，关于情境属性的值，预测期望的行为属性值。然后，为了确定一个数据对象是否是情境离群点，可以在该对象的情境属性上使用该模型。如果该对象的行为属性值显著地偏离该模型的预测值，则该对象被宣布为情境离群点。

通过使用连接情境和行为的预测模型，这些方法避免直接识别具体情境。许多分类和预测技术都可以用来构建这种模型，如回归、马尔科夫模型和有穷状态自动机。关于更多细节，建议感兴趣的读者参阅关于分类的第 8 章、第 9 章和文献注释（12.11 节）。

总之，通过考虑情境（这在许多应用中都是重要的），情境离群点检测加强了传统的离群点检测。可以检测传统方法不能检测的离群点。考虑一位信用卡用户，她的收入水平很低，但消费模式类似于百万富翁。如使用收入水平定义情境，则该用户可能被检测为离群点。没有情境信息，该用户不可能被检测为离群点，因为她确实与许多百万富翁有相同的消费模式。在离群点检测中，考虑情境还可以帮助避免假警报。不考虑情境，一位百万富翁的购买事务可能错误地被检测为离群点，如果训练集中的大多数顾客都不是百万富翁。通过在离群点检测中吸纳情境信息，这种错误可以被更正。

12.7.3　挖掘集体离群点

一组数据对象形成一个**集体离群点**，如果这些对象作为一个整体显著地偏离整个数据集，尽管该组群中的每个对象可能并非离群点（12.1 节）。为了检测集体离群点，必须考察数据集的结构，即多个数据对象之间的联系。这使得该问题比传统的离群点检测和情境离群点检测更困难。

"如何探察数据集的结构？"通常，这依赖于数据的性质。对于时间数据（例如，时间序列和序列）的离群点检测而言，探测按时间形成的结构，它们出现于时间序列的片段或子序列中。为了检测空间数据中的离群点，探测局部区域。类似地，在图或网络数据中，探测子图。对于这些数据类型来说，这些结构都是固有的。

情境离群点检测和集体离群点检测是类似的，因为它们都探测结构。在情境离群点检测中，结构是情境，用情境属性明确指定。集体离群点检测的关键区别是，结构通常不是明确定义的，而必须作为离群点检测过程的一部分来发现。

575

与情境离群点检测一样，集体离群点检测方法也可以划分成两类。第一类方法把问题归约为传统的离群点检测。其策略是识别结构单元，把每个结构单元（例如，子序列、时间序列片段、局部区域或子图）看做一个数据对象，并提取特征。这样，集体离群点检测问题就转换成在使用提取的特征构造的"结构化对象"集上的离群点检测。一个结构单元代表原数据集中的一组对象，如果该结构单元显著地偏离提取的特征空间中的期望趋势，则它是一个集体离群点。

例 12.23　图数据上的集体离群点检测。让我们看看如何在 AllElectronics 的在线顾客社会网络上检测离群点。假设把该社会网络看做无标号图。于是，该网络的每个子图都可以看做一个结构单元。对于每个子图 S，令 $|S|$ 为 S 中的顶点数，$freq(S)$ 为 S 在网络中的频度。即 $freq(S)$ 是网络中与 S 同构的不同子图数。可以使用这两个特征来检测离群点子图。一个离群点子图是一个包含多个顶点的集体离群点。

一般而言，小子图（例如，单个顶点或用一条边连接的一对顶点）可望是频繁的，而大子图可望是非频繁的。使用以上简单方法，可以检测具有非常低频度的小子图和具有出人意料频度的大子图。这些是社会网络中的离群点结构。∎

为集体离群点检测预先定义结构单元可能是困难的，或者是不可能的。因此，第二类方法直接对结构单元的期望行为建模。例如，为了在时间序列中检测离群点，一种方法是从序列中学习马尔科夫模型。因此，一个子序列被宣布为集体离群点，如果它显著地偏离该模型。

总之，由于探索数据中结构的任务艰巨，所以集体离群点检测相当微妙。典型地，这种探索使用启发式方法，因而可能依赖于应用。由于挖掘过程复杂，计算开销通常很高。尽管实践中非常有用，但是集体离群点检测依然具有挑战，需要进一步研究与开发。

12.8　高维数据中的离群点检测

在某些应用中，可能需要检测高维数据中的离群点。维灾难对有效的离群点检测提出了巨大挑战。随着维度的增加，对象之间的距离可能严重被噪声所左右。也就是说，在高维空间中，两点之间的距离或相似性可能并不反映点之间的实际联系。因此，随着维度的增加，主要使用相似性或密度识别离群点的传统检测方法的效果越来越差。

576

理想地，高维数据的离群点检测方法应该应对以下挑战：

- **离群点的解释**：它们不仅应该能够检测离群点，而且能够提供离群点的解释。因为高维数据集涉及许多特征（或维），因此检测离群点而不提供为什么它们是离群点的解释不是很有用。离群点的解释可能是，例如，揭示离群点的特定子空间，或者关于对象的"离群点性"的评估。这种解释可以帮助用户理解离群点的含义和意义。

- **数据的稀疏性**：这些方法应该能够处理高维空间的稀疏性。随着维度的增加，对象之间的距离严重地被噪声所左右。因此，高维空间中的数据通常是稀疏的。

- **数据子空间**：它们应该以合适的方式对离群点建模，例如，自适应显示离群点的子空间和捕获数据的局部变化。在所有的子空间上使用固定的距离阈值来检测离群点不是一种好想法，因为两个对象之间的距离随着维度增加而单调增加。

- **关于维度的可伸缩性**：随着维度的增加，子空间的数量指数增加。包含所有可能的子空间的穷举组合探索不是可伸缩的选择。

高维数据的离群点检测方法可以划分成三种主要方法，包括扩充的传统离群点检测（12.8.1 节）、发现子空间中的离群点（12.8.2 节）和对高维离群点建模（12.8.3 节）。

12.8.1 扩充的传统离群点检测

一种高维数据离群点检测方法是扩充的传统离群点检测方法。它使用传统的基于邻近性的离群点模型。然而，为了克服高维空间中邻近性度量恶化问题，它使用其他度量，或构造子空间并在其中检测离群点。

HilOut 算法就是这种方法的一个例子。HilOut 找出基于距离的离群点，但在离群点检测中使用距离的秩，而不是绝对距离。具体地说，对于每个对象 o，HilOut 找出 o 的 k 个最近邻，记作 $nn_1(o)$，$\cdots$，$nn_k(o)$，其中 k 是一个依赖于应用的参数。对象 o 的权重定义为

$$w(o) = \sum_{i=1}^{k} dist(o, nn_i(o)) \tag{12.21}$$

所有对象按权重递减序定秩。权重最高的 top-l 个对象作为离群点输出，其中 l 是另一个用户指定的参数。

计算每个对象的 k - 最近邻开销很大，当维度很高并且数据集很大时不能伸缩。为了处理可伸缩问题，HilOut 利用空间充填曲线得到一个近似算法，它关于数据库规模和维度，在运行时间和空间上都是可伸缩的。

尽管像 HilOut 这样的一些方法不顾高维性，在整个空间检测离群点，而其他一些方法则通过维归约（第 3 章），把高维离群点检测问题归结为较低维上的离群点检测。其基本思想是，把高维空间归约到较低维空间，那里标准的距离度量仍然能够区分离群点。如果能够找到这样的较低维空间，则可以使用传统的离群点检测方法。

为了降低维度，可以对离群点检测使用或扩充一般的特征选择和提取方法。例如，可以使用主成分分析（PCA）来提取一个较低维空间。启发式地，具有较低方差的主成分更可取，因为在这样的维上，正常对象可能相互靠近，而离群点通常偏离大多数。

通过扩充的传统离群点检测方法，可以重用该领域研究积累的许多经验。然而，这些新方法具有局限性。首先，它们不能检测关于子空间的离群点，并且具有有限的可解释性。其次，仅当存在较低维空间，那里正常对象与离群点被很好地分开，维归约才是可行的。这种假定并非总是成立。

12.8.2 发现子空间中的离群点

高维数据中离群点检测的另一种方法是搜索各种子空间中的离群点。其唯一的优点是，如果发现一个对象是很低维度的子空间中的离群点，则该子空间提供了重要信息，解释该对象为什么和在何种程度上是离群点。由于过多的维存在，这一洞察对于具有高维数据的应用而言是非常有价值的。

例 12.24 子空间中的离群点。 作为 AllElectronics 的客户联系经理，你对找出离群点顾客感兴趣。AllElectronics 维护了一个大规模的顾客信息数据库，包含顾客的许多属性和购物史。这个数据库是高维的。

假设你发现在包含平均购买量和购买频率维的低维子空间上，顾客 Alice 是一个离群点，她的平均购买量显著地高于大多数顾客，而她的购买频率却非常低。该子空间本身就说明了为什么和在何种程度上，Alice 是一个离群点。使用这一信息，你可以决定有意地接近 Alice，向她建议可能提高她在 AllElectronics 购买频率的选择性项目。 ■ 578

"如何检测子空间中的离群点？"我们使用一种基于网格的子空间离群点检测方法进行解释。其主要思想如下。考虑数据到各种子空间上的投影。如果在一个子空间中，我们发现一个区域，其密度比平均密度低很多，则该区域很可能包含离群点。为了找出这种投影，首先以等深的方式把数据离散化到网格中。也就是说，每个维被划分成 ϕ 个等深的区间，其中每个区间包含对象的 $f\left(f = \frac{1}{\phi}\right)$ 部分。选择等深划分是因为数据对象沿不同的维可能具有不同的局部性。空间的等宽划分可能不能反映这种局部性差异。

接下来，在子空间中搜索被这些区间定义的显著稀疏的区域。为了量化何为"显著稀疏"，考虑 k 维上 k 个区间形成的 k 维立方体。假设数据集包含 n 个对象。如果对象是独立分布的，则落入 k 维区域中的期望对象数为 $\left(\frac{1}{\phi}\right)^k n = f^k n$。在一个 k 维区域中点数的标准差为 $\sqrt{f^k (1 - f^k) n}$。假设特定的 k 维立方体 C 有 $n(C)$ 个对象。可以定义 C 的**稀疏系数**为

$$S(C) = \frac{n(C) - f^k n}{\sqrt{f^k (1 - f^k) n}} \qquad (12.22)$$

如果 $S(C) < 0$，则 C 包含的对象少于期望。$S(C)$ 值越小（即，越为负），C 越稀疏，并且 C 中的对象越可能是该子空间中的离群点。

通过假定 $S(C)$ 服从正态分布，我们可以对数据服从均匀分布的先验假定，使用标准正态分布表来确定对象显著地偏离平均值的水平。一般而言，均匀分布的假定不成立。然而，稀疏性系数还是提供了一个区域的"离群点性"的直观度量。

为了找出显著小的稀疏性系数值，一种蛮力方法搜索每个可能的子空间中的每个立方体。然而，这种开销是指数上升的。可以进行循序渐进的搜索，以准确性为代价提高效率。细节请参阅文献注释（12.11 节）。包含在具有很小稀疏性系数值的立方体中的对象被作为离群点输出。

总之，在子空间中搜索离群点是有益的，因为子空间所提供的环境信息使得所发现的离群点往往更容易理解。挑战包括使搜索有效和可伸缩。

12.8.3 高维离群点建模

高维数据离群点检测的另一种方法是，试图直接为高维离群点建立一个新模型。这种方 579

法通常避免邻近性度量，而是采用新的启发式方法来检测离群点。这种方法不会在高维数据中退化。

让我们以考察基于角的离群点检测（Angle-Based Outlier Detection，ABOD）为例。

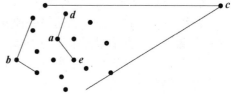

图 12.15　基于角度的离群点

例 12.25　基于角的离群点。图 12.15 包含了一个点集，除 c 之外的点形成一个簇，c 是离群点。对于每个对象 o，对于每个点对 x 和 y，$x \neq o$，$y \neq o$，考察角 $\angle xoy$。作为一个例子，该图显示了 $\angle dae$。

注意，对于簇中心的点（例如，a），这样形成的角度差别很大。对于簇边沿上的点（例如，b），角度的变化较小。对于离群点（例如，c），角度变化显著地小。这一观察暗示，可以使用点的角度方差来确定一个点是否是离群点。 ■

可以结合角度和距离来对离群点建模。准确地说，对于每个点 o，使用距离加权的角度方差（distance-weighted angle variance）作为离群点得分。即给定一个点集 D，对于每个点 $o \in D$，定义基于角度的离群点因子（Angle-Based Outlier Factor，ABOF）为

$$ABOF(o) = VAR_{x,y \in D, x \neq o, y \neq o} \frac{\langle \vec{ox}, \vec{oy} \rangle}{dist(o,x)^2 dist(o,y)^2} \tag{12.23}$$

其中，$\langle , \rangle$ 是点积操作，而 $dist(,)$ 是标准距离。

显然，点离簇越远，点的角度的方差越小，ABOF 越小。基于角度的离群点检测方法（ABOD）对每个点计算 ABOF，并且按 ABOF 递增序输出数据集中点的列表。

对数据库中的每个点计算精确的 ABOF 的开销很大，时间复杂度为 $O(n^3)$，其中 n 是数据库中的点数。显然，精确算法不能缩放到大型数据集。已经开发了近似算法来加快计算速度。基于角度的离群点检测的思想已经被推广，用来处理任意类型的数据。关于更多的细节，参见文献注释（12.11 节）。

为高维离群点开发自然的模型可能导致更有效的方法。然而，为检测高维离群点发现好的启发式方法是困难的。在大型高维数据上的有效性和可伸缩性是主要挑战。

12.9　小结

- 假定一个给定的统计过程来产生数据对象集。**离群点**是显著偏离其余对象的数据对象，仿佛它是被不同的机制产生的。

- **离群点的类型**包括全局离群点、情境离群点和集体离群点。一个对象可能是多种类型的离群点。

- **全局离群点**是最简单的离群点形式，并且最容易检测。**情境离群点**关于对象的特定情境显著地偏离其他对象（例如，多伦多的温度值 28℃ 是一个离群点，如果它出现中冬天）。数据对象的一个子集形成**集体离群点**，如果这些对象作为整体显著地偏离整个数据集，尽管个体数据对象可能不是离群点。集体离群点检测需要背景信息来对对象之间的联系建模，以便发现离群点的组群。

- 离群点检测的**挑战**包括发现合适的数据模型、离群点检测系统对应用的依赖性、找到区别离群点与噪声的方法和提供为什么对象被识别为离群点的解释。

- 离群点检测方法可以根据用于分析的数据样本是否是给定专家提供的、可以用来建立离群点检测模型的标号来**分类**。在这种情况下，检测方法可以是监督的、半监督的或无监督的。或者，离群点检测方法也可以根据它们对正常对象与离群点的假定来组织。这种类别包括统计学方法、基于邻近性的方法和基于聚类的方法。

- **统计学离群点检测方法**（或基于模型的方法）假定正常的数据对象遵守一个统计学模型，而不遵守该模型的数据被视为离群点。这种模型可以是参数的（它假定数据被一个参数分布产生）或非参数的（它由数据学习模型，而不是先验地假定一个）。多元数据的参数方法可以使用马哈拉诺比

斯距离、x^2 统计量或多个参数模型的混合。直方图和核密度估计都是非参数模型的例子。

- **基于邻近性的离群点检测方法**假定一个对象是离群点，如果该对象与它最近邻的邻近性显著地偏离相同数据集中大部分其他对象与它们最近邻的邻近性。基于距离的离群点检测方法考虑被半径定义的对象的邻域。一个对象是离群点，如果它的邻域没有足够多的其他点。在基于密度的离群点检测方法中，一个对象是离群点，如果它的密度比它的近邻相对低得多。

- **基于聚类的离群点检测方法**假定正常的数据对象属于大的、稠密的簇，而离群点属于小的或稀疏的簇，或不属于任何簇。

- **基于分类的离群点检测方法**通常使用一类模型。即构建一个仅描述正常类的分类器。不属于正常类的任何样本都被视为离群点。

- **情境离群点检测**和**集体离群点检测**探索数据中的结构。在情境离群点检测，结构是使用情境属性定义的情境。在集体离群点检测，结构是蕴涵的，并且作为挖掘过程的一部分来探索。为了检测这类离群点，一种方法是把该问题转换成传统的离群点检测问题。另一种方法直接对结构建模。

- **高维数据的离群点检测方法**可以划分成三种主要方法。这些包括扩充的传统离群点检测、找出子空间中的离群点和对高维离群点建模。

12.10 习题

12.1 给出一个应用实例，那里全局离群点、情境离群点和集体离群点都是感兴趣的。属性是什么、情境属性和行为属性是什么？在集体离群点检测中，被建模的对象之间如何联系？

12.2 给出一个应用实例，其中正常对象与离群点之间的边界通常是不清楚的，因而必须估计一个对象是离群点的程度。

12.3 改写一种简单的半监督方法，用于离群点检测。讨论如下情况：（a）只有一些被标记的正常对象；（b）只有一些被标记的离群点实例。

12.4 使用等深直方图设计一种方法，赋予对象一个离群点得分。

12.5 考虑挖掘基于距离的离群点的嵌套循环方法（图 12.6）。假设数据集中的对象随机安排，即每个对象都以相同的概率出现在一个位置上。证明：当离群点的数量相对于整个数据集中的对象总数很小时，距离计算的期望数量线性于对象数。

12.6 在 12.4.3 节的基于密度的离群点检测方法中，局部可达密度存在一个潜在的问题：可能出现 $lrd_k(o) = \infty$。解释为什么可能出现这种情况，并提出一种方法解决该问题。

12.7 因为簇可能形成一个层次结构，所以离群点可能属于不同的粒度层。提出一种基于聚类的离群点检测方法，它可以在不同层发现离群点。

12.8 在通过半监督学习检测离群点时，使用训练数据集中无标号的对象的优点是什么？

12.9 为了理解为什么基于角度的离群点检测是一种启发式方法，给出一个它不太有效的例子。你能想出一种解决这一问题的方法吗？

12.11 文献注释

关于离群点和异常检测的评述和辅导材料，见 Chandola、Banerjee 和 Kumar［CBK09］，Hodge 和 Austin［HA04］，Agyemang、Barker 和 Alhajj［ABA06］，Markou 和 Singh［MS03a，MS03b］，Patcha 和 Park［PP07］，Beckman 和 Cook［BC83］，Ben-Gal［BG05］，Bakar、Mohemad、Ahmad 和 Deris［BMAD06］。Song、Wu、Jermaine 等［SWJR07］提出了条件离群点的概念和情境离群点检测。

Fujimaki、Yairi 和 Machida［FYM05］给出了一个使用被标记的"正常"对象集的半监督群点检测的例子。关于使用标记的离群点的半监督离群点检测的例子，见 Dasgupta 和 Majumdar［DM02］。

Shewhart［She31］假定大部分对象都服从一个高斯分布，并使用 3σ 作为阈值来识别离群点，其中 σ 是标准差。盒图在诸如医学数据等各种应用中都被用来检测和可视化离群点（Horn、Feng、Li 和 Pesce［HFLP01］）。Grubbs［Gru69］，Stefansky［Ste72］，以及 Anscombe 和 Guttman［AG60］讨论了 Grubbs 检验。Laurikkala、Juhola 和 Kentala［LJK00］，Aggarwal 和 Yu［AY01］扩充了 Grubbs 检验，检测多元离群点。Ye 和

Chen［YC01］研究使用 χ^2 统计量来检测多元离群点。

Agarwal［Aga06］使用高斯混合模型捕获"正常数据"。Abraham 和 Box［AB79］假定离群点是被一个具有很大方差的正态分布产生。Eskin［Esk00］使用 EM 算法来学习正常数据和离群点的混合模型。

基于直方图的离群点检测方法在入侵检测（Eskin［Esk00］，Eskin、Arnold、Prerau 等［EAP⁺02］）和缺陷检测（Fawcett 和 Provost［FP97］）应用领域很流行。

Knorr 和 Ng［KN97］开发了基于距离的离群点。基于索引、基于嵌套循环和基于网格的方法都被探索（Knorr 和 Ng［KN98］，Knorr、Ng 和 Tucakov［KNT00］），以加快基于距离的离群点检测速度。Bay 和 Schwabacher［BS03］，以及 Jin、Tung 和 Han［JTH01］指出，嵌套循环方法的 CPU 运行时间通常是关于数据库大小可伸缩的。Tao、Xiao 和 Zhou［TXZ06］提出了一种算法，使用固定的主存，通过 3 次数据库扫描，发现所有的基于距离的离群点。当内存较大时，他们提出了一种只用一次或两次扫描的方法。

583 基于密度的离群点的概念首先由 Breunig、Kriegel、Ng 和 Sander［BKNS00］提出。在基于密度这一主题下已经提出的各种方法，包括 Jin、Tung 和 Han［JTH01］，Jin、Tung、Han 和 Wang［JTHW06］，以及 Papadimitriou、Kitagawa、Gibbons 等［PKGF03］。这些变形因密度估计方法不同而异。

例 12.17 讨论的自助方法由 Barbara、Li、Couto 等［BLC⁺03］提出。FindCBOLF 算法由 He、Xu 和 Deng［HXD03］给出。关于中离群点检测方法中使用固定宽度的聚类，见 Eskin、A. Arnold、M. Prerau［EAP⁺02］，Mahoney 和 Chan［MC03］，以及 He、Xu 和 Deng［HXD03］。Barbara、Wu 和 Jajodia［BWJ01］在网络入侵检测中使用多类分类。

Song、Wu、Jermaine 等［SWJR07］，Fawcet 和 Provost［FP97］提出了一种方法，把情境离群点检测问题归约为传统的离群点检测问题。Yi、Sidiropoulos、Johnson、Jagadish 等［YSJ⁺00］使用回归技术检测协同进化的序列中的情境离群点。例 12.22 中在图数据上检测集体离群点的思想基于 Noble 和 Cook［NC03］。

HilOut 算法由 Angiulli 和 Pizzuti［AP05］提出。Aggarwal 和 Yu［AY01］开发了基于稀疏性系数的子空间
584 离群点检测方法。Kriegel、Schubert 和 Zimek［KSZ08］提出了基于角度的离群点检测。

数据挖掘的发展趋势和研究前沿

作为一个新兴的研究领域，自从 20 世纪 80 年代开始以来，数据挖掘已经取得了显著进展并且涵盖了广泛的应用。今天，数据挖掘已经被应用到了众多的领域，同时出现了大量的商品化的数据挖掘系统和服务。然而，许多挑战依然存在。本章介绍复杂数据类型的数据挖掘，作为读者可能选择进行深入研究的前奏。此外，我们关注数据挖掘的趋势和研究前沿。13.1 节是复杂数据类型挖掘的概述，扩展了本书介绍的概念和任务。这些挖掘包括挖掘时间序列、序列模式和生物学序列，图和网络，时间空间数据，包括地理数据、时空数据、移动对象和物联网系统数据，多媒体数据，文本数据，Web 数据和数据流。13.2 节简略介绍数据挖掘的其他方法，包括统计学方法、理论基础、可视和听觉数据挖掘。

在 13.3 节，我们将学习数据挖掘在商务和科学领域的更多应用，包括财经零售、通信产业、科学与工程，以及推荐系统。数据挖掘的社会影响在 13.4 节讨论，包括普适和无形的数据挖掘，以及保护隐私的数据挖掘。最后，在 13.5 节，我们考察为响应该领域的挑战，数据挖掘发展的当前和预期趋势。

13.1 挖掘复杂的数据类型

本节，我们概述挖掘复杂数据类型的主要研究与进展。复杂数据类型汇总在图 13.1 中。13.1.1 节介绍挖掘序列数据，如挖掘时间序列、符号序列和生物学序列。13.1.2 节讨论挖掘图、社会和信息网络。1.3.1.3 节处理挖掘其他类型的数据，包括挖掘时间数据、时间空间数据、移动对象数据、物联网系统数据、多媒体数据、文本数据、Web 数据和数据流。由于这些主题的广泛性，本节只给出一个高层概述，而不在本书深入讨论。

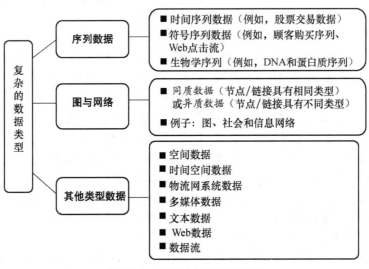

图 13.1　挖掘的复杂数据类型

13.1.1 挖掘序列数据：时间序列、符号序列和生物学序列

序列是事件的有序列表。根据事件的特征，序列数据可以分成三类：（1）时间序列数

据；（2）符号序列数据；（3）生物学序列。让我们考虑每种类型。

在**时间序列数据**（time-series data）中，序列数据由相等时间间隔（例如，每分钟、每小时或每天）记录的数值数据的长序列组成。时间序列数据可以被许多自然或经济过程产生，如股票市场、科学、医学或自然观测。

符号序列数据（symbolic sequence data）由事件或标称数据的长序列组成，通常不是相等的时间间隔观测。对于许多这样的序列，间隙（即，记录的事件之间的时间间隔）无关紧要。例子包括顾客购物序列、Web 点击流，以及科学和工程、自然和社会发展的事件序列。

生物学序列（biological sequence）包括 DNA 序列和蛋白质序列。这种序列通常很长，携带重要的、复杂的、隐藏的语义。这里，间隙通常是重要的。

让我们考察这些序列数据的挖掘。

1. 时间序列数据的相似性搜索

时间序列数据集包含不同时间点重复测量得到的数值序列。通常，这些值在相等时间间隔（例如，每分钟、每小时或每天）测量。时间序列数据库在许多应用都很普遍，如股票市场分析、经济和销售预测、预算分析、效用研究、库存研究、产出预测、工作量预测和过程与质量控制。对于研究自然现象（例如，大气、温度、风、地震）、科学与工程实验、医疗处置等也是有用的。

与一般的数据查询找出严格匹配查询的数据不同，**相似性搜索**找出稍微不同于给定查询序列的数据序列。许多时间序列的相似性查询都要求**子序列匹配**，即找出包含与给定查询序列相似的子序列的数据序列的集合。

对于相似性搜索，通常需要先对时间序列数据进行数据或维度归约和变换。典型的维归约技术包括：（1）离散傅里叶变换（DFT）；（2）离散小波变换（DWT）；（3）基于主成分分析（PCA）的奇异值分解（SVD）。因为已经在第 3 章涉及了这些内容，并且详尽的解释已经超出本书范围，所以不再更详细地讨论。使用这些技术，数据或信号被映射到变换后的空间。保留一小组"最强的"变换后的系数作为特征。

这些特征形成特征空间，它是变换后的空间的投影。可以在原数据或变换后的时间序列数据上构建索引，以加快搜索速度。对于基于查询的相似性搜索，技术包括规范化变换、原子匹配（即找出相似的、短的、无间隙窗口对）、窗口缝合（即缝合相似的窗口，形成大的相似序列，允许原子匹配之间有间隙），以及子序列排序（即对子序列匹配线性排序，确定是否存在足够相似的片段）。关于时间序列数据的相似性搜索，存在大量软件包。

最近，研究人员提出把时间序列数据变换成逐段聚集近似，使得时间序列数据可以看做符号表示的序列。然后，相似性搜索问题变换成在符号序列数据中匹配子序列的相似性搜索。我们可以识别基本模式（motif）（即频繁出现的序列模式），并为基于这种基本模式的有效搜索构建索引和散列机制。实验表明，这种方法快速、简单，并且与 DFT、DWT 和其他维归约方法相比，搜索质量相当。

2. 时间序列数据的回归和趋势分析

在统计学和信号处理中，时间序列数据的回归分析已经做了大量研究。然而，对于许多实际应用而言，我们可能需要超越纯粹的回归，需要进行趋势分析。趋势分析是一个集成模型，使用如下四种主要成分或趋势刻画时间序列数据：

（1）**趋势或长期动向**（trend or long-term movement）：指出时间序列随时间运动的大体方向。例如，使用加权的移动平均和最小二乘方法找出如图 13.2 虚线所示的趋势曲线。

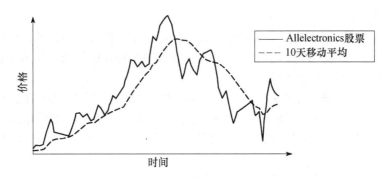

图 13.2　AllElectronics 的股票价格时间序列数据。趋势用移动平均计算，用虚线显示

（2）**周期动向**（cycle movement）：这是趋势线或曲线的长期波动。

（3）**季节变化**（seasonal variation）：指几乎相同的模式出现于相继年份的对应季节，如节日购物季节。为了有效的趋势分析，数据通常需要根据自相关计算的季节指数进行"去季节化"。

（4）**随机动向**（random movement）：这些刻画由于劳务争议或公司内部宣布的人事变化等偶然事件导致的随机变化。

趋势分析也可以用于**时间序列预测**，即找出一个数学函数，它近似地产生时间序列的历史模式，并使用它对未来的数据进行长期或短期预测。自动回归集成的移动平均（Auto-Regressive Integrated Moving Average）ARIMA、长记忆时间序列建模（*long-memory time-series modeling*）和自回归（*autoregression*）都是用于这种分析的流行系统。

3. 符号序列中的序列模式挖掘

符号序列由元素或事件的有序集组成，记录或未记录具体时间。许多应用都涉及符号序列数据，如顾客购物序列、Web 点击流序列、程序执行序列、生物学序列、科学与工程和自然与社会发展的事件序列。因为生物学序列携带了非常复杂的语义，提出了许多挑战性研究问题，因此大部分这种研究都在生物信息学领域进行。

序列模式挖掘广泛地关注挖掘符号序列模式。序列模式是一个存在于单个序列或一个序列集中的频繁子序列。序列 $\alpha = <a_1 a_2 \cdots a_n>$ 是另一个序列 $\beta = <b_1 b_2 \cdots b_m>$ 的子序列，如果存在整数 $1 \leq j_1 < j_2 < \cdots < j_n \leq m$，使得 $a_1 \subseteq b_{j_1}$，$a_2 \subseteq b_{j_2}$，$\cdots$，$a_n \subseteq b_{j_n}$。例如，如果 $\alpha = <\{ab\}, d>$，$\beta = <\{abc\}, \{be\}, \{de\}, a>$，其中 a、b、c、d 和 e 都是项，则 α 是 β 的子序列。序列模式挖掘是挖掘在一个序列或序列集中频繁的子序列。作为该领域广泛研究的结果，已经开发了许多可伸缩的算法。或者，我们可以只挖掘闭序列模式的集合，其中一个序列模式 s 是**闭的**，如果不存在序列模式 s'，使得 s 是 s' 的真子序列，并且 s' 与 s 具有相同（频度）支持度。类似于对应的频繁模式挖掘，还有一些有效地挖掘**多维**、**多层序列模式**的研究。

与基于约束的频繁模式挖掘一样，用户指定的约束可以用来缩小序列模式挖掘的搜索空间，只导出用户感兴趣的模式，这称为**基于约束的序列模式挖掘**。此外，还可以对序列模式挖掘问题放宽或施加额外的约束，以便从序列数据导出不同类型的模式。例如，可以强化间隙约束，使得导出的模式只包含连续的子序列或具有很小间隙的子序列。或者，也可以通过把事件折叠到合适的窗口中导出周期序列，在这些窗口中发现循环子序列。另一种方法通过放宽序列模式挖掘中的严格序列序的要求，导出偏序模式。除了挖掘偏序模式外，序列模式挖掘方法还可以扩展，挖掘树、格、情节和其他有序模式。

4. 序列分类

大部分分类方法都基于特征向量构建模型。然而，序列没有明显的特征。即便使用复杂的特征选择技术，可能的特征的维度也非常高，并且序列特征的性质也很难捕获。这使得序列分类成为一项具有挑战性的任务。

序列分类方法可以分成三类：（1）基于特征的分类，它们把序列转换成特征向量，然后使用传统的分类方法；（2）基于序列距离的分类，其中度量序列之间相似性的距离函数决定分类的质量；（3）基于模型的分类，如使用隐马尔科夫模型（HMM）或其他统计学模型来对序列分类。

对于时间序列或其他数值数据，用于符号序列的特征选择技术不能用于非离散化的时间序列数据。然而，离散化可能导致信息损失。最近提出的时间序列 *shapelets* 方法用最能表示类的时间序列子序列为特征，取得了高质量的分类结果。

5. 生物学序列比对

生物学序列通常是指核苷酸或氨基酸序列。**生物学序列分析**比较、比对、索引和分析生物学序列，因而在生物信息学和现代生物学中起着至关重要的作用。

序列比对（sequence alignment）基于如下事实：所有活的生物体都是进化相关的。这意味着进化中相近物种的核苷酸（DNA、RNA）和蛋白质序列应该表现出更多的相似性。**比对**（alignment）是对序列排列以便获取最大程度的一致性，它也表示序列之间的相似程度。两个序列是**同源的**（homologous），如果它们具有共同的祖先。通过序列比对得到的相似性在确定两个序列同源的可能性时是很有用的。这样的比对也有助于确定多个物种在进化树中的相对位置，这种进化树称为**种系发生树**（phylogenetic tree）。

生物序列比对的问题可以描述如下：对于给定的两个或多个输入生物序列，识别具有长保守子序列的相似序列。如果比对的序列个数恰为2，则称该问题为**双序列比对**（pairwise sequence alignment）；否则，**多序列比对**（multiple sequence alignment）。待比较和比对的序列可以是核苷酸（DNA/RNA）或氨基酸（蛋白质）。对于核苷酸来说，如果两个符号相同，则它们对齐。然而，对于氨基酸来说，如果两个符号相同，或者一个可以通过可能自然出现的替换从另一个得到，则它们对齐。有两种比对：局部比对和全局比对。前者意味着仅有部分序列进行比对，而后者需要在序列的整个长度上进行比对。

对于核苷酸或氨基酸来说，插入、删除和置换在自然界以不同的概率出现。**置换矩阵**用于描述核苷酸或氨基酸的置换概率和插入、删除概率。通常，使用间隔符"–"表示最好不要比对两个符号的位置。为了评估比对的质量，通常需要定义一个评分机制，它通常将相同或相似的符号计为正得分，同时将间隔符记为负得分。得分的代数和作为比对的度量。比对的目标就是在所有可能比对中获取最大得分。然而，找到最佳比对的代价是昂贵的（更确切地说，是一个 NP 困难问题）。因此，开发了不同的启发式方法，用于找到次优比对。

动态规划方法通常用于序列比对。在许多可用的分析软件包中，基本局部比对搜索工具（Basic Local Alignment Search Tool，BLAST）是最流行的生物学序列分析工具之一。

6. 生物学序列分析的隐马尔科夫模型

给定一个生物学序列，生物学家想要分析该序列代表什么。为了表示序列的结构或统计规律，生物学家构造各种概率模型，如马尔科夫链和隐马尔科夫模型。在这两种模型中，一个状态的概率仅依赖于前一个状态。因此，它们对生物学序列数据分析特别有用。构建隐马尔科夫模型最常用的方法是前向算法、Viterbi 算法和 Baum-Welch 算法。给定一个符号序列 x，前向算法找出在该模型中得到 x 的概率，Viterbi 算法找出通过模型的最可能路径（对应

于 x），而 Baum-Welch 算法则学习或调整模型的参数，以最好地解释训练序列集。

13.1.2　挖掘图和网络

图表示更一般的结构，比集合、序列、格和树更一般。图应用范围广泛，涉及 Web 和社会网络、信息网络、生物学网络、生物信息学、化学情报学、计算机视觉、多媒体和文本检索。因此，图和网络挖掘变得日趋重要，并被大量研究。我们概述如下主题：（1）图模式挖掘；（2）网络的统计建模；（3）通过网络分析进行数据清理、集成和验证；（4）图和同质网络的聚类与分类；（5）异质网络的聚类、秩评定和分类；（6）信息网络中的角色发现和链接预测；（7）信息网络中的相似性搜索和 OLAP；（8）信息网络的演变。

1. 图模式挖掘

图模式挖掘是在一个图或一个图集中挖掘频繁子图（又称（子）图模式）。挖掘图模式的方法可以分成基于 Apriori 和基于模式增长的方法。或者，我们也可以挖掘闭图的集合，其中，图 g 是闭的，如果不存在具有与 g 相同的支持度计数的真超图 g'。此外，存在许多图模式的变形，包括近似的频繁图、凝聚图和稠密图。用户指定的约束可以推进到图模式挖掘过程中，以提高挖掘的效率。

图模式挖掘有许多有趣的应用。例如，基于频繁和有区别力的图模式概念，它可以用来产生紧凑和有效的图索引结构。利用图索引结构和多个图特征，可以实现近似的结构相似性搜索。此外，用频繁的和有区别力的子图作为特征，可以有效地进行图分类。 〔591〕

2. 网络的统计建模

网络由一个节点集和一个连接这些节点的边（或链接）集组成；每个节点对应于一个对象，与一组性质相关联；边表示对象之间的联系。一个网络是**同质的**，如果所有的节点和边都具有相同的类型，如朋友网络、合著者网络和网页网络。一个网络是**异质的**，如果节点和边具有不同类型，如发表物网络（把作者、引文、论文和内容链接在一起）和卫生保健网络（把医生、护士、患者和处置链接在一起）。

研究人员已经为同质网络提出了多种统计模型。最著名的生成模型是随机图模型（Erdös-Rényi 模型）、Watts-Strogatz 模型和无标度模型。无标度模型假定网络服从指数分布定律（又称为 *Pareto* 分布或重尾分布）。在大部分大型社会网络中都观察到**小世界现象**（small-world phenomenon），即网络可以刻画为对于一小部分节点具有高度局部聚类（即这些节点相互连接），而这些节点与其余节点的分割度没有多少。

社会网络展示了某些进化特征。它们趋向于遵守**稠化幂律**（densification power law），即网络随着时间推移变得越来越稠密。**收缩直径**是另一个特征，即随着网络的增长，有效直径通常会减小。节点的出度和入度通常服从重尾分布。

3. 通过网络分析进行数据清理、集成和验证

现实世界中的数据常常是不完整的、含噪声的、不确定的和不可靠的。在大型网络中，互连的多个数据片段之间可能存在信息冗余。通过网络分析，可以探查这种网络中的信息冗余，以进行高质量的数据清理、数据集成、信息验证和可信性分析。例如，可以通过考察与其他异种对象（如合著者、发表物和术语）的网络连接来区别姓名相同的作者。此外，可以通过考察基于多个书籍销售商提供的作者信息建立的网络，识别书籍销售商提供的不准确的作者信息。

在这个方向，已经开发了复杂的信息网络分析方法，并且在许多情况下，部分数据充当“训练集”。也就是说，来自多个信息提供者的相对清洁、可靠的数据或一致的数据可以用来帮助加固其余的、不可靠的数据。这降低了手动标记数据和在大量的、动态的实际数据上的训练代价。 〔592〕

4. 图和同质网络的聚类与分类

大型图和网络具有内聚结构，通常隐藏在大量互连的节点和链接中。已经开发了大型网络上的聚类分析方法，以揭示网络结构，基于网络的拓扑结构和它们相关联的性质发现隐藏的社区、中心和离群点。已经开发了各种类型的网络聚类方法，可以把它们分为划分的、层次的或基于密度的。此外，给定由人标记的训练数据，可以用人指定的启发式约束来指导网络结构的发现。在数据挖掘研究领域中，网络的监督分类和半监督分类是当前的热门课题。

5. 异质网络的聚类、秩评定和分类

异质网络包含不同类型的互联的节点和链接。这种互联结构包含丰富的信息，可以用来相互加强节点和链接，从一种类型到另一种类型传播知识。这种异质网络的聚类和秩评定可以在如下情境下携手并进：在簇的内聚性评估方面，簇中高秩的节点/链接可比较低秩的节点/链接贡献更大。聚类可以帮助加强对象/链接贡献给簇的高的秩评定。这种秩评定和聚类的相互加强推动了一种称为 RankClus 算法的开发。此外，用户可以指定不同的秩评定规则或为某种类型的数据提供标记的节点/链接。一种类型的知识可以传播到另一种类型。这种传播经由异种类型的链接到达相同类型的节点/链接。已经开发了在异质网络中进行监督学习和半监督学习的算法。

6. 信息网络中的角色发现和链接预测

在异质网络的不同节点/链接之间可能存在许多隐藏的角色或联系。例子包括科研发表物网络中的导师–学生、领导–下属联系。为了发现这种隐藏的角色或联系，专家可以基于他们的背景知识指定一些约束。强化这种约束可能有助于大型互联网络中的交叉检查和验证。网络中的冗余信息常常可以用来清除不满足这些约束的对象/链接。

593

类似地，可以基于对候选节点/链接之间的期望联系的秩评定的估计进行链接预测。例如，可以基于作者发表论文的历史和类似课题的研究趋势，预测作者可能写、读或引用哪篇论文。这种研究一般要分析网络节点/链接的邻近性和趋势以及它们类似近邻的连接性。粗略地说，人们把链接预测看做**链接挖掘**。然而，链接挖掘还涵盖其他任务，包括基于链接对象分类、对象类型预测、链接类型预测、链接存在性预测、链接基数估计和对象一致性（预测两个对象是否事实上相同）。它还包括分组预测（对对象聚类），以及子图识别（发现网络中的典型子图）和元数据挖掘（发现无结构数据的模式类型信息）。

7. 信息网络中的相似性搜索和 OLAP

相似性搜索是数据库和 Web 搜索引擎中的基本操作。混杂信息网络由多种类型的、互联的对象组成。例子包括文献网络和社会媒体网络，那里两个对象被视为相似的，如果它们以类似的方式与多种类型的对象链接。一般而言，网络中对象的相似性可以基于网络结构、对象性质和使用的相似性度量来确定。此外，网络聚类和层次网络结构有助于组织网络对象和识别子社区，还有利于相似性搜索。此外，相似性定义可能因用户而异。通过考虑不同的链接路径，可以得到网络中不同的相似性语义，这称为基于路径的相似性。

通过基于相似性和簇来组织网络，可以产生网络中的多种层次结构。可以进行联机分析处理（OLAP）。例如，可以基于不同的抽象层和不同的视角，在信息网络上下钻和切块。OLAP 可能产生多个相互关联的网络。这种网络之间的联系可能揭示有趣的隐藏语义。

8. 社会与信息网络的演变

网络动态地持续演变。检测同质或异质网络中的演变社区和演变规律或异常可以帮助人们更好地理解网络的结构演变，预测演变网络中的趋势和不规则性。对于同质网络，所发现的演变社区是由相同类型的对象组成的子网络，如朋友或合著者的集合。然而，对于异质网

络，所发现的社区由不同类型的对象的子网络组成，如有联系的论文、作者、发表物和术语的集合。由此，也可以对每种类型导出演变对象的集合，如演变的作者和主题。 594

13.1.3　挖掘其他类型的数据

除序列和图外，还有许多其他类型的半结构或无结构数据，如时空数据、多媒体数据和超文本数据，它们都有有趣的应用。这些数据携带各种语义，或者存储在系统中，或者动态地流经系统，并且需要专门的数据挖掘方法。因此，挖掘多种类型的数据，包括空间数据、时空数据、物联网系统数据、多媒体数据、文本数据、Web 数据和数据流，是数据挖掘日趋重要的任务。本节概述挖掘这些类型数据的方法。

1. 挖掘空间数据

空间数据挖掘从空间数据中发现模式和知识。在许多情况下，空间数据是指存放在地理数据库中与地球空间有关的数据。这种数据可以是"向量"或"光栅"格式，或者是成像和地理参照的多媒体格式。最近，通过集成多个数据源的主题和地理参照数据，已经构建了大型地理数据仓库。由此，我们可以构建包含空间维和度量，支持多维空间数据分析的空间 OLAP 操作空间的数据立方体。空间数据挖掘可以在空间数据仓库、空间数据库和其他地理空间数据库上进行。地理知识发现和空间数据挖掘的一般主题包括挖掘空间关联和协同定位模式、空间聚类、空间分类、空间建模和空间趋势和离群点分析。

2. 挖掘时空数据和移动对象

时空数据是与时间和空间都相关的数据。**时空数据挖掘**是指从时空数据中发现模式和知识的过程。时空数据挖掘的典型例子包括发现城市和土地的演变历史、发现气象模式、预测地震和飓风、确定全球变暖趋势。考虑到手机、GPS 设备、基于 Internet 的地图服务、气象服务、数字地球，以及人造卫星、RFID、传感器、无线电和视频技术的流行，时空数据挖掘正变得日趋重要并且具有深远影响。

在多种时空数据中，移动对象数据（即关于移动对象的数据）特别重要。例如，动物学家把遥感设备安装在野生动物身上，以便分析生态行为；机动车辆管理者把 GPS 安装在汽车上，以便更好地监管和引导车辆；气象学家使用人造卫星和雷达观察飓风。巨大规模的移动对象数据正变得丰富、复杂和无处不在。**移动对象数据挖掘**的例子包括多移动对象的运动模式（即多个移动对象之间联系的发现，如移动的簇、领头者和追随者、合并、运输、成群移动，以及其他集体运动模式）。移动对象数据挖掘的其他例子包括挖掘一个或一组移 595 动对象的周期模式、聚类、模型和离群点。

3. 挖掘信息物理系统数据

典型地，**信息物理系统**（Cyber-Physical System，CPS）由大量相互作用的物理和信息部件组成。CPS 系统可以是互联的，以便形成大的异构的信息物理网络。信息物理网络的例子包括：患者护理系统，它把患者监护系统与患者/医疗信息网络和应急处理系统相连接；运输系统，它把由许多传感器和视频摄像头组成的交通监控网络与交通信息与控制系统相连接；战地指挥系统，它连接传感器/侦察网络和战场信息分析系统。显然，信息物理系统和网络将无处不在，将成为现代信息基础设施的关键组成部分。

集成在信息物理系统中的数据是动态的、易变的、含噪声的、不一致的和相互依赖的，包含丰富而复杂的信息，并且对于实时决策是至关重要的。与典型的时空数据挖掘相比，挖掘物联数据需要把当前环境与大型信息库相联系，进行实时计算并准时返回响应。该领域的研究包括 CPS 数据流中稀有事件检测和异常分析，CPS 数据分析的可靠性和可信性，信息物理网络中有效的时空数据分析，以及数据流挖掘与实时自动控制过程的集成。

4. 挖掘多媒体数据

多媒体数据挖掘是从多媒体数据库中发现有趣的模式。多媒体数据库存储和管理大量多媒体对象，包括图像数据、视频数据、音频数据，以及序列数据和包含文本、文本标记和链接的超文本数据。多媒体数据挖掘是一个交叉学科领域，涉及图像处理和理解、计算机视觉、数据挖掘和模式识别。多媒体数据挖掘的问题包括基于内容的检索和相似性搜索、泛化和多维分析。多媒体数据立方体包含关于多媒体信息的附加的维和度量。多媒体挖掘的其他课题包括分类和预测分析、挖掘关联、可视和听觉数据挖掘（13.2.3节）。

5. 挖掘文本数据

文本挖掘是一个交叉学科领域，涉及信息检索、数据挖掘、机器学习、统计学和计算语言学。大量信息都以文本形式存储，如新闻稿件、科技论文、书籍、数字图书馆、email消息、博客和网页。因此，文本挖掘研究非常活跃，其重要目标是从文本中导出高质量的信息。通常，这通过诸如统计模式学习、主题建模和统计学语言建模等手段发现模式和趋势来实现。文本挖掘通常需要对输入文本结构化（例如，分解，伴随一些导出的语言特征的添加和其他成分的删除，以及随后插入到数据库中）。随后，在结构化的数据中导出模式，并且评估和解释输出。文本挖掘的"高质量"通常是指相关性、新颖性和有趣性。

典型的文本挖掘任务包括文本分类、文本聚类、概念/实体提取、分类系统产生、观点分析、文档摘要、实体关系建模（即学习命名实体之间的关系）。其他例子包括多语言数据挖掘、多维文本分析、上下文文本挖掘、文本数据的信任和演变分析，以及文本挖掘在安全、生物医学文献分析、在线媒体分析、客户关系管理方面的应用。在学院、开源论坛和业界都有各种类型的文本挖掘与分析软件和工具可供使用。文本挖掘还常常使用WordNet、Sematic Web、Wikipedia和其他信息源，以增强文本数据的理解和挖掘。

6. 挖掘Web数据

对于新闻、广告、消费信息、财经管理、教育、行政管理和电子商务来说，万维网是一个巨大的、广泛分布的全球信息中心。它包含丰富、动态的信息，涉及带有超文本结构和多媒体的网页内容、超链接信息、访问和使用信息，为数据挖掘提供了丰富的资源。**Web挖掘**是数据挖掘技术的应用，从Web中发现模式、结构和知识。根据分析目标，Web挖掘可以划分成三个主要领域：Web内容挖掘、Web结构挖掘和Web使用挖掘。

Web内容挖掘分析诸如文本、多媒体数据和结构数据（网页内或链接的网页间）等Web内容，以便理解网页内容，提供可伸缩的和富含信息的基于关键词的页面索引、实体/概念分辨、网页相关性和秩评定、网页内容摘要，以及与Web搜索和分析有关的其他有价值的信息。网页可能驻留在表层网（surface web）或深层网（deep web）中。表层网是万维网的一部分，可以由典型的搜索引擎索引。深层网（或隐藏网）是指万维网的内容，它不是表层网的一部分，它的内容由基础数据库引擎提供。

Web内容挖掘已经被研究人员、Web搜索引擎和其他Web服务公司广泛研究。Web内容挖掘可以为个人构建跨越多个网页的链接，因此有可能不适当地泄露个人信息。保护个人隐私的数据挖掘研究设法解决这一问题，开发保护个人网上隐私的技术。

Web结构挖掘使用图和网络挖掘的理论和方法来分析网上的节点和链接结构。它由网上的超链接提取模式，其中超链接是一种结构化成分，它把一个网页连接到另一个位置。它还可以挖掘页面内文档结构（例如，分析页面结构的树状结构，描述HTML或XML标签用法）。两种Web结构挖掘都有助于理解Web内容，并且还可能帮助把Web内容转换成相对结构化的数据集。

Web 使用挖掘是从服务器日志中提取有用的信息（如用户点击流）的过程。它发现与一般或特定用户组群有关的模式，理解用户的搜索模式、趋势和关联，预测什么用户正在因特网上搜寻。这有助于提高搜索效率和效果，也有助于在正确的时间向不同用户组群推销产品或相关信息。Web 搜索公司例行地进行 Web 使用挖掘，以便提高它们的服务质量。

7. 挖掘数据流

流数据是指大量流入系统、动态变化的、可能无限的，并且包含多维特征的数据。这种数据不能存放在传统的数据库系统中。此外，大部分系统可能只能顺序读一次流数据。这对有效地挖掘流数据提出了巨大挑战。大量研究已经导致开发流数据挖掘的有效方法在以下各方面取得进展：挖掘频繁模式和序列模式、多维分析（例如，流立方体构建）、分类、聚类、离群点分析和数据流中稀有事件的联机检测。其一般原理是，使用有限的计算和存储容量开发一遍或多遍扫描算法。

这包括在滑动窗口或倾斜时间窗口（其中，最近的数据在最细的粒度存放，而越久的数据在越粗的粒度存放）中收集关于流数据的信息，探索像微聚类、有限聚集和近似解这样的技术。许多流数据挖掘应用都可以探索——例如，计算机网络交通、僵尸网络（botnets）、文本流、视频流、电网流、Web 搜索、传感器网络和物联网系统的实时异常检测。

13.2 数据挖掘的其他方法

由于数据挖掘范围很广，有很多不同的数据挖掘方法，本书不可能覆盖数据挖掘的所有方法。本节，我们简略地讨论一些在本书前面各章没有充分讨论的有趣方法。这些方法列举在图 13.3 中。

13.2.1 统计学数据挖掘

本书介绍的数据挖掘技术主要取自计算机科学学科，包括数据挖掘、机器学习、数据仓库和算法。它们旨在有效地处理大量数据，这些数据通常是多维的，可能具有各种复杂类型。然而，对于数据分析，特别是数值数据分析，还有一些得到确认的统计学技术。这些技术已经被广泛地应用到某些科学数据（例如，物理学、工程、制造业、心理学和医学的实验数据），以及经济或社会科学数据。其中一些技术，如

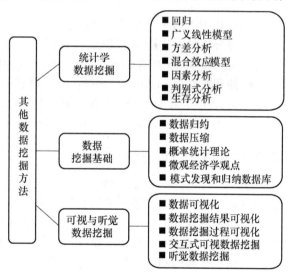

图 13.3 其他数据挖掘方法

主成分分析（第 3 章）和聚类（第 10 章和第 11 章）已在本书讲过。对数据分析的主要统计方法的透彻讨论超出了本书的范围；但是，为了完整性起见，这里我们还是提及一些方法。这些技术的线索在文献注释中给出（13.8 节）。

- **回归**：一般地说，这些方法用来由一个或多个预测（独立）变量预测一个响应（依赖）变量的值，其中变量都是数值的。有各种不同形式的回归，如线性的、多元的、加权的、多项式的、非参数的和鲁棒的（当误差不满足常规条件，或者数据包含显著的离群点时，鲁棒的方法是有用的）。

599

- **广义线性模型**（generalized linear models）：这些模型和它们的推广（广义加法模型）允许一个分类的（标称的）响应变量（或它的某种变换）以使用线性回归对数值响应变量建模类似的方式，与一系列预测变量相关。广义线性模型包括逻辑斯谛回归（logistic regression）和泊松回归（Poisson regression）。

- **方差分析**（analysis of variance）：这些技术分析由一个数值响应变量和一个或多个分类变量（因素）描述的两个或多个总体的实验数据。一般地说，一个 ANOVA（方差的单因素分析）问题涉及 k 个总体或处理方法的比较，决定是否至少有两种方法是不同的。也存在更复杂的 ANOVA 问题。

- **混合效应模型**（mixed-effect model）：这些模型用来分析分组数据——可以根据一个或多个分组变量分类的数据。通常，它们根据一个或多个因素来描述一个响应变量和一些相关变量之间的关系。应用的公共领域包括多层数据、重复测量数据、分组实验设计和纵向数据。

- **因素分析**（factor analysis）：这种方法用来决定哪些变量组合产生一个给定因素。例如，对许多精神病学数据，不可能直接测量某个感兴趣的因素（如智能）；然而，测量反映该感兴趣因素的其他量（如学生考试成绩）是可能的。这里没有指定依赖变量。

- **判别式分析**（discriminant analysis）：这种技术用来预测一个分类的响应变量。与广义线性模型不同，它假定独立变量服从多元正态分布。该过程试图决定多个判别式函数（独立变量的线性组合），区别由响应变量定义的组。判别式分析在社会科学中普遍使用。

- **生存分析**（survival analysis）：有一些得到确认的统计技术用于生存分析。这些技术起初用于预测一个病人经过治疗后能够或至少可以生存到时间 t 的概率。然而，生存分析的方法也常常用于设备制造，估计工业设备的生命周期。流行的方法包括 Kaplan-Meier 生存估计、Cox 比例风险回归模型以及它们的扩展。

- **质量控制**（quality control）：各种统计法可以用来为质量控制准备图表，例如 Shewhart 图表和 CUSUM 图表（都用于显示组汇总统计量）。这些统计量包括均值、标准差、极差、计数、移动平均、移动标准差和移动极差。

13.2.2 关于数据挖掘基础的观点

关于数据挖掘理论基础的研究还不成熟。坚实而系统的理论基础非常重要，因为它可以为数据挖掘技术的开发、评价和实践提供一个一致的框架。关于数据挖掘基础的一些理论包括：

600

- **数据归约**（data reduction）：在这种理论下，数据挖掘的基础是简化数据表示。数据归约以牺牲准确性换取速度，以适应快速得到大型数据库上的查询的近似回答的要求。数据归约技术包括奇异值分解（主成分分析的推动因素）、小波、回归、对数线性模型、直方图、聚类、抽样和索引树的构造。

- **数据压缩**（data compression）：根据这一理论，数据挖掘的基础是通过位编码、关联规则、决策树、聚类等压缩给定数据。根据最小描述长度原理，从一个数据集推导出来的"最好"理论是这样的理论，使用该理论作为数据的预测器，它最小化理论和数据的编码长度。典型的编码是以二进位为单位的编码。

- **概率统计理论**（probability and statistical theory）：根据这一理论，数据挖掘的基础是发现随机变量的联合概率分布。例如，贝叶斯信念网络或层次贝叶斯模型。

- **微观经济学观点**（microeconomic view）：微观经济学观点把数据挖掘看做发现模式的任务，这些模式仅能够用于企业的决策过程（例如，市场决策和生产计划）才是有趣的。这种观点是功利主义的：能起作用的模式才被认为是有趣的。企业被看做面对优化的问题，其目标是最大化决策的作用或价值。在这种理论下，数据挖掘变成一个非线性优化问题。

- **模式发现和归纳数据库**（pattern discovery and inductive databases）：在这种理论下，数据挖掘的基础是发现出现在数据中的模式，如关联、分类模型、序列模式等。诸如机器学习、神经网络、关联挖掘、序列模式挖掘、聚类和一些其他子领域都促成这一理论。知识库可以看做由数据和模式组成的数据库。用户通过查询知识库中的数据和定理（即模式）与系统交互。这里，知识库实际上是一个归纳数据库。

这些理论不是相互排斥的。例如，模式发现也可以看做是数据归约或数据压缩的一种形式。理想地，一个理论框架应该能够对典型的数据挖掘任务（例如，关联、分类和聚类）进行建模，具有概率性质，能够处理不同形式的数据，并且考虑数据挖掘的迭代和交互本质。建立一个能够满足这些要求的定义良好的数据挖掘框架还需要进一步努力。

601

13.2.3　可视和听觉数据挖掘

可视数据挖掘（visual data mining）使用数据和知识可视化技术，从大型数据集中发现隐含的和有用的知识。人们的视觉系统是由眼睛和大脑控制的，后者可看做一个强有力并且高度并行的处理和推理引擎，包含一个大型知识库。可视数据挖掘把这些强大的组件组合起来，使它成为非常吸引人的有效工具，用来理解数据分布、模式、簇和离群点。

可视数据挖掘可看做两个学科的融合：数据可视化和数据挖掘。它与计算机图形学、多媒体系统、人机交互、模式识别、高性能计算都密切相关。一般地说，数据可视化和数据挖掘可以从以下方面进行融合：

- **数据可视化**：数据库或数据仓库中的数据可看做处于不同的粒度或抽象层，或处于不同属性或维组合。数据可以用多种可视化形式表示，如盒图、三维立方体、数据分布图表、曲线、曲面、链接图等，如 2.3 节所示。图 13.4 和图 13.5 取自 StatSoft，显示多维空间中的数据分布。可视化显示有助于用户对大型数据集中的数据特征形成清晰的印象和总体看法。

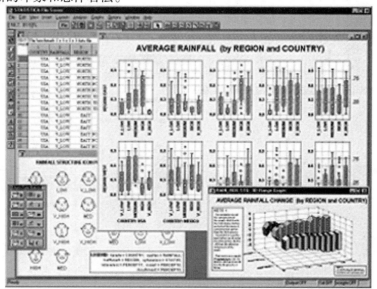

图 13.4　StatSoft 中显示多变量组合的盒图。源于 www.statsoft.com

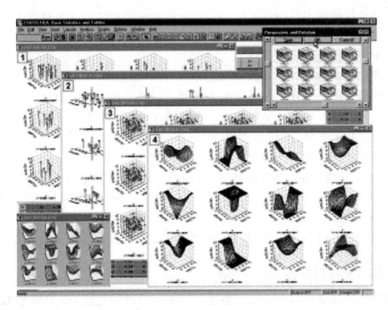

图 13.5　StatSoft 中的多维数据分布分析。源自 www. statsoft. com

- **数据挖掘结果可视化**：数据挖掘结果可视化是指以可视化形式提供数据挖掘得到的结果或知识。这些形式可能包括散点图和盒图（第 2 章），以及决策树、关联规则、簇、离群点、广义规则等。例如，图 13.6 显示 SAS Enterprise Miner 的散点图。图 13.7 取自 MiniSet，用与一些方柱相关联的平面描述从数据库中挖掘的关联规则的集合。图 13.8 也取自 MiniSet，表示一棵决策树。图 13.9 取自 IBM Intelligent Miner，提供簇的集合以及与其相关的属性。

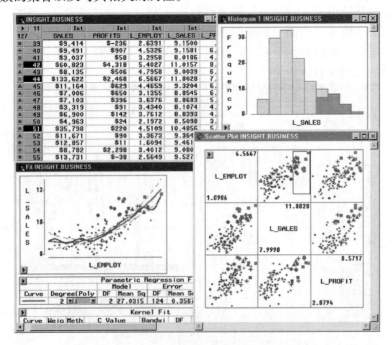

图 13.6　SAS Enterprise Miner 中数据挖掘结果可视化

- **数据挖掘过程可视化**：这种可视化用可视化形式描述各种挖掘过程，使得用户可以看出如何提取数据，从哪个数据库或数据仓库中提取数据，以及被选择的数据如何清理、集成、预处理和挖掘。此外，它还可以显示选用了哪种数据挖掘方法，结果存储在何处，以及如何观察。图 13.10 显示了 Clementine 数据挖掘系统的一个可视数据挖掘过程。

- **交互式可视数据挖掘**：在交互式可视数据挖掘中，可以在数据挖掘过程中使用可视化工具，帮助用户做出明智的数据挖掘决策。例如，一组属性的数据分布可以用着色的扇区显示（其中，整个空间用一个圆表示）。这种显示可以帮助用户决定为了分类应当首先选择哪个扇区，对于该扇区最好的分裂点在哪里。一个例子显示在图 13.11 中，它是慕尼黑大学开发的基于感知的分类（Perception-Based Classification，PBC）系统的输出。

　　听觉数据挖掘（audio data mining）用音频信号来指示数据的模式或数据挖掘结果的特征。尽管可视数据挖掘使用图形显示能够揭示一些有趣的模式，但它要求用户全神贯注地观察模式，并确定其中有趣的或新颖的特征，因此有时是令人厌倦的。如果能够将模式转换成声音和音乐，那么就可以通过听音调、节奏、曲调和旋律，而不是看图片，来确定有趣的或不同寻常的东西。这种方式可能减轻视觉关注的负担，比可视挖掘更轻松。因此，听觉数据挖掘是对可视数据挖掘的一种有趣补充。

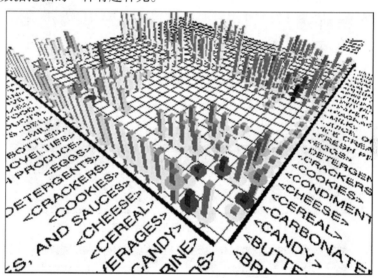

图 13.7　MineSet 中关联规则可视化

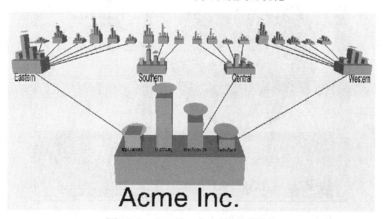

图 13.8　MineSet 中决策树可视化

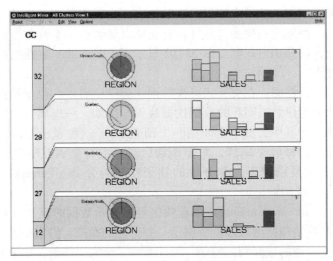

图 13.9　IBM Intelligent Miner 中簇分组可视化

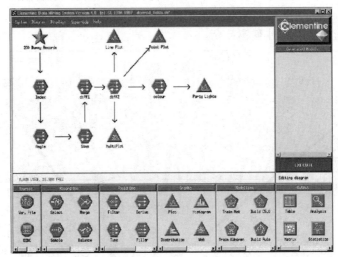

图 13.10　Clementine 的数据挖掘过程可视化

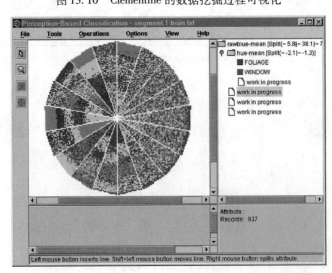

图 13.11　基于感知的分类，一种交互式可视化挖掘方法

13.3　数据挖掘应用

本书，我们研究了挖掘关系数据、数据仓库和复杂数据类型的原理和方法。由于数据挖掘是一个相对年轻的学科，具有广泛的应用，因此数据挖掘的一般原理与针对特定应用的有效数据挖掘工具之间还存在不小的距离。本节，我们考察几个应用领域，列举在图 13.12 中。我们讨论如何为这些应用开发定制的数据挖掘方法。

13.3.1　金融数据分析的数据挖掘

大部分银行和金融机构都提供丰富多样的银行业务、投资和信贷服务（后者包括交易、抵押、汽车贷款和信用卡）。有些还提供保险服务和股票投资服务。

银行和金融机构收集的金融数据通常相对完整、可靠，并具有高质量，这大大方便了系统的数据分析和数据挖掘。下面给出几种典型情况。

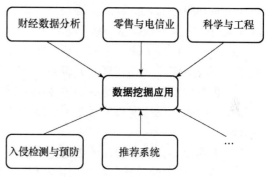

图 13.12　常见的数据挖掘应用领域　607

- **为多维数据分析和数据挖掘设计和构造数据仓库**：与许多其他应用类似，需要为银行和金融数据构造数据仓库。应当使用多维数据分析方法来分析这种数据的一般性质。例如，公司的财务人员可能希望按月、按地区、按部门以及按其他因素查看债务和收益的变化，同时希望提供最大、最小、总和、平均值和其他统计信息。数据仓库、数据立方体（包括高级的数据立方体，如多特征和发现驱动的、回归和预测数据立方体）、特征化和比较、聚类和离群点分析等都会在金融数据分析和挖掘中发挥重要作用。

- **贷款偿还预测和顾客信用政策分析**：贷款偿还预测和顾客信用分析对银行业务来说是至关重要的。很多因素都可能或多或少地影响贷款偿还履行和顾客信用等级评定。数据挖掘方法，如特征选择和属性相关性评定，可能有助于识别重要因素，剔除不相关因素。例如，与贷款偿还风险相关的因素包括担保品贷放率、贷款期限、负债率（月负债总额与月收入总额之比）、货款支付与收入比、顾客收入水平、受教育水平、居住地区和信用史。分析顾客偿还史信息可以发现，比如说，货款支付与收入比是主要因素，而受教育水平和负债率则不是。于是，银行可以据此调整贷款发放政策，以便将贷款发放给那些申请以前曾被拒绝，但根据关键因素分析，其基本　608
信息表明风险相对较低的顾客。

- **针对定向促销的顾客分类与聚类**：分类和聚类的方法可用于顾客群识别和定向促销。例如，可以使用分类识别可能影响顾客关于银行业务决策的最重要因素。使用多维聚类技术，可以识别对贷款偿还具有类似行为的顾客。这些可能帮助我们识别出顾客群，把新顾客归到一个合适的顾客群，推动定向促销。

- **洗黑钱和其他金融犯罪的侦破**：为了侦破洗黑钱和其他金融犯罪，重要的是要把多个异种数据库（例如，银行交易数据库、联邦或州的犯罪历史数据库）中的信息集成起来，只要这些数据可能与侦破工作有关。然后，可以使用多种数据分析工具来检测异常模式，如在某段时间内，通过某些人发生的大量现金流动。有用的工具包括数据可视化工具（用图形的方式按时间和按顾客群显示交易活动）、链接和信息网络分析工具（识别不同顾客和活动之间的联系）、分类工具（过滤不相关的属性，对高度相关属性归类）、聚类分析工具（将不同案例分组）、离群点分析工具（检测异常的资金转移量或其他行为）、序列模式分析工具（刻画异常访问模式的特征）。这些工具可以识别活动的重要联系和模式，帮助调查人员为进一步详细调查聚焦可疑线索。

13.3.2　零售和电信业的数据挖掘

零售业是非常合适的数据挖掘应用领域，因为它收集了关于销售、顾客购物史、货物运输、消费和服务的大量数据。特别是，由于通过 Web 或**电子商务**上进行的商业活动日益方便和流行，收集的数据量继续迅速膨胀。今天，大部分较大的连锁店都有自己的网站，顾客可以方便地联机购买商品。有些企业，如 Amazon. com（*http*：*//www. amazon. com*），只有联机商店而没有实体（即物理的）商场。零售数据为数据挖掘提供了丰富的资源。

零售数据挖掘可以帮助识别顾客购买行为，发现顾客购物模式和趋势，改进服务质量，取得更好的顾客保持度和满意度，提高货品消费比，设计更好的货品运输与分销策略，降低企业成本。

以下给出零售业中的几个数据挖掘的例子。

- **数据仓库的设计与构造**：由于零售数据覆盖面广（包括销售、顾客、雇员、货物运输、消费和服务），所以设计数据仓库存在许多方式，所包含的细节级别也可能变化很大。可以使用事先的数据挖掘演练结果来指导数据仓库结构的设计和开发。这涉及决定包括哪些维和层，以及为保证有效的数据挖掘应该进行哪些预处理。
- **销售、顾客、产品、时间和地区的多维分析**：零售业需要关于顾客需求、产品销售、趋势和时尚，以及日用品的质量、价格、利润和服务的及时信息。因此，提供功能强大的多维分析和可视化工具是十分重要的，这包括根据数据分析的需要构造复杂的数据立方体。第 5 章介绍的高级数据立方体结构在零售数据分析中是有用的，因为它方便了复杂条件上的多维聚集分析。
- **促销活动的效果分析**：零售业经常通过广告、优惠券、各种折扣和让利的方式展开促销活动，以达到提高产品销售和吸引顾客的目的。仔细分析促销活动的效果有助于提高公司利润。通过比较促销期间与促销活动前后的销售量和交易量，多维分析可以用于该目的。此外，关联分析可以找出哪些商品可能随降价商品一同购买，特别是与促销活动前后的销售相比。
- **顾客保有——顾客忠诚度分析**：可以使用会员卡信息记录特定顾客的购买序列。可以系统地分析顾客的忠诚度和购买趋势。同一位顾客在不同时期购买的商品可以聚集成序列，然后可以使用序列模式挖掘研究顾客的消费或忠诚度的变化，据此对价格和商品的品种加以调整，以便留住老顾客，吸引新顾客。
- **产品推荐和商品的交叉推荐**：通过从销售记录中挖掘关联信息，可以发现购买数码相机的顾客很可能购买另一组商品。这类信息可用于形成产品推荐。协同推荐系统（见 13.3.5 节）使用数据挖掘技术，在顾客交易时根据其他顾客的意见产生个性化的产品推荐。产品推荐也可在销售收据、每周广告传单或 Web 上宣传，以便改进顾客服务，帮助顾客选择商品，并提高销售额。类似地，诸如"本周热销商品"之类的信息或有吸引力的处理也可以与相关信息一同发布，以达到促销的目的。

- **欺骗分析和异常模式识别**：欺骗行为每年导致零售业损失数百万美元。重要的是：（1）识别可能的欺骗者和他们的习惯模式；（2）检测通过欺骗进入或未经授权访问个人或组织账户的企图；（3）发现可能需要特别注意的不寻常模式。这些模式多半都可以通过多维分析、聚类分析和离群点分析发现。

作为另一个处理大量数据的产业，**电信业**已经迅速地从单纯的提供市话和长话服务演变为提供其他综合电信服务。这些服务包括蜂窝电话、智能电话、因特网访问、电子邮件、短信、计算机和 Web 数据传输，以及其他数据通信服务。电信、计算机网络、因特网和各种其他通信和计算工具的集成正在进行中，正在改变通信和计算的面貌。这就迫切需要数据挖掘技术，以便帮助理解商业动向、识别电信模式、捕捉盗用行为、更好地利用资源和提高服务质量。

电信业的数据挖掘任务与零售业有许多相似之处。共同任务包括构造大型数据仓库、进行多维可视化、OLAP、深层趋势、客户模式和序列模式分析。这些任务有助于提升业务、降低成本、留住客户、分析欺诈和提高竞争力。对于许多数据挖掘任务，专门为电信业开发的数据挖掘工具正在与日俱增，并且可望扮演日趋重要的角色。

数据挖掘已经在许多其他产业界广泛使用，如保险业、制造业、卫生保健业，还用于政府和公共管理数据的分析。尽管每个产业都有自己特有的数据集和应用需求，但是它们共享许多共同的原理和方法。因此，通过一个产业的有实效的挖掘，我们可以获得可以迁移到其他产业应用的经验和方法。

13.3.3 科学与工程数据挖掘

以前，许多科学数据分析任务主要是处理相对较小的、同构的数据集。通常，使用"提出假设、构建模型和评价结果"的方式来分析这样的数据。在这些情况下，统计学技术通常用来分析这些数据（见 13.2.1 节）。近来，数据收集和存储技术的进步已经改变了科学数据分析的这种状况。今天，我们可以以更高的速度和更低的代价来收集科学数据。这导致了包含丰富时间和空间信息的高维数据、流数据和异构数据的海量积累。因此，科学应用不再是"假设－检验"的方式，而是逐渐转向"收集和存储数据，挖掘新的假设，通过数据或实验证实"的过程。这种转变对数据挖掘带来了新的挑战。

使用精密的望远镜、多谱高分辨率的卫星遥感器、全球定位系统和新一代的生物学数据采集和分析技术，不同的科学领域（包括地球科学、天文学、气象学、地质学和生物科学）收集了海量的数据。由于各个领域的快速数字模拟，如气候和生态模型、化学工程、流体动力学和结构力学的数字模拟，也产生了大型数据集。本节，我们考虑新兴的科学应用为数据挖掘带来的一些挑战。 611

- **数据仓库和数据预处理**：数据预处理和数据仓库对于信息交换和数据挖掘是至关重要的。创建数据仓库需要解决找出一种方法，解决不同时间在不同环境下收集的数据的不一致或不兼容问题。这需要调整语义、参照系、几何体系、测量结果、准确率和精度。需要集成异种数据源的数据（比如覆盖不同时间周期的数据）和识别事件的方法。

例如，考虑气候和生态数据，它们是空间的和时间的，并且需要对照地理数据。分析这类数据的主要问题是空间域中的事件太多，而时间域中的事件太少。例如，厄尔尼诺事件每 4~7 年才发生一次，并且以往的数据可能并没有像今天这样系统地收集。需要有效的方法计算复杂的空间聚集和处理空间相关的数据流。

- **挖掘复杂的数据类型**：科学数据在本质上是异种的，通常包括半结构化的和非结构化的数据，如多媒体数据和地理参照的流数据，以及具有复杂的、深藏语义的数据（如染色体和蛋白质数据）。需要鲁棒的和专门的方法来处理时间空间数据、生物学数据、相关概念分层和复杂的语义联系。例如，在生物信息学中，一种搜索问题是识别基因的调节影响。基因调节是指细胞中的基因打开（或关闭）如何决定细胞的功能。不同的生物进程涉及不同的、以精确调节的模式一起起作用的基因组。因此，为了理解生物进程，需要识别参与基因和它们的调节。这需要开发复杂的数据挖掘方法来分析大型生物数据集，通过找出促成这种影响的 DNA 片段（"调节序列"），为特定基因上的调节影响提供线索。

- **基于图和网络的挖掘**：由于现有建模方法的局限性，常常很难甚至不可能对多个物理现象和过程建模。而有标号的图和网络可以用来捕捉科学数据集上的空间、拓扑、几何和其他关系特性。在图或网络模型中，每个被挖掘的对象用图中的一个顶点表示，而顶点之间的边表示对象之间的联系。例如，可以使用图对化学结构、生物路径和通过数字模拟（如流体流量的模拟）产生的数据建模。然而，图或网络建模的成功依赖于许多传统数据挖掘方法（如分类、频繁模式挖掘和聚类）在可伸缩性和效率上的改进。

- **可视化工具和特定领域的知识**：对于科学数据挖掘系统，需要高级图形用户界面和可视化工具。这些工具应该与现有的特定领域的信息系统集成在一起，指导研究人员和一般用户搜索模式，解释和可视化已发现的模式，在决策中使用发现的知识。

工程上的数据挖掘与科学上的数据挖掘具有许多类似之处。两者都需要收集海量数据，需要数据预处理，建立数据仓库和复杂数据类型的可伸缩的挖掘。通常，两者都使用可视化，利用图和网络。此外，许多工程过程需要实时响应，因此实时挖掘数据流通常成为关键组件。

大量通信数据注入我们的日常生活。这种通信在万维网和各种社区网上以多种形式存在，包括新闻、博客、文章、网页、在线讨论、产品评论、唧喳（twitters）、消息、广告和通信。因此，**社会科学和社会研究数据挖掘**已经日趋流行。此外，可以分析用户或读者关于产品、讲演和文章的反馈，以推断社团的一般观点和意见。这种分析可以用来预测趋势、改进工作、帮助决策。

计算机科学产生了独一无二的数据。例如，计算机程序可能很长，并且它的执行通常产生很长的踪迹。计算机网络可以具有复杂的结构，并且网络流量可能是动态的、海量的。传感器网络可能产生大量具有不同可靠性的数据。计算机系统和数据库可能遭受各种攻击，它们的系统/数据访问可能提升了对安全和隐私的关注。这些独特的数据为数据挖掘提供了肥沃的土壤。

计算科学中的数据挖掘可以用来帮助监测系统状态、提高系统性能、隔离软件错误、检测软件剽窃、分析计算机系统缺陷、发现网络入侵和识别系统故障。软件和系统工程的数据挖掘可以在静态或动态（基于流的）数据上进行，取决于系统是否为之后的分析提前卸载跟踪，或者是否必须实时反应，处理联机数据。

在此领域中，已经开发了各种方法，它们集成和扩充来自机器学习、数据挖掘、软件/系统工程、模式识别和统计学的已有方法。对于数据挖掘者而言，由于它的独特性，计算机科学的数据挖掘也是一个活跃的、多产的领域，需要进一步开发复杂的、可伸缩的和实时的数据挖掘和软件/系统工程方法。

13.3.4　入侵检测和预防数据挖掘

计算机系统和数据安全一直处于危险中。互联网的大规模增长，各种入侵和攻击网络工具和手段的出现，使得**入侵检测和预防**成为网络系统的关键组成部分。入侵可以定义为威胁网络资源（如用户账号、文件系统、系统内核等）的完整性、机密性或可用性的行为。入侵检测系统和入侵预防系统都监测网络流量和系统运行，以发现恶意活动。然而，前者是产生报告，后者是在线的并且能够实际地阻止检测到的入侵。入侵预防系统的主要功能是识别恶意行为，把这些行为的信息记入日志，试图阻止/停止恶意活动并报告这些活动。

多数入侵检测和预防系统都使用基于特征的检测或基于异常的检测。

- **基于特征的检测**（signature-based detection）：这种检测方法利用特征。特征（signature）是由领域专家预先配置和确定的攻击模式。基于特征的入侵预防系统监测网络流量，寻找与这些特征的匹配。一旦找到匹配，入侵检测系统就报告异常，而入侵预防系统就采取相应的行动。注意，由于系统通常是动态的，因此只要新的软件版本出现，或者网络配置改变，或者其他情况出现，就需要很费劲地对特征进行更新。此外，另一个缺点是，这种检测机制只能识别与特征匹配的入侵。也就是说，它不能识别新的或先前未知的入侵诡计。
- **基于异常的检测**（anomaly-based detection）：这种方法构造正常网络行为的模型（称为轮廓），用来检测显著地偏离该轮廓（profile）的新模式。这种偏离可能代表实际入侵，也可能只是一种需要添加到轮廓中的新行为。异常检测的主要优点是，它可能检测到以前未观察到的新入侵。通常，分析人员必须对偏离分类，以便确定哪些代表真正的入侵。异常检测的一个局限是较高的假报警。可以把新的入侵模式添加到特征集中，以加强基于特征的检测。

数据挖掘方法可以以多种方式帮助入侵检测和预防系统加强性能。

- **适用于入侵检测的新的数据挖掘算法**：数据挖掘算法可以用于基于特征和基于异常的检测。在基于特征的检测中，训练数据被标记为"正常"或"入侵"。于是，可以导出一个分类模型来检测已知的入侵。该领域的研究包括使用分类算法、关联规则挖掘和代价敏感建模。基于异常的检测构建正常行为模型，并检测显著偏离它行为。方法包括使用聚类、离群点分析、分类算法和统计学方法。所使用的技术必须是有效的和可伸缩的，并且能够处理大量的、高维的和异种的网络数据。
- **关联、相关和有区别力的模式分析帮助选择和构建有区别力的分类器**：关联、相关和有区别力的模式挖掘可以用来发现描述网络数据的系统属性之间的联系。这种信息有助于为入侵检测选择有用的属性。由聚集数据导出的新属性，如匹配特定模式的流量汇总，可能也是有用的。
- **流数据分析**：由于入侵和恶意攻击的瞬时性和动态性，在流数据环境下进行入侵检测是非常关键的。此外，一个事件自身可能是正常的，但是如果看做事件序列的一部分，则被认为是恶意的。因此，有必要研究什么样的事件序列频繁地遇到，发现序列模式并识别离群点。对于实时入侵检测，还需要其他的数据挖掘方法，如发现数据流中的演化簇（evolving cluster）和建立数据流的动态分类模型。
- **分布式数据挖掘**：入侵可以从多个不同位置发动并指向许多不同目标。可以使用分布式数据挖掘方法，从多个网络位置分析网络数据，以便检测这种分布式攻击。
- **可视化和查询工具**：应当有观察检测到的异常模式的可视化工具。这类工具可能包

614

括观察关联、有区别力的模式、簇和离群点的特征。入侵检测系统应当具备图形用户界面，允许安全分析人员对网络数据或入侵检测结果提出查询。

总之，计算机系统一直处于安全性被破坏的危险之中。可以使用数据挖掘技术，开发强大的入侵检测和预防系统。这种系统可以使用基于特征或基于异常的检测。

13.3.5 数据挖掘与推荐系统

今天的消费者在线购物时会面对成千上万的商品与服务。**推荐系统**帮助消费者，向用户推荐他们可能感兴趣的产品，如书、CD、电影、饭店、网上新闻和其他服务。推荐系统可能使用基于内容的方法、协同方法或者结合基于内容和协同方法的混合方法。

基于内容的方法推荐用户喜爱的或者以前询问过的类似商品。它依赖产品的特征和文字说明。**协同方法**（或协同过滤方法）可能考虑用户的社会环境。它根据与用户有类似情趣和爱好的其他顾客的意见推荐商品。推荐系统广泛采用信息检索、统计学、机器学习和数据挖掘技术在商品和顾客爱好中搜索相似的对象。考虑下面的例子。

例13.1 使用推荐的场景。 假设你访问一个在线书店的网站（例如，亚马孙（Amazon）），打算购买一本你一直想读的书。你输入书名。这并不是你第一次访问这个网站。上个圣诞节你浏览过该网站，甚至买过书。这个网上书店记得你以往的访问，存放了你的点击流信息和以前的购买信息。系统向你显示你指定的书的介绍和价格，同时把你和与你兴趣相似的顾客进行比较，并推荐其他书目，"买了你指定的书的顾客也会买其他这些书。"通过浏览推荐的书的列表，你会看到另外一本引起你兴趣的书，并决定购买。

现在，假设你到另外一个在线商店，打算购买数码相机。系统根据以往挖掘的序列模式，如"买了这种数码相机的顾客很可能会在三个月内购买某种品牌的打印机、存储卡或照片编辑软件"，向你推荐其他的产品。你决定只买数码相机，不再买其他物品。一个星期后你会从这个商店收到其他物品的优惠券。∎

推荐系统的一个优势是它们为电子商务顾客提供个性化服务，促进一对一的销售。亚马逊是使用协同推荐系统的先驱，作为市场战略的一部分，提供"针对每位顾客的个性化商店"。个性化有益于消费者和公司双方。拥有顾客更正确的模型，公司可以对顾客的需求有更好的了解。而服务于这些需求则可在交叉销售、提升销售、产品亲和力、一对一促销、大购物篮、顾客保有方面获得巨大的成功。

推荐问题考虑顾客的集合 C 和产品的集合 S。令 u 是效用函数，度量产品 s 对顾客 c 的有用性。效用通常用等级表示，并且初始只对先前被用户评定过等级的产品有定义。例如，当连接电影推荐系统时，通常要求用户对一些电影评定等级。所有可能的用户和产品的空间 $C \times S$ 是巨大的。为了预测产品用户组合，推荐系统应当能够从已知的等级评定推断未知的，以便预测产品用户组合。对用户而言，具有最高等级评定/效用的产品推荐给该用户。

"如何为用户估计产品的效用？"在基于内容的方法中，根据同一用户赋予其他类似产品的效用来估计。许多这样的系统都致力于推荐包含文字信息的产品，如 Web 站点、文章和新闻消息。它们寻找产品的共性。对于电影，它们寻找类似的风格、导演或演员。对于文章，它们寻找类似的术语。基于内容的方法植根于信息论。它们使用关键词（描述产品）和包含关于用户品味和需求信息的用户轮廓。这种轮廓可以明确地得到（例如，通过问卷调查）或从用户的长期交易行为中学习。

协同推荐系统试图基于与用户 u 类似的其他用户先前对产品的等级评定来预测产品对 u 的效用。例如，在推荐书籍时，协同推荐系统试图找到曾经与 u 一致的其他用户（例如，他们购买类似的书籍，或者对书籍给出类似的等级评定）。协同推荐系统可以是基于记忆的（或基于启发式的），或者基于模型的。

基于记忆的方法本质上使用启发式，基于先前被用户评定等级的产品集进行等级评定预测。也就是说，*产品-用户组合*的未知等级可以用大部分类似用户对相同产品的等级评定的聚集来估计。典型地，使用 $k-$近邻方法，即找出与目标用户 u 最相似的 k 个其他用户（或近邻）。许多方法都可以用来计算用户之间的相似性。最常用的方法是使用 Pearson 相关系数（3.3.2 节）或余弦相似性（2.4.7 节）。可以使用加权聚集进行调整，因为不同的用户可能使用不同的等级评定尺度。基于模型的协同推荐系统使用等级评定集学习模型，然后使用模型进行等级评定预测。例如，概率模型、聚类（发现具有相似意向的顾客簇）、贝叶斯网络和其他机器学习技术都已经被使用。

推荐系统面临的主要挑战包括可伸缩性和确保推荐质量。例如，就可伸缩性而言，推荐系统必须能够实时地搜索数百万可能的近邻。如果站点使用浏览模式作为产品偏爱的指示，则对于它的某些顾客，它可能有数以千计的数据点。为了赢得顾客的信任，确保推荐质量是至关重要的。如果消费者接受系统推荐，但最终找不到喜爱的产品，则他们就不太愿意再使用推荐系统。

与分类系统一样，推荐系统可能有两类错误：假负例和假正例。这里，假负例是系统未能推荐的产品，尽管消费者可能喜欢它们。假正例是推荐的产品，但是消费者并不喜欢。假正例更不可取，因为它们可能打搅或激怒消费者。基于内容的推荐系统受限于描述被推荐的产品的特征。对于基于内容和协同推荐而言，另一个挑战是如何处理尚无购物史的新用户。

混合方法集成基于内容的方法和协同方法，进一步改善推荐性能。Netflix 奖是由一家在线 DVD 租借服务资助的公开竞赛，奖金 100 万美元，征求最好的推荐算法，基于先前的等级评定预测用户对电影的等级评定。这个竞赛和其他研究表明，当混合多个预测器，特别是当使用多个显著不同方法的组合预测器而不是精炼单一技术时，推荐系统的预测准确率可以显著提高。

协同推荐系统是一种**智能查询回答**形式，包括分析查询的意图，并提供与查询相关的信息。例如，与简单地返回图书描述和价格以响应用户查询相比，返回与查询相关但并未明显提及的附加信息（如，书评、其他图书推荐或销售统计）对同样的查询提供了更智能的回答。

13.4 数据挖掘与社会

对于大多数人，数据挖掘是日常生活的一部分，虽然我们常常没有意识到它的存在。13.4.1 节考察几个"普适的和无形的"数据挖掘的例子。它影响日常生活的方方面面，从当地超市供应的商品、网上冲浪看到的广告，到犯罪预防。通常，通过改进服务和提高顾客满意度，以及生活方式，数据挖掘能够为个人带来许多好处。然而，它也会严重地威胁到个人隐私权和数据安全。这些问题是 13.4.2 节的主题。

13.4.1 普适的和无形的数据挖掘

数据挖掘出现在我们日常生活的许多方面，无论我们是否意识到它的存在。它影响到我们如何购物、工作和搜索信息，甚至影响到我们的休闲、健康和幸福。本节，我们考察这种**普适的**（ubiquitous）**数据挖掘**的例子。其中一些例子也体现了**无形的**（invisible）**数据挖掘**。有些"聪明的"软件，如 Web 搜索引擎、顾客自适应的 Web 服务（例如，使用推荐算法）、"智能"数据库系统、电子邮件管理器、票务大师等，都把数据挖掘结合到它们的功能组件中，却常常不为用户所知晓。

从零售店在顾客收据上打印的个性化优惠券，到在线商店根据顾客兴趣推荐的相关物品，数据挖掘以标新立异的方式对我们购买的物品、购物的方式以及购物的体验产生了影响。以沃尔玛为例，每周大约有数亿顾客访问它的超过上万家商场。沃尔玛允许供应商访问有关他们产品的数据，并使用数据挖掘软件对其分析。这样，供应商可以识别顾客在不同商场的购买模式，控制库存和商品布局，并获得新的商机。所有这些将会最终影响何种（和多少）产品摆在商场的货架上，这是下一次你经过沃尔玛的过道时可能考虑的商品。

数据挖掘对在线购物的体验也产生了影响。许多购物者习惯于在线购买书籍、音乐、电影和玩具。13.3.5 节讨论的推荐系统根据其他顾客的评价提供个性化的产品推荐。Amazon.com 走在最前列，使用个性化的、基于数据挖掘的方法作为经营战略。它观察到，传统实体商店的最大困难在于让顾客走进商店。一旦顾客进来，他就可能买一些东西，因为去另一家商店花费的时间值得考虑。因此，传统实体商店的销售策略注重把顾客吸引进来，而不是他们在店内的体验。这不同于在线商店，那里顾客只需要点一下鼠标就"走出"并进入另一家在线商店。Amazon.com 利用了这一差别，提供了"针对每位顾客的个性化商店"。他们使用了一些数据挖掘技术识别顾客的喜好并做出可靠的推荐。

当我们谈论购物时，假设你正使用信用卡进行购物。如今从信用卡公司收到可疑或异常的消费情况的电话并不稀奇。信用卡公司使用数据挖掘来检测欺诈性使用，每年可以挽回数十亿美元的损失。

许多公司为**客户关系管理**（Customer Relationship Management，CRM）越来越多地使用数据挖掘，这有助于取代大众营销，提供更多定制的个人服务来处理个体顾客的需要。通过研究在网店上的浏览和购买模式，公司可以定制适合顾客特点的广告和推销，使得顾客较少地被大量不必要的邮寄或垃圾邮件所烦扰。这些举措可以为公司节省大量费用。顾客也可以从中受益，因为他们经常会收到真正感兴趣的通报，导致花更少的时间获得更大的满足。

数据挖掘已经大大地影响了人们使用计算机、搜索信息和工作的方式。例如，一旦你登录互联网，决定检查电子邮件。几封令人讨厌的垃圾邮件在你没觉察时已被删除。这多亏了邮件过滤器，它使用了分类算法来识别垃圾邮件。在处理完邮件后，你开始使用 Google（http://www.google.com），它提供了对数十亿个在它的服务器中被索引页面的访问。Google 是最受欢迎和广泛使用的互联网搜索引擎之一。使用 Google 搜索信息已经成为许多人的一种生活方式。

Google 如此受欢迎，使得它甚至成为一个新的英语动词，意思是"使用 Google，或者根据外延，使用任何综合搜索引擎在互联网上搜索"[⊖]。你决定对你感兴趣的话题键入一些关键词。Google 会返回一个被包括 PageRank 在内的数据挖掘算法挖掘、索引和组织的，你感兴趣话题的网站列表。如果你键入"波士顿纽约"，则 Google 将向你显示显示从波士顿到纽约的客运汽车和火车时刻表。然而，对"波士顿巴黎"而言稍微不同，将返回从波士顿到巴黎的航班。这种聪明的信息或服务提供可能基于从以前的大量查询点击流中挖掘的频繁模式。

在你观察 Google 的查询结果时，各式各样与你的查询相关的广告就会弹出。Google 剪裁广告使之符合用户兴趣的策略是被所有因特网搜索提供商探索的典型服务之一。这也可以

⊖ http://open-dictionary.com。

使你更快乐，因为你可能较少被无关的广告所纠缠。

正如我们可能从这些日常例子所看到的，数据挖掘无处不在。我们可以不停地列举这种例子。在许多情况下，数据挖掘是无形的，因为用户可能并不知晓他们正在查看数据挖掘返回的结果，也不知晓他们的点击实际上已经作为新数据提供给数据挖掘系统。为了使数据挖掘作为一种技术被进一步改进和接受，需要在许多领域进行持续的研究和开发，如贯穿本书提到的挑战。这些包括效率和可伸缩性、增强用户交互、背景知识与可视化技术的结合、发现有趣模式的有效方法、改进复杂数据类型和流数据的处理、实时数据挖掘、Web 数据挖掘等。此外，把数据挖掘集成到已有商业和科学技术中，提供特定领域的数据挖掘系统，将有助于该技术的进步。相对于一般的数据挖掘系统，数据挖掘在电子商务应用领域的成功就是一个例证。

13.4.2　数据挖掘的隐私、 安全和社会影响

随着越来越多的信息以电子形式出现并在 Web 上可以访问，随着越来越强大的数据挖掘工具的开发和投入使用，人们越来越担心数据挖掘可能会威胁我们的隐私和数据安全。然而，需要指出的是，大多数的数据挖掘应用并没有涉及个人的数据。突出的例子包括涉及自然资源的应用、水灾和干旱的预报、气象学、天文学、地理学、地质学、生物学和其他科学与工程数据。此外，大多数的数据挖掘研究集中在可伸缩算法的开发，也不涉及个人数据。

数据挖掘技术关注于一般模式或统计显著的模式的发现，而不是关于个人的具体信息。在这种意义上，我们相信真正的隐私关注是对个人记录不受限制的访问，特别是对敏感的私有信息的访问，如信用卡交易记录、卫生保健记录、个人理财记录、生物学特征、犯罪/法律调查和血统。对于确实涉及个人数据的数据挖掘应用，在很多情况下，采用诸如从数据中删除敏感的身份标识符的简单方法就可以保护大多数个人的隐私。尽管如此，只要个人识别信息以数字形式收集和存放，数据挖掘程序能够访问这种数据（即便是在数据准备阶段），隐私关注就会存在。 |620|

不适当的披露或没有披露控制可能是隐私问题的根源。为了处理这些问题，已经开发了大量加强数据安全性的技术。此外，在开发保护隐私的数据挖掘方法方面也做了大量的工作。本节，我们考察数据挖掘中保护隐私和数据安全方面的一些进展。

"在收集和挖掘数据时，我们能为保护个人的隐私做些什么呢？"人们开发了许多**数据安全增强技术**帮助保护数据。数据库可以使用多级安全模型，根据不同的安全级别对数据分类和限制，只允许用户访问经过授权的安全级别上的数据。然而，现已证明用户在授权的级别上执行特定的查询仍能推测出更敏感的信息，并且类似的可能性在数据挖掘中也可能发生。加密是另一项技术，它对个体数据项进行编码。这可能涉及盲签名（blind signatures，建立在公钥加密上）、生物测定加密（biometric encryption）（例如，使用人的虹膜或指纹对他的个人信息编码）、匿名数据库（anonymous database）（允许合并不同的数据库，但对个人信息的访问仅限于知道它的人；个人信息被加密并存储到不同的位置）。入侵检测是另一个活跃的研究领域，也可以帮助保护个人数据的私有性。

保护隐私的数据挖掘（Privacy-preserving data mining）是一个数据挖掘研究领域，对数据挖掘中的隐私保护做出反应。它也被称为加强隐私的（privacy-enhanced）或隐私敏感的（privacy-sensitive）数据挖掘。它的目的是获得有效的数据挖掘结果而不泄露底层的敏感数据值。大部分保护隐私的数据挖掘都使用某种数据变换来保护隐私。通常，这些方法改变表示的粒度以保护隐私。例如，它们可以把数据从个体顾客泛化到顾客群。粒度归约导致信息

损失，并可能影响数据挖掘结果的有用性。这是信息损失和隐私之间的自然折中。保护隐私的数据挖掘可以分成如下几类。

- **随机化方法**：这些方法把噪声添加到数据中，掩盖记录的某些属性值。添加的噪声应该足够多，使得个体记录的值，特别是敏感的值不能恢复。然而，添加应该有技巧，使得最终的数据挖掘结果基本保持不变。这种技术旨在从扰动的数据中得到聚集分布。随后可以开发使用这些聚集分布的数据挖掘技术。

- **_k_-匿名和 _l_-多样性方法**：这两种方法都是更改个人记录，使得它们不可能被唯一地识别。在 _k_-匿名（_k_-anonymity）方法中，数据表示的粒度被显著归约，使得任何给定的记录至少映射到数据集中 _k_ 个其他记录上。它使用像聚集和压缩这样的技术。_k_-匿名是有缺陷的，因为如果一个群内的敏感数据是同质的，则这些值可以从更改后的记录推出。_l_-多样性（_l_-diversity）模型通过加强组内敏感值的多样性以确保匿名来克服这一缺点。其目标是使对手使用记录属性的组合准确地识别个体记录足够困难。

- **分布式隐私保护**：大型数据集通常被水平（即数据集被划分成不同的记录子集并分布在多个站点上）或垂直（即数据集按属性划分和分布）或同时水平和垂直划分和分布。尽管个体站点并不想共享它们的整个数据集，但是它们可能通过各种协议允许有限的信息共享。这种方法的总体效果是在导出整个数据集的聚集结果的同时，维护个体对象的隐私。

- **降低数据挖掘结果的作用**：在许多情况下，尽管可能得不到数据，但是数据挖掘的输出（例如，关联规则、分类模型）也可能导致侵害隐私。解决方案可能是通过修改数据或稍微扭曲分类模型，降低数据挖掘的作用。

最近，研究人员提出了保护隐私的数据挖掘的新思想，如**差动隐私**（differential privacy）概念。其一般思想是，对于两个非常接近的数据集（即仅在一个极小的数据集上不同，如在单个元素上不同），给定的**差动隐私算法**在两个数据集上的行为近似相同。这个定义确保极小的数据集（例，代表个人）的缺失与否不会显著地影响查询结果的输出。基于这一概念，已经开发了一组差动隐私保护的数据挖掘算法。这一方向的研究正在进行，期望在不久的将来会有更好的隐私保护数据和数据挖掘算法发表。

像其他的技术一样，数据挖掘可能被滥用。然而，我们不能忽视数据挖掘研究给我们带来的好处：从医药和科学应用中获得的认识，到通过帮助公司更好地迎合顾客的需求来提高顾客的满意度。我们期望计算机科学家、政策专家和反恐专家会继续与社会科学家、律师、公司以及顾客共同担负起责任，建立保护数据隐私和安全的解决方案。这样，我们可以继续收获数据挖掘带来的好处：时间和金钱的节省、新知识的发现。

13.5   数据挖掘的发展趋势

数据、数据挖掘任务和数据挖掘方法的多样性对数据挖掘提出了许多挑战性的研究问题。有效的数据挖掘方法、系统和服务的开发，交互的和集成的数据挖掘环境的构建是关键的研究领域。使用数据挖掘技术解决大型或复杂的应用问题是数据挖掘研究人员、数据挖掘系统和应用的开发人员面临的重要任务。本节介绍一些反映这些难题研究的数据挖掘发展趋势。

- **应用探索**：早期的数据挖掘应用主要集中在帮助企业获得竞争优势。随着电子商务和电子营销成为零售业的主流，数据挖掘在商业方面的探索将会继续扩展。数据挖掘越来越多地用于其他应用领域的探索，如 Web 和文本分析、金融分析、制造业、政府、生物医学和科学。正在出现的应用领域包括反恐数据挖掘和移动（无线）数据挖掘。由于一般的数据挖掘系统在处理特定应用问题时可能具有局限性，所以我们会看到一种趋向：开发面向特定领域的数据挖掘系统和工具，以及把无形的数据挖掘功能嵌入到各种服务中。

- **可伸缩的和交互的数据挖掘方法**：与传统的数据分析方法相比，数据挖掘必须能够有效地处理大量数据，并且尽可能是交互的。由于收集的数据量不断地剧增，所以对于单个和集成的数据挖掘功能，可伸缩的算法显得十分重要。一个重要的方向是**基于约束的挖掘**。它致力于在增加用户交互的同时，全面提高挖掘过程的总体效率。它提供了额外的控制方法，允许用户说明和使用约束，引导数据挖掘系统搜索用户感兴趣的模式。

- **与搜索引擎、数据库系统、数据仓库系统和云计算系统的集成**：搜索引擎、数据库系统、数据仓库系统和云计算系统已经成为主流信息处理和计算系统。重要的是要确保数据挖掘作为一种基本数据分析组件，能够平滑地集成到这种信息处理环境中。数据挖掘子系统/服务应该与系统紧密耦合成为一个无缝的统一架构，或者作为一种无形的功能。这确保数据的可用性、数据挖掘的可移植性、可扩展性、高性能，以及适合于多维数据分析和探查的集成的信息处理环境。

- **挖掘社会和信息网络**：挖掘社会和信息网络，以及链接分析都是重要的任务，因为这种网络是无处不在和复杂的。如 13.1.2 节所述，为大型网络数据开发可伸缩的和有效的知识发现方法和应用是至关重要的。

- **挖掘时间空间数据、移动对象和信息物理系统**：由于移动电话、GPS、传感器和其他无线设备的日趋流行，信息物理系统和时间空间数据迅速增长。如 13.1.3 节所述，在这种数据中实现实时、有效的知识发现存在许多具有挑战性的研究问题。

  623

- **挖掘多媒体、文本和 Web 数据**：正如 13.1.3 节所述，这类数据的挖掘是数据挖掘研究当前的关注点。虽然已经取得了很大进展，但是还有许多问题尚待解决。

- **挖掘生物学和生物医学数据**：生物学和生物医学数据独特的复杂性、丰富性、规模和重要性，需要数据挖掘的特殊关注。挖掘 DNA 和蛋白质序列、挖掘高维微阵列数据、生物路径和网络分析只是该领域的几个课题。生物学数据挖掘的其他课题包括挖掘生物医学文献、异种生物学数据的链接分析、通过数据挖掘集成生物学信息。

- **数据挖掘与软件工程和系统工程**：软件程序和大型计算机系统的规模越来越大、复杂度越来越高，并且越来越趋向于将来自不同的实现团队开发的组件集成在一起。确保软件的鲁棒性和可靠性越来越成为具有挑战性的任务。有错误的软件程序的运行分析实质上是数据挖掘过程——跟踪程序执行过程中产生的数据可能发现重要的模式和离群点，可能导致最终自动发现软件错误。我们期望针对软件/系统调试的数据挖掘方法学的进一步发展将提高软件的鲁棒性并为软件/系统工程带来新的活力。

- **可视和听觉数据挖掘**：可视和听觉数据挖掘是一种集成人的视觉和听觉系统，并从海量数据中发现知识的一种有效途径。这种技术的系统开发将有助于推动人对有效的和有效果的数据分析的参与。

- **分布式数据挖掘和实时数据流挖掘**：传统的数据挖掘方法是集中式的，在当今很多分布式环境（例如，互联网、内联网、局域网、高速无线网络、传感器网络和云计算）下不能很好地工作。因此我们期望在分布式数据挖掘方法上能有进展。此外，许多涉及流数据的应用（例如，电子商务、Web 挖掘、股票分析、入侵检测、移动数据挖掘和反恐数据挖掘）都要求实时地建立动态数据挖掘模型。这一方向还需要更多的研究。

- **数据挖掘中的隐私保护和信息安全**：大量电子形式的个人或机密信息，加上数据挖掘工具能力的不断增强，对我们的隐私和数据安全造成了威胁。对反恐数据挖掘兴趣的增长进一步增加了这种关注。保护隐私的数据挖掘方法的进一步发展是显而易见的。这需要技术专家、社会科学家、法律专家、政府官员和公司协作，为数据发布和数据挖掘提出严格的隐私和安全保护机制。

我们充满信心地期待下一代数据挖掘技术和它带来的利益。

13.6 小结

- 挖掘复杂的数据类型提出了一些挑战性问题，为此进行了一系列专门的研究与开发。本章给出**挖掘复杂数据类型**的概述，包括挖掘序列数据，如符号序列和生物学序列；挖掘图和网络；以及挖掘其他类型的数据，包括时间空间数据、信息物理系统数据、多媒体数据、文本和 Web 数据，以及数据流。

- 已经为数据分析提出了一些广泛认可的**统计学方法**，如回归、广义线性模型、方差分析、混合效应模型、因素分析、判别分析、生存分析和质量控制。完全涵盖统计学数据分析方法已经超出本书范围。感兴趣的读者可以参阅文献注释中引述的统计学文献（13.8 节）。

- 研究人员一直在努力建立数据挖掘的**理论基础**。一些有趣的建议已经提出，它们基于数据归约、数据压缩、概率统计理论、微观经济学理论和基于模式发现的归纳数据库。

- **可视数据挖掘**集成数据挖掘和数据可视化，以便从大型数据集中发现隐藏的、有用知识。可视数据挖掘包括数据可视化、数据挖掘结果可视化、数据挖掘过程可视化和交互的可视数据挖掘。**听觉数据挖掘**使用音频信号指示数据挖掘结果中的模式或特征。

- 已经为**特定领域的**应用开发了许多定制的数据挖掘工具，这些领域包括金融、零售和电信业、科学与工程、入侵检测和预防，以及推荐系统。这样的基于应用领域的研究把特定领域的知识和数据分析技术结合起来，并提供了特定用途的数据挖掘解决方案。

- **普适的数据挖掘**是指数据挖掘出现在我们日常生活的许多方面。它可能影响我们如何购物、工作、搜索信息和使用计算机，以及我们的休闲、健康和幸福。在**无形的数据挖掘**中，"聪明的"软件，如搜索引擎、顾客自适应 Web 服务（例如，使用推荐算法）、电子邮件管理器等，把数据挖掘结合到它们的功能模块中，但却常常不为用户所察觉。

- 数据挖掘带来的主要社会关注是隐私和数据安全问题。**保护隐私的数据挖掘**处理合法的数据挖掘得到的结果，而不泄露底层敏感的数据值。它的目标是在保持数据挖掘结果的总体质量的同时保护隐私和确保安全。

- **数据挖掘发展趋势**包括新应用领域的探索方面所做的进一步努力；提高可伸缩性、交互性和基于约束的挖掘方法；数据挖掘与 Web 服务、数据库、数据仓库和云计算系统的集成；挖掘社会和信息网络。其他的趋势除了 Web 挖掘、分布式的和实时的挖掘、可视和听觉挖掘、数据挖掘中的隐私和安全性之外，还包括时间空间数据、物联网系统数据、生物学数据、软件/系统工程数据、多媒体和文本数据挖掘。

13.7 习题

13.1 序列数据无处不在，并且具有许多应用。本章给出了序列模式挖掘、序列分类、序列相似性搜索、趋势分析、生物学序列比对和建模的概述。然而，我们没有涵盖序列聚类。给出序列聚类的概述。

13.2 本章给出了序列模式挖掘和图模式挖掘方法的概述。还研究了挖掘树模式和偏序模式。总结了挖掘结构化模式的方法，包括序列、树、图和偏序关系。考察什么类型的结构模式挖掘还未被研究。提出可能创建这种新挖掘问题的应用。

13.3　许多研究都分析同质信息网络（例如，由朋友链接朋友组成的社会网络）。然而，许多应用都涉及异质信息网络（即链接多种类型对象的网络，如链接研究论文、引用、作者和主题的网络）。挖掘异质信息网络的方法与挖掘同质信息网络的方法的主要差别是什么？

13.4　给出一个未在本章论及的数据挖掘应用的例子。讨论在此应用中如何使用各种不同的数据挖掘形式。

13.5　为什么建立数据挖掘的理论基础是重要的？说出并描述已提出的数据挖掘的主要理论基础。评价它们如何满足（或不能满足）理想的数据挖掘理论框架。

626

13.6　（研究课题）建立数据挖掘理论需要提出一个理论框架，使得大部分的数据挖掘功能可以在这个框架下得到解释。以一种理论为例（例如，数据压缩理论），考察大部分数据挖掘功能如何适合该框架。如果有些功能不能适合当前的这个框架，你能提出一种方式对框架进行扩展，使它能够解释这些功能吗？

13.7　统计数据分析和数据挖掘之间有很强的联系。有些人认为数据挖掘是自动的和可伸缩的统计数据分析方法。你赞成还是反对这种观点？提出一种统计分析方法，通过与现有数据挖掘方法的结合，可以很好地自动执行或扩展。

13.8　可视数据挖掘与数据可视化之间有什么区别？数据可视化可能受数据量太大的制约。例如，如果社会网络太大，并且具有复杂的和稠密的连接，可视地从中发现有趣的特性并不是一件容易的事情。请提出一种可视化方法，可以帮助人们通过网络拓扑了解社会网络中有趣的特征。

13.9　提出几种对听觉数据挖掘的实现方法。可否将听觉数据挖掘与可视数据挖掘结合起来，使得数据挖掘有趣而有能力？可否开发一些视频数据挖掘方法？给出一些例子和解决方案，使得集成的听觉可视挖掘有效果。

13.10　在过去的几十年中，通用计算机和不依赖于领域的关系数据库系统已形成一个巨大的市场。然而，很多人认为，通用的数据挖掘系统不会在数据挖掘市场中流行。你的看法如何？对数据挖掘而言，我们应当致力于开发不依赖于领域的数据挖掘系统，还是应当开发特定领域的数据挖掘解决方案？请说出你的理由。

13.11　什么是协同推荐系统？它与基于顾客或产品的聚类系统有哪些不同？它与典型的分类或预测建模系统有哪些不同？列举一种协同过滤方法，并讨论为什么它是可行的，实践中有何局限性。

13.12　假设当地银行有一个数据挖掘系统。该银行正在研究你的信用卡的使用模式。注意到你在家庭装修店有多笔交易，银行决定与你联系，提供有关家居改善方面的特别贷款信息。

(a) 讨论一下这是否可能与你的隐私权相冲突。

(b) 给出另外一个使你感到数据挖掘侵犯你的隐私权的情况。

(c) 描述一种保护隐私的数据挖掘方法，它可以允许银行进行顾客模式分析，而不侵犯顾客的隐私权。

(d) 可否举出一些数据挖掘对社会有帮助的例子？你能想出一些它们可能用来危害社会的方法吗？

627

13.13　你认为把数据挖掘研究市场化面临的主要挑战是什么？举一个数据挖掘研究问题的例子说明，按照你的观点，它对市场和社会有很大影响。讨论如何处理这种研究问题。

13.14　根据你的观点，数据挖掘最具挑战性的研究问题是什么？如果给你几年时间以及一批研究和开发人员，你能制定一个计划，使得可以朝着解决该问题的方向取得进展吗？

13.15　基于你的经验和知识，提出一个本章没有讨论到的数据挖掘新的前沿课题。

13.8　文献注释

关于挖掘复杂的数据类型，有许多涵盖各种主题的论文和书籍。这里将列举一些最近的书籍和广泛引用的综述和论文。

时间序列分析已经在统计学和计算机科学界研究了数十年，有许多教科书，如 Box、Jenkins 和 Reinsel［BJR08］，Brockwell 和 Davis［BD02］，Chatfield［Cha03b］，Hamilton［Ham94］，以及 Shumway 和 Stoffer［SS05］。Faloutsos、Ranganathan 和 Manolopoulos［FRM94］提出了一种时间序列数据库中子序列快速匹配方

法。Agrawal、Lin、Sawhney 和 Shim[ALSS95] 开发了一种在有噪声、缩放和平移的时间序列数据空中快速进行**相似性搜索**的方法。Shasha 和 Zhu 给出了时间序列数据高性能发现方法的综述［SZ04］。

序列模式挖掘已经被许多研究者研究，如 Agrawal 和 Srikant[SA96]、Zaki[Zak01]、Pei、Han、Mortazavi-Asl 等［PHMA⁺04］、Yan、Han 和 Afshar[YHA03]。**序列分类**的研究包括 Ji、Bailey 和 Dong[JBD05]，以及 Ye 和 Keogh[YK09]，而综述见 Xing、Pei 和 Keogh[XPK10]。Dong 和 Pei[DP07] 给出序列模式挖掘方法的综述。

生物学序列的分析方法包括马尔科夫链和隐马尔科夫模型，在许多书和讲稿中都有介绍，如 Waterman[Wat95]、Setubal 和 Meidanis［SM97］、Durbin、Eddy、Krogh 和 Mitchison［DEKM98］、Baldi 和 Brunak［BB01］、Krane 和 Raymer[KR03]、Rabiner[Rab89]、Jones 和 Pevzner［JP04］，以及 Baxevanis 和 Ouellette［BO04］。关于 BLAST（又见 Korf、Yandell 和 Bedell［KYB03］）可以在 NCBI 的 Web 站点 http://www.ncbi.nlm.nih.gov/BLAST/上找到。

图模式挖掘已经被广泛研究，包括 Holder、Cook 和 Djoko［HCD94］、Inokuchi、Washio 和 Motoda［IWM98］、Kuramochi 和 Karypis[KK01]、Yan 和 Han[YH02，YH03a]、Borgelt 和 Berthold[BB02]、Huan、Wang、Bandyopadhyay 等［HWB⁺04］，以及 Nijssen 和 Kok[NK04] 的 Gaston 工具。

在**社会和信息网络分析**方面有大量研究，包括 Newman[New10]、Easley 和 Kleinberg[EK10]、Yu、Han 和 Faloutsos[YHF10]、Wasserman 和 Faust[WF94]、Watts[Wat03]、Newman、Barabasi 和 Watts[NBW06]。**网络的统计学建模**被广泛研究，如 Albert 和 Barbasi［AB99］、Watts[Wat03]、Faloutsos、Faloutsos 和 Faloutsos[FFF99]、Kumar、Raghavan、Rajagopalan 等[KRR⁺00]，以及 Leskovec、Kleinberg 和 Faloutsos[LKF05]。**通过信息网络分析进行数据清理、集成和验证**被许多人研究，如 Bhattacharya 和 Getoor[BG04]，以及 Yin、Han 和 Yu[YHY07，YHY08]。

信息网络中的聚类、秩评定和分类被广泛研究，包括 Brin 和 Page[BP98]、Chakrabarti、Dom 和 Indyk［CDI98］、Kleinberg[Kle99a]、Getoor、Friedman、Koller 和 Taskar[GFKT01]、Newman 和 M. Girvan[NG04]、Yin、Han、Yang 和 Yu[YHYY04]、Yin、Han 和 Yu[YHY05]、Xu、Yuruk、Feng 和 Schweiger[XYFS07]、Kulis、Basu、Dhillon 和 Mooney［KBDM09］、Sun、Han、Zhao 等［SHZ⁺09］、Neville、Gallaher 和 Eliassi-Rad[NGER09]、Ji、Sun、Danilevsky 等[JSD⁺10]。**信息网络中的角色发现和链接预测**也被广泛研究，如 Krebs[Kre02]、Kubica、Moore 和 Schneider[KMS03]、Liben-Nowell 和 Kleinberg[LNK03]，以及 Wang、Han、Jia 等［WHJ⁺10］。

信息网络中的相似性搜索和 OLAP 被许多人研究，包括 Tian、Hankins 和 Patel[THP08]，以及 Chen、Yan、Zhu 等［CYZ⁺08］。**社会信息网络的演变**被许多研究人员所研究，如 Chakrabarti、Kumar 和 Tomkins[CKT06]、Chi、Song、Zhou 等［CSZ⁺07］、Tang、Liu、Zhang 和 Nazeri[TLZN08]、Xu、Zhang、Yu 和 Long[XZYL08]、Kim 和 Han[KH09]，以及 Sun、Tang 和 Han[STH⁺10]。

空间与时间空间数据挖掘已经被广泛研究，Miller 和 Han[MH09] 出版了论文集，还在一些教科书中介绍，如 Shekhar 和 Chawla[SC03]、Hsu、Lee 和 Wang[HLW07]。空间聚类算法已经在本书的第 10 章和第 11 章广泛讨论。研究在空间数据仓库和 OLAP 上进行，如 Stefanovic、Han 和 Koperski[SHK00]；以及空间与时间空间数据挖掘，如 Koperski 和 Han[KH95]、Mamoulis、Cao、Kollios、Hadjieleftheriou 等［MCK⁺04］、Tsoukatos 和 Gunopulos[TG01]，以及 Hadjieleftheriou、Kollios、Gunopulos 和 Tsotras[HKGT03]。**挖掘移动对象数据**已经被许多人研究，如 Vlachos、Gunopulos 和 Kollios[VGK02]、Tao、Faloutsos、Papadias 和 Liu[TFPL04]、Li、Han、Kim 和 Gonzalez[LHKG07]、Lee、Han 和 Whang[LHW07]，以及 Li、Ding、Han 等［LDH⁺10］。关于时间、空间和时间空间数据挖掘研究的文献，见 Roddick、Hornsby 和 Spiliopoulou 的汇集［RHS01］。

多媒体数据挖掘源于图像处理和模式识别，已经被广泛研究，有许多教科书，如 Gonzalez 和 Woods［GW07］、Russ[Rus06]、Duda、Hart 和 Stork[DHS01]、Z. Zhang 和 R. Zhang[ZZ09]。多媒体数据的搜索和挖掘已经被许多人研究（例如，见 Fayyad 和 Smyth[FS93]、Faloutsos 和 Lin[FL95]、Natsev、Rastogi 和 Shim[NRS99]、Zaïane、Han 和 Zhu[ZHZ00]）。Hsu、Lee 和 Zhang 对图像挖掘方法进行了综述［HLZ02］。

文本数据分析已经在信息检索领域被广泛研究，有许多教科书和综述文章，如 Croft、Metzler 和 Strohman［CMS09］、S. Buttcher、C. Clarke、G. Cormack[BCC10]、Manning、Raghavan 和 Schutze[MRS08]、Grossman 和 Frieder［GF04］、Baeza-Yates 和 Riberio-Neto[BYRN11]、Zhai[Zha08]、Feldman 和 Sanger[FS06]、Berry[Ber03]，以及 Weiss、Indurkhya、Zhang 和 Damerau[WIZD04]。文本挖掘是一个快速发展的领域，最

近几年发表了大量文章，涵盖了许多主题，如建模（例如，Blei 和 Lafferty[BL09]）、观点分析（例如，Pang 和 Lee[PL07]）和上下文文本挖掘（例如，Mei 和 Zhai[MZ06]）。

Web 挖掘是另一个被关注的主题，已经出版了一些书，如 Chakrabarti[Cha03a]，Liu[Liu06] 和 Berry[Ber03]。Web 挖掘显著地提升了 Web 搜索引擎，出现了一些有影响的里程碑式的工作，如 Brin 和 Page[BP98]，Kleinberg[Kle99b]，Chakrabarti、Dom、Kumar 等[CDK⁺99]，Kleinberg 和 Tomkins[KT99]。自此之后产生了大量结果，如搜索日志挖掘（例如，Silvestri[Sil10]）、博客挖掘（例如 Mei、Liu、Su 和 Zhai[MLSZ06]），以及挖掘在线论坛（例如，Wang、Lin 等[CWL⁺08]）。

数据流系统和流数据处理的书籍和综述包括 Babu 和 Widom[BW01]，Babcock、Babu、Datar 等[BBD⁺02]，Muthukrishnan[Mut05]，Aggarwal[Agg06]。

流数据挖掘研究涵盖流立方体建模（例如，Chen、Dong、Han 等[CDH⁺02]）、流频繁模式挖掘（例如，Manku 和 Motwani[MM02]，Karp、Papadimitriou 和 Shenker[KPS03]）、流分类（例如，Domingos and Hulten[DH00]，Wang、Fan、Yu 和 Han[WFYH03]，Aggarwal、Han、Wang 和 Yu[AHWY04b]）和流聚类（例如，Guha、Mishra、Motwani 和 O'Callaghan[GMMO00]，Aggarwal、Han、Wang 和 Yu[AHWY03]）。

有许多书讨论数据挖掘应用。关于财经数据分析与建模，见 Benninga[Ben08] 和 Higgins[Hig08]。关于零售数据挖掘和客户关系管理，见 Berry 和 Linoff[BL04]，Berson、Smith 和 Thearling[BST99]。关于电信数据挖掘，见 Horak[Hor08]。还有一些关于科学数据分析的书籍，如 Grossman、Kamath、Kegelmeyer 等[GKK⁺01]和 Kamath[Kam09]。

数据挖掘的理论基础已经被许多研究人员所讨论。例如，Mannila 给出了关于数据挖掘基础的研究总结[Man00]。数据挖掘的数据归约观点汇总在 Barbará、DuMouchel、Faloutos 等的 *The New Jersey Data Reduction Report*（新泽西数据归约报告）中[BDF⁺97]。数据压缩观点可以在关于最小描述长度（MDL）原理的研究中找到，如 Grunwald 和 Rissanen[GR07]。

数据挖掘的模式发现观点在许多机器学习和数据挖掘研究中讨论，涵盖从关联挖掘到决策树归纳、序列模式挖掘、聚类等。概率论观点在统计学和机器学习领域很流行，如第 9 章的贝叶斯网络和概率图模型（例如，Koller 和 Friedman[KF09]）。Kleinberg、Papadimitriou 和 Raghavan[KPR98] 提出了微观经济学观点，把数据挖掘看做最优化问题。归纳数据库观点的研究包括 Imielinski 和 Mannila[IM96]，De Raedt、Guns 和 Nijssen[RGN10]。

数据分析的统计学方法在许多书中都有介绍，如 Hastie、Tibshirani 和 Friedman[HTF09]，Freedman、Pisani 和 Purves[FPP07]，Devore[Dev03]，Kutner、Nachtsheim、Neter 和 Li[KNNL04]，Dobson[Dob01]，Breiman、Friedman、Olshen 和 Stone[BFOS84]，Pinheiro 和 Bates[PB00]，Johnson 和 Wichern[JW02b]，Huberty[Hub94]，Shumway 和 Stoffer[SS05]，以及 Miller[Mil98]。

关于可视数据挖掘，流行的数据和信息的可视化显示方面的书包括 Tufte[Tuf90，Tuf97，Tuf01]。数据可视化技术的总结在 Cleveland[Cle93] 中。一本专门介绍可视数据挖掘的书，（*Visual Data Mining：Techniques and Tools for Data Visualization and Mining*）可视数据挖掘：数据可视化与挖掘的技术和工具由 Soukup 和 Davidson 撰写[SD02]。Fayyad、Grinstein 和 Wierse 编辑的书（*Information Visualization in Data Mining and Knowledge Discovery*）数据挖掘与知识发现的信息可视化[FGW01] 包含了可视数据挖掘方法的文章汇集。

普适的和无形的数据挖掘在许多场合下都被讨论，如 John[Joh99]，而一些文章包含在 Kargupta、Joshi、Sivakumar 和 Yesha 编辑的书中[KJSY04]。Gates 的书 *Business @ the Speed of Thought：Succeeding in the Digital Economy*[Gat00] 讨论了电子商务和客户关系管理，并对数据挖掘的未来给出了有趣的展望。Mena[Men03] 是一本内容丰富的书，介绍使用数据挖掘检测和预防犯罪。它涵盖了许多犯罪活动的形式，涵盖欺诈检测、洗黑钱、识别犯罪和入侵检测。

关于隐私和数据安全的数据挖掘问题在文献中广泛讨论。数据挖掘中的隐私与安全方面的书包括 Thuraisingham[Thu04]，Aggarwal 和 Yu[AY08]，Vaidya、Clifton 和 Zhu[VCZ10]，以及 Fung、Wang、Fu 和 Yu[FWFY10]。研究论文包括 Agrawal 和 Srikant[AS00]，Evfimievski、Srikant、Agrawal 和 Gehrke[ESAG02]，Vaidya 和 Clifton[VC03]。差动隐私由 Dwork[Dwo06] 提出，并被许多人研究，如 Hay、Rastogi、Miklau 和 Suciu[HRMS10]。

在各种论坛和场合，有许多关于数据挖掘趋势和研究方向的讨论。有些书是这类文章的汇集，如 Kargupta、Han、Yu 等[KHY⁺08]。

参 考 文 献

[AAD+96]   S. Agarwal, R. Agrawal, P. M. Deshpande, A. Gupta, J. F. Naughton, R. Ramakrishnan, and S. Sarawagi. On the computation of multidimensional aggregates. In *Proc. 1996 Int. Conf. Very Large Data Bases (VLDB'96)*, pp. 506–521, Bombay, India, Sept. 1996.

[AAP01]   R. Agarwal, C. C. Aggarwal, and V. V. V. Prasad. A tree projection algorithm for generation of frequent itemsets. *J. Parallel and Distributed Computing*, 61:350–371, 2001.

[AB79]   B. Abraham and G. E. P. Box. Bayesian analysis of some outlier problems in time series. *Biometrika*, 66:229–248, 1979.

[AB99]   R. Albert and A.-L. Barabasi. Emergence of scaling in random networks. *Science*, 286:509–512, 1999.

[ABA06]   M. Agyemang, K. Barker, and R. Alhajj. A comprehensive survey of numeric and symbolic outlier mining techniques. *Intell. Data Anal.*, 10:521–538, 2006.

[ABKS99]   M. Ankerst, M. Breunig, H.-P. Kriegel, and J. Sander. OPTICS: Ordering points to identify the clustering structure. In *Proc. 1999 ACM-SIGMOD Int. Conf. Management of Data (SIGMOD'99)*, pp. 49–60, Philadelphia, PA, June 1999.

[AD91]   H. Almuallim and T. G. Dietterich. Learning with many irrelevant features. In *Proc. 1991 Nat. Conf. Artificial Intelligence (AAAI'91)*, pp. 547–552, Anaheim, CA, July 1991.

[AEEK99]   M. Ankerst, C. Elsen, M. Ester, and H.-P. Kriegel. Visual classification: An interactive approach to decision tree construction. In *Proc. 1999 Int. Conf. Knowledge Discovery and Data Mining (KDD'99)*, pp. 392–396, San Diego, CA, Aug. 1999.

[AEMT00]   K. M. Ahmed, N. M. El-Makky, and Y. Taha. A note on "beyond market basket: Generalizing association rules to correlations." *SIGKDD Explorations*, 1:46–48, 2000.

[AG60]   F. J. Anscombe, and I. Guttman. Rejection of outliers. *Technometrics*, 2:123–147, 1960.

[Aga06]   D. Agarwal. Detecting anomalies in cross-classified streams: A Bayesian approach. *Knowl. Inf. Syst.*, 11:29–44, 2006.

[AGAV09]   E. Amigó, J. Gonzalo, J. Artiles, and F. Verdejo. A comparison of extrinsic clustering evaluation metrics based on formal constraints. *Information Retrieval*, 12(4):461–486, 2009.

[Agg06]   C. C. Aggarwal. *Data Streams: Models and Algorithms*. Kluwer Academic, 2006.

[AGGR98]   R. Agrawal, J. Gehrke, D. Gunopulos, and P. Raghavan. Automatic subspace clustering of high dimensional data for data mining applications. In *Proc. 1998 ACM-SIGMOD Int. Conf. Management of Data (SIGMOD'98)*, pp. 94–105, Seattle, WA, June 1998.

[AGM04]   F. N. Afrati, A. Gionis, and H. Mannila. Approximating a collection of frequent sets. In *Proc. 2004 ACM SIGKDD Int. Conf. Knowledge Discovery in Databases (KDD'04)*, pp. 12–19, Seattle, WA, Aug. 2004.

[AGS97]   R. Agrawal, A. Gupta, and S. Sarawagi. Modeling multidimensional databases. In *Proc. 1997 Int. Conf. Data Engineering (ICDE'97)*, pp. 232–243, Birmingham, England, Apr. 1997.

[Aha92]   D. Aha. Tolerating noisy, irrelevant, and novel attributes in instance-based learning algorithms. *Int. J. Man-Machine Studies*, 36:267–287, 1992.

[AHS96]   P. Arabie, L. J. Hubert, and G. De Soete. *Clustering and Classification*. World Scientific, 1996.

[AHWY03]   C. C. Aggarwal, J. Han, J. Wang, and P. S. Yu. A framework for clustering evolving data streams. In *Proc. 2003 Int. Conf. Very Large Data Bases (VLDB'03)*, pp. 81–92, Berlin, Germany, Sept. 2003.

[AHWY04a]   C. C. Aggarwal, J. Han, J. Wang, and P. S. Yu. A framework for projected clustering of high dimensional data streams. In *Proc. 2004 Int. Conf. Very Large Data Bases (VLDB'04)*, pp. 852–863, Toronto, Ontario, Canada, Aug. 2004.

[AHWY04b]   C. C. Aggarwal, J. Han, J. Wang, and P. S. Yu. On demand classification of data streams. In *Proc. 2004 ACM SIGKDD Int. Conf. Knowledge Discovery in Databases (KDD'04)*, pp. 503–508, Seattle, WA, Aug. 2004.

[AIS93]   R. Agrawal, T. Imielinski, and A. Swami. Mining association rules between sets of items in large databases. In *Proc. 1993 ACM-SIGMOD Int. Conf. Management of Data (SIGMOD'93)*, pp. 207–216, Washington, DC, May 1993.

[AK93]   T. Anand and G. Kahn. Opportunity explorer: Navigating large databases using knowledge discovery templates. In *Proc. AAAI-93 Workshop Knowledge Discovery in Databases* pp. 45–51, Washington, DC, July 1993.

[AL99]   Y. Aumann and Y. Lindell. A statistical theory for quantitative association rules. In *Proc. 1999 Int. Conf. Knowledge Discovery and Data Mining (KDD'99)*, pp. 261–270, San Diego, CA, Aug. 1999.

[All94]   B. P. Allen. Case-based reasoning: Business applications. *Communications of the ACM*, 37:40–42, 1994.

[Alp11]   E. Alpaydin. *Introduction to Machine Learning* (2nd ed.). Cambridge, MA: MIT Press, 2011.

[ALSS95]   R. Agrawal, K.-I. Lin, H. S. Sawhney, and K. Shim. Fast similarity search in the presence of noise, scaling, and translation in time-series databases. In *Proc. 1995 Int. Conf. Very Large Data Bases (VLDB'95)*, pp. 490–501, Zurich, Switzerland, Sept. 1995.

[AMS⁺96]   R. Agrawal, H. Mannila, R. Srikant, H. Toivonen, and A. I. Verkamo, Fast Discovery of Association Rules, In U. M .Fayyad and G. Piatetsky-Shapiro and P. Smyth and R. Uthurusamy (eds.), Advances in Knowledge Discovery and Data Mining, pp.307-328,AAAI/MIT Press,1996.

[Aok98]   P. M. Aoki. Generalizing "search" in generalized search trees. In *Proc. 1998 Int. Conf. Data Engineering (ICDE'98)*, pp. 380–389, Orlando, FL, Feb. 1998.

[AP94]   A. Aamodt and E. Plazas. Case-based reasoning: Foundational issues, methodological variations, and system approaches. *AI Communications*, 7:39–52, 1994.

[AP05]   F. Angiulli, and C. Pizzuti. Outlier mining in large high-dimensional data sets. *IEEE Trans. on Knowl. and Data Eng.*, 17:203–215, 2005.

[APW⁺99]   C. C. Aggarwal, C. Procopiuc, J. Wolf, P. S. Yu, and J.-S. Park. Fast algorithms for projected clustering. In *Proc. 1999 ACM-SIGMOD Int. Conf. Management of Data (SIGMOD'99)*, pp. 61–72, Philadelphia, PA, June 1999.

[ARV09]   S. Arora, S. Rao, and U. Vazirani. Expander flows, geometric embeddings and graph partitioning. *J. ACM*, 56(2):1–37, 2009.

[AS94a]   R. Agrawal and R. Srikant. Fast algorithm for mining association rules in large databases. In *Research Report RJ 9839*, IBM Almaden Research Center, San Jose, CA, June 1994.

[AS94b]   R. Agrawal and R. Srikant. Fast algorithms for mining association rules. In *Proc. 1994 Int. Conf. Very Large Data Bases (VLDB'94)*, pp. 487–499, Santiago, Chile, Sept. 1994.

[AS95]   R. Agrawal and R. Srikant. Mining sequential patterns. In *Proc. 1995 Int. Conf. Data Engineering (ICDE'95)*, pp. 3–14, Taipei, Taiwan, China Mar. 1995.

[AS96]   R. Agrawal and J. C. Shafer. Parallel mining of association rules: Design, implementation, and experience. *IEEE Trans. Knowledge and Data Engineering*, 8:962–969, 1996.

[AS00]   R. Agrawal and R. Srikant. Privacy-preserving data mining. In *Proc. 2000 ACM-SIGMOD Int. Conf. Management of Data (SIGMOD'00)*, pp. 439–450, Dallas, TX, May 2000.

[ASS00]   E. Allwein, R. Shapire, and Y. Singer. Reducing multiclass to binary: A unifying approach for margin classifiers. *Journal of Machine Learning Research*, 1:113–141, 2000.

[AV07]   D. Arthur and S. Vassilvitskii. K-means++: The advantages of careful seeding. In *Proc. 2007 ACM-SIAM Symp. on Discrete Algorithms (SODA'07)*, pp. 1027–1035, Tokyo, 2007.

[Avn95]   S. Avner. Discovery of comprehensible symbolic rules in a neural network. In *Proc. 1995 Int. Symp. Intelligence in Neural and Biological Systems*, pp. 64–67, Washington, DC, 1995.

[AY99]   C. C. Aggarwal and P. S. Yu. A new framework for itemset generation. In *Proc. 1998 ACM Symp. Principles of Database Systems (PODS'98)*, pp. 18–24, Seattle, WA, June 1999.

[AY01]   C. C. Aggarwal and P. S. Yu. Outlier detection for high dimensional data. In *Proc. 2001 ACM-SIGMOD Int. Conf. Management of Data (SIGMOD'01)*, pp. 37–46, Santa Barbara, CA, May 2001.

[AY08]   C. C. Aggarwal and P. S. Yu. *Privacy-Preserving Data Mining: Models and Algorithms*. New York: Springer, 2008.

[BA97]   L. A. Breslow and D. W. Aha. Simplifying decision trees: A survey. *Knowledge Engineering Rev.*, 12:1–40, 1997.

[Bay98]   R. J. Bayardo. Efficiently mining long patterns from databases. In *Proc. 1998 ACM-SIGMOD Int. Conf. Management of Data (SIGMOD'98)*, pp. 85–93, Seattle, WA, June 1998.

[BB98]   A. Bagga and B. Baldwin. Entity-based cross-document coreferencing using the vector space model. In *Proc. 1998 Annual Meeting of the Association for Computational Linguistics and Int. Conf. Computational Linguistics (COLING-ACL'98)*, Montreal, Quebec, Canada, Aug. 1998.

[BB01] P. Baldi and S. Brunak. *Bioinformatics: The Machine Learning Approach* (2nd ed.). Cambridge, MA: MIT Press, 2001.

[BB02] C. Borgelt and M. R. Berthold. Mining molecular fragments: Finding relevant substructures of molecules. In *Proc. 2002 Int. Conf. Data Mining (ICDM'02)*, pp. 211–218, Maebashi, Japan, Dec. 2002.

[BBD+02] B. Babcock, S. Babu, M. Datar, R. Motwani, and J. Widom. Models and issues in data stream systems. In *Proc. 2002 ACM Symp. Principles of Database Systems (PODS'02)*, pp. 1–16, Madison, WI, June 2002.

[BC83] R. J. Beckman and R. D. Cook. Outlier…s. *Technometrics*, 25:119–149, 1983.

[BCC10] S. Buettcher, C. L. A. Clarke, and G. V. Cormack. *Information Retrieval: Implementing and Evaluating Search Engines.* Cambridge, MA: MIT Press, 2010.

[BCG01] D. Burdick, M. Calimlim, and J. Gehrke. MAFIA: A maximal frequent itemset algorithm for transactional databases. In *Proc. 2001 Int. Conf. Data Engineering (ICDE'01)*, pp. 443–452, Heidelberg, Germany, Apr. 2001.

[BCP93] D. E. Brown, V. Corruble, and C. L. Pittard. A comparison of decision tree classifiers with backpropagation neural networks for multimodal classification problems. *Pattern Recognition*, 26:953–961, 1993.

[BD01] P. J. Bickel and K. A. Doksum. *Mathematical Statistics: Basic Ideas and Selected Topics*, Vol. 1. Prentice-Hall, 2001.

[BD02] P. J. Brockwell and R. A. Davis. *Introduction to Time Series and Forecasting* (2nd ed.). New York: Springer, 2002.

[BDF+97] D. Barbará, W. DuMouchel, C. Faloutsos, P. J. Haas, J. H. Hellerstein, Y. Ioannidis, H. V. Jagadish, T. Johnson, R. Ng, V. Poosala, K. A. Ross, and K. C. Servcik. The New Jersey data reduction report. *Bull. Technical Committee on Data Engineering*, 20:3–45, Dec. 1997.

[BDG96] A. Bruce, D. Donoho, and H.-Y. Gao. Wavelet analysis. *IEEE Spectrum*, 33:26–35, Oct. 1996.

[BDJ+05] D. Burdick, P. Deshpande, T. S. Jayram, R. Ramakrishnan, and S. Vaithyanathan. OLAP over uncertain and imprecise data. In *Proc. 2005 Int. Conf. Very Large Data Bases (VLDB'05)*, pp. 970–981, Trondheim, Norway, Aug. 2005.

[Ben08] S. Benninga. *Financial Modeling* (3rd. ed.). Cambridge, MA: MIT Press, 2008.

[Ber81] J. Bertin. *Graphics and Graphic Information Processing.* Walter de Gruyter, Berlin, 1981.

[Ber03] M. W. Berry. *Survey of Text Mining: Clustering, Classification, and Retrieval.* New York: Springer, 2003.

[Bez81] J. C. Bezdek. *Pattern Recognition with Fuzzy Objective Function Algorithms.* Plenum Press, 1981.

[BFOS84] L. Breiman, J. Friedman, R. Olshen, and C. Stone. *Classification and Regression Trees.* Wadsworth International Group, 1984.

[BFR98] P. Bradley, U. Fayyad, and C. Reina. Scaling clustering algorithms to large databases. In *Proc. 1998 Int. Conf. Knowledge Discovery and Data Mining (KDD'98)*, pp. 9–15, New York, Aug. 1998.

[BG04] I. Bhattacharya and L. Getoor. Iterative record linkage for cleaning and integration. In *Proc. SIGMOD 2004 Workshop on Research Issues on Data Mining and Knowledge Discovery (DMKD'04)*, pp. 11–18, Paris, France, June 2004.

[B-G05] I. Ben-Gal. Outlier detection. In O. Maimon and L. Rockach (eds.), *Data Mining and Knowledge Discovery Handbook: A Complete Guide for Practitioners and Researchers.* Kluwer Academic, 2005.

[BGKW03] C. Bucila, J. Gehrke, D. Kifer, and W. White. DualMiner: A dual-pruning algorithm for itemsets with constraints. *Data Mining and Knowledge Discovery*, 7:241–272, 2003.

[BGMP03] F. Bonchi, F. Giannotti, A. Mazzanti, and D. Pedreschi. ExAnte: Anticipated data reduction in constrained pattern mining. In *Proc. 7th European Conf. Principles and Pratice of Knowledge Discovery in Databases (PKDD'03)*, Vol. 2838/2003, pp. 59–70, Cavtat-Dubrovnik, Croatia, Sept. 2003.

[BGRS99] K. S. Beyer, J. Goldstein, R. Ramakrishnan, and U. Shaft. When is "nearest neighbor" meaningful? In *Proc. 1999 Int. Conf. Database Theory (ICDT'99)*, pp. 217–235, Jerusalem, Israel, Jan. 1999.

[BGV92] B. Boser, I. Guyon, and V. N. Vapnik. A training algorithm for optimal margin classifiers.

In *Proc. Fifth Annual Workshop on Computational Learning Theory*, pp. 144–152, ACM Press, San Mateo, CA, 1992.

[Bis95]   C. M. Bishop. *Neural Networks for Pattern Recognition*. Oxford University Press, 1995.

[Bis06]   C. M. Bishop. *Pattern Recognition and Machine Learning*. New York: Springer, 2006.

[BJR08]   G. E. P. Box, G. M. Jenkins, and G. C. Reinsel. *Time Series Analysis: Forecasting and Control* (4th ed.). Prentice-Hall, 2008.

[BKNS00]   M. M. Breunig, H.-P. Kriegel, R. Ng, and J. Sander. LOF: Identifying density-based local outliers. In *Proc. 2000 ACM-SIGMOD Int. Conf. Management of Data (SIGMOD'00)*, pp. 93–104, Dallas, TX, May 2000.

[BL99]   M. J. A. Berry and G. Linoff. *Mastering Data Mining: The Art and Science of Customer Relationship Management*. John Wiley & Sons, 1999.

[BL04]   M. J. A. Berry and G. S. Linoff. *Data Mining Techniques: For Marketing, Sales, and Customer Relationship Management*. John Wiley & Sons, 2004.

[BL09]   D. Blei and J. Lafferty. Topic models. In A. Srivastava and M. Sahami (eds.), *Text Mining: Theory and Applications*, Taylor and Francis, 2009.

[BLC+03]   D. Barbará, Y. Li, J. Couto, J.-L. Lin, and S. Jajodia. Bootstrapping a data mining intrusion detection system. In *Proc. 2003 ACM Symp. on Applied Computing (SAC'03)*, Melbourne, FL, March 2003.

[BM98]   A. Blum and T. Mitchell. Combining labeled and unlabeled data with co-training. In *Proc. 11th Conf. Computational Learning Theory (COLT'98)*, pp. 92–100, Madison, WI, 1998.

[BMAD06]   Z. A. Bakar, R. Mohemad, A. Ahmad, and M. M. Deris. A comparative study for outlier detection techniques in data mining. In *Proc. 2006 IEEE Conf. Cybernetics and Intelligent Systems*, pp. 1–6, Bangkok, Thailand, 2006.

[BMS97]   S. Brin, R. Motwani, and C. Silverstein. Beyond market basket: Generalizing association rules to correlations. In *Proc. 1997 ACM-SIGMOD Int. Conf. Management of Data (SIGMOD'97)*, pp. 265–276, Tucson, AZ, May 1997.

[BMUT97]   S. Brin, R. Motwani, J. D. Ullman, and S. Tsur. Dynamic itemset counting and implication rules for market basket analysis. In *Proc. 1997 ACM-SIGMOD Int. Conf. Management of Data (SIGMOD'97)*, pp. 255–264, Tucson, AZ, May 1997.

[BN92]   W. L. Buntine and T. Niblett. A further comparison of splitting rules for decision-tree induction. *Machine Learning*, 8:75–85, 1992.

[BO04]   A. Baxevanis and B. F. F. Ouellette. *Bioinformatics: A Practical Guide to the Analysis of Genes and Proteins* (3rd ed.). John Wiley & Sons, 2004.

[BP92]   J. C. Bezdek and S. K. Pal. *Fuzzy Models for Pattern Recognition: Methods That Search for Structures in Data*. IEEE Press, 1992.

[BP98]   S. Brin and L. Page. The anatomy of a large-scale hypertextual web search engine. In *Proc. 7th Int. World Wide Web Conf. (WWW'98)*, pp. 107–117, Brisbane, Australia, Apr. 1998.

[BPT97]   E. Baralis, S. Paraboschi, and E. Teniente. Materialized view selection in a multidimensional database. In *Proc. 1997 Int. Conf. Very Large Data Bases (VLDB'97)*, pp. 98–12, Athens, Greece, Aug. 1997.

[BPW88]   E. R. Bareiss, B. W. Porter, and C. C. Weir. Protos: An exemplar-based learning apprentice. *Int. J. Man-Machine Studies*, 29:549–561, 1988.

[BR99]   K. Beyer and R. Ramakrishnan. Bottom-up computation of sparse and iceberg cubes. In *Proc. 1999 ACM-SIGMOD Int. Conf. Management of Data (SIGMOD'99)*, pp. 359–370, Philadelphia, PA, June 1999.

[Bre96]   L. Breiman. Bagging predictors. *Machine Learning*, 24:123–140, 1996.

[Bre01]   L. Breiman. Random forests. *Machine Learning*, 45:5–32, 2001.

[BS97]   D. Barbará and M. Sullivan. Quasi-cubes: Exploiting approximation in multidimensional databases. *SIGMOD Record*, 26:12–17, 1997.

[BS03]   S. D. Bay and M. Schwabacher. Mining distance-based outliers in near linear time with randomization and a simple pruning rule. In *Proc. 2003 ACM SIGKDD Int. Conf. Knowledge Discovery and Data Mining (KDD'03)*, pp. 29–38, Washington, DC, Aug. 2003.

[BST99]   A. Berson, S. J. Smith, and K. Thearling. *Building Data Mining Applications for CRM*. McGraw-Hill, 1999.

[BT99]   D. P. Ballou and G. K. Tayi. Enhancing data quality in data warehouse environments. *Communications of the ACM*, 42:73–78, 1999.

[BU95]   C. E. Brodley and P. E. Utgoff. Multivariate decision trees. *Machine Learning*, 19:45–77, 1995.

[Bun94]   W. L. Buntine. Operations for learning with graphical models. *J. Artificial Intelligence Research*, 2:159–225, 1994.

[Bur98]   C. J. C. Burges. A tutorial on support vector machines for pattern recognition. *Data Mining and Knowledge Discovery*, 2:121–168, 1998.

[BW00]   D. Barbará and X. Wu. Using loglinear models to compress datacubes. In *Proc. 1st Int. Conf. Web-Age Information Management (WAIM'00)*, pp. 311–322, Shanghai, China, 2000.

[BW01]   S. Babu and J. Widom. Continuous queries over data streams. *SIGMOD Record*, 30: 109–120, 2001.

[BYRN11]   R. A. Baeza-Yates and B. A. Ribeiro-Neto. *Modern Information Retrieval* (2nd ed.). Boston: Addison-Wesley, 2011.

[Cat91]   J. Catlett. *Megainduction: Machine Learning on Very large Databases*. Ph.D. Thesis, University of Sydney, 1991.

[CBK09]   V. Chandola, A. Banerjee, and V. Kumar. Anomaly detection: A survey. *ACM Computing Surveys*, 41:1–58, 2009.

[CC00]   Y. Cheng and G. Church. Biclustering of expression data. In *Proc. 2000 Int. Conf. Intelligent Systems for Molecular Biology (ISMB'00)*, pp. 93–103, La Jolla, CA, Aug. 2000.

[CCH91]   Y. Cai, N. Cercone, and J. Han. Attribute-oriented induction in relational databases. In G. Piatetsky-Shapiro and W. J. Frawley (eds.), *Knowledge Discovery in Databases*, pp. 213–228. AAAI/MIT Press, 1991.

[CCLR05]   B.-C. Chen, L. Chen, Y. Lin, and R. Ramakrishnan. Prediction cubes. In *Proc. 2005 Int. Conf. Very Large Data Bases (VLDB'05)*, pp. 982–993, Trondheim, Norway, Aug. 2005.

[CCS93]   E. F. Codd, S. B. Codd, and C. T. Salley. Beyond decision support. *Computer World*, 27(30):5–12, July 1993.

[CD97]   S. Chaudhuri and U. Dayal. An overview of data warehousing and OLAP technology. *SIGMOD Record*, 26:65–74, 1997.

[CDH⁺02]   Y. Chen, G. Dong, J. Han, B. W. Wah, and J. Wang. Multidimensional regression analysis of time-series data streams. In *Proc. 2002 Int. Conf. Very Large Data Bases (VLDB'02)*, pp. 323–334, Hong Kong, China, Aug. 2002.

[CDH⁺06]   Y. Chen, G. Dong, J. Han, J. Pei, B. W. Wah, and J. Wang. Regression cubes with lossless compression and aggregation. *IEEE Trans. Knowledge and Data Engineering*, 18:1585–1599, 2006.

[CDI98]   S. Chakrabarti, B. E. Dom, and P. Indyk. Enhanced hypertext classification using hyperlinks. In *Proc. 1998 ACM-SIGMOD Int. Conf. Management of Data (SIGMOD'98)*, pp. 307–318, Seattle, WA, June 1998.

[CDK⁺99]   S. Chakrabarti, B. E. Dom, S. R. Kumar, P. Raghavan, S. Rajagopalan, A. Tomkins, D. Gibson, and J. M. Kleinberg. Mining the web's link structure. *COMPUTER*, 32:60–67, 1999.

[CGC94]   A. Chaturvedi, P. Green, and J. Carroll. *k*-means, *k*-medians and *k*-modes: Special cases of partitioning multiway data. In *The Classification Society of North America (CSNA) Meeting Presentation*, Houston, TX, 1994.

[CGC01]   A. Chaturvedi, P. Green, and J. Carroll. *k*-modes clustering. *J. Classification*, 18:35–55, 2001.

[CH67]   T. Cover and P. Hart. Nearest neighbor pattern classification. *IEEE Trans. Information Theory*, 13:21–27, 1967.

[CH92]   G. Cooper and E. Herskovits. A Bayesian method for the induction of probabilistic networks from data. *Machine Learning*, 9:309–347, 1992.

[CH07]   D. J. Cook and L. B. Holder. *Mining Graph Data*. John Wiley & Sons, 2007.

[Cha03a]   S. Chakrabarti. *Mining the Web: Discovering Knowledge from Hypertext Data*. Morgan Kaufmann, 2003.

[Cha03b]   C. Chatfield. *The Analysis of Time Series: An Introduction* (6th ed.). Chapman & Hall, 2003.

[CHN⁺96]   D. W. Cheung, J. Han, V. Ng, A. Fu, and Y. Fu. A fast distributed algorithm for mining association rules. In *Proc. 1996 Int. Conf. Parallel and Distributed Information Systems*, pp. 31–44, Miami Beach, FL, Dec. 1996.

[CHNW96]   D. W. Cheung, J. Han, V. Ng, and C. Y. Wong. Maintenance of discovered association rules in large databases: An incremental updating technique. In *Proc. 1996 Int. Conf.*

Data Engineering (ICDE'96), pp. 106–114, New Orleans, LA, Feb. 1996.

[CHY96]   M. S. Chen, J. Han, and P. S. Yu. Data mining: An overview from a database perspective. *IEEE Trans. Knowledge and Data Engineering*, 8:866–883, 1996.

[CK98]   M. Carey and D. Kossman. Reducing the braking distance of an SQL query engine. In *Proc. 1998 Int. Conf. Very Large Data Bases (VLDB'98)*, pp. 158–169, New York, Aug. 1998.

[CKT06]   D. Chakrabarti, R. Kumar, and A. Tomkins. Evolutionary clustering. In *Proc. 2006 ACM SIGKDD Int. Conf. Knowledge Discovery in Databases (KDD'06)*, pp. 554–560, Philadelphia, PA, Aug. 2006.

[Cle93]   W. Cleveland. *Visualizing Data*. Hobart Press, 1993.

[CSZ06]   O. Chapelle, B. Schölkopf, and A. Zien. *Semi-supervised Learning*. Cambridge, MA: MIT Press, 2006.

[CM94]   S. P. Curram and J. Mingers. Neural networks, decision tree induction and discriminant analysis: An empirical comparison. *J. Operational Research Society*, 45:440–450, 1994.

[CMC05]   H. Cao, N. Mamoulis, and D. W. Cheung. Mining frequent spatio-temporal sequential patterns. In *Proc. 2005 Int. Conf. Data Mining (ICDM'05)*, pp. 82–89, Houston, TX, Nov. 2005.

[CMS09]   B. Croft, D. Metzler, and T. Strohman. *Search Engines: Information Retrieval in Practice*. Boston: Addison-Wesley, 2009.

[CN89]   P. Clark and T. Niblett. The CN2 induction algorithm. *Machine Learning*, 3:261–283, 1989.

[Coh95]   W. Cohen. Fast effective rule induction. In *Proc. 1995 Int. Conf. Machine Learning (ICML'95)*, pp. 115–123, Tahoe City, CA, July 1995.

[Coo90]   G. F. Cooper. The computational complexity of probabilistic inference using Bayesian belief networks. *Artificial Intelligence*, 42:393–405, 1990.

[CPS98]   K. Cios, W. Pedrycz, and R. Swiniarski. *Data Mining Methods for Knowledge Discovery*. Kluwer Academic, 1998.

[CR95]   Y. Chauvin and D. Rumelhart. *Backpropagation: Theory, Architectures, and Applications*. Lawrence Erlbaum, 1995.

[Cra89]   S. L. Crawford. Extensions to the CART algorithm. *Int. J. Man-Machine Studies*, 31:197–217, Aug. 1989.

[CRST06]   B.-C. Chen, R. Ramakrishnan, J. W. Shavlik, and P. Tamma. Bellwether analysis: Predicting global aggregates from local regions. In *Proc. 2006 Int. Conf. Very Large Data Bases (VLDB'06)*, pp. 655–666, Seoul, Korea, Sept. 2006.

[CS93a]   P. K. Chan and S. J. Stolfo. Experiments on multistrategy learning by metalearning. In *Proc. 2nd. Int. Conf. Information and Knowledge Management (CIKM'93)*, pp. 314–323, Washington, DC, Nov. 1993.

[CS93b]   P. K. Chan and S. J. Stolfo. Toward multi-strategy parallel & distributed learning in sequence analysis. In *Proc. 1st Int. Conf. Intelligent Systems for Molecular Biology (ISMB'93)*, pp. 65–73, Bethesda, MD, July 1993.

[CS96]   M. W. Craven and J. W. Shavlik. Extracting tree-structured representations of trained networks. In D. Touretzky, M. Mozer, and M. Hasselmo (eds.), *Advances in Neural Information Processing Systems*. Cambridge, MA: MIT Press, 1996.

[CS97]   M. W. Craven and J. W. Shavlik. Using neural networks in data mining. *Future Generation Computer Systems*, 13:211–229, 1997.

[CS-T00]   N. Cristianini and J. Shawe-Taylor. *An Introduction to Support Vector Machines and Other Kernel-Based Learning Methods*. Cambridge University Press, 2000.

[CSZ+07]   Y. Chi, X. Song, D. Zhou, K. Hino, and B. L. Tseng. Evolutionary spectral clustering by incorporating temporal smoothness. In *Proc. 2007 ACM SIGKDD Intl. Conf. Knowledge Discovery and Data Mining (KDD'07)*, pp. 153–162, San Jose, CA, Aug. 2007.

[CTTX05]   G. Cong, K.-Lee Tan, A. K. H. Tung, and X. Xu. Mining top-*k* covering rule groups for gene expression data. In *Proc. 2005 ACM-SIGMOD Int. Conf. Management of Data*

(SIGMOD'05), pp. 670–681, Baltimore, MD, June 2005.

[CWL+08] G. Cong, L. Wang, C.-Y. Lin, Y.-I. Song, and Y. Sun. Finding question-answer pairs from online forums. In *Proc. 2008 Int. ACM SIGIR Conf. Research and Development in Information Retrieval (SIGIR'08)*, pp. 467–474, Singapore, July 2008.

[CYHH07] H. Cheng, X. Yan, J. Han, and C.-W. Hsu. Discriminative frequent pattern analysis for effective classification. In *Proc. 2007 Int. Conf. Data Engineering (ICDE'07)*, pp. 716–725, Istanbul, Turkey, Apr. 2007.

[CYHY08] H. Cheng, X. Yan, J. Han, and P. S. Yu. Direct discriminative pattern mining for effective classification. In *Proc. 2008 Int. Conf. Data Engineering (ICDE'08)*, pp. 169–178, Cancun, Mexico, Apr. 2008.

[CYZ+08] C. Chen, X. Yan, F. Zhu, J. Han, and P. S. Yu. Graph OLAP: Towards online analytical processing on graphs. In *Proc. 2008 Int. Conf. Data Mining (ICDM'08)*, pp. 103–112, Pisa, Italy, Dec. 2008.

[Dar10] A. Darwiche. Bayesian networks. *Communications of the ACM*, 53:80–90, 2010.

[Das91] B. V. Dasarathy. *Nearest Neighbor (NN) Norms: NN Pattern Classification Techniques*. IEEE Computer Society Press, 1991.

[Dau92] I. Daubechies. *Ten Lectures on Wavelets*. Capital City Press, 1992.

[DB95] T. G. Dietterich and G. Bakiri. Solving multiclass learning problems via error-correcting output codes. *J. Artificial Intelligence Research*, 2:263–286, 1995.

[DBK+97] H. Drucker, C. J. C. Burges, L. Kaufman, A. Smola, and V. N. Vapnik. Support vector regression machines. In M. Mozer, M. Jordan, and T. Petsche (eds.), *Advances in Neural Information Processing Systems 9*, pp. 155–161. Cambridge, MA: MIT Press, 1997.

[DE84] W. H. E. Day and H. Edelsbrunner. Efficient algorithms for agglomerative hierarchical clustering methods. *J. Classification*, 1:7–24, 1984.

[De01] S. Dzeroski and N. Lavrac (eds.). *Relational Data Mining*. New York: Springer, 2001.

[DEKM98] R. Durbin, S. Eddy, A. Krogh, and G. Mitchison. *Biological Sequence Analysis: Probability Models of Proteins and Nucleic Acids*. Cambridge University Press, 1998.

[Dev95] J. L. Devore. *Probability and Statistics for Engineering and the Sciences* (4th ed.). Duxbury Press, 1995.

[Dev03] J. L. Devore. *Probability and Statistics for Engineering and the Sciences* (6th ed.). Duxbury Press, 2003.

[DH73] W. E. Donath and A. J. Hoffman. Lower bounds for the partitioning of graphs. *IBM J. Research and Development*, 17:420–425, 1973.

[DH00] P. Domingos and G. Hulten. Mining high-speed data streams. In *Proc. 2000 ACM SIGKDD Int. Conf. Knowledge Discovery in Databases (KDD'00)*, pp. 71–80, Boston, MA, Aug. 2000.

[DHL+01] G. Dong, J. Han, J. Lam, J. Pei, and K. Wang. Mining multi-dimensional constrained gradients in data cubes. In *Proc. 2001 Int. Conf. Very Large Data Bases (VLDB'01)*, pp. 321–330, Rome, Italy, Sept. 2001.

[DHL+04] G. Dong, J. Han, J. Lam, J. Pei, K. Wang, and W. Zou. Mining constrained gradients in multi-dimensional databases. *IEEE Trans. Knowledge and Data Engineering*, 16:922–938, 2004.

[DHS01] R. O. Duda, P. E. Hart, and D. G. Stork. *Pattern Classification* (2nd ed.). John Wiley & Sons, 2001.

[DJ03] T. Dasu and T. Johnson. *Exploratory Data Mining and Data Cleaning*. John Wiley & Sons, 2003.

[DJMS02] T. Dasu, T. Johnson, S. Muthukrishnan, and V. Shkapenyuk. Mining database structure; or how to build a data quality browser. In *Proc. 2002 ACM-SIGMOD Int. Conf. Management of Data (SIGMOD'02)*, pp. 240–251, Madison, WI, June 2002.

[DL97] M. Dash and H. Liu. Feature selection methods for classification. *Intelligent Data Analysis*, 1:131–156, 1997.

[DL99] G. Dong and J. Li. Efficient mining of emerging patterns: Discovering trends and differences. In *Proc. 1999 Int. Conf. Knowledge Discovery and Data Mining (KDD'99)*, pp. 43–52, San Diego, CA, Aug. 1999.

[DLR77] A. P. Dempster, N. M. Laird, and D. B. Rubin. Maximum likelihood from incomplete data via the EM algorithm. *J. Royal Statistical Society, Series B*, 39:1–38, 1977.

[DLY97] M. Dash, H. Liu, and J. Yao. Dimensionality reduction of unsupervised data. In *Proc. 1997 IEEE Int. Conf. Tools with AI (ICTAI'97)*, pp. 532–539, Newport Beach, CA, IEEE Computer Society, 1997.

[DM02]   D. Dasgupta and N. S. Majumdar. Anomaly detection in multidimensional data using negative selection algorithm. In *Proc. 2002 Congress on Evolutionary Computation (CEC'02)*, Chapter 12, pp. 1039–1044, Washington, DC, 2002.

[DNR⁺97]   P. Deshpande, J. Naughton, K. Ramasamy, A. Shukla, K. Tufte, and Y. Zhao. Cubing algorithms, storage estimation, and storage and processing alternatives for OLAP. *Bull. Technical Committee on Data Engineering*, 20:3–11, 1997.

[Dob90]   A. J. Dobson. *An Introduction to Generalized Linear Models*. Chapman & Hall, 1990.

[Dob01]   A. J. Dobson. *An Introduction to Generalized Linear Models* (2nd ed.). Chapman & Hall, 2001.

[Dom94]   P. Domingos. The RISE system: Conquering without separating. In *Proc. 1994 IEEE Int. Conf. Tools with Artificial Intelligence (TAI'94)*, pp. 704–707, New Orleans, LA, 1994.

[Dom99]   P. Domingos. The role of Occam's razor in knowledge discovery. *Data Mining and Knowledge Discovery*, 3:409–425, 1999.

[DP96]   P. Domingos and M. Pazzani. Beyond independence: Conditions for the optimality of the simple Bayesian classifier. In *Proc. 1996 Int. Conf. Machine Learning (ML'96)*, pp. 105–112, Bari, Italy, July 1996.

[DP97]   J. Devore and R. Peck. *Statistics: The Exploration and Analysis of Data*. Duxbury Press, 1997.

[DP07]   G. Dong and J. Pei. *Sequence Data Mining*. New York: Springer, 2007.

[DR99]   D. Donjerkovic and R. Ramakrishnan. Probabilistic optimization of top N queries. In *Proc. 1999 Int. Conf. Very Large Data Bases (VLDB'99)*, pp. 411–422, Edinburgh, UK, Sept. 1999.

[DR05]   I. Davidson and S. S. Ravi. Clustering with constraints: Feasibility issues and the *k*-means algorithm. In *Proc. 2005 SIAM Int. Conf. Data Mining (SDM'05)*, Newport Beach, CA, Apr. 2005.

[DT93]   V. Dhar and A. Tuzhilin. Abstract-driven pattern discovery in databases. *IEEE Trans. Knowledge and Data Engineering*, 5:926–938, 1993.

[Dun03]   M. Dunham. *Data Mining: Introductory and Advanced Topics*. Prentice-Hall, 2003.

[DWB06]   I. Davidson, K. L. Wagstaff, and S. Basu. Measuring constraint-set utility for partitional clustering algorithms. In *Proc. 10th European Conf. Principles and Practice of Knowledge Discovery in Databases (PKDD'06)*, pp. 115–126, Berlin, Germany, Sept. 2006.

[Dwo06]   C. Dwork. Differential privacy. In *Proc. 2006 Int. Col. Automata, Languages and Programming (ICALP)*, pp. 1–12, Venice, Italy, July 2006.

[DYXY07]   W. Dai, Q. Yang, G. Xue, and Y. Yu. Boosting for transfer learning. In *Proc. 24th Intl. Conf. Machine Learning*, pp. 193–200, Corvallis, OR, June 2007.

[Ega75]   J. P. Egan. *Signal Detection Theory and ROC Analysis*. Academic Press, 1975.

[EK10]   D. Easley and J. Kleinberg. *Networks, Crowds, and Markets: Reasoning about a Highly Connected World*. Cambridge University Press, 2010.

[Esk00]   E. Eskin. Anomaly detection over noisy data using learned probability distributions. In *Proc. 17th Int. Conf. Machine Learning (ICML'00)*, Stanford, CA, 2000.

[EKSX96]   M. Ester, H.-P. Kriegel, J. Sander, and X. Xu. A density-based algorithm for discovering clusters in large spatial databases. In *Proc. 1996 Int. Conf. Knowledge Discovery and Data Mining (KDD'96)*, pp. 226–231, Portland, OR, Aug. 1996.

[EKX95]   M. Ester, H.-P. Kriegel, and X. Xu. Knowledge discovery in large spatial databases: Focusing techniques for efficient class identification. In *Proc. 1995 Int. Symp. Large Spatial Databases (SSD'95)*, pp. 67–82, Portland, ME, Aug. 1995.

[Elk97]   C. Elkan. Boosting and naïve Bayesian learning. In *Technical Report CS97-557*, Dept. Computer Science and Engineering, University of California at San Diego, Sept. 1997.

[Elk01]   C. Elkan. The foundations of cost-sensitive learning. In *Proc. 17th Intl. Joint Conf. Artificial Intelligence (IJCAI'01)*, pp. 973–978, Seattle, WA, 2001.

[EN10]   R. Elmasri and S. B. Navathe. *Fundamentals of Database Systems* (6th ed.). Boston: Addison-Wesley, 2010.

[Eng99]   L. English. *Improving Data Warehouse and Business Information Quality: Methods for Reducing Costs and Increasing Profits*. John Wiley & Sons, 1999.

[ESAG02]   A. Evfimievski, R. Srikant, R. Agrawal, and J. Gehrke. Privacy preserving mining of association rules. In *Proc. 2002 ACM SIGKDD Int. Conf. Knowledge Discovery and Data Mining (KDD'02)*, pp. 217–228, Edmonton, Alberta, Canada, July 2002.

[ET93]   B. Efron and R. Tibshirani. *An Introduction to the Bootstrap*. Chapman & Hall, 1993.

[FB74]   R. A. Finkel and J. L. Bentley. Quad-trees: A data structure for retrieval on composite keys. *ACTA Informatica*, 4:1–9, 1974.

[FB08]   J. Friedman and E. P. Bogdan. Predictive learning via rule ensembles. *Ann. Applied Statistics*, 2:916–954, 2008.

[FBF77]   J. H. Friedman, J. L. Bentley, and R. A. Finkel. An algorithm for finding best matches in logarithmic expected time. *ACM Transactions on Math Software*, 3:209–226, 1977.

[FFF99]   M. Faloutsos, P. Faloutsos, and C. Faloutsos. On power-law relationships of the internet topology. In *Proc. ACM SIGCOMM'99 Conf. Applications, Technologies, Architectures, and Protocols for Computer Communication*, pp. 251–262, Cambridge, MA, Aug. 1999.

[FG02]   M. Fishelson and D. Geiger. Exact genetic linkage computations for general pedigrees. *Disinformation*, 18:189–198, 2002.

[FGK+05]   R. Fagin, R. V. Guha, R. Kumar, J. Novak, D. Sivakumar, and A. Tomkins. Multi-structural databases. In *Proc. 2005 ACM SIGMOD-SIGACT-SIGART Symp. Principles of Database Systems (PODS'05)*, pp. 184–195, Baltimore, MD, June 2005.

[FGW01]   U. Fayyad, G. Grinstein, and A. Wierse. *Information Visualization in Data Mining and Knowledge Discovery*. Morgan Kaufmann, 2001.

[FH51]   E. Fix and J. L. Hodges Jr. Discriminatory analysis, non-parametric discrimination: Consistency properties. In *Technical Report 21-49-004(4)*, USAF School of Aviation Medicine, Randolph Field, Texas, 1951.

[FH87]   K. Fukunaga and D. Hummels. Bayes error estimation using Parzen and *k-nn* procedure. *IEEE Trans. Pattern Analysis and Machine Learning*, 9:634–643, 1987.

[FH95]   Y. Fu and J. Han. Meta-rule-guided mining of association rules in relational databases. In *Proc. 1995 Int. Workshop Integration of Knowledge Discovery with Deductive and Object-Oriented Databases (KDOOD'95)*, pp. 39–46, Singapore, Dec. 1995.

[FI90]   U. M. Fayyad and K. B. Irani. What should be minimized in a decision tree? In *Proc. 1990 Nat. Conf. Artificial Intelligence (AAAI'90)*, pp. 749–754, Boston, MA, 1990.

[FI92]   U. M. Fayyad and K. B. Irani. The attribute selection problem in decision tree generation. In *Proc. 1992 Nat. Conf. Artificial Intelligence (AAAI'92)*, pp. 104–110, San Jose, CA, 1992.

[FI93]   U. Fayyad and K. Irani. Multi-interval discretization of continuous-valued attributes for classification learning. In *Proc. 1993 Int. Joint Conf. Artificial Intelligence (IJCAI'93)*, pp. 1022–1029, Chambery, France, 1993.

[Fie73]   M. Fiedler. Algebraic connectivity of graphs. *Czechoslovak Mathematical J.*, 23:298–305, 1973.

[FL90]   S. Fahlman and C. Lebiere. The cascade-correlation learning algorithm. In *Technical Report CMU-CS-90-100*, Computer Sciences Department, Carnegie Mellon University, 1990.

[FL95]   C. Faloutsos and K.-I. Lin. FastMap: A fast algorithm for indexing, data-mining and visualization of traditional and multimedia datasets. In *Proc. 1995 ACM-SIGMOD Int. Conf. Management of Data (SIGMOD'95)*, pp. 163–174, San Jose, CA, May 1995.

[Fle87]   R. Fletcher. *Practical Methods of Optimization*. John Wiley & Sons, 1987.

[FMMT96]   T. Fukuda, Y. Morimoto, S. Morishita, and T. Tokuyama. Data mining using two-dimensional optimized association rules: Scheme, algorithms, and visualization. In *Proc. 1996 ACM-SIGMOD Int. Conf. Management of Data (SIGMOD'96)*, pp. 13–23, Montreal, Quebec, Canada, June 1996.

[FP05]   J. Friedman and B. E. Popescu. Predictive learning via rule ensembles. In *Technical Report*, Department of Statistics, Stanford University, 2005.

[FPP07]   D. Freedman, R. Pisani, and R. Purves. *Statistics* (4th ed.). W. W. Norton & Co., 2007.

[FPSS+96]   U. M. Fayyad, G. Piatetsky-Shapiro, P. Smyth, and R. Uthurusamy (eds.). *Advances in Knowledge Discovery and Data Mining*. AAAI/MIT Press, 1996.

[FP97]   T. Fawcett and F. Provost. Adaptive fraud detection. *Data Mining and Knowledge Discovery*, 1:291–316, 1997.

[FR02]   C. Fraley and A. E. Raftery. Model-based clustering, discriminant analysis, and density estimation. *J. American Statistical Association*, 97:611–631, 2002.

[Fri77]   J. H. Friedman. A recursive partitioning decision rule for nonparametric classifiers. *IEEE Trans. Computer*, 26:404–408, 1977.

[Fri01]   J. H. Friedman. Greedy function approximation: A gradient boosting machine. *Ann. Statistics*, 29:1189–1232, 2001.

[Fri03]   N. Friedman. Pcluster: Probabilistic agglomerative clustering of gene expression profiles.

In *Technical Report 2003-80*, Hebrew University, 2003.

[FRM94]   C. Faloutsos, M. Ranganathan, and Y. Manolopoulos. Fast subsequence matching in time-series databases. In *Proc. 1994 ACM-SIGMOD Int. Conf. Management of Data (SIGMOD'94)*, pp. 419–429, Minneapolis, MN, May 1994.

[FS93]   U. Fayyad and P. Smyth. Image database exploration: Progress and challenges. In *Proc. AAAI'93 Workshop Knowledge Discovery in Databases (KDD'93)*, pp. 14–27, Washington, DC, July 1993.

[FS97]   Y. Freund and R. E. Schapire. A decision-theoretic generalization of on-line learning and an application to boosting. *J. Computer and System Sciences*, 55:119–139, 1997.

[FS06]   R. Feldman and J. Sanger. *The Text Mining Handbook: Advanced Approaches in Analyzing Unstructured Data*. Cambridge University Press, 2006.

[FSGM+98]   M. Fang, N. Shivakumar, H. Garcia-Molina, R. Motwani, and J. D. Ullman. Computing iceberg queries efficiently. In *Proc. 1998 Int. Conf. Very Large Data Bases (VLDB'98)*, pp. 299–310, New York, NY, Aug. 1998.

[FW94]   J. Furnkranz and G. Widmer. Incremental reduced error pruning. In *Proc. 1994 Int. Conf. Machine Learning (ICML'94)*, pp. 70–77, New Brunswick, NJ, 1994.

[FWFY10]   B. C. M. Fung, K. Wang, A. W.-C. Fu, and P. S. Yu. *Introduction to Privacy-Preserving Data Publishing: Concepts and Techniques*. Chapman & Hall/CRC, 2010.

[FYM05]   R. Fujimaki, T. Yairi, and K. Machida. An approach to spacecraft anomaly detection problem using kernel feature space. In *Proc. 2005 Int. Workshop Link Discovery (LinkKDD'05)*, pp. 401–410, Chicago, IL, 2005.

[Gal93]   S. I. Gallant. *Neural Network Learning and Expert Systems*. Cambridge, MA: MIT Press, 1993.

[Gat00]   B. Gates. *Business @ the Speed of Thought: Succeeding in the Digital Economy*. Warner Books, 2000.

[GCB+97]   J. Gray, S. Chaudhuri, A. Bosworth, A. Layman, D. Reichart, M. Venkatrao, F. Pellow, and H. Pirahesh. Data cube: A relational aggregation operator generalizing group-by, cross-tab and sub-totals. *Data Mining and Knowledge Discovery*, 1:29–54, 1997.

[GFKT01]   L. Getoor, N. Friedman, D. Koller, and B. Taskar. Learning probabilistic models of relational structure. In *Proc. 2001 Int. Conf. Machine Learning (ICML'01)*, pp. 170–177, Williamstown, MA, 2001.

[GFS+01]   H. Galhardas, D. Florescu, D. Shasha, E. Simon, and C.-A. Saita. Declarative data cleaning: Language, model, and algorithms. In *Proc. 2001 Int. Conf. Very Large Data Bases (VLDB'01)*, pp. 371–380, Rome, Italy, Sept. 2001.

[GG92]   A. Gersho and R. M. Gray. *Vector Quantization and Signal Compression*. Kluwer Academic, 1992.

[GG98]   V. Gaede and O. Günther. Multidimensional access methods. *ACM Computing Surveys*, 30:170–231, 1998.

[GGR99]   V. Ganti, J. E. Gehrke, and R. Ramakrishnan. CACTUS—clustering categorical data using summaries. In *Proc. 1999 Int. Conf. Knowledge Discovery and Data Mining (KDD'99)*, pp. 73–83, San Diego, CA, 1999.

[GGRL99]   J. Gehrke, V. Ganti, R. Ramakrishnan, and W.-Y. Loh. BOAT—optimistic decision tree construction. In *Proc. 1999 ACM-SIGMOD Int. Conf. Management of Data (SIGMOD'99)*, pp. 169–180, Philadelphia, PA, June 1999.

[GHL06]   H. Gonzalez, J. Han, and X. Li. Flowcube: Constructuing RFID flowcubes for multidimensional analysis of commodity flows. In *Proc. 2006 Int. Conf. Very Large Data Bases (VLDB'06)*, pp. 834–845, Seoul, Korea, Sept. 2006.

[GHLK06]   H. Gonzalez, J. Han, X. Li, and D. Klabjan. Warehousing and analysis of massive RFID data sets. In *Proc. 2006 Int. Conf. Data Engineering (ICDE'06)*, p. 83, Atlanta, GA, Apr. 2006.

[GKK+01]   R. L. Grossman, C. Kamath, P. Kegelmeyer, V. Kumar, and R. R. Namburu. *Data Mining for Scientific and Engineering Applications*. Kluwer Academic, 2001.

[GKR98]   D. Gibson, J. M. Kleinberg, and P. Raghavan. Clustering categorical data: An approach based on dynamical systems. In *Proc. 1998 Int. Conf. Very Large Data Bases (VLDB'98)*, pp. 311–323, New York, NY, Aug. 1998.

[GM99]   A. Gupta and I. S. Mumick. *Materialized Views: Techniques, Implementations, and Applications*. Cambridge, MA: MIT Press, 1999.

[GMMO00]   S. Guha, N. Mishra, R. Motwani, and L. O'Callaghan. Clustering data streams. In *Proc. 2000 Symp. Foundations of Computer Science (FOCS'00)*, pp. 359–366, Redondo Beach, CA, 2000.

[GMP⁺09] J. Ginsberg, M. H. Mohebbi, R. S. Patel, L. Brammer, M. S. Smolinski, and L. Brilliant. Detecting influenza epidemics using search engine query data. *Nature*, 457:1012–1014, Feb. 2009.

[GMUW08] H. Garcia-Molina, J. D. Ullman, and J. Widom. *Database Systems: The Complete Book* (2nd ed.). Prentice Hall, 2008.

[GMV96] I. Guyon, N. Matic, and V. Vapnik. Discoverying informative patterns and data cleaning. In U. M. Fayyad, G. Piatetsky-Shapiro, P. Smyth, and R. Uthurusamy (eds.), *Advances in Knowledge Discovery and Data Mining*, pp. 181–203. AAAI/MIT Press, 1996.

[Gol89] D. Goldberg. *Genetic Algorithms in Search, Optimization, and Machine Learning.* Reading, MA: Addison-Wesley, 1989.

[GR04] D. A. Grossman and O. Frieder. *Information Retrieval: Algorithms and Heuristics.* New York: Springer, 2004.

[GR07] P. D. Grunwald and J. Rissanen. *The Minimum Description Length Principle.* Cambridge, MA: MIT Press, 2007.

[GRG98] J. Gehrke, R. Ramakrishnan, and V. Ganti. RainForest: A framework for fast decision tree construction of large datasets. In *Proc. 1998 Int. Conf. Very Large Data Bases (VLDB'98)*, pp. 416–427, New York, NY, Aug. 1998.

[GRS98] S. Guha, R. Rastogi, and K. Shim. CURE: An efficient clustering algorithm for large databases. In *Proc. 1998 ACM-SIGMOD Int. Conf. Management of Data (SIGMOD'98)*, pp. 73–84, Seattle, WA, June 1998.

[GRS99] S. Guha, R. Rastogi, and K. Shim. ROCK: A robust clustering algorithm for categorical attributes. In *Proc. 1999 Int. Conf. Data Engineering (ICDE'99)*, pp. 512–521, Sydney, Australia, Mar. 1999.

[Gru69] F. E. Grubbs. Procedures for detecting outlying observations in samples. *Technometrics*, 11:1–21, 1969.

[Gup97] H. Gupta. Selection of views to materialize in a data warehouse. In *Proc. 7th Int. Conf. Database Theory (ICDT'97)*, pp. 98–112, Delphi, Greece, Jan. 1997.

[Gut84] A. Guttman. R-Tree: A dynamic index structure for spatial searching. In *Proc. 1984 ACM-SIGMOD Int. Conf. Management of Data (SIGMOD'84)*, pp. 47–57, Boston, MA, June 1984.

[GW07] R. C. Gonzalez and R. E. Woods. *Digital Image Processing* (3rd ed.). Prentice Hall, 2007.

[GZ03a] B. Goethals and M. Zaki. An introduction to workshop frequent itemset mining implementations. In *Proc. ICDM'03 Int. Workshop Frequent Itemset Mining Implementations (FIMI'03)*, pp. 1–13, Melbourne, FL, Nov. 2003.

[GZ03b] G. Grahne and J. Zhu. Efficiently using prefix-trees in mining frequent itemsets. In *Proc. ICDM'03 Int. Workshop on Frequent Itemset Mining Implementations (FIMI'03)*, Melbourne, FL, Nov. 2003.

[HA04] V. J. Hodge, and J. Austin. A survey of outlier detection methodologies. *Artificial Intelligence Review*, 22:85–126, 2004.

[HAC⁺99] J. M. Hellerstein, R. Avnur, A. Chou, C. Hidber, C. Olston, V. Raman, T. Roth, and P. J. Haas. Interactive data analysis: The control project. *IEEE Computer*, 32:51–59, 1999.

[Ham94] J. Hamilton. *Time Series Analysis.* Princeton University Press, 1994.

[Han98] J. Han. Towards on-line analytical mining in large databases. *SIGMOD Record*, 27:97–107, 1998.

[Har68] P. E. Hart. The condensed nearest neighbor rule. *IEEE Trans. Information Theory*, 14:515–516, 1968.

[Har72] J. Hartigan. Direct clustering of a data matrix. *J. American Stat. Assoc.*, 67:123–129, 1972.

[Har75] J. A. Hartigan. *Clustering Algorithms.* John Wiley & Sons, 1975.

[Haw80] D.M. Hawkins. *Identification of Outliers.* Chapman and Hall, 1980.

[Hay99] S. S. Haykin. *Neural Networks: A Comprehensive Foundation.* Prentice-Hall, 1999.

[Hay08] S. Haykin. *Neural Networks and Learning Machines.* Prentice-Hall, 2008.

[HB87] S. J. Hanson and D. J. Burr. Minkowski-r back-propagation: Learning in connectionist models with non-euclidian error signals. In *Neural Information Proc. Systems Conf.*, pp. 348–357, Denver, CO, 1987.

[HBV01] M. Halkidi, Y. Batistakis, and M. Vazirgiannis. On clustering validation techniques. *J. Intelligent Information Systems*, 17:107–145, 2001.

[HCC93] J. Han, Y. Cai, and N. Cercone. Data-driven discovery of quantitative rules in relational databases. *IEEE Trans. Knowledge and Data Engineering*, 5:29–40, 1993.

[HCD94] L. B. Holder, D. J. Cook, and S. Djoko. Substructure discovery in the subdue system. In *Proc. AAAI'94 Workshop on Knowledge Discovery in Databases (KDD'94)*, pp. 169–180,

Seattle, WA, July 1994.

[Hec96]   D. Heckerman. Bayesian networks for knowledge discovery. In U. M. Fayyad, G. Piatetsky-Shapiro, P. Smyth, and R. Uthurusamy (eds.), *Advances in Knowledge Discovery and Data Mining*, pp. 273–305. Cambridge, MA: MIT Press, 1996.

[HF94]   J. Han and Y. Fu. Dynamic generation and refinement of concept hierarchies for knowledge discovery in databases. In *Proc. AAAI'94 Workshop Knowledge Discovery in Databases (KDD'94)*, pp. 157–168, Seattle, WA, July 1994.

[HF95]   J. Han and Y. Fu. Discovery of multiple-level association rules from large databases. In *Proc. 1995 Int. Conf. Very Large Data Bases (VLDB'95)*, pp. 420–431, Zurich, Switzerland, Sept. 1995.

[HF96]   J. Han and Y. Fu. Exploration of the power of attribute-oriented induction in data mining. In U. M. Fayyad, G. Piatetsky-Shapiro, P. Smyth, and R. Uthurusamy (eds.), *Advances in Knowledge Discovery and Data Mining*, pp. 399–421. AAAI/MIT Press, 1996.

[HFLP01]   P. S. Horn, L. Feng, Y. Li, and A. J. Pesce. Effect of outliers and nonhealthy individuals on reference interval estimation. *Clinical Chemistry*, 47:2137–2145, 2001.

[HG05]   K. A. Heller and Z. Ghahramani. Bayesian hierarchical clustering. In *Proc. 22nd Int. Conf. Machine Learning (ICML'05)*, pp. 297–304, Bonn, Germany, 2005.

[HG07]   A. Hinneburg and H.-H. Gabriel. DENCLUE 2.0: Fast clustering based on kernel density estimation. In *Proc. 2007 Int. Conf. Intelligent Data Analysis (IDA'07)*, pp. 70–80, Ljubljana, Slovenia, 2007.

[HGC95]   D. Heckerman, D. Geiger, and D. M. Chickering. Learning Bayesian networks: The combination of knowledge and statistical data. *Machine Learning*, 20:197–243, 1995.

[HH01]   R. J. Hilderman and H. J. Hamilton. *Knowledge Discovery and Measures of Interest*. Kluwer Academic, 2001.

[HHW97]   J. Hellerstein, P. Haas, and H. Wang. Online aggregation. In *Proc. 1997 ACM-SIGMOD Int. Conf. Management of Data (SIGMOD'97)*, pp. 171–182, Tucson, AZ, May 1997.

[Hig08]   R. C. Higgins. *Analysis for Financial Management with S&P Bind-In Card*. Irwin/McGraw-Hill, 2008.

[HK91]   P. Hoschka and W. Klösgen. A support system for interpreting statistical data. In G. Piatetsky-Shapiro and W. J. Frawley (eds.), *Knowledge Discovery in Databases*, pp. 325–346. AAAI/MIT Press, 1991.

[HK98]   A. Hinneburg and D. A. Keim. An efficient approach to clustering in large multimedia databases with noise. In *Proc. 1998 Int. Conf. Knowledge Discovery and Data Mining (KDD'98)*, pp. 58–65, New York, NY, Aug. 1998.

[HKGT03]   M. Hadjieleftheriou, G. Kollios, D. Gunopulos, and V. J. Tsotras. Online discovery of dense areas in spatio-temporal databases. In *Proc. 2003 Int. Symp. Spatial and Temporal Databases (SSTD'03)*, pp. 306–324, Santorini Island, Greece, July 2003.

[HKKR99]   F. Höppner, F. Klawonn, R. Kruse, and T. Runkler. *Fuzzy Cluster Analysis: Methods for Classification, Data Analysis and Image Recognition*. Wiley, 1999.

[HKP91]   J. Hertz, A. Krogh, and R. G. Palmer. *Introduction to the Theory of Neural Computation*. Reading, MA: Addison-Wesley, 1991.

[HLW07]   W. Hsu, M. L. Lee, and J. Wang. *Temporal and Spatio-Temporal Data Mining*. IGI Publishing, 2007.

[HLZ02]   W. Hsu, M. L. Lee, and J. Zhang. Image mining: Trends and developments. *J. Intelligent Information Systems*, 19:7–23, 2002.

[HMM86]   J. Hong, I. Mozetic, and R. S. Michalski. Incremental learning of attribute-based descriptions from examples, the method and user's guide. In *Report ISG 85-5, UIUCDCS-F-86-949*, Department of Computer Science, University of Illinois at Urbana-Champaign, 1986.

[HMS66]   E. B. Hunt, J. Marin, and P. T. Stone. *Experiments in Induction*. Academic Press, 1966.

[HMS01]   D. J. Hand, H. Mannila, and P. Smyth. *Principles of Data Mining (Adaptive Computation and Machine Learning)*. Cambridge, MA: MIT Press, 2001.

[HN90]   R. Hecht-Nielsen. *Neurocomputing*. Reading, MA: Addison-Wesley, 1990.

[Hor08]   R. Horak. *Telecommunications and Data Communications Handbook* (2nd ed.). Wiley-Interscience, 2008.

[HP07]   M. Hua and J. Pei. Cleaning disguised missing data: A heuristic approach. In *Proc. 2007 ACM SIGKDD Intl. Conf. Knowledge Discovery and Data Mining (KDD'07)*, pp. 950–958, San Jose, CA, Aug. 2007.

[HPDW01]   J. Han, J. Pei, G. Dong, and K. Wang. Efficient computation of iceberg cubes with complex measures. In *Proc. 2001 ACM-SIGMOD Int. Conf. Management of Data (SIGMOD'01)*, pp. 1–12, Santa Barbara, CA, May 2001.

[HPS97] J. Hosking, E. Pednault, and M. Sudan. A statistical perspective on data mining. *Future Generation Computer Systems*, 13:117–134, 1997.

[HPY00] J. Han, J. Pei, and Y. Yin. Mining frequent patterns without candidate generation. In *Proc. 2000 ACM-SIGMOD Int. Conf. Management of Data (SIGMOD'00)*, pp. 1–12, Dallas, TX, May 2000.

[HRMS10] M. Hay, V. Rastogi, G. Miklau, and D. Suciu. Boosting the accuracy of differentially-private queries through consistency. In *Proc. 2010 Int. Conf. Very Large Data Bases (VLDB'10)*, pp. 1021–1032, Singapore, Sept. 2010.

[HRU96] V. Harinarayan, A. Rajaraman, and J. D. Ullman. Implementing data cubes efficiently. In *Proc. 1996 ACM-SIGMOD Int. Conf. Management of Data (SIGMOD'96)*, pp. 205–216, Montreal, Quebec, Canada, June 1996.

[HS05] J. M. Hellerstein and M. Stonebraker. *Readings in Database Systems* (4th ed.). Cambridge, MA: MIT Press, 2005.

[HSG90] S. A. Harp, T. Samad, and A. Guha. Designing application-specific neural networks using the genetic algorithm. In D. S. Touretzky (ed.), *Advances in Neural Information Processing Systems II*, pp. 447–454. Morgan Kaufmann, 1990.

[HT98] T. Hastie and R. Tibshirani. Classification by pairwise coupling. *Ann. Statistics*, 26:451–471, 1998.

[HTF09] T. Hastie, R. Tibshirani, and J. Friedman. *The Elements of Statistical Learning: Data Mining, Inference, and Prediction* (2nd ed.). Springer Verlag, 2009.

[Hua98] Z. Huang. Extensions to the k-means algorithm for clustering large data sets with categorical values. *Data Mining and Knowledge Discovery*, 2:283–304, 1998.

[Hub94] C. H. Huberty. *Applied Discriminant Analysis*. Wiley-Interscience, 1994.

[Hub96] B. B. Hubbard. *The World According to Wavelets*. A. K. Peters, 1996.

[HWB+04] J. Huan, W. Wang, D. Bandyopadhyay, J. Snoeyink, J. Prins, and A. Tropsha. Mining spatial motifs from protein structure graphs. In *Proc. 8th Int. Conf. Research in Computational Molecular Biology (RECOMB)*, pp. 308–315, San Diego, CA, Mar. 2004.

[HXD03] Z. He, X. Xu, and S. Deng. Discovering cluster-based local outliers. *Pattern Recognition Lett.*, 24:1641–1650, June, 2003.

[IGG03] C. Imhoff, N. Galemmo, and J. G. Geiger. *Mastering Data Warehouse Design: Relational and Dimensional Techniques*. John Wiley & Sons, 2003.

[IKA02] T. Imielinski, L. Khachiyan, and A. Abdulghani. Cubegrades: Generalizing association rules. *Data Mining and Knowledge Discovery*, 6:219–258, 2002.

[IM96] T. Imielinski and H. Mannila. A database perspective on knowledge discovery. *Communications of the ACM*, 39:58–64, 1996.

[Inm96] W. H. Inmon. *Building the Data Warehouse*. John Wiley & Sons, 1996.

[IWM98] A. Inokuchi, T. Washio, and H. Motoda. An apriori-based algorithm for mining frequent substructures from graph data. In *Proc. 2000 European Symp. Principles of Data Mining and Knowledge Discovery (PKDD'00)*, pp. 13–23, Lyon, France, Sept. 1998.

[Jac88] R. Jacobs. Increased rates of convergence through learning rate adaptation. *Neural Networks*, 1:295–307, 1988.

[Jai10] A. K. Jain. Data clustering: 50 years beyond k-means. *Pattern Recognition Lett.*, 31(8):651–666, 2010.

[Jam85] M. James. *Classification Algorithms*. John Wiley & Sons, 1985.

[JBD05] X. Ji, J. Bailey, and G. Dong. Mining minimal distinguishing subsequence patterns with gap constraints. In *Proc. 2005 Int. Conf. Data Mining (ICDM'05)*, pp. 194–201, Houston, TX, Nov. 2005.

[JD88] A. K. Jain and R. C. Dubes. *Algorithms for Clustering Data*. Prentice-Hall, 1988.

[Jen96] F. V. Jensen. *An Introduction to Bayesian Networks*. Springer Verlag, 1996.

[JL96] G. H. John and P. Langley. Static versus dynamic sampling for data mining. In *Proc. 1996 Int. Conf. Knowledge Discovery and Data Mining (KDD'96)*, pp. 367–370, Portland, OR, Aug. 1996.

[JMF99] A. K. Jain, M. N. Murty, and P. J. Flynn. Data clustering: A survey. *ACM Computing Surveys*, 31:264–323, 1999.

[Joh97] G. H. John. *Enhancements to the Data Mining Process*. Ph.D. Thesis, Computer Science Department, Stanford University, 1997.

[Joh99] G. H. John. Behind-the-scenes data mining: A report on the KDD-98 panel. *SIGKDD Explorations*, 1:6–8, 1999.

[JP04] N. C. Jones and P. A. Pevzner. *An Introduction to Bioinformatics Algorithms*. Cambridge,

MA: MIT Press, 2004.

[JSD+10]   M. Ji, Y. Sun, M. Danilevsky, J. Han, and J. Gao. Graph regularized transductive classification on heterogeneous information networks. In *Proc. 2010 European Conf. Machine Learning and Principles and Practice of Knowledge Discovery in Databases (ECMLPKDD'10)*, pp. 570–586, Barcelona, Spain, Sept. 2010.

[JTH01]   W. Jin, K. H. Tung, and J. Han. Mining top-n local outliers in large databases. In *Proc. 2001 ACM SIGKDD Int. Conf. Knowledge Discovery in Databases (KDD'01)*, pp. 293–298, San Fransisco, CA, Aug. 2001.

[JTHW06]   W. Jin, A. K. H. Tung, J. Han, and W. Wang. Ranking outliers using symmetric neighborhood relationship. In *Proc. 2006 Pacific-Asia Conf. Knowledge Discovery and Data Mining (PAKDD'06)*, Singapore, Apr. 2006.

[JW92]   R. A. Johnson and D. A. Wichern. *Applied Multivariate Statistical Analysis* (3rd ed.). Prentice-Hall, 1992.

[JW02a]   G. Jeh and J. Widom. SimRank: A measure of structural-context similarity. In *Proc. 2002 ACM SIGKDD Int. Conf. Knowledge Discovery and Data Mining (KDD'02)*, pp. 538–543, Edmonton, Alberta, Canada, July 2002.

[JW02b]   R. A. Johnson and D. A. Wichern. *Applied Multivariate Statistical Analysis* (5th ed.). Prentice Hall, 2002.

[Kam09]   C. Kamath. *Scientific Data Mining: A Practical Perspective*. Society for Industrial and Applied Mathematic (SIAM), 2009.

[Kas80]   G. V. Kass. An exploratory technique for investigating large quantities of categorical data. *Applied Statistics*, 29:119–127, 1980.

[KBDM09]   B. Kulis, S. Basu, I. Dhillon, and R. Mooney. Semi-supervised graph clustering: A kernel approach. *Machine Learning*, 74:1–22, 2009.

[Kec01]   V. Kecman. *Learning and Soft Computing*. Cambridge, MA: MIT Press, 2001.

[Kei97]   D. A. Keim. Visual techniques for exploring databases. In *Tutorial Notes, 3rd Int. Conf. Knowledge Discovery and Data Mining (KDD'97)*, Newport Beach, CA, Aug. 1997.

[Ker92]   R. Kerber. ChiMerge: Discretization of numeric attributes. In *Proc. 1992 Nat. Conf. Artificial Intelligence (AAAI'92)*, pp. 123–128, San Jose, CA, 1992.

[KF09]   D. Koller and N. Friedman. *Probabilistic Graphical Models: Principles and Techniques*. Cambridge, MA: MIT Press, 2009.

[KH95]   K. Koperski and J. Han. Discovery of spatial association rules in geographic information databases. In *Proc. 1995 Int. Symp. Large Spatial Databases (SSD'95)*, pp. 47–66, Portland, ME, Aug. 1995.

[KH97]   I. Kononenko and S. J. Hong. Attribute selection for modeling. *Future Generation Computer Systems*, 13:181–195, 1997.

[KH09]   M.-S. Kim and J. Han. A particle-and-density based evolutionary clustering method for dynamic networks. In *Proc. 2009 Int. Conf. Very Large Data Bases (VLDB'09)*, Lyon, France, Aug. 2009.

[KHC97]   M. Kamber, J. Han, and J. Y. Chiang. Metarule-guided mining of multi-dimensional association rules using data cubes. In *Proc. 1997 Int. Conf. Knowledge Discovery and Data Mining (KDD'97)*, pp. 207–210, Newport Beach, CA, Aug. 1997.

[KHK99]   G. Karypis, E.-H. Han, and V. Kumar. CHAMELEON: A hierarchical clustering algorithm using dynamic modeling. *COMPUTER*, 32:68–75, 1999.

[KHY+08]   H. Kargupta, J. Han, P. S. Yu, R. Motwani, and V. Kumar. *Next Generation of Data Mining*. Chapman & Hall/CRC, 2008.

[KJ97]   R. Kohavi and G. H. John. Wrappers for feature subset selection. *Artificial Intelligence*, 97:273–324, 1997.

[KJSY04]   H. Kargupta, A. Joshi, K. Sivakumar, and Y. Yesha. *Data Mining: Next Generation Challenges and Future Directions*. Cambridge, MA: AAAI/MIT Press, 2004.

[KK01]   M. Kuramochi and G. Karypis. Frequent subgraph discovery. In *Proc. 2001 Int. Conf. Data Mining (ICDM'01)*, pp. 313–320, San Jose, CA, Nov. 2001.

[KKW+10]   H. S. Kim, S. Kim, T. Weninger, J. Han, and T. Abdelzaher. NDPMine: Efficiently mining discriminative numerical features for pattern-based classification. In *Proc. 2010 European Conf. Machine Learning and Principles and Practice of Knowledge Discovery in Databases (ECMLPKDD'10)*, Barcelona, Spain, Sept. 2010.

[KKZ09]   H.-P. Kriegel, P. Kroeger, and A. Zimek. Clustering high-dimensional data: A survey on subspace clustering, pattern-based clustering, and correlation clustering. *ACM Trans. Knowledge Discovery from Data (TKDD)*, 3(1):1–58, 2009.

[KLA+08]   M. Khan, H. Le, H. Ahmadi, T. Abdelzaher, and J. Han. DustMiner: Troubleshooting interactive complexity bugs in sensor networks. In *Proc. 2008 ACM Int. Conf. Embedded Networked Sensor Systems (SenSys'08)*, pp. 99–112, Raleigh, NC, Nov. 2008.

[Kle99]   J. M. Kleinberg. Authoritative sources in a hyperlinked environment. *J. ACM*, 46: 604–632, 1999.

[KLV+98]   R. L. Kennedy, Y. Lee, B. Van Roy, C. D. Reed, and R. P. Lippman. *Solving Data Mining Problems Through Pattern Recognition*. Prentice-Hall, 1998.

[KM90]   Y. Kodratoff and R. S. Michalski. *Machine Learning, An Artificial Intelligence Approach*, Vol. 3. Morgan Kaufmann, 1990.

[KM94]   J. Kivinen and H. Mannila. The power of sampling in knowledge discovery. In *Proc. 13th ACM Symp. Principles of Database Systems*, pp. 77–85, Minneapolis, MN, May 1994.

[KMN+02]   T. Kanungo, D. M. Mount, N. S. Netanyahu, C. D. Piatko, R. Silverman, and A. Y. Wu. An efficient k-means clustering algorithm: Analysis and implementation. *IEEE Trans. Pattern Analysis and Machine Intelligence (PAMI)*, 24:881–892, 2002.

[KMR+94]   M. Klemettinen, H. Mannila, P. Ronkainen, H. Toivonen, and A. I. Verkamo. Finding interesting rules from large sets of discovered association rules. In *Proc. 3rd Int. Conf. Information and Knowledge Management*, pp. 401–408, Gaithersburg, MD, Nov. 1994.

[KMS03]   J. Kubica, A. Moore, and J. Schneider. Tractable group detection on large link data sets. In *Proc. 2003 Int. Conf. Data Mining (ICDM'03)*, pp. 573–576, Melbourne, FL, Nov. 2003.

[KN97]   E. Knorr and R. Ng. A unified notion of outliers: Properties and computation. In *Proc. 1997 Int. Conf. Knowledge Discovery and Data Mining (KDD'97)*, pp. 219–222, Newport Beach, CA, Aug. 1997.

[KNNL04]   M. H. Kutner, C. J. Nachtsheim, J. Neter, and W. Li. *Applied Linear Statistical Models with Student CD*. Irwin, 2004.

[KNT00]   E. M. Knorr, R. T. Ng, and V. Tucakov. Distance-based outliers: Algorithms and applications. *The VLDB J.*, 8:237–253, 2000.

[Koh95]   R. Kohavi. A study of cross-validation and bootstrap for accuracy estimation and model selection. In *Proc. 14th Joint Int. Conf. Artificial Intelligence (IJCAI'95)*, Vol. 2, pp. 1137–1143, Montreal, Quebec, Canada, Aug. 1995.

[Kol93]   J. L. Kolodner. *Case-Based Reasoning*. Morgan Kaufmann, 1993.

[Kon95]   I. Kononenko. On biases in estimating multi-valued attributes. In *Proc. 14th Joint Int. Conf. Artificial Intelligence (IJCAI'95)*, Vol. 2, pp. 1034–1040, Montreal, Quebec, Canada, Aug. 1995.

[Kot88]   P. Koton. Reasoning about evidence in causal explanation. In *Proc. 7th Nat. Conf. Artificial Intelligence (AAAI'88)*, pp. 256–263, St. Paul, MN, Aug. 1988.

[KPR98]   J. M. Kleinberg, C. Papadimitriou, and P. Raghavan. A microeconomic view of data mining. *Data Mining and Knowledge Discovery*, 2:311–324, 1998.

[KPS03]   R. M. Karp, C. H. Papadimitriou, and S. Shenker. A simple algorithm for finding frequent elements in streams and bags. *ACM Trans. Database Systems*, 28:51–55, 2003.

[KR90]   L. Kaufman and P. J. Rousseeuw. *Finding Groups in Data: An Introduction to Cluster Analysis*. John Wiley & Sons, 1990.

[KR02]   R. Kimball and M. Ross. *The Data Warehouse Toolkit: The Complete Guide to Dimensional Modeling* (2nd ed.). John Wiley & Sons, 2002.

[KR03]   D. Krane and R. Raymer. *Fundamental Concepts of Bioinformatics*. Benjamin Cummings, 2003.

[Kre02]   V. Krebs. Mapping networks of terrorist cells. *Connections*, 24:43–52 (Winter), 2002.

[KRR+00]   R. Kumar, P. Raghavan, S. Rajagopalan, D. Sivakumar, A. Tomkins, and E. Upfal. Stochastic models for the web graph. In *Proc. 2000 IEEE Symp. Foundations of Computer Science (FOCS'00)*, pp. 57–65, Redondo Beach, CA, Nov. 2000.

[KRTM08]   R. Kimball, M. Ross, W. Thornthwaite, and J. Mundy. *The Data Warehouse Lifecycle Toolkit*. Hoboken, NJ: John Wiley & Sons, 2008.

[KSZ08]   H.-P. Kriegel, M. Schubert, and A. Zimek. Angle-based outlier detection in high-dimensional data. In *Proc. 2008 ACM SIGKDD Int. Conf. Knowledge Discovery and Data Mining (KDD'08)*, pp. 444–452, Las Vegas, NV, Aug. 2008.

[KT99]   J. M. Kleinberg and A. Tomkins. Application of linear algebra in information retrieval and hypertext analysis. In *Proc. 18th ACM Symp. Principles of Database Systems (PODS'99)*, pp. 185–193, Philadelphia, PA, May 1999.

[KYB03]   I. Korf, M. Yandell, and J. Bedell. *BLAST*. Sebastopol, CA: O'Reilly Media, 2003.

[Lam98]   W. Lam. Bayesian network refinement via machine learning approach. *IEEE Trans.*

Pattern Analysis and Machine Intelligence, 20:240–252, 1998.

[Lau95] S. L. Lauritzen. The EM algorithm for graphical association models with missing data. *Computational Statistics and Data Analysis*, 19:191–201, 1995.

[LCH+09] D. Lo, H. Cheng, J. Han, S. Khoo, and C. Sun. Classification of software behaviors for failure detection: A discriminative pattern mining approach. In *Proc. 2009 ACM SIGKDD Int. Conf. Knowledge Discovery and Data Mining (KDD'09)*, pp. 557–566, Paris, France, June 2009.

[LDH+08] C. X. Lin, B. Ding, J. Han, F. Zhu, and B. Zhao. Text cube: Computing IR measures for multidimensional text database analysis. In *Proc. 2008 Int. Conf. Data Mining (ICDM'08)*, pp. 905–910, Pisa, Italy, Dec. 2008.

[LDH+10] Z. Li, B. Ding, J. Han, R. Kays, and P. Nye. Mining periodic behaviors for moving objects. In *Proc. 2010 ACM SIGKDD Conf. Knowledge Discovery and Data Mining (KDD'10)*, pp. 1099–1108, Washington, DC, July 2010.

[LDR00] J. Li, G. Dong, and K. Ramamohanrarao. Making use of the most expressive jumping emerging patterns for classification. In *Proc. 2000 Pacific-Asia Conf. Knowledge Discovery and Data Mining (PAKDD'00)*, pp. 220–232, Kyoto, Japan, Apr. 2000.

[LDS90] Y. Le Cun, J. S. Denker, and S. A. Solla. Optimal brain damage. In D. Touretzky (ed.), *Advances in Neural Information Processing Systems*. Morgan Kaufmann, 1990.

[Lea96] D. B. Leake. CBR in context: The present and future. In D. B. Leake (ed.), *Cased-Based Reasoning: Experiences, Lessons, and Future Directions*, pp. 3–30. AAAI Press, 1996.

[LGT97] S. Lawrence, C. L. Giles, and A. C. Tsoi. Symbolic conversion, grammatical inference and rule extraction for foreign exchange rate prediction. In Y. Abu-Mostafa, A. S. Weigend, and P. N. Refenes (eds.), *Neural Networks in the Capital Markets*. London: World Scientific, 1997.

[LHC97] B. Liu, W. Hsu, and S. Chen. Using general impressions to analyze discovered classification rules. In *Proc. 1997 Int. Conf. Knowledge Discovery and Data Mining (KDD'97)*, pp. 31–36, Newport Beach, CA, Aug. 1997.

[LHF98] H. Lu, J. Han, and L. Feng. Stock movement and *n*-dimensional inter-transaction association rules. In *Proc. 1998 SIGMOD Workshop Research Issues on Data Mining and Knowledge Discovery (DMKD'98)*, pp. 12:1–12:7, Seattle, WA, June 1998.

[LHG04] X. Li, J. Han, and H. Gonzalez. High-dimensional OLAP: A minimal cubing approach. In *Proc. 2004 Int. Conf. Very Large Data Bases (VLDB'04)*, pp. 528–539, Toronto, Ontario, Canada, Aug. 2004.

[LHKG07] X. Li, J. Han, S. Kim, and H. Gonzalez. Roam: Rule- and motif-based anomaly detection in massive moving object data sets. In *Proc. 2007 SIAM Int. Conf. Data Mining (SDM'07)*, Minneapolis, MN, Apr. 2007.

[LHM98] B. Liu, W. Hsu, and Y. Ma. Integrating classification and association rule mining. In *Proc. 1998 Int. Conf. Knowledge Discovery and Data Mining (KDD'98)*, pp. 80–86, New York, Aug. 1998.

[LHP01] W. Li, J. Han, and J. Pei. CMAR: Accurate and efficient classification based on multiple class-association rules. In *Proc. 2001 Int. Conf. Data Mining (ICDM'01)*, pp. 369–376, San Jose, CA, Nov. 2001.

[LHTD02] H. Liu, F. Hussain, C. L. Tan, and M. Dash. Discretization: An enabling technique. *Data Mining and Knowledge Discovery*, 6:393–423, 2002.

[LHW07] J.-G. Lee, J. Han, and K. Whang. Clustering trajectory data. In *Proc. 2007 ACM-SIGMOD Int. Conf. Management of Data (SIGMOD'07)*, Beijing, China, June 2007.

[LHXS06] H. Liu, J. Han, D. Xin, and Z. Shao. Mining frequent patterns on very high dimensional data: A top-down row enumeration approach. In *Proc. 2006 SIAM Int. Conf. Data Mining (SDM'06)*, Bethesda, MD, Apr. 2006.

[LHY+08] X. Li, J. Han, Z. Yin, J.-G. Lee, and Y. Sun. Sampling Cube: A framework for statistical OLAP over sampling data. In *Proc. 2008 ACM SIGMOD Int. Conf. Management of Data (SIGMOD'08)*, pp. 779–790, Vancouver, British Columbia, Canada, June 2008.

[Liu06] B. Liu. *Web Data Mining: Exploring Hyperlinks, Contents, and Usage Data*. New York: Springer, 2006.

[LJK00] J. Laurikkala, M. Juhola, and E. Kentala. Informal identification of outliers in medical data. In *Proc. 5th Int. Workshop on Intelligent Data Analysis in Medicine and Pharmacology*, Berlin, Germany, Aug. 2000.

[LKCH03] Y.-K. Lee, W.-Y. Kim, Y. D. Cai, and J. Han. CoMine: Efficient mining of correlated patterns. In *Proc. 2003 Int. Conf. Data Mining (ICDM'03)*, pp. 581–584, Melbourne, FL,

Nov. 2003.

[LKF05]   J. Leskovec, J. Kleinberg, and C. Faloutsos. Graphs over time: Densification laws, shrinking diameters and possible explanations. In *Proc. 2005 ACM SIGKDD Int. Conf. Knowledge Discovery and Data Mining (KDD'05)*, pp. 177–187, Chicago, IL, Aug. 2005.

[LLLY03]   G. Liu, H. Lu, W. Lou, and J. X. Yu. On computing, storing and querying frequent patterns. In *Proc. 2003 ACM SIGKDD Int. Conf. Knowledge Discovery and Data Mining (KDD'03)*, pp. 607–612, Washington, DC, Aug. 2003.

[LLMZ04]   Z. Li, S. Lu, S. Myagmar, and Y. Zhou. CP-Miner: A tool for finding copy-paste and related bugs in operating system code. In *Proc. 2004 Symp. Operating Systems Design and Implementation (OSDI'04)*, pp. 20–22, San Francisco, CA, Dec. 2004.

[Llo57]   S. P. Lloyd. Least squares quantization in PCM. *IEEE Trans. Information Theory*, 28:128–137, 1982 (original version: Technical Report, Bell Labs, 1957).

[LLS00]   T.-S. Lim, W.-Y. Loh, and Y.-S. Shih. A comparison of prediction accuracy, complexity, and training time of thirty-three old and new classification algorithms. *Machine Learning*, 40:203–228, 2000.

[LM97]   K. Laskey and S. Mahoney. Network fragments: Representing knowledge for constructing probabilistic models. In *Proc. 13th Annual Conf. Uncertainty in Artificial Intelligence*, pp. 334–341, San Francisco, CA, Aug. 1997.

[LM98a]   H. Liu and H. Motoda. *Feature Selection for Knowledge Discovery and Data Mining*. Kluwer Academic, 1998.

[LM98b]   H. Liu and H. Motoda (eds.). *Feature Extraction, Construction, and Selection: A Data Mining Perspective*. Kluwer Academic, 1998.

[LNHP99]   L. V. S. Lakshmanan, R. Ng, J. Han, and A. Pang. Optimization of constrained frequent set queries with 2-variable constraints. In *Proc. 1999 ACM-SIGMOD Int. Conf. Management of Data (SIGMOD'99)*, pp. 157–168, Philadelphia, PA, June 1999.

[L-NK03]   D. Liben-Nowell and J. Kleinberg. The link prediction problem for social networks. In *Proc. 2003 Int. Conf. Information and Knowledge Management (CIKM'03)*, pp. 556–559, New Orleans, LA, Nov. 2003.

[Los01]   D. Loshin. *Enterprise Knowledge Management: The Data Quality Approach*. Morgan Kaufmann, 2001.

[LP97]   A. Lenarcik and Z. Piasta. Probabilistic rough classifiers with mixture of discrete and continuous variables. In T. Y. Lin and N. Cercone (eds.), *Rough Sets and Data Mining: Analysis for Imprecise Data*, pp. 373–383, Kluwer Academic, 1997.

[LPH02]   L. V. S. Lakshmanan, J. Pei, and J. Han. Quotient cube: How to summarize the semantics of a data cube. In *Proc. 2002 Int. Conf. Very Large Data Bases (VLDB'02)*, pp. 778–789, Hong Kong, China, Aug. 2002.

[LPWH02]   J. Liu, Y. Pan, K. Wang, and J. Han. Mining frequent itemsets by opportunistic projection. In *Proc. 2002 ACM SIGKDD Int. Conf. Knowledge Discovery in Databases (KDD'02)*, pp. 239–248, Edmonton, Alberta, Canada, July 2002.

[LPZ03]   L. V. S. Lakshmanan, J. Pei, and Y. Zhao. QC-Trees: An efficient summary structure for semantic OLAP. In *Proc. 2003 ACM-SIGMOD Int. Conf. Management of Data (SIGMOD'03)*, pp. 64–75, San Diego, CA, June 2003.

[LS95]   H. Liu and R. Setiono. Chi2: Feature selection and discretization of numeric attributes. In *Proc. 1995 IEEE Int. Conf. Tools with AI (ICTAI'95)*, pp. 388–391, Washington, DC, Nov. 1995.

[LS97]   W. Y. Loh and Y. S. Shih. Split selection methods for classification trees. *Statistica Sinica*, 7:815–840, 1997.

[LSBZ87]   P. Langley, H. A. Simon, G. L. Bradshaw, and J. M. Zytkow. *Scientific Discovery: Computational Explorations of the Creative Processes*. Cambridge, MA: MIT Press, 1987.

[LSL95]   H. Lu, R. Setiono, and H. Liu. Neurorule: A connectionist approach to data mining. In *Proc. 1995 Int. Conf. Very Large Data Bases (VLDB'95)*, pp. 478–489, Zurich, Switzerland, Sept. 1995.

[LSW97]   B. Lent, A. Swami, and J. Widom. Clustering association rules. In *Proc. 1997 Int. Conf. Data Engineering (ICDE'97)*, pp. 220–231, Birmingham, England, Apr. 1997.

[Lux07]   U. Luxburg. A tutorial on spectral clustering. *Statistics and Computing*, 17:395–416, 2007.

[LV88]   W. Y. Loh and N. Vanichsetakul. Tree-structured classificaiton via generalized discriminant analysis. *J. American Statistical Association*, 83:715–728, 1988.

[LZ05]   Z. Li and Y. Zhou. PR-Miner: Automatically extracting implicit programming rules and detecting violations in large software code. In *Proc. 2005 ACM SIGSOFT Symp.*

Foundations of Software Engineering (FSE'05), Lisbon, Portugal, Sept. 2005.

[MA03] S. Mitra and T. Acharya. *Data Mining: Multimedia, Soft Computing, and Bioinformatics.* John Wiley & Sons, 2003.

[MAE05] A. Metwally, D. Agrawal, and A. El Abbadi. Efficient computation of frequent and top-k elements in data streams. In *Proc. 2005 Int. Conf. Database Theory (ICDT'05)*, pp. 398–412, Edinburgh, Scotland, Jan. 2005.

[Mac67] J. MacQueen. Some methods for classification and analysis of multivariate observations. In *Proc. 5th Berkeley Symp. Math. Stat. Prob.*, 1:281–297, Berkeley, CA, 1967.

[Mag94] J. Magidson. The CHAID approach to segmentation modeling: CHI-squared automatic interaction detection. In R. P. Bagozzi (ed.), *Advanced Methods of Marketing Research*, pp. 118–159. Blackwell Business, 1994.

[Man00] H. Mannila. Theoretical frameworks of data mining. *SIGKDD Explorations*, 1:30–32, 2000.

[MAR96] M. Mehta, R. Agrawal, and J. Rissanen. SLIQ: A fast scalable classifier for data mining. In *Proc. 1996 Int. Conf. Extending Database Technology (EDBT'96)*, pp. 18–32, Avignon, France, Mar. 1996.

[Mar09] S. Marsland. *Machine Learning: An Algorithmic Perspective.* Chapman & Hall/CRC, 2009.

[MB88] G. J. McLachlan and K. E. Basford. *Mixture Models: Inference and Applications to Clustering.* John Wiley & Sons, 1988.

[MC03] M. V. Mahoney and P. K. Chan. Learning rules for anomaly detection of hostile network traffic. In *Proc. 2003 Int. Conf. Data Mining (ICDM'03)*, Melbourne, FL, Nov. 2003.

[MCK+04] N. Mamoulis, H. Cao, G. Kollios, M. Hadjieleftheriou, Y. Tao, and D. Cheung. Mining, indexing, and querying historical spatiotemporal data. In *Proc. 2004 ACM SIGKDD Int. Conf. Knowledge Discovery in Databases (KDD'04)*, pp. 236–245, Seattle, WA, Aug. 2004.

[MCM83] R. S. Michalski, J. G. Carbonell, and T. M. Mitchell. *Machine Learning, An Artificial Intelligence Approach*, Vol. 1. Morgan Kaufmann, 1983.

[MCM86] R. S. Michalski, J. G. Carbonell, and T. M. Mitchell. *Machine Learning, An Artificial Intelligence Approach*, Vol. 2. Morgan Kaufmann, 1986.

[MD88] M. Muralikrishna and D. J. DeWitt. Equi-depth histograms for extimating selectivity factors for multi-dimensional queries. In *Proc. 1988 ACM-SIGMOD Int. Conf. Management of Data (SIGMOD'88)*, pp. 28–36, Chicago, IL, June 1988.

[Mei03] M. Meilă. Comparing clusterings by the variation of information. In *Proc. 16th Annual Conf. Computational Learning Theory (COLT'03)*, pp. 173–187, Washington, DC, Aug. 2003.

[Mei05] M. Meilă. Comparing clusterings: An axiomatic view. In *Proc. 22nd Int. Conf. Machine Learning (ICML'05)*, pp. 577–584, Bonn, Germany, 2005.

[Men03] J. Mena. *Investigative Data Mining with Security and Criminal Detection.* Butterworth-Heinemann, 2003.

[MFS95] D. Malerba, E. Floriana, and G. Semeraro. A further comparison of simplification methods for decision tree induction. In D. Fisher and H. Lenz (eds.), *Learning from Data: AI and Statistics.* Springer Verlag, 1995.

[MH95] J. K. Martin and D. S. Hirschberg. The time complexity of decision tree induction. In *Technical Report ICS-TR 95-27*, pp. 1–27, Department of Information and Computer Science, University of California, Irvine, CA, Aug. 1995.

[MH09] H. Miller and J. Han. *Geographic Data Mining and Knowledge Discovery* (2nd ed.). Chapman & Hall/CRC, 2009.

[Mic83] R. S. Michalski. A theory and methodology of inductive learning. In R. S. Michalski, J. G. Carbonell, and T. M. Mitchell (eds.), *Machine Learning: An Artificial Intelligence Approach*, Vol. 1, pp. 83–134. Morgan Kaufmann, 1983.

[Mic92] Z. Michalewicz. *Genetic Algorithms + Data Structures = Evolution Programs.* Springer Verlag, 1992.

[Mil98] R. G. Miller. *Survival Analysis.* Wiley-Interscience, 1998.

[Min89] J. Mingers. An empirical comparison of pruning methods for decision-tree induction. *Machine Learning*, 4:227–243, 1989.

[Mir98] B. Mirkin. Mathematical classification and clustering. *J. Global Optimization*, 12:105–108, 1998.

[Mit96] M. Mitchell. *An Introduction to Genetic Algorithms.* Cambridge, MA: MIT Press, 1996.

[Mit97] T. M. Mitchell. *Machine Learning.* McGraw-Hill, 1997.

[MK91] M. Manago and Y. Kodratoff. Induction of decision trees from complex structured data.

In G. Piatetsky-Shapiro and W. J. Frawley (eds.), *Knowledge Discovery in Databases*, pp. 289–306. AAAI/MIT Press, 1991.

[MLSZ06]   Q. Mei, C. Liu, H. Su, and C. Zhai. A probabilistic approach to spatiotemporal theme pattern mining on weblogs. In *Proc. 15th Int. Conf. World Wide Web (WWW'06)*, pp. 533–542, Edinburgh, Scotland, May 2006.

[MM95]   J. Major and J. Mangano. Selecting among rules induced from a hurricane database. *J. Intelligent Information Systems*, 4:39–52, 1995.

[MM02]   G. Manku and R. Motwani. Approximate frequency counts over data streams. In *Proc. 2002 Int. Conf. Very Large Data Bases (VLDB'02)*, pp. 346–357, Hong Kong, China, Aug. 2002.

[MN89]   M. Mézard and J.-P. Nadal. Learning in feedforward layered networks: The tiling algorithm. *J. Physics*, 22:2191–2204, 1989.

[MO04]   S. C. Madeira and A. L. Oliveira. Biclustering algorithms for biological data analysis: A survey. *IEEE/ACM Trans. Computational Biology and Bioinformatics*, 1(1):24–25, 2004.

[MP69]   M. L. Minsky and S. Papert. *Perceptrons: An Introduction to Computational Geometry.* Cambridge, MA: MIT Press, 1969.

[MRA95]   M. Metha, J. Rissanen, and R. Agrawal. MDL-based decision tree pruning. In *Proc. 1995 Int. Conf. Knowledge Discovery and Data Mining (KDD'95)*, pp. 216–221, Montreal, Quebec, Canada, Aug. 1995.

[MRS08]   C. D. Manning, P. Raghavan, and H. Schutze. *Introduction to Information Retrieval.* Cambridge University Press, 2008.

[MS03a]   M. Markou and S. Singh. Novelty detection: A review—part 1: Statistical approaches. *Signal Processing*, 83:2481–2497, 2003.

[MS03b]   M. Markou and S. Singh. Novelty detection: A review—part 2: Neural network based approaches. *Signal Processing*, 83:2499–2521, 2003.

[MST94]   D. Michie, D. J. Spiegelhalter, and C. C. Taylor. *Machine Learning, Neural and Statistical Classification.* Chichester, England: Ellis Horwood, 1994.

[MT94]   R. S. Michalski and G. Tecuci. *Machine Learning, A Multistrategy Approach*, Vol. 4. Morgan Kaufmann, 1994.

[MTV94]   H. Mannila, H. Toivonen, and A. I. Verkamo. Efficient algorithms for discovering association rules. In *Proc. AAAI'94 Workshop Knowledge Discovery in Databases (KDD'94)*, pp. 181–192, Seattle, WA, July 1994.

[MTV97]   H. Mannila, H. Toivonen, and A. I. Verkamo. Discovery of frequent episodes in event sequences. *Data Mining and Knowledge Discovery*, 1:259–289, 1997.

[Mur98]   S. K. Murthy. Automatic construction of decision trees from data: A multi-disciplinary survey. *Data Mining and Knowledge Discovery*, 2:345–389, 1998.

[Mut05]   S. Muthukrishnan. *Data Streams: Algorithms and Applications.* Now Publishers, 2005.

[MXC+07]   Q. Mei, D. Xin, H. Cheng, J. Han, and C. Zhai. Semantic annotation of frequent patterns. *ACM Trans. Knowledge Discovery from Data (TKDD)*, 15:321–348, 2007.

[MY97]   R. J. Miller and Y. Yang. Association rules over interval data. In *Proc. 1997 ACM-SIGMOD Int. Conf. Management of Data (SIGMOD'97)*, pp. 452–461, Tucson, AZ, May 1997.

[MZ06]   Q. Mei and C. Zhai. A mixture model for contextual text mining. In *Proc. 2006 ACM SIGKDD Int. Conf. Knowledge Discovery in Databases (KDD'06)*, pp. 649–655, Philadelphia, PA, Aug. 2006.

[NB86]   T. Niblett and I. Bratko. Learning decision rules in noisy domains. In M. A. Brammer (ed.), *Expert Systems '86: Research and Development in Expert Systems III*, pp. 25–34. British Computer Society Specialist Group on Expert Systems, Dec. 1986.

[NBW06]   M. Newman, A.-L. Barabasi, and D. J. Watts. *The Structure and Dynamics of Networks.* Princeton University Press, 2006.

[NC03]   C. C. Noble and D. J. Cook. Graph-based anomaly detection. In *Proc. 2003 ACM SIGKDD Int. Conf. Knowledge Discovery and Data Mining (KDD'03)*, pp. 631–636, Washington, DC, Aug. 2003.

[New10]   M. Newman. *Networks: An Introduction.* Oxford University Press, 2010.

[NG04]   M. E. J. Newman and M. Girvan. Finding and evaluating community structure in networks. *Physical Rev. E*, 69:113–128, 2004.

[NGE-R09]   J. Neville, B. Gallaher, and T. Eliassi-Rad. Evaluating statistical tests for within-network classifiers of relational data. In *Proc. 2009 Int. Conf. Data Mining (ICDM'09)*, pp. 397–406, Miami, FL, Dec. 2009.

[NH94]   R. Ng and J. Han. Efficient and effective clustering method for spatial data mining. In

Proc. 1994 Int. Conf. Very Large Data Bases (VLDB'94), pp. 144–155, Santiago, Chile, Sept. 1994.

[NJW01] A. Y. Ng, M. I. Jordan, and Y. Weiss. On spectral clustering: Analysis and an algorithm. In T. G. Dietterich, S. Becker, and Z. Ghahramani (eds.), *Advances in Neural Information Processing Systems 14*. pp. 849–856, Cambridge, MA: MIT Press, 2001.

[NK04] S. Nijssen and J. Kok. A quick start in frequent structure mining can make a difference. In *Proc. 2004 ACM SIGKDD Int. Conf. Knowledge Discovery in Databases (KDD'04)*, pp. 647–652, Seattle, WA, Aug. 2004.

[NKNW96] J. Neter, M. H. Kutner, C. J. Nachtsheim, and L. Wasserman. *Applied Linear Statistical Models* (4th ed.). Irwin, 1996.

[NLHP98] R. Ng, L. V. S. Lakshmanan, J. Han, and A. Pang. Exploratory mining and pruning optimizations of constrained associations rules. In *Proc. 1998 ACM-SIGMOD Int. Conf. Management of Data (SIGMOD'98)*, pp. 13–24, Seattle, WA, June 1998.

[NRS99] A. Natsev, R. Rastogi, and K. Shim. Walrus: A similarity retrieval algorithm for image databases. In *Proc. 1999 ACM-SIGMOD Int. Conf. Management of Data (SIGMOD'99)*, pp. 395–406, Philadelphia, PA, June 1999.

[NW99] J. Nocedal and S. J. Wright. *Numerical Optimization.* Springer Verlag, 1999.

[OFG97] E. Osuna, R. Freund, and F. Girosi. An improved training algorithm for support vector machines. In *Proc. 1997 IEEE Workshop Neural Networks for Signal Processing (NNSP'97)*, pp. 276–285, Amelia Island, FL, Sept. 1997.

[OG95] P. O'Neil and G. Graefe. Multi-table joins through bitmapped join indices. *SIGMOD Record*, 24:8–11, Sept. 1995.

[Ols03] J. E. Olson. *Data Quality: The Accuracy Dimension.* Morgan Kaufmann, 2003.

[Omi03] E. Omiecinski. Alternative interest measures for mining associations. *IEEE Trans. Knowledge and Data Engineering*, 15:57–69, 2003.

[OMM+02] L. O'Callaghan, A. Meyerson, R. Motwani, N. Mishra, and S. Guha. Streaming-data algorithms for high-quality clustering. In *Proc. 2002 Int. Conf. Data Engineering (ICDE'02)*, pp. 685–696, San Fransisco, CA, Apr. 2002.

[OQ97] P. O'Neil and D. Quass. Improved query performance with variant indexes. In *Proc. 1997 ACM-SIGMOD Int. Conf. Management of Data (SIGMOD'97)*, pp. 38–49, Tucson, AZ, May 1997.

[ORS98] B. Özden, S. Ramaswamy, and A. Silberschatz. Cyclic association rules. In *Proc. 1998 Int. Conf. Data Engineering (ICDE'98)*, pp. 412–421, Orlando, FL, Feb. 1998.

[Pag89] G. Pagallo. Learning DNF by decision trees. In *Proc. 1989 Int. Joint Conf. Artificial Intelligence (IJCAI'89)*, pp. 639–644, San Francisco, CA, 1989.

[Paw91] Z. Pawlak. *Rough Sets, Theoretical Aspects of Reasoning about Data.* Kluwer Academic, 1991.

[PB00] J. C. Pinheiro and D. M. Bates. *Mixed Effects Models in S and S-PLUS.* Springer Verlag, 2000.

[PBTL99] N. Pasquier, Y. Bastide, R. Taouil, and L. Lakhal. Discovering frequent closed itemsets for association rules. In *Proc. 7th Int. Conf. Database Theory (ICDT'99)*, pp. 398–416, Jerusalem, Israel, Jan. 1999.

[PCT+03] F. Pan, G. Cong, A. K. H. Tung, J. Yang, and M. Zaki. CARPENTER: Finding closed patterns in long biological datasets. In *Proc. 2003 ACM SIGKDD Int. Conf. Knowledge Discovery and Data Mining (KDD'03)*, pp. 637–642, Washington, DC, Aug. 2003.

[PCY95a] J. S. Park, M. S. Chen, and P. S. Yu. An effective hash-based algorithm for mining association rules. In *Proc. 1995 ACM-SIGMOD Int. Conf. Management of Data (SIGMOD'95)*, pp. 175–186, San Jose, CA, May 1995.

[PCY95b] J. S. Park, M. S. Chen, and P. S. Yu. Efficient parallel mining for association rules. In *Proc. 4th Int. Conf. Information and Knowledge Management*, pp. 31–36, Baltimore, MD, Nov. 1995.

[Pea88] J. Pearl. *Probabilistic Reasoning in Intelligent Systems.* Morgan Kaufmann, 1988.

[PHL01] J. Pei, J. Han, and L. V. S. Lakshmanan. Mining frequent itemsets with convertible constraints. In *Proc. 2001 Int. Conf. Data Engineering (ICDE'01)*, pp. 433–442, Heidelberg, Germany, Apr. 2001.

[PHL+01] J. Pei, J. Han, H. Lu, S. Nishio, S. Tang, and D. Yang, H-Mine: Hyper-Structure Mining of Frequent Patterns in Large Databases. In *Proc. 2001 Int. Conf. Data Mining (ICDM'01)*, pp. 441–448, San Jose, CA, Nov. 2001.

[PHL04] L. Parsons, E. Haque, and H. Liu. Subspace clustering for high dimensional data: A review. *SIGKDD Explorations*, 6:90–105, 2004.

[PHM00] J. Pei, J. Han, and R. Mao. CLOSET: An efficient algorithm for mining frequent closed itemsets. In *Proc. 2000 ACM-SIGMOD Int. Workshop Data Mining and Knowledge Discovery (DMKD'00)*, pp. 11–20, Dallas, TX, May 2000.

[PHM-A⁺01] J. Pei, J. Han, B. Mortazavi-Asl, H. Pinto, Q. Chen, U. Dayal, and M.-C. Hsu. PrefixSpan: Mining sequential patterns efficiently by prefix-projected pattern growth. In *Proc. 2001 Int. Conf. Data Engineering (ICDE'01)*, pp. 215–224, Heidelberg, Germany, Apr. 2001.

[PHM-A⁺04] J. Pei, J. Han, B. Mortazavi-Asl, J. Wang, H. Pinto, Q. Chen, U. Dayal, and M.-C. Hsu. Mining sequential patterns by pattern-growth: The prefixSpan approach. *IEEE Trans. Knowledge and Data Engineering*, 16:1424–1440, 2004.

[PI97] V. Poosala and Y. Ioannidis. Selectivity estimation without the attribute value independence assumption. In *Proc. 1997 Int. Conf. Very Large Data Bases (VLDB'97)*, pp. 486–495, Athens, Greece, Aug. 1997.

[PKGF03] S. Papadimitriou, H. Kitagawa, P. B. Gibbons, and C. Faloutsos. Loci: Fast outlier detection using the local correlation integral. In *Proc. 2003 Int. Conf. Data Engineering (ICDE'03)*, pp. 315–326, Bangalore, India, Mar. 2003.

[PKMT99] A. Pfeffer, D. Koller, B. Milch, and K. Takusagawa. SPOOK: A system for probabilistic object-oriented knowledge representation. In *Proc. 15th Annual Conf. Uncertainty in Artificial Intelligence (UAI'99)*, pp. 541–550, Stockholm, Sweden, 1999.

[PKZT01] D. Papadias, P. Kalnis, J. Zhang, and Y. Tao. Efficient OLAP operations in spatial data warehouses. In *Proc. 2001 Int. Symp. Spatial and Temporal Databases (SSTD'01)*, pp. 443–459, Redondo Beach, CA, July 2001.

[PL07] B. Pang and L. Lee. Opinion mining and sentiment analysis. *Foundations and Trends in Information Retrieval*, 2:1–135, 2007.

[Pla98] J. C. Platt. Fast training of support vector machines using sequential minimal optimization. In B. Schölkopf, C. J. C. Burges, and A. Smola (eds.), *Advances in Kernel Methods—Support Vector Learning*, pp. 185–208. Cambridge, MA: MIT Press, 1998.

[PP07] A. Patcha, and J.-M. Park. An overview of anomaly detection techniques: Existing solutions and latest technological trends. *Computer Networks*, 51(12):3448–3470, 2007.

[PS85] F. P. Preparata and M. I. Shamos. *Computational Geometry: An Introduction*. Springer Verlag, 1985.

[P-S91] G. Piatetsky-Shapiro. *Notes AAAI'91 Workshop Knowledge Discovery in Databases (KDD'91)*. Anaheim, CA, July 1991.

[P-SF91] G. Piatetsky-Shapiro and W. J. Frawley. *Knowledge Discovery in Databases*. AAAI/MIT Press, 1991.

[PTCX04] F. Pan, A. K. H. Tung, G. Cong, and X. Xu. COBBLER: Combining column and row enumeration for closed pattern discovery. In *Proc. 2004 Int. Conf. Scientific and Statistical Database Management (SSDBM'04)*, pp. 21–30, Santorini Island, Greece, June 2004.

[PTVF07] W. H. Press, S. A. Teukolosky, W. T. Vetterling, and B. P. Flannery. *Numerical Recipes: The Art of Scientific Computing*. Cambridge: Cambridge University Press, 2007.

[PY10] S. J. Pan and Q. Yang. A survey on transfer learning. *IEEE Trans. Knowledge and Data Engineering*, 22:1345–1359, 2010.

[Pyl99] D. Pyle. *Data Preparation for Data Mining*. Morgan Kaufmann, 1999.

[PZC⁺03] J. Pei, X. Zhang, M. Cho, H. Wang, and P. S. Yu. Maple: A fast algorithm for maximal pattern-based clustering. In *Proc. 2003 Int. Conf. Data Mining (ICDM'03)*, pp. 259–266, Melbourne, FL, Dec. 2003.

[QC-J93] J. R. Quinlan and R. M. Cameron-Jones. FOIL: A midterm report. In *Proc. 1993 European Conf. Machine Learning (ECML'93)*, pp. 3–20, Vienna, Austria, 1993.

[QR89] J. R. Quinlan and R. L. Rivest. Inferring decision trees using the minimum description length principle. *Information and Computation*, 80:227–248, Mar. 1989.

[Qui86] J. R. Quinlan. Induction of decision trees. *Machine Learning*, 1:81–106, 1986.

[Qui87] J. R. Quinlan. Simplifying decision trees. *Int. J. Man-Machine Studies*, 27:221–234, 1987.

[Qui88] J. R. Quinlan. An empirical comparison of genetic and decision-tree classifiers. In *Proc. 1988 Int. Conf. Machine Learning (ICML'88)*, pp. 135–141, Ann Arbor, MI, June 1988.

[Qui89] J. R. Quinlan. Unknown attribute values in induction. In *Proc. 1989 Int. Conf. Machine Learning (ICML'89)*, pp. 164–168, Ithaca, NY, June 1989.

[Qui90] J. R. Quinlan. Learning logic definitions from relations. *Machine Learning*, 5:139–166, 1990.

[Qui93] J. R. Quinlan. *C4.5: Programs for Machine Learning*. Morgan Kaufmann, 1993.

[Qui96] J. R. Quinlan. Bagging, boosting, and C4.5. In *Proc. 1996 Nat. Conf. Artificial Intelligence*

(AAAI'96), Vol. 1, pp. 725–730, Portland, OR, Aug. 1996.

[RA87]   E. L. Rissland and K. Ashley. HYPO: A case-based system for trade secret law. In *Proc. 1st Int. Conf. Artificial Intelligence and Law*, pp. 60–66, Boston, MA, May 1987.

[Rab89]   L. R. Rabiner. A tutorial on hidden Markov models and selected applications in speech recognition. *Proc. IEEE*, 77:257–286, 1989.

[RBKK95] S. Russell, J. Binder, D. Koller, and K. Kanazawa. Local learning in probabilistic networks with hidden variables. In *Proc. 1995 Joint Int. Conf. Artificial Intelligence (IJCAI'95)*, pp. 1146–1152, Montreal, Quebec, Canada, Aug. 1995.

[RC07]   R. Ramakrishnan and B.-C. Chen. Exploratory mining in cube space. *Data Mining and Knowledge Discovery*, 15:29–54, 2007.

[Red92]   T. Redman. *Data Quality: Management and Technology*. Bantam Books, 1992.

[Red01]   T. Redman. *Data Quality: The Field Guide*. Digital Press (Elsevier), 2001.

[RG03]   R. Ramakrishnan and J. Gehrke. *Database Management Systems* (3rd ed.). McGraw-Hill, 2003.

[RGN10]   L. De Raedt, T. Guns, and S. Nijssen. Constraint programming for data mining and machine learning. In *Proc. 2010 AAAI Conf. Artificial Intelligence (AAAI'10)*, pp. 1671–1675, Atlanta, GA, July 2010.

[RH01]   V. Raman and J. M. Hellerstein. Potter's wheel: An interactive data cleaning system. In *Proc. 2001 Int. Conf. Very Large Data Bases (VLDB'01)*, pp. 381–390, Rome, Italy, Sept. 2001.

[RH07]   A. Rosenberg and J. Hirschberg. V-measure: A conditional entropy-based external cluster evaluation measure. In *Proc. 2007 Joint Conf. Empirical Methods in Natural Language Processing and Computational Natural Language Learning (EMNLP-CoNLL'07)*, pp. 410–420, Prague, Czech Republic, June 2007.

[RHS01]   J. F. Roddick, K. Hornsby, and M. Spiliopoulou. An updated bibliography of temporal, spatial, and spatio-temporal data mining research. In J. F. Roddick and K. Hornsby (eds.), TSDM 2000, *Lecture Notes in Computer Science 2007*, pp. 147–163. New York: Springer, 2001.

[RHW86]   D. E. Rumelhart, G. E. Hinton, and R. J. Williams. Learning internal representations by error propagation. In D. E. Rumelhart and J. L. McClelland (eds.), *Parallel Distributed Processing*. Cambridge, MA: MIT Press, 1986.

[Rip96]   B. D. Ripley. *Pattern Recognition and Neural Networks*. Cambridge University Press, 1996.

[RM86]   D. E. Rumelhart and J. L. McClelland. *Parallel Distributed Processing*. Cambridge, MA: MIT Press, 1986.

[RMS98]   S. Ramaswamy, S. Mahajan, and A. Silberschatz. On the discovery of interesting patterns in association rules. In *Proc. 1998 Int. Conf. Very Large Data Bases (VLDB'98)*, pp. 368–379, New York, Aug. 1998.

[RN95]   S. Russell and P. Norvig. *Artificial Intelligence: A Modern Approach*. Prentice-Hall, 1995.

[RNI09]   M. Radovanović, A. Nanopoulos, and M. Ivanović. Nearest neighbors in high-dimensional data: The emergence and influence of hubs. In *Proc. 2009 Int. Conf. Machine Learning (ICML'09)*, pp. 865–872, Montreal, Quebec, Canada, June 2009.

[Ros58]   F. Rosenblatt. The perceptron: A probabilistic model for information storage and organization in the brain. *Psychological Rev.*, 65:386–498, 1958.

[RS89]   C. Riesbeck and R. Schank. *Inside Case-Based Reasoning*. Lawrence Erlbaum, 1989.

[RS97]   K. Ross and D. Srivastava. Fast computation of sparse datacubes. In *Proc. 1997 Int. Conf. Very Large Data Bases (VLDB'97)*, pp. 116–125, Athens, Greece, Aug. 1997.

[RS98]   R. Rastogi and K. Shim. Public: A decision tree classifer that integrates building and pruning. In *Proc. 1998 Int. Conf. Very Large Data Bases (VLDB'98)*, pp. 404–415, New York, Aug. 1998.

[RS01]   F. Ramsey and D. Schafer. *The Statistical Sleuth: A Course in Methods of Data Analysis*. Duxbury Press, 2001.

[RSC98]   K. A. Ross, D. Srivastava, and D. Chatziantoniou. Complex aggregation at multiple granularities. In *Proc. Int. Conf. Extending Database Technology (EDBT'98)*, pp. 263–277, Valencia, Spain, Mar. 1998.

[Rus06]   J. C. Russ. *The Image Processing Handbook* (5th ed.). CRC Press, 2006.

[SA95]   R. Srikant and R. Agrawal. Mining generalized association rules. In *Proc. 1995 Int. Conf. Very Large Data Bases (VLDB'95)*, pp. 407–419, Zurich, Switzerland, Sept. 1995.

[SA96]   R. Srikant and R. Agrawal. Mining sequential patterns: Generalizations and performance improvements. In *Proc. 5th Int. Conf. Extending Database Technology (EDBT'96)*, pp. 3–17, Avignon, France, Mar. 1996.

[SAM96] J. Shafer, R. Agrawal, and M. Mehta. SPRINT: A scalable parallel classifier for data mining. In *Proc. 1996 Int. Conf. Very Large Data Bases (VLDB'96)*, pp. 544–555, Bombay, India, Sept. 1996.

[SAM98] S. Sarawagi, R. Agrawal, and N. Megiddo. Discovery-driven exploration of OLAP data cubes. In *Proc. Int. Conf. Extending Database Technology (EDBT'98)*, pp. 168–182, Valencia, Spain, Mar. 1998.

[SBSW99] B. Schölkopf, P. L. Bartlett, A. Smola, and R. Williamson. Shrinking the tube: A new support vector regression algorithm. In M. S. Kearns, S. A. Solla, and D. A. Cohn (eds.), *Advances in Neural Information Processing Systems 11*, pp. 330–336. Cambridge, MA: MIT Press, 1999.

[SC03] S. Shekhar and S. Chawla. *Spatial Databases: A Tour*. Prentice-Hall, 2003.

[Sch86] J. C. Schlimmer. Learning and representation change. In *Proc. 1986 Nat. Conf. Artificial Intelligence (AAAI'86)*, pp. 511–515, Philadelphia, PA, 1986.

[Sch07] S. E. Schaeffer. Graph clustering. *Computer Science Rev.*, 1:27–64, 2007.

[SCZ98] G. Sheikholeslami, S. Chatterjee, and A. Zhang. WaveCluster: A multi-resolution clustering approach for very large spatial databases. In *Proc. 1998 Int. Conf. Very Large Data Bases (VLDB'98)*, pp. 428–439, New York, Aug. 1998.

[SD90] J. W. Shavlik and T. G. Dietterich. *Readings in Machine Learning*. Morgan Kaufmann, 1990.

[SD02] T. Soukup and I. Davidson. *Visual Data Mining: Techniques and Tools for Data Visualization and Mining*. Wiley, 2002.

[SDJL96] D. Srivastava, S. Dar, H. V. Jagadish, and A. V. Levy. Answering queries with aggregation using views. In *Proc. 1996 Int. Conf. Very Large Data Bases (VLDB'96)*, pp. 318–329, Bombay, India, Sept. 1996.

[SDN98] A. Shukla, P. M. Deshpande, and J. F. Naughton. Materialized view selection for multidimensional datasets. In *Proc. 1998 Int. Conf. Very Large Data Bases (VLDB'98)*, pp. 488–499, New York, Aug. 1998.

[SE10] G. Seni and J. F. Elder. *Ensemble Methods in Data Mining: Improving Accuracy Through Combining Predictions*. Morgan and Claypool, 2010.

[Set10] B. Settles. Active learning literature survey. In *Computer Sciences Technical Report 1648*, University of Wisconsin–Madison, 2010.

[SF86] J. C. Schlimmer and D. Fisher. A case study of incremental concept induction. In *Proc. 1986 Nat. Conf. Artificial Intelligence (AAAI'86)*, pp. 496–501, Philadelphia, PA, 1986.

[SFB99] J. Shanmugasundaram, U. M. Fayyad, and P. S. Bradley. Compressed data cubes for OLAP aggregate query approximation on continuous dimensions. In *Proc. 1999 Int. Conf. Knowledge Discovery and Data Mining (KDD'99)*, pp. 223–232, San Diego, CA, Aug. 1999.

[SG92] P. Smyth and R. M. Goodman. An information theoretic approach to rule induction. *IEEE Trans. Knowledge and Data Engineering*, 4:301–316, 1992.

[She31] W. A. Shewhart. *Economic Control of Quality of Manufactured Product*. D. Van Nostrand, 1931.

[Shi99] Y.-S. Shih. Families of splitting criteria for classification trees. *Statistics and Computing*, 9:309–315, 1999.

[SHK00] N. Stefanovic, J. Han, and K. Koperski. Object-based selective materialization for efficient implementation of spatial data cubes. *IEEE Trans. Knowledge and Data Engineering*, 12:938–958, 2000.

[Sho97] A. Shoshani. OLAP and statistical databases: Similarities and differences. In *Proc. 16th ACM Symp. Principles of Database Systems*, pp. 185–196, Tucson, AZ, May 1997.

[Shu88] R. H. Shumway. *Applied Statistical Time Series Analysis*. Prentice-Hall, 1988.

[SHX04] Z. Shao, J. Han, and D. Xin. MM-Cubing: Computing iceberg cubes by factorizing the lattice space. In *Proc. 2004 Int. Conf. Scientific and Statistical Database Management (SSDBM'04)*, pp. 213–222, Santorini Island, Greece, June 2004.

[SHZ+09] Y. Sun, J. Han, P. Zhao, Z. Yin, H. Cheng, and T. Wu. RankClus: Integrating clustering with ranking for heterogeneous information network analysis. In *Proc. 2009 Int. Conf. Extending Data Base Technology (EDBT'09)*, pp. 565–576, Saint Petersburg, Russia, Mar. 2009.

[Sil10] F. Silvestri. Mining query logs: Turning search usage data into knowledge. *Foundations and Trends in Information Retrieval*, 4:1–174, 2010.

[SK08] J. Shieh and E. Keogh. iSAX: Indexing and mining terabyte sized time series. In *Proc. 2008 ACM SIGKDD Int. Conf. Knowledge Discovery and Data Mining (KDD'08)*, pp. 623–

631, Las Vegas, NV, Aug. 2008.

[SKS10]   A. Silberschatz, H. F. Korth, and S. Sudarshan. *Database System Concepts* (6th ed.). McGraw-Hill, 2010.

[SLT+01]   S. Shekhar, C.-T. Lu, X. Tan, S. Chawla, and R. R. Vatsavai. Map cube: A visualization tool for spatial data warehouses. In H. J. Miller and J. Han (eds.), *Geographic Data Mining and Knowledge Discovery*, pp. 73–108. Taylor and Francis, 2001.

[SM97]   J. C. Setubal and J. Meidanis. *Introduction to Computational Molecular Biology*. PWS Publishing Co., 1997.

[SMT91]   J. W. Shavlik, R. J. Mooney, and G. G. Towell. Symbolic and neural learning algorithms: An experimental comparison. *Machine Learning*, 6:111–144, 1991.

[SN88]   K. Saito and R. Nakano. Medical diagnostic expert system based on PDP model. In *Proc. 1988 IEEE Int. Conf. Neural Networks*, pp. 225–262, San Mateo, CA, 1988.

[SOMZ96]   W. Shen, K. Ong, B. Mitbander, and C. Zaniolo. Metaqueries for data mining. In U. M. Fayyad, G. Piatetsky-Shapiro, P. Smyth, and R. Uthurusamy (eds.), *Advances in Knowledge Discovery and Data Mining*, pp. 375–398. AAAI/MIT Press, 1996.

[SON95]   A. Savasere, E. Omiecinski, and S. Navathe. An efficient algorithm for mining association rules in large databases. In *Proc. 1995 Int. Conf. Very Large Data Bases (VLDB'95)*, pp. 432–443, Zurich, Switzerland, Sept. 1995.

[SON98]   A. Savasere, E. Omiecinski, and S. Navathe. Mining for strong negative associations in a large database of customer transactions. In *Proc. 1998 Int. Conf. Data Engineering (ICDE'98)*, pp. 494–502, Orlando, FL, Feb. 1998.

[SR81]   R. Sokal and F. Rohlf. *Biometry*. Freeman, 1981.

[SR92]   A. Skowron and C. Rauszer. The discernibility matrices and functions in information systems. In R. Slowinski (ed.), *Intelligent Decision Support, Handbook of Applications and Advances of the Rough Set Theory*, pp. 331–362. Kluwer Academic, 1992.

[SS88]   W. Siedlecki and J. Sklansky. On automatic feature selection. *Int. J. Pattern Recognition and Artificial Intelligence*, 2:197–220, 1988.

[SS94]   S. Sarawagi and M. Stonebraker. Efficient organization of large multidimensional arrays. In *Proc. 1994 Int. Conf. Data Engineering (ICDE'94)*, pp. 328–336, Houston, TX, Feb. 1994.

[SS01]   G. Sathe and S. Sarawagi. Intelligent rollups in multidimensional OLAP data. In *Proc. 2001 Int. Conf. Very Large Data Bases (VLDB'01)*, pp. 531–540, Rome, Italy, Sept. 2001.

[SS05]   R. H. Shumway and D. S. Stoffer. *Time Series Analysis and Its Applications*. New York: Springer, 2005.

[ST96]   A. Silberschatz and A. Tuzhilin. What makes patterns interesting in knowledge discovery systems. *IEEE Trans. Knowledge and Data Engineering*, 8:970–974, Dec. 1996.

[STA98]   S. Sarawagi, S. Thomas, and R. Agrawal. Integrating association rule mining with relational database systems: Alternatives and implications. In *Proc. 1998 ACM-SIGMOD Int. Conf. Management of Data (SIGMOD'98)*, pp. 343–354, Seattle, WA, June 1998.

[STH+10]   Y. Sun, J. Tang, J. Han, M. Gupta, and B. Zhao. Community evolution detection in dynamic heterogeneous information networks. In *Proc. 2010 KDD Workshop Mining and Learning with Graphs (MLG'10)*, Washington, DC, July 2010.

[Ste72]   W. Stefansky. Rejecting outliers in factorial designs. *Technometrics*, 14:469–479, 1972.

[Sto74]   M. Stone. Cross-validatory choice and assessment of statistical predictions. *J. Royal Statistical Society*, 36:111–147, 1974.

[SVA97]   R. Srikant, Q. Vu, and R. Agrawal. Mining association rules with item constraints. In *Proc. 1997 Int. Conf. Knowledge Discovery and Data Mining (KDD'97)*, pp. 67–73, Newport Beach, CA, Aug. 1997.

[SW49]   C. E. Shannon and W. Weaver. *The Mathematical Theory of Communication*. University of Illinois Press, 1949.

[Swe88]   J. Swets. Measuring the accuracy of diagnostic systems. *Science*, 240:1285–1293, 1988.

[Swi98]   R. Swiniarski. Rough sets and principal component analysis and their applications in feature extraction and selection, data model building and classification. In S. K. Pal and A. Skowron (eds.), *Rough Fuzzy Hybridization: A New Trend in Decision-Making*, Springer Verlag, Singapore, 1999.

[SWJR07]   X. Song, M. Wu, C. Jermaine, and S. Ranka. Conditional anomaly detection. *IEEE Trans. on Knowledge and Data Engineering*, 19(5):631–645, 2007.

[SZ04]   D. Shasha and Y. Zhu. *High Performance Discovery in Time Series: Techniques and Case*

Studies. New York: Springer, 2004.

[TD02]   D. M. J. Tax and R. P. W. Duin. Using two-class classifiers for multiclass classification. In *Proc. 16th Intl. Conf. Pattern Recognition (ICPR'2002)*, pp. 124–127, Montreal, Quebec, Canada, 2002.

[TFPL04]   Y. Tao, C. Faloutsos, D. Papadias, and B. Liu. Prediction and indexing of moving objects with unknown motion patterns. In *Proc. 2004 ACM-SIGMOD Int. Conf. Management of Data (SIGMOD'04)*, pp. 611–622, Paris, France, June 2004.

[TG01]   I. Tsoukatos and D. Gunopulos. Efficient mining of spatiotemporal patterns. In *Proc. 2001 Int. Symp. Spatial and Temporal Databases (SSTD'01)*, pp. 425–442, Redondo Beach, CA, July 2001.

[THH01]   A. K. H. Tung, J. Hou, and J. Han. Spatial clustering in the presence of obstacles. In *Proc. 2001 Int. Conf. Data Engineering (ICDE'01)*, pp. 359–367, Heidelberg, Germany, Apr. 2001.

[THLN01]   A. K. H. Tung, J. Han, L. V. S. Lakshmanan, and R. T. Ng. Constraint-based clustering in large databases. In *Proc. 2001 Int. Conf. Database Theory (ICDT'01)*, pp. 405–419, London, Jan. 2001.

[THP08]   Y. Tian, R. A. Hankins, and J. M. Patel. Efficient aggregation for graph summarization. In *Proc. 2008 ACM SIGMOD Int. Conf. Management of Data (SIGMOD'08)*, pp. 567–580, Vancouver, British Columbia, Canada, June 2008.

[Thu04]   B. Thuraisingham. Data mining for counterterrorism. In H. Kargupta, A. Joshi, K. Sivakumar, and Y. Yesha (eds.), *Data Mining: Next Generation Challenges and Future Directions*, pp. 157–183. AAAI/MIT Press, 2004.

[TK08]   S. Theodoridis and K. Koutroumbas. *Pattern Recognition* (4th ed.) Academic Press, 2008.

[TKS02]   P.-N. Tan, V. Kumar, and J. Srivastava. Selecting the right interestingness measure for association patterns. In *Proc. 2002 ACM SIGKDD Int. Conf. Knowledge Discovery in Databases (KDD'02)*, pp. 32–41, Edmonton, Alberta, Canada, July 2002.

[TLZN08]   L. Tang, H. Liu, J. Zhang, and Z. Nazeri. Community evolution in dynamic multi-mode networks. In *Proc. 2008 ACM SIGKDD Int. Conf. Knowledge Discovery and Data Mining (KDD'08)*, pp. 677–685, Las Vegas, NV, Aug. 2008.

[Toi96]   H. Toivonen. Sampling large databases for association rules. In *Proc. 1996 Int. Conf. Very Large Data Bases (VLDB'96)*, pp. 134–145, Bombay, India, Sept. 1996.

[TS93]   G. G. Towell and J. W. Shavlik. Extracting refined rules from knowledge-based neural networks. *Machine Learning*, 13:71–101, Oct. 1993.

[TSK05]   P. N. Tan, M. Steinbach, and V. Kumar. *Introduction to Data Mining*. Boston: Addison-Wesley, 2005.

[TSS04]   A. Tanay, R. Sharan, and R. Shamir. Biclustering algorithms: A survey. In S. Aluru (ed.), *Handbook of Computational Molecular Biology*, pp. 26:1–26:17. London: Chapman & Hall, 2004.

[Tuf83]   E. R. Tufte. *The Visual Display of Quantitative Information*. Graphics Press, 1983.

[Tuf90]   E. R. Tufte. *Envisioning Information*. Graphics Press, 1990.

[Tuf97]   E. R. Tufte. *Visual Explanations: Images and Quantities, Evidence and Narrative*. Graphics Press, 1997.

[Tuf01]   E. R. Tufte. *The Visual Display of Quantitative Information* (2nd ed.). Graphics Press, 2001.

[TXZ06]   Y. Tao, X. Xiao, and S. Zhou. Mining distance-based outliers from large databases in any metric space. In *Proc. 2006 ACM SIGKDD Int. Conf. Knowledge Discovery in Databases (KDD'06)*, pp. 394–403, Philadelphia, PA, Aug. 2006.

[UBC97]   P. E. Utgoff, N. C. Berkman, and J. A. Clouse. Decision tree induction based on efficient tree restructuring. *Machine Learning*, 29:5–44, 1997.

[UFS91]   R. Uthurusamy, U. M. Fayyad, and S. Spangler. Learning useful rules from inconclusive data. In G. Piatetsky-Shapiro and W. J. Frawley (eds.), *Knowledge Discovery in Databases*, pp. 141–157. AAAI/MIT Press, 1991.

[Utg88]   P. E. Utgoff. An incremental ID3. In *Proc. Fifth Int. Conf. Machine Learning (ICML'88)*, pp. 107–120, San Mateo, CA, 1988.

[Val87]   P. Valduriez. Join indices. *ACM Trans. Database Systems*, 12:218–246, 1987.

[Vap95]   V. N. Vapnik. *The Nature of Statistical Learning Theory*. Springer Verlag, 1995.

[Vap98]   V. N. Vapnik. *Statistical Learning Theory*. John Wiley & Sons, 1998.

[VC71]   V. N. Vapnik and A. Y. Chervonenkis. On the uniform convergence of relative frequencies of events to their probabilities. *Theory of Probability and Its Applications*, 16:264–280, 1971.

[VC03]   J. Vaidya and C. Clifton. Privacy-preserving *k*-means clustering over vertically parti-tioned data. In *Proc. 2003 ACM SIGKDD Int. Conf. Knowledge Discovery and Data Mining (KDD'03)*, Washington, DC, Aug 2003.

[VC06]   M. Vuk and T. Curk. ROC curve, lift chart and calibration plot. *Metodološki zvezki*, 3:89–108, 2006.

[VCZ10]   J. Vaidya, C. W. Clifton, and Y. M. Zhu. *Privacy Preserving Data Mining*. New York: Springer, 2010.

[VGK02]   M. Vlachos, D. Gunopulos, and G. Kollios. Discovering similar multidimensional trajec-tories. In *Proc. 2002 Int. Conf. Data Engineering (ICDE'02)*, pp. 673–684, San Fransisco, CA, Apr. 2002.

[VMZ06]   A. Veloso, W. Meira, and M. Zaki. Lazy associative classificaiton. In *Proc. 2006 Int. Conf. Data Mining (ICDM'06)*, pp. 645–654, Hong Kong, China, 2006.

[vR90]   C. J. van Rijsbergen. *Information Retrieval*. Butterworth, 1990.

[VWI98]   J. S. Vitter, M. Wang, and B. R. Iyer. Data cube approximation and histograms via wavelets. In *Proc. 1998 Int. Conf. Information and Knowledge Management (CIKM'98)*, pp. 96–104, Washington, DC, Nov. 1998.

[Wat95]   M. S. Waterman. *Introduction to Computational Biology: Maps, Sequences, and Genomes (Interdisciplinary Statistics)*. CRC Press, 1995.

[Wat03]   D. J. Watts. *Six Degrees: The Science of a Connected Age*. W. W. Norton & Company, 2003.

[WB98]   C. Westphal and T. Blaxton. *Data Mining Solutions: Methods and Tools for Solving Real-World Problems*. John Wiley & Sons, 1998.

[WCH10]   T. Wu, Y. Chen, and J. Han. Re-examination of interestingness measures in pattern mining: A unified framework. *Data Mining and Knowledge Discovery*, 21(3):371–397, 2010.

[WCRS01]   K. Wagstaff, C. Cardie, S. Rogers, and S. Schrödl. Constrained *k*-means clustering with background knowledge. In *Proc. 2001 Int. Conf. Machine Learning (ICML'01)*, pp. 577–584, Williamstown, MA, June 2001.

[Wei04]   G. M. Weiss. Mining with rarity: A unifying framework. *SIGKDD Explorations*, 6:7–19, 2004.

[WF94]   S. Wasserman and K. Faust. *Social Network Analysis: Methods and Applications*. Cam-bridge University Press, 1994.

[WF05]   I. H. Witten and E. Frank. *Data Mining: Practical Machine Learning Tools and Techniques* (2nd ed.). Morgan Kaufmann, 2005.

[WFH11]   I. H. Witten, E. Frank, and M. A. Hall. *Data Mining: Practical Machine Learning Tools and Techniques with Java Implementations* (3rd ed.). Boston: Morgan Kaufmann, 2011.

[WFYH03]   H. Wang, W. Fan, P. S. Yu, and J. Han. Mining concept-drifting data streams using ensemble classifiers. In *Proc. 2003 ACM SIGKDD Int. Conf. Knowledge Discovery and Data Mining (KDD'03)*, pp. 226–235, Washington, DC, Aug. 2003.

[WHH00]   K. Wang, Y. He, and J. Han. Mining frequent itemsets using support constraints. In *Proc. 2000 Int. Conf. Very Large Data Bases (VLDB'00)*, pp. 43–52, Cairo, Egypt, Sept. 2000.

[WHJ+10]   C. Wang, J. Han, Y. Jia, J. Tang, D. Zhang, Y. Yu, and J. Guo. Mining advisor-advisee relationships from research publication networks. In *Proc. 2010 ACM SIGKDD Conf. Knowledge Discovery and Data Mining (KDD'10)*, Washington, DC, July 2010.

[WHLT05]   J. Wang, J. Han, Y. Lu, and P. Tzvetkov. TFP: An efficient algorithm for mining top-*k* frequent closed itemsets. *IEEE Trans. Knowledge and Data Engineering*, 17:652–664, 2005.

[WHP03]   J. Wang, J. Han, and J. Pei. CLOSET+: Searching for the best strategies for mining fre-quent closed itemsets. In *Proc. 2003 ACM SIGKDD Int. Conf. Knowledge Discovery and Data Mining (KDD'03)*, pp. 236–245, Washington, DC, Aug. 2003.

[WI98]   S. M. Weiss and N. Indurkhya. *Predictive Data Mining*. Morgan Kaufmann, 1998.

[Wid95]   J. Widom. Research problems in data warehousing. In *Proc. 4th Int. Conf. Information and Knowledge Management*, pp. 25–30, Baltimore, MD, Nov. 1995.

[WIZD04]   S. Weiss, N. Indurkhya, T. Zhang, and F. Damerau. *Text Mining: Predictive Methods for Analyzing Unstructured Information*. New York: Springer, 2004.

[WK91]   S. M. Weiss and C. A. Kulikowski. *Computer Systems That Learn: Classification and Prediction Methods from Statistics, Neural Nets, Machine Learning, and Expert Systems*. Morgan Kaufmann, 1991.

[WK05]   J. Wang and G. Karypis. HARMONY: Efficiently mining the best rules for classification. In *Proc. 2005 SIAM Conf. Data Mining (SDM'05)*, pp. 205–216, Newport Beach, CA,

Apr. 2005.

[WLFY02] W. Wang, H. Lu, J. Feng, and J. X. Yu. Condensed cube: An effective approach to reducing data cube size. In *Proc. 2002 Int. Conf. Data Engineering (ICDE'02)*, pp. 155–165, San Fransisco, CA, Apr. 2002.

[WRL94] B. Widrow, D. E. Rumelhart, and M. A. Lehr. Neural networks: Applications in industry, business and science. *Communications of the ACM*, 37:93–105, 1994.

[WSF95] R. Wang, V. Storey, and C. Firth. A framework for analysis of data quality research. *IEEE Trans. Knowledge and Data Engineering*, 7:623–640, 1995.

[Wu83] C. F. J. Wu. On the convergence properties of the EM algorithm. *Ann. Statistics*, 11:95–103, 1983.

[WW96] Y. Wand and R. Wang. Anchoring data quality dimensions in ontological foundations. *Communications of the ACM*, 39:86–95, 1996.

[WWYY02] H. Wang, W. Wang, J. Yang, and P. S. Yu. Clustering by pattern similarity in large data sets. In *Proc. 2002 ACM-SIGMOD Int. Conf. Management of Data (SIGMOD'02)*, pp. 418–427, Madison, WI, June 2002.

[WXH08] T. Wu, D. Xin, and J. Han. ARCube: Supporting ranking aggregate queries in partially materialized data cubes. In *Proc. 2008 ACM SIGMOD Int. Conf. Management of Data (SIGMOD'08)*, pp. 79–92, Vancouver, British Columbia, Canada, June 2008.

[WXMH09] T. Wu, D. Xin, Q. Mei, and J. Han. Promotion analysis in multi-dimensional space. In *Proc. 2009 Int. Conf. Very Large Data Bases (VLDB'09)*, 2(1):109–120, Lyon, France, Aug. 2009.

[WYM97] W. Wang, J. Yang, and R. Muntz. STING: A statistical information grid approach to spatial data mining. In *Proc. 1997 Int. Conf. Very Large Data Bases (VLDB'97)*, pp. 186–195, Athens, Greece, Aug. 1997.

[XCYH06] D. Xin, H. Cheng, X. Yan, and J. Han. Extracting redundancy-aware top-k patterns. In *Proc. 2006 ACM SIGKDD Int. Conf. Knowledge Discovery in Databases (KDD'06)*, pp. 444–453, Philadelphia, PA, Aug. 2006.

[XHCL06] D. Xin, J. Han, H. Cheng, and X. Li. Answering top-k queries with multi-dimensional selections: The ranking cube approach. In *Proc. 2006 Int. Conf. Very Large Data Bases (VLDB'06)*, pp. 463–475, Seoul, Korea, Sept. 2006.

[XHLW03] D. Xin, J. Han, X. Li, and B. W. Wah. Star-cubing: Computing iceberg cubes by top-down and bottom-up integration. In *Proc. 2003 Int. Conf. Very Large Data Bases (VLDB'03)*, pp. 476–487, Berlin, Germany, Sept. 2003.

[XHSL06] D. Xin, J. Han, Z. Shao, and H. Liu. C-cubing: Efficient computation of closed cubes by aggregation-based checking. In *Proc. 2006 Int. Conf. Data Engineering (ICDE'06)*, p. 4, Atlanta, GA, Apr. 2006.

[XHYC05] D. Xin, J. Han, X. Yan, and H. Cheng. Mining compressed frequent-pattern sets. In *Proc. 2005 Int. Conf. Very Large Data Bases (VLDB'05)*, pp. 709–720, Trondheim, Norway, Aug. 2005.

[XOJ00] Y. Xiang, K. G. Olesen, and F. V. Jensen. Practical issues in modeling large diagnostic systems with multiply sectioned Bayesian networks. *Intl. J. Pattern Recognition and Artificial Intelligence (IJPRAI)*, 14:59–71, 2000.

[XPK10] Z. Xing, J. Pei, and E. Keogh. A brief survey on sequence classification. *SIGKDD Explorations*, 12:40–48, 2010.

[XSH⁺04] H. Xiong, S. Shekhar, Y. Huang, V. Kumar, X. Ma, and J. S. Yoo. A framework for discovering co-location patterns in data sets with extended spatial objects. In *Proc. 2004 SIAM Int. Conf. Data Mining (SDM'04)*, Lake Buena Vista, FL, Apr. 2004.

[XYFS07] X. Xu, N. Yuruk, Z. Feng, and T. A. J. Schweiger. SCAN: A structural clustering algorithm for networks. In *Proc. 2007 ACM SIGKDD Int. Conf. Knowledge Discovery in Databases (KDD'07)*, pp. 824–833, San Jose, CA, Aug. 2007.

[XZYL08] T. Xu, Z. M. Zhang, P. S. Yu, and B. Long. Evolutionary clustering by hierarchical Dirichlet process with hidden Markov state. In *Proc. 2008 Int. Conf. Data Mining (ICDM'08)*, pp. 658–667, Pisa, Italy, Dec. 2008.

[YC01] N. Ye and Q. Chen. An anomaly detection technique based on a chi-square statistic for detecting intrusions into information systems. *Quality and Reliability Engineering International*, 17:105–112, 2001.

[YCHX05] X. Yan, H. Cheng, J. Han, and D. Xin. Summarizing itemset patterns: A profile-based approach. In *Proc. 2005 ACM SIGKDD Int. Conf. Knowledge Discovery in Databases (KDD'05)*, pp. 314–323, Chicago, IL, Aug. 2005.

[YFB01] C. Yang, U. Fayyad, and P. S. Bradley. Efficient discovery of error-tolerant frequent itemsets in high dimensions. In *Proc. 2001 ACM SIGKDD Int. Conf. Knowledge Discovery in Databases (KDD'01)*, pp. 194–203, San Fransisco, CA, Aug. 2001.

[YFM⁺97] K. Yoda, T. Fukuda, Y. Morimoto, S. Morishita, and T. Tokuyama. Computing optimized rectilinear regions for association rules. In *Proc. 1997 Int. Conf. Knowledge Discovery and Data Mining (KDD'97)*, pp. 96–103, Newport Beach, CA, Aug. 1997.

[YH02] X. Yan and J. Han. gSpan: Graph-based substructure pattern mining. In *Proc. 2002 Int. Conf. Data Mining (ICDM'02)*, pp. 721–724, Maebashi, Japan, Dec. 2002.

[YH03a] X. Yan and J. Han. CloseGraph: Mining closed frequent graph patterns. In *Proc. 2003 ACM SIGKDD Int. Conf. Knowledge Discovery and Data Mining (KDD'03)*, pp. 286–295, Washington, DC, Aug. 2003.

[YH03b] X. Yin and J. Han. CPAR: Classification based on predictive association rules. In *Proc. 2003 SIAM Int. Conf. Data Mining (SDM'03)*, pp. 331–335, San Fransisco, CA, May 2003.

[YHA03] X. Yan, J. Han, and R. Afshar. CloSpan: Mining closed sequential patterns in large datasets. In *Proc. 2003 SIAM Int. Conf. Data Mining (SDM'03)*, pp. 166–177, San Fransisco, CA, May 2003.

[YHF10] P. S. Yu, J. Han, and C. Faloutsos. *Link Mining: Models, Algorithms and Applications.* New York: Springer, 2010.

[YHY05] X. Yin, J. Han, and P. S. Yu. Cross-relational clustering with user's guidance. In *Proc. 2005 ACM SIGKDD Int. Conf. Knowledge Discovery in Databases (KDD'05)*, pp. 344–353, Chicago, IL, Aug. 2005.

[YHY07] X. Yin, J. Han, and P. S. Yu. Object distinction: Distinguishing objects with identical names by link analysis. In *Proc. 2007 Int. Conf. Data Engineering (ICDE'07)*, Istanbul, Turkey, Apr. 2007.

[YHY08] X. Yin, J. Han, and P. S. Yu. Truth discovery with multiple conflicting information providers on the Web. *IEEE Trans. Knowledge and Data Engineering*, 20:796–808, 2008.

[YHYY04] X. Yin, J. Han, J. Yang, and P. S. Yu. CrossMine: Efficient classification across multiple database relations. In *Proc. 2004 Int. Conf. Data Engineering (ICDE'04)*, pp. 399–410, Boston, MA, Mar. 2004.

[YK09] L. Ye and E. Keogh. Time series shapelets: A new primitive for data mining. In *Proc. 2009 ACM SIGKDD Int. Conf. Knowledge Discovery and Data Mining (KDD'09)*, pp. 947–956, Paris, France, June 2009.

[YWY07] J. Yuan, Y. Wu, and M. Yang. Discovery of collocation patterns: From visual words to visual phrases. In *Proc. IEEE Conf. Computer Vision and Pattern Recognition (CVPR'07)*, pp. 1–8, Minneapolis, MN, June 2007.

[YYH03] H. Yu, J. Yang, and J. Han. Classifying large data sets using SVM with hierarchical clusters. In *Proc. 2003 ACM SIGKDD Int. Conf. Knowledge Discovery and Data Mining (KDD'03)*, pp. 306–315, Washington, DC, Aug. 2003.

[YYH05] X. Yan, P. S. Yu, and J. Han. Graph indexing based on discriminative frequent structure analysis. *ACM Trans. Database Systems*, 30:960–993, 2005.

[YZ94] R. R. Yager and L. A. Zadeh. *Fuzzy Sets, Neural Networks and Soft Computing.* Van Nostrand Reinhold, 1994.

[YZYH06] X. Yan, F. Zhu, P. S. Yu, and J. Han. Feature-based substructure similarity search. *ACM Trans. Database Systems*, 31:1418–1453, 2006.

[Zad65] L. A. Zadeh. Fuzzy sets. *Information and Control*, 8:338–353, 1965.

[Zad83] L. Zadeh. Commonsense knowledge representation based on fuzzy logic. *Computer*, 16:61–65, 1983.

[Zak00] M. J. Zaki. Scalable algorithms for association mining. *IEEE Trans. Knowledge and Data Engineering*, 12:372–390, 2000.

[Zak01] M. Zaki. SPADE: An efficient algorithm for mining frequent sequences. *Machine Learning*, 40:31–60, 2001.

[ZDN97] Y. Zhao, P. M. Deshpande, and J. F. Naughton. An array-based algorithm for simultaneous multidimensional aggregates. In *Proc. 1997 ACM-SIGMOD Int. Conf. Management of Data (SIGMOD'97)*, pp. 159–170, Tucson, AZ, May 1997.

[ZH02] M. J. Zaki and C. J. Hsiao. CHARM: An efficient algorithm for closed itemset mining. In *Proc. 2002 SIAM Int. Conf. Data Mining (SDM'02)*, pp. 457–473, Arlington, VA, Apr. 2002.

[Zha08] C. Zhai. *Statistical Language Models for Information Retrieval.* Morgan and Claypool, 2008.

[ZHL⁺98] O. R. Zaïane, J. Han, Z. N. Li, J. Y. Chiang, and S. Chee. MultiMedia-Miner: A system prototype for multimedia data mining. In *Proc. 1998 ACM-SIGMOD Int. Conf. Management of Data (SIGMOD'98)*, pp. 581–583, Seattle, WA, June 1998.

[Zhu05] X. Zhu. Semi-supervised learning literature survey. In *Computer Sciences Technical Report 1530*, University of Wisconsin–Madison, 2005.

[ZHZ00] O. R. Zaïane, J. Han, and H. Zhu. Mining recurrent items in multimedia with progressive resolution refinement. In *Proc. 2000 Int. Conf. Data Engineering (ICDE'00)*, pp. 461–470, San Diego, CA, Feb. 2000.

[Zia91] W. Ziarko. The discovery, analysis, and representation of data dependencies in databases. In G. Piatetsky-Shapiro and W. J. Frawley (eds.), *Knowledge Discovery in Databases*, pp. 195–209. AAAI Press, 1991.

[ZL06] Z.-H. Zhou and X.-Y. Liu. Training cost-sensitive neural networks with methods addressing the class imbalance problem. *IEEE Trans. Knowledge and Data Engineering*, 18:63–77, 2006.

[ZPOL97] M. J. Zaki, S. Parthasarathy, M. Ogihara, and W. Li. Parallel algorithm for discovery of association rules. *Data Mining and Knowledge Discovery*, 1:343–374, 1997.

[ZRL96] T. Zhang, R. Ramakrishnan, and M. Livny. BIRCH: An efficient data clustering method for very large databases. In *Proc. 1996 ACM-SIGMOD Int. Conf. Management of Data (SIGMOD'96)*, pp. 103–114, Montreal, Quebec, Canada, June 1996.

[ZS02] N. Zapkowicz and S. Stephen. The class imbalance program: A systematic study. *Intelligence Data Analysis*, 6:429–450, 2002.

[ZYH+07] F. Zhu, X. Yan, J. Han, P. S. Yu, and H. Cheng. Mining colossal frequent patterns by core pattern fusion. In *Proc. 2007 Int. Conf. Data Engineering (ICDE'07)*, pp. 706–715, Istanbul, Turkey, Apr. 2007.

[ZYHY07] F. Zhu, X. Yan, J. Han, and P. S. Yu. gPrune: A constraint pushing framework for graph pattern mining. In *Proc. 2007 Pacific-Asia Conf. Knowledge Discovery and Data Mining (PAKDD'07)*, pp. 388–400, Nanjing, China, May 2007.

[ZZ09] Z. Zhang and R. Zhang. *Multimedia Data Mining: A Systematic Introduction to Concepts and Theory*. Chapman & Hall, 2009.

[ZZH09] D. Zhang, C. Zhai, and J. Han. Topic cube: Topic modeling for OLAP on multi-dimensional text databases. In *Proc. 2009 SIAM Int. Conf. Data Mining (SDM'09)*, pp. 1123–1134, Sparks, NV, Apr. 2009.

索　引

索引中的页码为英文原书页码，与书中页边标注的页码一致。

Q

W

Z

推荐阅读

数据集成原理

作者：AnHai Doan 等 译者：孟小峰 等 中文版：978-7-111-47166-0 定价：85.00元

数据集成的第一部综合指南，从理论原则到实现细节，
再到语义网和云计算目前所面临的新挑战。

这是一本数据集成技术的权威之作，书中的大部分技术都是作者提出来的。本书内容全面，很多技术细节都介绍得非常清楚，是数据集成相关工作人员的必读书籍。

—— Philip A. Bernstein，微软杰出科学家

本书的三位作者对数据集成领域都有重要贡献，既有学术背景，又有工业界的经历。书中包含很多例子和相关信息，以便于读者理解理论知识。本书包含了现代数据集成技术的很多方面，包括不同的集成方式、数据和模式匹配、查询处理和包装器，还包括Web以及多种数据类型和数据格式带来的挑战。本书非常适合作为研究生数据集成课程教材。

—— Michael Carey，加州大学欧文分校信息与计算机科学Bren教授

数据库系统概念（第7版）

作者：Abraham Silberschatz 等 译者：杨冬青 等 中文版：978-7-111-68181-6 定价：149.00元
中文精编版：978-7-111-69222-5 定价：89.00元
英文精编版：978-7-111-69221-8 定价：139.00元

数据库领域的殿堂级作品
夯实数据库理论基础，增强数据库技术内功的必备之选
对深入理解数据库，深入研究数据库，深入操作数据库都具有极强的指导作用！

本书是数据库系统方面的经典教材之一，其内容由浅入深，既包含数据库系统基本概念，又反映数据库技术新进展。它被国际上许多著名大学所采用，包括斯坦福大学、耶鲁大学、得克萨斯大学、康奈尔大学、伊利诺伊大学等。我国也有多所大学采用本书作为本科生和研究生数据库课程的教材和主要教学参考书，收到了良好的效果。

人工智能：原理与实践

作者：（美）查鲁·C.阿加沃尔 译者：杜博 刘友发 ISBN：978-7-111-71067-7

本书特色

本书介绍了经典人工智能（逻辑或演绎推理）和现代人工智能（归纳学习和神经网络），分别阐述了三类方法：

基于演绎推理的方法，从预先定义的假设开始，用其进行推理，以得出合乎逻辑的结论。底层方法包括搜索和基于逻辑的方法。

基于归纳学习的方法，从示例开始，并使用统计方法得出假设。主要内容包括回归建模、支持向量机、神经网络、强化学习、无监督学习和概率图模型。

基于演绎推理与归纳学习的方法，包括知识图谱和神经符号人工智能的使用。

神经网络与深度学习

作者：邱锡鹏 ISBN：978-7-111-64968-7

本书是深度学习领域的入门教材，系统地整理了深度学习的知识体系，并由浅入深地阐述了深度学习的原理、模型以及方法，使得读者能全面地掌握深度学习的相关知识，并提高以深度学习技术来解决实际问题的能力。本书可作为高等院校人工智能、计算机、自动化、电子和通信等相关专业的研究生或本科生教材，也可供相关领域的研究人员和工程技术人员参考。

机器学习：从基础理论到典型算法（原书第2版）

作者：（美）梅尔亚·莫里 阿夫欣·罗斯塔米扎达尔 阿米特·塔尔沃卡尔
译者：张文生 杨雪冰 吴雅婧 ISBN：978-7-111-70894-0

本书是机器学习领域的里程碑式著作，被哥伦比亚大学和北京大学等国内外顶尖院校用作教材。本书涵盖机器学习的基本概念和关键算法，给出了算法的理论支撑，并且指出了算法在实际应用中的关键点。通过对一些基本问题乃至前沿问题的精确证明，为读者提供了新的理念和理论工具。

机器学习：贝叶斯和优化方法（原书第2版）

作者：（希）西格尔斯·西奥多里蒂斯 译者：王刚 李忠伟 任明明 李鹏
ISBN：978-7-111-69257-7

本书对所有重要的机器学习方法和新近研究趋势进行了深入探索，通过讲解监督学习的两大支柱——回归和分类，站在全景视角将这些繁杂的方法一一打通，形成了明晰的机器学习知识体系。

新版对内容做了全面更新，使各章内容相对独立。全书聚焦于数学理论背后的物理推理，关注贴近应用层的方法和算法，并辅以大量实例和习题，适合该领域的科研人员和工程师阅读，也适合学习模式识别、统计/自适应信号处理、统计/贝叶斯学习、稀疏建模和深度学习等课程的学生参考。

奇点临近

作者：（美）Ray Kurzweil 著 译者：李庆诚 董振华 田源 ISBN:978-7-111-35889-3 定价:69.00元

　　人工智能作为21世纪科技发展的最新成就，深刻揭示了科技发展为人类社会带来的巨大影响。本书结合求解智能问题的数据结构以及实现的算法，把人工智能的应用程序应用于实际环境中，并从社会和哲学、心理学以及神经生理学角度对人工智能进行了独特的讨论。本书提供了一个崭新的视角，展示了以人工智能为代表的科技现象作为一种"奇点"思潮，揭示了其在世界范围内所产生的广泛影响。本书全书分为以下几大部分：第一部分人工智能，第二部分问题延伸，第三部分拓展人类思维，第四部分推理，第五部分通信、感知与行动，第六部分结论。本书既详细介绍了人工智能的基本概念、思想和算法，还描述了其各个研究方向最前沿的进展，同时收集整理了详实的历史文献与事件。

　　本书适合于不同层次和领域的研究人员及学生，是高等院校本科生和研究生人工智能课的课外读物，也是相关领域的科研与工程技术人员的参考书。